Martin Kluger

Augsburgs historische Wasserwirtschaft

Der Weg zum UNESCO-Welterbe

Wasserbau und Wasserkraft, Trinkwasser und Brunnenkunst
in Augsburg (um 1400 – 1921)

context verlag Augsburg
www.context-mv.de

„Ich hab aber nicht gelehrnet, dem gemeinen Poͤbel das Maul auffzusperren
vnd zu hoffieren: wie ich auch nit im gebrauch habe/mit grosser Kunst vnd Geschicklichkeit zu prangen.
Wann dann mein Arbeyt in dieser schweren Matery/vnd daß ichs vnverholen sage [...] nur wenigen
rechtschaffnen Leuthen gefallen/vnd man erfinden wirdt/daß ich mich hierinnen/in dem ich
der glaubwuͤrdigsten Zeugen kundtschafft angezogen/vnd jedlichem zu vrtheilen freygelassen/auffrichtig
vnd bescheidenlich verhalten/vnd daß ich auch etwas fleiß und muͤhe angewendet habe/
laß ich mich daran wol genuͤgen.
So aber jemandt dieses alles außfuͤhrlicher/mit besserm und gewisserm Grundt/vnd dann
in besserer und zierlicher Form an Tag geben wirdt/soll es mich gar nit verdriessen/also daß ich
für all mein Muͤhe und Arbeyt/so ich hierinnen angewendt/kein andern Lohn und Danck begere."

Markus Welser, Chronica
Der Weitberüempten Keyserlichen Freyen vnd deß H. Reichs Statt Augspurg [...]

Symbole, Personifikationen und Allegorien auf diesem Blatt der Titelei von Caspar Walters „Anweisung vor einen jederweiligen Stadt=Brunnen=Meister" spiegeln den Stellenwert wider, den man im 18. Jahrhundert der Wasserwirtschaft beimaß. Beiderseits des Zeichens des Heiligen Geistes sind die Wappen der Stadtpfleger und der Stadtbaumeister platziert, darüber das Wappen des Alten Reiches und der Grundriss der Stadt, darunter Kartuschen mit dem Stadtpyr, dem Großen Wasserturm sowie dem Kastenturm, mit Wasserrädern und Kolbenpumpen. Am Sockel lagern Lech und Wertach.

Kultur ist ein wesentlicher Bestandteil von Heimat. Denn Heimat ist dort, wo kulturelle Identität nicht vergessen wird. Hier werden Kulturgüter, Bräuche und Traditionen erhalten. Das ist in einer schnelllebigen, globalisierten Welt nötiger denn je. Bayern als Kulturland hat ein enormes geschichtliches Erbe. Allein ein Blick auf die aktuelle Welterbeliste der UNESCO zeigt, welche Schätze und Facetten es aufweist und wie viele großartige Kulturgüter in allen Teilen Bayerns erhaltenswert sind. Sieben von 39 bundesdeutschen Welterbestätten liegen in Bayern: Als erstes bayerisches Welterbe wurde die Würzburger Residenz in Unterfranken 1981 in die Liste der UNESCO aufgenommen. Oberfranken ist mit der Altstadt von Bamberg und seit Kurzem mit dem barocken Opernhaus von Bayreuth auf der Welterbeliste vertreten. Die Oberpfalz glänzt mit dem Welterbe der Regensburger Altstadt. In Oberbayern sind es die Wieskirche im Pfaffenwinkel, die prähistorischen Pfahlbauten um die Alpen und Teile des obergermanisch-rätischen Limes, der sich durch Unter- und Mittelfranken, Ober- und Niederbayern zieht. Leider ist Bayerisch-Schwaben trotz seiner vielen besonderen und erhaltenswerten Stadtbilder, Schlösser, Kirchen oder Klöster bislang auf der Welterbeliste noch nicht vertreten.

Mit der Bewerbung Augsburgs historischer Wasserwirtschaft, die die Aspekte Wasserbau, Wasserkraft, Trinkwasser und Brunnenkunst umfasst, bietet sich nun eine große Chance, das zu ändern. Dieses über Jahrhunderte gewachsene Meisterwerk menschlicher Schöpferkraft zeigt in Bauten, Kunstwerken und technischen Innovationen die überlebenswichtige Bedeutung des Wassers für uns Menschen und die Rolle für die Industrialisierung. Augsburg hat sich stets mit dem auch heute wieder so aktuellen Thema Wasser auseinandergesetzt und diesem Element große Wertschätzung entgegengebracht – das wird auch in seinem Stadtbild deutlich.

Unvergleichliches und Unersetzbares zu schützen und an die zukünftige Generation ohne Verlust weiterzugeben, ist für unsere Kultur ein universeller Wert, der sich im Welterbegedanken der UNESCO widerspiegelt. Eine Aufnahme der Augsburger historischen Wasserwirtschaft auf die UNESCO-Welterbeliste wäre nicht allein eine verdiente und hohe Auszeichnung, sondern auch eine Anerkennung der besonderen dauerhaften Schutzwürdigkeit.

Dr. Markus Söder, MdL
Staatsminister der Finanzen,
für Landesentwicklung und Heimat

Augsburg ist noch heute einer der Wachstums- und Innovationsmotoren Bayerns. Innovative Entwicklungen und richtungsweisende Neuerungen sind in dieser Stadt zu Hause. Einer der historisch wichtigsten Innovationsschritte Augsburgs im 15. Jahrhundert kann heute beispielhaft in den Wassertürmen am Roten Tor besichtigt werden. Dort zählten wasserradgetriebene Kolbenpumpen zu den ersten deutschen „Wasserkünsten". Als Architekturdenkmal ist dieses Wasserwerk in Deutschland und wohl auch in Mitteleuropa einzigartig. Die Nominierung für die Bewerbung zum UNESCO-Welterbe durch die Deutsche Kultusministerkonferenz unterstreicht die Bedeutung der Wasserwirtschaft – damals wie heute. Von der Trinkwasserversorgung über die nachhaltige, regenerative Wasserkraft bis zur frühen Industrialisierung hat das Wasser über Jahrhunderte die Geschichte und das Stadtbild Augsburgs geprägt.

Quellbäche und Kanäle, die sich als Kraftquellen des Handwerks und später der großen Fabriken durch große Teile der Stadt ziehen, sorgen für eine einzigartige Atmosphäre zwischen moderner Nutzung und historischem Ambiente. Sie belegen den immensen Stellenwert der Wasserwirtschaft. Darum werden wir uns gemeinsam dafür einsetzen, dass Augsburg in die Liste des UNESCO-Welterbes aufgenommen wird.

Johannes Hintersberger, MdL
Staatssekretär im Bayerischen Staatsministerium
für Arbeit und Soziales, Familie und Integration

Viele Denkmäler der Augsburger Wasserwirtschaft können sich – buchstäblich – sehen lassen. Das gilt für die Monumentalbrunnen von Hubert Gerhard und Adriaen de Vries, für die Lechkanäle im Lech- und Ulrichsviertel, für das von der Stadt Augsburg vor Jahren sanierte Wasserwerk am Roten Tor und nicht zuletzt für das von den Stadtwerken Augsburg renovierte historische Wasserwerk am Hochablass. Das nur einen kurzen Spaziergang davon entfernte Hochablasswehr ist auch deshalb ein beliebtes Ausflugsziel, weil gleich nebenan der von zahlreichen Quellbächen durchzogene Stadtwald Augsburg liegt – ein für eine Großstadt bundesweit wohl einzigartiges Trinkwasser- und Naturschutzgebiet.

Solche und andere Ansichten, Sehenswürdigkeiten und Naturschätze der historischen Wasserwirtschaft sind für Augsburger so sehr Normalität, dass mancher zweifelt: „Das soll UNESCO-Welterbe werden?" Es soll. Es soll nicht deswegen, weil die einzelnen Denkmäler und Wasserläufe derart spektakulär wären, dass sie jeweils die von der UNESCO geforderten Kriterien des weltweit herausragenden Stellenwerts und der Einzigartigkeit erfüllen würden. Es soll vielmehr deswegen, weil die Botschaft wichtig ist, die von Augsburg aus in die Welt geht.

Diese Botschaft klingt banal, ist in der Praxis aber eine extrem anspruchsvolle Aufgabe: „Ohne Wasser gibt es kein Leben, Wasser ist ein kostbares, für den Menschen unentbehrliches Gut." So formuliert es der Artikel 1 der Grundsätze der Europäischen Wasser-Charta, die der Europarat 1968 verkündete. Es geht also nicht „nur" um die Dokumentation städtischer, unternehmerischer, technologischer und künstlerischer Leistungen im Zeitfenster eines halben Jahrtausends. Es geht darum, dass Augsburg beleuchtet, welch hohen Stellenwert Trinkwasser und Wasserkraft seit jeher für die Menschheit hatten – und künftig noch viel stärker haben werden. Wasser ist eine unschätzbar wertvolle Ressource. Diese Botschaft ist welterbewürdig.

Dr. Kurt Gribl
Oberbürgermeister der Stadt Augsburg

In diesem großartigen Band, der nicht nur von den Augsburger Bürgerinnen und Bürgern mit Begeisterung aufgenommen werden wird, versammelt sich eine ganze Reihe von Aspekten zum Wasserbau, der Wasserkraft, der technischen Einfassung des Wassers in Brunnen und deren künstlerische Aufbauten. Augsburg bewirbt sich mit seiner durch historische Tiefe und technische Raffinesse geprägten Wasserwirtschaft zu Recht um den Titel eines UNESCO-Welterbes. Quellbäche, Anstiche und Wasserläufe in einzigartiger Vielfalt und Anlage, Gräben und Kanäle, Kraftwerke und Türme und ein weit verzweigtes, durchdachtes Netz von unterschiedlichen Nutzungsweisen dieser Einrichtungen schufen im Lauf der Jahrhunderte ein beeindruckendes wasserwirtschaftliches Geflecht, dem die Stadt in entscheidendem Maße ihre wirtschaftliche Blüte verdankt.

Augsburg hat in historischer Zeit bis heute immer ein besonderes Verhältnis zur Kunst im öffentlichen Raum gehabt. Neben die Technik, die allein schon den Eintrag in die Liste der Weltkulturerbe-Kandidaten verdient hat, tritt die herausragende Brunnenkunst. Die Brunnenfiguren eines Adriaen de Vries zeigen das ganze künstlerische Können dieses Meisters der Bronzeskulpturen, die in der damaligen Welt, der Zeit um 1600, ihresgleichen suchten. Mit dem Merkurbrunnen und dem Herkulesbrunnen hat de Vries zwei berühmte Prachtbrunnen für Augsburg geschaffen, die bis heute nichts von ihrer Faszination verloren haben. Sie prägen das Stadtbild und setzen Zeichen für die hohe Bedeutung der historischen Wasserwirtschaft für die Stadt und deren Entwicklung.

Ich wünsche dem Band eine weite Verbreitung. Möge er dazu beitragen, die Augen für die natürlichen Gegebenheiten, für die technischen und künstlerischen Errungenschaften zu öffnen und den Weg zum UNESCO-Welterbe zu ebnen. Wasser ist Leben! Dieser Grundsatz möge der Bewerbung zum verdienten Erfolg verhelfen.

Prof. Dr. Sabine Doering-Manteuffel
Präsidentin der Universität Augsburg

Wasser im Alpenvorland Der Lech, die Wertach, die Singold und die Quellbäche 8

Gewässer als „Adern" einer Welterbestätte
Augsburgs Flüsse und Bäche sind im Stadtbild nur wenig wahrnehmbar 10

Im Mündungsdreieck von Lech und Wertach
Ein Vogelschauplan von 1574 zeigt das Lechfeld und die Gewässer vor Augsburg 16

Wasserwunder Bischof Ulrich, sein Fisch und die Brunnen 46

Augsburger Brunnenheiliger und Wasserpatron
St. Ulrich – der Fisch ist ein Attribut des Bischofs und ein Symbol für Wasser 48

Das Hochstift Augsburg und die Fischer
Der Bischof war der Fischwasserherr nahezu aller Gewässer um die Stadt 53

Wasserbau Kanäle und Stadtgräben, Hochablass und Wolfzahnau 54

Das weitverzweigte System der Lechkanäle
Von den Lechanstichen und Quellbächen bis zum Zusammenfluss auf der Wolfzahnau 56

Die Pulvermühlschleuse: barocker Maschinenbau
Eine hölzerne „Muskelkraftmaschine" dokumentiert vorindustrielle Schleusentechnik 70

Die Wasserbrücke vor dem Schwibbogentor
Bei dem 1867 abgebrochenen Stadttor stand das erste Augsburger Wasserwerk 76

Elias Holl: Wassertürme und Abwasserkanäle
Auch Augsburgs stadtbildprägender Stadtwerkmeister befasste sich mit Wasserbau 107

Der Hochablass – das große Stauwehr im Lech
Vom Wehr aus Holz und Stein zur Stahlbetonkonstruktion des Industriezeitalters 110

Auf der Wolfzahnau vereinen sich alle Lechkanäle
Die einstige Schinderinsel ist der Standort des ersten Augsburger Wasserkraftwerks 124

Das Kanalsystem von Wertach und Singold
Vom Mühlenflüsschen vor der Stadtmauer zu den Industriekanälen vor der Stadt 130

Wasserkraft Wasserräder, Turbinen und Wasserkraftwerke 144

Hunderte Räder drehten sich an den Kanälen
Wasserkraftnutzung in Augsburg vom Mittelalter bis zu den ersten Wasserturbinen 146

Die Modellkammer im Maximilianmuseum
Die Augsburger Sammlung hydrotechnischer Modelle ist weltweit ohne Parallele 160

Wasserkraft für die Industriestadt Augsburg
Mit Turbinen und den ersten Wasserkraftwerken endete die Ära der Wasserräder 162

Trinkwasser Vom Oberen Wasserwerk zum Wasserwerk am Hochablass 182

Die Anfänge der Trinkwasserversorgung
Von den Schöpfbrunnen zum missglückten Wasserwerk beim Schwibbogentor 184

Ohne Vergleich – das Wasserwerk am Roten Tor
Drei Wassertürme versorgten große Teile der Stadt jahrhundertelang mit Trinkwasser 192

Augsburgs großer Brunnenmeister: Caspar Walter
Der Handwerker-Ingenieur dokumentierte die Wasserversorgung wie kein Zweiter 201

Gut erforschte Baugeschichte der Wassertürme
Bauforschung im Jahr 2006 bestätigte Bekanntes, ergab aber auch Überraschendes 224

Das Obere Wasserwerk: Ziel für Bildungsreisende
Um 1600 besuchten Prominente aus weiten Teilen Europas Augsburgs Wassertürme 229

Das Untere Wasserwerk beim Mauerberg
Die „Machina Augustana", der Untere Brunnenturm und eine gusseiserne Kanalbrücke 236

Elias Holl erbaute die St.-Jakobs-Wassertürme
Der Augsburger Stadtwerkmeister schuf zwei Wasserwerke für die Jakobervorstadt 248

1538 entstand ein Wasserwerk beim Vogeltor
Ein Wasserturm am Stadtgraben erinnert an zwei verschwundene Brunnenhäuser 258

Augsburgs verlorengegangene Wasserkünste
Caspar Walter beschrieb den Eicht-Wasserturm und das Wasserwerk bei Maria Stern 268

Ein Wasserturm als Relikt barocker Gartenkunst
Das Denkmal erinnert an das Wasserrad des Schaur'schen Gartenguts am Sparrenlech 274

Die Wasserkunst der Fugger am Sparrenlech
Reisende berichteten von dem „Räderwerk" eines Gartenguts in der Jakobervorstadt 276

Wasserleitungen: von Metall über Holz zu Metall
Bis 1879 blieb Trinkwasser über den Hausanschluss das Privileg betuchterer Bürger 278

Die Abwasserleitungen: vom Kübel in den Kanal
Fäkalien, Ab- und Regenwasser wurden in Augsburg auch über Lechkanäle entsorgt 294

Die „Gumpperwerke": Cholera, Typhus und Tod
Große Teile der Stadtbevölkerung tranken Wasser aus Schöpf- und Pumpbrunnen 298

Eine neue Ära: das Wasserwerk am Hochablass
Das Denkmal der Industriekultur belieferte ab 1879 ganz Augsburg mit Trinkwasser 300

Brunnenkunst Fünf Brunnen aus zwei Brunnengenerationen 318

Heilige, Wappner und der Wassergott Neptun
Die Brunnenfiguren der ersten und zweiten Augsburger Brunnengeneration 320

Der Neptunbrunnen – ein Erbe der Fugger?
Die Bronzefigur stand ursprünglich vielleicht im Gartengut Raymund Fuggers 339

Hubert Gerhard und sein Augustusbrunnen
Vorgeschichte und Entstehung des ersten Augsburger Monumentalbrunnens 340

Der Senkelbach – Kind von Singold und Wertach
Aktualisiert ein Bild die Bedeutung der Figuren auf dem Rand des Augustusbrunnens? 362

Ersetzte ein Neptunbrunnen den Neptunbrunnen?
Ein Kupferstich Lukas Kilians zeigt den liegenden Wassergott auf dem Fischmarkt 365

Adriaen de Vries und seine Bronzefiguren
Der Merkurbrunnen, der Herkulesbrunnen und der Brunnenjüngling im Kastenturm 366

Augsburg – eine Stadt mit hundert Brunnen
Nur fünf Brunnenkunstwerke sind für die Welterbe-Bewerbung der Stadt relevant 391

Augsburger Technologie im Umland und in Europa
Vom Wasserwerk an der Friedberger Ach bis zur „sehr künstlichen Wuhr" in Ungarn 394

Kesselspeisewasser für 120 Dampflokomotiven
Zwei Tiefbrunnen und ein Wasserhaus im Augsburger Bahnbetriebswerk von 1906 396

Das Lechmuseum Bayern in Langweid
Ein bundesweit einzigartiges Flussmuseum im denkmalgeschützten Wasserkraftwerk 398

Von der Idee zum Platz auf der Tentativliste
Die historische Wasserwirtschaft – Aufnahme in die Liste des UNESCO-Welterbes? 400

Der Inhalt der Augsburger Interessenbekundung
Zwei Kriterien bestätigen der historischen Wasserwirtschaft universelle Einzigartigkeit 402

Die Empfehlung an die Kultusministerkonferenz
Eine Fülle authentischer architektonischer, technischer und künstlerischer Zeugnisse 413

Register (Gewässer, Orte, Personen, Unternehmen/Institutionen, Stichworte zum Wasser) 414
Bildnachweis 426
Nachwort des Autors 428
Dank für Beratung und Unterstützung 430
Dank an Sponsoren und Förderer 431
Impressum 432

Wasser im Alpenvorland

Der Lech, die Wertach, die Singold und die Quellbäche

(um 20 nach Christus bis heute)

Um 1620 feierte die Reichsstadt Augsburg ihr Wasser durch die Kunst. Zwei vergoldete Nymphen rahmen deshalb im Goldenen Saal des Rathauses das Replikat eines Gemäldes Hans Rottenhammers: Er stellte das durch die Göttin Augusta personifizierte Augsburg über den männlichen Wasserschüttern Lech und Wertach, dem weiblichen Brunnenbach sowie dem wohl als Jüngling abgebildeten Senkelbach dar. Die – 1588 trockengefallene – Singold ist mit einem Füllhorn ausgestattet. 1752 entstanden die Fresken im Treppenhaus der Fürstbischöflichen Residenz beim Dom: Die Personifikation des Lechs („Lycus") als Wasserschütter mit Floßruder und Triton malte Johann Georg Bergmüller, ab 1730 der katholische Direktor der Reichsstädtischen Kunstakademie.

Gewässer als „Adern" einer Welterbestätte

Augsburgs Flüsse und Bäche sind im Stadtbild nur wenig wahrnehmbar

Welterbe Wasserwirtschaft? Diese Vorstellung war, als die Stadt Augsburg im Jahr 2011 ihre Interessenbekundung zur Aufnahme ihrer historischen Wasserwirtschaft in die Liste des UNESCO-Welterbes einreichte, manchen Augsburgern suspekt. Während Experten der historischen Wasserwirtschaft frühzeitig gute Chancen einräumten, im Auswahlverfahren zumindest die bayerische Hürde zu nehmen, hatte mancher Lokaljournalist und Leserbriefschreiber für die an Weihnachten 2010 geborene Idee lediglich Unverständnis, teils sogar unverhohlene Häme übrig. Auch der Enthusiasmus in Kommunalpolitik und Stadtverwaltung hielt sich – von wenigen Ausnahmen abgesehen – zunächst in engen Grenzen.

Als Mitte Juni 2014 die Kultusministerkonferenz der Augsburger Wasserwirtschaft den außergewöhnlichen universellen Wert eines potenziellen Welterbeguts bescheinigte und die Interessenbekundung der Stadt mit dem Titel „Wasserbau und Wasserkraft, Trinkwasser und Brunnenkunst in Augsburg" (1) auf die deutsche Tentativliste setzte, war die Überraschung in der Stadt beinahe größer als die Freude. „Etwas näher am Welterbe" betitelte etwa die „Augsburger Allgemeine" zurückhaltend einen Bericht vom 13. Juni 2014. (2) Was war der Grund für die Skepsis?

Augsburgs Gewässer und die Denkmäler der historischen Wasserwirtschaft (sieht man von den drei Monumentalbrunnen in der Innenstadt ab) liegen zu wenig zentral, als dass man sie täglich vor Augen hätte. Dies, und vor allem die Tatsache, dass Flüsse und Quellbäche – anders als etwa die Donau in Ulm, Regensburg und Passau, der Main in Würzburg, die Isar in München, die Pegnitz in Nürnberg, die Regnitz in Bamberg oder auch der Lech in Landsberg und Füssen – im Stadtbild kaum wahrnehmbar sind, rückt die Bedeutung der Augsburger Gewässer optisch in den Hintergrund. Günstigstenfalls finden die Kanäle im Augsburger Lechviertel als idyllisches Kuriosum einer romantischen Altstadt touristische Beachtung.

Das Phänomen des krassen Gegensatzes zwischen der Bedeutung des Augsburger Wasserreichtums und der öffentlichen Wahrnehmung des Stellenwerts seiner Basis – der Augsburger Gewässer – hat schon 1857 der Münchner Journalist und Kulturhistoriker Wilhelm Heinrich von Riehl im ersten Kapitel der „Augsburger Studien" beobachtet, das er mit der Überschrift „An vier Flüssen" betitelte. *„Augsburg ist eine Stadt, die von außen keine Ansicht bietet; man kann sie nur von innen oder aus der Vogelperspektive landschaftlich fassen. [...] aber so undankbar ihre Lage für den Maler ist, so vielverheißend für den Geographen. Mit einem Blick auf die Karte begreift man viel mehr die örtliche Nothwendigkeit der weltberühmten Stadt, als mit hundert Blicken auf die Landschaft. Dieser Zug der versteckten Bedeutung, die mehr ist, als scheint, geht durch das ganze Wesen Augsburgs.*

Vier Flüsse lassen die alten Augsburger am Augustusbrunnen zu den Füßen des Imperators lagern, der ihre Stadt gegründet. Wer nicht ortskundig ist, der muß eine genaue Specialkarte zur Hand nehmen, um diese vier Flüsse aufzufinden: er entdeckt dann als dritten und vierten Fluß neben Lech und Wertach die Singold und den Brunnenbach und lächelt darüber.

Eine noch nicht genordete Karte des Allgäus aus der im Jahr 1544 erstmals gedruckten, bis 1628 mehrfach neu aufgelegten „Cosmographey" Sebastian Münsters zeigt die zusätzlich mit ihrem lateinischen Namen „Augusta" beschriftete Stadt „Augsburck" im v-förmigen Mündungsdreieck von Lech und Wertach. Zwischen den beiden Flüssen ist die Singold eingebettet: Auf dieser Karte mündet das Mühlenflüsschen bereits in die Wertach. Der Holzschnitt, mit dem die Landkarte gedruckt wurde, kann also erst für eine der späteren Ausgaben geschaffen worden sein: Die Karte berücksichtigt ein Hochwasser von 1588, bei dem die Singold in das Ufer der Wertach eingebrochen war. Seitdem ging die Singold nicht mehr wie zuvor im Stadtbach auf, sondern in der Wertach.

Dieses Lächeln ist aber voreilig. Denn die beiden Bäche repräsentiren nicht blos ihren eigenen Wasserfaden, sondern je einen ganzen Strang von kleinen Parallelbächen, ein ganzes Netz von Quellen, wodurch die Lech- und Wertachauen mit zahllosen nassen Gräben durchschnitten, die Stadt Augsburg nach außen vertheidigt, nach innen mit dem reichsten Schatze nutzbaren Wassers versehen wird." (3)

Es ist ja nicht so, dass die Augsburger den Wert dieses Wasserreichtums nie geschätzt hätten. Dafür sprechen nicht nur die Personifikationen der Flüsse auf dem Beckenrand des Augustusbrunnens und die Darstellung der Gewässer im Goldenen Saal des Rathauses oder in der ehemaligen fürstbischöflichen Residenz durch Maler und Bildhauer, sondern auch die vielen Publikationen der Brunnenmeister und Wasserbauer in den verschiedensten Epochen. Doch schon im frühen Industriezeitalter waren es nicht Augsburger, sondern Industriepioniere aus Franken und Württemberg, aus Oberbayern und dem Allgäu, die das ökonomische Geschenk des Wasserreichtums im Lech- und Wertachtal als Erste erkannten und für ihre Fabriken nutzten. (4)

Die nahen Alpen schenken Augsburg diesen unerschöpflich fließenden Wasserreichtum. In den Bergen entspringen die beiden Gebirgsflüsse Lech und Wertach, die in Jahrtausenden die Topografie dieser Landschaft formten. Die Nähe zu den Alpen ist auch das Fundament jener einzigartigen Lage, die Karl Ganser – der „Architekt des neuen Ruhrgebiets" – die „Standortgunst der Stadt" nannte. *„Augsburg wurde auf einem Sporn am Zusammenfluss der Gebirgsflüsse Lech und Wertach gegründet. Der Blick reicht hier flussabwärts in Richtung Donau. Flussaufwärts führt der Weg weit hinauf und zu den Alpenpässen hinüber nach Italien. Die Römer haben die Gunst dieser Lage erkannt. Es gibt südlich der Donau keine bessere. Der Geländesporn besteht aus Kiesen einer älteren Eiszeit: Geologisch ist das eine Hochterrasse. Rund um diese lagert sich etwas tiefer das Schotterfeld der Niederterrasse aus der jüngsten Eiszeit ab."* (5)

Die Flusstäler von Lech und Wertach und die Ablagerungen zwischen den zwei Gebirgsflüssen prägten die überaus markante Topografie. Wer Augsburg auf alten Karten sucht, sucht die Stadt freilich am besten jeweils am Rand, da der Lech ein Jahrtausend lang die Grenze zwischen Bayern und Schwaben bildete. Auf diesen Karten findet man die schwäbische Reichsstadt „Augusta", „Augsburck" oder „Augspurg", indem man dem langgestreckten „V" zwischen dem Alpenrand und der Donau folgt, das die Flüsse Lech und Wertach auf den gesüdeten Karten bilden. Seit die Kartografen ihre Karten einzunorden begannen, entdeckte man die Stadt leicht am Ende dieses auf den Kopf gestellten

Auf dem Schellenberg über der Donau bei Donauwörth entstand diese Fotografie, die den Blick über das bayerische Lechtal auf die nahe Alpenkette zeigt. Vor der verschneiten Bergkette heben sich einige Augsburger Kirchtürme und Hochhäuser ab.

Auf einer der ältesten Darstellungen Augsburgs, einer Zeichnung des späteren Ratsherrn Hektor Mülich von 1457, ist zugleich die früheste Abbildung des Lechs zu sehen. Mülich belegte damit auch die bis um 1900 wirtschaftlich bedeutende Lechflößerei.

„V". In der Nacht vom 25. auf den 26. Februar 1944 wurde Augsburg die markante Lage zum Verhängnis: In der winterweißen Landschaft konnten sich britische Luftwaffenverbände trotz totaler Verdunkelung am Zusammenfluss von Lech und Wertach orientieren, als sie die alte Stadt in der „Augsburger Bombennacht" anflogen und die Innenstadt weitgehend zerstörten.

Die Kartografen aller Epochen haben immer wieder die Stadt im Mündungsdreieck von Lech und Wertach und an der Grenze zwischen Ostschwaben und Bayern dargestellt. Ihre zumeist kunstvoll (aber bis um 1808 topografisch wenig exakt) ausgeführten Landkarten dokumentieren die steten Veränderungen, denen die Flussläufe von Lech, Wertach und Singold im Lauf der Jahrhunderte, nicht zuletzt durch Hoch-

Eine Darstellung der Reichsstadt Augsburg in der Schedelschen Weltchronik deutet an, dass Flussarme des Lechs nahe an der Stadtmauer vorbeiflossen. Der hohe Turm mit Eckerkern am linken Bildrand ist das Rote Tor. Neben diesem Stadttor entstand ab dem Jahr 1414 das Obere Wasserwerk.

wasserereignisse, unterworfen waren. Kleinformatige Darstellungen von Schwaben („Von dem Schwaben Land und seinen fürnemen Stätten und Flecken"), Deutschlands („Germaniae Tabula") oder auch Europas („Europa das ein drittheil der erden") in Sebastian Münsters von 1544 bis 1628 immer wieder neu verlegter „Cosmographia" kommen freilich ohne die Darstellung der Wertach und der Singold aus. Hier liegt Augsburg jeweils – kurz vor der Donau – am Lech.

Die früheste Darstellung des Lechs stammt aus einer spätmittelalterlichen illustrierten Handschrift – der sogenannten Meisterlin-Chronik –, die der Augsburger Hektor Mülich 1457 vom Lateinischen ins Deutsche übertrug. Mülich, Zunftmeister der Kramer, hatte 1468 die 29 Jahre jüngere Anna Fugger, eine ältere Schwester Jakob Fuggers „des Reichen", geehelicht. Dem gebildeten Kaufmann und Chronisten wird vermutlich auch die wirtschaftliche Bedeutung der von ihm vor der Stadtsilhouette Augsburgs dargestellten Lechflößerei sehr bewusst gewesen sein.

Eine weitere, ebenfalls sehr frühe Darstellung der Reichsstadt Augsburg und damit des Lechs wurde mit der sogenannten Schedelschen Weltchronik von 1493 gedruckt. Die vom Nürnberger Humanisten und Stadtarzt Hartmann Schedel aus verschiedenen Werken zusammengestellte Enzyklopädie der Frühen Neuzeit war mit mehr als 1800 Holzschnitten illustriert. Für den Druck der Abbildungen von Personen, Städten und Landschaften standen aber nur 643 verschiedene Holzstöcke zur Verfügung, weshalb sie mehrfach verwendet werden mussten. Lediglich die in der Weltchronik abgedruckten Ansichten heutiger bayerischer Städte zeigen halbwegs reale Perspektiven. (6) Die Augsburger Stadtansicht ist wie zumeist von der Ostseite her dargestellt: Die Auenlandschaft vor der Stadtmauer deutet an, dass *„[...] sowohl der östliche als auch der westliche Abhang von Augsburg in alter Zeit von den genannten Flüssen* [Lech und Wertach] *unmittelbar bespült [...]"* (7) wurde.

Einen frühen, äußerst realistischen Plan mit der Lech-Wertach-Mündung nahe der nördlichen Stadtmauern Augsburgs, dem vom Hochablass ausgestauten Hauptstadtbach sowie dem von der Wertach ausgeleiteten Hettenbach, der beim Dorf Oberhausen in die Wertach zurückfloss, zeigt die erste auf wissenschaftlicher Grundlage erstellte Karte Bayerns. Der Mathematiker, Astronom und Kartograf Philipp Apian hatte diese Karte 1563 Herzog Albrecht V. von Bayern vorgelegt. Apian war sieben Jahre lang durch das Land gereist und hatte seine Messergebnisse während zweier weiterer Jahre ausgearbeitet, ehe er die auf Pergament gezeichnete Karte präsentieren konnte. Apians Bayernkarte war im Maßstab von ungefähr 1:45 000 gefertigt worden und deshalb mehr als 36 Quadratmeter groß. Um eine Vervielfältigung zu

Im Mündungsdreieck von Lech und Wertach

Ein Vogelschauplan von 1574 zeigt das Lechfeld und die Gewässer vor Augsburg

„petter Moritz burger zu Augspurg und zu disem verfertigtem Augenschein geschworner Maler" hat 1574 diese Ansicht der Gegend zwischen Untermeitingen und Augsburg geschaffen. Augenscheinpläne wurden gemalt, um vor Gericht die Situation besprechen zu können, ohne dass sich alle Beteiligten auf den Weg begeben mussten, um sich selbst vor Ort ein Bild zu machen. Der künstlerische Anspruch solcher Augenscheinpläne ist naturgemäß nicht sehr hoch. Für die Lokalforschung sind sie eine unverzichtbare Quelle.

Der Augenscheinplan von Meister Moritz ist deshalb so bedeutend, weil er wie kaum ein Zweiter die Topografie am Lech (vorn) und an der Wertach (hinten –

1574 wurde dieser Augenscheinplan der Gegend zwischen Untermeitingen und Augsburg gemalt.

durch die Bildmitte schlängelt sich die Singold) erfasste. Deutlich erkennbar ist die Hochterrasse des Lechfelds zwischen den Niederterrassen entlang von Lech und Wertach ausgeführt. Die (alte) Mündung der Singold in den Stadtbach ist ebenso gut auszumachen wie der Lochbach und der Brunnenbach sowie das Netz der Lechkanäle vor und hinter den Stadtmauern.

Das nur kleine Territorium der Reichsstadt Augsburg lag eingezwängt zwischen den drei Flüssen. Diese Enge könnte, glaubt man dem Soziologen Werner Sombart, einer der Gründe dafür gewesen sein, dass etliche Augsburger Familien früh sehr reich wurden. Die rasche Bildung großer Vermögen in einer Stadt führte Sombart nicht zuletzt auf die Eigenart ihrer Lage zurück: Je kleiner der Raum, auf dem sich die Bevölkerung zusammendrängte, desto ergiebiger war die Grundrente alteingesessener Grundbesitzer.

Sombart, Werner: Der moderne Kapitalismus. Die Genesis des Kapitalismus, Bd. 1, Leipzig 1902, S. 295

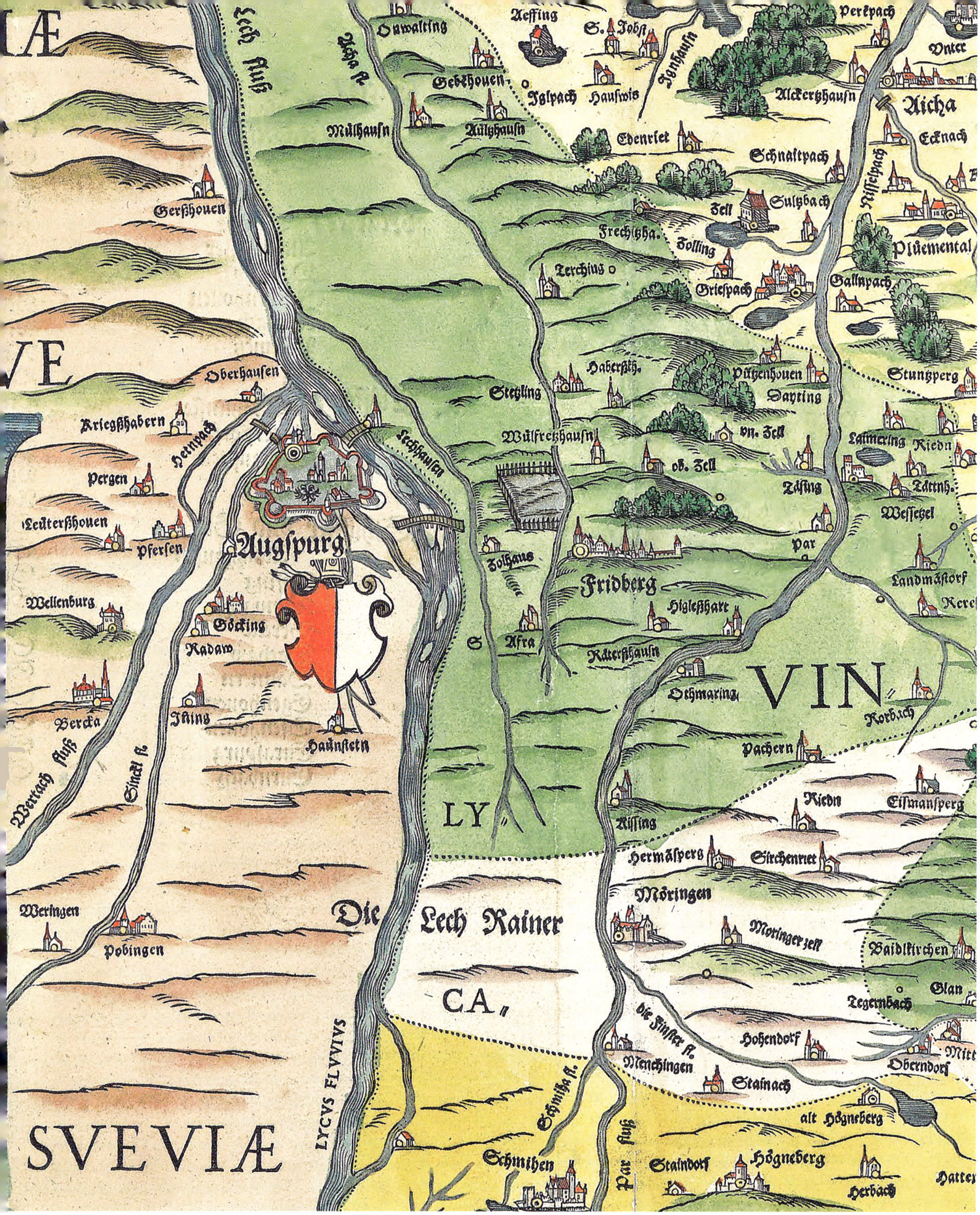

Am Rand einer der „Bairischen Landtaflen" Philipp Apians sind der Lech, die Wertach und die Singold und Augsburger Kanäle gut zu erkennen. Der Plan zeigt den Lauf der Singold bis zum Jahr 1588: Sie mündete bis dahin nahe dem Lech in den Stadtbach.

ermöglichen, teilte Apian seine Karte in 24 „Bairische Landtaflen" im Format von etwa 1:144 000 auf. Mit den nach diesen Landtafeln gefertigten Holzschnitten wurden Apians sehr exakte und detailreiche Pläne im Jahr 1568 erstmals gedruckt. (8)

Die Situation der Gewässer bei Augsburg sollte sich allerdings wenige Jahre nach dem Erscheinen der Karten maßgeblich verändern. Apians Landtafel mit der schwäbischen Grenzstadt Augsburg zeigte noch die Singold, die westlich und nördlich der Stadtmauer sowie östlich der Wertach an Augsburg vorbeifloss, um schließlich auf Höhe der heutigen Wolfzahnau, der Landzunge im Mündungsdreieck von Lech und Wertach, kurz vor dem Lech im Stadtbach aufzugehen. 1588 riss die Singold bei einem Hochwasser jedoch das Ufer der nahen, westlich fast parallel verlaufenden Wertach ein. Die Singold mündete seither auf der Höhe von Göggingen in die Wertach.

Das Lechtal war während des Mittelalters größtenteils im Besitz des Bischofs von Augsburg. In einem Augsburger Urkundenbuch wurde der Bischof deshalb 1386 „des Lechen Herr" genannt, das relativ geschlossene Territorium des Hochstifts Augsburg reichte entlang des Lechs bis weit ins Tiroler Lechtal hinauf. Der Lech war die Grenze Schwabens und des Bistums gegen das Herzogtum Bayern. Doch seit dem frühen 15. Jahrhundert dehnte Bayern seine Landesgrenzen auf Gebiete westlich des Flusses – bei Landsberg und Schongau – aus. Für Augsburg war dies insofern problematisch, als die Herzöge von Bayern auch den Grenzfluss als ihr Territorium ansahen, und es darum immer wieder zu Auseinandersetzungen um die wirtschaftlich wichtige Lechflößerei und die Ableitung von Lechwasser in die Reichsstadt kam.

Für Augsburg noch schwerwiegendere Folgen hatte die frühe Ausdehnung Bayerns auf das westliche Lechufer in unmittelbarer Nachbarschaft. Wenige Kilometer südlich der Reichsstadt lag auf Höhe des Dorfs Haunstetten ein Landstreifen, der schon immer zur Herrschaft Mering gehört hatte. Obwohl sich der Lech im Lauf von 1700 Jahren um rund dreieinhalb Kilometer nach Osten verlagert hatte und die sogenannte Meringer Au durch den Fluss – ohne jede Verbindung zum Ort – von Mering abgetrennt war, blieb dieses Stück Land im Besitz der Herren von Mering.

Als der letzte Staufer Konradin, der Herzog von Schwaben, 1268 in Neapel enthauptet wurde, erbten die Wittelsbacher auch die Herrschaft Mering: Denn Konradins Mutter war eine Wittelsbacherin gewesen. In einem Vertrag von Herzog Stephan II. von Bayern-

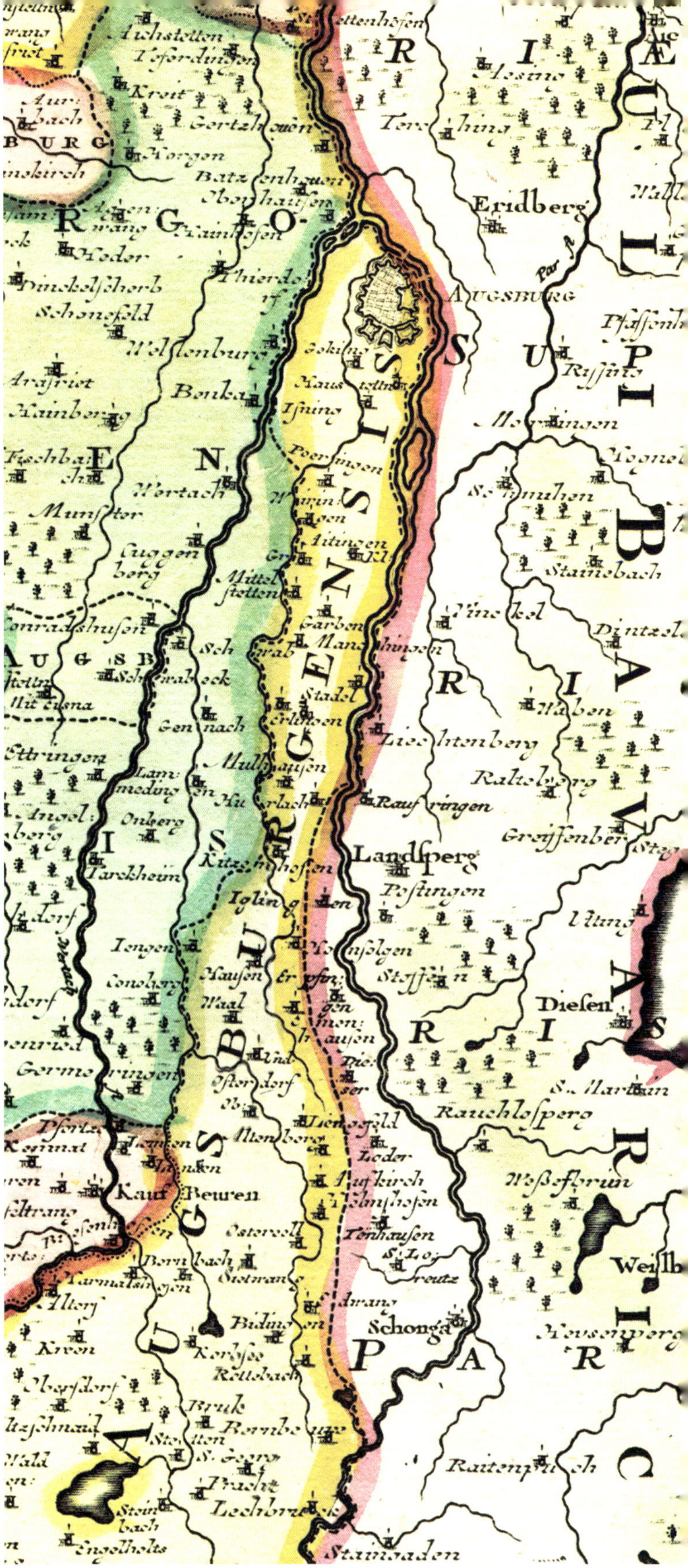

Um 1700 schuf der Kupferstecher Gerhard Valck eine Karte, welche die Grenzen am Lech zeigt. Das Lechtal gehörte zwar bis weit nach Tirol zum Territorium des Hochstifts Augsburg, doch das Kurfürstentum Bayern betrachtete den Grenzfluss als Teil seines Gebiets.

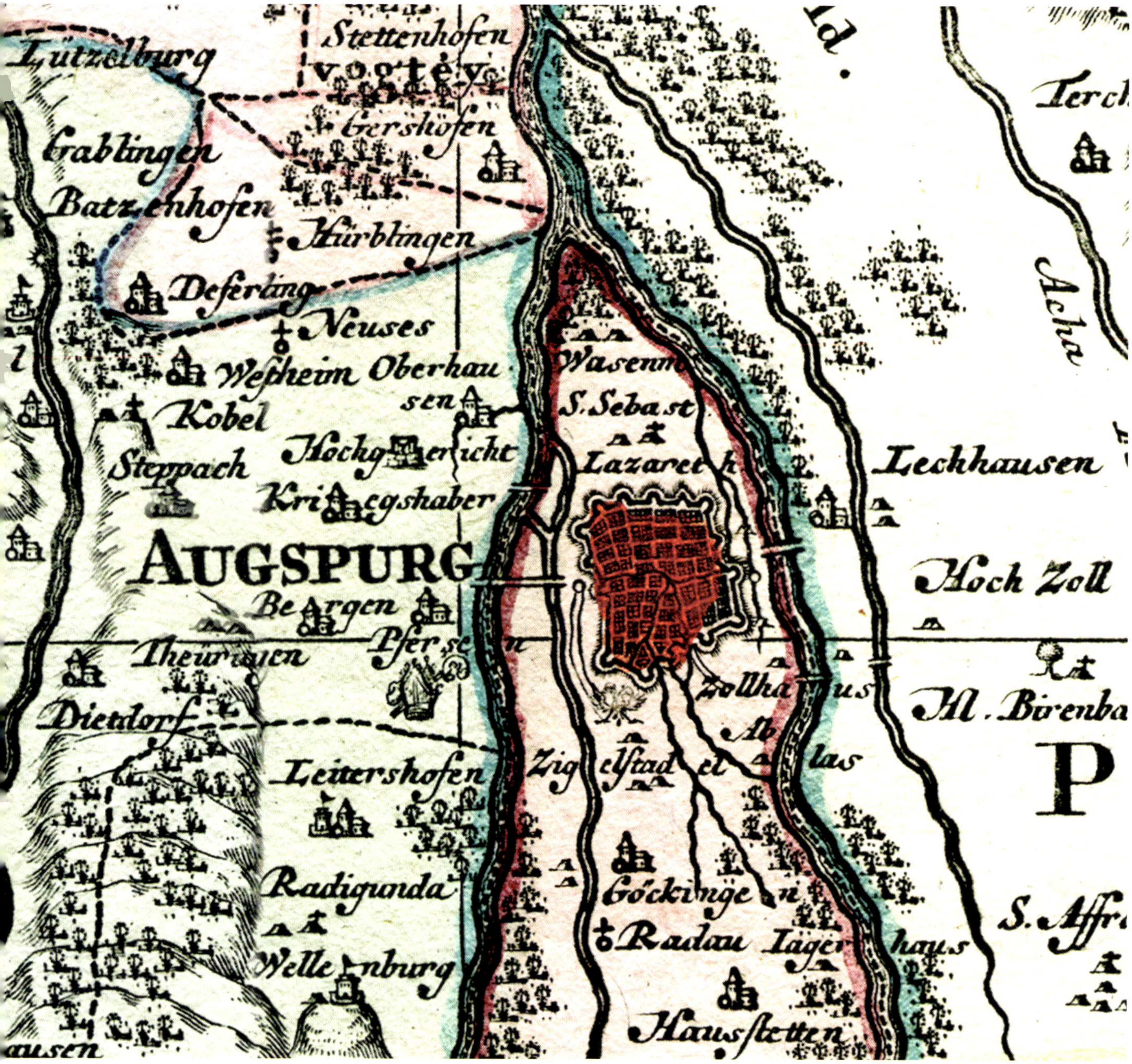

Ein Plan in der um 1725 vom Augsburger Kupferstecher, Kartografen und Verleger Matthäus Seutter geschaffenen mehrteiligen Karte „Suevia Universa IX Tabulis Delineata" deutet das bereits etwas weiter nordwärts verlagerte Mündungsdreieck von Lech und Wertach an. Die Mündung der Singold in die Wertach (richtig: bei Göggingen) ist fehlerhaft dargestellt.

Ingolstadt mit der Benediktinerabtei St. Ulrich und Afra, die das angrenzende Dorf Haunstetten seit 1012 besaß, wurde 1367 die Grenzziehung zwischen dem Dorf und der bayerischen Meringer Au fixiert, die sich am ehemaligen Flusslauf des Lechs orientierte. (9)

Nachdem fast das ganze Lechtal sowie Rechte am Lech, an der Wertach und der Singold im Besitz des Hochstifts Augsburg waren und die Bayern den Lech vereinnahmten, ergaben sich für die Reichsstadt große Schwierigkeiten bei der Nutzung der Wasserkraft, der Flößerei und Fischerei. Mit der bayerischen Meringer Au, der Bischofsau und den Haunstetter Auen lagen die wichtigsten Quellen der Wasserversorgung außerhalb des eng begrenzten Augsburger Territoriums.

Konflikte um das Wasser beziehungsweise juristische Auseinandersetzungen wegen verschiedener Rechte waren folglich nicht zu vermeiden. In seinem im Jahr 1850 erschienenen Buch „Die Wasserwerke von Augsburg" hat der damalige Stadtbaurat Franz Joseph Kollmann eine lange Reihe von Streitfällen, Reibungspunkten und Vertragswerken aufgelistet:

- 1346: Kaiser Ludwig „der Bayer" erteilt Augsburg das Recht, mit Flößen aus der Wertach den Lech zu befahren.
- 1346: Abt und Konvent von St. Ulrich bewilligen den Augsburgern gegen entsprechende Zahlungen, Floßdurchfahrten an den Mühlwehren der Wertach zu bauen.
- 1418: König Sigismund erlässt einen Gebotsbrief, dass die Bayernherzöge Augsburg nicht bei der Nutzung des Lechs behindern sollen. Zudem gewährt der König der Reichsstadt durch einen Freibrief das Recht, den Lech zu verbauen, ihn anzustechen und Hindernisse mit Gewalt zu beseitigen, um den Fluss nutzen zu können.
- 1419: Der König gebietet der Stadt, auch das bayerische Lechufer mit Verbauungen zu schützen.
- 1457: Herzog Albrecht III. „der Fromme" bestreitet der Stadt das Recht zur Wasserausleitung aus dem Lech. Augsburg hat dafür 2000 Gulden zu bezahlen.
- 1462: Kaiser Friedrich III. erteilt Augsburg mit einem Freibrief das Recht, so viele Bäche in die Stadt zu leiten, wie als notwendig erachtet wird.
- 1468: Herzog Albrecht IV. von Bayern lässt den Lech mit Pfählen verrammen, um Floßfahrten nach Augsburg zu verhindern. Daraufhin sperrt die Stadt den Lech für Flöße in Richtung nördlicher Lech.
- 1469: Kaiser Friedrich III. befiehlt der Reichsstadt, diese Sperren an der Lechbrücke abzubauen.
- 1470: Die Bischöfe von Eichstätt und Augsburg vermitteln zwischen Albrecht IV. und Augsburg und erreichen einen für die Stadt günstigen Vergleich.
- 1515: Bischof Heinrich schließt mit der Stadt einen Vertrag wegen der Verbauungen an der Wertach, der Fischerei im Hettenbach und einer Mühle in Oberhausen.
- 1517: Der bayerische Pfleger von Friedberg lässt Augsburger Arbeitern am Hochablass die Werkzeuge abnehmen und ins Wasser werfen. Die Bayern reißen sogar die Dämme des Lechwehrs ein.
- 1552: Georg Fugger und Melchior Ilsung erreichen bei Herzog Albrecht V. von Bayern, dass die Stadt südlich des Hochablasses neue Flussverbauungen errichten darf.
- 1554: Das bayerische Friedberg und Augsburg schließen einen Vertrag. Er erlaubt der Reichsstadt Verbauungen, die den Lech in ihre Richtung lenken.

Ein Stich von Gabriel Bodenehr d. Ä. (um 1720) zeigt die eng gezogenen Grenzen des Augsburger Gebiets. Rechte in Bezug auf die Nutzung des Wassers hatte die Reichsstadt deshalb immer wieder mit dem Herzog- beziehungsweise Kurfürstentum Bayern, dem Hochstift Augsburg sowie den Benediktinern von St. Ulrich und Afra abzustimmen.

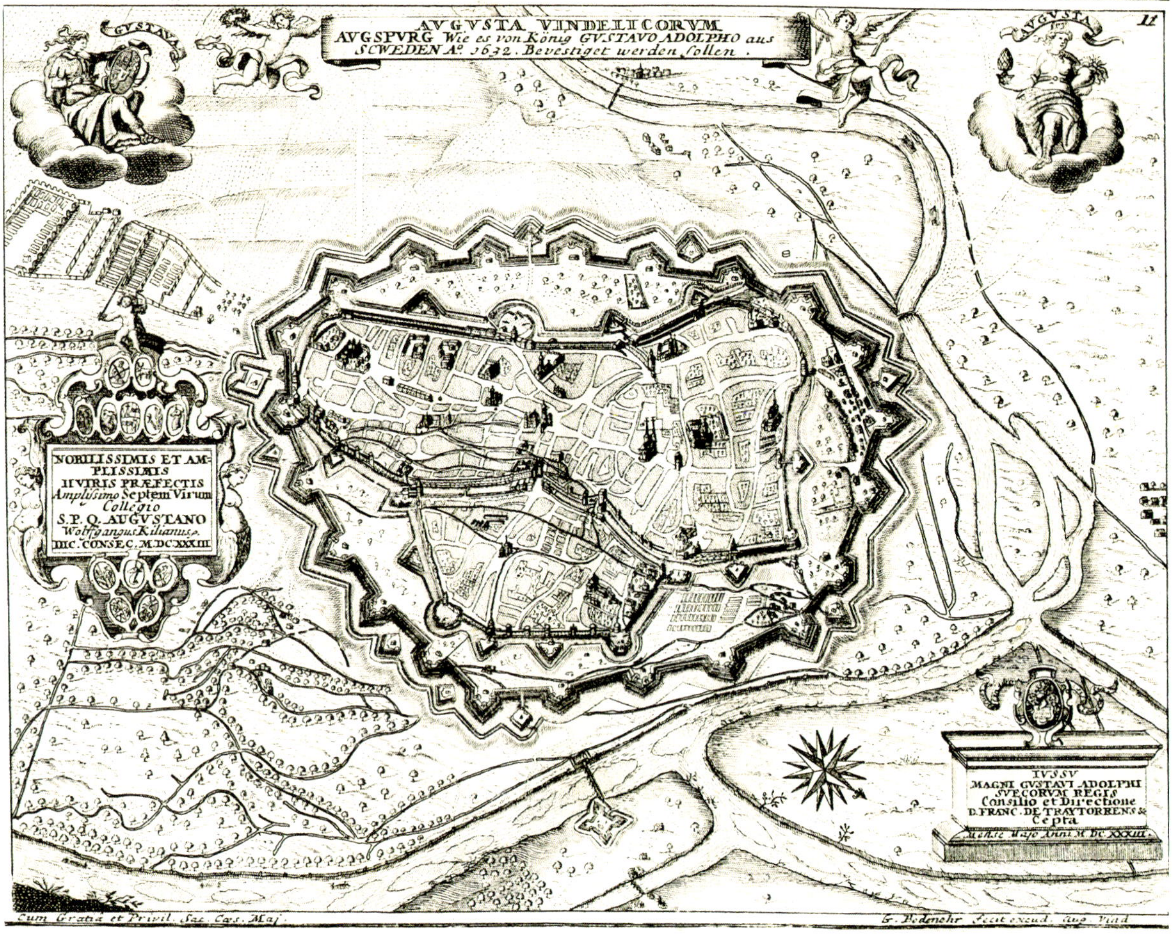

Erst um 1720 schuf der Augsburger Kupferstecher Gabriel Bodenehr diesen Stadtplan mit dem Titel „AUGUSTA VINDELICORUM AUGSPURG Wie es von König GUSTAVO ADOLPHO aus SCWEDEN A°. 1632. Bevestiget werden sollen". Der Plan der (nicht ausgeführten) Fortifikation dokumentiert, wie schutzlos die außerhalb der Stadtmauern liegenden Trink- und Treibwasserkanäle Belagerern ausgesetzt waren.

- 1556: Augsburg erhält vom Konvent von St. Ulrich die Genehmigung, eine Quelle in der Haunstetter Au zu fassen, um den Mühlbach (Lochbach) zu verstärken.
- 1558: Augsburg bezahlt die ungeheuer hohe Summe von 50 000 Gulden an Bayernherzog Albrecht V., um Quellen aus der Meringer Au im Brunnenbach zur Stadt leiten zu dürfen.
- 1561: Augsburg schließt mit Herzog Albrecht V. einen Vertrag wegen Verbauungen am Hochablass.
- 1568: Bayern und die Reichsstadt vereinbaren in einem ausführlichen Vertrag Maßnahmen der Flussverbauung, der dazu nötigen Holzlieferungen sowie Beschränkungen der Lechflößerei nach Augsburg.
- 1575: Die Stadt schließt mit Bayern einen Vertrag wegen Uferverbauungen oberhalb des Hochablasses.
- 1591: Da sich der Lech einmal mehr in Richtung Friedberg verlagert hat, lässt Augsburg den Hochablass ausbauen. Der nachfolgende Streit mit Bayern wird auf diplomatischem Wege beigelegt. (10)

Ein Wasserkrieg drohte schließlich im Jahr 1596, als es zum wohl heftigsten Konflikt zwischen Augsburg und den Bayern kam, weil der sonst überaus wasserreiche Floßbach (der heutige Hauptstadtbach und Kaufbach) kaum noch Wasser führte. Die Stadt ließ daher das Lechwehr ausbauen und den Floßbach eintiefen, ohne die Bauarbeiten mit Herzog Wilhelm V. von Bayern abgestimmt zu haben. Dieser ließ daraufhin das Lechwehr auf einer Länge von fast 20 Metern durchbrechen und die Lechrinne vor dem Einlaufbauwerk des Kanals abdämmen. (11)

Ein bewaffneter Konflikt schien nicht mehr ausgeschlossen: *„Nun bis zum Letzten herausgefordert, beorderten die Augsburger 160 Schützen an den Ablass, aber auch 250 Arbeiter, die jetzt ihrerseits die*

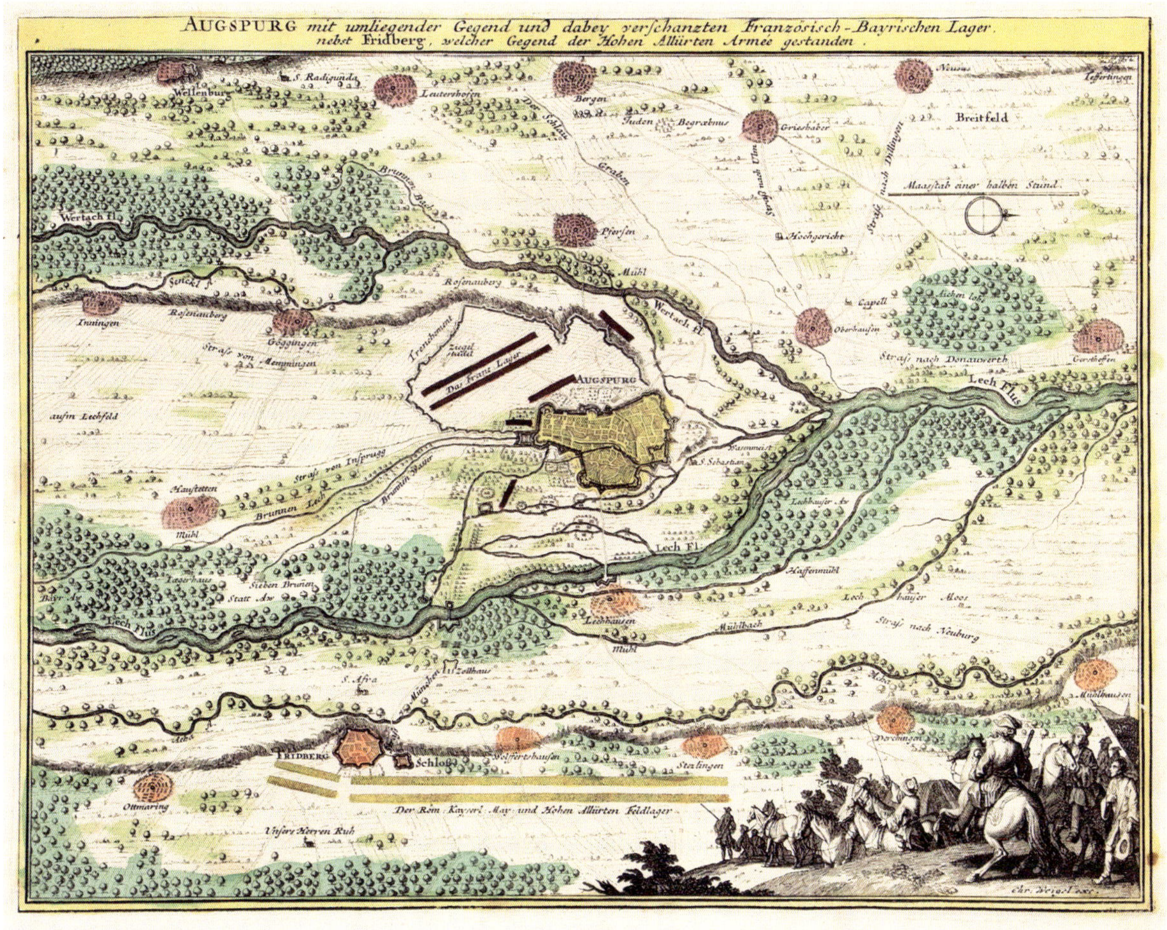

bayerischen Uferkorrektionen schliffen. Nachdem nochmals einhundert Augsburger Schützen mobilisiert und 300 Söldner zusätzlich angeworben worden waren, um die Wachtruppen zu unterstützen, endete die Machtprobe im sog. Wasserkrieg letztendlich dann doch noch gütlich. Das Lechablasswehr wurde daraufhin gründlich erneuert (mit kostenlosem bayerischem Holz!) […]." (12) Letzteres hielt ein am 6. Mai 1596 zwischen der Stadt und Bayern unterzeichneter Vertragsbrief fest.

Es folgte Vertrag um Vertrag: 1617 schloss die Stadt einen schon 1619 modifizierten Vertrag mit dem Konvent von St. Ulrich wegen der Einleitung zweier Quellen in den Brunnenlech (Lochbach), 1623 einen Vertrag mit Herzog Wilhelm V. wegen eines neuen Grabens und Ablasses, 1642 einen Vertrag mit dem Bischof wegen Mühlen und Wassereinleitungen. Seinen steten Geldbedarf stillte Kurfürst Max Emanuel dadurch, dass er der Reichsstadt 1721 gegen 100 000 Gulden für 40 Jahre die Meringer Au mit allen Quellen abtrat. (13) Solchen finanziellen Begehrlichkeiten der Wittelsbacher war die Reichsstadt trotz häufiger Hilfestellung durch den Kaiser nahezu wehrlos ausgesetzt.

Ein nach dem Spanischen Erbfolgekrieg entstandener Schlachtenplan veranschaulicht die Lage Augsburgs und seiner Gewässer. Zwischen Lech und Wertach durchzog ein Netz von Kanälen das Stadtgebiet. Von Süden her flossen der Lochbach („Brunnen Lech") sowie der Brunnenbach („Brunnen Wasser") parallel zum Wasserwerk am Roten Tor. Bei Belagerungen der Stadt wurden die Ablässe, Flussverbauungen, Kanäle und Quellbäche mehrfach beeinträchtigt oder auch völlig zerstört.

In Kriegszeiten war die Stadt gleichfalls ausgeliefert, wenn die Belagerer die Wasserversorgung zu unterbinden versuchten. Im Jahr 1634 – während des Dreißigjährigen Kriegs – brannten Truppen der katholischen Liga beispielsweise die Schleusengebäude am Hochablass nieder. Der protestantische Kaufmann, Kunsthändler und Diplomat Philipp Hainhofer hat im „Diarium die schwedische Occupation der Stadt Augsburg betr." Angriffe auf den Hochablass, den Brunnenlech (wohl der Brunnenbach) und die Singold geschildert: *„Adi 2 Octobris 1634 inn der Nacht haben*

Auf dieser Augenscheinkarte des frühen 17. Jahrhunderts ist auch ein typisches Lechfloß abgebildet. Nicht zuletzt die Bedeutung des Flusses als Ader des Handels- und Personenverkehrs machte den Lech immer wieder zum Streitobjekt.

4 Companias reutter den obern Ablass mit Kiss verschüttet und versetzt, das der Lech draussen bliben." (14) Zwei Tage später heißt es: *„Adi 4 Octobris in der nacht, haben die Baÿerische reutter den brunnen lech abgraben, und haben sich inn die Sinckhel 2 kästen gesenckhet, das die Sinckhel auch nit herein kann [...]."* (15) Am 11. Oktober gruben die Bayern den Brunnenbach ab, so dass man die Fische in den Fischkästen im Stadtgraben bei der Barfüßerkirche umsetzen musste. Erst am 14. Oktober, nach Abzug der Truppen, die auch noch einen kleinen Ablass bei der Rosenau abgebrannt hatten, konnten der Lech und der Brunnenlech wieder in die Stadt geleitet werden. (16)

Im Kriegsjahr 1646 schütteten die Schweden und Franzosen die Kanäle zu und brannten erneut Ablass-

Diese handgezeichnete Augenscheinkarte zeigt den Verlauf des Lechs zwischen Schongau und Augsburg.

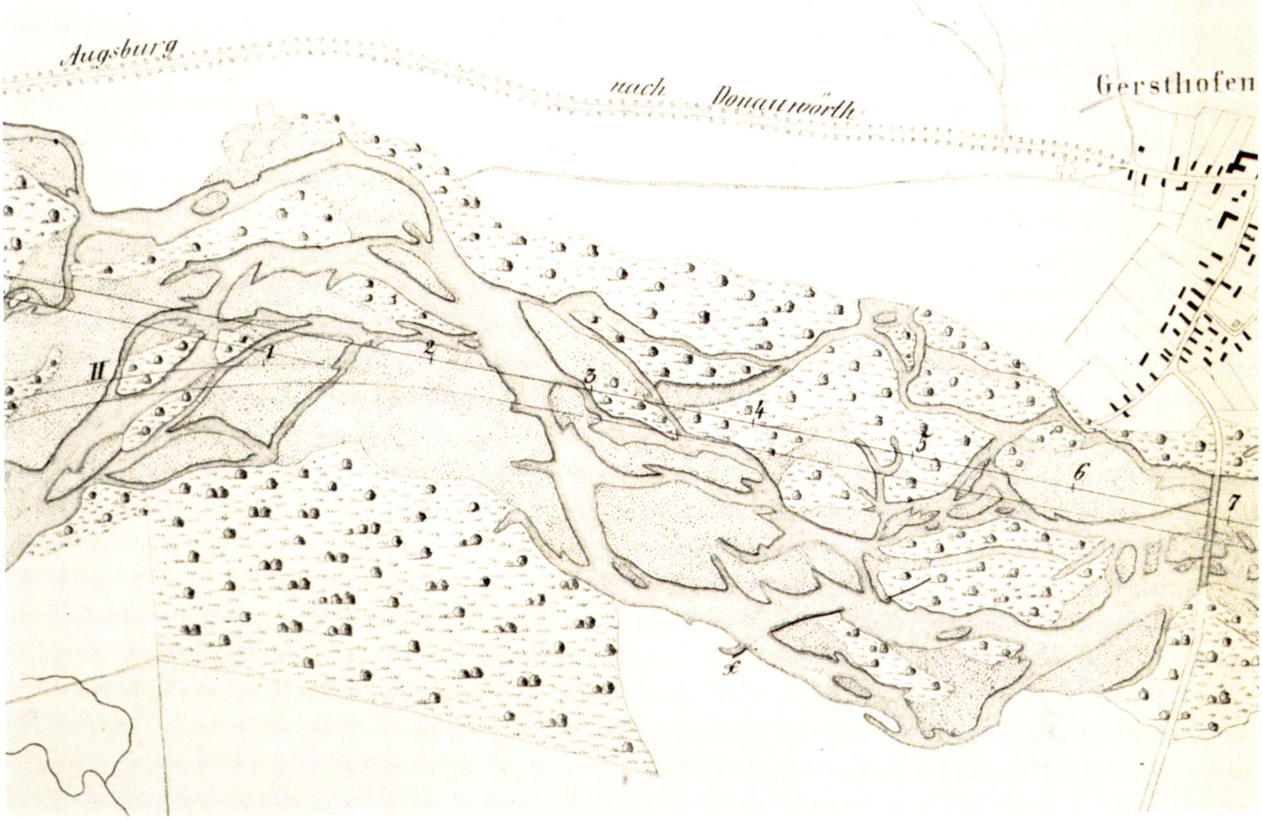

Ohne Rücksicht auf den ursprünglichen Flussverlauf, der sich früher bei starken Hochwassern weit verlagern konnte, führte man im 19. Jahrhundert die Flusskorrektion zunächst am Unteren Lech, ab 1925 auch vor Augsburg durch. Der Plan lässt die äußerst eng gefasste Korrektionslinie erkennen, in die der Gebirgsfluss nun kanalähnlich gezwängt wurde.

bauten sowie die Brücken vor den Stadtmauern nieder. 1703 – im Spanischen Erbfolgekrieg – war es zur Abwechslung wieder die bayerische Soldateska, die alle Ablassgebäude anzündete. (17)

Der Lech ist das weitaus wasserreichste unter den Augsburger Gewässern. Wegen seiner Bedeutung als Antriebskraft und für die Flößerei (bis 1568 auch für die Holztrift) war er naturgemäß häufig ein Zankapfel zwischen der Reichsstadt und dem meist übermächtigen, selten gutwilligen Nachbarn Bayern.

Seinen Wasserreichtum verdankt der Gebirgsfluss in seinen Anfängen dem Lechquellengebirge im österreichischen Vorarlberg. Eine einzige – und eindeutig zuordenbare – Quelle hat der Lech übrigens nicht. Er entspringt auf einer Höhe von rund 1880 Metern zahllosen kleinen und kleinsten Rinnsalen und Bergbächen. Erst ab dem Zusammenfluss des Formarinbachs mit dem Spullerbach auf einer Höhe von 1610 Metern verwendet man den Namen Lech.

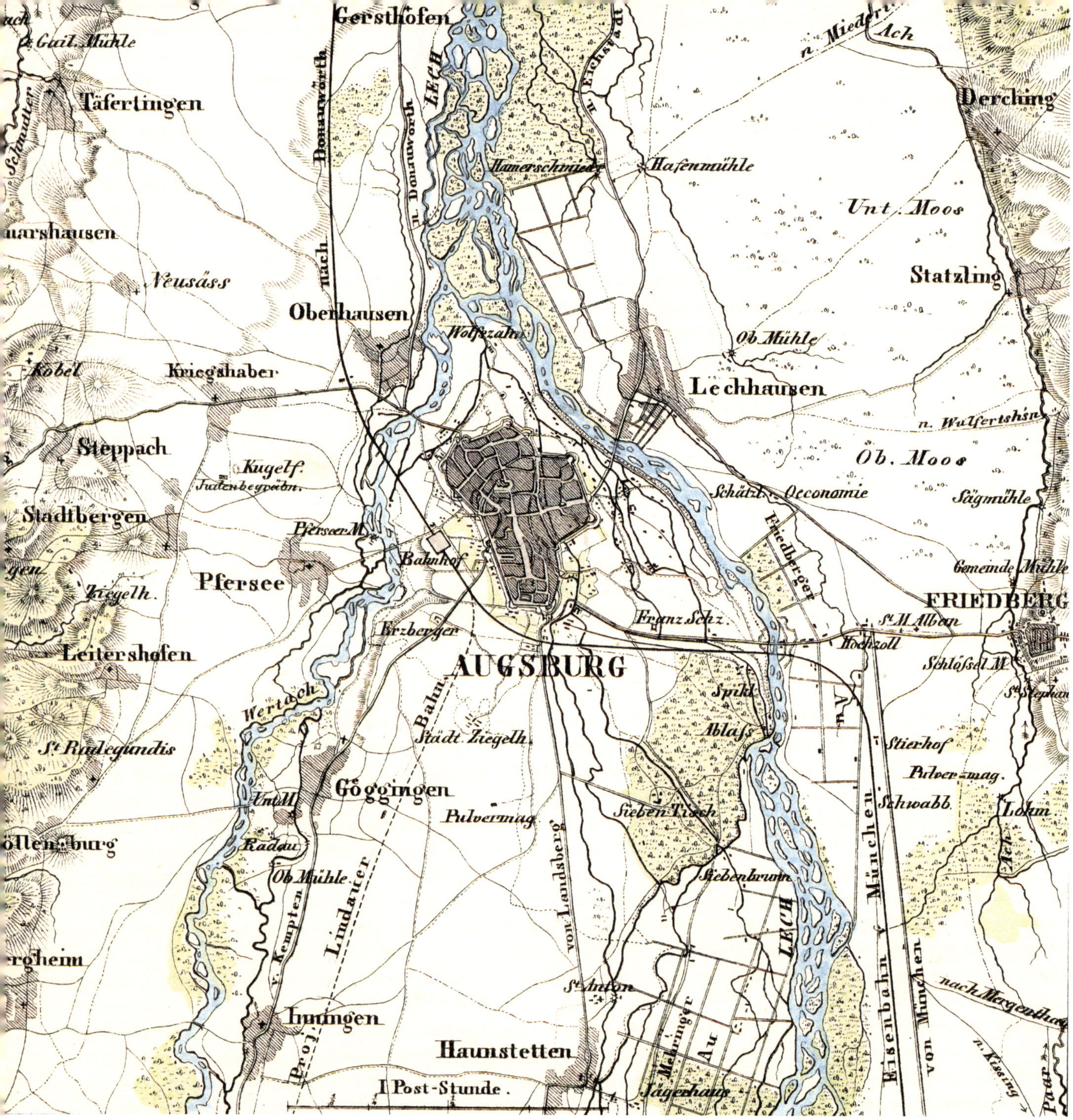

Auf einer Karte von 1845 – kurz vor Beginn der ersten Flusskorrektionen – kann man die bis dahin noch unbegradigten Flussschleifen und zahlreichen Kiesbänke in den Gebirgsflüssen Lech und Wertach erkennen.

Der Lech entwässert ein Einzugsgebiet von circa 4000 Quadratkilometern. Die Differenz zwischen dem höchsten Punkt des Gebirges im Vorarlberger Quellgebiet – der Parseierspitze (3036 Meter) – und dem niedrigsten Punkt, der Mündung in die Donau bei Marxheim (392 Meter), beträgt 2644 Höhenmeter. Von den Quellen bis zur Mündung überwindet der Fluss fast 1500 Höhenmeter Gefälle. Wie lang der Lech insgesamt ist, ist nicht verbindlich zu klären. Frühere Messungen schwankten zwischen 248 und 285 Kilometern. Das lag daran, dass der Gebirgsfluss vor den Korrektionsmaßnahmen bei starken Hochwassern die Ufer um bis zu einen Kilometer verlagerte. Wildflussstrecken des Lechs sind in Tirol sowie in Bayern kurz vor Füssen und an der Litzauer Schleife erhalten. Der begradigte Lauf des Lechs wird heute zumeist mit einer Länge von mehr als 260 Kilometern angegeben.

Auf ungefähr einem Drittel seiner Gesamtlänge verläuft der Lech durch Vorarlberg und Tirol. Diesen

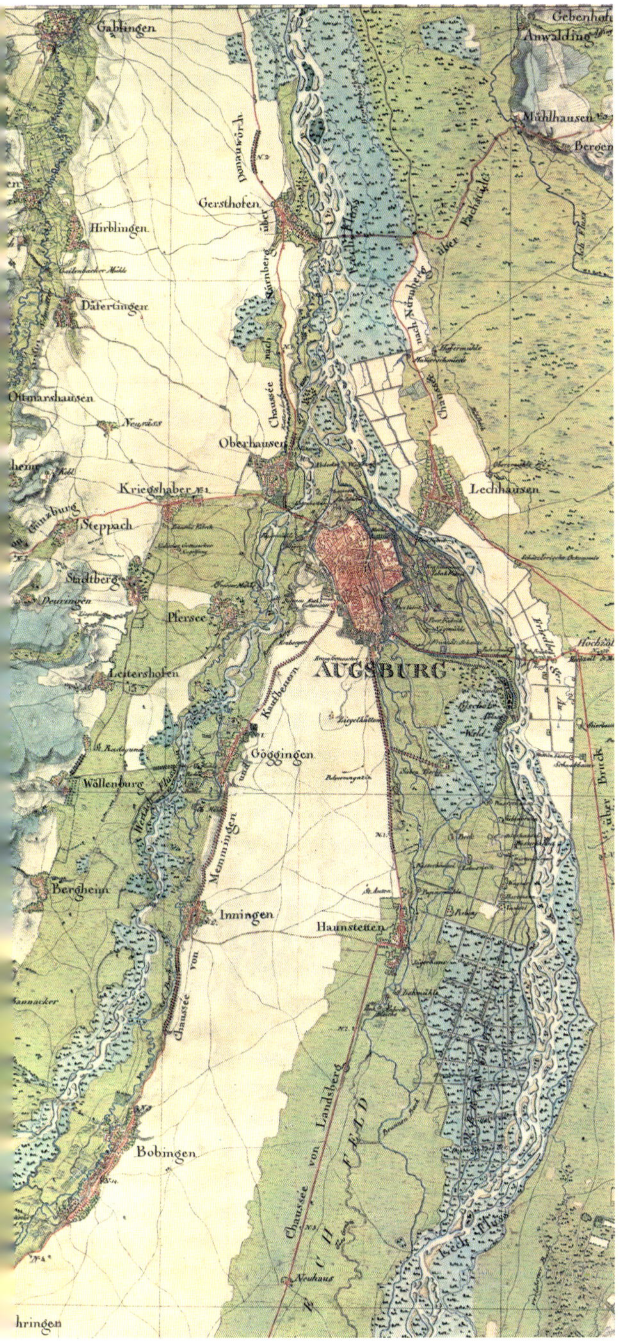

Flussabschnitt nennt man Oberer Lech, wobei der Fluss bis Warth als Oberster Lech oder Vorarlberger Lech bezeichnet wird. Zu zwei Dritteln fließt der Lech durch Bayern: Unterer Lech hieß früher der gesamte Abschnitt vom Alpenrand bis zur Donau. Erst seit den 1930er-Jahren ist der Begriff Mittlerer Lech für den Fluss zwischen Füssen und Hohenfurch üblich. Parallel dazu nennt man den Oberen Lech Alpinen Lech und den Mittleren Lech auch Moränenlech. Der Untere Lech bis kurz nach Landsberg wird als Terrassenlech und der nördlichste Abschnitt des Flusses bis zur Mündung in die Donau als Alluvionslech bezeichnet.

Eine Karte aus dem 19. Jahrhundert verdeutlicht die Topografie der Landschaft südlich von Augsburg: Zu beiden Seiten der Schotterterrasse des schwäbischen Lechfelds erstrecken sich die Flussauen von Lech und Wertach bis zur Stadt. Rechts: Die Karte zeigt den Verlauf des Lechtals vom Quellgebiet des Flusses in Vorarlberg bis zu seiner Mündung in die Donau.

Der Lech ist der drittgrößte bayerische Nebenfluss der Donau, und an der Wassermenge gemessen sogar der zweitstärkste nach der Isar. Für den Wasserreichtum sorgen insgesamt 57 Zuflüsse erster bis dritter

Im Quellgebiet um den Formarinsee nahe dem Ort Lech in Vorarlberg beginnt der Weg des Lechs zur Donau. In Tirol und bis kurz vor Füssen ist der Lech großteils ein wilder Gebirgsfluss geblieben. Derart ungebändigt floss und mäandrierte der Lech bis zur Korrektion in den 1920er-Jahren auch vor Augsburg.

Ordnung: 29 in Österreich, 28 in Bayern. Die Zuflüsse in Österreich bringen dem Lech mehr Wasser zu als die bayerischen. Der wasserreichste Lechzufluss ist – kurz vor der Grenze zu Bayern – die Vils. Als längster Zufluss geht die Wertach nach rund 141 Kilometern am nördlichen Stadtrand Augsburgs im Lech auf. (18)

Den Wildfluss Lech gibt es, abgesehen von einigen Strecken in Tirol und zwei kurzen Abschnitten in Bayern, nicht mehr. Die Flusskorrektionen zwängten den vielarmig mäandrierenden Lech in ein enges Bett. Vor Augsburg haben mehr als 20 Wasserkraftwerke den reißenden Gebirgsfluss in eine Kette von Stauseen ver-

Letzte Kiesbänke am Lech bei Augsburg sind noch heute auf wenigen Flusskilometern zwischen Königsbrunn und dem Augsburger Hochablass erhalten. Auf eine wildflussähnliche Situation trifft man nördlich der Wolfzahnau, nach deren Nordspitze die Wertach (rechts) in den Lech mündet.

Entlang des Lechs zieht sich der heutige Stadtwald Augsburg: In der bayerischen Meringer Au, in der Bischofsau im Territorium des Hochstifts Augsburg sowie in den Haunstetter Auen, die im Besitz des Benediktinerstifts St. Ulrich und Afra waren, lagen Quellen, die Augsburg mit Trinkwasser versorgten. Auf der vermutlich bald nach 1700 gemalten Augenscheinkarte ist rechts oben der Lochbachanstich zu erkennen. Der nördliche Lauf des Alten Floßbachs, das „Granitzbächle" (rote Linie, heute: Grenzgraben), schied die Territorien der Reichsstadt und Bayerns.

wandelt. Vor der Flusskorrektion und dem intensiven Ausbau der Stromgewinnung prägte den Lech *„[...] eine Vielfalt von kleinen und großen, fließenden und stehenden, dauernden und vorübergehenden, nährstoffarmen und nährstoffreichen, sommerkalten und sommerwarmen Gewässern, die heute nicht mehr existiert".* (19) Die Auswirkungen des Wasserbaus auf die Landschaft beschrieb eine im Jahr 1991 veröffentlichte Studie des Bayerischen Landesamts für Wasserwirtschaft: *„Die [...] Korrektionen [...] zwangen den Lech in ein festes Bett und beseitigten die starke morphologisch-hydrologische Gliederung des Flusses und dessen enge Verzahnung mit der Aue zugunsten der Gleichförmigkeit eines engen Flußschlauches mit starrer Uferlinie, starker Strömung, größerer Wassertiefe und starkem Geschiebetrieb."* (20)

Am Unteren Lech nördlich von Augsburg wurden bereits *„[...] von 1852 bis 1900 erste konsequente Flussbaumaßnahmen durchgeführt. Nach dem Jahrhunderthochwasser von 1910 wurden die Bemühungen verstärkt und die einst größte Wildflussstrecke außerhalb der Alpen im heutigen ‚Naturschutzgebiet Stadtwald Augsburg' von 1925 bis 1928 begradigt. Dennoch blieb im Stadtgebiet Augsburg eine der wenigen bayerischen Fließstrecken erhalten. Auf wenigen Kilometern zwischen Königsbrunn und dem Hochablass finden sich noch letzte Kiesbänke."* (21)

Der Brunnenbach versorgte bis zur Mitte des 19. Jahrhunderts das Wasserwerk am Roten Tor als offener Kanal mit Trinkwasser. *„Stetten berichtet zum Jahr 1480: ‚Damalen ließ der Rat, damit man auch Brunnenwasser in der Stadt haben möchte, die lebendigen Quellen in der Au und auf dem Lechfeld zusammengraben und in die Stadt führen, welches Wasser hernach der Brunnenbach oder Lech genannt worden.'"* (22) Der Brunnenbach war also kein natürliches Gewässer, sondern ein künstlich angelegter Wassersammler.

Ob das Lechwasser im Lochbach von Beginn an vom reineren Quellwasser des Brunnenbachs getrennt wurde, lassen die Quellen nicht zweifelsfrei erkennen. *„Die bis 1556 noch größtentheils unregelmäßig am […] Rothen=Thore zusammengeflossenen Brunnenwasser wurden damals für die Brunnenmühlen und städtischen* [Wasser-] *Werke getrennt und ihr Wasserquantum fortwährend vermehrt. Seit jener Zeit dienen sie verschiedenen Zwecken […].“* (23) Zumindest in einem Punkt sind alle Chroniken eindeutig: Die Stadt versuchte, an so viel Quellwasser zu kommen wie möglich. So bat der Rat 1604, dass Quellbäche auf dem Gebiet des Benediktinerstifts St. Ulrich und Afra bei Haunstetten in den trinkwasserführenden Mittelbach (Brunnenbach) eingeleitet wurden, anstatt wie zuvor das Treibwasser im Mühlbach (Lochbach) zu verstärken.

Spätestens seit dem 19. Jahrhundert wurde dem Quellwasser im Brunnenbach, in dem noch bis 1840 Trinkwasser zum Wasserwerk am Roten Tor floss, über den Siebenbrunner Bach Lechwasser beigemengt, und der Mittelbach ging nun kurz vor der Stadt im größeren Siebenbrunner Bach auf. Vereinfacht gesagt war der Brunnenbach – unabhängig von anderen Namen und steten Veränderungen – immer jener Kanal, durch den das Trinkwasser in die Stadt strömte. Allerdings wurde auch der Lochbach des Öfteren als Brunnenbach oder Brunnenlech bezeichnet. (24) Ein Hinweis darauf, dass er einst auch diese Funktion hatte?

Der heute Brunnenbach genannte Kanalabschnitt hat mit dem historischen Brunnenbach jedenfalls nur den Namen und das Ende des Kanalverlaufs gemein. Der heutige Brunnenbach mündet ungefähr 1,3 Kilometer vor dem 1879 stillgelegten Wasserwerk am Roten Tor auf dem Gelände des Silbermannparks (an der Haunstetter Straße) in den Lochbach.

Bäche und Kanäle im Stadtwald können jeweils lediglich innerhalb bestimmter Zeitfenster zutreffend beschrieben werden. Dies belegen zwei Beispiele: Der Siebenbrunner Bach war bis Mitte des 19. Jahrhunderts ein trinkwasserführender Quellbach. Anschließend wurde er zum Lechkanal, durch den nun Treibwasser strömt. Umgekehrt fließt im Reichskanal – er war früher ein Lechanstich – heute Quellwasser. Verwirrend wie ihre Geschichte ist der Verlauf der Quellbäche und Lechkanäle sowie der kleinen und kleinsten Rinnen und Zuläufe im Stadtwald. Sie fließen in der Regel von Süden nach Norden in Richtung Augsburg. Der Grenzgraben macht eine Ausnahme: Er verläuft von Südwesten nach Nordosten. (25)

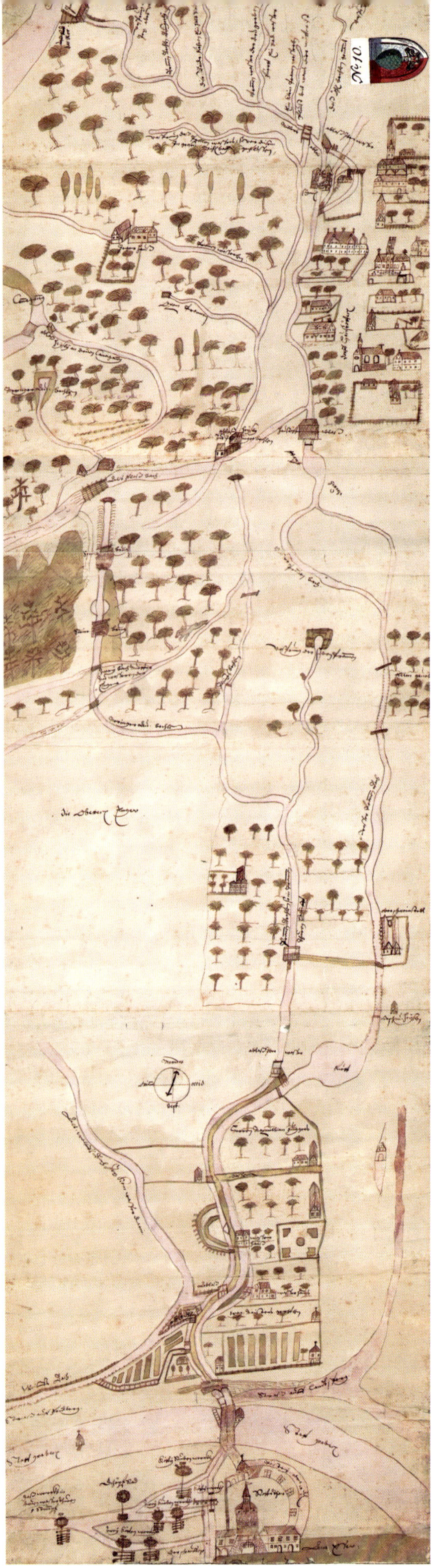

Jahrhundertelang lag dieses quellen- und wasserreiche Gebiet aus Augsburger Sicht größtenteils im „Ausland". Der Grenzgraben markierte (am Lech knapp südlich des Hochablasses) die Grenzlinie zwischen der Reichsstadt Augsburg und Bayern. Die südlich der Grenze gelegene Meringer Au war bayerisch: Sie gehörte sogar nach 1806 – nach der Eingliederung von Augsburg in das junge Königreich Bayern – noch bis 1910 zum altbaierischen Bezirksamt, Amtsgericht und Rentamt Friedberg. Die 1804 gegründete kleine Landgemeinde Meringerau (heute Siebenbrunn) wurde erst zum 30. Juni 1910 nach Augsburg eingemeindet. (26)

Die einstige Meringer Au ist aber nur ein Teil des heutigen Stadtwalds Augsburg. Am 2. März 1602 war die Reichsstadt – im Tausch gegen Grundbesitz in Anhausen und Eppishausen – zur 280 Hektar großen Bischofsau, die bis dahin im Besitz des Hochstifts Augsburg war, gekommen. (27) Die Bischofsau nannte man später Siebentischau: Dieses Gebiet macht einen Großteil des heutigen Siebentischwalds im Stadtwald aus. Die Säkularisation in Bayern (1802/03) und die Einziehung von Kirchengütern führten dazu, dass das Königreich Bayern auch das ungefähr 950 Hektar große Waldgebiet bei Haunstetten vereinnahmte. Im Jahr 1924 gelang es der Stadt Augsburg endlich, auch diesen Wald als Teil des heutigen Trinkwasserschutzgebiets zu erwerben. 1927 konnten diese Flächen sogar um den früheren, circa 39 Hektar großen Haunstetter Gemeindewald als Gegenleistung für den Bau der Straßenbahn bis in die damals noch selbstständige Gemeinde (den heutigen Augsburger Stadtteil) Haunstetten erweitert werden. (28)

Der Stadtwald Augsburg liegt im Süden der Großstadt – langgestreckt am westlichen Ufer des Lechs. Dort gewinnen die Stadtwerke Augsburg hochwertiges Trinkwasser für rund 300 000 Menschen. Das Trinkwasserschutzgebiet „Stadtwald Augsburg"

Augsburgs Stadtwerkmeister Elias Holl zeichnete 1627 diese Skizze des Systems der Quellbäche in der Meringer Au. Am oberen Bildrand links ist der Lochbachanstich am Lech zu sehen: Der Brunnenlech oder auch Mühlbach genannte Lochbach wurde, am Ende parallel zum trinkwasserführenden Brunnenbach, zum Wasserwerk am Roten Tor (unten) geleitet.

Das Gewässersystem im Stadtgebiet Augsburg – die Länge der Flüsse, Kanäle und Bäche

Lechkanäle	
Aumühlbach	2,0 km
Äußerer Stadtgraben	1,9 km
Bayerbach	4,4 km
Einlaufkanal	0,2 km
Fichtelbach	1,4 km
Floßgraben	4,7 km
Gießer[2]	6,0 km
Hanreibach	2,3 km
Hauptstadtbach	1,3 km
Herrenbach	0,9 km
Hinterer Lech	0,6 km
Innerer Stadtgraben	2,5 km
Kanustrecke[4]	0,3 km
Kaufbach	2,0 km
Lochbach	14,6 km
Malvasierbach	0,7 km
Mittlerer Lech	0,6 km
Neubach	0,9 km
Neuer Graben	8,0 km
Proviantbach	4,4 km
Schäfflerbach	3,4 km
Schwallech	0,6 km
Siebenbrunner Bach	4,5 km
Sparrenlech	1,4 km
Spitalbach	1,4 km
Stadtbach	3,0 km
Vereinigter Stadt- und Proviantbach	1,0 km
Vorderer Lech	1,4 km
Wolfsbach	0,4 km
Gesamtlänge	**76,8 km**

Bäche am Lech	
Ablassbach	0,6 km
Branntweinbach[5]	5,5 km
Brunnenbach	10,0 km
Brunnengraben	0,4 km
Brunnenmeisterbach	0,2 km
Grenzgraben	2,0 km
Höhgraben[5]	5,0 km
Jägerbach[1]	1,8 km
Mühlbach	1,9 km
Moosgraben	2,2 km
Ochsenbach[1]	1,2 km
Großer und Kleiner Ölbach	3,0 km
Reichskanal	2,0 km
Siebenbrunnenbach[5]	6,0 km
Südlicher Mühlbach	1,2 km
Ziegelmoorbächlein[1]	2,4 km
Zigeunerbach	0,9 km
Gesamtlänge	**46,3 km**

Wertachkanäle	
Fabrikkanal	1,9 km
Mühl-/Hettenbach	4,6 km
Holzbach	0,8 km
Senkelbach	2,2 km
Wertachkanal	2,3 km
Gesamtlänge	**11,8 km**

Bäche an der Wertach	
Diebelbach	8,3 km
Forellenbach	2,2 km
Kathreinergraben	2,0 km
Krautgartenbach	0,7 km
Oberschönenfelder Graben	3,0 km
Radegundisbach	1,5 km
Schlaugraben[3]	1,4 km
Seitelbach	3,0 km
Gesamtlänge	**22,1 km**

Länge der Flüsse im Stadtgebiet Augsburg	
Lech	22,7 km
Wertach	13,7 km
Singold	6,3 km
Gesamtlänge	**42,7 km**

Gesamtlängen der Gewässer im Stadtgebiet Augsburg	
Flüsse	42,7 km
Lechkanäle	76,8 km
Bäche am Lech	46,3 km
Wertachkanäle	11,8 km
Bäche an der Wertach	21,1 km
Summe aller Gewässer	**198,7 km**

Anmerkungen zu den Bächen und Kanälen
1 trockengefallen
2 teilweise trocken
3 verrohrt
4 Eiskanal (olympische Kanuslalomstrecke 1972)
5 Bach östlich des Lechs

Quellen:
Stadt Augsburg, Tiefbauamt, Abteilung Wasser- u. Brückenbau, und Landschaftspflegeverband Stadt Augsburg e.V. (Stand 2015)

schließt das gesamte 2167 Hektar große Naturschutzgebiet mit ein. Der Stadtwald ist eines der größten und auch artenreichsten außeralpinen Naturschutzgebiete in Bayern: *„Auch wenn der Fluss heute gebändigt ist und damit viele Lebensräume verloren gingen, ist er mit über 3.000 Arten immer noch ein Juwel unter den bayerischen Naturschutzgebieten.*

Eine der schönsten Besonderheiten ist die Sumpfgladiole. Mit mehr als 400.000 Exemplaren beherbergt der Stadtwald weltweit das größte Vorkommen dieses Schwertliliengewächses." (29) Der Stadtwald ist zudem nicht nur ein beliebtes Naherholungsgebiet. Nicht zuletzt sei dieser innenstadtnahe Naturraum mit seinen Denkmälern der Wasserwirtschaft – so das Bayerische Landesamt für Umwelt – ein bedeutender Kulturlandschaftsausschnitt, der sich auf Grundlage von Wald und Wasser gebildet hat. (30)

Im nahezu 200 Kilometer langen Augsburger Gewässersystem machen allein die Kanäle und Quellbäche knapp 160 Kilometer aus. Die 2015 für dieses Buch eruierten Längenangaben sind Annäherungswerte, die Veränderungen unterliegen können.

Der Wasserreichtum im Stadtwald ist der Topografie des Alpenvorlands zu verdanken. Denn *„[...] im alluvialen Schottergrund des Lechfeldes drücken mächtige Grundwasserströme nach Norden. Diese ließen in den südlichen Wäldern und Auen ganze Systeme von Quellbächen entstehen, deren Wasser, der natürlichen Geländeneigung von ca. 3 ‰ folgend, nach Norden fließen."* (31)

1857 notierte der Münchner Journalist Wilhelm Heinrich von Riehl in seinen „Augsburger Studien" geradezu enthusiastisch: *„Auf der äußersten Spitze*

Im Süden von Augsburg drückt Grundwasser noch heute in 16 Quelltöpfen im Stadtwald an die Oberfläche. Das Quellwasser wurde in künstlich angelegten Gräben und Stadtbächen als Trinkwasser in die Stadt geleitet. Unten: Noch heute fließt im Brunnenbach glasklares Quellwasser in Richtung Stadtmitte.

des Lechfeldes gegen die Donauniederung und ihre Hügelzone gelegen, thront Augsburg wie auf einem Vorgebirg. Die ungeheuere Geröllfläche des Lechfeldes aber ist zugleich der letzte Ausläufer, der weithin gestreckte Trümmerschutt des Hochgebirges, die Grenzmark der südbayerischen Hochflächenzone. So

öde und ungesegnet das obere Lechfeld ist, so kostbar wird seine unterste Spitze für die begünstigte Reichsstadt; es hebt sie über die Sumpfniederung der vielen hier zusammenrinnenden Gewässer, sammelt und entläßt an seinem Rande die reichen Quellen, die es meilenlang eigens zum Profit der Augsburger bei sich

Beim Ablass am Oberen Anger deutet sich das Geflecht der Bäche und Kanäle im Stadtwald an. Von rechts läuft Wasser aus dem Zigeunerbach, von links aus dem Reichskanal in den Siebenbrunner Bach. Unten: Den heute rund 14,5 Kilometer langen Lochbach speist der Lechanstich bei der Staustufe 22.

behalten zu haben scheint, und macht so die Stadt zur Beherrscherin dieser mannigfaltigen Wasserschätze, während in der ganzen Nachbarschaft umgekehrt das Gestade von dem Wasser beherrscht wird." (32)

Die Grundwassermassen unter der rund 40 Kilometer langen Hochterrasse des südlichen schwäbischen Lechfelds, die sich zwischen dem Ende der voralpinen Moränenlandschaft bei Igling und Augsburg erstreckt, streichen im Stadtwald aus. (33) Sichtbar wird das an den Quelltöpfen, deren glasklares Wasser früher über Quellbäche – die sogenannten Gießer – dem Brunnenbach zugeführt wurde, der es in Richtung Wasserwerk am Roten Tor leitete.

Auch für den Standort des 1879 in Betrieb genommenen, heute schon wieder historischen Wasserwerks am Hochablass war Grundwasser im heutigen Trinkwasserschutzgebiet „Stadtwald Augsburg" entscheidend. Die Grundwassermengen, die unabhängig vom Flusswasser des Lechs und der Wertach *„[…] unter der Terrainoberfläche mit unendlich kleiner Geschwindigkeit sich fortbewegend und gleichsam ein grosses unterirdisches Reservoir bildend – der Spitze der […] Landzunge zuströmen, und auf ihrem Wege theilweise den der Stadtgemeinde gehörigen ‚Siebentischwald' berühren, sind es, welche der neuen Wasserversorgung das benöthigte Trinkwasser liefern".* (34)

Am Galgenablass querte Quellwasser im Grenzgraben früher mittels einer Wasserbrücke das Lechwasser im Siebenbrunner Bach. Die Relikte der Wasserkreuzung sind ein Technikdenkmal der Trinkwasserversorgung.

Im Stadtwald unterhielt man (wie auch vor und in der Stadt) Wasserkreuzungen: Mit Wasserbrücken und unterirdischen Leitungen (Dükern) überquerten trinkwasserführende Quellbäche die nicht zur Trinkwasser-

versorgung geeigneten Lechkanäle, die lediglich Treibwasser führten. Das Relikt einer Wasserbrücke findet man im Stadtwald Augsburg noch heute beim sogenannten Galgenablass.

Ein „Abriß der Möringer Au" zeigte das verwirrende System der Quellbäche und Lechkanäle südlich von Augsburg. Unten: Eine Karte des Geodatenamts der Stadt stellt die Bäche und Kanäle im Stadtwald dar.

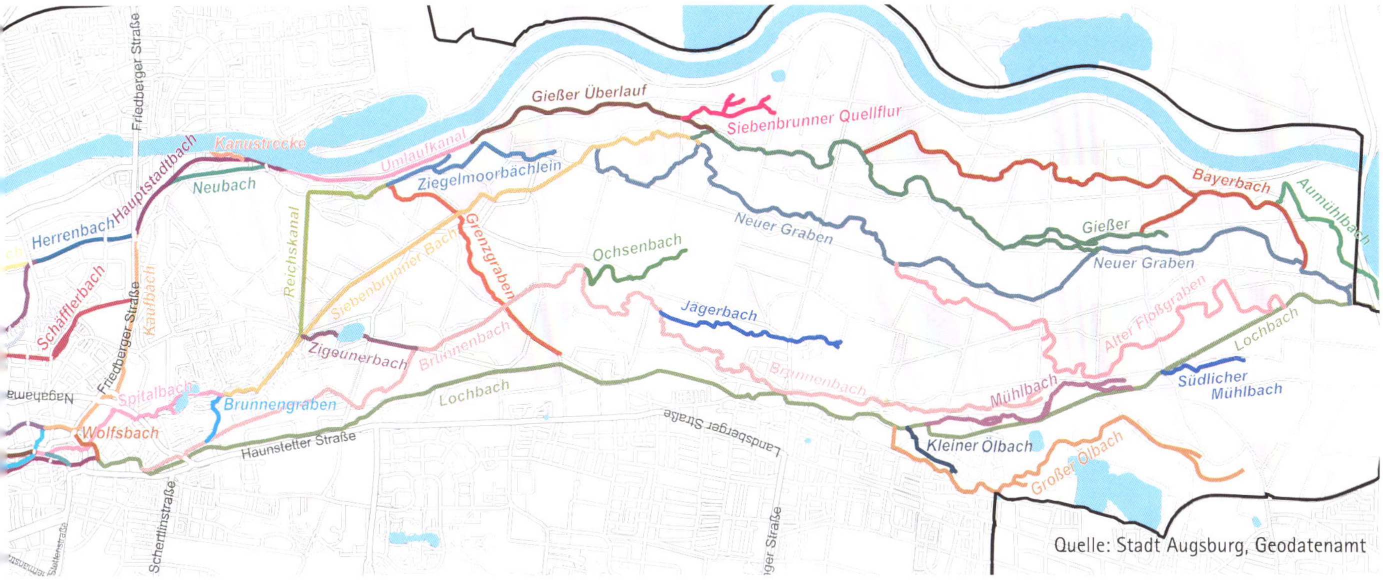

Der Lochbach auf Höhe der Silbermannvilla östlich der Haunstetter Straße: Kurz vor dieser Stelle mündet heute der Brunnenbach in den Lechkanal. Bis 1840 flossen der trinkwasserführende Brunnenbach und das Treibwasser im Lochbach zwar parallel, allerdings säuberlich getrennt zum Wasserwerk am Roten Tor.

Der Lochbach war zwar jederzeit sehr viel wasserreicher als der Brunnenbach. Doch während der Trinkwasserspender immer wieder von Bildhauern und Malern – beispielsweise als Personifikation am Augustusbrunnen oder auch auf einem Gemälde im Goldenen Saal des Rathauses – dargestellt wurde, kam der Lochbach trotz seiner großen Bedeutung für die Mühlen und andere wasserradgetriebene Werke in der Kunst niemals vor. Denn der Lochbach, der ab dem Wasserwerk am Roten Tor Vorderer Lech genannt wird, ist „nur" ein von Lechwasser gespeister Kanal.

Der Lochbach war zunächst wohl ein kanalisierter Lecharm. Weil sich der Fluss immer wieder verlagerte, musste verschiedentlich ein neuer Lochbachanstich gegraben werden, um an Treibwasser aus dem Lech zu kommen. Das Wasser des heute mehr als 14,5 Kilometer langen Lochbachs stammt aus dem Lochbachanstich an der Lechstaustufe 22. Der Lochbach speist alle weiteren Lechkanäle im Stadtwald, zum Beispiel den Siebenbrunner Bach. Auf historischen Skizzen und Karten taucht der Lochbach unter den Namen Mühlbach oder Brunnenlech auf. War er in vorindustrieller Zeit vor allem für die Mahlwerke südlich der Stadtmauern und im Lechviertel wichtig, trug die Wasserkraft des 1470 in einem Vertrag namentlich genannten Mühlbachs (Lochbachs) im frühen 19. Jahrhundert zur frühzeitigen Industrialisierung des damaligen Dorfs und heutigen Augsburger Stadtteils Haunstetten bei.

Die Wertach ist ein rund 141 Kilometer langer Zufluss des Lechs. Ihr langgestrecktes Einzugsgebiet im bayerischen Regierungsbezirk Schwaben beträgt 1295 Quadratkilometer: Es fällt von 1078 Metern Höhe im Quellgebiet im Oberallgäu auf 461 Meter an der Mündung in den Lech ab. Der Fluss entwässert ein Einzugsgebiet von 1440 Quadratkilometern. Ein Großteil des Flusstals verläuft – etwa ab der Höhe der Gemeinde Rieden begradigt – entlang des Westrands der Hochebene des südlichen schwäbischen Lechfelds bis zum Ende der Schotterterrasse im Lech-Wertach-Mündungswinkel am nördlichen Stadtrand Augsburgs.

Die Wertach entsteht in den Allgäuer Alpen nahe dem Bad Hindelanger Ortsteil Unterjoch durch den Zu-

sammenfluss des Eggbachs und des Kaltenbrunnbachs. Unterhalb des Dorfs Wertach fließt die Wertach in den Grüntensee, einen von 1959 bis 1961 errichteten Hochwasserschutzspeicher. Zuflüsse im Ostallgäu sind

Aus dem Zusammenfluss zweier Gebirgsbäche im Oberallgäu entsteht die Wertach. Unten: Auf den letzten Flusskilometern vor ihrer Mündung hat man die Wertachufer seit dem Jahr 2000 renaturiert.

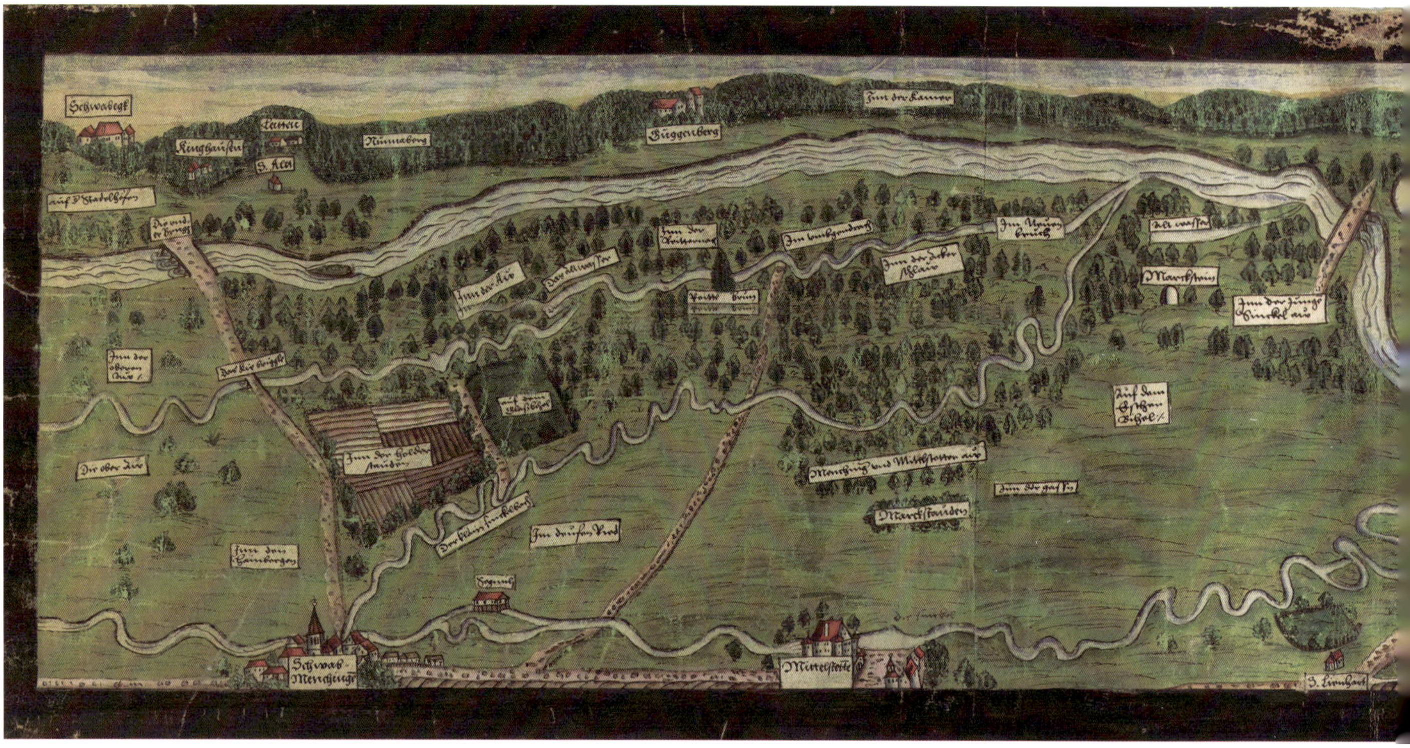

Diese Augenscheinkarte stellt die Wertach in ihrem Verlauf ab Höhe Schwabmünchen bis zum heutigen Augsburger Stadtteil Bergheim als unbegradigten Wildfluss dar. Parallel zur Wertach verlief das Flussbett der kleinen Singold, die hier bis zum heutigen Augsburger Stadtteil Inningen abgebildet ist. Unten: In seiner Radierung „Augsburg gen Mitternacht" – von Norden gesehen – zeigte der Maler Johann Michael Frey 1809 der Hettenbach im Vordergrund. In Sichtweite flossen die Wertach und der Senkelbach.

der Waldbach bei Görisried, die Lobach nahe Marktoberdorf sowie die Kirnach und die Geltnach oberhalb von Biessenhofen. Bei Marktoberdorf entspringt die Gennach, die bei Hiltenfingen im südlichen Landkreis Augsburg in die Wertach mündet. Als letzter Zufluss mündet das Flüsschen Singold, das ab Höhe Schwabmünchen fast parallel zu der Wertach fließt, im Augsburger Stadtteil Göggingen in den Fabrikkanal. (35)

Bereits in den „Bairischen Landtaflen" Philipp Apians von 1563/68 ist der Hettenbach als ein am

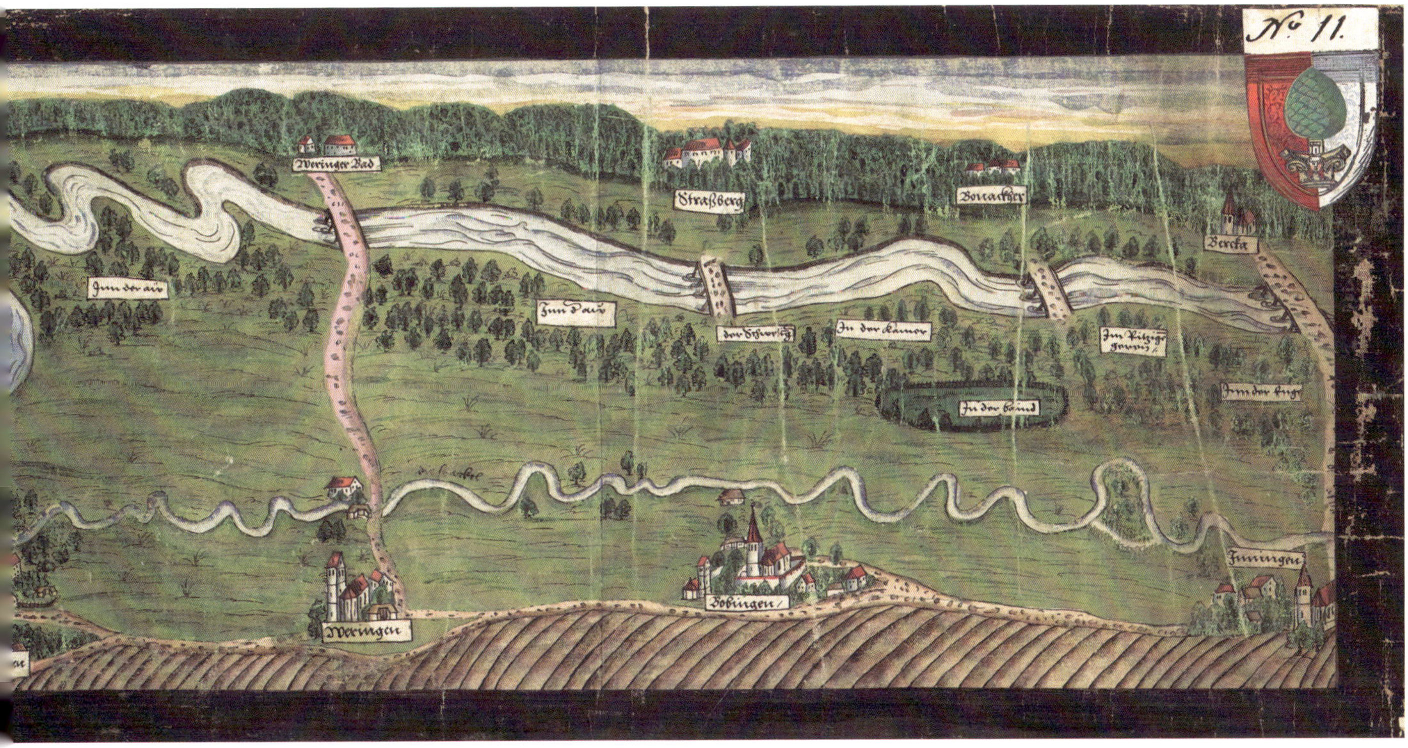

westlichen Ufer der Wertach ausgeleiteter Kanal zu erkennen. Der Hettenbach floss schon damals kurz nach dem Dorf und heutigen Augsburger Stadtteil Oberhausen wieder in die Wertach zurück, die gleich darauf in den Lech mündete. Der im Oberlauf auch Pferseer Mühlbach genannte Hettenbach und weitere Wertachkanäle förderten die frühe Industrialisierung der heutigen Stadtteile Pfersee und Oberhausen.

Auf topografisch exakten Karten aus der Mitte des 19. Jahrhunderts erkennt man noch die Flussschleifen und Kiesbänke der Wertach, die vor Augsburg seit dem Jahr 1858 zur Abwehr der häufigen Hochwasser begradigt wurde. Das Bett des einst weitverzweigten Wildflusses wurde verengt: In der Folgezeit waren an der Wertach die Nachteile jeder Flusskorrektion zu be-

Auf den 14 Flusskilometern der Wertach vor der Mündung in den Lech erhielt die Wertach durch das Projekt „Wertach vital" aufgeweitete Flussstrecken mit naturnah gestalteten Ufern.

Die Singold im Stadtteil Inningen: Das auf den ersten Blick unscheinbare Gewässer besaß für Augsburg als Mühlenfluss große Bedeutung. In einem Teil des alten Flussbetts der Singold, die 1588 bei Göggingen in die Wertach einbrach, fließt heute der Senkelbach.

obachten: Der eingezwängte Fluss grub sich tief in sein Bett ein, dadurch sank der Grundwasserspiegel, Uferdämme und Brücken wurden unterspült. Um die Fließgeschwindigkeit des kanalähnlichen Flusses zu verringern, wurden Staustufen mit Wasserkraftwerken errichtet, die jedoch die Wanderung der Fische verhinderten. Der Auwald drohte zu verschwinden. (36)

Das Wasserwirtschaftsamt Donauwörth und die Technische Universität München entwickelten ab 1997 ein Sanierungskonzept für die 14 Flusskilometer vor der Mündung der Wertach in den Lech. Die Hochwasserkatastrophe an Pfingsten 1999, bei der die Stadtteile Göggingen und Pfersee teilweise überflutet wurden, gab den letzten Anstoß für die seit dem Jahr 2000 mit dem Flussbauprojekt „Wertach vital" durchgeführte Renaturierung des Flusses.

Die Singold ist der letzte größere Zufluss der Wertach. Das nur rund 50 Kilometer lange Flüsschen entspringt bei Waal im Ostallgäu. Das eher unscheinbare Gewässer zweiter Ordnung besaß für Augsburg schon sehr früh eine zentrale Bedeutung. Die Römer gruben in der Zeit um 20 nach Christus eine rund 35 Kilometer lange Fernwasserleitung über die Hochterrasse zwischen Lech und Wertach, wofür damals die Singold angestochen wurde. Dieser Kanal versorgte die spätere Provinzhauptstadt Augusta Vindelicum mit Brauchwasser. Die Ränder des offenen Grabens wurden mit Holzbrettern und Ruten befestigt. Diese Wasserleitung diente als Antriebskraft für die Mühlen, sie belieferte die Gerber, Töpfer und Maurer mit dem Rohstoff Wasser, sie versorgte die Thermen und entsorgte die Latrinen der römischen Stadt. Die Brauchwasserleitung wurde wahrscheinlich circa 400 Jahre lang genutzt. Das Trinkwasser musste das römische Augsburg aber mittels tief gegrabener Ziehbrunnen oder durch Regenwasserzisternen gewinnen.

Täglich leitete die Fernwasserleitung ungefähr 85 Millionen Liter Wasser aus der Singold ins römische Augsburg. *„Der Kanal führte an Graben, das seinen Ortsnamen dieser Wasserleitung verdankt, und Königsbrunn vorbei mit einem Gefälle von rund 3 ‰ nach Norden in die Stadt. Spuren des 2,5 m tiefen, je nach Erosion zwischen 7 und 8 Meter breiten Wassergrabens sind schon 1902 erkannt worden, […] in jüngerer Zeit besonders durch die Luftbilderkundung in Einzelheiten*

nachgewiesen worden." (37) Diese Fernwasserleitung dürfte, wie sämtliche spätantiken Einrichtungen der Wasserversorgung, später ungenutzt verfallen sein.

Spätestens im 15. Jahrhundert gewann die Singold für Augsburg erneut größere Bedeutung. Jedenfalls notierte der Augsburger Arzt, Universalgelehrte und Geschichtsschreiber Pirmin Gasser zu den wichtigen Ereignissen des Jahres 1449: *„Die Sinckel näher zu der Statt geleitet."* (38) Gasser vermerkt dazu: *„Zudem wurde der Strom deß Wassers/die Sinckel genannt/ näher zu der Statt durch die Rosenaw geleitet : und ward an desselben Gestad/die hölzerne Mühl/bey Wertachbrucker Thor/mit deß Raths unkosten damals erstlich auffgebauwen."* (39) So wertvoll schien den Augsburgern die Wasserkraft der Singold, dass sie die Verlegung des Flussbettes vom Gebiet des Hochstifts Augsburg ins Stadtgebiet vornahmen, ohne dies zuvor mit dem Bischof vereinbart zu haben, was prompt zu politischen Verstimmungen führte. (40)

Dass die Singold schon zuvor eng an der nordwestlichen Ecke der Stadtmauer vorbeifloss, belegt eine Notiz Paul von Stettens d. Ä. in seiner „Geschichte Der Heil. Röm. Reichs Freyen Stadt Augspurg". Dort steht zu lesen: *„Anno 1364. wurde die Richtstatt, so vorhero bey dem Gögginger=Thor gestanden, unweit der Juden Kirchhof bey der Sinckel [...] verleget."* (41)

Um 20 nach Christus gruben die Römer eine rund 35 Kilometer lange Fernwasserleitung von der Singold über das Lechfeld bis nach Augusta Vindelicum. Teile des Grabens sind noch auszumachen.

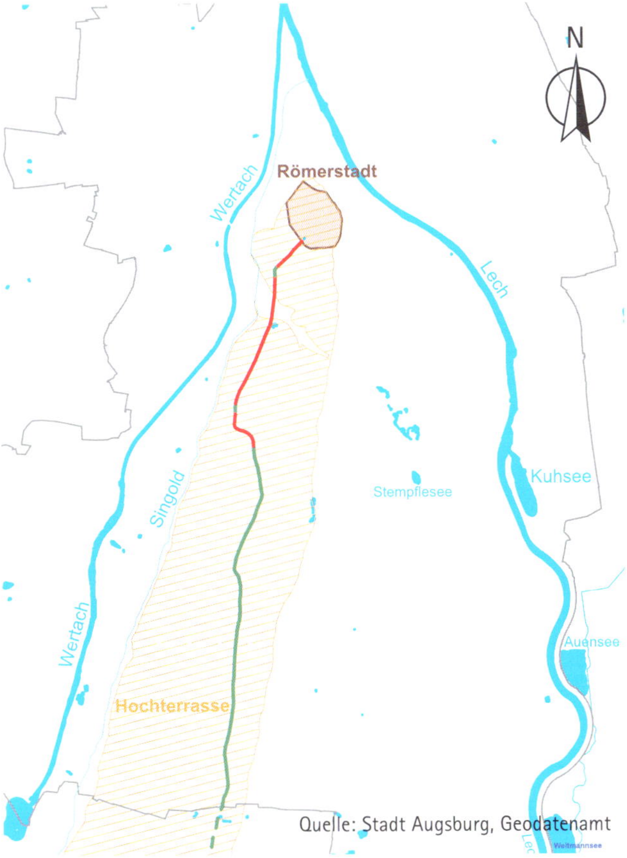

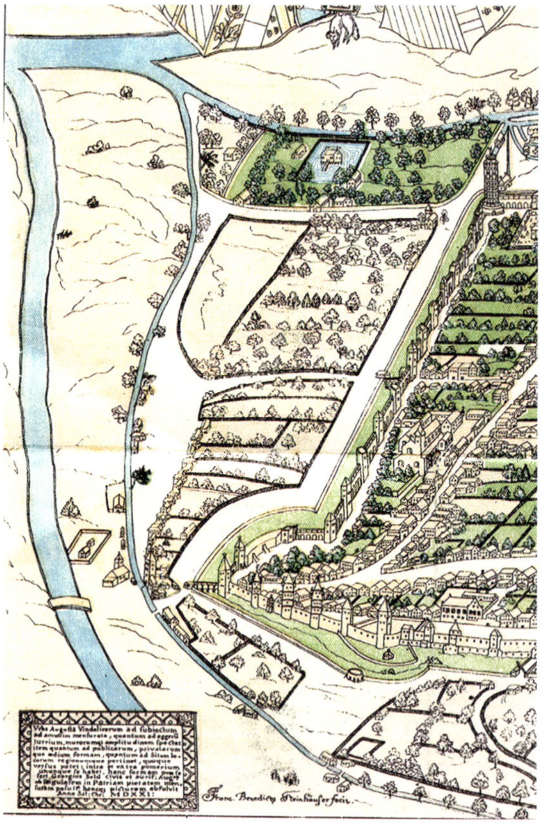

Ein Druck nach dem Vogelschauplan Jörg Selds von 1521 zeigt, wie Singold und Wertach parallel um die nördliche Stadtmauer herumflossen, wo die Singold im Stadtbach aufging. Seit dem Jahr 1884 mündet die Singold bei Göggingen in den Fabrikkanal, der dort die Zwirnerei und Nähfadenfabrik mit Wasserkraft versorgte. Unten: An das ehemalige Flussbett der Singold bis zum Jahr 1588 erinnert der Senkelbach in Oberhausen auch durch seinen Namen.

Jörg Selds sehr exakter Vogelschauplan von 1521 zeigt den ursprünglichen Verlauf der Singold, die um Augsburg herumfloss und nahe der nördlichen Stadtmauer kurz vor dem Lech in den Stadtbach mündete. *„Am 6. September 1588 brach in Folge heftigen Regenwetters die Singold unterhalb Göggingen in die Wertach ein, wodurch sämtliche an diesem Flüsschen gelegene Mühlen mit ihren 38 Rädern trocken gelegt wurden."* (42) Das Flüsschen mündete nunmehr beim heutigen Augsburger Stadtteil in die Wertach. 1884 wurde der Fabrikkanal für die Zwirnerei und Nähfadenfabrik Göggingen (ZNFG) von der Wertach ausgestaut. Seit dieser Zeit geht die Singold im Fabrikkanal auf.

Der Senkelbach entstand, als die Müller und die Reichsstadt Augsburg nach dem Hochwasser von 1588 bei mehreren Verhandlungen mit dem Bischof scheiterten. Sie wollten zunächst den Durchbruch der Singold verbauen, um deren ursprünglichen Flusslauf wiederherzustellen. Da der Bischof diese Maßnahme auf dem Territorium des Hochstifts jedoch mit unannehmbaren Bedingungen verknüpfte, ergriff die Stadt 1589 ohne Abstimmung mit dem Bischof die Initiative: *„[...] sie errichtete in der Wertach ein Stauwehr, grub von hier aus ein neues Bett bis zum alten Bett der*

Singold [...] und leitete dann das Wasser der Wertach in die alte Bachmutter ein, Der Bischof ließ sich das nicht gefallen; es kam deshalb zum Streit, der erst durch Vertrag vom 22. März 1602 beigelegt wurde. Die Stadt erwarb [...] das Dorf Oberhausen und die Bischofsau (den heutigen Siebentischwald)." (43) Damit brachte man die Ursache des Konflikts elegant vom Tisch.

Die seit 1588 verkürzte Singold fließt heute auf gut sechs Kilometern durch das Augsburger Stadtgebiet. Von 1915 bis 1935 wurde auch dieses Flüsschen, das ein Augenscheinplan im Stadtarchiv Augsburg mit zahllosen Flussschleifen und einigen Inselchen im Flussbett zeigt, auf längeren Abschnitten begradigt.

Quellen

(1) vgl. http://www.augsburg-tourismus.de/tl_files/augsburg_tourismus/aktuelles/unesco/UNESCO_SubmissionFormat%20DE_NEU2014_04.11.2014.pdf, letzter Zugriff: 23.02.2015

(2) vgl. http://www.augsburger-allgemeine.de/augsburg/Etwas-naeher-am-Welterbe-id30188272.html, letzter Zugriff: 23.02.2015

(3) Riehl, Wilhelm Heinrich von: Culturstudien aus drei Jahrhunderten, Stuttgart 1862, S. 261 f.

(4) vgl. Ganser, Karl: Industriekultur in Augsburg. Pioniere und Fabrikschlösser, Augsburg 2010, S. 143 f.

(5) ebenda, S. 28

(6) vgl. http://www.historisches-lexikon-bayerns.de/artikel/artikel_45473, letzter Zugriff: 23.02.2015 und http://www.deutsche-biographie.de/sfz78044.html, letzter Zugriff: 23.02.2015

(7) Werner, Anton: Die Wasserkräfte der Stadt Augsburg im Dienste von Industrie und Gewerbe. Historisch-statistisch beschrieben, Augsburg 1905, S. 3

(8) vgl. http://vermessung.bayern.de/historisches/historisch/landtafeln.html, letzter Zugriff: 23.02.2015

(9) vgl. Häußler, Franz: Siebenbrunn. Augsburgs wasserreicher Stadtteil, Augsburg 2013, S. 14 ff.

(10) vgl. Kollmann, Franz Joseph: Die Wasserwerke von Augsburg. Beschreibung aller hydrotechnischen Anstalten der Stadt, des Lech- und Wertachablasses, der Kanäle, Brunnen etc. mit den wichtigsten baupolizeilichen Bestimmungen. Nebst einer Ansicht des Lech-Ablasses und hydrographischen Karte von Augsburg und seinen Umgebungen, Augsburg 1850, S. 126 ff.

(11) vgl. ebenda, S. 131 f.

(12) Zettl, Rupert: Lechauf-lechab: Wissenswertes, Liebenswertes, Augsburg 2001, S. 231

(13) vgl. Kollmann, Franz Joseph: Die Wasserwerke von Augsburg [...], Augsburg 1850, S. 135

(14) Emmendörffer, Christoph: Wunde Welt. Hainhofers Diarium der schwedischen Besatzung Augsburgs, in: Wunderwelt. Der Pommersche Kunstschrank, München/Berlin 2014, S. 521

(15) ebenda

(16) vgl. ebenda, S. 522

(17) vgl. Kollmann, Franz Joseph: Die Wasserwerke von Augsburg [...], Augsburg 1850, S. 133 f.

(18) vgl. Kluger, Martin: Der Lech. Landschaft. Natur. Geschichte. Wirtschaft. Wasserkraft., Augsburg 2011, S. 14 ff.

(19) Bayerisches Landesamt für Wasserwirtschaft (Hg.): 100 Jahre Wasserbau am Lech zwischen Landsberg und Augsburg. Auswirkungen auf Fluß und Landschaft, Schriftenreihe des Bayerischen Landesamts für Wasserwirtschaft, Heft 19, München 1984, S. 49

(20) ebenda

(21) Kluger, Martin: Der Lech. Landschaft. Natur. Geschichte. Wirtschaft. Wasserkraft., Augsburg 2011, S. 19

(22) Groos, Walter: Beiträge zur Topographie von Alt-Augsburg, Bericht der Naturforschenden Gesellschaft Augsburg, Bd. 21, Augsburg 1967, S. 19

(23) Kollmann, Franz Joseph: Die Wasserwerke von Augsburg [...], Augsburg 1850, S. 67

(24) vgl. Clasen, Claus-Peter: Die Augsburger Getreidemühlen 1500 – 1800. Studien zur Geschichte des bayerischen Schwaben, Bd. 27, Augsburg 2000, S. 127 ff.

(25) vgl. Liebig, Nicolas: Unsere Bäche und Kanäle in Augsburg, Informationsbroschüre des Landschaftspflegeverbands Stadt Augsburg e.V., Augsburg 2013

(26) vgl. Häußler, Franz: Siebenbrunn. Augsburgs wasserreicher Stadtteil, Augsburg 2013, S. 110 ff.

(27) vgl. ebenda, S. 21

(28) vgl. Römer, Frank von: Haunstetter Wald, in: Augsburger Stadtlexikon, Augsburg 1998, S. 479

(29) http://www.naturvielfalt.bayern.de/regional/naturatlas/25_schw_augsburger_stadtwald.htm, letzter Zugriff: 20.05.2015

(30) vgl. http://www.lfu.bayern.de/natur/kulturlandschaft/bedeutsam/doc/45_bedeutsam_a_unteres_lechtal.pdf, letzter Zugriff: 19.05.2015

(31) Ruckdeschel, Wilhelm: 100 Jahre Wasserwerk am Hochablaß. Am 1. Oktober 1879 begann die moderne Wasserversorgung Augsburgs, in: Sanitär + Heizungstechnik, Jg. 45 Nr. 10, Holzminden 1980, S. 87

(32) Riehl, Wilhelm Heinrich von: Culturstudien aus drei Jahrhunderten, Stuttgart 1862, S. 269

(33) vgl. Zettl, Rupert: Lechauf-lechab: Wissenswertes, Liebenswertes, Augsburg 2001, S. 37

(34) Kuby, Ferdinand: Die Brunnenwerke und neuen Trinkwasser-Verhältnisse der Stadt Augsburg, Augsburg 1881, S. 31 f.

(35) vgl. Rapp, Robert: Die Wertach. Flussentwicklung an der unteren Wertach. Gestern. Heute. Morgen., Augsburg 2012, S. 21 f.

(36) vgl. Bayerisches Landesamt für Umwelt (Hg.): Bayerns Gewässer. natürlich grenzenlos gut, Karten zur Wasserwirtschaft, Augsburg 2014

(37) Bauer, Christoph: Die Römerherrschaft in Vindelikien, in: Geschichte Schwabens bis zum Ausgang des 18. Jahrhunderts, Handbuch der bayerischen Geschichte, Bd. 3/2, München 2001, S. 60

(38) Gasser, Pirmin: Ander Theil der Weitberüempten Keyserlichen Freyen und deß H. Reichstatt Augspurg in Schwaben Chronica [...], zweites Buch der Augspurgischen Chronica Markus Welsers [...], Frankfurt am Main 1595, S. 182

(39) ebenda

(40) vgl. Werner, Anton: Die Wasserkräfte der Stadt Augsburg im Dienste von Industrie und Gewerbe. Historisch-statistisch beschrieben, Augsburg 1905, S. 11

(41) Stetten, Paul d.Ä.: Geschichte Der Heil. Röm. Reichs Freyen Stadt Augspurg. Aus Bewährten Jahr-Büchern und Tüchtigen Urkunden gezogen [...], Bd. 1, Augsburg 1743, S. 107

(42) Werner, Anton: Die Wasserkräfte der Stadt Augsburg im Dienste von Industrie und Gewerbe [...], Augsburg 1905, S. 13

(43) ebenda

Wasserwunder

Bischof Ulrich, sein Fisch und die Brunnen

(10. Jahrhundert bis heute)

Die katholische Kirche verehrt die Heiligen Nikolaus, Florian, Zeno und Johannes Nepomuk als Wasserpatrone. Zu den Wasserpatronen zählt aber auch der 973 verstorbene, 993 heiliggesprochene Bischof Ulrich von Augsburg: Er gilt als Brunnenheiliger und Schutzhelfer bei Wassergefahren. Diese weitgehend vergessene Bedeutung Ulrichs wird durch sein markantestes Attribut, den Fisch, symbolisiert.
Am Nordportal des Augsburger Doms, das um 1343 entstand, wurde der Heilige wohl erstmals mit einem Fisch in der Hand dargestellt (rechts). Ulrichsbrunnen und zahlreiche Darstellungen des Heiligen mit dem Fisch findet man in Süddeutschland, Österreich und Südtirol. Am 1955 aufgestellten Ulrichsbrunnen beim Nordportal des Augsburger Doms steht die Relieffigur Bischof Ulrichs über einem Fisch (oben).

Augsburger Brunnenheiliger und Wasserpatron

St. Ulrich – der Fisch ist ein Attribut des Bischofs und ein Symbol für Wasser

Die Lage Augsburgs zwischen den bei den häufigen Hochwassern reißenden Gebirgsflüssen Lech und Wertach hat die Lebensrealität in der mittelalterlichen Stadt wohl maßgeblich geprägt. Die Angst vor Gewässern als Reise- und Transporthindernis, die sogar eine Gefahr für Leib und Leben bedeuteten, sowie die äußerst hohe Wertschätzung reinen Trinkwassers spiegeln sich wahrscheinlich in den Legenden um den heiliggesprochenen Augsburger Bischof Ulrich wider. Ist es ein Zufall, dass ausgerechnet in dem von zwei Flüssen umklammerten Augsburg ein Bischof mit Legenden von Wassergefahr, Brücken und Brunnen in Verbindung gebracht wurde? Darüber darf spekuliert werden. Doch die im 14. Jahrhundert aufkommenden Legenden um den Wasserpatron verweisen auf einen Teil jener Aufgabenstellungen, welche die Augsburger Wasserwirtschaft in den folgenden Jahrhunderten zu bewältigen hatte – die Bändigung der Kraft des Wassers und die Versorgung mit Trinkwasser.

Der 890 vermutlich in Augsburg geborene Ulrich aus dem Adelsgeschlecht der in Wittislingen, später in Dillingen a. d. Donau ansässigen Hupaldinger wird als Schutzpatron der Augsburger Kirchen wie auch der Diözese Augsburg verehrt. Der am 4. Juli 973 verstorbene Bischof Ulrich war – nur 20 Jahre nach seinem Tod – *„[...] der erste ‚offizielle' Heilige, das heißt, der erste, der vom Heiligen Stuhl aus feierlich kanonisiert wurde".* (1) Wegen seiner Rolle bei der Verteidigung der Stadt gegen die Ungarn malte man ihn in etlichen Ulrichskirchen zwischen Augsburg und dem Tiroler Lechtal – und weit darüber hinaus – hoch zu Ross und mitten im Schlachtgetümmel. 1955, anlässlich des Gedenkjahrs zur Schlacht auf dem Lechfeld, wurde an der Turmwand beim Nordportal im Inneren des Augsburger Doms ein St.-Ulrichs-Brunnen aufgestellt. Die Reliefplatte über dem Brunnenbecken aus Stein zeigt Ulrich, der – wie auch anderswo dargestellt – auf einem Fisch steht. (2) Dieser moderne Brunnen ersetzte den öffentlichen Brunnen, der jahrhundertelang an der Ostwand der Sakristei stand. (3)

Der Fisch ist neben dem Bischofsstab, dem Evangelienbuch oder verschiedentlich auch einem Pferd eines der Attribute des heiligen Ulrich. Der Fisch wurde erst später als das Symbol eines Fischwunders interpretiert, er kann aber auch karitative Bedeutung haben oder als Zeichen des Maßhaltens verstanden werden. (4) Häufiger wird der Fisch allerdings als ein Bild für Wasser gesehen: Denn der heilige Ulrich gilt landläufig – unter anderem – nicht nur als Patron der Fischer, sondern vor allem auch als Schutzpatron bei Wassergefahren: *„Besonders soll Ulrich seine Wundermacht an wilden Wassern erwiesen haben, weswegen er seit dem 14. Jahrhundert auch vielfach mit dem Fisch dargestellt wurde."* (5)

Berichtet wird von einem Wasserwunder *„[...] an dem Rein"* (6), den der Augsburger Bischof trockenen Fußes überquert habe. Und auch von einem Wasserwunder auf der Donau bei Regensburg ist die Rede. (7) Geschildert wird zudem, dass Bischof Ulrich den hochwasserführenden Fluss Taro in Norditalien gefahrlos überschritten habe. (8)

Darüber hinaus erzählt die zweiteilige „Vita Sancti Uodalrici" des Dompropstes Gerhard von Augsburg

Ohne nass zu werden, durchreitet Bischof Ulrich eine Furt in der Wertach: Ein Hirsauer Passional aus dem 12. Jahrhundert stellt dieses Wasserwunder dar.

von einem Wasserwunder an der Wertach, wo der Bischof eine Furt durchritten haben soll, ohne – anders als sein Begleiter – auch nur im Geringsten nass geworden zu sein. (9) Bildlich dargestellt ist die Legende der Durchquerung des Flusses durch Ulrich durch eine im 12. Jahrhundert im Benediktinerkloster Hirsau geschaffene Buchmalerei.

Bischof Ulrich soll aber auch nach seinem Tod als Wasserpatron an Gewässern bei Augsburg Wunder bewirkt haben. Ein in der reißenden Wertach versunkenes Kind soll nach Anrufung des Heiligen anderntags von seiner Mutter wohlbehalten am Ufer des Flusses aufgefunden worden sein. (10) Ulrichs Nachfolger Heinrich habe im Jahr 978 aus Ehrfurcht vor dem verstorbenen Bischof bei St. Afra eine Brücke über den Lech bauen lassen, bei der weder Zoll noch sonstige Abgaben genommen werden sollten. (11)

Ein Mirakel ereignete sich angeblich auch an der Schmutter westlich von Augsburg, wo ein Blinder den Schutzheiligen Ulrich anrief und dadurch sehend und vor dem Ertrinken bewahrt wurde. (12) Vielleicht ist es also kein Zufall, dass Bischof Ulrich in einem Dorf am Flüsschen Schmutter, im wenige Kilometer westlich von Augsburg gelegenen Hainhofen, auf einem Fresko am Rand des „Hainhofer Passionszyklus" in der Kirche St. Stephan erstmals mit einem Fisch in der Hand dargestellt wurde. (13) Die spätgotischen Fresken in der Sakristei, ursprünglich der Altarraum der mittelalterlichen Chorturmkirche auf einer Hangkante über dem Schmuttertal, hatte ein Augsburger Meister um 1400 geschaffen. Erst im Jahr 1898 wurden die um 1500 übertünchten Fresken wiederentdeckt. (14) Der heilige Ulrich ist auf dem Hainhofer Fresko mit dem Hirtenstab in der Linken und einem Fisch in der Rechten dargestellt.

„Die früheste Darstellung dieses neuen Bildes vom hl. Ulrich ist höchstwahrscheinlich die Steinfigur mit Fisch vom Nordportal des Augsburger Domes, die gegen 1343 entstanden sein dürfte." (15) Die Bedeutung des Fisches als Attribut des Heiligen wurde wohl schon bis zur Mitte des 15. Jahrhunderts durch eine fromme Legende, die seither ein wesentlich bekannteres Verwandlungswunder thematisiert, überlagert. (16)

Den heiligen Ulrich mit dem Fisch in der Hand zeigt die dekorativ bemalte Rückwand des im Jahr 1607 aufgestellten Ulrichsaltars in der Basilika St. Ulrich und Afra. Auch an der Westwand dieser ehemaligen Benediktinerklosterkirche steht der von einem unbekannten Meister geschnitzte Heilige mit dem Fisch.

Unabhängig von jeder Deutung wurde der Heilige mit dem Fisch jahrhundertelang in verschiedensten Techniken abgebildet. Altargemälde und Fresken, Holz-, Stein- und Bronzeskulpturen, Glasfenster, sogar ein Gewölbeschlussstein, aber auch Buchmalerei, Stiche und Drucke zeigen Ulrich und sein Attribut. (17)

Mit dem Fisch in der linken Hand malte ihn 1518 zum Beispiel der Augsburger Hans Burgkmair d. Ä. (18), 1516 bildete ein Holzstich des Augsburger Malers, Zeichners und Holzschneiders Leonhard Beck den Stadtpatron mit einem Fisch auf dem Evangelienbuch, ebenfalls in der Linken, ab. Auch an dem im Stil der Renaissance gestalteten Rahmen dieser Darstellung sind zwei Fische (oder Delfine) zu erkennen. (19)

St. Ulrichs Fisch sieht man heute auch am Dombrunnen, der bei der Umgestaltung des Domplatzes anlässlich der 2000-Jahr-Feier der Stadt Augsburg im Jahr 1985 aufgestellt wurde. Über dem steinernen Brunnenbecken erheben sich die drei Bistumspatrone Ulrich (in der Mitte und zu Pferd), Afra und Simpert als lebensgroße Bronzefiguren. Zwei bronzene Fischköpfe sind die Wasserspeier.

In der Basilika St. Ulrich und Afra ist der Heilige auf der bemalten Rückwand des 1607 aufgestellten Ulrichsaltars mit dem Fisch in der Linken dargestellt. An der Westwand findet man eine hölzerne, farbig gefasste Figur des Wasserpatrons mit einem Fisch auf dem Evangelienbuch – das Werk eines unbekannten Meisters aus dem 18. Jahrhundert. Den Fisch auf dem Buch konnte man bis vor wenigen Jahren auch in der früheren Franziskanerklosterkirche zum Heiligen Grab (heute St. Max) finden. Doch der am Buchdeckel befestigte Fisch der hölzernen Plastik, ein prunkvoll vergoldetes Werk aus den Jahrzehnten vor 1800, war im Jahr 2015 abgebrochen und wohl entwendet worden.

Die Rolle des Augsburger Bischofs geht über die eines Schutzpatrons bei Wassergefahren hinaus. Der Historiker Adolf Layer hat in Süddeutschland und Österreich zum Beispiel rund 50 Ulrichsbrunnen ausgemacht, deren Wasser in der Vergangenheit zum Teil heilende Wirkung bei Augenleiden zugeschrieben

Ein Fresko in der Pfarrkirche von Hainhofen ist die wohl früheste Malerei, die den Heiligen mit einem Fisch in der Rechten abbildet.

wurde. (20) Die Ulrichsverehrung reichte bis kurz vor die Grenze des österreichischen Weinviertels zu Ungarn. Auch dort schrieb der Volksglaube Ulrich die Fähigkeit zu, die dämonischen Kräfte des Wassers in segensreiche umzukehren. Dieser Heilige sollte nicht nur Hochwasser abwenden, sondern auch ungesundes Wasser in heilkräftiges verwandeln können.

Ein Ulrichsbrunnen stand auch auf dem Augsburger Fischmarkt, dem Platz zwischen St. Peter am Perlach und dem gotischen Vorgängerbau des ab 1615 errichteten Renaissancerathauses. 1537 ließ der Rat der mehrheitlich protestantischen Stadt die (seit 1511 vergoldete) Brunnenfigur des Heiligen, der zugleich als Schutzpatron der Fischer galt, durch die konfessionell neutrale Figur des Wassergottes Neptun ersetzen (1888 auf dem Jakobsplatz aufgestellt). (21)

Heute trägt nicht nur der Ulrichsbrunnen im Dom den Namen des Augsburger Wasserpatrons. Auch die Stadt Augsburg hat mehr als 450 Jahre später eine mit dem Lech verbundene Infrastruktureinrichtung mit dem heiligen Ulrich verknüpft: Seit dem Jahr 1995 trägt die 1951 errichtete Lechhauser Brücke offiziell den Namen „Ulrichsbrücke".

Quellen

(1) Sauerteig, Josefa Margareta: Die Überlieferung der deutschsprachigen Ulrichslegende im späten Mittelalter, in: Zeitschrift des Historischen Vereins für Schwaben und Neuburg, Bd. 67, Augsburg 1973, S. 49

(2) vgl. Layer, Adolf: Ulrichsbrunnen in Süddeutschland und Österreich. Ein Beitrag zur religiösen Volkskunde, in: Zeitschrift des Historischen Vereins für Schwaben und Neuburg, Bd. 67, Augsburg 1973, S. 112

(3) mündlicher Hinweis von Renate Mäder, Diözesanmuseum St. Afra Augsburg

(4) vgl. Sauerteig, Josefa Margareta: Die Überlieferung der deutschsprachigen Ulrichslegende im späten Mittelalter, in: Zeitschrift des Historischen Vereins für Schwaben und Neuburg, Bd. 67, Augsburg 1973, S. 93

(5) Schneider, Anton: Sagen des Landkreises Dillingen, hrsg. und bearb. von Alois Marb, in: vita sancti udalrici. Erlesene Handschriften und wertvolle Drucke aus zehn Jahrhunderten, Augsburg 1993, S. 114 und

vgl. Balk, Thomas: Der heilige Ulrich in der spätmittelalterlichen Kunst, in: Bischof Ulrich von Augsburg 890 – 973. Seine Zeit – sein Leben – seine Verehrung, Weißenhorn 1993, S. 518

(6) Sauerteig, Josefa Margareta: Die Überlieferung der deutschsprachigen Ulrichslegende im späten Mittelalter, in: Zeitschrift des Historischen Vereins für Schwaben und Neuburg, Bd. 67, Augsburg 1973, S. 70

(7) vgl. Gerhard von Augsburg: Vita Sancti Uodalrici. Die älteste Lebensbeschreibung des heiligen Ulrich, ed. und übers. von Berschin, Walter und Häse, Angelika, Editiones Heidelbergenses, Bd. 24, Heidelberg, 1993, S. 235

(8) vgl. ebenda, S. 237

(9) vgl. ebenda, S. 231 ff.

(10) vgl. ebenda, S. 389 ff.

(11) vgl. ebenda, S. 319 f.

(12) vgl. ebenda, S. 371 ff.

(13) mündlicher Hinweis von Pfarrer Karl Freihalter, St. Stephan Hainhofen

(14) vgl. Kluger, Martin: St. Stephan Hainhofen, Augsburg 2012, S. 12 ff.

(15) Balk, Thomas: Der heilige Ulrich in der spätmittelalterlichen Kunst, in: Bischof Ulrich von Augsburg 890 – 973. Seine Zeit – sein Leben – seine Verehrung, Jahrbuch des Vereins für Augsburger Bistumsgeschichte e.V., Jg. 26/27, Weißenhorn 1993, S. 518

(16) vgl. ebenda, S. 519

(17) vgl. Weitlauff, Manfred (Hg.): Bischof Ulrich von Augsburg 890 – 973. Seine Zeit – sein Leben – seine Verehrung, Jahrbuch des Vereins für Augsburger Bistumsgeschichte e.V., Jg. 26/27, Weißenhorn 1993, S. 50 – 695

(18) vgl. https://www.heiligenlexikon.de/BiographienU/Ulrich_von_Augsburg.htm, letzter Zugriff: 27.12.2014

(19) vgl. Kreuzer, Georg: Ulrich. Bischöfe von A., in: Augsburger Stadtlexikon, Augsburg 1998, S. 883

(20) vgl. Layer, Adolf: Ulrichsbrunnen in Süddeutschland und Österreich. Ein Beitrag zur religiösen Volkskunde, in: Zeitschrift des Historischen Vereins für Schwaben und Neuburg, Bd. 67, Augsburg 1973, S. 95 ff.

(21) vgl. Mančal, Josef: Ulrichsbrunnen, in: Augsburger Stadtlexikon, Augsburg 1998, S. 885

Das Hochstift Augsburg und die Fischer

Der Bischof war der Fischwasserherr nahezu aller Gewässer um die Stadt

Auch das Fischereiwesen zählt im weitesten Sinne zur historischen Augsburger Wasserwirtschaft. Die Rechte des Augsburger Fischerhandwerks am Lech, an der Wertach und an den Nebenbächen waren streng geregelt. Fischereiherr war zumeist der Bischof, denn das Hochstift Augsburg besaß das Fischereiregal an fast allen Gewässern vor den Stadtmauern und damit Eigentumsrechte an den dort gefangenen Fischen.

Augsburgs Fischerhandwerk nahm gegenüber allen anderen Handwerken in der Stadt eine Sonderrolle ein. Anders als die Wirte, Bäcker, Viktualienhändler und Fleischer blieben die Fischer nach Einführung der Zunftverfassung im Jahr 1368 einem bischöflichen Amt – dem Fergenamt – unterstellt, das lange auch die Fischwasserpolizei ausübte. Erst 1526 erreichte die Fischerzunft, dass ihr das Hochstift das Fergenamt mit seinen zivilrechtlichen und gewerbepolizeilichen Aufgaben übertrug. Die Fischgewässer blieben jedoch im Obereigentum des Bischofs. Die Gültigkeit des Lehensbriefs von 1526 hatte bis 1862 Bestand: Erst dann wurde die Fischerinnung aufgelöst und ihr Erblehen ins Privateigentum der letzten vier Stadtfischer überführt. 1472 hatte man noch 46 selbstständige Handwerksgenossen gezählt. Sie lebten in rund 40 Häusern der Vorstadt vor dem Fischertor.

Um 1400 – und wohl schon lang davor – galt das Fischereirecht des Hochstifts Augsburg sowohl für die schwäbische als auch für die bayerische Seite des Lechs. Noch um 1800 reichte das Fischwasser der Augsburger Stadtfischer „[...] auf beyden gestaden hinab bis eine viertel stunde unterhalb Langweid [...]". Die Grenze lechaufwärts lag beim oberen Lechanstich, der den Lochbach speiste. Zwischen der Mündung des Lechs in die Donau und der Mündung der Wertach in den Lech stand aber der Fuggerherrschaft Biberbach beziehungsweise den Augustinerchorherren von Heilig Kreuz ebenfalls das Recht der Fischerei zu. Das Wertachfischwasser bei Oberhausen und an der Flussmündung ging 1395 aus dem Besitz des Hochstifts an die Domdekanei über, die seitdem anstelle des Bischofs Fischwasserherr war. Das oberhalb gelegene Wertachfischwasser vergab die Herrschaft Pfersee. Das Recht am Lechhauser Fischwasser fiel 1603 mit dem Dorf an das Herzogtum Bayern. Eigener Regelungen bedurfte die Fischerei in den Nebenbächen des Lechs – „[...] in bronnenwassern und beybechen, wie solliche der Lech gibt und nimbt [...]". Die Fischereigerechtsame im Lochbach führte zu fortwährenden Streitigkeiten zwischen der Fischerzunft und dem Kloster St. Ulrich. Selbst die an sich klar definierten Fischereirechte der Fischerzunft am Lech wurden durch komplizierte Besitz- und Rechtsverhältnisse (zum Beispiel durch Ansprüche der Hofmark Scherneck oder der Dorfgemeinden am Lech) geschmälert, sodass sie 1665 vergebens reklamierte, dass „[...] in dem bischöfl. lehen niemandt als wir die Augspurgische fischer fischen dürfen [...]". Auch die Angelrechte der Stadtbürger – ein Recht, das zeitweise den Almosenempfängern zugestanden worden war – gaben zu Streitigkeiten Anlass.

Um die Überfischung von Fischwassern zu verhindern und um jedem Fischer ein halbwegs vergleichbares Einkommen zu sichern, wurde selbst der Gebrauch von Fischereigeräten früh bis ins Detail vorgegeben. So durfte um 1444 jeder Fischer mit nur einem Kahn ausfahren und ein Netz auswerfen. Ab 1569 regelte eine von Bayern, Tirol und vom Hochstift Augsburg vereinbarte Lechfischereiverordung den Fischfang. Und noch etwas wurde vereinbart: Zu den Aufgaben der Augsburger Fischerzunft gehörte auch, Personen über den Fluss zu befördern, wenn ein Hochwasser die Wertachbrücke zwischen der Reichsstadt und dem bischöflichen Dorf Oberhausen zerstört hatte.

Wiedenmann, Hans: Die Fischereirechte des Augsburger Fischerhandwerks im Lech und in der Wertach und ihren Nebenbächen in der Zeit von 1276 – 1806, in: Zeitschrift des Historischen Vereins für Schwaben und Neuburg, Bd. 41, Augsburg 1915, S. 27 – 93

Wasserbau

Kanäle und Stadtgräben, Hochablass und Wolfzahnau

(1. Jh. nach Chr. bis 1921)

Lechwasser vom Hochablass und vom Lochbachanstich durchfließt das Lechviertel mehr als einen Kilometer lang vom Wasserwerk am Roten Tor bis zur Einmündung in den Stadtbach im Norden. Der Lauf der Lechkanäle – des Schwallechs, des Vorderen Lechs, des Mittleren Lechs und des Hinteren Lechs – gab die Richtung der Straßenzüge vor. Nach der Gasse „Auf dem Rain", kurz hinter dem Geburtshaus Bertolt Brechts, vereinen sich der Mittlere Lech – in dem kurz davor der Vordere Lech aufgegangen ist – und der Hintere Lech zum Stadtbach. Die Hausfassaden im Lechviertel (unten: am Vorderen Lech) richten sich an den betonierten Kanalbetten aus, über die zahlreiche hölzerne Stege und etliche Brücken führen.

Das weitverzweigte System der Lechkanäle

Von den Lechanstichen und Quellbächen bis zum Zusammenfluss auf der Wolfzahnau

Die Augsburger Kanallandschaft ist funktional zunächst einmal nichts Außergewöhnliches und schon gar nicht innovativ. Augsburg könnte sich auch in dieser Beziehung am Vorbild oberitalienischer Städte orientiert haben. Städte am Fuß der Alpen und des Apennins nutzten dort in einer Zeit, in der neben der Muskelkraft der Menschen sonst nur die Kraft von Zugtieren, in Küstennähe auch die Kraft des Windes schwerere Arbeiten übernehmen konnten, frühzeitig die Wasserkraft, das „Erdöl des Mittelalters". Dennoch sind die von Lech und Wertach, Singold und Quellen im Stadtwald Augsburg gespeisten Bäche und Kanäle nicht nur wegen der Gesamtlänge dieser Wasseradern von circa 160 Kilometern außergewöhnlich. Zwar sind solche Gewässersysteme wegen der unterschiedlichen Topografie generell jeweils kaum vergleichbar. Die jahrhundertelange Nutzung und die wirtschaftliche Bedeutung der Bäche und Kanäle als Energiequelle sowie für die Trinkwasserversorgung, aber auch die Intaktheit des im Kern mittelalterlichen Augsburger Bach- und Kanalnetzes sind jedoch bemerkenswert.

Wo Kanäle von Flüssen abgeleitet wurden, war oft zunächst der Schutz der Stadtmauern durch nasse Stadtgräben – wie zum Beispiel 1176/77 in Bologna – der Auslöser. Die Nutzung der Wasserkraft erfolgte erst später: Um 1600 zählte man in Bologna 119 Seidenmühlen mit 353 Wasserrädern für 330 Spinnräder und Zwirnmaschinen der Seidenproduktion. Um 1700 sind in Bologna sogar 500 von Wasserrädern angetriebene Mühlen überliefert.

Frühe mittelalterliche Kanalbauprojekte sind auch aus Piacenza (1197), Modena (12. Jahrhundert), Padua (Mitte 13. Jahrhundert) und Turin (Ende 13. Jahrhundert) bekannt. Florenz versuchte schon im frühen 14. Jahrhundert die Zahl der Mühlen an den dortigen Kanälen zu verringern. Und Mailand legte bereits im 12. Jahrhundert ein Kanalnetz von sechs Kilometern Länge an, das auch dort zunächst in erster Linie den Verteidigungsring verstärken sollte. Das Mailänder Handwerk zog freilich bald erheblichen wirtschaftlichen Nutzen aus der Antriebskraft des Wassers, das aus den Flüssen Seveso und Nirone sowie aus zwei weiteren Gewässern abgezweigt wurde. (1)

Im Mittelalter wurden aber auch nördlich der Alpen in vielen an Flüssen liegenden Städten Europas Seitenkanäle gegraben oder Nebenläufe von Flüssen abgezweigt und mit geringem Gefälle in die Stadt geführt. Dadurch entstanden auch außerhalb Norditaliens – insbesondere in Nordfrankreich – Stadtlandschaften mit einem dichten Netz von Kanälen und Stadtbächen. (2) Straßburg und Delft sind prägnante Beispiele dafür, wie sich Kanalsysteme und Flussschifffahrt ergänzten. Sogar der Name der äußerst markant von Kanälen gegliederten niederländischen Stadt leitet sich vom Wort Delven (Graben) ab. (3)

Städte an Flüssen nutzten auch im süddeutschen Raum ganz selbstverständlich Kanäle als Lieferanten des Rohstoffs Wasser, als Treibwasser für Mühlen und andere Werke, zur Abfallentsorgung und zum Befüllen der schützenden nassen Stadtgräben. In Nürnberg und Ulm tat man sich bei der Anlage und Nutzung der Kanäle relativ leicht: Dort floss im einen Fall die Pegnitz, im anderen Fall die kleine Blau (mit

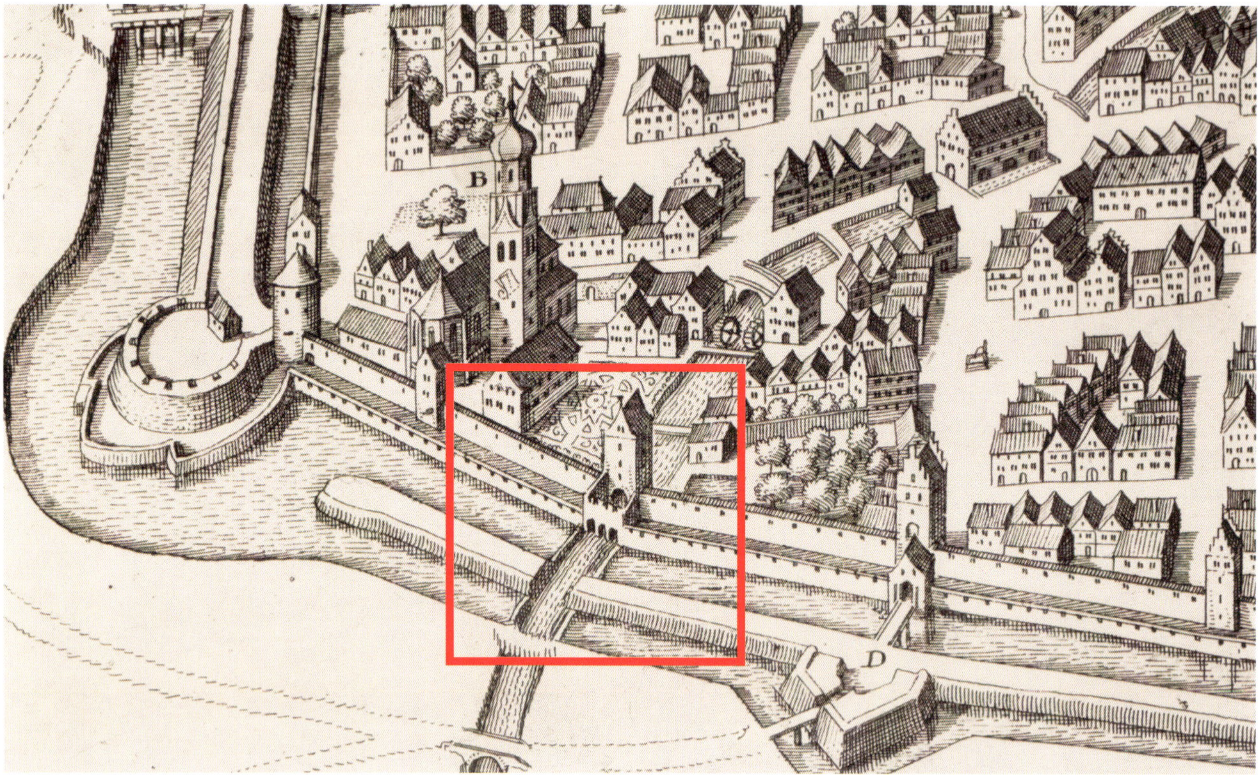

Ein Vogelschauplan des Kupferstechers Matthäus Merian von 1643 zeigt die Memminger „Wasserkunst": Die Memminger Ach wurde über eine Wasserbrücke in die Stadt geleitet. Unten: In Ulm fließen die Große und die Kleine Blau durch die Stadt. Um 1840 trieben sie 96 schmale Wasserräder von 24 Werken an.

jeweils schmalen Flussarmen) mitten durch die Stadt. In München, dessen Mauerring von der reißenden Isar nicht weit entfernt war, lag es dagegen nahe, den Stadtgraben zu fluten. Zudem wurden links und rechts der Isar insgesamt acht Stadtbäche ausgeleitet. Und die Memminger „Wasserkunst", eines der sieben Wahr-

zeichen der Stadt, war eine Wasserbrücke: Über sie wurde die kleine Memminger Ach in einer breiten gemauerten Rinne über den doppelten Wassergraben durch den Turm am Zellerbach in die Stadt und dort mitten hindurch geleitet. (4) Da ein Stich Matthäus Merians von 1643 nahe dieser „Wasserkunst" einen

Isarwasser floss bei München in insgesamt acht Stadtbäche beiderseits des Gebirgsflusses sowie in den Stadtgraben vor dem Mauerring. Unten: Der um 1594 entstandene Stadtplan des Nürnbergers Paul Pfinzing d. Ä. stellt nicht nur die Pegnitz, sondern auch die Kanäle im Lorenzer Viertel dar.

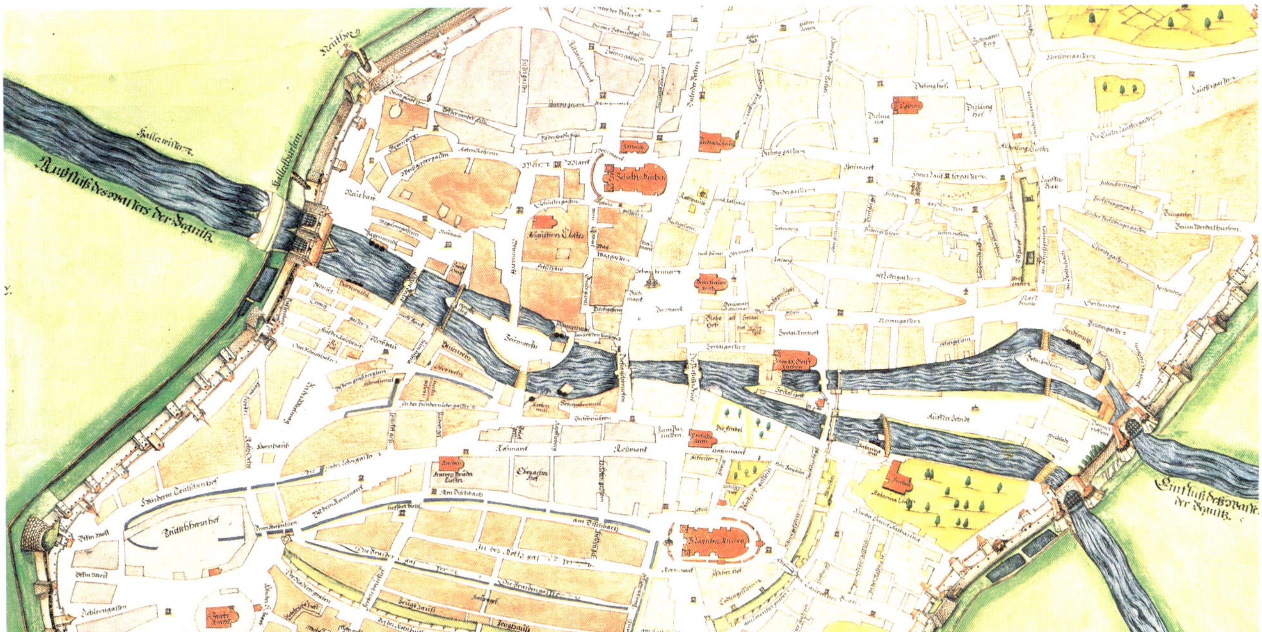

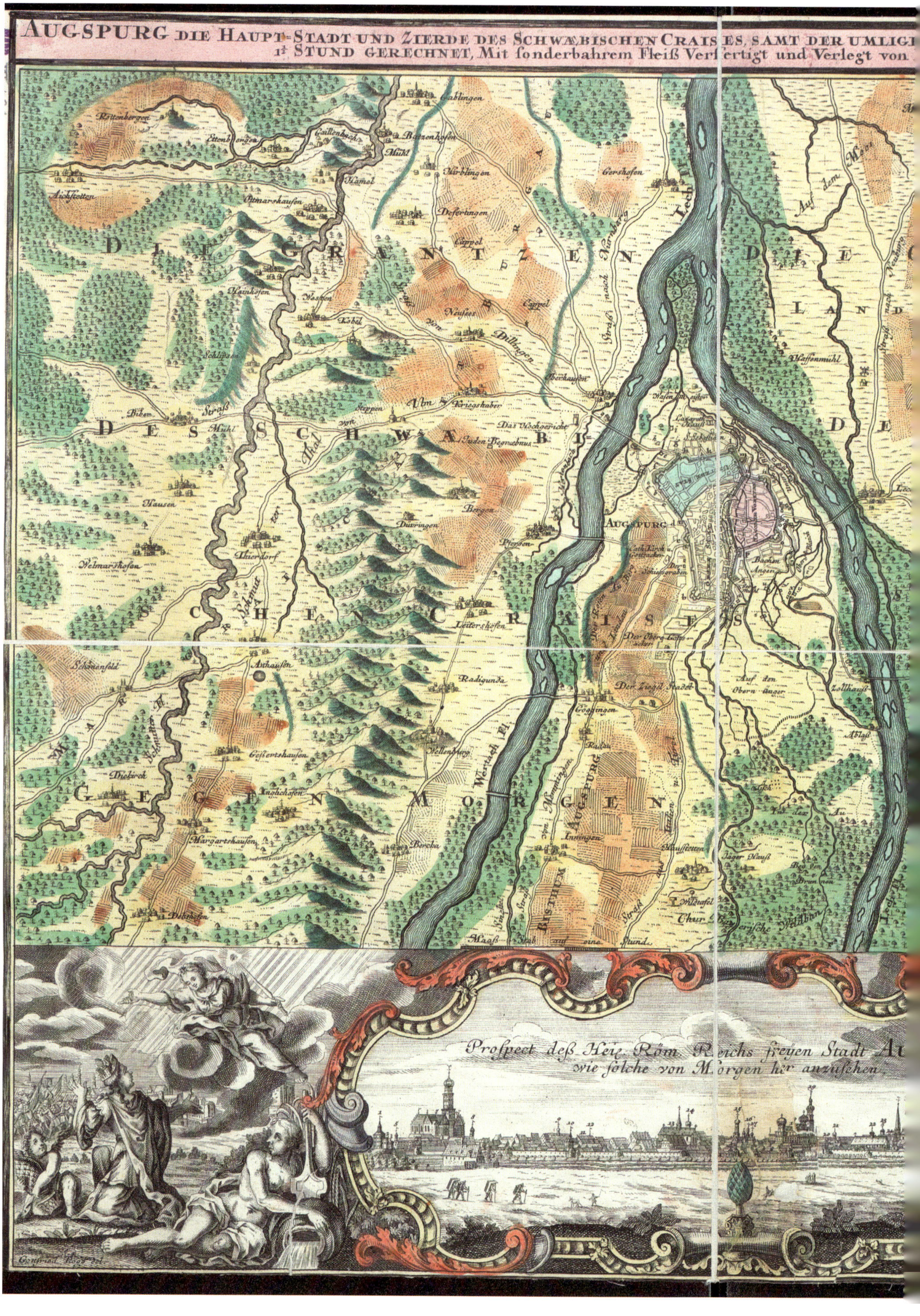

AUGSPURG DIE HAUPT-STADT UND ZIERDE DES SCHWÆBISCHEN CRAISES, SAMT DER UMLIG
1½ STUND GERECHNET, Mit sonderbahrem Fleiß Verfertigt und Verlegt von
DIE GRÆNTZEN DES SCHWÆBISCHEN CRAISES
GEGEN MORGEN
AUGSPURG
Lech
Prospect deß Heil. Röm. Reichs freyen Stadt Au
wie solche von Morgen her anzusehen.

Röhrkasten zeigt, könnte dort schon früh ein – allerdings wohl nicht belegtes – Schöpfrad Wasser in ein Reservoir im Stadtmauerturm gehoben haben.

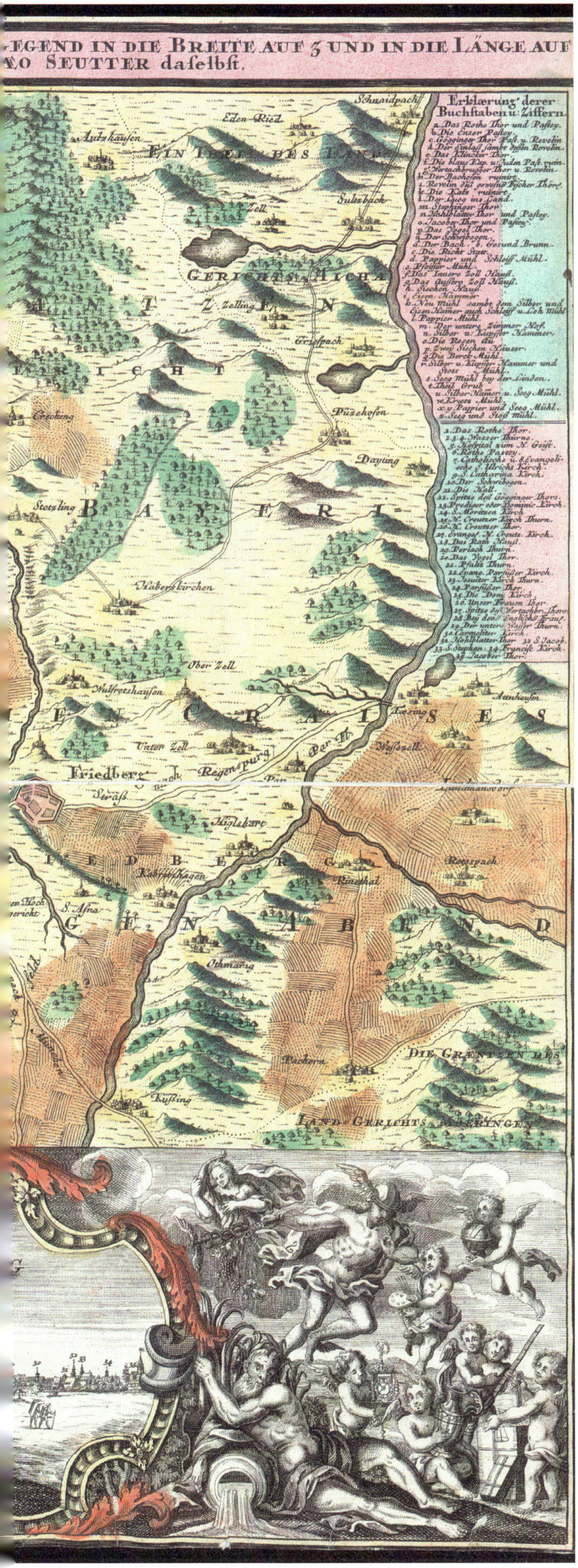

An Lech und Wertach waren die Wasserwirtschaft und das mit ihr verbundene Kanalsystem aufgrund der Topografie sowie der häufigen Verlagerung der Gewässer erheblich komplizierter. Anders als in München, Ulm, Nürnberg oder Memmingen lieferte in Augsburg nicht nur ein einziger Flusslauf Wasser. Zwar ist hier der Lech das mit Abstand stärkste Gewässer, doch nicht nur die Wertach, sondern auch die Singold sowie Quellen südlich der Stadt wurden genutzt. In Augsburg ergänzten, querten und verstärkten sich die bis in die 1920er-Jahre teils erheblich veränderten Kanal- und Bachsysteme. Und ab 1950 wurde das Kanalnetz im Stadtwald noch einmal erweitert.

Wie stellt sich dieses Geflecht heute dar? Das Netz der 47 Lechkanäle und Quellbäche vom Lochbachanstich im Süden und vom Hochablass im Südosten bis zum Zusammenfluss und zur Mündung des Vereinigten Stadt- und Proviantbachs am nördlichen Ende der Wolfzahnau umfasst rund 123 Kilometer.

Insgesamt 21 Quellbäche und Lechkanäle umfasst allein das fast 70 Kilometer lange Gewässersystem im Naturschutz- und Trinkwasserschutzgebiet „Stadtwald Augsburg". Der bei der Staustufe 22 vom Lech abgezweigte Lochbach und der von Quellen gespeiste Brunnenbach sind dort die prominentesten Gewässer. Auch östlich des Lechs sind einige Bäche erhalten. Für das Kanalsystem der Wertach werden fünf – insgesamt 11,8 Kilometer lange – Kanäle ausgeleitet. Sie gehen am Ende, kurz vor der Mündung des Flusses in

Matthäus Seutter zeigte um 1730 „Augspurg die Haupt=Stadt und Zierde des Schwaebischen Craises, samt der umligenden Gegend [...]" mit dem verwirrenden Netz der dortigen Kanäle. Die krummen Linien der Lechkanäle vor den Stadtmauern lassen vermuten, dass dort natürliche Flussgerinne erweitert worden sein könnten. Sehr viel deutlicher von Menschenhand gegraben wirken dagegen die Kanäle an der Wertach und im Lechviertel. Beiderseits der Schrift- und Bildkartusche bildete Seutter die Lieferanten sämtlichen Kanalwassers ab – die zwei Wasserschütter Lech (rechts) und Wertach.

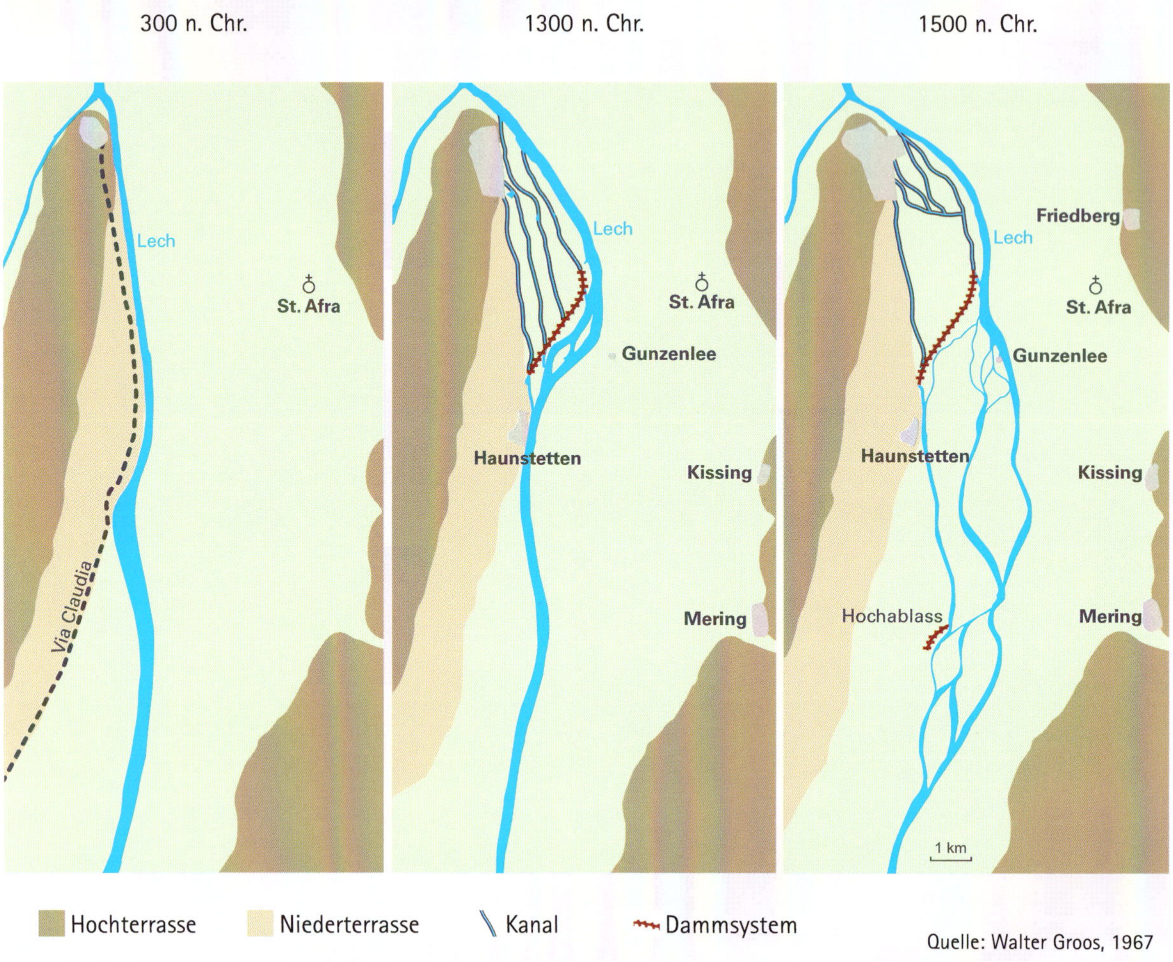

Zu römischer Zeit und noch lange nach dem Jahr 1000 floss der Lech sehr viel näher an Augsburg vorbei als heute. Mit dem Bau eines Damms südlich der Stadt – vermutlich noch 1276 – wurde der Lech weiter nach Osten abgedrängt. Vermutlich aus verbliebenen Flussrinnen wurden später die Lechkanäle.

den Lech, wieder in der Wertach auf. An den Ufern der Wertach liegen acht Bäche mit insgesamt rund 22 Kilometern Länge. In den Fabrikkanal, der bei Göggingen aus der Wertach abgeleitet wird, mündet die Singold. Sie hatte bis 1588 als Mühlenfluss Bedeutung – der Senkelbach erinnert noch daran. (5)

Der Wasserreichtum bestimmte schon früh die wirtschaftliche Entwicklung Augsburgs und das Stadtbild. Die Lage der Stadt zwischen zwei reißenden, immer wieder zerstörerischen Gebirgsflüssen war durchaus mit einigen Nachteilen – nicht zuletzt mit hohen Kosten für den Schutz vor diesen Gewässern – verbunden. Doch in erster Linie war die Überfülle des Wassers ein Geschenk der Natur: *„Bei diesem Aderngeflecht von mehr als einem Dutzend Stadtbächen, dem eigentlichen Heils= und Lebenswasser des Augsburger Großgewerbes, erweist aber ein Umstand ganz besonders die natürliche Nothwendigkeit der Stadtlage. Nur auf dem mäßigen Raume des Augsburger Stadtgebiets war gleichzeitig eine solche Sammlung und Zerspaltung des Wasserlaufs möglich. Im ganzen oberen Donauland findet sich ein gleich günstiger Punkt nicht wieder."* (6)

Die Römer erkannten die Vorteile dieser Lage. Sie gründeten im Mündungsdreieck von Lech und Wertach nicht nur die Stadt, sondern legten unterhalb der Hochterrasse wohl bald Kanäle an. In seinem Buch „Die Wasserwerke von Augsburg" (Untertitel: „Beschreibung aller hydrotechnischen Anstalten der Stadt, des Lech- und Wertachablasses, der Kanäle, Brunnen etc.") ging Franz Joseph Kollmann, von 1834 bis 1860 Augsburgs Stadtbaurat, davon aus, dass bei Augusta Vindelicum Mühlen und sonstige Werke gebaut worden seien. Eine der ersten Sägemühlen Deutschlands werde, so Kollmann, in Augsburg angenommen. (7)

Bau- und Brennholz, Steine und Kalk wurden auf dem Lech (und zwar flussab- wie auch -aufwärts) mit

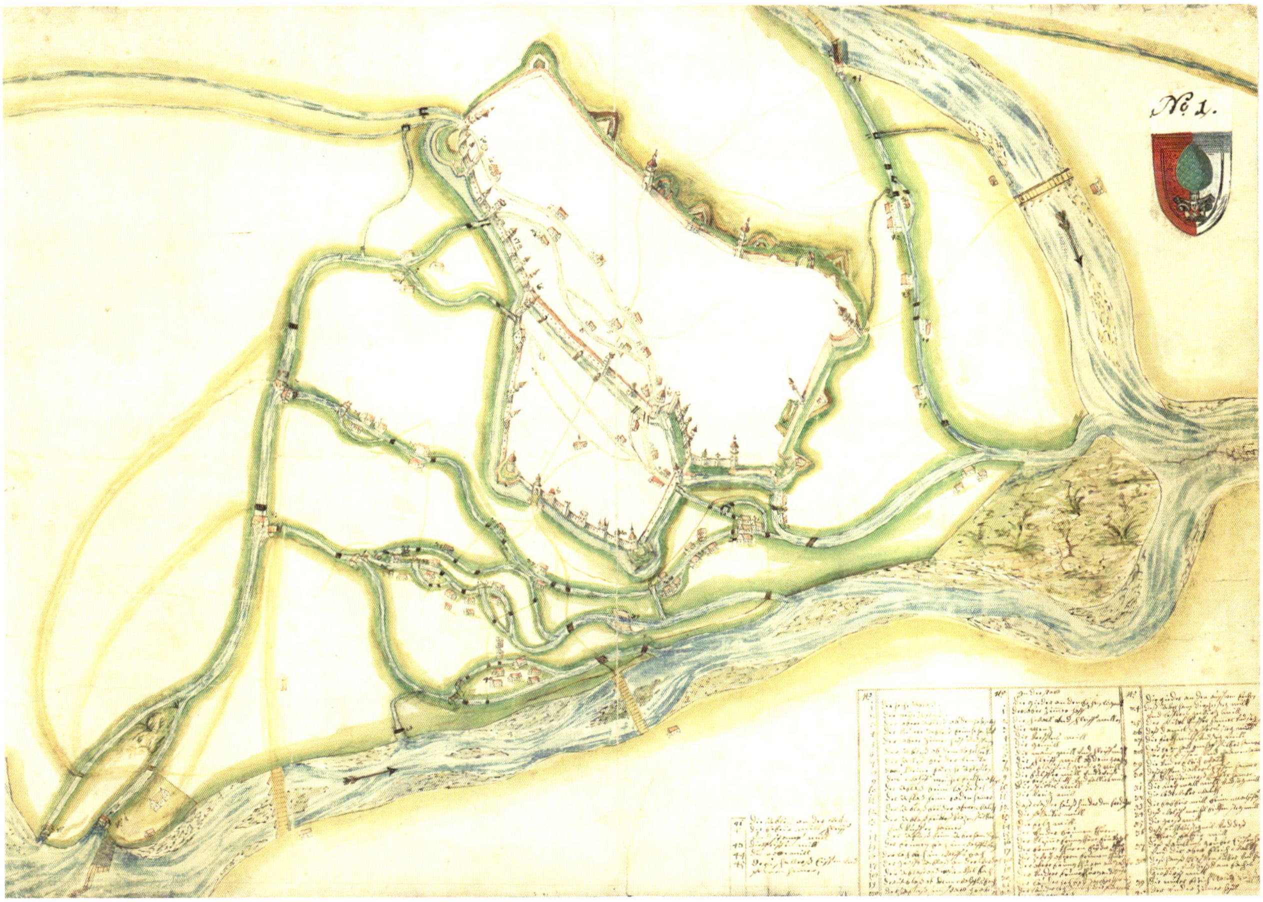

Flößen bis knapp vor die Tore des römischen Augsburg transportiert. Aufsehen erregten 1994 die Stümpfe von Vierkanthölzern aus Fichte, Relikte einer Anlegestelle in der östlichen Altstadt – vermutlich *„[…] eine kleine Hafenanlage. […] die erste und einzige aus der Römerzeit, die bislang in Bayern entdeckt werden konnte".* (8) Mit Steinen beladene (wohl mehrlagige) Flöße hatten einen derartigen Tiefgang, dass man den Fluss so nah wie möglich an die Stadt heranführte. Kanäle wie der spätere Floßgraben hätten sich nur für den Transport leichterer Güter geeignet. (9)

Nach 1588 entstand diese Skizze des Kanalnetzes. Links unten sind beide Einlaufbauwerke am Hochablass – dem Unteren Lechanstich – zu erkennen. Links oben fließen der Brunnenbach (östlich) und der Lochbach (gespeist vom Oberen Lechanstich) fast parallel zum Wasserwerk am Roten Tor. Diese drei Zuflüsse speisten das System der Lechkanäle, das damals westlich der öden Kiesfläche der Wolfzahnau in der Wertach – kurz vor deren Mündung in den Lech – aufging. Drei Lechkanäle wurden weit vor der Wolfzahnau in den Lech ausgeleitet. Rechts oben strömt die Wertach: Über ihrem linken Ufer ist der Kanal des Hettenbachs angedeutet. Rechts der Wertach fließt der vom Fluss ausgestaute Senkelbach, der damals noch in den Stadtbach mündete.

Wasserbau in Augsburg bedeutete die ständige Auseinandersetzung mit dem Lech. Doch während die Römer den Fluss möglichst nah an die Stadt leiteten, um Steinquader möglichst weit bis an die besiedelte Hochterrasse zu flößen, versuchten die Augsburger seit dem Mittelalter, den immer wieder hochwasserführenden Lech mit Dämmen in sicherem Abstand von ihrer Stadt zu halten. Gleichzeitig wuchs jedoch das Bedürfnis, Treibwasser vor die Stadtmauer, aber auch in die untere Stadt zu leiten. Also mussten Stauwehre, Lechanstiche und Kanäle gebaut werden.

Für die Naturforschende Gesellschaft Augsburg („Beiträge zur Topographie von Alt-Augsburg") hat Walter Groos, ein früherer Leiter des Wasser- und Brückenbauamts der Stadt, die Entwicklungen am Lech beschrieben: Der Fluss hat sich, wenn auch beileibe nicht kontinuierlich, im Lauf der Jahrhunderte weit nach Osten verlagert. Verlässliche Nachrichten

„Fluß-Gurte des Leches von den Dreÿ Kreuzen biß zu der Fridberger=Brücke. Woriñen die Beschaffenheit der Ufer, sowohl Baÿerischer als Schwäbischer Seits, mit denen Einbrüchen, Sandbäncken Inslen, angelegte Wercke, und Directions-Linie des Stromes angezeiget, aufgenommen und gezeichnet" betitelte Lukas Voch 1772 einen Riss des Lechs vor Augsburg. Der Flussplan des Augsburger Ingenieurs, der zwölf Werke zum Wasserbau verfasste, bezeugt nicht nur die Breite und Vielarmigkeit des Flussbettes, sondern auch die Anlage des früheren Hochablasses, bei dem bis 1910 Lechwasser über zwei Einlaufbauwerke in die Stadt geleitet wurde. Die Bebilderung der Schriftkartusche deutet den technischen Aufwand beim Wasserbau an.

über die genaue Flusslage sind allerdings erst ab 1755 überliefert. Sicher ist: Ohne menschliche Eingriffe floss der Lech bei Augsburg einige hundert Meter breit. Bei extremen Hochwassern oder beim Wechsel von Zeiten starker beziehungsweise geringer Niederschläge brach der Fluss mitunter weit aus, bevor er sich in sein altes Bett zurückzog oder sich ein neues suchte. Kalte und schneereiche Winter sowie regenreiche Sommer in den Jahren zwischen 1429 und 1442 verursachten in ganz Deutschland Hochwasserkatastrophen. Bei den extrem starken Hochwassern in der Zeit von 1432 bis 1434 verlagerte sich der Lech weit nach Osten. (10)

Das westliche Ufer des Lechs sicherten die Augsburger wohl noch vor der Niederschrift ihres Stadtbuchs (1272 bis 1276) mit einem Dammsystem ab, das vom Dorf Haunstetten bis zum (heutigen) Hochablass reichte. Die erste Anlage dieses schützenden Dammes ist ebenso wenig belegt wie der Vorgängerbau des Hochablasses, von dem aus Wasser des Lechs in Richtung Stadt ausgestaut und gelenkt wurde. (11)

Die Kosten für den Wasserbau schlugen sich im Stadtsäckel stetig und erheblich nieder. *„Schon in den Baumeisterrechnungen der Jahre 1320–1331 kommen viele Ausgaben für Arbeiten am Lech und für Holz zu diesen Arbeiten, sowie der Gehalt für den Lechmeister (10 fl.) vor. […] Von 1363* [richtig: 1369] *an aber bilden die Ausgaben auf Wasserbauten am Lech eine beständige Rubrik in diesen Rechnungen."* (12)

Die zunehmende Zahl der Werke an den Lechkanälen schlug sich noch vor 1400 in den Rechnungsbüchern nieder: *„Die Stadt war nunmehr in einem viel höheren Grade als früher an den Wasserbauten interessiert. Sie verwendete daher auch jetzt viel mehr Geld auf die Wehrbauten am unteren Lechanstich, dem heutigen Hochablass* [gemeint ist der erste Vorgängerbau]." (13)

Hohe Kosten verursachten die regelmäßig wiederkehrenden Hochwasser, wenn die Schneeschmelze im Oberen Lechtal zeitlich mit heftigem Frühjahrsregen zusammentraf. Dem reißenden Gebirgsfluss waren die aus Steinen und Holz errichteten Flussbauwerke oft nicht gewachsen. *„1406 rissen außerordentliche ausdauernde Hochgewässer die Lechwehre und Dämme fort; auch wurde die Vorstadt bis an den Hunoldsgraben überströmt."* (14) 1501 wurde ein Hochwasser an Lech und Wertach vermeldet, das die benachbarten schwäbischen Dörfer Oberhausen und Pfersee sowie das bayerische Lechhausen zerstörte. (15) Es waren aber nicht nur die außergewöhnlichen Ereignisse, die ins Geld gingen. Auch der kontinuierliche Ausbau der kilometerlangen Kanalstrecken und die damit verbundenen Unterhaltsmaßnahmen waren kostenintensiv. Augsburgs Stadtbaurat Franz Joseph Kollmann hielt im Jahr 1850 fest: *„Die Wasserbau=Sparte, ohne das Brunnenwesen, ist jährlich auf 14,000 fl.* [Gulden] *Kosten anzuschlagen, dafür werden die beiden großen Flußwehre, 55,265 Längenfuß* [mehr als 16,3 Kilometer] *Damm= und Ufer=Schutzbauwerke endlich 30 größere und viel kleinere Kanäle mit 32 Schleußen, und 210 Brücken oder Stege unterhalten."* (16)

Das Werden der ersten Lechkanäle ist wie der Bau des mittelalterlichen Dammsystems nicht zu belegen. Zum einen schuf sie wohl der Fluss, zum anderen der Mensch. *„Die Lechkanäle, so vom Ablaß aus sich nach der Stadt ziehen, sind Anfangs wahrscheinlich nicht künstlich angelegt worden, sonst würden sie keine so krumme Linien machen; es scheinen vielmehr Arme, die der Lech sich selbst gebildet hatte. Da dieselben aber schon in frühester Zeit von den Stadtbewohnern benützt wurden aber durch Versanden nicht mehr das erforderliche Wasser lieferten, so half man künstlich nach, woraus die Kanäle entstanden."* (17)

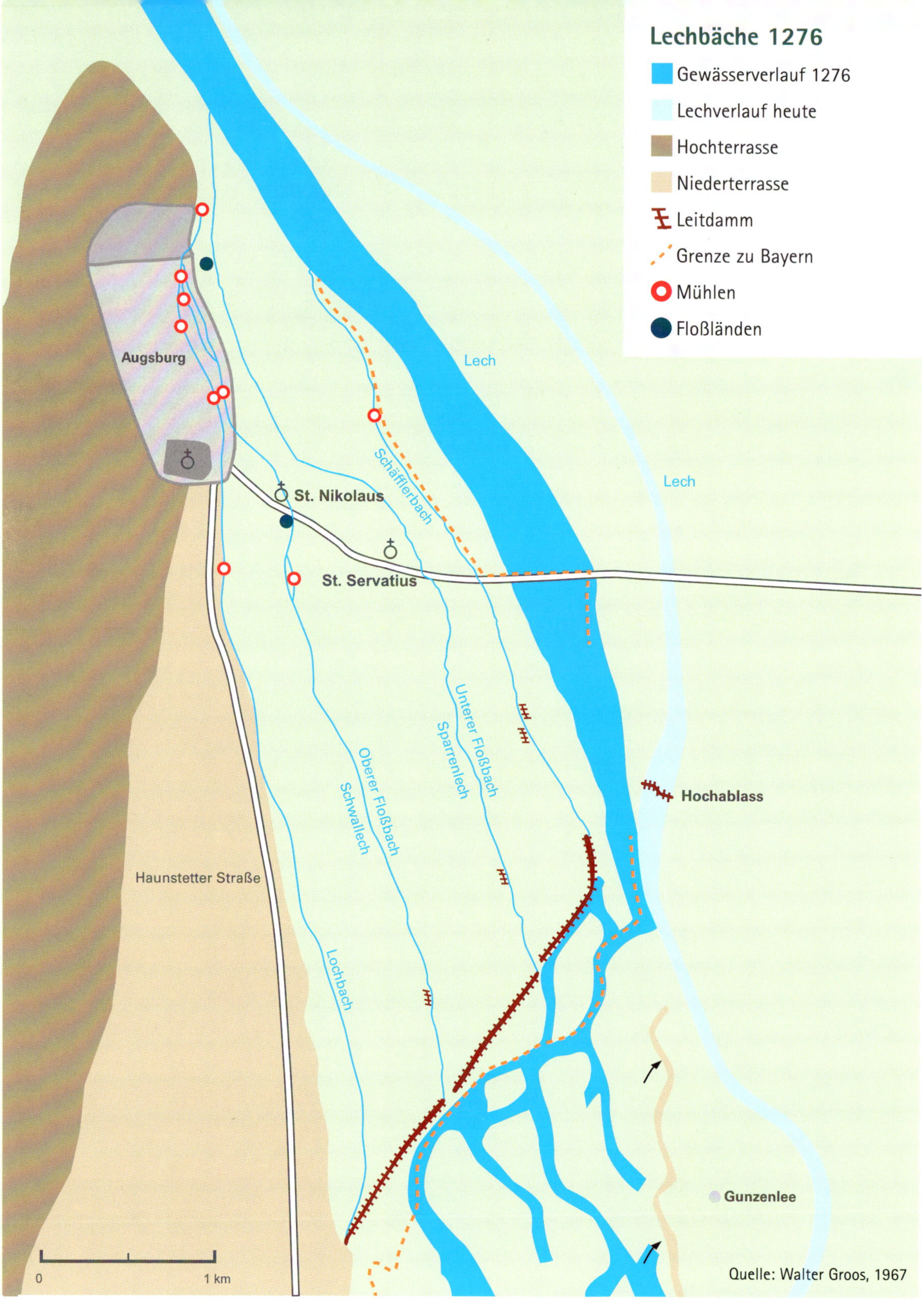

Das Kanalnetz im Lechviertel war ausgebildet, noch ehe der erste Hochablass gebaut wurde. Vier Bäche mit eigenen Anstichen im Dammsystem zwischen Haunstetten und heutigem Hochablass – Lochbach, Schwallech, Sparrenlech und Schäfflerbach – sollen um 1276 die Mühlen angetrieben haben. Der Lech bei Haunstetten verlief damals viel weiter westlich.

Deutlich stärker betonte 1905 der Augsburger Magistratsrat Anton Werner in seinem Buch „Die Wasserkräfte der Stadt Augsburg im Dienste von Industrie und Gewerbe" den Anteil der menschlichen Arbeit: *„Wahrscheinlich haben die ersten Ansiedler das Land zwischen Lech und Wertach schon in Inseln zerteilt vorgefunden. Der Lech wird wohl in*

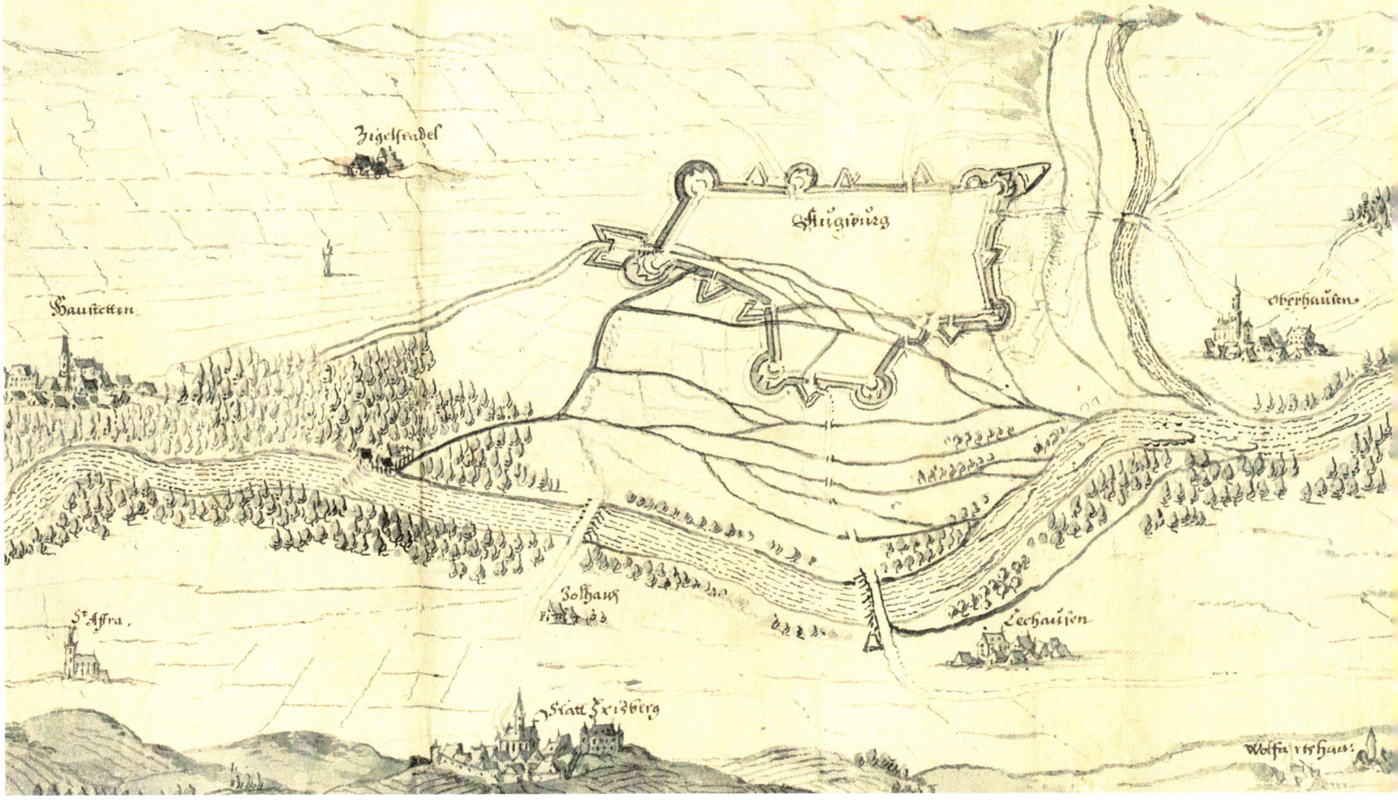

Diese Zeichnung verdeutlicht das Kanalsystem der Reichsstadt Augsburg zwischen Lech und Wertach aus der Vogelschau. Die bedeutendsten Wassermassen schickte der Lech vom Hochablass aus über den Floßbach (Hauptstadtbach und Kaufbach) in Richtung Stadt. Das System der vier innerstädtischen Lechkanäle ist ebenso gut zu erkennen wie das ausgedehnte Netz der „Leche" vor den Stadtmauern.

seinen alten Rinnsalen immer noch grössere Wassermassen gegen die Stadt gesendet haben. Ob aber die Mehrzahl der heutigen Werkkanäle noch Überbleibsel solcher Lecharme sind, möchte zu bezweifeln sein; denn diese Kanäle verdanken nachweisbar ihre Entstehung meist der Menschenhand." (18)

Was für die Frühzeit der Augsburger Kanäle fehlt, sind schriftliche Belege. Auch Stadtbaurat Franz Joseph Kollmann konnte in seinem 1850 erschienenen Werk „Die Wasserwerke von Augsburg" bestenfalls mutmaßen, wenn er davon schrieb, dass die Augsburger schon zu Lebzeiten Karls des Großen damit begannen, *„[...] die herumirrenden Flußrinnen und Bäche durch Beschlachtungen* [Ufersicherungen mit Holzwänden] *zu fixiren und Ueberschwemmungen durch Dämme abzuhalten. Auf dem Lech und der Wertach wurde Holz herabgeflößt; man machte neue Lechanstiche, legte Mühlen und sonstige Wasserwerke in größerer Zahl an."* (19) Wann genau die ersten Kanäle angelegt wurden, ist deshalb nicht bekannt, weil in den ohnehin raren mittelalterlichen Lokalquellen schlicht und einfach jeder urkundliche Beleg fehlt. (20)

In den „Beiträgen zur Topographie von Alt-Augsburg" hat Walter Groos 1967 beschrieben, dass das bis heute erhaltene Kanalsystem innerhalb der Stadtmauern – im Ulrichs- und im Lechviertel – jedenfalls wohl bereits voll ausgebildet war, noch ehe der erste Hochablass Lechwasser in Richtung Altstadt lenkte. Weil der Hohe Ablass, der untere Lechanstich, noch nicht gebaut worden war, sah die am westlichen Ufer des Flusses gelegene Kanallandschaft im Süden der Stadt – so Groos – freilich noch völlig anders aus.

Das Stadtrechtsbuch von 1276 nennt in mehreren Passagen die Wasserläufe im Ulrichs- und im Lechviertel. Im Artikel *„Wie wit die Laeche sin suln"* (21) heißt es (in die heutige Sprache übertragen): *„Der nächste Lech unter dem Berg, der heißt Luipoldes Lech, der soll haben zwölf Schuh* [mehr als dreieinhalb Meter] *an der Weite. Der andere Lech, der heißt Klessinges Lech, der soll vierzehn Schuh* [etwas mehr als vier Meter] *weit sein. Der dritte, der heißt des Gäumüllers Lech, der soll auch vierzehn Schuh weit sein; der vierte, der heißt des Rotigers Lech, der soll sechzehn Schuh* [rund 4,7 Meter] *weit sein."* (22)

Diese vier Kanäle sind durch ihre Beinamen als Vorderer Lech, Mittlerer und Hinterer Lech sowie als

Nach Wolfgang Kilians Karte von 1626 wurde 1905 ein Plan mit dem Titel „Die vom Hochablaß und dem Wertachwehr kommenden Werkkanäle […]" gedruckt: Er zeigt das Lechwehr (links unten), das durch den „Hohen Ablaß" und „Neuen Ablaß" Wasser in den „Floß-Bach" (heute: Hauptstadtbach) ausstaute. Dieser Kanal verlief entlang der Straße nach Friedberg.

Sparrenlech zu identifizieren. 1276 floss noch kein Wasser im Inneren Stadtgraben, der später ebenfalls zum Antriebskanal werden sollte. (23)

Der Sparrenlech zog sich durch ein Gebiet, das ab dem 12. Jahrhundert sukzessive in die Stadt einbezogen worden war. (24) Der mit 4,7 Metern breiteste der vier Lechkanäle wurde als Floßkanal aus Richtung Haunstetten in die Stadt geführt. Deshalb wurde der Sparrenlech angeblich bis 1740 von Triebwerken freigehalten. (25) Christoph Schisslers Stadtplan von 1602 zeigt jedoch Wasserräder am (nördlichen) Sparrenlech.

Auch der Schwallech, der ursprünglich durch das Gebiet des heutigen Stadtwalds in Richtung Stadt floss, diente als Floßkanal. Die jeweiligen Floßländen lagen bei den mittelalterlichen Keimzellen der Stadt: die eine bei der bischöflichen Burgstadt, die andere an der Straße nach Friedberg unweit von St. Ulrich und Afra beim außerhalb der Stadtmauer gelegenen Benediktinerinnenkloster St. Nikolaus. Dieses (1537 aufgehobene) Kloster hatte die Benediktinerabtei St. Ulrich und Afra 1262 an fromme Frauen übergeben. (26)

Vor den Mauern der Stadt floss um 1276 neben dem Lochbach, dem Schwallech und dem Sparrenlech

noch ein vierter Lechkanal, der auf Höhe der südlichen Grenze der Bischofsstadt wieder in den Lech abgeleitet wurde. Dieser Kanal entsprach in etwa dem heutigen Schäfflerbach. (27)

Der Lochbach, der Schwallech, der Sparrenlech und der Schäfflerbach waren damals wohl *„[...] vier verschiedene Bäche mit selbständigem Lechanstich [...]"* (28). Mit Wasser gespeist wurden sie über Anstiche im Dammsystem zwischen Haunstetten und (heutigem) Hochablass. Erst seit dem Bau des Hauptstadtbachs und des Kaufbachs floss in diesen vier Bächen jeweils das am Hochablass ausgestaute Lechwasser.

Die Wassermassen eines kleinen Flusses wälzen sich im Hauptstadtbach in Richtung Altstadt. Er ist der Zubringer für den Herrenbach, den Schäfflerbach und den Kaufbach. An der Pulvermühlschleuse (unten) gibt der Hauptstadtbach einen Großteil seines Wassers an den Herrenbach ab, der weitere Industriekanäle im Augsburger Osten speist. Das unscheinbare Schleusenhäuschen beherbergt noch immer das Technikdenkmal einer vorindustriellen, aus Holz gebauten Schleusenkonstruktion.

Den Hauptstadtbach gab es um 1276 noch länger nicht, weil der Hochablass beziehungsweise dessen Vorläufer in späteren Jahrhunderten errichtet wurden. Der heute wichtigste Kanal, der parallel zur Friedberger Straße wie ein kleiner, jedoch reißender Fluss große Wassermassen in Richtung der Industriekanäle im Osten der Altstadt und in das Lechviertel leitet, entstand erst nach und nach. Wie und wann genau, darüber sind sich die Chronisten uneinig, zumal alle Baumeisterbücher der Jahre 1332 bis 1367 fehlen sowie auch später noch Lücken bestehen (und damit die verlässlichsten Quellen ausfallen) beziehungsweise

Die Pulvermühlschleuse: barocker Maschinenbau

Eine hölzerne „Muskelkraftmaschine" dokumentiert vorindustrielle Schleusentechnik

Als Franz Joseph Kollmann 1850 sein Standardwerk „Die Wasserwerke von Augsburg [...]" herausgab, zählte er unter den wasserbaulichen Aufgaben der Stadt unter anderem 32 Schleusen auf, mit denen die Wassermenge in den Kanälen geregelt wurde. Es war die Zeit, in der auch die bis dahin überwiegend aus Holz errichteten Schleusen mehr und mehr durch neue Konstruktionen aus Metall verdrängt wurden. Eine vermutlich im frühen 19. Jahrhundert gebaute hölzerne, mannbetriebene „Muskelkraftmaschine" ist im Schleusenhaus an der Abzweigung des Hauptstadtbachs in den Kaufbach und den Herrenbach untergebracht. Diese Maschinerie besteht aus einem Sprossentretrad, einem Zahnradgetriebe und einem Wellbaum zum Ziehen der Schütztafel. Die eiserne Rücklaufsperr- und Bremsmechanik ist etwas jünger. Die 1982 restaurierte Schleusenkonstruktion ist ein Technikdenkmal in der Tradition des spätbarocken, vorindustriellen Maschinenbaus. Die ehemalige Funktion der Pulvermühlschleuse hat heute längst eine moderne Schleusenkonstruktion übernommen.

Unten links: Ablassbauwerke, Schleusenhäuschen und Schleusen belegt diese Skizze aus dem 17. Jahrhundert. Unten rechts: Um 1650 wurden hölzerne Maschinerien zum Aufziehen der Schütze skizziert, mit denen man die Wassermengen in den Kanälen regelte. Oben: Die hölzerne „Muskelkraftmaschine" der Pulvermühlschleuse über dem Hauptstadtbach.

Kollmann, Franz Joseph: Die Wasserwerke von Augsburg [...], Augsburg 1850, S. 6

Ruckdeschel, Wilhelm: Technische Denkmale in Augsburg. Eine Führung durch die Stadt, Augsburg 1984, S. 76 ff.

Ruckdeschel, Wilhelm: Einzigartig: Eine hölzerne Schütztafel-Zieh-Winde mit Sprossen-Tretrad, in: Industrie-Archäologie. Aktuelle Nachrichten und Berichte 4/1981, in: Kultur & Technik. Das Magazin aus dem Deutschen Museum, Heft 4, S. 249 ff.

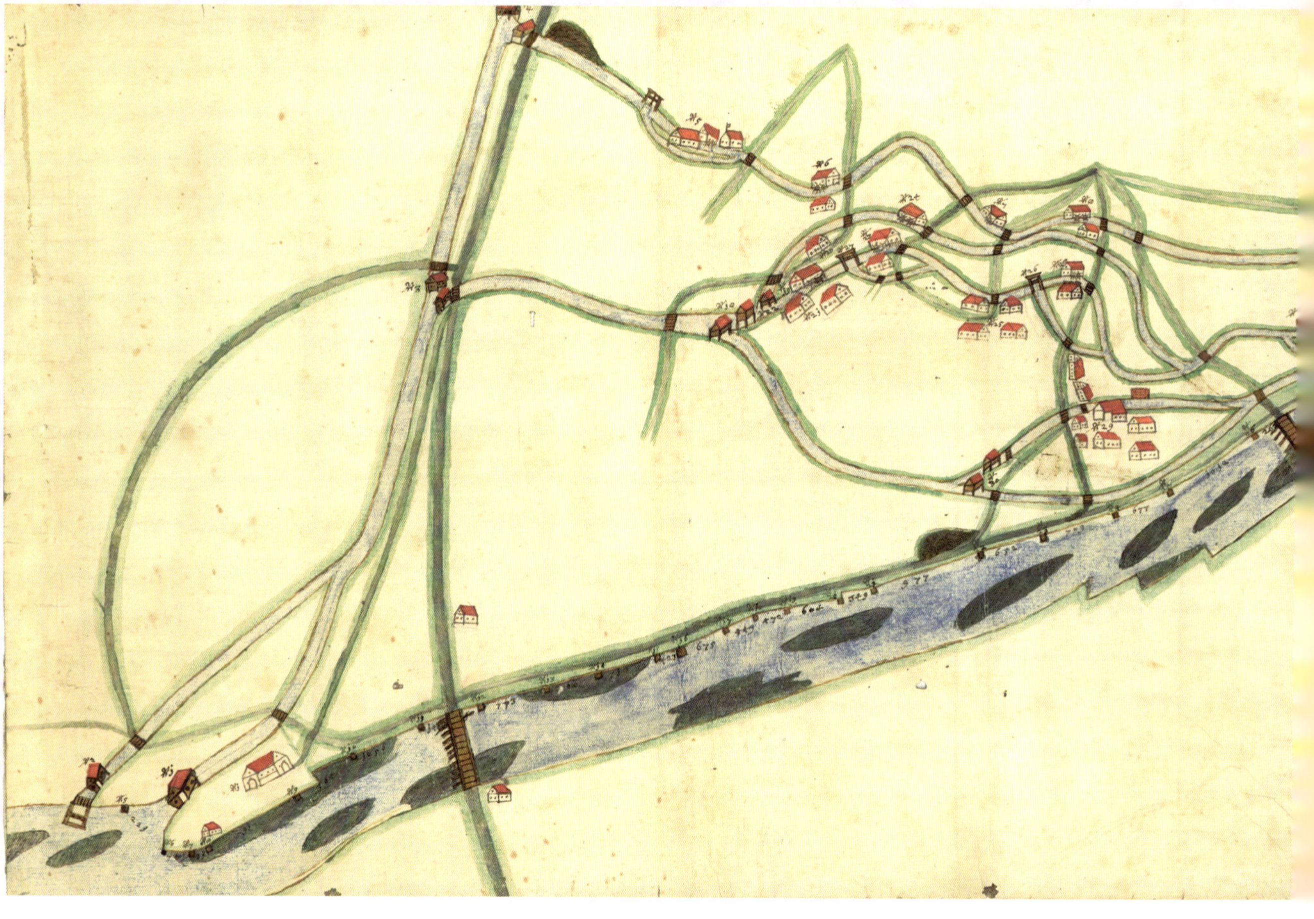

N.º 9

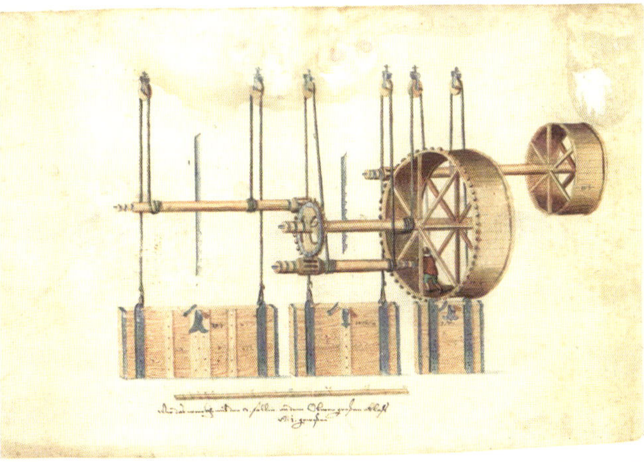

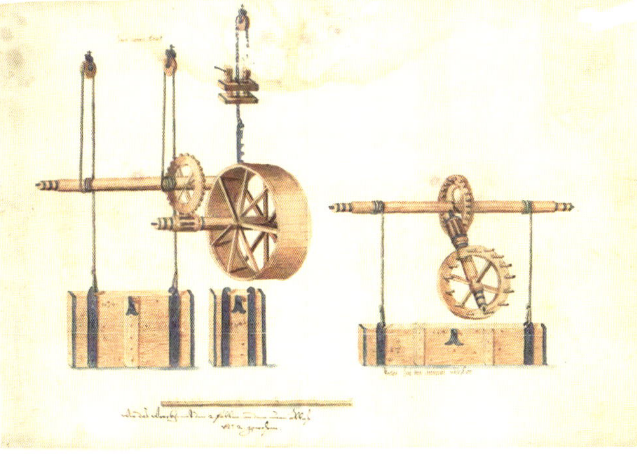

System der Lechkanäle

1 Wasserwerk am Roten Tor
2 St. Ulrich und Afra
3 Rathaus
4 Dom
5 Hochablass
6 Lochbachanstich

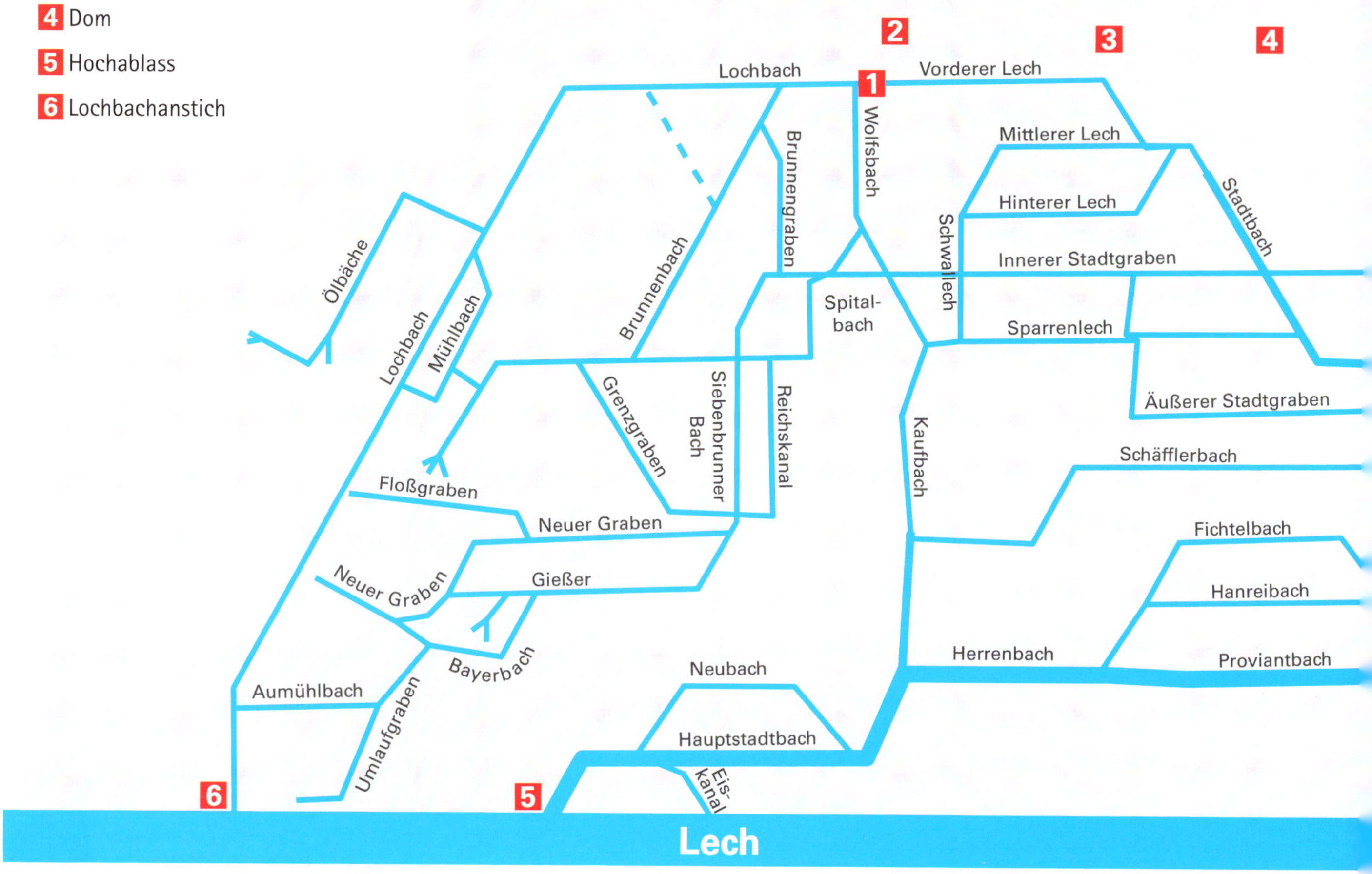

Der beim Hochablass ausgeleitete Hauptstadtbach versorgt das östliche Kanalnetz der Augsburger Industriekanäle über den Ablass zum Herrenbach sowie über seine Verlängerung – den Kaufbach – den westlich davon gelegenen Schäfflerbach und die dort nachfolgenden Industriekanäle. Über den Schwallech befüllt das Lechwasser aus dem Hochablass auch die Kanäle im Lechviertel. Der zweite Lechanstich ist der Lochbach, der nach dem Roten Tor zum Vorderen Lech wird. Der Lochbach wird einerseits durch Quellbäche verstärkt, beliefert andererseits aber auch einstige Quellbäche im Stadtwald mit Lechwasser.

erhaltene spätere Einträge vieldeutig interpretiert werden können. (29) Wann das Teilstück zwischen dem Herrenbach und dem Schäfflerbach gegraben wurde, ist nicht bekannt. Die Verlängerung des Stadtbachs (durch den Kaufbach) erfolgte wohl spätestens 1495. Die Reichsstadt *„[...] stellte die Verbindung von Sankt Servatius, also dem Schäfflerbach bis zum Schwibbogen durch einen neuen Kanal her und schloß dadurch den Schwallech und den Sparrenlech ebenso an den untersten Lechanstich* [die alte Wuhr] *an, wie zuvor den Schäfflerbach und den Herrenbach. Damit waren die Lechanstiche auf zwei verringert, den Lochbachanstich [...] und den Ablaß bei der alten Wuhr."* (30)

Die alte Wuhr war (nach Walter Groos) bis 1552 das Vorgängerwehr des Hochablasses (31): Sie lag circa 900 Meter weiter flussaufwärts. St. Servatius war das Augsburger Leprosenspital an der Straße nach Friedberg vor den Toren der Stadt. Diese Einrichtung wurde Ende des 17. Jahrhunderts zum Jakobertor hin verlegt, als sich ihre Aufgabe geändert hatte. (32)

Auf Wolfgang Kilians Vogelschauplan von 1626 floss Lechwasser durch zwei Einlaufbauwerke, den Hohen und den Neuen Ablass, in den Hauptkanal in Richtung Stadtmauern. Diese Situation blieb bis 1910 bestehen. Der Hauptstadtbach und seine westliche Verlängerung – der Kaufbach – trugen damals ein-

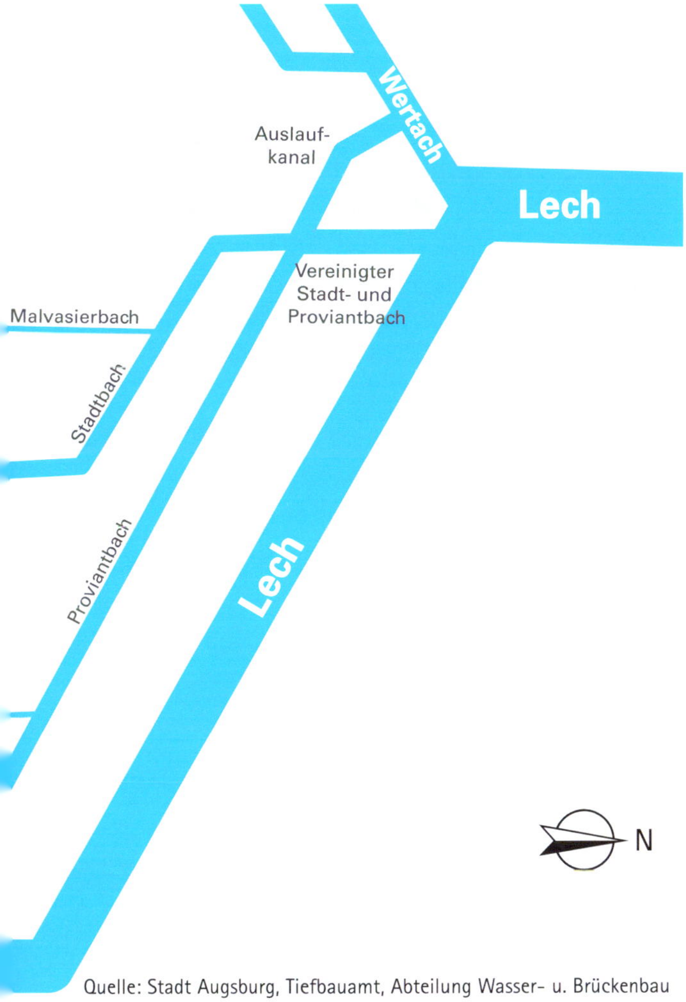

Quelle: Stadt Augsburg, Tiefbauamt, Abteilung Wasser- u. Brückenbau

heitlich den Namen „Floß-Bach". Flöße transportierten vom Hochablass aus über diesen breiten Kanal Güter bis zum Schwibbogentor oder in den Sparrenlech.

Abgesehen davon, dass der Hauptstadtbach und der Kaufbach bei Kilian als „Floß-Bach" bezeichnet wurden und der Schäfflerbach 1626 noch „Hanrei-Bach" hieß, hat sich seither im Prinzip nicht sehr viel geändert: Auf dem Weg in Richtung Altstadt gibt der Hauptstadtbach kurz vor der Pulvermühlschleuse am Damaschkeplatz einen Großteil seines Wassers an den Herrenbach ab. Nach der Pulvermühlschleuse speist der Kaufbach, die Verlängerung dieses Kanals an der Friedberger Straße, zunächst den Schäfflerbach, dann den Sparrenlech und am Ende den Schwallech.

Der Lochbach ist bis heute der obere, weit südlich der Stadt gelegene Zubringer im System der Lechkanäle. Dieser Kanal, der ab dem Wasserwerk

1627 zeichnete Stadtwerkmeister Elias Holl einen Riss der Quellbäche im heutigen Stadtwald (Ausschnitt). Am südlichen Rand seiner Skizze hielt Holl den Lochbachanstich (links oben) am Ufer des Lechs fest. Rechts unten ist ein Teil des Dorfs Haunstetten zu erkennen.

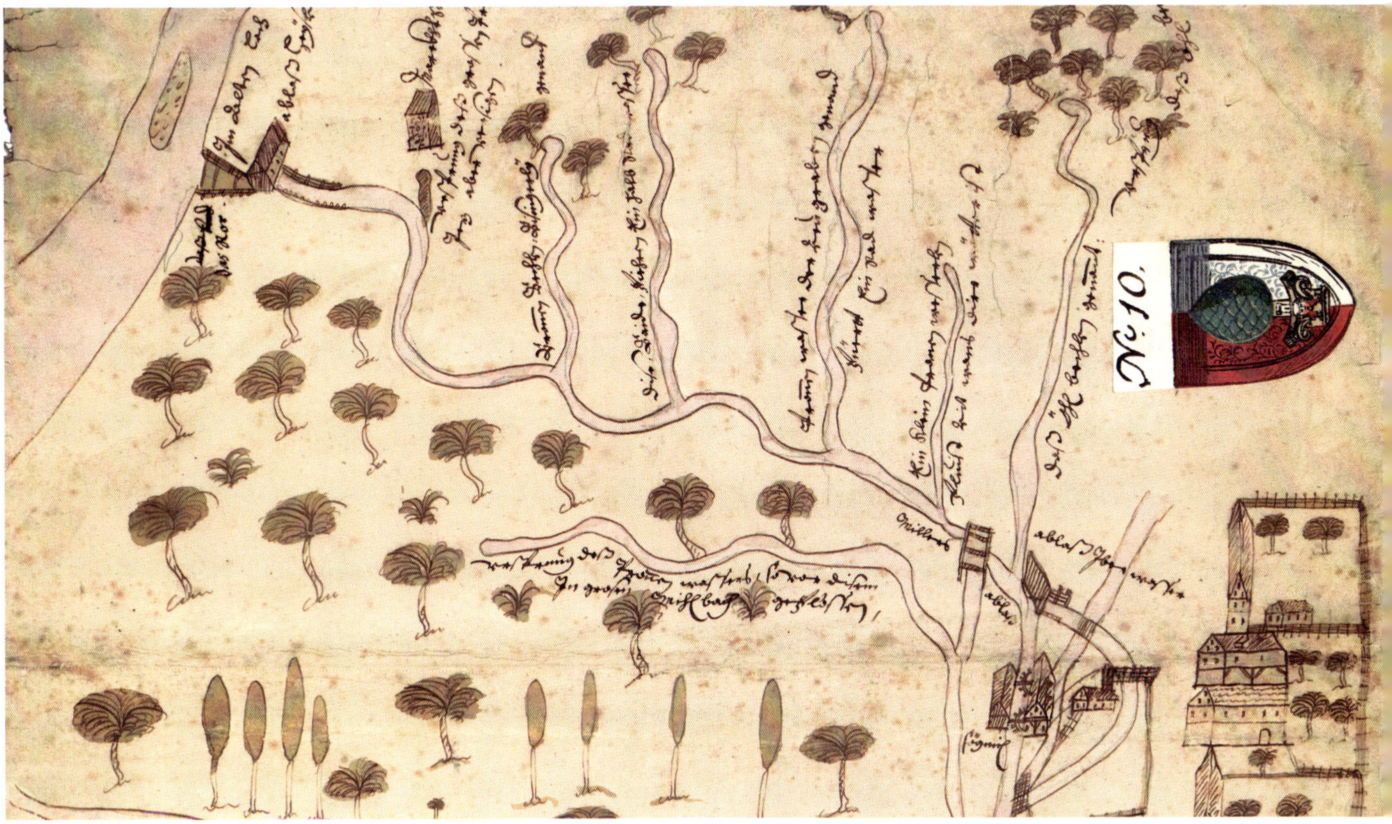

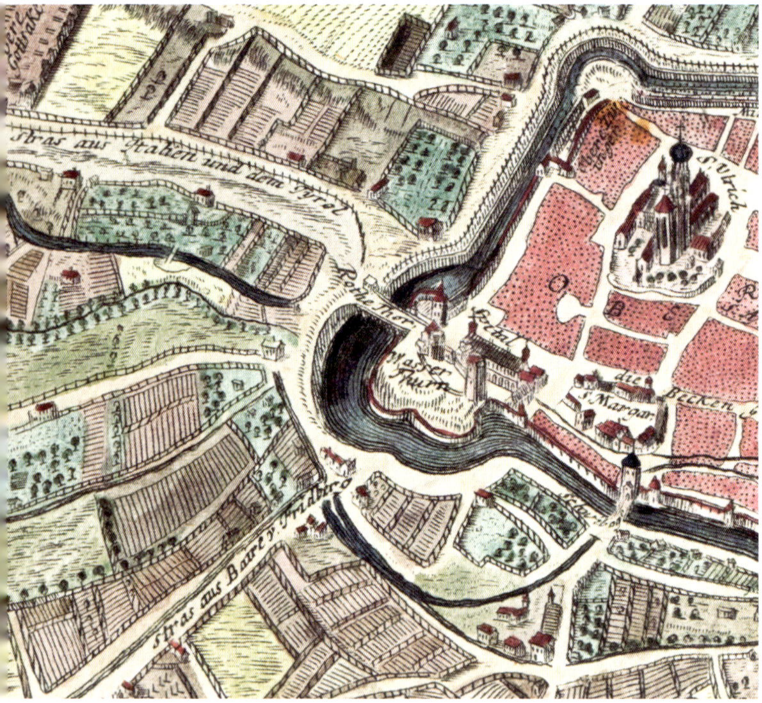

Ein Stich von Gabriel Bodenehr lässt die Aquädukte erkennen, über die das Wasser der beiden großen Lechanstiche in die Stadt geleitet wurde. Der Lochbach querte parallel zum Brunnenbach den Stadtgraben im Aquädukt am Roten Tor. Den Schwallech speiste der „Floß-Bach" (der heutige Kaufbach), der entlang der „stras aus Bairl v. Fridberg" und über das Aquädukt am Schwibbogentor ins Lechviertel floss.

am Roten Tor als Vorderer Lech bezeichnet wird, ist (wohl seit dem 11. Jahrhundert) Augsburgs ältester Werkskanal. In den frühen Quellen wird er als Mühlbach oder auch Haunstetter Mühlbach bezeichnet. Ein weiterer für den Lochbach geläufiger Name ist Brunnenlech. Das führt auch deshalb zu Verwirrung, weil der trinkwasserführende Brunnenbach ebenfalls ab und an als Brunnenlech bezeichnet wurde.

Aus der ständigen Verlagerung des Lechs erwuchsen allerdings immer wieder Probleme mit dem mangelnden Wasseraufkommen des Lochbachs, die man 1450 und 1480 durch Zuführung benachbarter Quellen zu beheben versuchte. (33) Letztlich konnten jedoch nur jeweils neue Lechanstiche das benötigte Treibwasser für die vom oberen Ablass versorgten Mühlen sichern. Es war ein stetes Hin und Her: Der Lech verlagerte sich nach Osten wie nach Westen. Daran soll auch der 1603 aufgestellte Brunnenbach-Denkstein erinnern, der seinerzeit circa 13 Kilometer südlich der damaligen Augsburger Stadtgrenzen – in der südlichsten Ecke des heutigen Stadtgebiets – lag. Als Stadtwerkmeister Elias Holl 1627 seinen Plan der Gewässer im Süden der Reichsstadt skizzierte, hat er diesen (heute durch ein Replikat ersetzten) Gedenkstein in der Nähe des Rohrs „im alten Loch" eingezeichnet. Holl vermerkte zum Denkmal: „stain 1603" und „ursprung deß großen Brunnenbachs", der aber versiegt sei. Man nahm deshalb an, dass das Steindenkmal die älteste und südlichste Quelle eines ehemaligen Brunnenbachs markieren sollte. Die Verlagerung des Lechs nach Osten habe diese Brunnenbachquelle trockenfallen lassen. Darum sei nach 1615 Wasser durch ein Einlaufbauwerk – das von Holl erwähnte Rohr – in ein früheres Bett des Brunnenbachs eingeleitet worden. (34) Dass so der „erste Lochbach" entstanden sei, wie verschiedentlich notiert wurde, widerspricht den Quellen. 1470 hielt ein Vertrag der Stadt Augsburg mit Herzog Albrecht von Bayern fest: *„[...] dann von der Mülbach wegen mögen die von Augspurg den Lech auf ir Mülbach an den ennden, [...] wie es von alter herkomen ist, gewinnen."* (35)

Gesichert dokumentiert sind jedenfalls die späteren Veränderungen beim Lochbachanstich. *„1818 lag der Fluß nahe am Lochhaus, 1755 lag der Lochbachanstich 2 1/2 km oberhalb des Lochhauses, weil der Lech weiter östlich lag als 1818. Im Jahre 1642 [...] lag der Lech so weit östlich, daß die Müller dem Lochbach zur Verstärkung den Ölbach und Quellen aus dem Haunstetter Wald zugeführt hatten und, als die Stadt diese Quellen zur Trinkwasserversorgung benötigte, den Lochbach bis gegenüber Prittriching hinauf verlängerten, das sind 6 km südlich vom Lochhaus [...]."* (36)

Dieser immense Aufwand wurde betrieben, weil der Lochbach eine unverzichtbare Antriebskraft war und blieb. Seit dem 19. Jahrhundert versorgte er die in Haunstetten errichteten Fabriken (zum Beispiel die Bleicherei und Färberei Martini) mit Treibwasser. In seiner 1,4 Kilometer langen Verlängerung, als Vorderer Lech, belieferte dieser Lechkanal im Ulrichs- und im Lechviertel 1905 vier Mühlen, darunter den Vorgängerbau der noch immer bestehenden Pfladermühle. (37) Heute wird der Lochbach bei der Lechstaustufe 22 bei Unterbergen – rund 14,5 Kilometer von Augsburgs Altstadt entfernt – ausgestaut. Er bewässert nunmehr auch etliche Lechkanäle im Stadtwald Augsburg.

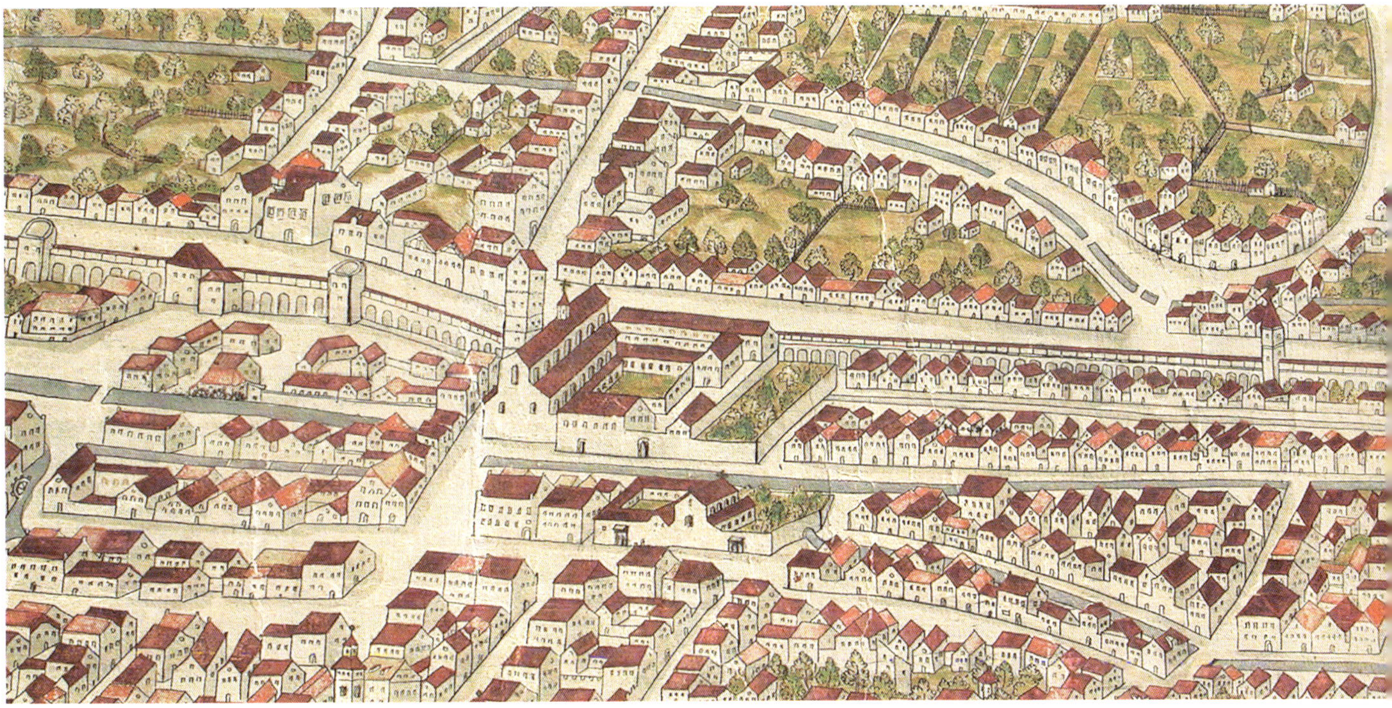

Die vier Lechkanäle der Altstadt fließen im Großen und Ganzen noch wie im Jahr 1276 von Süden nach Norden durchs Ulrichs- beziehungsweise Lechviertel. Insgesamt erstrecken sich diese beiden Quartiere über eine Länge von anderthalb Kilometern. Der Vordere Lech wird wie zu Zeiten des Augsburger Stadtrechtsbuchs vom Lochbach gespeist.

Der Schwallech, der über den Kaufbach mit Lechwasser vom Hochablass beliefert wird, wurde früher über ein Aquädukt beim Schwibbogentor über den

Der Vogelschauplan Jörg Selds von 1521 zeigt das Lechviertel mit den Kanälen, die dort schon um 1276 hindurchflossen: Ganz unten ist der Vordere Lech zu erkennen. In der Bildmitte sieht man – fast parallel verlaufend – den Mittleren und den Hinteren Lech. Oben, in der Jakobervorstadt vor der Inneren Stadtmauer, verläuft in großem Bogen der Sparrenlech. Unten: Wolfgang Kilians Stadtplan von 1626 belegt, dass sich die Bauten im Lechviertel an den Kanälen ausrichteten. Bei St. Ursula teilt sich der Schwallech.

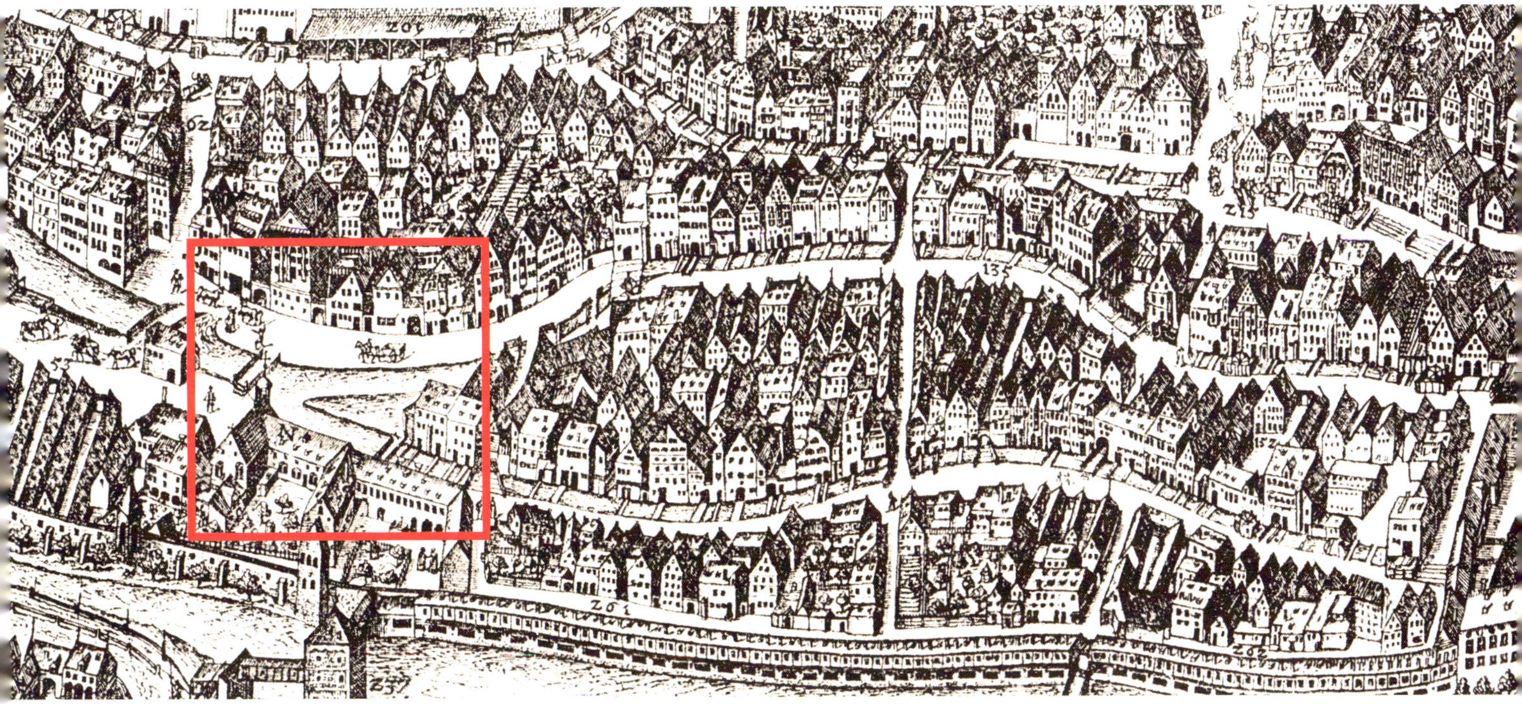

Die Wasserbrücke vor dem Schwibbogentor

Bei dem 1867 abgebrochenen Stadttor stand das erste Augsburger Wasserwerk

1867 wurde das Schwibbogentor (und mit ihm die angrenzende Stadtmauer) abgetragen. Mit diesem Abbruch ging wohl auch ein bedeutendes Kapitel in der Geschichte der Augsburger Wasserwirtschaft verloren. Denn Augsburgs erstes Wasserwerk, „[...] daß gemelter Brunnen Gehåuß/so man die Wasserstuben nannte [...]", hatte „[...] vor dem Schwybogen/an dem Stattgraben gestanden [...]", wie der Chronist Pirmin Gasser zum Jahr 1412 vermeldete.

Doch nicht nur die Stadtmauer neben dem Schwibbogentor wäre wassergeschichtlich wohl relevant gewesen, auch das Stadttor selbst sowie die dortige Brücke über den Stadtgraben hätten tiefe Einblicke in die Technik des Wasserbaus erlaubt. Denn im Aquädukt im Untergeschoss der Brücke querte der Kaufbach, die Verlängerung des Hauptstadtbachs, den Stadtgraben, bevor er sich in den Schwallech ergoss. Auf diesem Weg kam also früher das Wasser, das sich ab dem Kloster St. Ursula auf den Mittleren und Hinteren Lech verteilt, ins Lechviertel. Bereits die Baumeisterbücher der Jahre 1378 und 1379 erwähnen die Wasserbrücke beim Schwibbogentor: „Zu dem gussbett, da der Lech uff gat vor Swibogen in die stat." Wie so ein „Gussbett" konstruiert war, überliefert ein „[...] Grund=Auf=und Profilirungs=Riss deß Stadt=Graben Canal bey dem Schwibogen Thor" von Brunnenmeister Caspar Walter (1751) im Augsburger Stadtarchiv. Heute wird die Aufgabe der einstigen Wasserbrücke beim Schwibbogentor von der unterflur verlegten Leitung übernommen, die dem Schwallech das Lechwasser vom Hochablass liefert.

Eine kolorierte Radierung aus dem 19. Jahrhundert zeigt den Kaufbach vor dem Schwibbogentor. Der Lechkanal überquerte im Aquädukt unter der Brücke vor dem Stadttor den nassen Stadtgraben. Dieselbe Situation stellte 1643 ein Stich Matthäus Merians aus der Vogelperspektive dar. Rechte Seite: Ein Plan des Brunnenmeisters Caspar Walter von 1751 belegt die Konstruktion der Wasserbrücke über dem Stadtgraben beim 1867 abgetragenen Schwibbogentor.

Häußler, Franz: Gedenktafeln erzählen Augsburger Geschichte, Augsburg 2014, S. 216

Gasser, Pirmin: Ander Theil der Weitberüempten Keyserlichen Freyen und deß H. Reichstatt Augspurg in Schwaben Chronica [...], zweites Buch der Augspurgischen Chronica Markus Welsers [...], Frankfurt am Main 1595, S. 150

Werner, Anton: Die Wasserkräfte der Stadt Augsburg im Dienste von Industrie und Gewerbe. Historisch-statistisch beschrieben [...], Augsburg 1905, S. 9

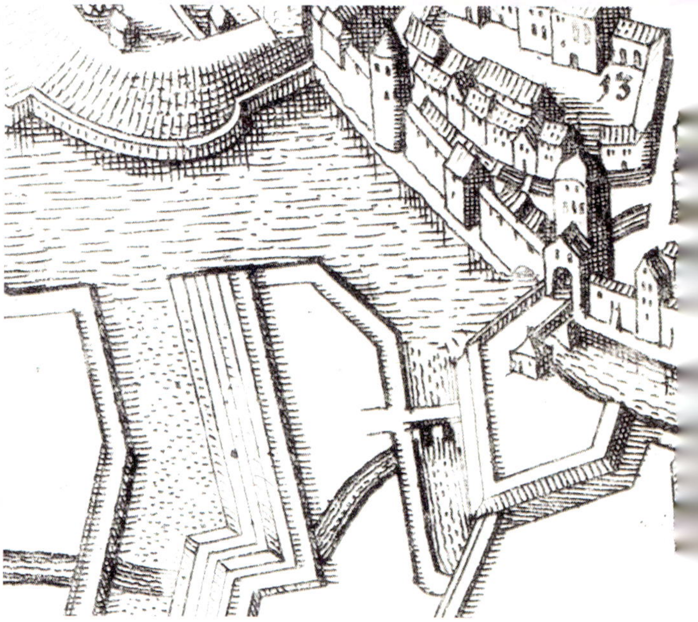

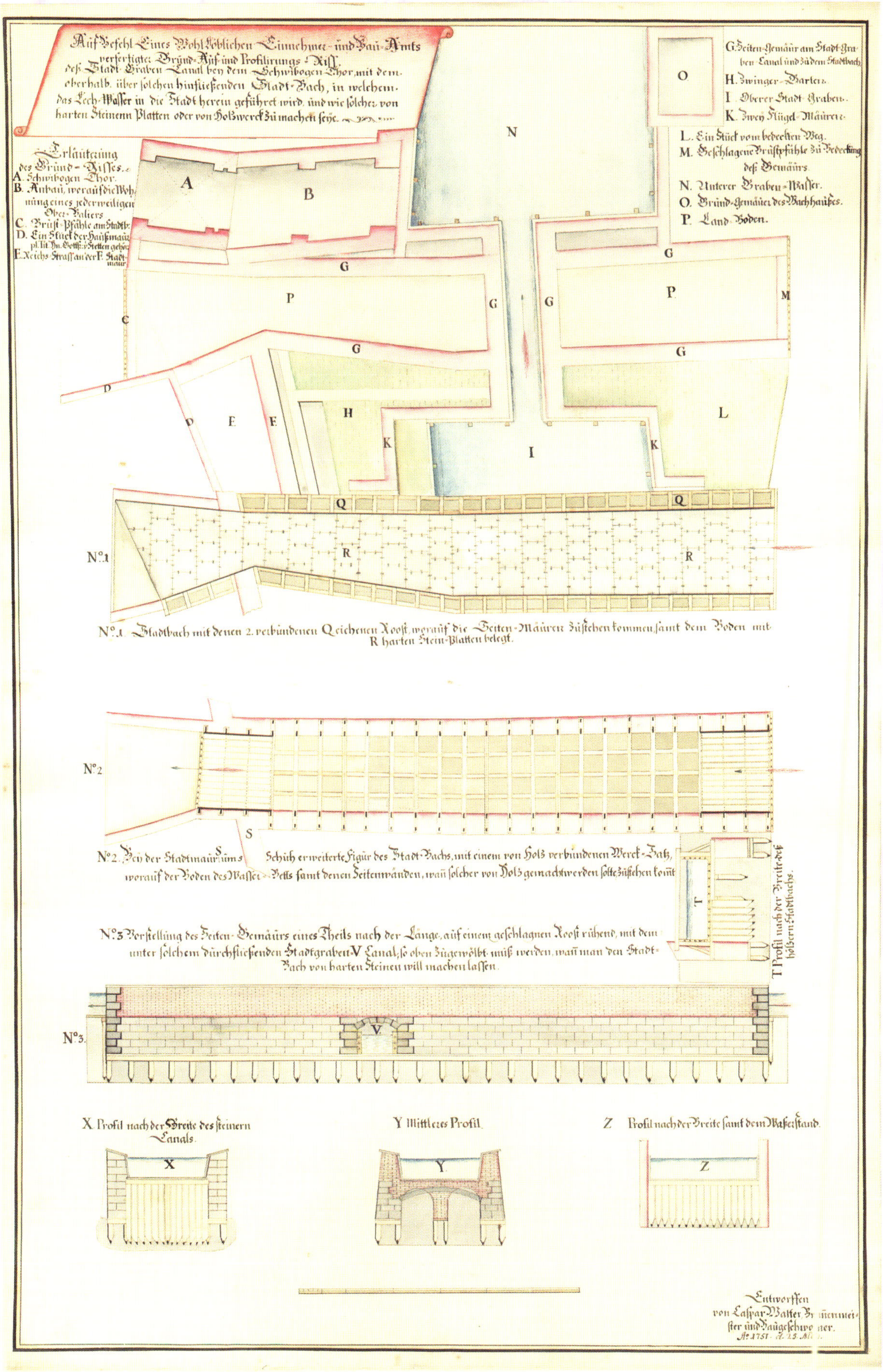
Auf befehl Eines Wohl löblichen Einnehmer- und Bau-Amts verfertigte: Grund- Auf- und Profilirungs-Riss.
deß Stadt Graben Canal bey dem Schwibogen Thor, mit dem oberhalb. über solchen hinfließenden Stadt-Bach, in welchem. das Lech-Wasser in die Stadt herein geführet wird. und wie solcher von harten Steinenn Platten oder von Holzwerck zu machen seye.
Erläuterung des Grund-Risses.
A. Schwibogen Thor.
B. Anbau, worauf die Wohnung eines jederweiligen Ober-Baliers
G. Seiten-Gemäur am Stadt-Graben Canal und zu dem Stadtbach
H. Zwinger-Garten.
I. Oberer Stadt Graben.
K. Zwey Flügel-Mäuren.
L. Ein Stück vom bedeckten Weg.
M. Geschlagene Brustpfähle zu Bedeckung deß Gemäurs.
N. Unterer Graben-Wasser.
O. Grund-Gemäuer des Wachhaußes.
P. Land-Boden.
N°. 1
N°. 1. Stadtbach mit denen 2. verbundenen Q eichenen Roost, worauf die Seiten-Mäuren zu stehen kommen, samt dem Boden mit R harten Stein-Platten belegt.
N°. 2
N°. 3
X Profil nach der Breite des steinern Canals.
Y Mittleres Profil.
Z Profil nach der Breite samt dem Wasserstand.
Entworffen
von Cassar Walter

Der äußerst detailgenaue Seld-Plan von 1521 stellt auch die kleine Landzunge vor dem bis heute bestehenden Dominikanerinnenkloster St. Ursula dar, bei der sich der Schwallech in den Hinteren und in den Mittleren Lech aufspaltet. Wie schon zu Zeiten des Augsburger Goldschmieds Jörg Seld überspannt ein hölzerner Steg den schmalen Geländestreifen zwischen diesen beiden Lechkanälen. Sie vereinen sich kurz vor dem nördlichen Ende des Lechviertels und gehen gleich danach im Stadtbach auf.

oberen Stadtgraben ins Lechviertel geführt. Dieses Aquädukt wird heute unterflur durch eine Wasserbrücke ersetzt. Sie ist nur ein Beispiel für etliche unter Brücken oder Bebauung verborgene Wasserkreuzungen an den Kanälen: Teils nicht sichtbare Kanalstrecken erschweren es mitunter enorm, ihrem Lauf zu folgen.

Der Schwallech teilt sich an einer kleinen Landzunge beim Dominikanerinnenkloster St. Ursula in den (östlich verlaufenden) Hinteren Lech und den

Mittleren Lech. Das Wort „Swal" entstammt dem bis ins 14. Jahrhundert gebräuchlichen Mittelhochdeutschen. Abgeleitet wurde es von „swellen" (schwellen). Dass eine angrenzende Straße „Am Schwall" heißt, belegt lediglich, dass das Wissen um die ursprüngliche Wortbedeutung verlorengegangen ist. (Schwal nennt man auch die Donauinsel vor der Ulmer Stadtmauer.)

Der Schwal an der Gasse „Bei St. Ursula" ist eine der markantesten Ansichten des Lechviertels. Den schmalen Geländestreifen zwischen dem Mittleren

Zu den Ansichten, die ein 1897 erschienenes Buch mit Zeichnungen beschrieb, gehörte der Steg über den Schwallech beim Kloster St. Ursula. Eine Fotografie zeigt die hohen Giebel der Handwerkerhäuser neben diesem Lechkanal und das Kanalbett in der südlich davon gelegenen Schwibbogengasse. Unten: In diesem Holzhäuschen über dem Schwallech dürfte sich ein Wasserrad oder eine Turbine gedreht haben. Über den Kanälen im Lechviertel sind noch mehrere derartige Häuschen erhalten.

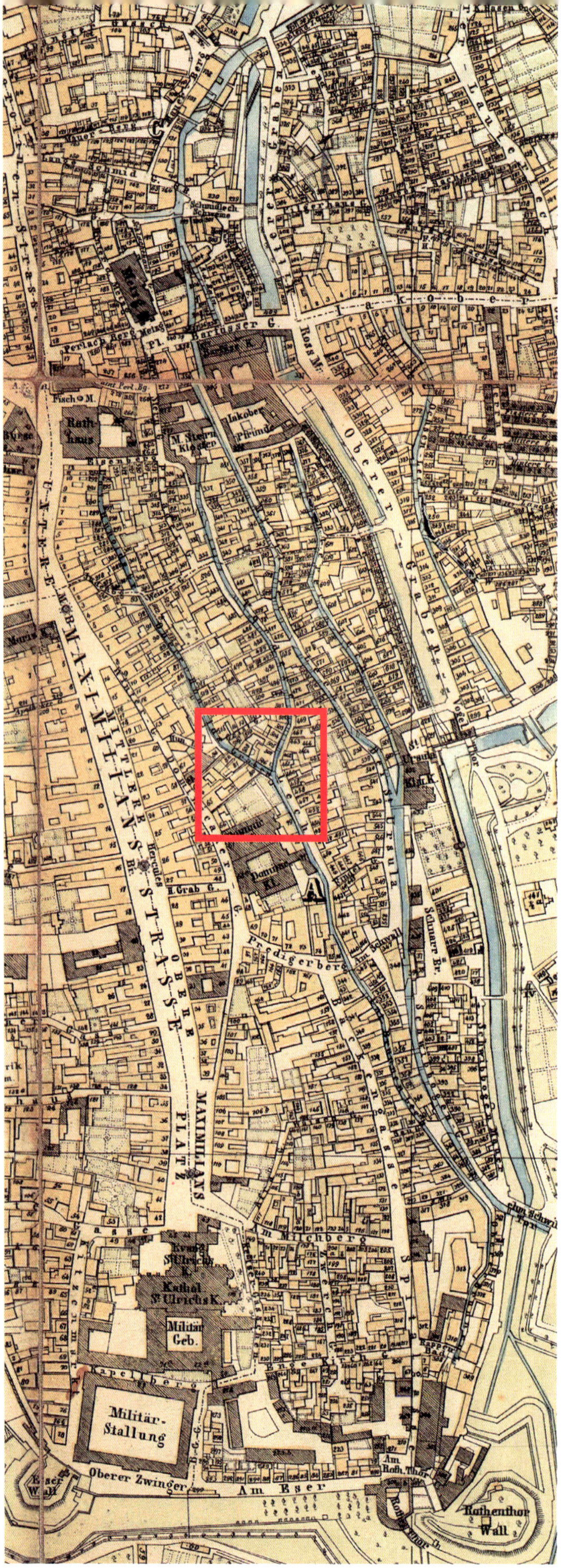

Ein Stadtplan von 1874 zeigt den damaligen Verlauf der Lechkanäle im Ulrichsviertel und im Lechviertel. Vom Vorderen Lech zweigt der Hunoldsgraben (ganz links) ab: Dieser Lechkanal floss damals noch offen.

Lech und dem Hinteren Lech überspannt ein schmaler hölzerner Steg. Einen Steg an derselben Stelle zeigte schon vor einem halben Jahrtausend der mit acht Holzschnitten gedruckte Augsburger Vogelschauplan nach den Zeichnungen des Goldschmieds Jörg Seld.

Der Mittlere und Hintere Lech fließen parallel zum Vorderen Lech durch die ganze Länge des Lechviertels. Heutige Besucher des ehemaligen Handwerkerquartiers nehmen die beiden Kanäle eher als idyllisches Beiwerk einer inzwischen bevorzugten Wohnlage wahr. Doch noch im Jahr 1850 hatte die Wasserkraft dieser zwei kleinen Lechkanäle durchaus wirtschaftliche Bedeutung: Denn an den beiden etwas mehr als einen halben Kilometer langen Kanälen stand jeweils eine Mühle. Zu den vier Werken am Mittleren Lech gehörte eine Walzendruckerei mit Pochwerk, der Hintere Lech lieferte zum Beispiel das Treibwasser für eine kleinere Baumwollspinnerei.

Wie nah beieinander die fächerförmig durch die Altstadt fließenden Lechkanäle liegen, zeigt sich einprägsam beim kleinen Platz vor dem Geburtshaus des Renaissancemalers Hans Holbein d. J. in der „Vorderer Lech" genannten Gasse. Dort fließen der Vordere Lech und der Mittlere Lech wenige Meter voneinander entfernt, auch der östlich davon verlaufende Hintere Lech ist nach wenigen Schritten erreicht. Am Nordende des Lechviertels vereinen sich der Mittlere Lech und der Hintere Lech – kurz nach dem Brechthaus (Auf dem Rain 7), einer zwischen diesen beiden Kanälen eingeklemmten früheren Feilenhauerei – in einem gemeinsamen Kanalbett, um gleich darauf im Stadtbach aufzugehen. Der Vordere Lech mündet wenige Meter vor dieser Stelle in den Mittleren Lech.

Der Vordere Lech trieb um 1900 insgesamt vier Mühlen an. Nach knapp zwei Dritteln seiner Länge zweigte er früher in Richtung Westen in den noch im 19. Jahrhundert bis kurz vor dem Rathaus offenen Hunoldsgraben ab, der als Abwasserkanal diente. Der Hunoldsgraben ist heute lediglich durch den Namen einer langgezogenen Gasse im Lechviertel im Stadtbild präsent. Der ehemalige Entsorgungskanal verläuft längst unter dem Straßenbelag.

Geändert hat sich auch die Kanalführung ab der Kresslesmühle (das Gebäude ist heute ein Kulturhaus)

an der Barfüßerstraße. Knapp südlich (an der heutigen Sterngasse) fließt der Vordere Lech unter dem Gelände des Franziskanerinnenklosters Maria zum Stern hindurch, wo der Kanal einst das Wasserrad eines kleinen Wasserwerks antrieb: Der dortige Wasserturm war der einzige, der nicht direkt an der Stadtmauer stand.

Am benachbarten Metzgplatz steht die zu Beginn des 17. Jahrhunderts dorthin verlegte Stadtmetzg: Die von 1606 bis 1609 erbaute Verkaufshalle der Metzger wurde von Stadtwerkmeister Elias Holl *„[...] durch die Inbetriebnahme eines Lechkanals, der als Kühl- und*

Der Mittlere Lech und der Hintere Lech fließen teilweise nur wenige Schritte voneinander entfernt parallel durch das Lechviertel. Am nördlichen Ende des einstigen Handwerkerquartiers vereinen sich die beiden Kanäle und gehen danach im Stadtbach auf. Abbildungen unten: Der Vordere Lech kurz vor dem Metzgplatz – im Hintergrund ist die Stadtmetzg zu erkennen. Als Kühlsystem und zur Abfallentsorgung für die Fleischbänke wurde der Lechkanal unter dem Gebäude hindurchgeführt. Unter dem Kanalgewölbe werden heute Akten der Stadtverwaltung gelagert.

Abwasserbach unter den Bau hindurchgeleitet wurde […]" (38), optimiert. Holl vermerkte in seiner Hauschronik: *„So rinnet dieser Bronnenbach unter diesem Bau durch. Dieses Bachs Mutter […] habe ich ganz neu in die Gerad graben lassen […]. Hat mächtige große Arbeit gekost."* (39) Unter dem Gewölbe, durch das der Vordere Lech durch das Untergeschoss der Stadtmetzg verlief, werden heute Akten eingelagert. Kurz hinter der Stadtmetzg mündet der Vordere Lech noch immer in den benachbarten Mittleren Lech.

Die Kanäle in der Altstadt werden zwar teilweise unter Gebäuden, Plätzen und Straßen hindurchgeführt. Dennoch verläuft – anders als in vielen anderen Städten, die früher ein ausgedehntes Kanalnetz besaßen (wie zum Beispiel in München) – der weit größte Teil der Kanäle offen entlang der Gassen. Einzige Ausnahme ist der heute völlig vom Straßenpflaster verdeckte Hunoldsgraben. Doch während des 19. Jahrhunderts verschwanden auch in Augsburg längere Strecken der Kanäle unter der Straße. In den 1890er-Jahren *„[…] wurde damit begonnen, ganze Kanalläufe im Innern der Stadt in Beton und Eisen zu überbrücken, wodurch bequeme und schöne Verkehrsstraßen geschaffen wurden, so z. B. am hinteren Lech und Sparrenlech. Hierbei wurden die Eisenteile zum Schutze gegen Rost vollständig mit Beton umhüllt und Straßen und Trottoirs asphaltiert. Diese Überbrückungen haben bei den beteiligten Anwesensbesitzern großen Anklang gefunden und mehren sich die bezüglichen Gesuche."* (40) In den 1930er- und 1950er-Jahren wurden weitere Kanalabschnitte überdeckt.

Bei der aus Mitteln der Städtebauförderung ab den 1980ern durchgeführten Altstadterneuerung konnten allerdings etliche Kanalstrecken im Ulrichs- und im Lechviertel wieder aufgedeckt werden. (41) Was jedwede Baumaßnahme erleichterte: *„Sämtliche Triebwerkskanäle sind Eigentum der Stadtgemeinde."* (42)

Die Bauweise der Kanäle hat sich im Lauf der Jahrhunderte gewandelt. 1902 hieß es in einer Augsburger Festschrift für Architekten und Ingenieure: *„Die Wandungen wurden früher als Blockwandungen hergestellt, seit circa dreißig Jahren kommen aber nur*

Die Kanalbetten in der Altstadt haben schon seit dem 19. Jahrhundert Betonwandungen erhalten. Etliche Kanäle haben noch hölzerne Uferbeschlachtungen, wie der Stadtgraben unterhalb der Bastion beim Roten Tor (Zustand vor der Erneuerung ab 2012).

Über ein Streichwehr beim Vogeltor fließt ein Teil des Wassers aus dem Stadtgraben in den Äußeren Stadtgraben, der noch heute die gesamte Jakobervorstadt umschließt.

mehr die weit billigeren Pfahlwandungen mit Innenverschalung zur Ausführung. Innerhalb der Stadt wurden schon vor Jahrzehnten die Holzwandungen durch Backsteinwandungen mit teilweiser Hausteinarmierung verdrängt. Da das verwendete Backsteinmaterial aber nicht frostbeständig war, mußten diese Wandungen schon größtenteils durch Betonwandungen ersetzt werden." (43) Nachdem sich das Backsteinmauerwerk als nicht genügend haltbar erwiesen hatte, wurden ab den 1880er-Jahren ausschließlich Betonwandungen gebaut. Beton war sicherlich auch deswegen sinnvoll, weil die innerstädtischen Kanäle zum Teil direkt vor Hausfassaden beziehungsweise vor den Außenwänden von Kellern verlaufen.

Größere Triebwerkskanäle außerhalb der Stadtmauern – der Vereinigte Stadt- und Proviantbach in der Wolfzahnau oder auch der Wertachkanal – erhielten lediglich eine überhohe natürliche Böschung. Hölzerne Beschlachtungen entdeckt man noch immer vor allem in den Brunnenbächen außerhalb der Stadt, die keine Triebwerke versorgen. (44) Solche hölzernen Kanalwände findet man auch im oberen Stadtgraben (dort zuletzt ab dem Jahr 2012 erneuert) am Roten Tor, der die Mauern der Bastion an deren Ostseite umfließt. Vereinzelte Abschnitte der Stadtgräben und anderer Kanäle sind heute naturnah gestaltet.

Der nasse Stadtgraben diente zunächst einmal dem Schutz der Stadtbefestigung. 1377, so der Geschichtsschreiber Pirmin Gasser, *„[...] haben die von Augspurg angefangē jre Statt mit Mawrē/Thürnen vñ Gräben baß zuverwahren".* (45) Schon bald wurde nach dem Vorbild anderer Städte die Wasserkraft der Stadtgräben genutzt. Sie trieben die Wasserräder des Wasserwerks am Vogeltor, des Unteren Wasserwerks am Mauerberg sowie der beiden St.-Jakobs-Wassertürme an. Wie Stiche bezeugen, dienten die Stadtgräben auch der Flößerei als Wasserstraße.

Der nasse Graben erstreckte sich zunächst vom Roten Tor im Südosten der Stadtbefestigung bis zum „Lueginsland" – dem hohen, bis 1438 errichteten und 1532 zum Teil abgetragenen Wehrturm an der Nordostecke der Wehrmauer. Erst als die Jakobervorstadt mit einer Mauer befestigt worden war, schützte der Äußere Stadtgraben auch diesen Teil der Stadt. In Unterscheidung zu allen außerhalb der Wehrmauer gelegenen Abschnitten des nassen Grabens nannte man den (jetzt für die Verteidigung vernachlässigbar

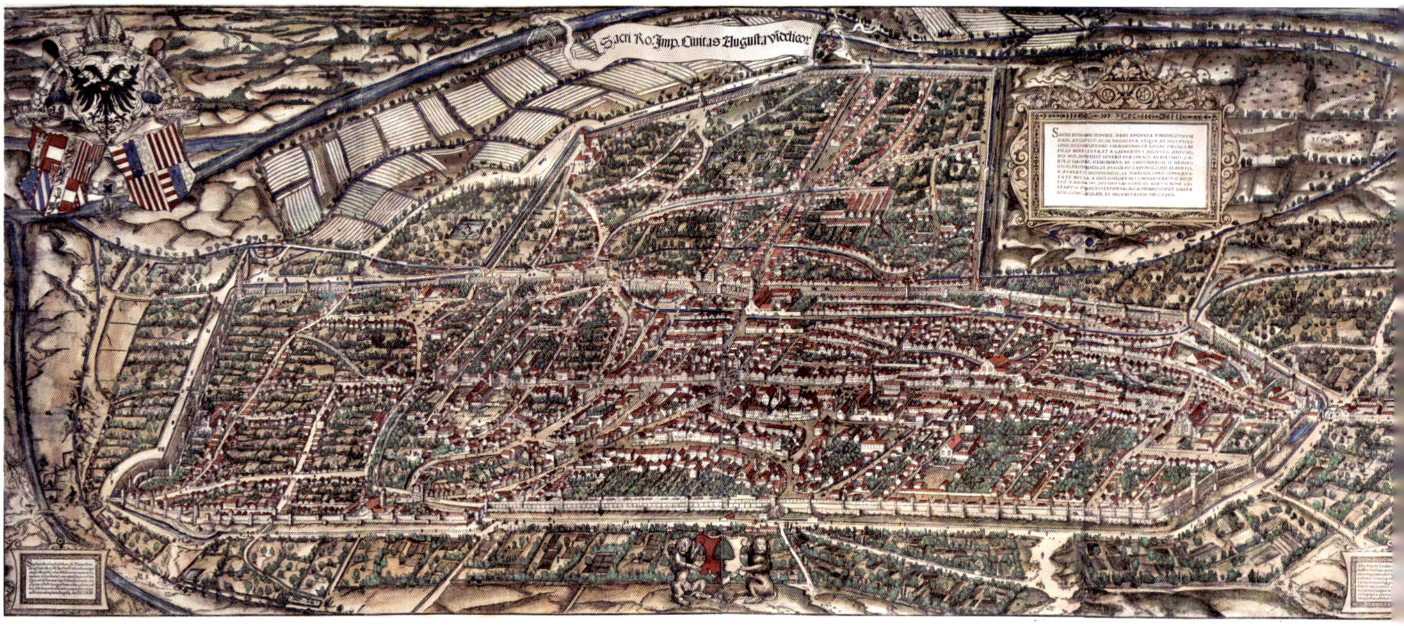

Jörg Selds Vogelschauplan wurde 1521 als kolorierter Stich herausgegeben: Er zeigt Augsburg von Westen. Der nasse Graben um die Jakobervorstadt sowie der nasse Abschnitt beim Wertachbrucker Tor sind gut zu erkennen. Unten: Sebastian Münsters „Cosmographia“ stellt Augsburg und seine Stadtgräben in der Druckauflage aus dem Jahr 1598 von Osten gesehen dar.

gewordenen) Graben innerhalb der Stadtbefestigung den Inneren Stadtgraben. Er erstreckte sich vom Vogeltor bis zur Stadtmauer beim 1867 abgetragenen Oblattertor (bei der heutigen Bert-Brecht-Straße).

Der Verlauf dieser Stadtgräben gab Augsburg seine markante Form, die von etlichen Vogelschauplänen – zumeist aus Richtung Osten dargestellt – wiederge-

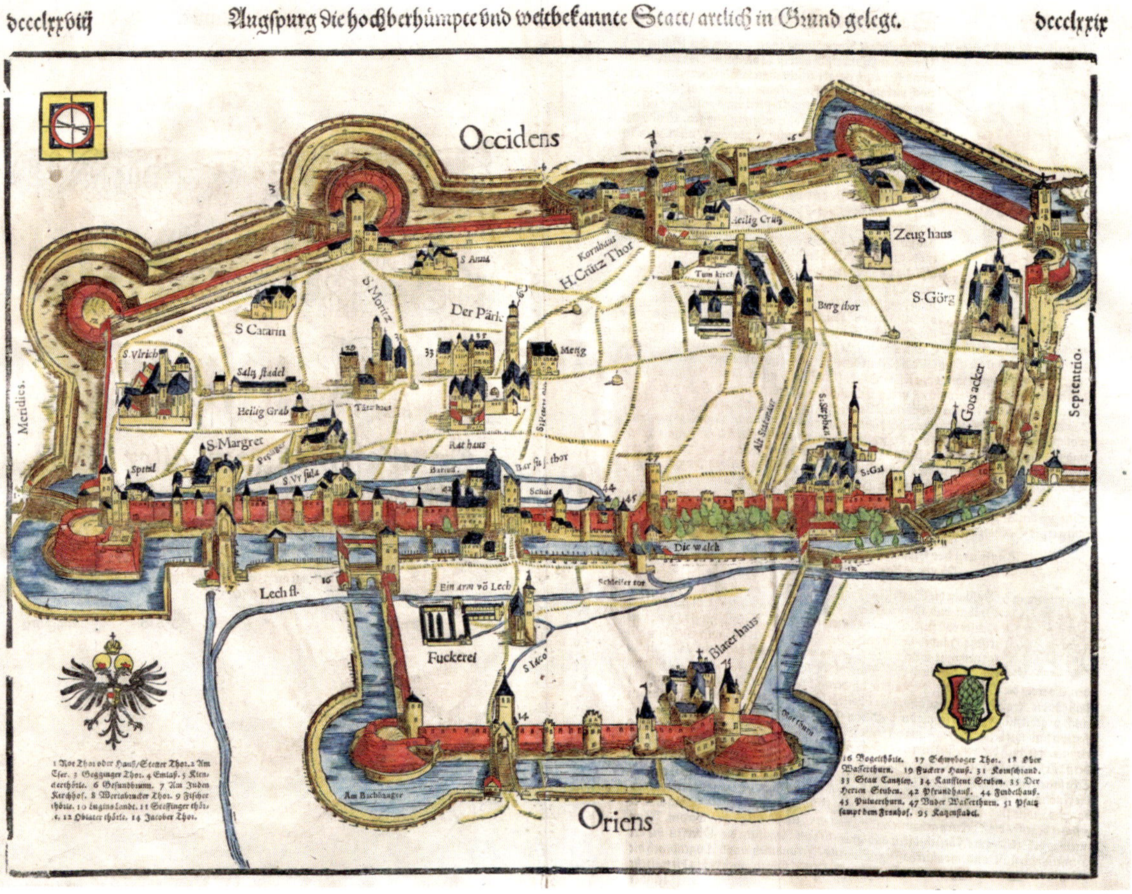

Frans Hogenberg bildete Augsburg 1572 mit den nassen Stadtgräben ab. Vor den Mauern im Osten floss Quellwasser aus dem Süden des Stadtgebiets. Den kurzen Abschnitt beim Wertachbrucker Tor im Westen befüllte Wasser aus dem nahen Senkelbach.

geben wird. Von Westen gesehen stellt der 1521 von Goldschmied Jörg Seld gefertigte, wohl zweitälteste Stadtplan Augsburgs die Reichsstadt dar. Selds Stadtplan deutet den mit Wasser gefüllten älteren Stadtgraben lediglich an. Das Wasser des jüngeren Äußeren Stadtgrabens, der bis heute die Jakobervorstadt umgibt, ist auf dem Seld-Plan dagegen gut zu erkennen.

Der Schutz durch die nassen Gräben hatte für die Stadt vor dem Aufkommen weittragender Schusswaffen eine handfeste Bedeutung. „*Ende des 14. Jahrhunderts kam das räumliche Wachstum der Stadt zum Stillstand. Der Rat ließ die Vorstädte abbrechen und die Bewohner auf Freiflächen innerhalb der Mauer umsiedeln [...]. Gleichzeitig brachte er die Befestigungen auf den neuesten Stand, ließ vor den Haupttoren Bollwerke anlegen und die bisher trockenen Stadtgräben der Ostseite ins Grundwasser vertiefen.*" (46)

Diese Stadtgräben füllte wohl von Anfang an auch Wasser aus den Quellbächen. Immer wieder verwiesen jedenfalls Chronisten auf das reine Brunnenbachwasser im nassen Wehrgraben. Auch Stadtbaurat Franz Joseph Kollmann hielt fest: „*Der Brunnenbach fließt durch 23 Schleußen und Fallen und bildet die nassen Stadtgräben, welche von Rothen=Thore bis zum Fuße des Lueginslandwalles 15,050'* [knapp 4,4 Kilometer] *Länge haben.*" (47) Bis 1840 leitete das Wasserwerk am Roten Tor seinen Überschuss an Brunnenbach- und damit Quellwasser in den Stadtgraben.

Der Fischgraben war ein kurzer Abschnitt des Inneren Stadtgrabens direkt vor der Barfüßerbrücke beim Barfüßertor. Zwar gab es in Augsburg auch den Fischmarkt auf dem Perlachplatz. „*Wer die Fische jedoch ganz frisch haben wollte, brauchte nur ein paar Schritte den Perlachberg hinab bis zum Fischgraben an der Barfüßerkirche gehen. Dort hingen die ortsfesten Fischkästen im Wasser [...]. 1545 hatte die Stadt auf eigene Kosten neue Fischkästen angefertigt, die dann*

Der Fischgraben war der Abschnitt des Inneren Stadtgrabens bei der Barfüßerbrücke. Dort wurden bis zur Mitte des 19. Jahrhunderts lebende Fische und Krebse in Fischkästen gehalten und verkauft. Heute geht es am Fischgraben wesentlich ruhiger zu (unten).

an die Fischer verpachtet wurden [...]." (48) Die Augsburger Stadtfischer boten hier ausschließlich lebende Fische und Krebse an.

Bis zur Mitte des 19. Jahrhunderts dienten 39 in den Jahren 1545 beziehungsweise 1578 konstruierte

Fischkästen mit einer Größe von 1,46 mal 1,46 Meter und einer Tiefe von bis zu rund einem Meter dem Verkauf. Nachdem die lebende Ware in diesem Abschnitt des Inneren Stadtgrabens im Wasser von Quellbächen schwamm, war das wohl keine unhygienische Lösung.

Der Äußere Graben um das Jakobertor wurde, so der Augsburger Chronist Pirmin Gasser, im Jahr 1430 erweitert. Als Grund dafür gab Gasser nicht nur die Schutzfunktion des Äußeren Stadtgrabens an. Wiederum spielten Fische eine Rolle: „*Jn massen auch die Stattgråben bey Jacober Thor vnnd vmb dieselbe gantze Vorstatt weiter gemachet/vnd mit Wasser außgefůllet worden: vñ solches nicht allein/damit vnsere Statt vester vnd sicherer an demselben Orth were/sondern auch daß in gemelten Gråben/als in Fischweihern/mancherley herrliche vnd kőstliche Fisch/ als Forn/Lampreten vnd dergleichen zum lust mőchten geziegelt werden.*" (49)

Die Fastenspeise Fisch war eine teure Ware, weswegen es sich sogar in den Chroniken niederschlug, wenn es für die Augsburger Fisch in Massen (und auch noch umsonst) gab. „*Gegen Herbst 1479 kam nämlich eine so große Menge Fische und besonders Barben scharenweise nach Augsburg gegen die Strömung des Leches unvermutet herangeschwommen, dass allein an der Minoritenkirche* [Barfüßerkirche] *und der nahen*

Im Jahr 1430 wurde der Graben beim Jakobertor erweitert. Der Äußere Stadtgraben diente hier der Verteidigung, dem Antrieb von Wasserrädern sowie der Fischerei. Unten: Beim Jakobertor stand der Obere St.-Jakobs-Wasserturm (rechts). Ein kurzer Abschnitt des Äußeren Stadtgrabens an der Jakoberwallstraße ist noch heute in ganzer Breite erhalten (links).

Den Inneren und Äußeren Stadtgraben bildet dieser erstmals um 1730/31 gedruckte Stadtgrundriss (ein Kupferstich Matthäus Seutters nach einer Zeichnung des Augsburger Ingenieurs Johann Thomas Kraus) ab. Unten: Der Äußere Stadtgraben beim Oblatterwall hat seine ursprüngliche Breite bewahrt.

Fleischbank für 100 Goldgulden Fische von jedermann gefangen wurden. Als diese Massen in die dem Lech zufliessenden kleineren Bäche eindrangen, stauten sie deren Wasser so auf, dass die Knaben in den seicht gewordenen Betten der Bäche mit den Händen Fische fangen konnten.“ (50)

Augsburgs Festungseigenschaft wurde im Jahr 1866 aufgehoben. Damit veränderte sich auch das Bild der Stadtgräben, die aus militärischer Sicht obsolet geworden waren. Während auf Stadtplänen Mitte des 19. Jahrhunderts noch weite Wasserflächen die Bastionen am Roten Tor und beim Lueginsland umschließen, sehen diese Stellen im äußersten Süden und Norden auf einer Karte von 1874 – bald nach der Entfestigung – stark verändert aus. Der nasse Stadtgraben am Lueginsland ist lediglich noch an der Ostseite der Bastion erhalten, bei der Bastion am Roten Tor ist er sogar fast völlig verschwunden.

Als letztes Relikt des einst so breiten Stadtgrabens schlängelt sich heute nur noch ein schmaler Bachlauf am Fuß der Bastion durch den teils nicht mehr aufgestauten, teils eingefüllten, dadurch trockengelegten und nunmehr begrünten Wallgraben. Der Spitalbach, der heute Quell- und Lechwasser aus dem Stadtwald Augsburg zuführt, nimmt ab der Rote-Torwall-Straße den Namen Stadtgraben an. Der (obere) Stadtgraben gibt über ein Streichwehr beim nahen Vogeltor einen Teil seines Wassers an den Äußeren Stadtgraben ab. Der restliche Teil des Wassers fließt im Inneren Stadtgraben nach Norden bis zum Lueginsland.

Erst nach 1866 war die Breite dieser Stadtgräben so sehr unterschiedlich geworden. Im Jahr 1902 hielt eine Festschrift fest: *„Der Innere Stadtgraben, welcher größtenteils auf 3 bis 4 Meter eingeengt ist, hat eine Länge von 2450 Meter und speist vier Triebwerke.*

Der Äußere Stadtgraben an der östlichen Stadtperipherie bildet bei einer Gesamtlänge von 1950 Meter und begrenzt von herrlichen alten Baumbeständen eine 20 bis 30 Meter breite, landschaftlich schöne Wasserfläche." (51) Im Bereich der Jakoberwallstraße wurde der 1874 noch intakte Graben bis kurz vor dem Jakobertor auf eine Restrinne reduziert. Der weitaus längere Teil des Äußeren Grabens nördlich des Jakobertors ist aber in ganzer Breite erhalten.

An seinem nordwestlichen Ende wurde der Äußere Graben (an der heutigen Bert-Brecht-Straße) in den nördlichen Abschnitt des Stadtgrabens zurückgeleitet. Bei diesem 1867 abgebrochenen Stadttor überquerte der Sparrenlech in einem hölzernen Kanalbett die letzten Meter des Äußeren Stadtgrabens. Der Sparrenlech floss dort in einer offenen Wasserkreuzung unter einer Brücke vor dem Oblattertor weiter nach Norden.

Ein Stadtplan von 1874 zeigt den Äußeren Graben noch völlig intakt. Um die Bastionen beim Roten Tor (ganz unten) und beim Lueginsland (oben) waren die Wasserflächen des Stadtgrabens dagegen fast völlig verschwunden beziehungsweise stark reduziert.

Die weite Wasserfläche des Äußeren Stadtgrabens ist (wie auch der Fünfgratturm) erhalten. Verschwunden ist dagegen der Obere St.-Jakobs-Wasserturm (ganz links). Unten: Die Kahnfahrt im Äußeren Stadtgraben beim Oblatterwall.

Ein 1602 erschienener Stadtplan des Geometers Christoph Schissler d. Ä. und des Kupferstechers Alexander Mair hielt diese heute völlig veränderte Situation ebenso akribisch fest wie eine Ansicht des Oblattertors, die der Kupferstecher Simon Grimm

in der zweiten Hälfte des 17. Jahrhunderts fertigte. Heute leitet allerdings ein Düker unterflur – unter der Straße „Unterer Graben" hindurch – das Wasser aus dem Äußeren Stadtgraben in den nördlichen Abschnitt des Stadtgrabens.

Ein Kupferstich zeigt das „Holblater Thörlin" im späten 17. Jahrhundert. Der Sparrenlech kreuzte dort den Äußeren Stadtgraben und floss anschließend unter einer Brücke hindurch. Unten: Auch ein Vogelschauplan von 1602 belegt diese Wasserkreuzung.

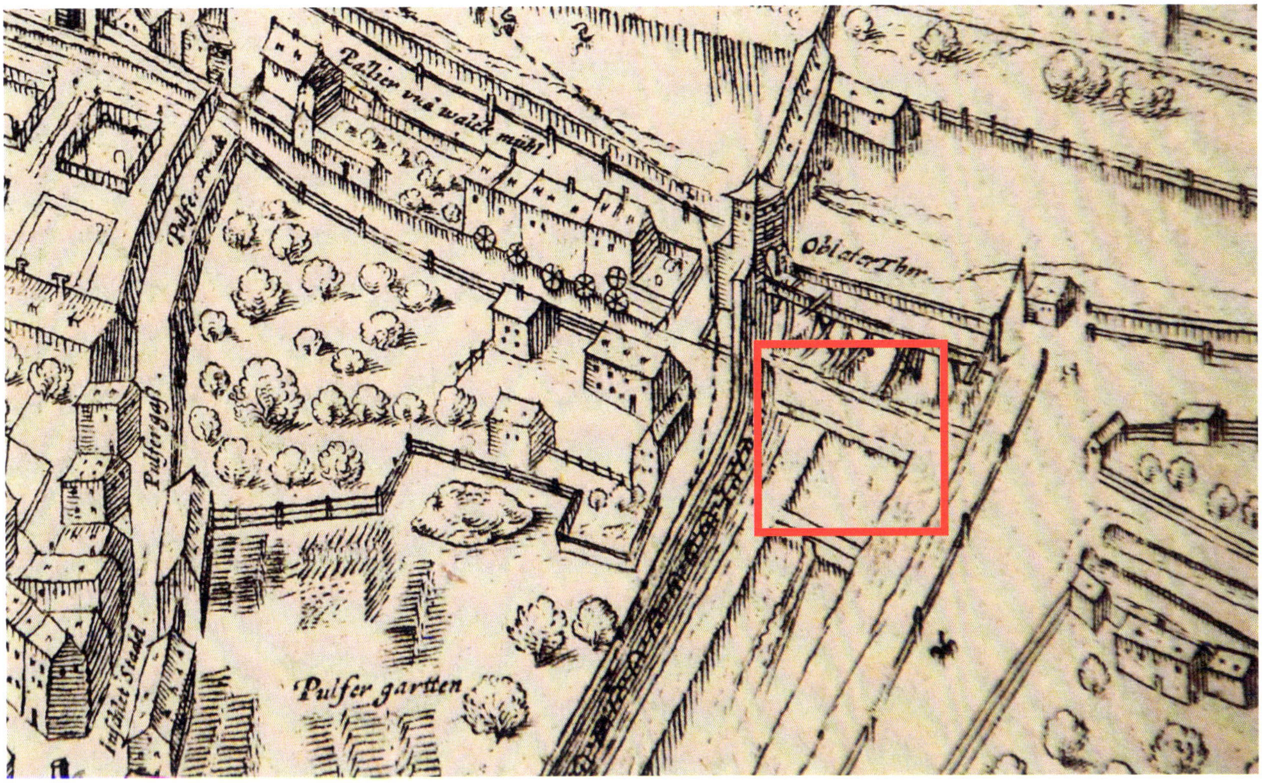

Ein Stahlstich aus dem 19. Jahrhundert zeigt die Brücke über dem Stadtgraben beim Stephingerberg: In diesem nördlichsten Abschnitt des Stadtgrabens fließt das Wasser aus dem Inneren und dem Äußeren Stadtgraben in Richtung der Bastion am Lueginsland. Die auf dem Stich dokumentierte Flößerei auf dem Stadtgraben findet man auch auf anderen Stichen dargestellt. Unten: An derselben Stelle überwölbt noch heute eine Brücke den Stadtgraben.

Die Wasserkraft des Stadtgrabens war nach 1866 der Grund dafür, dass der militärisch nutzlos gewordene nasse Graben in beinahe seiner ganzen Länge erhalten blieb. Der Innere Stadtgraben lieferte noch bis 1879 Treibwasser für das Untere Wasserwerk beim Mauerberg und überquerte dabei den tiefer liegenden Stadtbach in einer bis heute bestehenden gusseisernen Wasserbrücke.

Nach dieser Stelle verläuft der Stadtgraben entlang der Stadtmauer, nimmt auf halbem Weg zum Lueginsland bei der Schwedenstiege das Wasser aus dem Äußeren Stadtgraben auf und endet heute noch vor der dortigen Bastion. Am Fuß des Lueginslands (bei der Herwartmauer an der Herwartstraße) gibt der Stadtgraben sein Wasser an den Malvasierbach ab.

Der Malvasierbach ist eine der Stellen, an denen sich wegen der reichen Wasserkraft – zumal in Nachbarschaft mit dem Sparrenlech beziehungsweise mit dem Stadtbach und dem Hanreibach – früh ein regelrechtes Gewerbezentrum gedieh. Der um 1730/31 gestochene Plan Matthäus Seutters zeigt am Fächer der Lechkanäle vor der Bastion am Lueginsland den Malvasierbach, den „Sparen=Lech" mit seinem kurzen „Nebenbächlen" und den „Hahnreu=bach". Dicht an

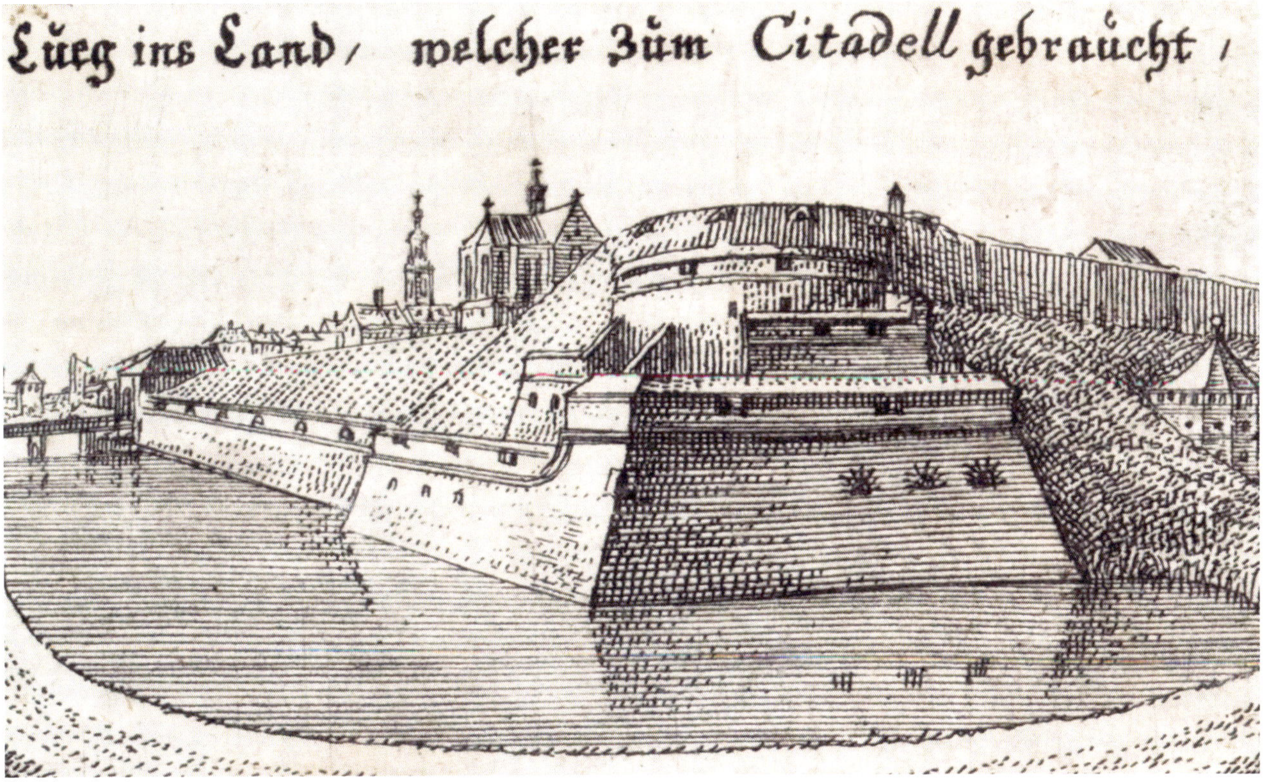

dicht gruppieren sich dort die „Lodweber Walck", „Die Neu mühl" und die „Seeg mühl", der „Loh Stadel" und das „Loh=Bad", ein „Silber Kupfer u. Eisen Hammer" sowie „Die Untere Bleich". Und am nahen nordöstlichen Ende des Stadtgrabens rauschte der Malvasierbach

Nördlich der Bastion am Lueginsland, benannt nach einem abgetragenen Turm der Stadtmauer, endete der Stadtgraben. Eine Radierung (unten) zeigt diese Bastion um das Jahr 1800, davor den Malvasierbach (rechts), den Sparrenlech und sein „Nebenbächlen".

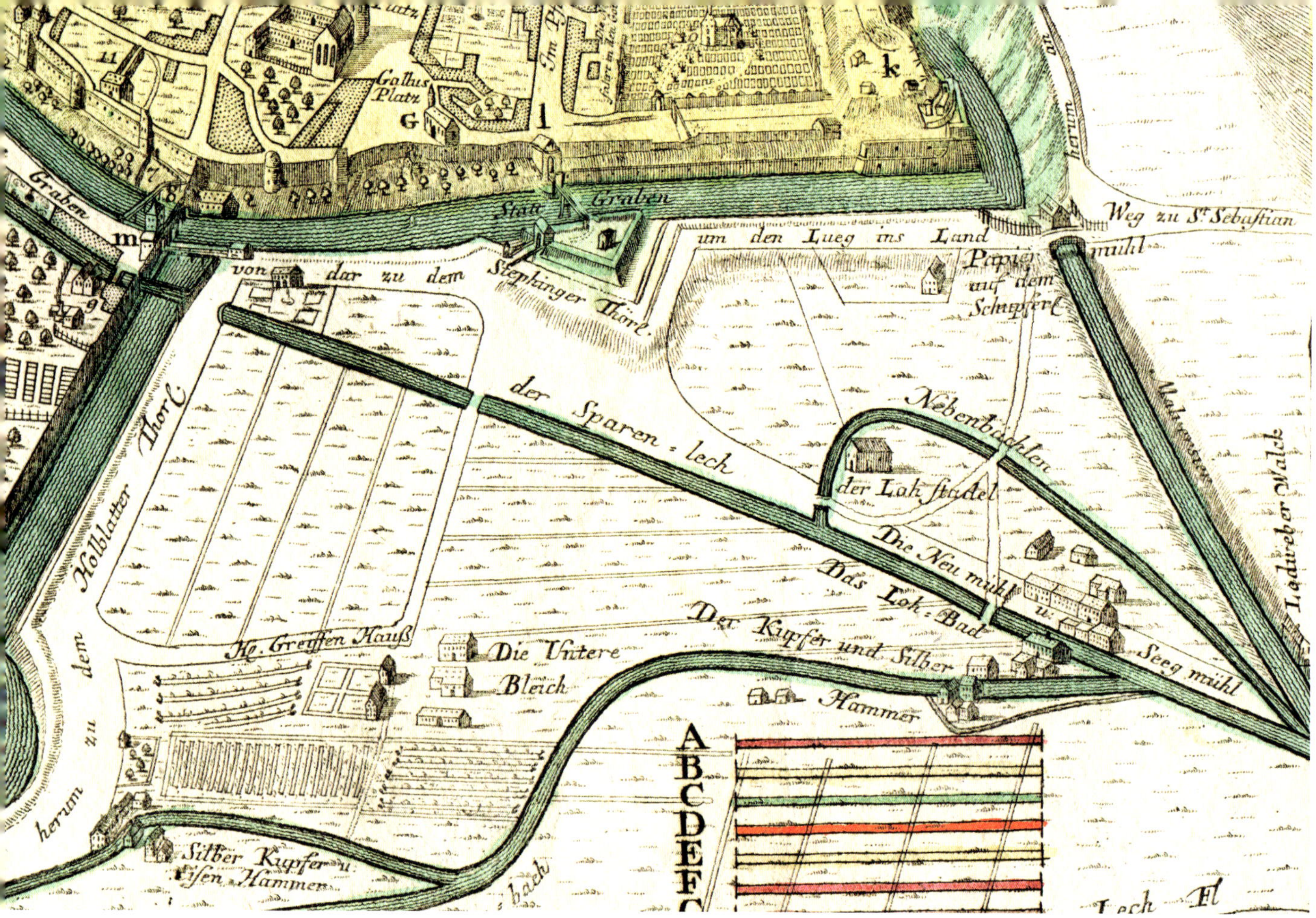

Das vorindustrielle Gewerbezentrum am Malvasierbach zeigen sowohl der um 1730/31 von Matthäus Seutter gestochene Vogelschauplan (oben) als auch der Plan Wolfgang Kilians von 1626 (unten). Damals mündete der Sparrenlech noch in den Senkelbach.

unter der „Papiermühl auf dem Schupferl" hindurch. Bereits der Augsburger Vogelschauplan Wolfgang Kilians hatte im Jahr 1626 an diesen beiden eng nebeneinanderliegenden Kanälen ein frühneuzeitliches Gewerbezentrum wiedergegeben.

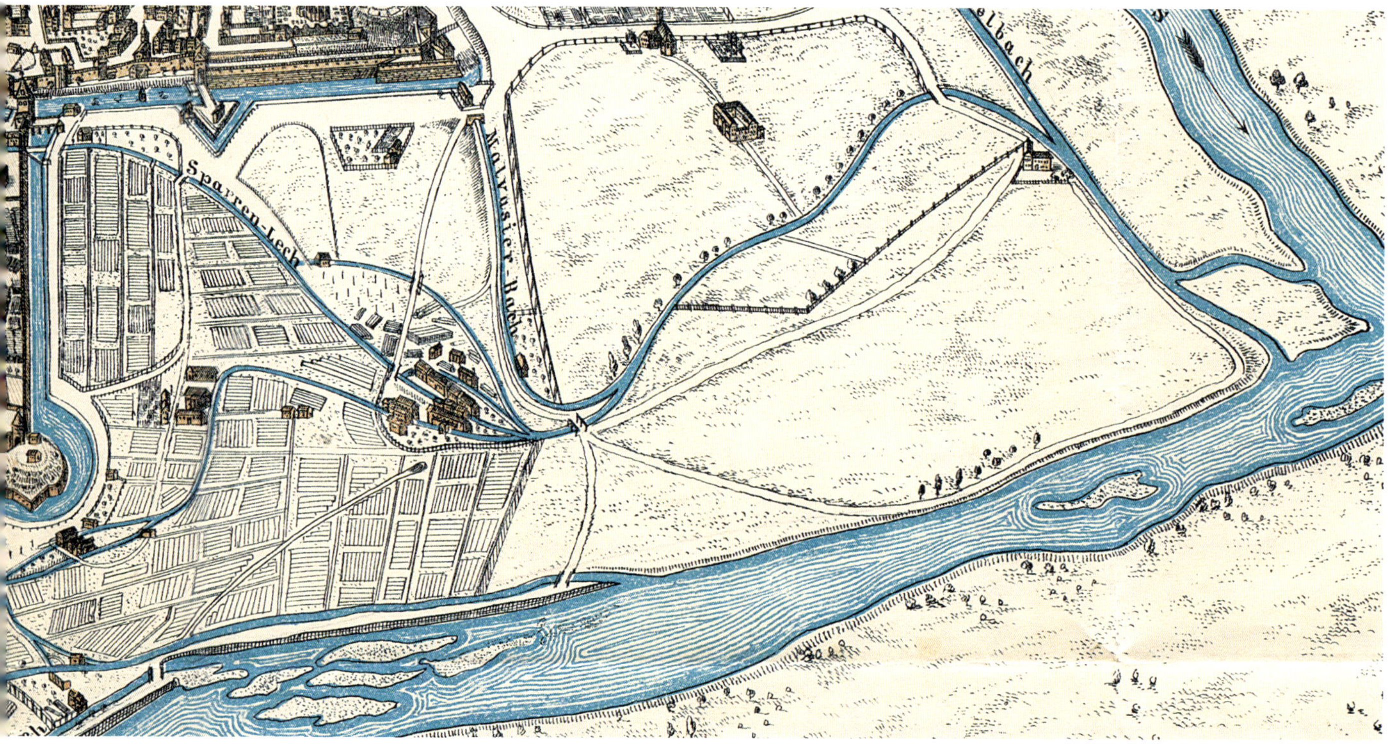

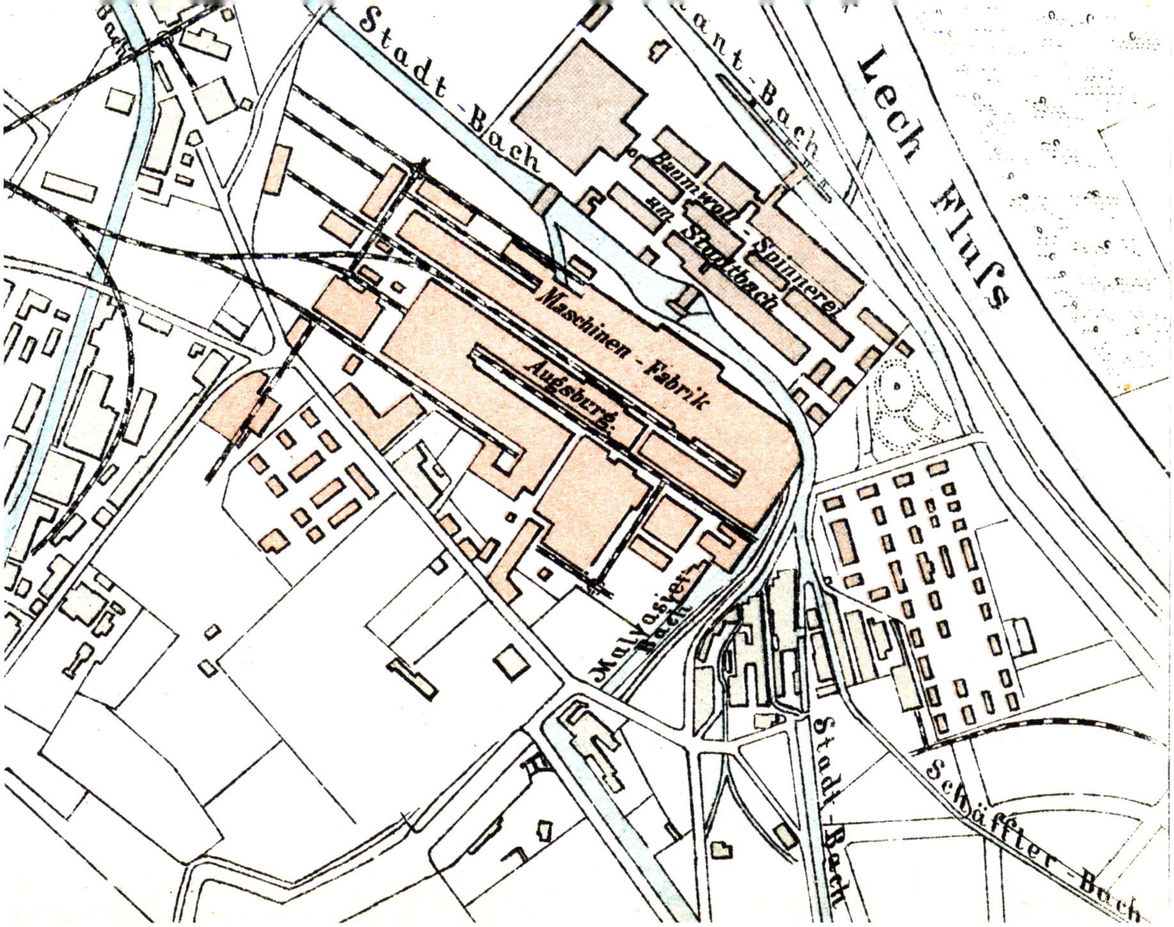

Bald nach 1850 ballte sich die Industrie am Malvasierbach. Die Maschinenfabrik Augsburg und die Papierfabrik Georg Haindls gab es bereits, später sollte dort dann auch noch der Fabrikkomplex der Baumwollspinnerei am Stadtbach wachsen. Die Karte zeigt die Entwicklung bis 1904. Abbildung unten: Der Kaufbach, die Verlängerung des Hauptstadtbachs in Richtung Stadtmauer, strömte direkt an der bis 1772 erbauten schlossähnlichen Dreiflügelanlage der Schüle'schen Kattunfabrik vorbei.

An eben dieser Stelle entwickelte sich folgerichtig ab der Mitte des 19. Jahrhunderts ein industrieller Komplex dreier Fabriken, die europaweit Geltung erlangen sollten. Das Kanalgeflecht unter der Bastion am Lueginsland versorgte nun die Maschinenfabrik Augsburg (heute MAN), die Papierfabrik Haindl (heute UPM-Kymmene) sowie die von 1996 bis 1998 abgerissene „Baumwollspinnerei am Stadtbach" – 1874 die größte Spinnerei Deutschlands – mit Antriebskraft und mit Wasser für die Produktion. Im Unterschied zu früheren Darstellungen wurde auf einem Stadtplan von 1874 der Sparrenlech nun als Stadtbach und das „Nebenbächlen" als Wolfsbach bezeichnet. Zudem war kurz vor dem Überlauf des Stadtgrabens in den Malvasierbach ein zweiter Auslass für einen kleinen namenlosen Kanal hinzugekommen. (52) Dieser Kanal- und Namenswirrwarr ist ein anschauliches Beispiel für die verwirrende Vielfalt der Werks- beziehungsweise Industriekanäle vor den Augsburger Stadtmauern.

Die Werkskanäle vor der Stadt hatten schon eine jahrhundertelange Geschichte hinter sich, als ihre Wasserkraft ab 1837 zur Industrialisierung Augsburgs beitrug. Die Augenschein- und Vogelschaupläne der vorindustriellen Zeit zeigen bereits – neben

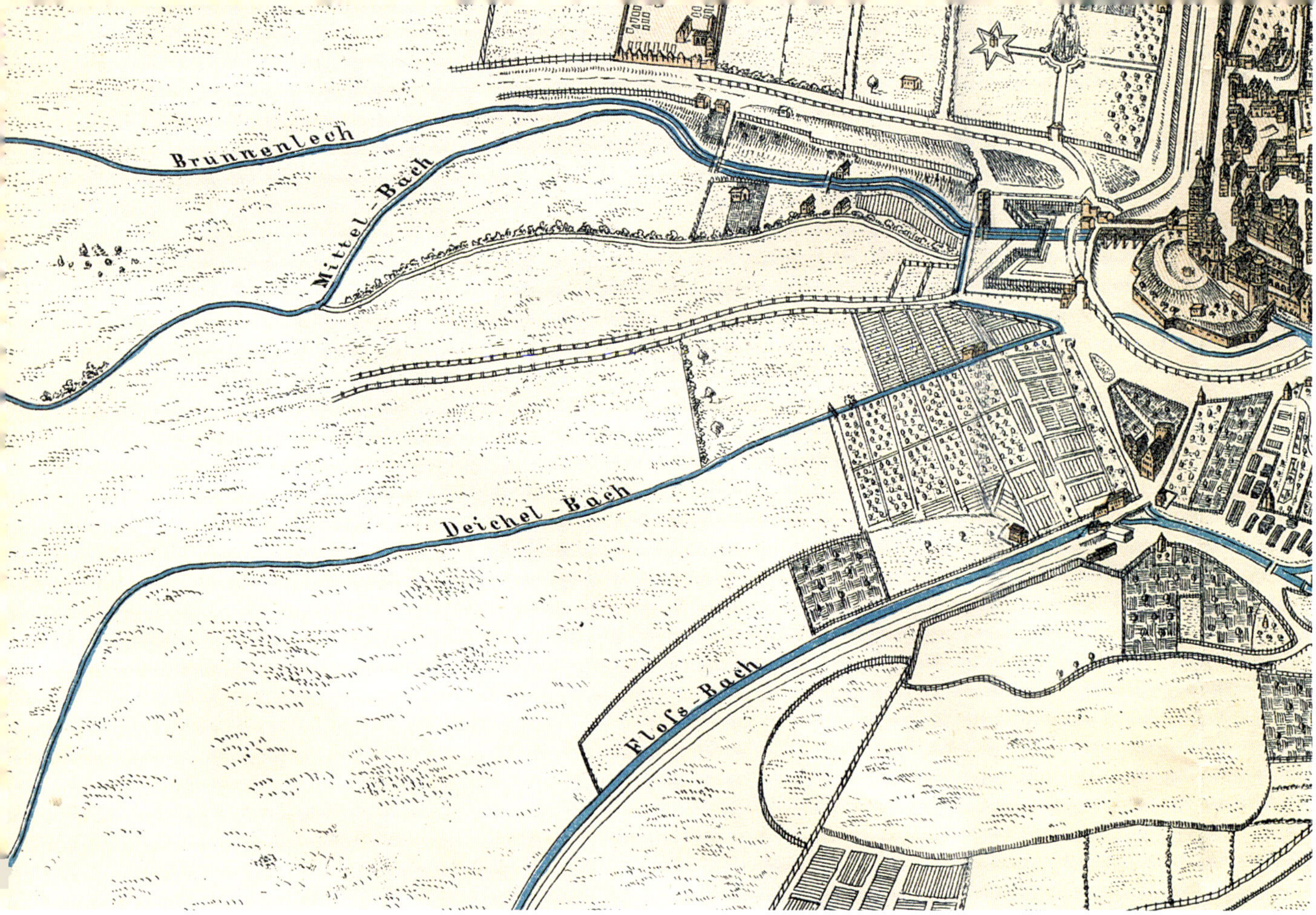

Wolfgang Kilians Vogelschauplan nannte 1626 den Lochbach „Brunnenlech". Der „Mittel-Bach" diente als Brunnenbach. Der „Deichel-Bach" wird heute Spitalbach genannt. Der als „Floß-Bach" bezeichnete breite Lechkanal (im Bildausschnitt unten) heißt dort heute Kaufbach – vier Exempel, welche die Verwirrspiele um die Namen der Lechkanäle und Quellbäche belegen.

dem Gewerbekomplex am Malvasierbach – ein engmaschiges Kanalgeflecht auch im Südosten der Stadt. Die dortigen Lechkanäle wurden aber überwiegend mit jenem Wasser gespeist, das vom Hochablass aus über den Hauptstadtbach in Richtung Stadt gelenkt wurde.

Bis zum Beginn des 20. Jahrhunderts ist jede Beschreibung des Systems der Lechkanäle lediglich eine Momentaufnahme: Denn bis dahin hat sich der Lauf diverser Kanäle immer wieder geändert – sie wurden vermehrt, geteilt und verlängert. *„Mit den Namen der Bäche in der Stadt sind nur wenige Leute vertraut; Die Übersicht wird verwirrend, wenn, wie im Mittelalter, die Bachnamen wechseln, ein Bach gleichzeitig mit verschiedenen Namen geführt wird oder jeder Bach einfach als ‚Lech' bezeichnet wird, ob er vom Lech her gespeist wird oder Quellbach ist."* (53)

So hielt eine Festschrift im Jahr 1902 fest: *„Die ältesten Kanäle sind die sogenannten ‚Brunnenbäche', und zwar der Lochbach, der Mittelbach und der Siebenbrunnenbach."* (54) Allerdings taucht schon auf einer in eben diesem Jahr gedruckten Karte, herausgegeben vom städtischen „Mag.Baubureau", der Name Mittelbach nirgendwo mehr auf. Auf Wolfgang Kilians Plan von 1626 trug der Brunnenbach kurz vor dem Roten Tor den Namen „Mittel-Bach". Auf einer 1905 gedruckten Karte mit dem Titel „Das ganze Wassergebiet von Augsburg mit den einzelnen Triebwerken [...]" mündet der Mittelbach in den „Siebenbrunnenbach" (heute: Siebenbrunner Bach). Diesen Namen trägt auf dieser Karte auch das letzte Teilstück jenes Kanals, der jahrhundertelang als Trinkwasserlieferant diente.

Der Brunnenbach ist der ehemalige Trinkwasserkanal: Unter diesem Namen verläuft er auf einer Karte von 1902 bis zum Roten Tor, und zwar parallel zum „Loch od. Mühlbach". Die merkwürdig unentschiedene Benennung deutet bereits die Namensvielfalt dieses Lechkanals an: *„Der Lochbach heißt zuweilen Lech, im obersten Lauf auch Aumühlbach, dann wieder Mühlbach oder Kreuzbach; in der Stadt heißt er Vorderer Lech, nach der Vereinigung mit dem Mittleren und*

Ein Guckkastenblatt aus der Zeit um 1730 stellte die Flößerei auf dem (optisch verbreiterten) Stadtgraben dar. Im Hintergrund ist das Oblattertor zu erkennen.

Hinteren Lech heißt er Stadtbach und mündete früher in den Sparrenlech; heute behält er den Namen Stadtbach bei." (55) Die lange Aufzählung von Namen verschweigt sogar noch, dass der Lochbach auf älteren Karten auch als Haunstetter Mühlbach, Brunnenlech und sogar Brunnenbach auftaucht.

Die Wolfsbäche sind ein weiteres, sehr bezeichnendes Beispiel für die Irrungen und Wirrungen um die Namen der Werkskanäle. Heute gibt es nur noch einen Wolfsbach: Er zweigt vor der Bastion am Roten Tor aus dem Lochbach ab und gibt Wasser an den Kaufbach ab. Doch auch eine Abzweigung aus dem Stadtbach bei der einstigen Beckenmühle – kurz vor der Bastion am Lueginsland und vor dem Auslass zum Malvasierbach – hieß im 19. Jahrhundert Wolfsbach. 1750 wurde aber zudem eine Abzweigung vom Fichtelbach als Wolfsbach bezeichnet. Und schließlich wurde auch noch vor dem Klinkertor, beim heutigen Familienbad, ein weiterer Wolfsbach aus der Singold abgezweigt. Dass dieser Name viermal vorkam, hatte einen schlichten Grund: Der Namensgeber war jeweils eine Wolfsfalle – so nannte man die Schwellen, mit denen man die Abgabe von Überlaufwasser aus einem Haupt- in einen Nebenbach regeln konnte. (56)

Konstruktionen wie die Wolfsfallen – wie generell alle Schleusen und Wehre, Ablässe, Ausleitungen und Abzweige an den Kanälen – hatten vor allem einen Zweck: das vorhandene Wasser so effizient wie möglich zu verteilen. Analysiert man das Kanalsystem auf den Augsburger Vogelschauplänen, wird deutlich, dass die Wasserbauer der Reichsstadt versuchten, jeglichen Überfluss an Wasser an der einen Stelle nutzbringend an einer anderen einzusetzen.

Allein die Wasserkraft der acht wichtigsten Lechkanäle, die um 1845 vom Hochablass aus beliefert wurden, trieb 77 Werke mit 138 Rädern an. Vier weitere Kanäle, die ihr Wasser nicht vom Hochablass bezogen, setzten zusätzlich 49 Werke mit 92 Rädern in Gang. Die Lechkanäle brachten aber nicht „nur" das Treib- und Brauchwasser für Mühlen, Säge- und Hammerwerke, Papiermühlen, Walkmühlen sowie nicht zuletzt die Wasserwerke, sie waren auch Wasserstraßen. (57)

Flößerei und Holztrift auf dem Lech und damit über die Lechkanäle hatten für die Reichsstadt Augsburg mit ihrem enormen Bedarf an Bau- und Brennholz immense Bedeutung. Auf Wolfgang Kilians Vogelschauplan von 1626 und auf späteren Plänen der Stadt kann man an den Lechkanälen immer wieder

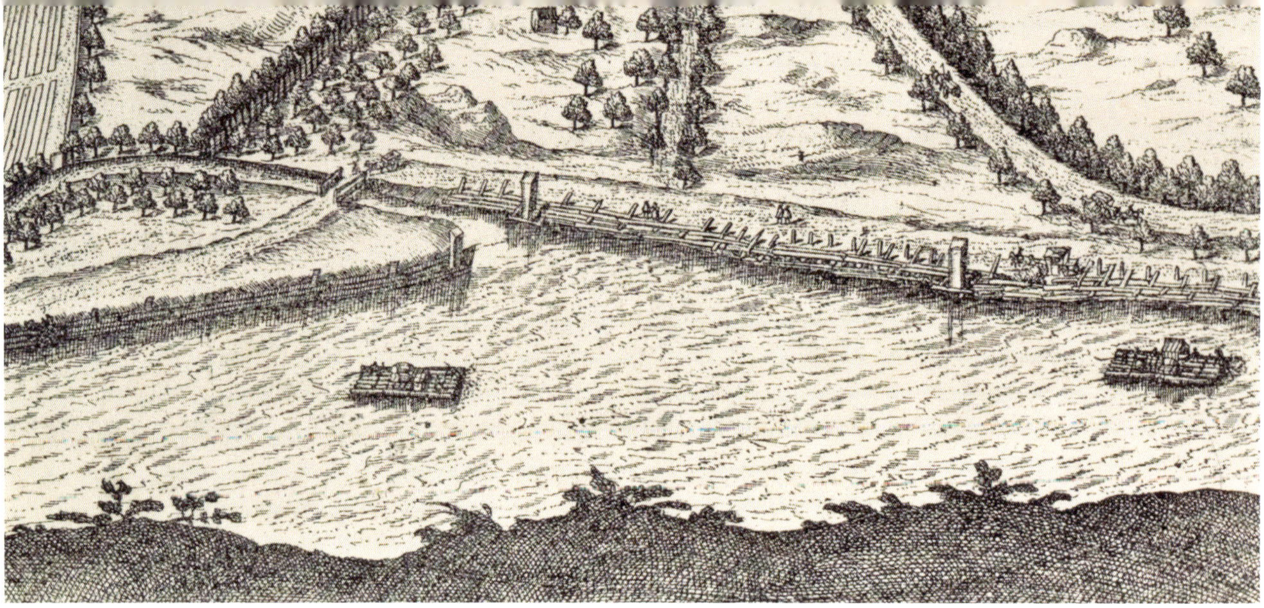

Ein Kartenausschnitt aus dem Kilian-Plan von 1626 zeigt nicht nur die für Augsburg wirtschaftlich sehr bedeutende Lechflößerei, sondern auch Details der Uferverbauungen am Fluss.

Darstellungen von Flößern und Holzlagerplätzen erkennen. Neben Waren, Baumaterial und Passagieren kam vor allem der Hauptbau- und Brennstoff Holz aus Wäldern in Tirol über den Lech bis knapp vor die Mauern der Stadt. *„Die größten, aber auch letzten Triften verbuchten die Jahre 1563, 1565 und 1568, als rund 250 000, 260 000 bzw. dann sogar um die 350 000 Trifthölzer auf die mehr als 170 Kilometer lange Strecke gingen."* (58) Diese Lechtriften wurden wegen der enormen Schäden an Ufern und Flussverbauungen, hoher Entschädigungen für Flößer, Fischer und Müller, aber auch wegen der Kosten für hunderte Wald- und Triftarbeiter sowie nicht zuletzt für die Zölle und Passiergenehmigungen der Flussanrainer trotz des großen „Holzhungers" unwirtschaftlich. (59)

Wesentlich länger hatte die für Augsburg schon seit den Römern ausgeübte Lechflößerei Bedeutung: Der Lech und seine Kanäle blieben bis zum Beginn des Eisenbahnzeitalters ein wichtiger Transportweg. Im 16. Jahrhundert wurden im Jahresdurchschnitt etwa 3500 Flöße in die Reichsstadt gelotst. Dort verbrannte

Noch bis 1912 wurde beim Hochablass ein neuer Floßhafen gebaut. Doch schon im Jahr 1917 wurde die Lechflößerei nach Augsburg endgültig eingestellt.

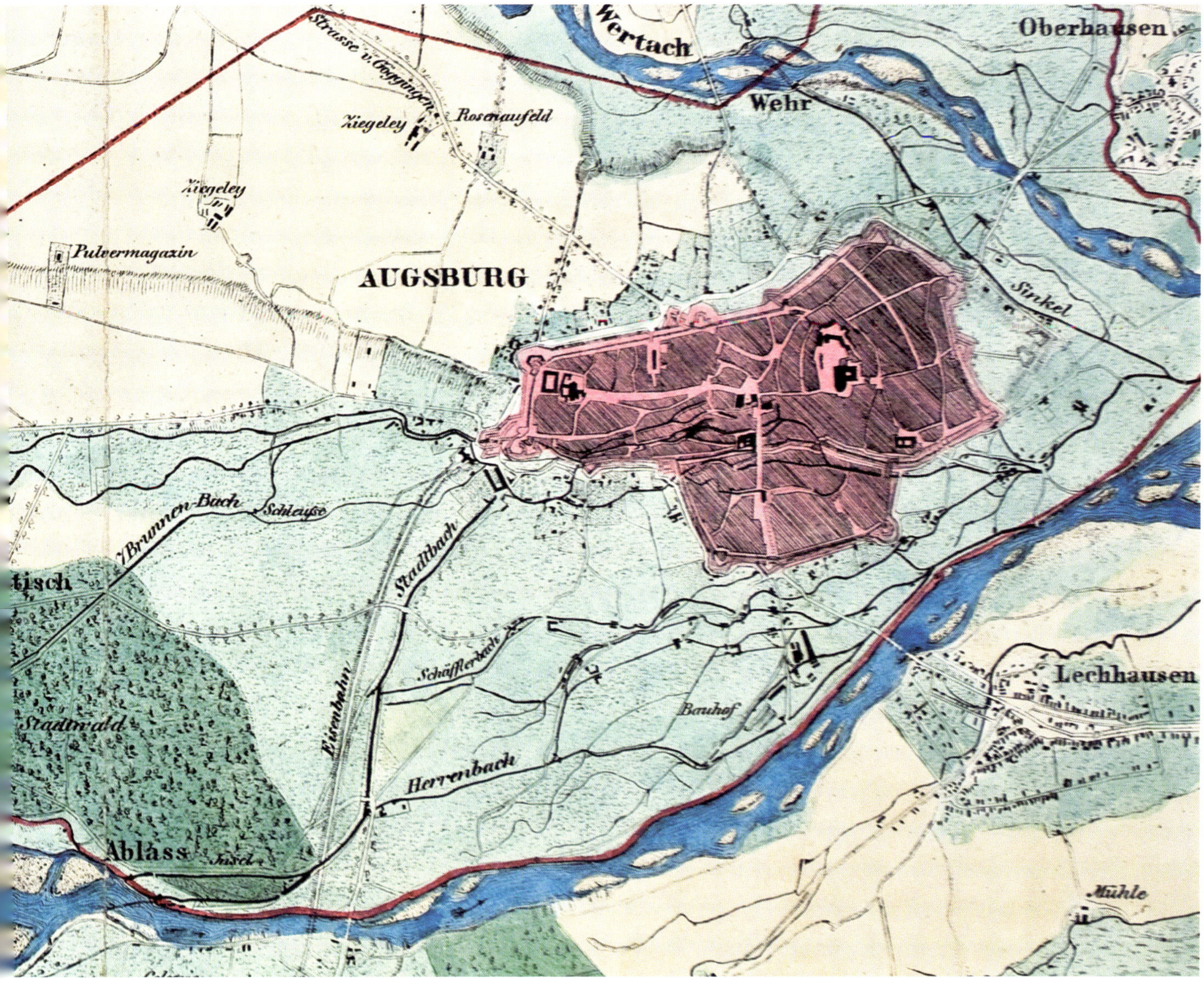

Im Jahr 1838 zeichnete der Augsburger Stadtbaurat Franz Joseph Kollmann diese Karte der Flüsse und Kanäle bei und in Augsburg. Das Netz der Lechkanäle, die damals frühzeitig in den Lech beziehungsweise im Norden in den Senkelbach (im Plan „Sinkel" genannt) mündeten, wurde in den folgenden Jahrzehnten mehrfach Korrektionen unterworfen und verlängert. Die beiden Abschnittc der wichtigsten Zubringer von Lechwasser aus dem Hochablass – Hauptstadtbach und Kaufbach – nannte Kollmann lediglich Stadtbach.

eine einzige Ziegelei jährlich tausend derartige Flöße. 1618, als Augsburg sein Renaissancerathaus erbaute, wurden (die private Flößerei unberücksichtigt) 3159 Flöße und 906 Flitschen (Kleinflöße) gezählt. (60) Der Höhepunkt der Lechflößerei war 1843 erreicht, als insgesamt 4772 Flöße den Hochablass passierten. (61) Freilich fuhren nicht alle in die Schleuse beim Hauptstadtbach ein und von dort in Richtung Stadt. Lechflöße schwammen teilweise bis nach Ungarn.

Flößer, die nicht am Lechufer abluden, sondern bis vor die Augsburger Stadtmauern wollten, standen vor der Schwierigkeit, *„[...] die vor 1912 noch dreiteilige Rutschn beim Hochablass hinunterzukommen, die schon relativ steil war. Dann folgte das Friedberger Wehr (später Eisenbahn-Wehr genannt) und die weniger hohe Stadtbachschwelle. Bei Niedrigwasser, wenn über die Floßrutschen kein Wasser floss, durften die Flöße den wasserreichsten Kanal, den alten Eis- bzw. Durchlasskanal der Stadt benutzen, was aber wegen der vielen Wehre, die die Fabriken (vor allem ab dem 19. Jahrhundert) nur ungern öffneten – es standen dann ja ihre Turbinen still –, den Flößern einen langen und teuren Tag kostete."* (62)

Sieben Lechanstiche im Jahr 1903

1 Hochablass (Hoher Ablass)
2 Hochablass (Neuer Ablass)
3 namenloser Anstich
4 namenloser Anstich
5 Sebastiansanstich
6 Lochbachanstich
7 Aumühlanstich

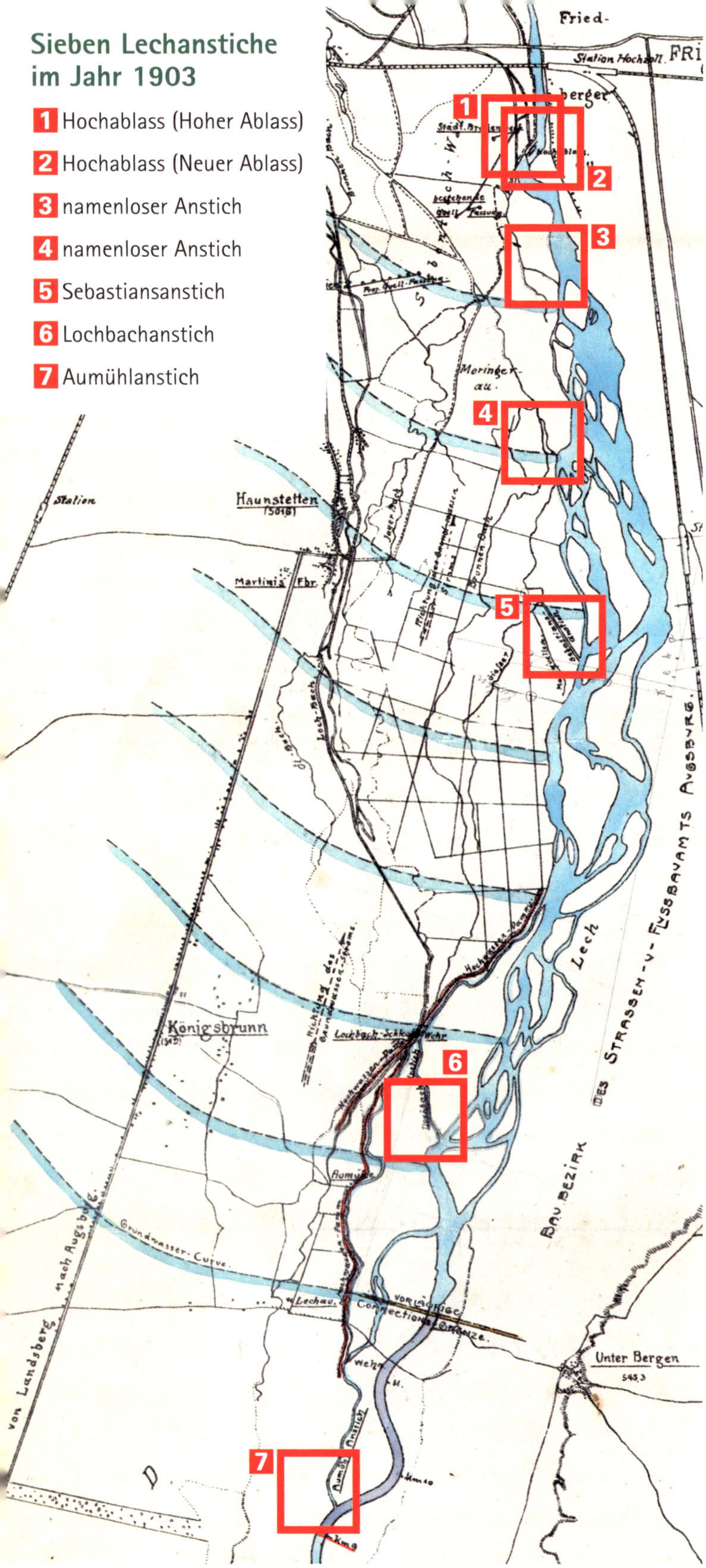

Für die Lechkanäle wurde 1903 an sieben Anstichen Flusswasser entnommen. Eine Karte des Stadtbauamts dokumentiert die Anstiche: zwei Einlaufbauwerke am Hochablass im Norden, den Sebastiansanstich, den Lochbachanstich und den Aumühlanstich im Süden, zwei Lechanstiche wurden namenlos eingezeichnet.

Das Lechwasser vom Hochablass war, so schrieb 1850 Franz Joseph Kollmann, der Wasserstrom, der die Hauptschlagader der Stadt darstellte, die sich in viele Seitenarme und Zweige teilte. Trotz hoher Fließgeschwindigkeit mündete dieses Wasser erst nach mehr als einer Stunde wieder in den Lech oder in die Wertach. Augsburgs Stadtbaurat beschrieb damals noch die Situation, die von der heutigen stark abwich: Damals mündete ein Teil der Lechkanäle noch weit vor der nördlichen Stadtgrenze in den Lech, und der nördlichste Auslauf eines Lechkanals ging damals noch im mit Wertachwasser gespeisten Senkelbach auf, der auf Karten noch als „Sinkel" bezeichnet wurde.

1850 hielt Stadtbaurat Franz Joseph Kollmann fest, dass man in Augsburg (alle Abzweigungen und Seitenarme berücksichtigt) mindestens 106 Kanäle zählte. Sie trieben 110 Werke mit 203 Wasserrädern an. Insgesamt 99 Werke lagen an Lechkanälen: 26 am Stadtbach, zwei am Hinteren Lech, 15 am Sparrenlech, zwölf am Schäfflerbach, eines am Herrenbach, eines am Proviantbach, neun am Hanreibach, vier am Fichtelbach, 13 am Lochbach und Vorderen Lech, 13 am „Brunnenbach" (also am Mittelbach, Siebenbrunner Bach, Spitalbach, Stadtgraben und Malvasierbach) sowie drei am Lauterlech. Die restlichen elf Werke trieb das System der Wertachkanäle an – neun der Senkelbach und zwei der Pferseer Mühlbach. Jene Kanäle, die Kollmann nicht auflistete, trieben keine Werke an. (63)

Die Industrialisierung Augsburgs hing sehr eng mit den Werkskanälen vor den Stadtmauern zusammen. Erst wenige Jahre vor Kollmanns Bericht hatte man überhaupt damit begonnen, die Bedeutung der Wasserkraft für die Industrie wahrzunehmen. Die hiesigen Fabrikanten hatten die Wasserkraft freilich unbeachtet gelassen, auch die Stadtverwaltung interessierte sich nicht sonderlich für diese Energiequelle. Es waren vielmehr ab 1836 zuwandernde Fabrikanten, die den Wasserreichtum erkannten, nutzten und für den weiteren Ausbau des Kanalsystems sorgten.

Das Wasser im System der Lechkanäle wurde nicht nur beim Hochablass aus dem Fluss ausgestaut. Seit 1823/24 verstärkte der – 1826 und 1834 erneuerte – Sebastiansanstich den Siebenbrunner Bach, wodurch das Wasser im Brunnenbach zum Mischwasser wurde. Der obere Anstich des Lechs – der Lochbachanstich –

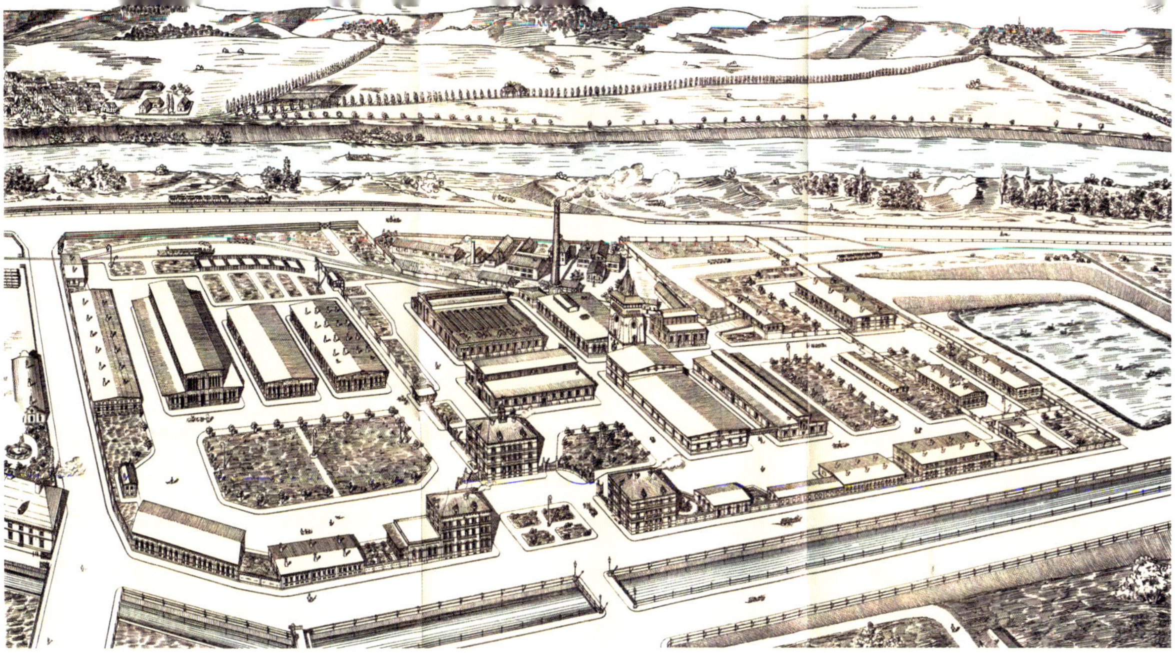

Im Jahr 1900 wurde an der Stelle des städtischen Bauhofs auf sechs Hektar Fläche der neue Schlacht- und Viehhof am Proviantbach errichtet. Rechts ist die Deichelgrube zu sehen, in der man bis in die 1870er-Jahre hölzerne Wasserleitungen zwischenlagerte.

wurde 1853 und dann noch einmal 1860 verlegt. 1903 zeichnete der Augsburger Stadtbaurat Fritz Steinhäußer einen Plan des Wassergebiets, der insgesamt sieben Lechanstiche belegt. Der Bedarf an Treibwasser war wegen der ab 1840 rasch fortschreitenden Industrialisierung der Stadt enorm gewachsen.

Der Ausbau des Kanalsystems hing eng mit dem Siegeszug der Wasserturbinen zusammen. Schon 1841 wurde der Proviantbach, der sich bis dahin bereits auf Höhe des Malvasierbachs in den Lech ergossen hatte, in den Hanreibach ausgeleitet. Eine Korrektion des Stadtbachs ging 1847 dem Bau der Baumwollspinnerei am Stadtbach voraus. 1857 wurde der Hanreibach, der nun schon den Namen des wasserreicheren Proviantbachs angenommen hatte, um einen auf 1720 Metern neu gegrabenen Kanal verlängert. Bereits 1874/75 wurde das Bett des Stadtbachs so

Der Proviantbach fließt wie im Jahr 1900 am weitgehend erhaltenen Industriedenkmal Schlacht- und Viehhof vorbei.

Quelle: Karl Ganser, Industriekultur in Augsburg. Pioniere und Fabrikschlösser, 2010

Das Textilviertel im Jahr 1874: Die großen Augsburger Manufakturen und Fabrikschlösser, das Gaswerk und der Bauhof (an dessen Stelle später der Schlacht- und Viehhof errichtet wurde) lagen samt und sonders an den mit Lechwasser vom Hochablass gespeisten Kanälen. Neben der Kraftquelle Wasser spielte damals auch noch der Güter- und Holztransport durch die Lechflößerei eine Rolle. Die Dampfmaschinen in den Fabriken verbrauchten Unmengen an Holz.

verlegt, dass er nicht mehr wie bisher in den Senkelbach mündete, sondern jetzt bei der Mündung des Proviantbachs in der Wertach aufging.

Nach weiteren Korrektionen am Hanreibach und am Herrenbach folgte 1901 der letzte große Kanalbau. Die gemeinsame Mündung des Proviantbachs und des Stadtbachs in die Wertach wurde nunmehr durch den Auslaufkanal ersetzt. Die beiden Kanäle, denen bis zu dieser Stelle das Wasser sämtlicher Lechkanäle und Quellbäche zuströmte, wurden im neu gegrabenen, 1000 Meter langen Vereinigten Stadt- und Proviantbach in gerader Linie bis zum Lech hin verlängert: Der dadurch entstandene, jüngste und bedeutendste aller Lechkanäle treibt seit dem Jahr 1902 die Turbinen im damals soeben errichteten Wasserkraftwerk auf der Wolfzahnau an. (64)

In sechs Jahrzehnten war entlang der Lechkanäle östlich der Stadtmauern eine Stadt vor der Stadt entstanden. Wie Perlen an einer Kette reihte sich bis um 1900 Fabrik an Fabrik entlang des vom Hauptstadtbach gespeisten Herrenbachs und dessen Verlängerung, des Proviantbachs, sowie seiner Abzweigungen, des Fichtelbachs und des Hanreibachs. Näher an der alten Stadtmauer gab der Kaufbach sein Wasser an den Schäfflerbach und den Sparrenlech ab. Diese beiden Kanäle vereinten sich an ihrem Ende mit dem Wasser der Quellbäche und des Lochbachs im Stadtbach, der im Vereinigten Stadt- und Proviantbach mündete.

Das System der Lechkanäle war also spätestens im Jahr 1905 perfektioniert. Eine damals gedruckte Karte mit dem Titel „Das ganze Wassergebiet von Augsburg mit den einzelnen Triebwerken nach dem heutigen Stand" zeigt – anders als eine Karte von 1902 – auch den kurzen Auslaufkanal, der vom Vereinigten Stadt- und Proviantbach zum Überlaufwehr hoch über der Wertach führt. Damit war das Gewässergeflecht der Lechkanäle vollendet worden, sieht man von zwei Ausnahmen ab. 1950 initiierte das Wasser- und Brückenbauamt der Stadt die Anlage etlicher Kilometer neuer Lechkanäle im Stadtwald. (65) Und der Eiskanal beim Hochablass wurde für die Olympischen Sommerspiele von 1972 in eine Kanuslalomstrecke, die erste künstliche Wildwasserstrecke der Welt, umgestaltet.

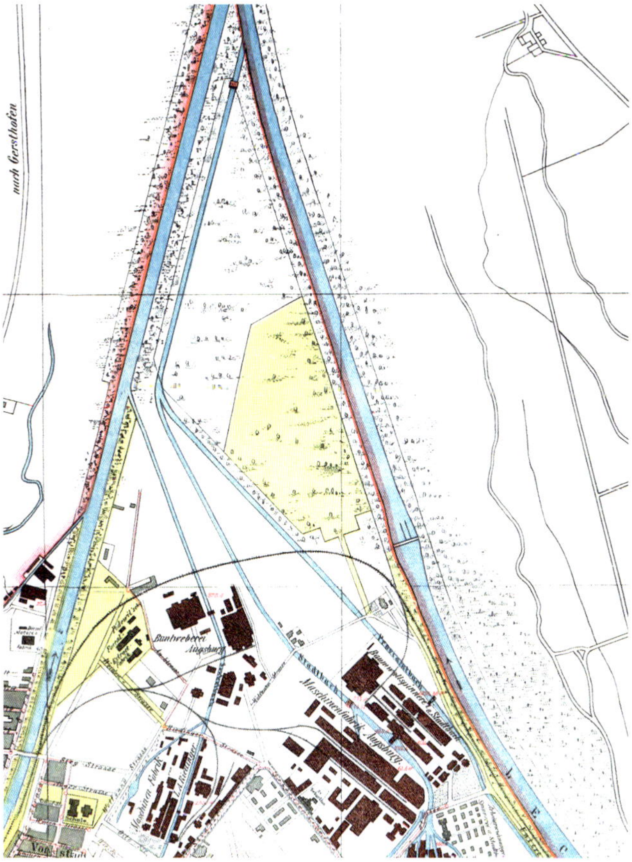

Der Vereinigte Stadt- und Proviantbach auf einer Karte von 1902. Noch war der Überlaufkanal nicht eingezeichnet. Unten: Auf der Wolfzahnau vereinigt sich der Stadtbach mit dem Proviantbach zum letzten Abschnitt im System der Lechkanäle.

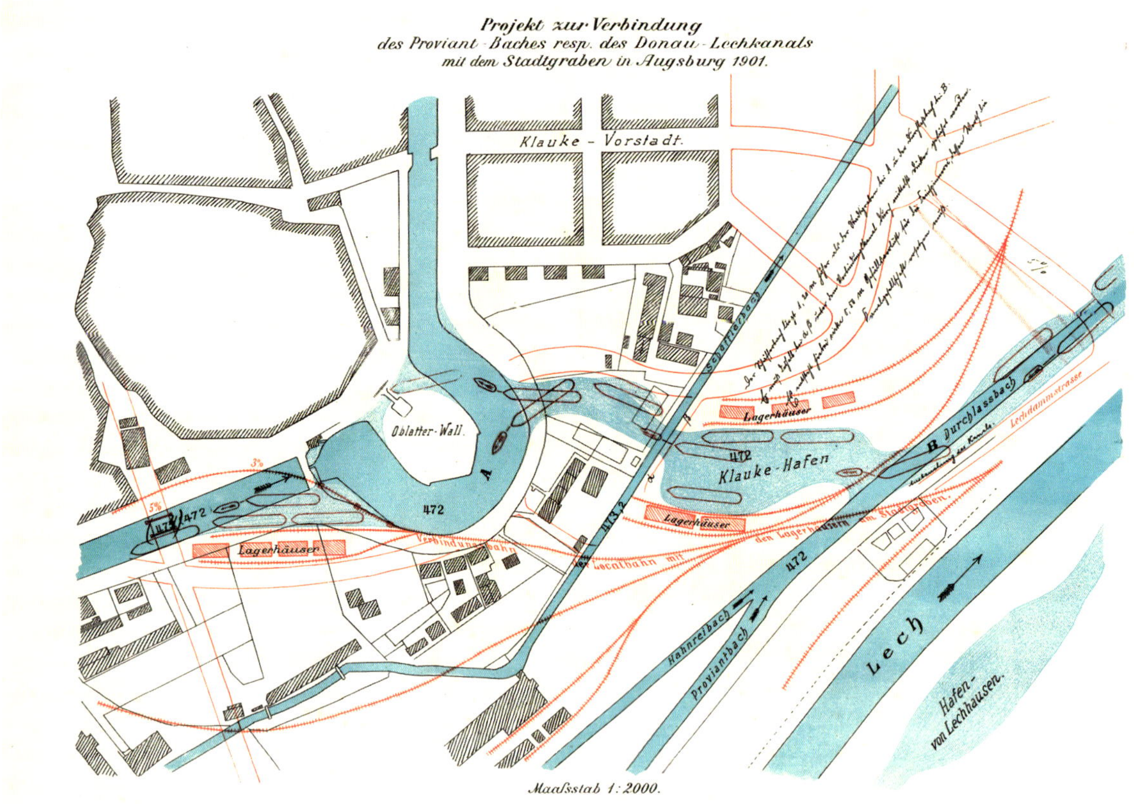

„Projekt zur Verbindung des Proviant-Baches resp. des Donau-Lechkanals mit dem Stadtgraben in Augsburg 1901." ist der Plan betitelt, der einen Hafen in Augsburg und Lechhausen vorsah.

Im Jahr 1902 zählte eine Festschrift für die Teilnehmer an der 15. Wander-Versammlung des Verbandes Deutscher Architekten- und Ingenieur-Vereine in Augsburg die Industriekanäle in der Stadt samt der Triebwerke sowie deren Leistung auf. Am 7250 Meter langen Stadtbach wurden 32 Triebwerke vermeldet, die eine Leistung von 1882 PS erzielten. Doch am 1000 Meter langen Vereinigten Stadt- und Proviantbach erzeugte allein das bis dahin einzige Strom erzeugende Kraftwerk, das soeben erbaute Wasserkraftwerk auf der Wolfzahnau, 3494 PS.

Die Zeit der Wasserräder und der mechanischen Kraftübertragung ging also ihrem Ende entgegen, die Ära der Wasserkraftwerke begann. Heute erzeugen an den Lechkanälen 40 kleinere Wasserkraftwerke – teils als letzte Erinnerung an ehemalige Fabriken – Strom.

Lechkanäle für einen Donauhafen in Augsburg zu nutzen, war um 1900 das Thema durchaus ernst zu nehmender Diskussionen und Entwürfe. Stadtbaurat Franz Joseph Kollmann hatte sich schon 1850 mit der Schiffbarmachung des Lechs auseinandergesetzt. Hydrotechnische Schwierigkeiten – wie die regelmäßig von Hochwassern beförderten Geschiebemassen, Uferabbrüche und Eisstopfungen – gaben für Kollmann den Ausschlag, die Nutzung des Gebirgsflusses als geregeltes Fahrwasser – weil damals technisch unrealisierbar – abzulehnen.

Wegen derartiger Schwierigkeiten war 1828 der Bau eines Achkanals parallel zum Lech vorgeschlagen worden. Über diesen Schifffahrtskanal, der entlang des Betts der Friedberger Ach gegraben werden sollte, hätten Lastkähne von der Donau aus Augsburg erreichen können. Als der königliche Ingenieur-Geograf Johann Hieronymus Stolz den „Entwurf eines Systems schiffbarer Canäle im Königreich Bayern" schuf, zeichnete er eine Landkarte mit dem geplanten Achkanal zwischen Augsburg und der Donau. (66)

Der königlich-bayerische Kämmerer und Vorstand der staatlichen Bauinspektion in Augsburg, Joseph Freiherr von Gumppenberg-Pöttmes, beurteilte 1860 die zehn Stunden lange Strecke auf dem Lech von Augsburg bis zur Donau nach einer durchgängigen Regulierung für den Schiffsverkehr in beide Richtungen für tauglich. (67) Trotz der wachsenden Bedeutung der

Anlässlich der Jahreshauptversammlung des Vereins zur Hebung der Fluß- und Kanalschiffahrt in Bayern im Jahr 1901 entwarf der visionäre Architekt Karl Albert Gollwitzer dieses Werbeplakat mit dem Titel „Das Donau-Schiff im Augsburger-Stadtgraben".

Eisenbahn wurden Kanalprojekte für eine „Hafenstadt Augsburg" bis in die ersten Jahre des 20. Jahrhunderts durchaus konkret diskutiert.

Der Augsburger Baumeister und Architekt Karl Albert Gollwitzer war ein maßgeblicher Befürworter der Hafenstadt Augsburg. Gollwitzer besaß Erfahrung mit Wasserbauprojekten: So hatte er beispielsweise das 1878/79 errichtete Wasserwerk am Hochablass geplant. Doch dieser visionäre Architekt setzte sich auch mit weitreichenderen Planungen auseinander. *„Nahezu 30 Jahre lang beschäftigte sich Karl Albert Gollwitzer mit Verkehrsanbindungsprojekten für seine Vaterstadt. Ihm war bewusst, dass Augsburgs Schicksal als wachsender Industriestandort und die zukünftige Entwicklung des Handels [...] von einem funktionierenden Verkehrsnetz abhängig war."* (68)

Als am 6. November 1892 in Nürnberg ein „Verein zur Hebung der Fluß- und Kanalschiffahrt in Bayern" gegründet wurde, wurde dieser sogar durch Prinz Ludwig von Bayern unterstützt. Im Verein vertrat Gollwitzer die Interessen seiner Heimatstadt. Auch dort setzte er sich für die Kanalverbindung zur Donau ein. *„[...] 1894 forderte Gollwitzer den Magistrat der Stadt Augsburg auf, dafür Sorge zu tragen, dass alle baulichen Maßnahmen am Werkskanal Gersthofen, ebenso die Pläne für die Baumwollspinnerei am Stadtbach auf zukünftige Schifffahrtspläne Rücksicht nähmen."* (69)

Karl Albert Gollwitzer war es auch, der das beeindruckende Werbeplakat mit dem Titel „Das Donau-Schiff im Augsburger-Stadtgraben" entwarf, als 1901 die Jahreshauptversammlung des „Vereins zur Hebung der Fluß- und Kanalschiffahrt in Bayern" in Augsburg anstand. *„Diese etwa 100 x 70 cm große*

Abbildung folgende Seite: Die 1905 gedruckte Karte mit dem Titel „Das ganze Wassergebiet von Augsburg mit den einzelnen Triebwerken nach dem heutigen Stand." zeigt das vollständige System der Lechkanäle. Der Überlaufkanal vom Vereinigten Stadt- und Proviantbach zur Wertach ist hier wohl erstmals auf einem Stadtplan festgehalten.

Das ganze Wassergebiet von Augsburg mit den einzelnen Triebwerken nach dem heutigen Stand.

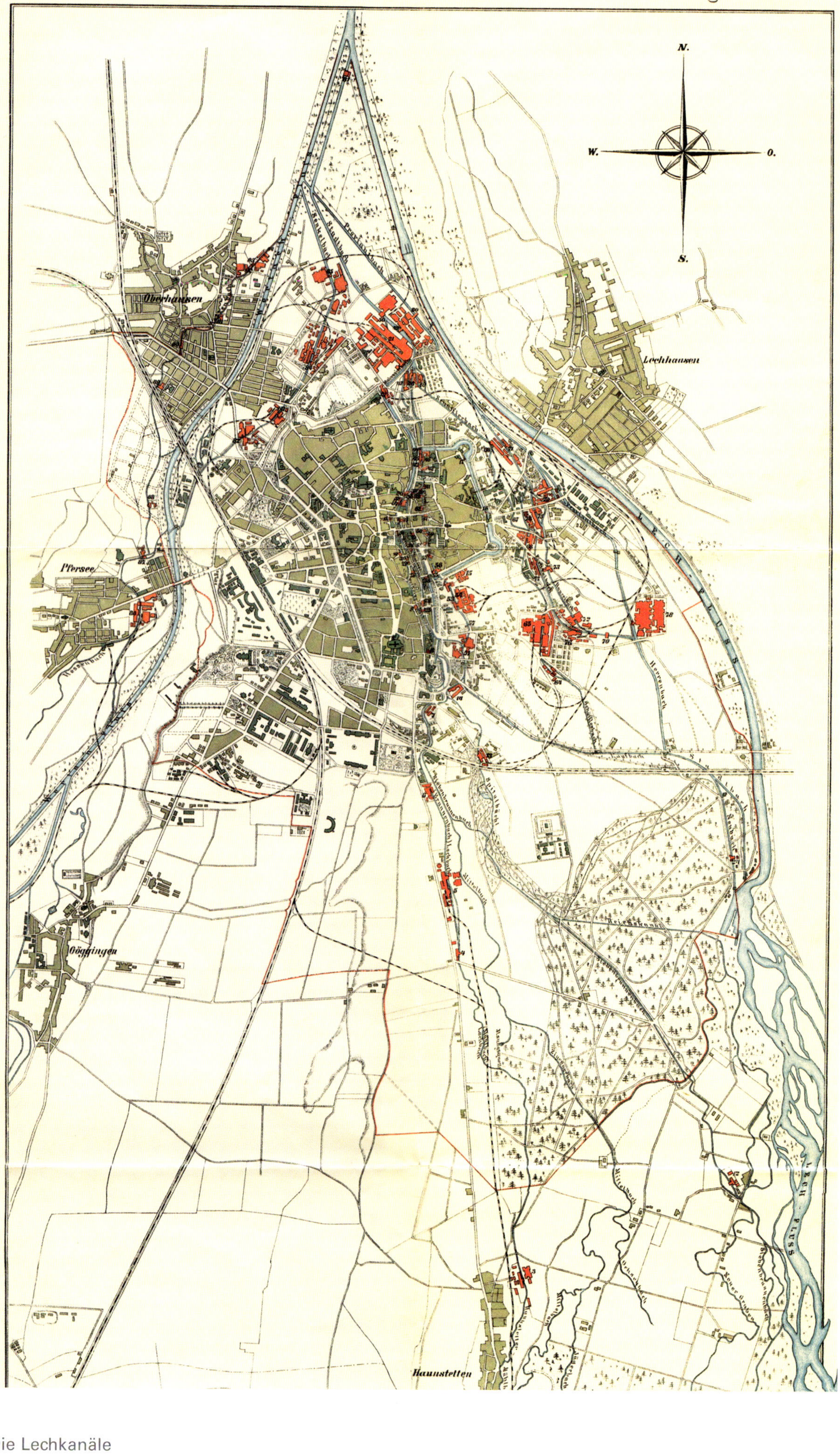

Elias Holl: Wassertürme und Abwasserkanäle

Auch Augsburgs stadtbildprägender Stadtwerkmeister befasste sich mit Wasserbau

Denkt man an Augsburgs Stadtwerkmeister Elias Holl, so denkt man in erster Linie an das von ihm bis 1620 aufgeführte Rathaus. Der Architekt und Werkmeister, dessen Renaissancebauten, Stadttore und Bastionen die Stadt prägen, hatte aber auch mit Aufgaben des Wasserbaus zu tun. Der Bau des Rathauses ist sogar ein gutes Beispiel dafür: Denn für den monumentalen Neubau benötigte man viel Wasser. Holl notierte in seiner „Hauschronik" unter dem Jahr 1616: „Setzte also ferner diesen Bau stark fort; das Wasser zu diesem Bau durch ein Deichel [...] hineinführen, ein Gumper [einen Pumpbrunnen] machen lassen, damit ein einziger Bub das Wasser bis in Bau zu oberst in das Dach hat gumpen können, dann wir sehr viel Wasser zu diesem Bau gebrauchten."

Allerdings gibt es prominentere Beispiele, bei denen der Stadtwerkmeister Elias Holl mit der Augsburger Wasserwirtschaft in Berührung kam. 1609 erbaute Holl ein Wasserwerk nahe dem Jakobertor und ein identisch gestaltetes Wasserwerk am Gänsbühl beim Oblatterwall. Beide Wassertürme, so Holl in seinen „Lebensaufzeichnungen", „[...] seyn schön und zierlich gemacht". Schön, wenn auch nicht zierlich, war die im selben Jahr aufgeführte Stadtmetzg, für die Holl den Vorderen Lech begradigte, um den Kanal unter dem Bau mit den Fleischbänken der Metzger durchzuleiten. So wurde der Lechkanal als Kühlsystem wie auch als Abfallentsorgungseinrichtung dienstbar gemacht. Immer wieder taucht in Elias Holls „Lebensaufzeichnungen" der Bau von Röhrkästen und Pumpbrunnen auf. 1614 hat Holl den „[...] Gesund=Bronnen beym Klinker=Thor im Graben von Grund auf wieder neu gemacht und zugericht." Immer wieder spielen die Lechkanäle eine Rolle: Mal begradigte der eben erst ins Amt berufene Stadtwerkmeister im Jahr 1603 den Triebwerkskanal einer Hammerschmiede, weil das Wasser nicht schnell genug abfloss und sich deshalb die Räder nicht wie gewünscht drehten, mal wurde das Unterwasser des Triebwerks einer Papiermühle neu gegraben. 1619 ersetzte Holl die vom Lechkanal zerfressenen Pfeiler der Stadtmauer nahe dem Unteren Wasserwerk am Mauerberg. Das Verlagern von Lechkanälen gehörte ebenso zu seiner Arbeit wie der Bau von Kanalbetten.

Noch am Ende seiner Karriere hat sich der hoch angesehene Architekt Holl mit ganz profanen Themen der Wasserwirtschaft beschäftigt – mit einer Mühle, dem Waschhaus sowie den Bädern des Heilig-Geist-Spitals. Den Vorderen Lech, der unter den Arkaden des Spitals durchfloss, ließ Holl die „necessaria" (Aborte) spülen. Kurz bevor die Reichsstadt Holl den Abschied gab, „[...] um wegen daß ich nicht in die päbstische Kirchen gehen", baute er eine Sägmühle am Sparrenlech, „[...] meiner Herren Lechhütten [...]".

Meyer, Christian (Hg.): Die Hauschronik der Familie Holl (1487–1646) insbesondere die Lebensaufzeichnungen des Elias Holl, Baumeisters der Stadt Augsburg, München 1910, S. 43 f., 46 f., 47 f., 50 f., 53 f., 56, 58, 60, 69, 74 f., 80 f., 83 f. und 86 f.
Roeck, Bernd: Elias Holl. Architekt einer europäischen Stadt, Regensburg 1985, S. 232

Elias Holl befasste sich mit Lechkanälen, Mühlen und Wasserwerken: 1609 errichtete er den Unteren St.-Jakobs-Wasserturm (hier der Zustand bis 2015).

visionäre Darstellung eines Hafens am Oblatterwall war wohl dazu gedacht, Begeisterung für dieses Projekt zu wecken, wie eine frühe Form des Werbeposters. Es ist das Bild eines Augsburger Hafens mitten in der Stadt, so wie es Gollwitzers romantisierender Phantasie vorschwebte. Das Stadtbild bestimmende Gebäude wie der Fünfgratturm, der alte Wasserturm und der als Insel dargestellte Oblatterwall sind in das Bild einbezogen […]. Schäffler-, Hahnrei- und Proviantbach sind ebenfalls abgebildet […]. Hafenanlagen mit Lager- und Verwaltungshäusern sind dargestellt, […] und ein lebhaftes Verkehrsbild mit Straßenbahnen, Rangiergleisen für die Eisenbahn, Verladekränen und Schiffen, Schleppzügen und sogar einem kleinen Segelboot." (70)

Eine „Skizze über die Schiffbarmachung des Lechs von Baumeister K. Gollwitzer" dokumentiert die Idee des Architekten, ausgehend vom Oblatterwall schiffbare Kanäle durch die nördlich angrenzenden Areale der Papierfabrik Haindl und der Maschinenfabrik Augsburg-Nürnberg AG, der Maschinen- und Bronzewarenfabrik Riedinger und der Buntweberei Riedinger über die Wolfzahnau und die Wertachmündung bis zum neuen Lechkanal nördlich von Augsburg zu bauen. Letzterer begann an der nördlichen Stadtgrenze und war seit 1898 als Werkskanal des ersten Wasserkraftwerks der Region gegraben worden. Die damals noch aktuellen Planungen zur Schifffahrt auf dem 28 Meter breiten Lechkanal waren bei seinem Bau berücksichtigt worden: Als 1901 das Wasserkraftwerk bei Gersthofen in Betrieb ging, war es sowohl mit einer Floßschleuse als auch mit einer Schiffsschleuse ausgestattet.

Eine Eingabe Karl Gollwitzers aus dem Jahr 1897 lässt erkennen, dass er die Lechkanäle Augsburgs als Kleinstwasserstraßen nutzen wollte, auf denen Güter zu den Fabriken und Lagerhallen transportiert werden sollten. Über jeden praktischen Nutzen hinaus hatte Gollwitzer vermutlich eine städtebauliche Vision: *„[…] gleichzeitig war er wohl besessen von dem Gedanken, ein romantisches Stück Augsburg zu schaffen, vergleichbar mit Amsterdam, Hamburg oder Venedig."* (71)

1902 beschloss der Augsburger Magistrat jedoch die Bebauung eines Grundstücks zwischen dem Lech und der Altstadt: Dadurch wurde jedwede Kanalverbindung zum Oblatterwall unmöglich gemacht. Diese Entscheidung besiegelte das Ende der Pläne, den Lech und die Lechkanäle schiffbar zu machen. (72)

Quellen

(1) vgl. Kluger, Martin: Wasserbau und Wasserkraft, Trinkwasser und Brunnenkunst in Augsburg. Die historische Augsburger Wasserwirtschaft und ihre Denkmäler im europaweiten Vergleich, Augsburg 2013, S. 12 ff. (dort weiterführende Quellenverweise)

(2) vgl. ebenda

(3) vgl. Swift, Michael; Konstam, Angus: Städte der Renaissance. Civitates Orbis Terrarum, Potsdam 2008, S. 88 ff.

(4) vgl. Kluger, Martin: Wasserbau und Wasserkraft, Trinkwasser und Brunnenkunst in Augsburg. Die historische Augsburger Wasserwirtschaft und ihre Denkmäler im europaweiten Vergleich, Augsburg 2013, S. 18 f. (dort weiterführende Quellenverweise)

(5) vgl. ebenda, S. 76 ff.

(6) Riehl, Wilhelm Heinrich von: Culturstudien aus drei Jahrhunderten, Stuttgart 1862, S. 264

(7) vgl. Kollmann, Franz Joseph: Die Wasserwerke von Augsburg […], Augsburg 1850, S. 125

(8) Zettl, Rupert: Lechauf-lechab: Wissenswertes, Liebenswertes, Augsburg 2001, S. 194

(9) vgl. Groos, Walter: Beiträge zur Topographie von Alt-Augsburg, Bericht der Naturforschenden Gesellschaft Augsburg, Bd. 21, S. 35

(10) vgl. ebenda, S. 26 ff.

(11) vgl. ebenda, S. 30 und S. 32

(12) Werner, Anton: Die Wasserkräfte der Stadt Augsburg im Dienste von Industrie und Gewerbe. Historisch-statistisch beschrieben, Augsburg 1905, S. 9

(13) ebenda, S. 10

(14) Kollmann, Franz Joseph: Die Wasserwerke von Augsburg […], Augsburg 1850, S. 126 f.

(15) vgl. Ruckdeschel, Wilhelm: Industriekultur in Augsburg. Denkmale der Technik und Industrialisierung, Augsburg 2004, S. 39

(16) Kollmann, Franz Joseph: Die Wasserwerke von Augsburg […], Augsburg 1850, S. 6

(17) Wirth, Johann Christian: Augsburg wie es ist!: Beschreibung aller Merkwürdigkeiten dieser altberühmten Stadt mit Bezug auf Kunst, Handel, Fabriken, Gewerbe etc.; Ein Hand- und Addreßbuch für alle. Mit 16 Ansichten und einem Plan der Stadt, Augsburg 1846, S. 36

(18) Werner, Anton: Die Wasserkräfte der Stadt Augsburg im Dienste von Industrie und Gewerbe. Historisch-statistisch beschrieben, Augsburg 1905, S. 3

(19) Kollmann, Franz Joseph: Die Wasserwerke von Augsburg […], Augsburg 1850, S. 125

(20) vgl. Werner, Anton: Die Wasserkräfte der Stadt Augsburg im Dienste von Industrie und Gewerbe. Historisch-statistisch beschrieben, Augsburg 1905, S. 5

(21) ebenda, S. 6

(22) Groos, Walter: Beiträge zur Topographie von Alt-Augsburg, Bericht der Naturforschenden Gesellschaft Augsburg, Bd. 21, Augsburg 1967, S. 46

(23) vgl. ebenda

(24) vgl. ebenda, S. 29

(25) vgl. ebenda, S. 49

(26) vgl. ebenda, S. 50

(27) vgl. ebenda, S. 49

(28) ebenda, S. 50

(29) vgl. Werner, Anton: Die Wasserkräfte der Stadt Augsburg im Dienste von Industrie und Gewerbe. Historisch-statistisch beschrieben, Augsburg 1905, S. 8 f. und

Voigt, Dieter: Die Augsburger Baumeisterbücher von 1401 – 1437, unveröffentlichtes Manuskript, Augsburg 2015, Publikation in Vorbereitung

(30) Groos, Walter: Beiträge zur Topographie von Alt-Augsburg, Bericht der Naturforschenden Gesellschaft Augsburg, Bd. 21, Augsburg 1967, S. 58

(31) vgl. ebenda, S. 59

(32) vgl. Lengle, Peter: St. Servatius, in: Augsburger Stadtlexikon, Augsburg 1998, S. 813

(33) vgl. Groos, Walter: Beiträge zur Topographie von Alt-Augsburg, Bericht der Naturforschenden Gesellschaft Augsburg, Bd. 21, Augsburg 1967, S. 58 und

Clasen, Claus-Peter: Die Augsburger Getreidemühlen 1500 – 1800. Studien zur Geschichte des bayerischen Schwaben, Bd. 27, Augsburg 2000, S. 127 ff.

(34) vgl. Stadt Augsburg/Untere Denkmalschutzbehörde (Hg.): Wie läuft's Augsburger Wasser?, Informationsschrift der Stadt Augsburg zum Tag des offenen Denkmals 2004, Augsburg 2004, S. 14

(35) Werner, Anton: Die Wasserkräfte der Stadt Augsburg im Dienste von Industrie und Gewerbe. Historisch-statistisch beschrieben, Augsburg 1905, S. 139

(36) Groos, Walter: Beiträge zur Topographie von Alt-Augsburg, Bericht der Naturforschenden Gesellschaft Augsburg, Bd. 21, Augsburg 1967, S. 34

(37) vgl. Werner, Anton: Die Wasserkräfte der Stadt Augsburg im Dienste von Industrie und Gewerbe. Historisch-statistisch beschrieben, Augsburg 1905, S. 49 ff.

(38) Hagen, Bernt von; Wegener-Hüssen, Angelika: Stadt Augsburg. Ensembles, Baudenkmäler, archäologische Denkmäler, Denkmäler in Bayern, Bd. 83, München 1994, S. 328 und

vgl. Kohl, Susanne F.: Geschichte der Stadtentwässerung Augsburg, Augsburg 2010, S. 48 f.

(39) Meyer, Christian (Hg.): Die Hauschronik der Familie Holl (1487 – 1646) insbesondere die Lebensaufzeichnungen des Elias Holl, Baumeisters der Stadt Augsburg, München 1910, S. 50

(40) Steinhäußer, Fritz u.a.: Hydrographische Verhältnisse, in: Augsburg in kunstgeschichtlicher, baulicher und hygienischer Beziehung. Festschrift den Teilnehmern an der 15. Wander-Versammlung des Verbandes Deutscher Architekten- und Ingenieur-Vereine gewidmet von der Stadt Augsburg, Augsburg 1902, S. 48

(41) vgl. Kluger, Martin: Wasserbau und Wasserkraft, Trinkwasser und Brunnenkunst in Augsburg. Die historische Augsburger Wasserwirtschaft und ihre Denkmäler im europaweiten Vergleich, Augsburg 2013, S. 14

(42) Steinhäußer, Fritz u.a.: Hydrographische Verhältnisse, in: Augsburg in kunstgeschichtlicher, baulicher und hygienischer Beziehung [...], Augsburg 1902, S. 49

(43) ebenda, S. 48

(44) vgl. ebenda

(45) Gasser, Pirmin: Ander Theil der Weitberüempten Keyserlichen Freyen und deß H. Reichstatt Augspurg in Schwaben Chronica [...], zweites Buch der Augspurgischen Chronica Markus Welsers [...], Frankfurt am Main 1595, S. 127

(46) Groos, Walter: Beiträge zur Topographie von Alt-Augsburg, Bericht der Naturforschenden Gesellschaft Augsburg, Bd. 21, Augsburg 1967, S. 18

(47) Kollmann, Franz Joseph: Die Wasserwerke von Augsburg [...], Augsburg 1850, S. 66

(48) Oelwein, Cornelia: Die Geschichte der Fischerei in Schwaben, Augsburg 2005, S. 194

(49) Gasser, Pirmin: Ander Theil der Weitberüempten Keyserlichen Freyen und deß H. Reichstatt Augspurg in Schwaben Chronica [...], zweites Buch der Augspurgischen Chronica Markus Welsers [...], Frankfurt am Main 1595, S. 167

(50) Repa, Jan: Historisches und aktuelles Fischvorkommen des Unteren Lechs nördlich von Augsburg, in: Der Nördliche Lech. Lebensraum zwischen Augsburg und Donau, Augsburg 2001, S. 127

(51) Steinhäußer, Fritz u.a.: Hydrographische Verhältnisse, in: Augsburg in kunstgeschichtlicher, baulicher und hygienischer Beziehung [...], Augsburg 1902, S. 47

(52) vgl. Werner, Anton: Die Wasserkräfte der Stadt Augsburg im Dienste von Industrie und Gewerbe. Historisch-statistisch beschrieben, Augsburg 1905, Bildtafel zwischen S. 64 und S. 65

(53) Groos, Walter: Beiträge zur Topographie von Alt-Augsburg, Bericht der Naturforschenden Gesellschaft Augsburg, Bd. 21, Augsburg 1967, S. 3

(54) Steinhäußer, Fritz u.a.: Hydrographische Verhältnisse, in: Augsburg in kunstgeschichtlicher, baulicher und hygienischer Beziehung [...], Augsburg 1902, S. 47

(55) Groos, Walter: Beiträge zur Topographie von Alt-Augsburg, Bericht der Naturforschenden Gesellschaft Augsburg, Bd. 21, Augsburg 1967, S. 3

(56) vgl. ebenda, S. 4 f.

(57) vgl. Wirth, Johann Christian: Augsburg wie es ist!: Beschreibung aller Merkwürdigkeiten dieser altberühmten Stadt mit Bezug auf Kunst, Handel, Fabriken, Gewerbe etc.; Ein Hand- und Addreßbuch für alle. Mit 16 Ansichten und einem Plan der Stadt, Augsburg 1846, S. 35

(58) Zettl, Rupert: Lechauf-lechab: Wissenswertes, Liebenswertes, Augsburg 2001, S. 324

(59) vgl. ebenda, S. 323 f.

(60) vgl. ebenda, S. 309

(61) vgl. Kollmann, Franz Joseph: Die Wasserwerke von Augsburg [...], Augsburg 1850, S. 13

(62) Zettl, Rupert: Lechauf-lechab: Wissenswertes, Liebenswertes, Augsburg 2001, S. 320

(63) vgl. Kollmann, Franz Joseph: Die Wasserwerke von Augsburg [...], Augsburg 1850, S. 7

(64) vgl. Werner, Anton: Die Wasserkräfte der Stadt Augsburg im Dienste von Industrie und Gewerbe. Historisch-statistisch beschrieben, Augsburg 1905, S. 17 ff.

(65) schriftlicher Hinweis von Nicolas Liebig, Landschaftspflegeverband Stadt Augsburg, zu Akten des Wasser- und Brückenbauamts der Stadt Augsburg aus den Jahren 1950 und 1951

(66) vgl. Häußler, Franz: Lechschiffe – Realität und Utopie. Ein Kanal für Strom-Generatoren anstatt für Frachtkähne, unveröffentlichtes Manuskript, Augsburg 2007

(67) vgl. ebenda

(68) Burgner, Wilfried: Karl Albert Gollwitzer 1839–1917. Ein Augsburger Baumeister, Architekt und Visionär (Hg. Architekturmuseum Schwaben), Augsburg 2004, S. 118

(69) ebenda, S. 120

(70) ebenda, S. 136

(71) ebenda

(72) vgl. Häußler, Franz: Lechschiffe – Realität und Utopie. Ein Kanal für Strom-Generatoren anstatt für Frachtkähne, unveröffentlichtes Manuskript, Augsburg 2007

Der Augsburger Hochablass lenkte seit dem Jahr 1552 den Floßbach, den heutigen Hauptstadtbach, in Richtung Stadt. Das Lechwehr, das seit dieser Zeit immer wieder in Holz und Stein ausgeführt wurde, wurde bei einer Hochwasserkatastrophe im Juni 1910 völlig zerstört. Wenige Meter flussabwärts vom heutigen Hochablasswehr, das in den beiden folgenden Jahren errichtet wurde, sind im Lech noch immer Relikte dieses Vorgängerwehrs zu erkennen. Eine Luftaufnahme belegt die Dimensionen der Stahlbetonkonstruktion, die 1912 in Betrieb genommen und seither mehrmals verändert wurde. Kurz nach diesem Stauwehr teilt sich der Einlaufkanal in den Hauptstadtbach und in den Neubach, der bis 1973 die Turbinen des 1878/79 gebauten Wasserwerks am Hochablass antrieb. Unten rechts ist der aus einem früheren Flussarm entstandene Kuhsee zu erkennen.

Der Hochablass – das große Stauwehr im Lech

Vom Wehr aus Holz und Stein zur Stahlbetonkonstruktion des Industriezeitalters

Zwei Lechanstiche versorgen Augsburg bis heute mit Wasser für die Kanäle. Der mehrfach verlegte Lochbachanstich (heute an der Lechstaustufe 22 bei Unterbergen, 14,6 Kilometer südlich der Altstadt) wurde Oberer Lechanstich genannt. Der zweite, südöstlich der Stadt, hieß Unterer (auch: Unterster) Lechanstich oder Hoher Ablass. *„Der vulgäre Name Ablaß hat seine Entstehung von dem künstlichen Wasserdurchlaß des Lechs, welcher durch die hydrotechnischen Bauwerke, das Wehr und Schleußen, daselbst gebildet wurde, erhalten."* (1) Zwischen dem Oberen und dem Unteren Lechanstich wurden im Lauf der Jahrhunderte weitere kleinere Anstiche geschaffen. Der bekannteste war der „Sebastians-Durchstich": Die „Flusskarte von Augsburg", die der Stadtbaurat Franz Joseph Kollmann 1837 gezeichnet hat, lässt diesen Lechanstich auf der Höhe von Haunstetten erkennen.

Trotz der großen Bedeutung des im Jahr 1902 erst zwölf Kilometer langen Lochbachs reichte kein zweiter Lechanstich je an den Stellenwert des Hochablasses heran. Berechnungen Franz Joseph Kollmanns in seiner monographischen Skizze „Der Lech-Ablaß bei Augsburg" haben 1839 die Relevanz des Hochablasses für das System der von dort aus gespeisten Lechkanäle im Vergleich zu den vom Lochbach und von der Wertach gespeisten Kanälen vermittelt. Damals zweigte der Hochablass für acht Hauptkanäle knapp ein Viertel des gesamten Flusswassers ab (im Mittel 83 Kubikmeter in der Sekunde – ausgestaut wurden 20 Kubikmeter pro Sekunde). Lechwasser vom Hochablass trieb insgesamt 77 Triebwerke mit 138 Wasserrädern an. Von dort kamen 40 Prozent mehr Wasser als vom Lochbach- und vom Wertachanstich zusammen. Mit rund 14 Kubikmetern pro Sekunde versorgten beide über vier Kanäle 49 Werke und 92 Wasserräder. (2)

In seinem im Jahr 1850 herausgegebenen Buch „Die Wasserwerke von Augsburg" beschrieb der Augsburger Stadtbaurat den Lechablass als einen der *„[...] wichtigsten Punkte in Augsburgs Umgebung [...]".* (3) (Der Hochablass lag damals noch vier Kilometer vor den Stadtmauern.) Um sein Urteil zu untermauern, führte Kollmann drei Begründungen auf. Erstens sei das vom Hochablasswehr in Richtung Stadt gelenkte Wasser als „Hauptpulsader", die sich in Augsburg in viele Seitenarme und Zweige teilte, unverzichtbar: *„Durch das Versiegen dieser Adern würden mehr als sechstausend paar Hände keine Beschäftigung mehr haben und die Stadt sicher, in der kürzesten Frist, die Hälfte ihrer jetzigen Einwohnerzahl verlieren [...]."* (4)

Zweitens war dieser Lechablass der Anfang einer Wasserstraße, über die Nutz- und Brennholz in die Stadt geflößt wurde, das (im 19. Jahrhundert auch für den Betrieb von Dampfmaschinen in den Fabriken) in Unmengen verfeuert wurde. Drittens galt der Hochablass *„[...] als einer der reizendsten Punkte in unserer Nähe [...]".* (5) Diese Sehenswürdigkeit, hielt Kollmann fest, werde von der heimischen Bevölkerung ebenso zahlreich besucht wie von auswärtigen Gästen.

Der Hochablass, von dem Franz Joseph Kollmann schrieb, sah freilich um 1850 völlig anders aus als die heutige Stahlbetonkonstruktion des Lechstauwehrs. Doch auch der noch bis 1910 aus Holz und Steinen konstruierte Hochablass aus der Zeit Kollmanns besaß bereits eine lange Vorgeschichte.

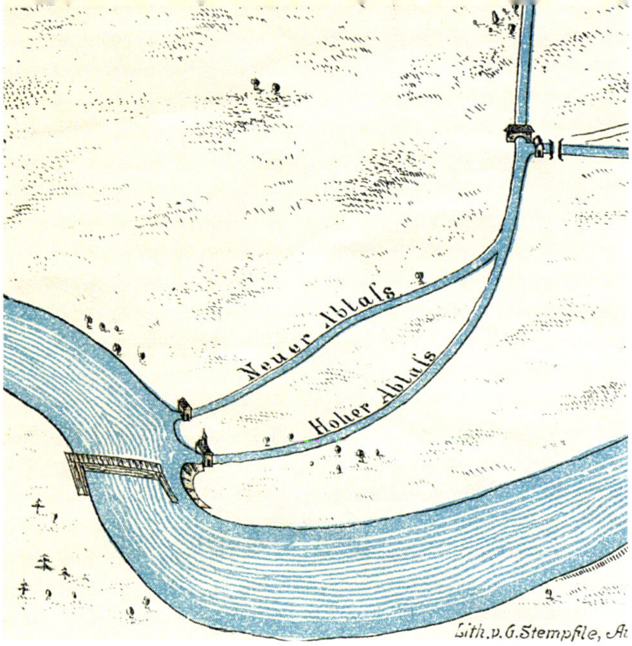

Der Vogelschauplan Wolfgang Kilians von 1626 und eine Augenscheinkarte des 17. Jahrhunderts zeigen das Lechwehr, das Wasser in den „Hohen Ablaß" und in den „Neuen Ablaß" lenkte. Von 1595 bis 1910 versuchte man einer eventuellen Wasserknappheit des Lechs mit dem zweiten, neuen Anstich vorzubeugen.

Der Bau des ersten Lechablasses ist nicht überliefert. (6) Zwar schrieb Stadtbaurat Franz Joseph Kollmann 1850: *„Seit 850 Jahren erinnert man sich, daß hier Bauten, zum Zweck einer geregelten Wassereinleitung oder eines Ablasses vorhanden waren. Anfangs mögen die Schleußen mangelhaft genug gewesen seyn, aber ob auch der wilde Strom, oder feindliche Ueberfälle, sie zerstörten, nichts schreckte die Reichsstadt ab, das nützliche Werk wieder herzustellen […]."* (7) Diese romantische Vorstellung eines (heute) seit tausend Jahren bestehenden Stauwehrs bei Augsburg wird sogar auf einer gusseisernen Gedenktafel an der Westmauer des Hochablasses überliefert. Dort steht bei der Jahreszahl 1000 zu lesen: „erste Anlage zur Wassereinleitung". Bereits 1905 urteilte der Magistratsrat Anton Werner jedoch in seinem Buch „Die Wasserkräfte der Stadt Augsburg im Dienste von Industrie und Gewerbe" aufgrund des Fehlens jeglicher schriftlichen Belege kategorisch: *„Diese Angabe verdient aber keinen Glauben."* (8)

Im Jahr 1346 hatte ein Hochwasser des Lechs die Vorstadt überflutet und Lechkanäle mit Kies verschüttet. *„In Folge davon baute man da, wo jetzt der Lechablaß zu sehen, einen großen Damm und Wehr mit Schleußen. Die Kosten zu bestreiten wurde 3 Jahre lang eine außerordentliche Steuer erhoben."* (9) Die Ortsangabe ist wahrscheinlich nicht richtig. Wo aber die Anfänge des Unteren Lechanstichs, also der Vorgängeranlagen des heutigen Hochablasses, gelegen

Ein im Bayerischen Hauptstaatsarchiv erhaltener Augenscheinplan zeigt den Hochablass vor 1595. Der Lech fließt auf dieser Zeichnung von rechts (Süden) nach links. Links ist die Brücke zum „Hohen Zoll" (die Keimzelle des Stadtteils Hochzoll) zu sehen. Der „Neue Ablaß" war seinerzeit noch nicht gegraben.

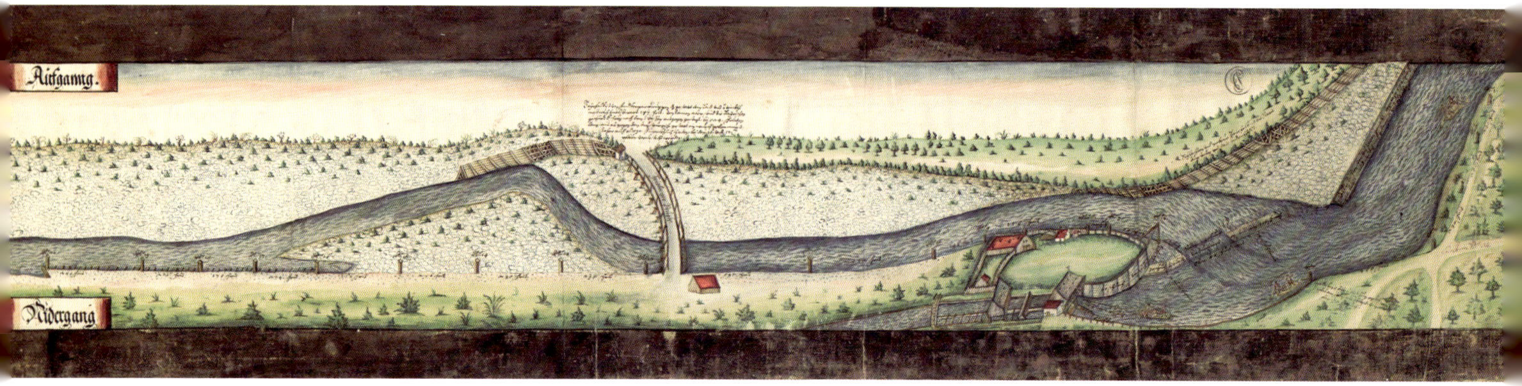

haben und wie sie genau aussahen, darüber kann nur spekuliert werden. *„Die vor dem Jahre 1346/also vor Erbauung des Lechwehres/vorhanden gewesenen Wassereinleitungsanlagen scheinen nur ganz primitiver Natur gewesen gewesen zu sein."* (10)

Walter Groos – in der Zeit zwischen 1945 und 1952 war er der Leiter des Augsburger Wasser- und Brückenbauamts – hat 1967 in seiner Arbeit mit dem Titel „Beiträge zur Topographie von Alt-Augsburg" auf die „alte Wuhr", bei der ein Ablass gewesen sei, hingewiesen. Diese „alte Wuhr" tauchte 1449 in einem

Ein Kupferstich des Augsburgers Jeremias Wolff mit dem Titel „Der Ablaß bey Augspurg" hält die Schleusenhäuser beim Hochablass fest. Die aus Holz errichteten Gebäude beim Lechwehr brannten im Lauf der Jahrhunderte mehrmals ab. Unten: Der „Plan über den Stadt Augspurgischen Hochablas" von 1762 zeigt ein schrägliegendes Streichwehr. Die Floßgasse (die „Abfarth") lag beim Hohen Ablass, der im Plan mit „Lechwaßer, oder Canal nach Augspurg" bezeichnet wurde. Der südwestlich davon gelegene Nebenablass wurde schon damals Neubach genannt.

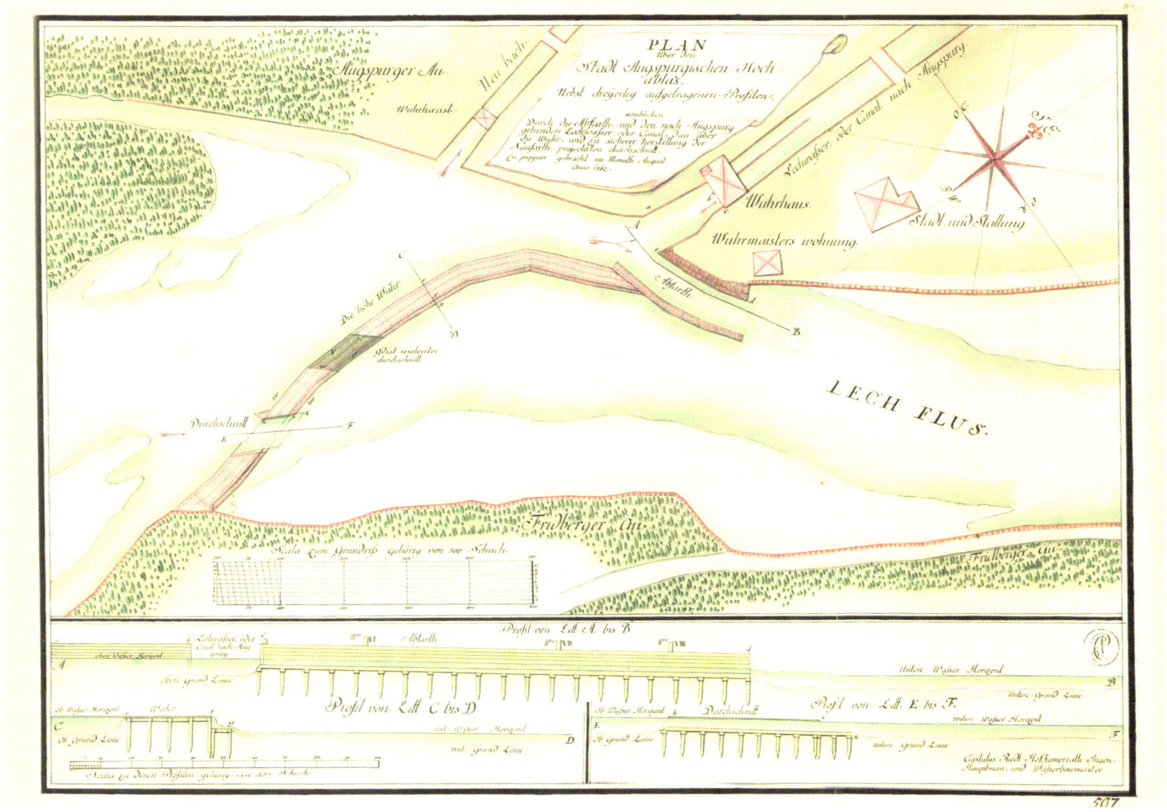

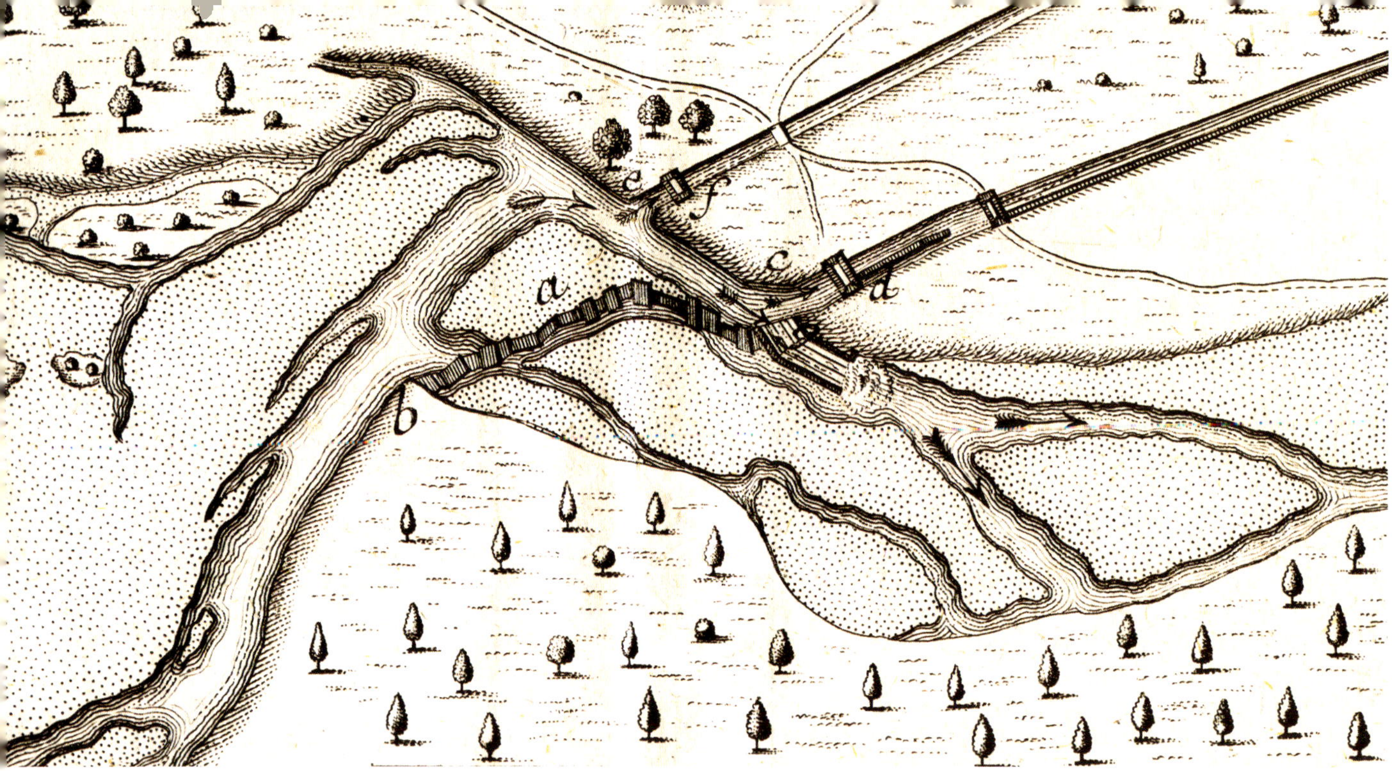

Der Augsburger Wasserbau-Ingenieur Lukas Voch hat 1778 in seinem Buch „Strombau an dem Lech und Wertach, oder Beschreibung der Packwerken, Archen und Kåsten, wie auch einigen Wasserwehren, wie solche in beyden Flůssen erbauet worden sind" den Hochablass im Detail beschrieben. Eine der zehn Kupfertafeln in seinem Werk bildet den Lechanstich ab: Voch verdeutlichte so die Anlage des Stauwehrs.

Vertrag zwischen der Reichsstadt Augsburg und dem Herzogtum Bayern auf. Als Ergebnis seiner Forschungsarbeit verortete Walter Groos dieses frühe Lechwehr *„[...] etwa 900 m oberhalb des jetzigen Hochablasses, beim Umgehungskanal [...]"*. (11)

Am heutigen Standort liegt der Hochablass erst seit dem 16. Jahrhundert. *„Die entscheidende Änderung am Lech, die Anlage des Hochablasses, ist 1552 erfolgt."* (12) Mit der damals entstandenen Anlage fassten das Stauwehr und die Leitdämme erstmals den gesamten Fluss. (13) Dieser Lechablass lag etwas weiter flussabwärts als das heutige Stauwehr. Bei Niedrigwasser ragen noch Relikte – Holzpfähle der Flussbauwerke – des am 16. Juni 1910 durch eine Hochwasserkatastrophe zerstörten Hochablasses auf rund 150 Metern nördlich des heutigen Hochablasswehrs aus den Kiesbetten im Lech. Wie zum Beispiel ein im Jahr 1762 gezeichneter „Plan über den Stadt Augspurgischen Hochablas" erkennen lässt, handelte es sich dabei um ein schrägliegendes Streichwehr mit einer Floßgasse beim westlichen Ufer. Diese Anlage wurde als Holz-Stein-Konstruktion errichtet. (14)

Die Lage des Stauwehrs am damals gewählten Ort drängte sich quasi auf: Dort stieß der Lech auf einen Prallhang am Westufer, wo sich sein Wasser günstig ausleiten ließ. Relativ nah vor den Mauern der im Westen liegenden Stadt ließ sich hier eine Stauhöhe erzielen, die ausreichte, um Treibwasser unter Ausnutzung des natürlichen Gefälles dort hin zu lenken.

Als 1592 eine 18 Meter breite Floßgasse auf der bayerischen Seite des Lechs Wassermangel in Augsburgs Lechkanälen verursachte, wurde 1595 südlich des Hohen Ablasses ein zweiter Anstich gegraben. (15) Dieser existierte letztlich bis 1910. Wolfgang Kilians Vogelschauplan von 1626 zeigt neben dem Hohen Ablass auch diesen neuen Ablass. Auf späteren Karten taucht der jüngere Ablass mit dem Namen Neubach auf – er war der Vorläufer des heutigen, im Jahr 1878 vergrößerten Neubachs, der unter dem historischen Wasserwerk beim Hochablass hindurchfließt.

Der Wasserbauer Lukas Voch hat die Anlage des Hochablasses in seinem 1778 in Augsburg herausgegebenen Werk „Strombau an dem Lech und Wertach, oder Beschreibung der Packwerken, Archen und Kåsten, wie auch einigen Wasserwehren, wie solche in beyden Flůssen erbauet worden sind" sehr ausführlich beschrieben und mithilfe einer der zehn

Der Hochablass um 1850: Die Lechflößerei stand zu dieser Zeit in voller Blüte. Die Flößer legten an der Floßlände beim Nebenablass – also am Neubach – an. Über dem östlichen Lechufer ist Friedberg zu sehen.

Kupfertafeln im Buch erläutert. Das Stauwehr im Fluss war mit eingesenkten Kästen errichtet worden. (16) *„Die Lage des Wehrs a ist eine Fortsetzung des Bayrischen Ufers b. Das Wasser wird durch dieses Wehr auf eine Hoͤhe gestauet, und dadurch gezwungen, nicht allein in den Kanal c einzufließen, sondern auch der sogenannten Bayrischen Fahrt g* [Floßgasse] *so viel Wasser mitzutheilen, daß solches die Floͤße tragen koͤnne. Nicht weit vom Einflusse des Kanals ist eine Schleuße d erbaut. Diese Schleuße wird durch drey Schutzbretter geschlossen, oder auch geoͤffnet. Das große ist aber bestaͤndig offen, und wird nur geschlossen, wenn in oder außer der Stadt an den Baͤchen oder daran liegenden Werken, was zu bauen ist. [...] Das mittlere Schutzbrett wird nur in Zeit der Noth geoͤffnet, und das kleine von 8 Schuhen* [knapp zweieinhalb Meter] *breit, wenn die Wasser sehr klein sind. In diesem Kanal wird das Wasser theils in die Stadt geleitet, theils in andern Kanaͤlen vor der Stadt auf verschiedene Muͤhlen gefuͤhrt."* (17)

Der für die Reichsstadt Augsburg arbeitende Ingenieur und Architekt erwähnte auch eine weitere Funktion des zweiten Ablasses für den Neubach: *„Weil aber an allen Gebaͤuden eine Ausbesserung nöthig, und auch diese Schleuße* [der „Hohe Ablass"] *nicht davon ausgenommen ist; so hat man einen Nebenkanal e angelegt, und mit der Schleuße f verwahret. Durch diesen Kanal wird das Wasser eingefuͤhrt, wenn an dem Hauptkanale was ausgebessert wird. Er vereinigt sich mit dem Hauptkanale nicht weit von seinem Anstiche [...]."* (18)

Lukas Voch hat in seinem Buch über den Wasserbau an Lech und Wertach etliche Wasserbautechniken im Detail erklärt und dargestellt. Voch, der Ehrenmitglied der Kaiserlichen Akademie der freien Künste und Wissenschaften war, hat in Augsburg ab 1767 insgesamt zwölf Schriften zum Wasserbau herausgegeben.

Die Flößerei beim Hochablass hatte zu Zeiten Lukas Vochs ihren Höhepunkt wohl noch nicht erreicht. Laut dem beim Hochablass geführten Tagebuch passierten in den Jahren von 1832 bis 1842 Jahr für Jahr durchschnittlich 3200 Flöße. 1843 wurden sogar 4772 Flöße vermerkt. (19) In der zweiten Hälfte des 19. Jahrhunderts, als Dampfmaschinen in den Augsburger Fabriken Einzug hielten, dürfte sich der teilweise durch die Flöße gedeckte Holzbedarf erheblich gesteigert haben. *„Der öffentliche Landungsplatz, wo auch die Holzlagerung geschieht, ist oberhalb der Reservschleuße. Hier können die Gelegenheiten abgewartet werden, um durch die Schleußen=Oeffnung nach der Stadt zu fahren, oder Handelsartikel ab= und aufzuladen.[...] Der Magistrat hat am 13. Sept. 1837*

1817 zeichnete Johann Michael Frey den Hochablass. Bis 1910 bestand die Konstruktion aus dem niedrigen Streichwehr im Lech, den beiden Einlaufbauwerken und der Floßgasse. Über das aus Steinen und Holz gebaute niedrige Stauwehr rauschte – so schwärmte 1850 ein Chronist – eine „prachtvolle Kaskade".

eine neue Land= und Lagerordnung erlassen, wodurch die Frequenz sehr gewann." (20)

Stadtbaurat Franz Joseph Kollmann berichtete, dass neben einem „Ablässer" auch stets zwei mit dem Zimmermannshandwerk vertraute Schleusenknechte vor Ort waren. Sie hatten die Schleusen zu bedienen, das Holzlager zu bewachen und den Flößern bei ihrer Ankunft an der Lände zu helfen. (21)

Über den Floßbach – den heutigen Hauptstadtbach und Kaufbach – konnten die Flöße bis vor die Stadt gebracht werden. Über den lechabwärts gelegenen Durchlassbach gelangten Flöße zur unteren Floßlände am östlichen Flussufer, der „Wiener-Floßlände". Ende des 16. Jahrhunderts war diese zweite Floßlände entstanden, die Stadt *„[...] verlängerte den Proviantbach, der bis dahin an der Lechhauser Brücke ausgemündet war, um 750 m abwärts [...]".* (22) Von hier aus gingen regelmäßig „Ordinari-Flöße" in Richtung Donau und Wien ab, auch Militär und Vieh wurde per Floß transportiert. Holz wurde sogar bis nach Ungarn geflößt.

Die Eisenbahn machte der Lechflößerei zum und vom Hochablass den Garaus. *„So kam es, dass 1917 – die Fuggerstadt hatte im Jahr zuvor von sich aus die Bayerische Regierung um die Einstellung der Floßfahrt gebeten! – das letzte Floß im Augsburger Floßhafen anlegte, einer Anlage, die 1912 gebaut worden war [...]."* (23)

Das Stauwehr um 1850 hat Stadtbaurat Franz Joseph Kollmann so beschrieben: *„Das den Lech zur Stauung des Wassers durchschneidende Ueberfall= und Streichwehr ist 900 Fuß* [mehr als 260 Meter] *lang, 40 Fuß* [rund 11,5 Meter] *breit und 4 Fuß 6 Zoll* [circa 1,3 Meter] *hoch. – Wenn der Strom angeschwollen, rauscht er darüber hin und bildet eine prachtvolle Kaskade. – In dem Wehr befinden sich drei 24 Fuß* [sieben Meter] *lange und 2 1/2 Fuß* [etwa 70 Zentimeter] *tiefe Einschnitte, (Durchlässe) welche bei Wasser=Ueberfluß geöffnet, im anderen Falle aber geschlossen gehalten werden. Die Stelle, wo das Wehr mit dem jenseitigen Ufer verbunden ist, wurde durch eine massive, 50 Fuß* [rund 14,5 Meter] *lange, 7 Fuß* [zwei Meter] *breite und 10 Fuß* [beinahe drei Meter] *hohe Bruchsteinmauer gesichert."* (24)

Angesichts seiner geringen Höhe war das Stauwehr also kein sonderlich beeindruckendes Bauwerk. Dafür sorgte die rund 20 Meter breite und ungefähr 100 Meter lange Floßgasse mit der bei den Flößern gefürchteten Durchfahrt im pfeilschnellen Wasser für ein malerisches Bild, das zahlreiche Besucher anzog. Sie empfing ein beschaulicher Ort: *„Auf östlicher und zum Theile auch auf westlicher Seite schließen den Hof des Ablasses freundliche, gegen Regen und Wind schützende Hallen, Lauben, Baumgänge und Gebüsche ein; ferner ein gefälliges Wohn= und Wirthschaftsgebäude. Die nördliche Seite ist der Oekonomie-*

einrichtung gewidmet; auch findet man daselbst eine im bessern Baustiele errichtete Kellnerei." (25)

Die Industrialisierung Augsburgs wäre ohne die Wasserkraft vom Hochablass so wohl nicht möglich gewesen. *„Im zweiten Drittel des 19. Jahrhunderts war das Leistungsdargebot der Augsburger Treibwasserkanäle mit ausschlaggebend für die Ansiedlung der ersten Industriebetriebe, konnte doch deren gegenüber früheren Zeiten unvergleichbar höherer Energiebedarf hier durch die nunmehr verfügbaren leistungsstärkeren Wasserturbinen an den verbreiterten und vertieften Kanälen gedeckt werden. Zwar gab es längst funktionstüchtige Dampfmaschinen, doch war der Herantransport der Kohle aufwendig und teuer. So war die Leistungsfähigkeit allein des Hochablass-Wassers von mehreren tausend PS/kW ein entscheidender Faktor."* (26)

Dessen war man sich im Augsburg um 1900 mehr als bewusst. Man zählte sich zu den bedeutendsten Industriestädten Bayerns, deren Entwicklung *„[...] zum großen Teil den billigen Wasserkräften [...]"* (27) zu verdanken sei: So steht es in einer Festschrift von 1902.

Der Hochablass um 1900 lag zwar noch immer an der gleichen Stelle, doch die Abmessungen und Wasserbautechniken hatten sich geändert. Das Lechwehr besaß nunmehr *„[...] eine Länge von 246/95 Meter/eine Breite von 28/5 Meter und eine Absturzhöhe von 6/7 Meter. [...] Das Wehr ist durchweg aus Holz gebaut/und besteht die Wehrkrone teils aus mit Kies gefüllten und mit Dielen abgedeckten gezimmerten Archen (Kästen)/teils aus auf eingerammten Pfählen befestigten und mit Dielen abgedeckten Schwellen. Ausschließlich auf letztere Art ist das Sturzbett hergestellt. Vor dem Wehre sind Spundwände und an allen Dielenstößen Pfahlbürsten eingerammt. Die unter dem Wasserbette sich zeitweise bildenden hohlen Stellen werden mit Faschinen ausgebaut."* (28) Die Wehrkrone des Hochablasses lag damals bei knapp 484 Meter über Normalnull.

Die Floßgasse war nunmehr 16 Meter breit und 146 Meter lang, ihr Gefälle betrug fünf Prozent. Sein Geschiebe konnte der Gebirgsfluss noch in Richtung Unterlauf transportieren. Die Lechkiesel wurden über drei Rohrdurchlässe und die Floßgasse abgeleitet. (29)

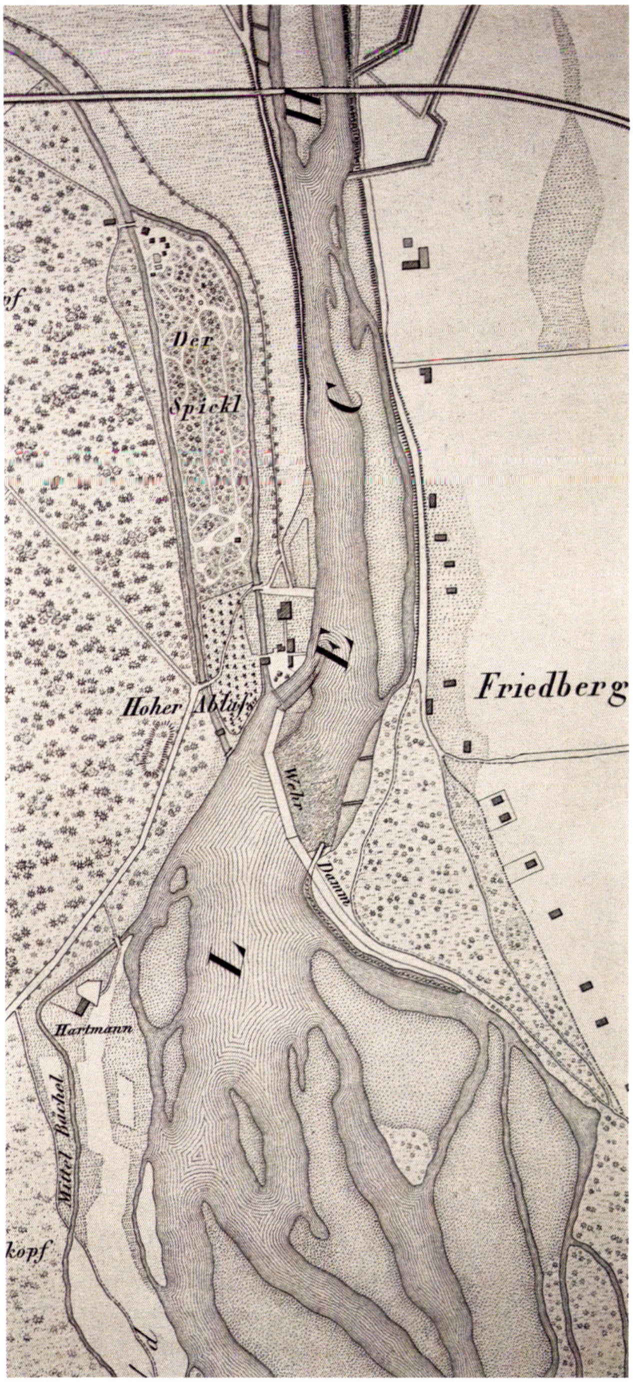

Ein Augsburger Stadtplan von 1839 zeigt das Stauwehr sowie den Damm am rechten Lechufer. Die Korrektion des damals noch vielarmigen Flusses erfolgte erst in der Zeit von 1925 bis 1928.

Hinsichtlich der Sicherheit des technisch längst überholten Lechwehrs machte man sich noch falsche Hoffnungen, obwohl man sich der steten Gefährdung durch den Lech und *„[...] das ungezähmte Element des reißendsten Flusses von Süddeutschland [...]"* (30) aus der Erfahrung heraus wohl hätte bewusst sein

Das Jahrhunderthochwasser vom Juni 1910 zerstörte das alte Hochablasswehr. Bis heute sind im Flussbett unterhalb des 1911/12 errichteten neuen Stauwehrs Relikte der alten Anlage auszumachen.

können. *„1721, 1723 und 1729 sind Wehr- und Dammbrüche zu reparieren. ‚1737: Hochgewässer wie nie, am 14. Januar trat der Lech schrecklich aus, lief im Walde herum', vermerkt der Lechmeister Paul Federlin in seinen Aufzeichnungen. Im selben Jahr folgen weitere fünf Überschwemmungen. 1789 wird das Wehr auf etwa 130 Meter Länge durchbrochen, 1803 tritt eine ähnliche Situation mit hohen Schäden ein.*

Als im August 1816 der Lech das Wehr durchbricht und die Bresche tief ausspült, monatelang nur wenig Wasser in die Kanäle geleitet und erst am 11. November die Bruchstelle geschlossen werden kann, entstehen hohe wirtschaftliche Verluste. Am 31. Oktober 1824 zerstört ein Hochwasser abermals das Wehr [...]." (31)

Um 1900 gab man sich in Augsburg trotz solcher Ereignisse aber zuversichtlich. *„Das scheinbar veraltete Holzwehr hat sich bei dem viel Geschiebe führenden Lechflusse mit seinen rasch anwachsenden Hochwassern bisher sehr gut bewährt/und müssen auch Betonwehre/wenn sie vor einer raschen Zerstörung durch die Schleifwirkung des Geschiebes bewahrt werden sollen/hier durch Holz= oder Eisenpanzerung geschützt werden.*" (32) Zehn Jahre später bereitete eine Hochwasserkatastrophe allen Illusionen ein Ende.

Ein Jahrhunderthochwasser zerstörte im Frühsommer 1910 das aus Holz und Stein konstruierte Lechwehr am Hochablass ebenso schnell wie vollständig. Der Augsburger Stadthistoriker Franz Häußler hat diese dramatischen Tage beschrieben. *„Bereits am 14. Juni 1910 kamen die ersten Warnungen vom Oberlauf des Lechs: Die Schneeschmelze und Wolkenbrüche in den Bergen hätten eine Hochwasserwelle ausgelöst. Bald erreichten die Wassermassen Augsburg. Am Abend des 16. Juni hielten Teile des Wehrs dem Druck von etwa 1200 Kubikmetern pro Sekunde nicht mehr stand. [...] Der tosende Lech brach sich eine trichterförmige Öffnung, riss in Minutenschnelle Holzverbauungen und die Floßgasse weg, unterspülte die Gaststätte und eine Kanalschleuse. Die Gebäude versanken innerhalb von 24 Stunden in den reißenden Fluten [...].*" (33)

Eine Zeitzeugin berichtete: *„Heute, am 16. Juni 1910, waren in den Bergen heftige Wolkenbrüche niedergegangen. Dadurch schmolzen die noch übrig gebliebenen Schneemassen und machten den an sich unscheinbaren Lech zu einem mächtigen, reißenden*

Strom […]. Ein im Lech treibender riesiger Baum hatte sich vor den Kiesdurchlässen des Hochablasses quer gestellt und staute die Wassermassen weiter an. Obwohl Pioniere, Feuerwehrleute und Hochzoller Bürger mit langen Eisenstangen versuchten, das Hindernis zu entfernen, gelang dies nicht. Im letzten Moment konnten sich die Helfer aus der Gefahrenzone entfernen. Dann hielt das stark unterspülte Hochablasswehr dem unglaublichen Wasserdruck nicht mehr stand. Mit brachialer Gewalt stürzten die Wassermassen durch die Lücke und rissen alles mit, was im Wege stand. Eine ungeheure Flutwelle ergoss sich dadurch über Hochzoll bis nach Lechhausen und setzte diese Stadtteile unter Wasser." (34)

Der Wiederaufbau des Lechwehrs durch die Stadt Augsburg wurde umgehend angegangen. Die Zeit drängte, weil nach der Zerstörung des Hochablasses die von dort versorgten Lechkanäle trockengefallen waren. In Augsburg waren deshalb Triebwerke mit insgesamt rund 9000 PS außer Betrieb. Außerdem wurden hygienische Risiken befürchtet, weil auch die Abwasserkanäle nicht mehr geflutet werden konnten. Darum wurde der Fluss auf Höhe des erst im Jahr 1910 eingemeindeten Stadtteils Siebenbrunn angestochen und binnen zehn Wochen der Umgehungskanal als provisorischer Einlaufkanal gegraben. (35)

1878 war der Neubach erweitert worden, um das 1879 in Betrieb genommene neue Wasserwerk am Hochablass mit Treibwasser zu versorgen. Dass die Hochwasserkatastrophe vom Juni 1910 auch dieses Wasserwerk bedroht hatte, führte 1912 zum Bau des Wasserwerks am Lochbach südlich der Stadt, nördlich der bis 1972 selbstständigen Gemeinde Haunstetten. *„Als Energiequelle dafür sollte der ‚Lochbach' dienen […]. Das Werk wurde 1912 am Südrand der ‚Ilsungheide' platziert und am östlichen Ufer des Baches errichtet. Das Maschinenhaus […] bestach durch eine eindrucksvoll gestaltete Giebelseite."* (36) Der historische Bau wurde zwar 1944 bei einem Fliegerangriff zerstört, das Wasserwerk besteht jedoch bis heute.

Das heutige Hochablasswehr wurde bis zum August 1912 als Stahlbetonkonstruktion errichtet. *„Am 11. Juli 1911 wurde der Grundstein für das neue Hochablaßwehr gelegt und am 13. August 1912*

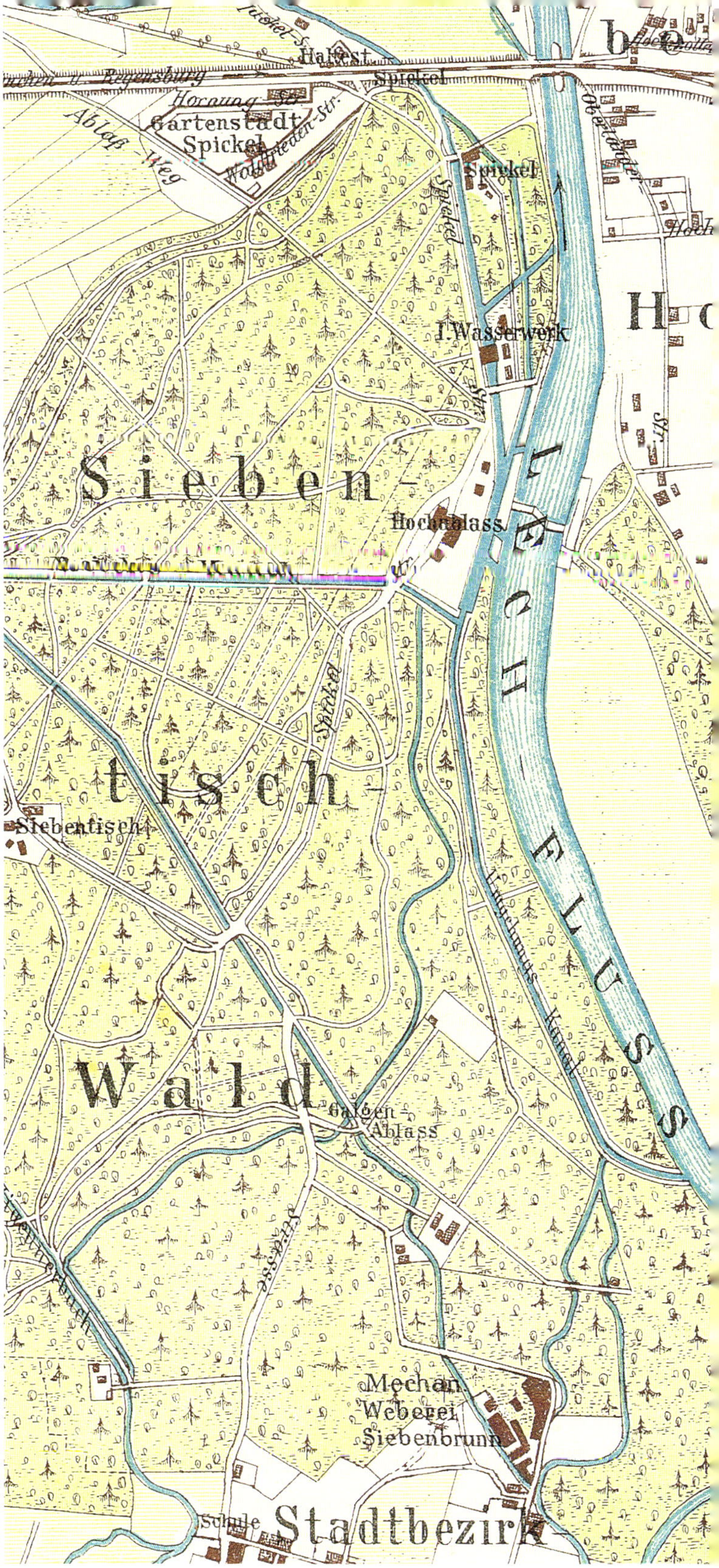

Um die zuvor vom Hochablasswehr versorgten Lechkanäle nach den Zerstörungen vom Juni 1910 mit Treibwasser zu versorgen, wurde innerhalb von zehn Wochen der „Umgehungs-Kanal" gegraben. Die Karte von 1924 belegt, dass der neue Hochablass den Einlaufkanal über ein Einlaufbauwerk und die ungenutzte Hoßeinfahrt mit Wasser versorgte.

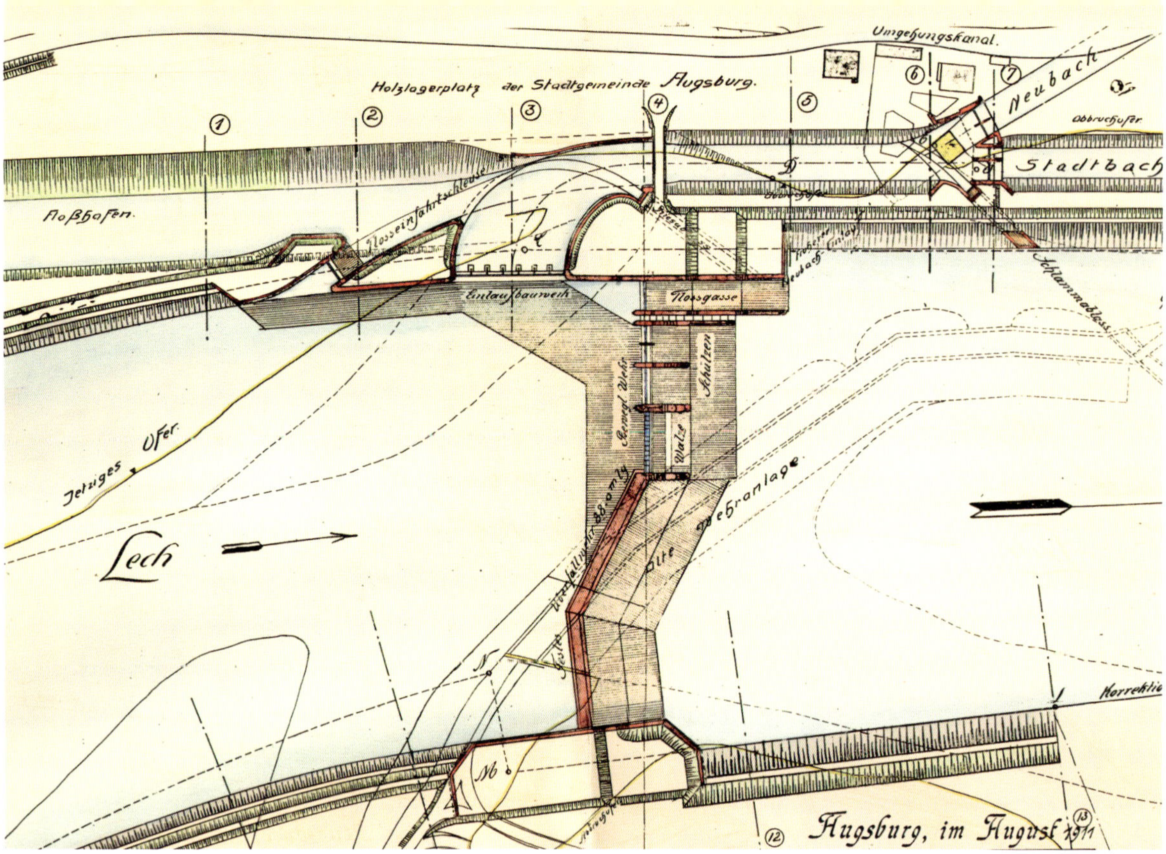

Ein vom Städtischen Tiefbauamt gefertigter Plan vom August 1911 zeigt die neue Anlage des „Lechwehrs am Hochablass". Strichliert sind die Lage des alten Stauwehrs und der bisherigen Ufer eingezeichnet. Rechts vom Einlaufbauwerk ist die neue Floßgasse, links sind die Floßeinfahrtschleuse und der Floßhafen zu sehen. Ganz oben verläuft der Umgehungskanal. Unten: Die Draufsicht auf die Stahlbetonkonstruktion von 1912 verdeutlicht auch die Größe des Floßhafens.

schreibt die Neue Augsburger Zeitung: ‚Nachdem das Hochablasswehr nach seiner technischen Seite hin fertiggestellt ist, geht die Stadtverwaltung nunmehr daran, die ganze Anlage künstlerisch auszugestalten. So werden zwei Figuren aufgestellt werden, […] die eine davon die Wasserkraft, die andere die Flößerei symbolisierend.' Unweit davon erinnert eine Denksäule an den Besuch des letzten bayerischen Königspaares am 9. Juni 1914 […]." (37)

Eine 1914 gedruckte farbige Ansichtskarte zeigte das neue Lechwehr – entstanden war „*[...] ein hochstauender Stahlbetonbau mit festen und beweglichen Wehren quer über den Fluss [...]*" (38) – und die nebenan errichtete neue Gaststätte am Hochablass. Die Form des Stauwehrs hat sich seitdem verändert: Die 1912 eingeweihte Anlage wurde in den Jahren 1935 und 1970 erneuert beziehungsweise saniert. (39) „*Das im Westen bewegliche und im Osten feste Wehr setzt sich zusammen aus Floßgasse (10 m), Fischpass (1,8 m), drei Kiesschleusen (18 m), Walzenwehr (20 m), Überfallwehr (88 m), sowie Getriebehäuschen mit Glocken-*

Die Luftaufnahme zeigt den baulichen Zustand des Hochablasswehrs im Jahr 2011. Am östlichen Ende des Stauwehrs ging nach Umbaumaßnahmen 2013 ein Wasserkraftwerk der Stadtwerke Augsburg in Betrieb. Unten: Im Jahr 1912 wurden an der Westseite des Fußgängerstegs über das Lechwehr zwei steinerne Figuren aufgestellt. Die weibliche Skulptur symbolisiert mit einem ihrer Attribute – einem Turbinenrad – die Nutzung der Wasserkraft durch die Augsburger Fabriken. Und die männliche Figur verkörpert mit ihren Attributen Flößerhacke und Seil die 1917 aufgegebene Lechflößerei.

Dieses Getriebe im Schleusenhaus zieht über eine Gliederkette den Walzenverschluss im Stauwehr. Die Maschinerie stammt wohl aus dem Jahr 1911.

turm und Fußgängersteg." (40) Zuletzt wurde am östlichen Ufer des Lechs bis Ende 2013 ein neues Wasserkraftwerk der Stadtwerke Augsburg in das Technikdenkmal Hochablass integriert: Nur der Schacht zum unterirdischen Maschinenraum ist sichtbar. (41)

Die 1910 zerstörte, danach neu erbaute Gaststätte am Hochablass wurde 1978 aus Gründen des Trinkwasserschutzes abgerissen. Das Denkmal am westlichen Ende des Fußgängerstegs über das Wehr sowie die beiden steinernen Figuren bestehen bis heute.

Die ausgestaute Wassermenge ist heute deutlich größer als im Jahr 1850. Wurden seinerzeit 20 Kubikmeter je Sekunde aus dem Fluss abgezweigt, sind es heute 80 Prozent mehr. Bei einem Stauziel von 484,5 Metern über Normalnull *„[...] wird eine Wassermenge von (heute) 36 m³/s in den Hauptstadtbach eingeleitet; der Gesamt-Höhenunterschied zum Lechspiegel in der nördlichen Wolfzahnau beträgt ca. 26 m. Dies entspricht einer Brutto-Leistungsfähigkeit der Lechwasserkraft von etwa 9000 kW [...].*" (42) Wenn bei Niedrigwasser nur 50 Kubikmeter pro Sekunde am Wehr ankommen, wird dem Fluss mehr als die Hälfte seiner Wassermassen genommen: *„[...] entsprechend rinnsalig sieht der ‚reißende Alpenfluss' dann auch aus".* (43) Doch die Wucht des Lechs lässt sich vom Stauwehr aus durchaus auch imposant erleben. *„Hier muss man einmal bei Hochwasser gestanden haben, um die Kraft des Wassers eindringlich auf sich wirken zu lassen. Bei Hochwasser kommen vor dem Wehr etwa 1000 m³/s an [...].*" (44)

Als Attraktion am Lech zieht der Hochablass nach wie vor Spaziergänger an. Der Freizeitwert des Areals zwischen den Augsburger Stadtteilen Spickel und Hochzoll wurde seit den frühen 1970er-Jahren weiter gesteigert. Zwischen 1970 und 1972 entstand oberhalb des Hochablasses – am östlichen Ufer – aus einem früheren Flussarm der heutige Kuhsee. Für den Bau von Hochwasserdämmen am Lech wurde so viel Bodenmaterial ausgehoben, dass der 19 Hektar große, bis fünf Meter tiefe See die heutige Form erhielt. (45)

Am westlichen Ufer, unterhalb des Hochablasses, wurden bei den Olympischen Sommerspielen von München, Augsburg und Kiel im Jahr 1972 erstmals olympische Kanuslalomwettbewerbe ausgetragen. Der Eiskanal war zu diesem Zweck zur weltweit ersten künstlichen Kanuslalomstrecke umgebaut worden. (46)

Auf einem Bauplan des neuen Hochablasses (wohl aus dem Jahr 1911, heute im Archiv des Wasserwirtschaftsamtes Donauwörth) ist die erste Funktion des Eiskanals als Ableitungskanal für das Wasserwerk am Hochablass mit der Bezeichnung „Schlammablass" dokumentiert. Den Namen erhielt der Eiskanal jedoch wegen seiner zweiten Funktion: Er sollte die Turbinen des Wasserwerks vor dem Treibeis schützen. Das 1879 eingeweihte, längst schon wieder historische Wasserwerk über dem Neubach zählt heute wie der benachbarte Hochablass zu den wichtigsten Denkmälern des Industriezeitalters, welche die Welterbewürdigkeit der historischen Augsburger Wasserwirtschaft begründen.

Quellen

(1) Kollmann, Franz Joseph: Der Lech-Ablaß bei Augsburg. Eine monographische Skizze mit Hinblick auf die sämmtlichen hydrotechnischen Anstalten der Stadt Augsburg., Augsburg 1839, S. 7

(2) vgl. ebenda, S. 8

(3) Kollmann, Franz Joseph: Die Wasserwerke von Augsburg [...], Augsburg 1850, S. 5

(4) ebenda

(5) ebenda

(6) vgl. Groos, Walter: Beiträge zur Topographie von Alt-Augsburg, Bericht der Naturforschenden Gesellschaft Augsburg, Bd. 21, Augsburg 1967, S. 32

(7) Kollmann, Franz Joseph: Die Wasserwerke von Augsburg [...], Augsburg 1850, S. 12

(8) Werner, Anton: Die Wasserkräfte der Stadt Augsburg im Dienste von Industrie und Gewerbe. Historisch-statistisch beschrieben, Augsburg 1905, S. 8

(9) Kollmann, Franz Joseph: Die Wasserwerke von Augsburg [...], Augsburg 1850, S. 126

(10) Steinhäußer, Fritz u.a.: Hydrographische Verhältnisse, in: Augsburg in kunstgeschichtlicher, baulicher und hygienischer Beziehung [...], Augsburg 1902, S. 46

(11) Groos, Walter: Beiträge zur Topographie von Alt-Augsburg, Bericht der Naturforschenden Gesellschaft Augsburg, Bd. 21, Augsburg 1967, S. 56

(12) ebenda, S. 59

(13) vgl. ebenda

(14) vgl. Ruckdeschel, Wilhelm: Hochablaß, in: Augsburger Stadtlexikon, Augsburg 1998, S. 501

(15) vgl. Werner, Anton: Die Wasserkräfte der Stadt Augsburg im Dienste von Industrie und Gewerbe. Historisch-statistisch beschrieben, Augsburg 1905, S. 66

(16) vgl. Voch, Lukas: Strombau an dem Lech und Wertach, oder Beschreibung der Packwerken, Archen und Kästen, wie auch einigen Wasserwehren, wie solche in beyden Flüssen erbauet worden sind., Augsburg 1778, S. 56 f.

(17) ebenda, S. 56 f.

(18) ebenda, S. 57 f.

(19) vgl. Kollmann, Franz Joseph: Die Wasserwerke von Augsburg [...], Augsburg 1850, S. 13

(20) ebenda

(21) vgl. ebenda

(22) Groos, Walter: Beiträge zur Topographie von Alt-Augsburg, Bericht der Naturforschenden Gesellschaft Augsburg, Bd. 21, Augsburg 1967, S. 62

(23) Zettl, Rupert: Lechauf-lechab: Wissenswertes, Liebenswertes, Augsburg 2001, S. 317

(24) Kollmann, Franz Joseph: Die Wasserwerke von Augsburg [...], Augsburg 1850, S. 14

(25) ebenda, S. 15

(26) Ruckdeschel, Wilhelm: Industriekultur in Augsburg. Denkmale der Technik und Industrialisierung, Augsburg 2004, S. 38

(27) Steinhäußer, Fritz u.a.: Hydrographische Verhältnisse, in: Augsburg in kunstgeschichtlicher, baulicher und hygienischer Beziehung [...], Augsburg 1902, S. 46

(28) ebenda

(29) vgl. ebenda

(30) Kollmann, Franz Joseph: Der Lech-Ablaß bei Augsburg. Eine monographische Skizze mit Hinblick auf die sämmtlichen hydrotechnischen Anstalten der Stadt Augsburg., Augsburg 1839, S. 8

(31) http://www.augsburger-allgemeine.de/augsburg/Hochgewaesser-wie-nie-id7993106.html, letzter Zugriff: 23.03.2014

(32) Steinhäußer, Fritz u.a.: Hydrographische Verhältnisse, in: Augsburg in kunstgeschichtlicher, baulicher und hygienischer Beziehung [...], Augsburg 1902, S. 46

(33) Häußler, Franz: Augsburgs historisches Wasserwerk. Ein einzigartiges Technikmuseum, Augsburg 2010, S. 54 f.

(34) http://www.aichacher-zeitung.de/vorort/augsburg/art21,17234, letzter Zugriff: 23.03.2014

(35) vgl. ebenda und http://www.augsburger-allgemeine.de/augsburg/Hochgewaesser-wie-nie-id7993106.html, letzter Zugriff: 23.03.2014

(36) Stadt Augsburg/Untere Denkmalschutzbehörde (Hg.): Wie läuft's Augsburger Wasser?, Informationsschrift der Stadt Augsburg zum Tag des offenen Denkmals 2004, Augsburg 2004, S. 21

(37) Ruckdeschel, Wilhelm; Luther, Klaus: Technische Denkmale in Augsburg. Eine Führung durch die Stadt, Augsburg 1984, S. 72 f.

(38) Zettl, Rupert: Lechauf-lechab: Wissenswertes, Liebenswertes, Augsburg 2001, S. 377

(39) vgl. Ruckdeschel, Wilhelm; Luther, Klaus: Technische Denkmale in Augsburg. Eine Führung durch die Stadt, Augsburg 1984, S. 72 f.

(40) Stadt Augsburg/Untere Denkmalschutzbehörde (Hg.): Wie läuft's Augsburger Wasser?, Informationsschrift der Stadt Augsburg zum Tag des offenen Denkmals 2004, Augsburg 2004, S. 13

(41) vgl. Häußler, Franz: Wasserkraft in Augsburg, Augsburg 2015, S. 85

(42) Ruckdeschel, Wilhelm; Luther, Klaus: Technische Denkmale in Augsburg. Eine Führung durch die Stadt, Augsburg 1984, S. 73

(43) Ganser, Karl: Industriekultur in Augsburg, Pioniere und Fabrikschlösser, Augsburg 2010, S. 196

(44) ebenda

(45) vgl. Frei, Hans; Grünsteudel, Günther: Kuhsee, in: Augsburger Stadtlexikon, Augsburg 1998, S. 587

(46) vgl. Huber, Maria: Olympische Spiele 1972, in: Augsburger Stadtlexikon, Augsburg 1998, S. 695 f.

Der Vereinigte Stadt- und Proviantbach ist der rund ein Kilometer lange Treibwasserkanal des 1902 in Betrieb genommenen Wasserkraftwerks auf der Wolfzahnau. Eine Luftaufnahme lässt erkennen, dass dieser jüngste, nördlichste und für die Stromerzeugung bedeutendste Lechkanal die Landzunge zwischen dem Lech im Osten (rechts) sowie der Wertach im Westen bis zu ihrem nördlichen Ende teilt. Quer über dem Vereinigten Stadt- und Proviantbach wurde das Wasserwerk errichtet, das vormals die Baumwollspinnerei am Stadtbach mit Strom versorgte. Entlang der Flussufer zu beiden Seiten der einst öden Wolfzahnau erstrecken sich heute dichte, urwaldähnliche Flussauen. Kurz vor der Mündung der Wertach formt der Lech an der Ostseite der Halbinsel knapp vor der Augsburger Stadtgrenze noch einmal eine letzte, wildflussartige Strecke. Im Hintergrund überspannt die Autobahnbrücke den Lech.

Auf der Wolfzahnau vereinen sich alle Lechkanäle

Die einstige Schinderinsel ist der Standort des ersten Augsburger Wasserkraftwerks

Eine wüste Halbinsel mit kargem Bewuchs auf den Kiesbänken – so zeigen Augenscheinpläne des 16., 17. und 18. Jahrhunderts jenen Ort, an dem die heutige Wolfzahnau liegt. Wolfgang Kilians Vogelschauplan von 1626 stellt die nördlichste Spitze dieser Halbinsel zwischen Lech und Wertach als kleine Insel dar, die von zwei Armen des Senkelbachs umflossen wurde. Die Hochwasser von Lech und Wertach – das dokumentiert der Vergleich der Augenscheinpläne – konnten die Fläche nördlich der Reichsstadt Augsburg offenbar widerstandslos umgestalten. Die öde Wildnis im Mündungswinkel war für jedermann ebenso nutz- wie bedeutungslos und blieb deshalb schutzlos den Launen des Flusses ausgeliefert. Das Desinteresse der Reichsstadt an diesem verwilderten Areal lag nicht zuletzt darin begründet, dass die Fläche zum bayerischen Lechhausen gehörte. Erst 1854 wurde auch der nördliche Teil des Dreiecks zwischen Lech und Wertach dem seit 1806 ebenfalls bayerischen Augsburg zugeschlagen.

Auf den Augsburger Teil der Wolfzahnau verlegte man das, was man in der Stadt nicht haben wollte. Der Mündung der auch als „Werta" bezeichneten Wertach am nächsten lag die Abdeckerei, wo die Tierkadaver beseitigt oder verwertet wurden. Der Wasenmaister zählte ob seines anrüchigen Handwerks zu den unehrlichen Berufen, die bis ins 19. Jahrhundert sozial wie räumlich ausgegrenzt wurden. Der auch als Schinderinsel bezeichneten Fläche im Mündungsdreieck am nächsten lag das wohl im 15. Jahrhundert auf dem Gebiet der Reichsstadt gegründete Leprosenspital St. Sebastian. Auf einem um 1710 entstandenen Stich des Augsburgers Gabriel Bodenehr („Die Gegend um Augsburg, Closter Schönefeld, und Blumenthal") ist diese Einrichtung nebst der Kirche St. Sebastian als „Lasareth" bezeichnet, was vielleicht auf den Fortbestand eines Seuchenkrankenhauses deutet, das im Italienischen als „lazzaretto" und im Französischen als „lazaret" bezeichnet wird. Auf einer Karte aus der zweiten Hälfte des 19. Jahrhunderts wird die nunmehr säkularisierte Krankenstation der Kapuziner von St. Sebastian als „Militair-Lazareth" ausgewiesen. Etwas nördlich davon zeigte die Karte jedoch noch immer den Abdecker. Der hatte nun zwei Nachbarn bekommen: Im Nordwesten lag eine „Wachsleinwand Fabrik", im Osten ein Wirtshaus namens „Wolfzahn".

Der Name „Wolfzahn" wird erstmals durch Vermessungspläne von 1809 überliefert. (1) *„Die Bezeichnung ‚Wolfszahn' geht wohl auf einen alten Flurnamen zurück, der bildhaft die spitzwinklige Gestalt der Au umschreibt."* (2) Auf der damals offenbar als Weideland genutzten Landspitze stand das „Wirtshaus zum Wolfszahn". Eine Radierung von 1819 überliefert seine Lage über dem noch wilden Lech.

Durch den Industriekomplex am Stadtbach – die Maschinenfabrik Augsburg, die Papierfabrik Haindl und nicht zuletzt die Baumwollspinnerei am Stadtbach – geriet die Landschaft im Mündungswinkel stärker ins Blickfeld. Planungen, auf diesem Gelände Fabriken zu bauen, wurden nicht verwirklicht. 1884 diskutierte Pläne, auf der Wolfzahnau einen Zentralfriedhof für beide Konfessionen anzulegen oder sogar einen Volkspark zu errichten, endeten ergebnislos. (3)

Ein Augenscheinplan zeigt das Gebiet zwischen Lech und Wertach als eine von Flussrinnen durchzogene Wildnis. Unten: Bis 1874/75 mündete der Stadtbach noch in den Senkelbach. Die ungebändigten Gebirgsflüsse Lech und Wertach mäandrierten damals in breiten Flussbetten um zahllose Kiesbänke.

Im Mündungsdreieck von Lech und Wertach erfolgte jedoch – erstmals 1874/75 – die Korrektion der Lechkanäle. Zunächst wurde das Bett des Stadtbachs so verändert, dass dieser Kanal in den verlängerten Proviantbach und nicht mehr in den Senkelbach mündete. Um den wachsenden Energiebedarf der

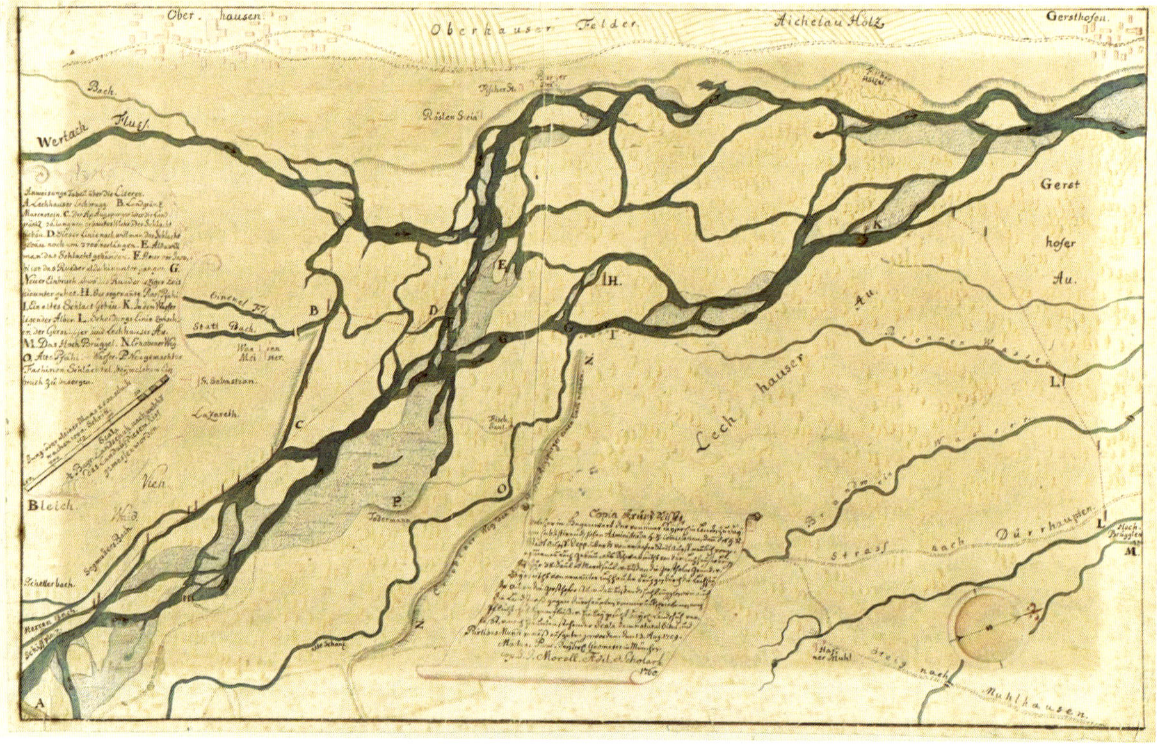

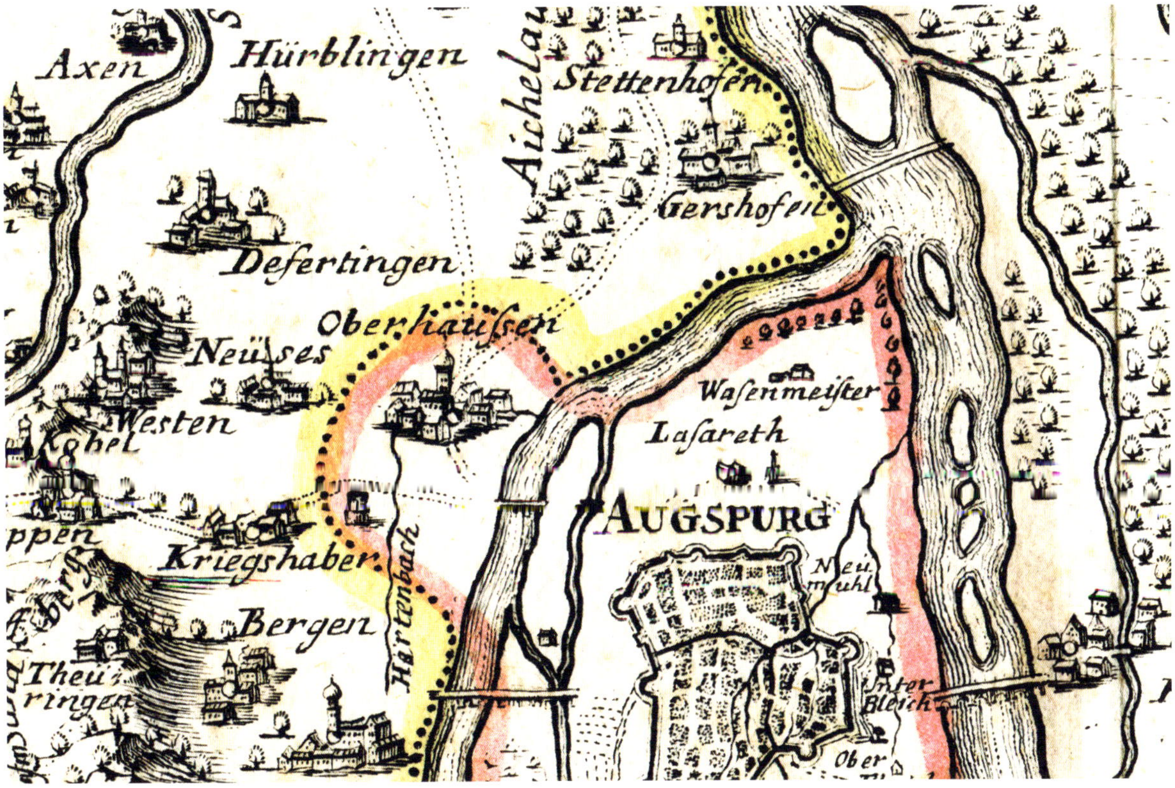

Baumwollspinnerei am Stadtbach zu decken, wurde der Bau des Wasserkraftwerks auf der Wolfzahnau, des ersten stromerzeugenden Triebwerks in der Stadt, geplant. Als Treibwasserkanal für das Wasserkraftwerk am nördlichsten Ende der Halbinsel wurde 1901 der rund 1000 Meter lange Vereinigte Stadt- und Proviantbach gegraben, der seither das Wasser sämtlicher

Eine Karte aus der Zeit um 1710 belegt im Mündungsdreieck zwischen Lech und Wertach eine Abdeckerei – den „Wasenmeister" – sowie das Seuchenkrankenhaus St. Sebastian („Lasareth"). Abbildung unten: Eine Karte aus dem Jahr 1839 nennt die Wolfzahnau noch „Schinder Insel". Der Stadtbach ging noch immer in der „Sinkel" auf.

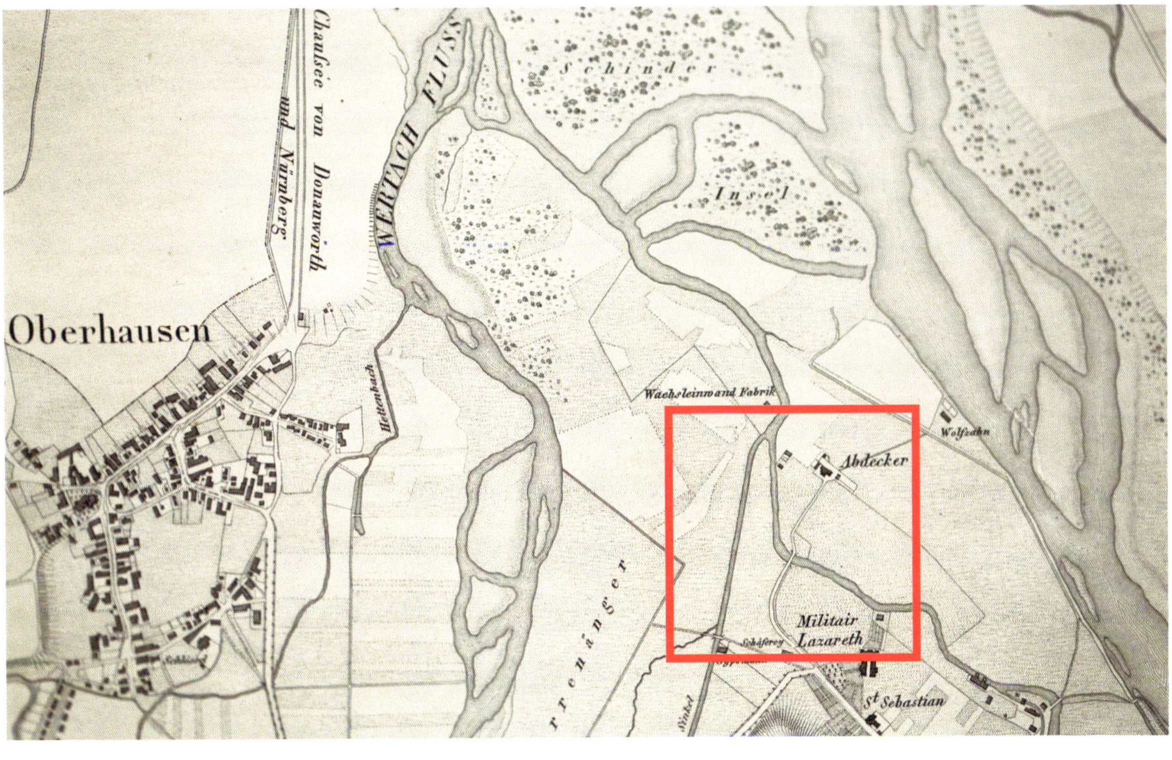

Hoch über dem östlichen Ufer des noch unregulierten Lechs stand die Gaststätte „Zum Wolfzahn" 1819 in einer parkähnlichen, landwirtschaftlich genutzten Landschaft. Unten: Hoch über der Wertach leitet der Überlaufkanal am Beginn des Vereinigten Stadt- und Proviantbachs Wasser aus dem jüngsten und bedeutendsten Lechkanal ab: Es stürzt am Westrand der Wolfzahnau vier Meter tief in die Wertach hinab.

Lechkanäle und aller Quellbäche aus dem Stadtwald Augsburg in sich vereint. Kurz nach dem Unterwasser des Wasserkraftwerks auf der Wolfzahnau fließt es in den Lech, in den sich circa 100 Meter weiter nördlich die Wertach ergießt.

Dass die Wertach ungefähr vier Meter tiefer liegt als die am Hochablass beziehungsweise am Lochbachanstich ausgestauten Lechkanäle, verdeutlicht der

nach 1901 errichtete Auslaufkanal am Beginn des Vereinigten Stadt- und Proviantbachs. Dort strömt ein Teil des Kanalwassers über das Überlaufwehr wie ein kleiner Wasserfall in die Wertach, die bald darauf im Lech aufgeht. Kurz vor dem Überlaufwehr hat die Wertach das Wasser des Senkelbachs aufgenommen.

Eine Fotografie von 1910 zeigt den Lech bei der Wolfzahnau. Der seit 1850 regulierte Fluss tiefte sich im Lauf der Zeit erheblich ein. Dadurch fielen Gerinne und Tümpel auf der Wolfzahnau trocken.

Urwaldähnliche Flussauen rahmen heute die Wolfzahnau entlang des Lechs und der Wertach. Nach dem Wasserkraftwerk auf der Wolfzahnau liegt im Lech eine der letzten wildflussähnlichen Flussstrecken mit einigen der wenigen erhaltenen Kiesbänke. Trotz der scheinbaren Natürlichkeit der Auenlandschaft entstand ihr heutiges Erscheinungsbild erst in der Zeit nach dem Zweiten Weltkrieg. Das Gebiet im Mündungsdreieck von Lech und Wertach hat sich aber schon seit dem Jahr 1851 massiv verändert. (4) Seinerzeit begann dort die Regulierung dieser beiden Flüsse: Ihre Sohle wurde am Zusammenfluss um circa sechs Meter tiefer gelegt. Die Flussrinnen und Tümpel im Mündungsgebiet fielen damals trocken.

Seit 1997 ist die *„[...] Landzunge im Zusammenfluss von Lech und Wertach mit dem von Stadtbach und Proviantbach durchflossenen urwaldähnlichen Auwald einschließlich des Flussbettes des Lechs mit seinen Kiesflächen in der Stadt Augsburg [...] unter der Bezeichnung ‚Wolfzahnau' in den in § 2 näher bezeichneten Grenzen als Landschaftsschutzgebiet geschützt".* (5) Die rund 76 Hektar große Halbinsel ist *„[...] im unmittelbaren Stadtbereich von Augsburg die einzig große Auwaldfläche. Mit den großen, weitgehend naturnahen Auwaldbereichen im Norden und Süden ist die Wolfzahnau durch einen fast durchgehenden auwaldähnlichen Uferstreifen verbunden, so daß sie hier für die angestammte Flußauenlebensgemeinschaft eine wichtige Trittsteinfunktion übernimmt."* (6)

Quellen

(1) vgl. Häußler, Franz: Biotop aus zweiter Hand: die Wolfzahnau, in: Augsburger Allgemeine, 11.12.2014

(2) Ritter, Michael; Grünsteudel, Günther: Wolfzahnau, in: Augsburger Stadtlexikon, Augsburg 1998, S. 938 f.

(3) vgl. ebenda, S. 938

(4) vgl. Häußler, Franz: Biotop aus zweiter Hand: die Wolfzahnau, in: Augsburger Allgemeine, 11.12.2014

(5) Stadt Augsburg: Verordnung über das Landschaftsschutzgebiet „Wolfzahnau" und zur Regelung des Gemeingebrauchs, Amtsblatt vom 30.07.1998 in der geänderten Fassung vom 07.09.2001, S. 213

(6) Schmidt, Kurt R.: Die Lechlandschaft im Stadtgebiet Augsburg. Entwicklungen – Fragen – Lösungen, in: Der Lech. Wandel einer Wildflußlandschaft, Augsburger Ökologische Schriften, Bd. 2, S. 160

Das annähernd zwölf Kilometer lange System der Wertachkanäle endet heute mit einem Abschnitt, dessen Name – Senkelbach – noch die Erinnerung an den einstigen Mühlenfluss Singold wachhält, deren trockengefallenes Flussbett spätestens seit 1590 mit Wasser aus der Wertach gefüllt wurde. Das Kraftwerk Riedinger liegt kurz vor der Stelle, wo der Senkelbach sein Wasser an den Fluss zurückgibt. Dieses Wasserkraftwerk erinnert an die Rolle der Wertachkanäle bei der Industrialisierung von Augsburg. Am Senkelbach hatte zum Beispiel der Großindustrielle Ludwig August Riedinger 1857 und 1865 sogar zwei Fabriken gegründet. Unten: Der erst 1920 gegrabene Wertachkanal war der letzte neu gegrabene Treibwasserkanal im Westen des Augsburger Stadtgebiets. Das Wasserkraftwerk am Wertachkanal erzeugt seit 1921 Strom.

Das Kanalsystem von Wertach und Singold

Vom Mühlenflüsschen vor der Stadtmauer zu den Industriekanälen vor der Stadt

Für Augsburgs Wasserwirtschaft war die Wertach aus mehreren Gründen sehr viel weniger bedeutend als der Lech. Und auch die Zeitspanne, in der dieser Fluss für die historische Wasserwirtschaft der Stadt eine Rolle spielte, ist erheblich kürzer als beim Lech und seinen Kanälen. Die Topografie ließ es nicht zu, dass Kanäle der Wertach vergleichbar mit denen des Lechs durch das Stadtgebiet oder vor die Stadtmauern geführt wurden. Augsburg lag so hoch über den Wertachauen, dass dies einfach unmöglich war. Hinzu kam, dass das Flüsschen Singold noch bis 1588 zwischen der Wertach und der Stadtmauer floss.

Ersteres bestätigt ein Blick auf den 1521 gedruckten Vogelschauplan Jörg Selds, der die Stadt an ihrer der Wertach zugewandten westlichen Wehrmauer mit einem weitgehend trockenen Stadtgraben zeigt. Letzteres belegen die Pläne aus der Zeit vor 1588. Die Singold floss seinerzeit – östlich der nahen Wertach und fast parallel zu ihr – beim Wertachbrucker Tor eng an der nordwestlichen Ecke der Stadtbefestigung vorbei. Im Anschluss daran bog die Singold nach Osten ab, verlief entlang der nördlichen Stadtmauer und mündete kurz vor dem Lech in den an dieser Stelle damals noch Sparrenlech genannten Stadtbach.

Der Augsburger Bischof verteidigte zudem westlich der Stadtmauer territoriale Rechte, was bei allen Fragen des Wasserbaus rasch zu politischen Verwerfungen führen konnte. Unter dem Jahr 1449 berichtete der Geschichtsschreiber Pirmin Gasser: *„Zu dem wurde der Strom deß Wassers/die Sinckel genannt/näher zu der Statt durch die Rosenaw geleitet: vnd ward an desselben Gestad/die höltzerne Mühl/ bey Wertachbrucker Thor/mit deß Raths vnkosten damals erstlich auffgebauwen."* (1) Allerdings war es seinerzeit so, dass die Bürger der Reichsstadt *„[...] ohne den Bischof zu fragen, die Singold (Senkel) durch die Rosenau, d. h. hochstiftisches Gebiet, in den Stadtbezirk herabführten. Der damalige Bischof, Kardinal Peter von Schaumberg, war freilich nicht der Mann, der derartige Eigenmächtigkeiten gutmütig hinnahm."* (2)

Der Kardinal überreichte der Reichsstadt 1451 eine Beschwerdeschrift mit 60 Artikeln. Das Kanalbett der Singold wurde offenbar erst einige Jahre später fertiggestellt. Ob wegen dieser Zwistigkeiten, oder weil der Bau so lange gedauert hat, ist unklar. (3)

Jörg Selds Vogelschauplan von 1521 belegt, dass die Flüsse Wertach und Singold – wohl fast in Steinwurfweite - um die nordöstliche Ecke der Stadtbefestigung in Richtung Lech abbogen. Auf dem nach Zeichnungen von Seld entstandenen kolorierten Kupferstich ist der nasse Stadtgraben an dieser Stelle der Stadtumwallung, anders als auf dem Nachstich von Gabriel Bodenehr (um 1720), eindeutig zu erkennen.

Augsburgs wohl älteste erhaltene Stadtansicht entstand um 1517. (4) Der Vogelschauplan, die kolorierte Federzeichnung eines Unbekannten, stellt die Stadt ebenfalls von Westen, mit dem östlich vorbeifließenden Lech im Hintergrund, dar. Im Vordergrund, also westlich der Stadtmauer, ist in der untersten linken Ecke der länglichen Abbildung ein kurzer Abschnitt der Singold zu sehen: Drei Mühlräder im Flüsschen sind akribisch dargestellt. Dieser detailreiche Vogel-

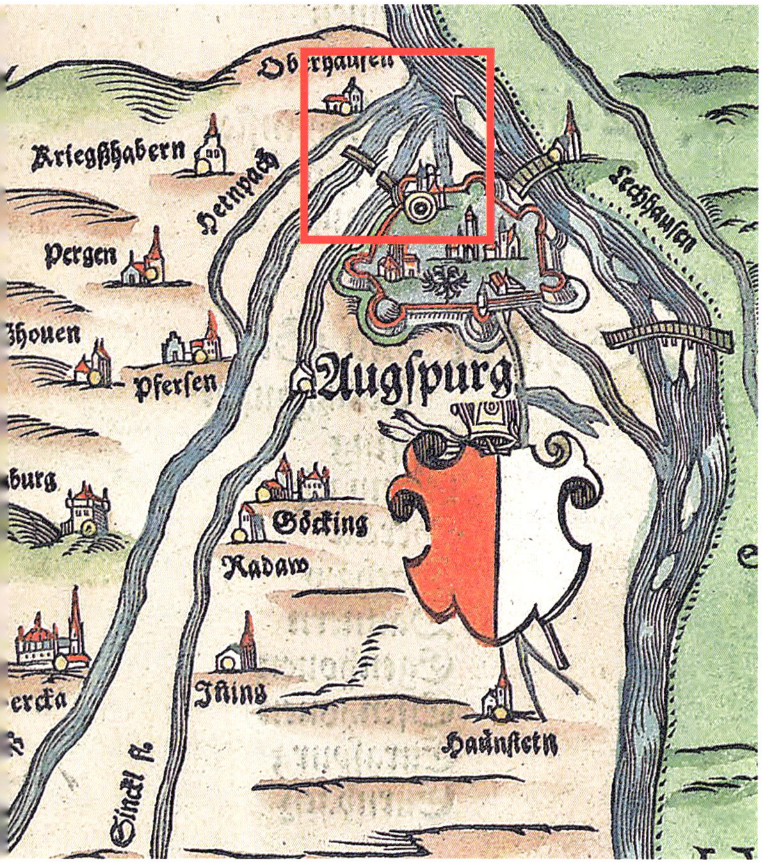

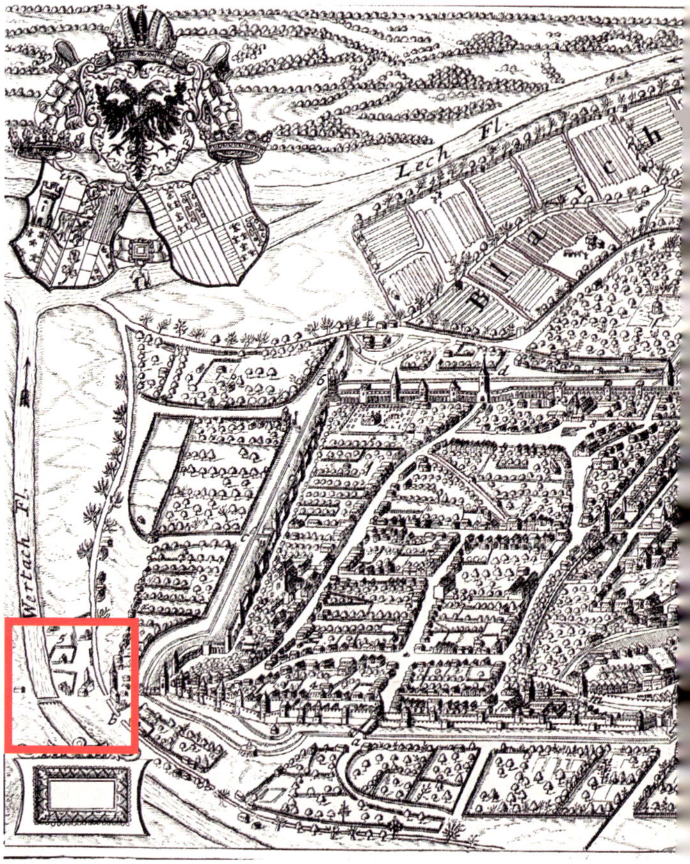

Eine der „Bairischen Landtaflen" von Philipp Apian (links) zeigt die ursprüngliche Mündung der Singold. Doch seit September 1588 mündete dieses Flüsschen bei Göggingen in die Wertach. Ein um 1720 gefertigter Kupferstich von Gabriel Bodenehr nach Jörg Selds Vogelschauplan von 1521 (rechts) belegt, wie eng nebeneinander die Singold und die Wertach um Augsburg in Richtung Lech flossen. Unten: Ein um das Jahr 1900 gezeichnetes „Querprofil durch die Stadt Augsburg von der Wertach bis zum Lech" lässt erkennen, dass der Westrand der Hochterrasse steil zu den wasserführenden Wertachauen hin abfällt.

schauplan stellt den kurzen Abschnitt des nassen Stadtgrabens vor dem Wertachbrucker Tor exakt dar.

Befüllt wurde der Wehrgraben an der nordwestlichen Ecke der Stadtbefestigung von der Singold. Das deutet Wolfgang Kilians Vogelschauplan von 1626 an. Dass Wertachwasser aus dem Senkelbach über einen Kanal in den Stadtgraben vor dem Wertachbrucker Tor floss, dokumentiert aber auch ein gezeichneter Vogelschauplan im Stadtarchiv Augsburg, der um 1600 entstand. Das Gefälle zwischen dem Senkelbach und dem nassen Graben vor dem Stadttor – rund zwei Promille – reichte dafür auf jeden Fall aus. (5)

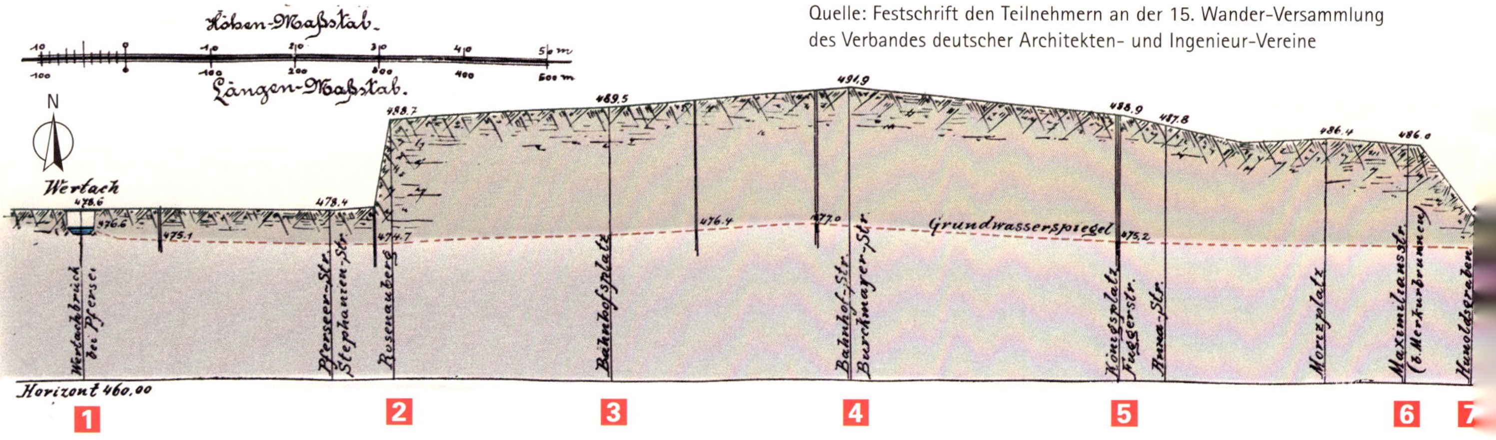

Quelle: Festschrift den Teilnehmern an der 15. Wander-Versammlung des Verbandes deutscher Architekten- und Ingenieur-Vereine

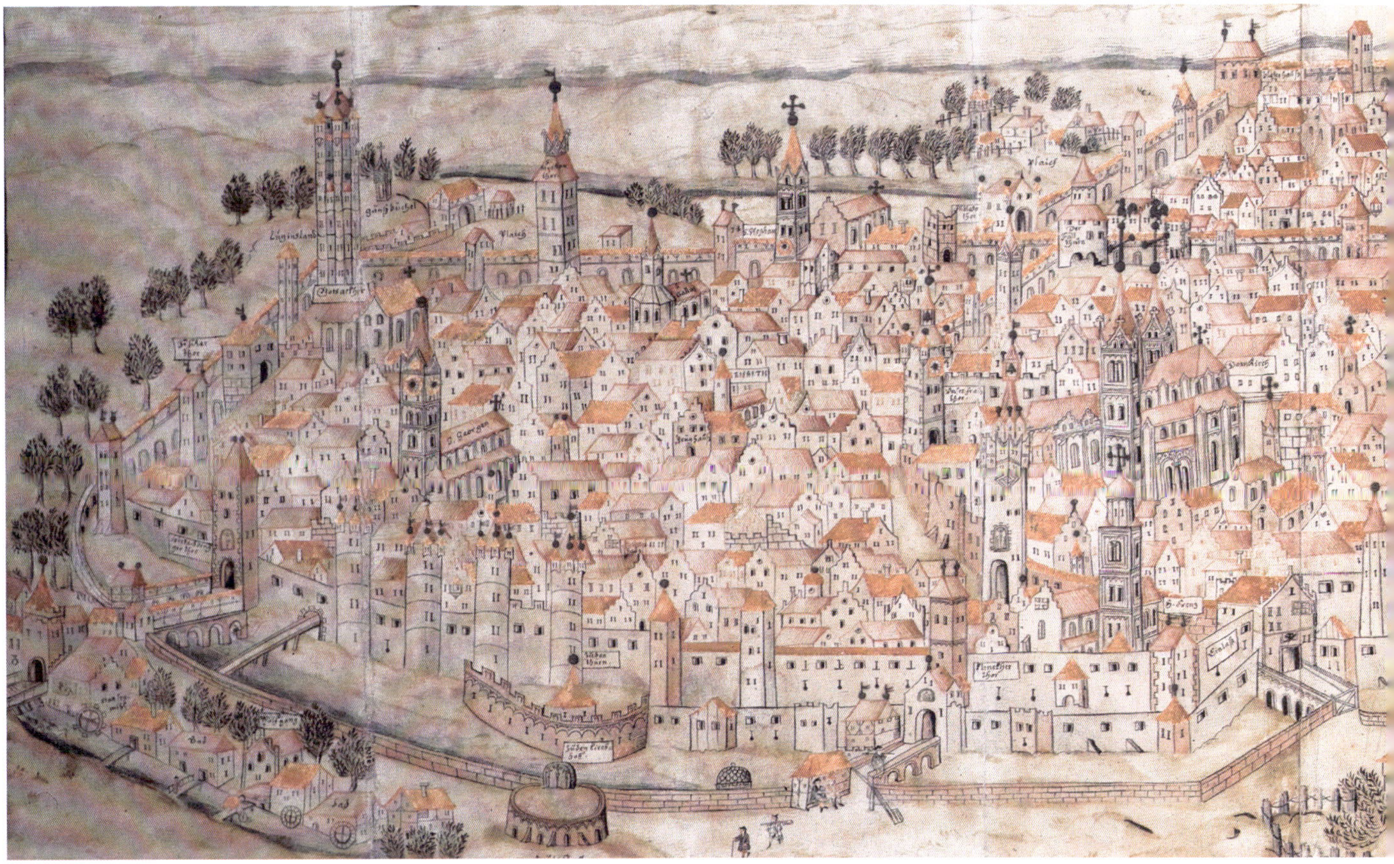

Dieser vor 1518 anonym gezeichnete Vogelschauplan von Augsburg lässt den nassen Stadtgraben vor dem Wertachbrucker Tor erkennen. Ganz unten links ist der Mühlenfluss Singold zu sehen, der noch bis 1588 nah an diesem Stadttor vorbeifloss und wohl auch den nassen Stadtgraben davor befüllte.

Manche der späteren Vogelschaupläne belegen nur scheinbar weitere Ausbaustufen: Die „Cosmographia" von 1598 zeigt fälschlicherweise einen nassen Graben vom Wertachbrucker Tor bis zum Geheimen Gang beim Heilig-Kreuzer-Tor. Ein handkolorierter Stich Gabriel Bodenehrs bildete um 1710 sogar einen durchgängig nassen Stadtgraben entlang der gesamten westlichen Stadtmauer ab.

Dass es sich hierbei um Fantasieprodukte handelt, bezeugt der äußerst akribisch gearbeitete Stadtplan Matthäus Seutters aus der Zeit um 1730. (6) Er zeigt das letzte Teilstück des nassen Grabenabschnitts im Nordwesten der Stadt beim Katzenstadel: Dort, auf dem Eis des im Winter wohl häufiger zugefrorenen „Schleifgrabens", wurde bereits im 17. Jahrhundert Schlittschuh gelaufen. 1878 wurde der Schleifgraben zur Heimat des Augsburger Eislaufvereins (AEV).

Die Topografie zwischen Lech und Wertach

1 478,6 m: Wertachbrücke bei Pfersee (Wertach)
2 488,7 m: Rosenauberg
3 489,5 m: Bahnhofsplatz
4 491,9 m: Bahnhofstraße
5 488,9 m: Königsplatz
6 486,0 m: Maximilianstraße
7 478,3 m: Hunoldsgraben
8 478,1 m: Vorderer Lech
9 477,0 m: Mittlerer Lech
10 476,9 m: Hinterer Lech
11 477,1 m: Stadtgraben
12 475,5 m: Sparrenlech
13 476,2 m: Schäfflerbach
14 475,4 m: Hanreibach
15 476,5 m: Proviantbach
16 477,1 m: Lechhauser Brücke (Lech)

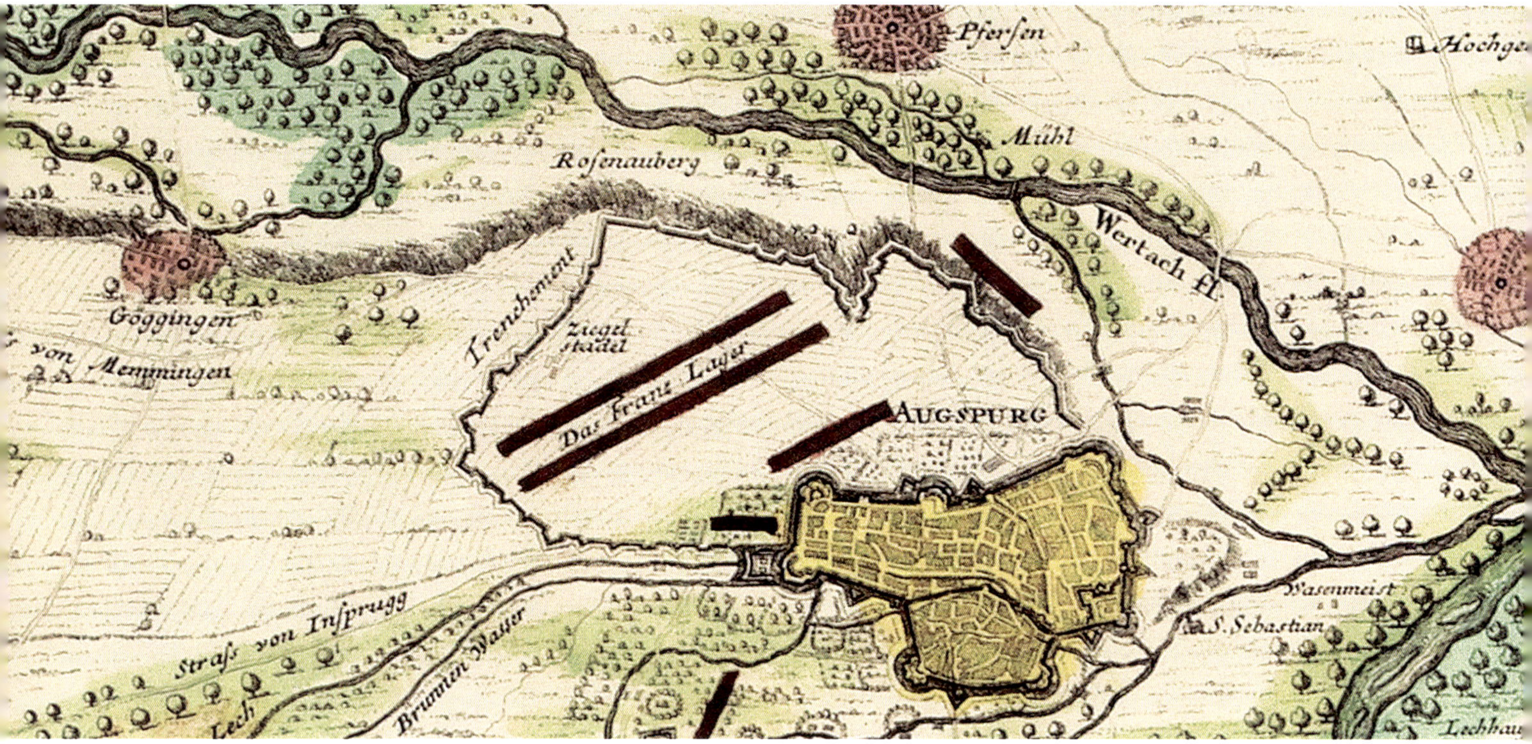

Ein Kupferstich Christoph Weigels von 1718 zeigt die erst 1588 entstandene Mündung der Singold in die Wertach bei Göggingen sowie – weiter flussabwärts unterhalb der Pferseer Mühle – den 1589 oder 1590 gegrabenen Wertachanstich, aus dem der Senkelbach in das alte Flussbett der Singold eingeleitet wurde. Unten: Ein Augenscheinplan von 1664 stellt links der Wertach den Hettenbach beim Dorf Oberhausen dar.

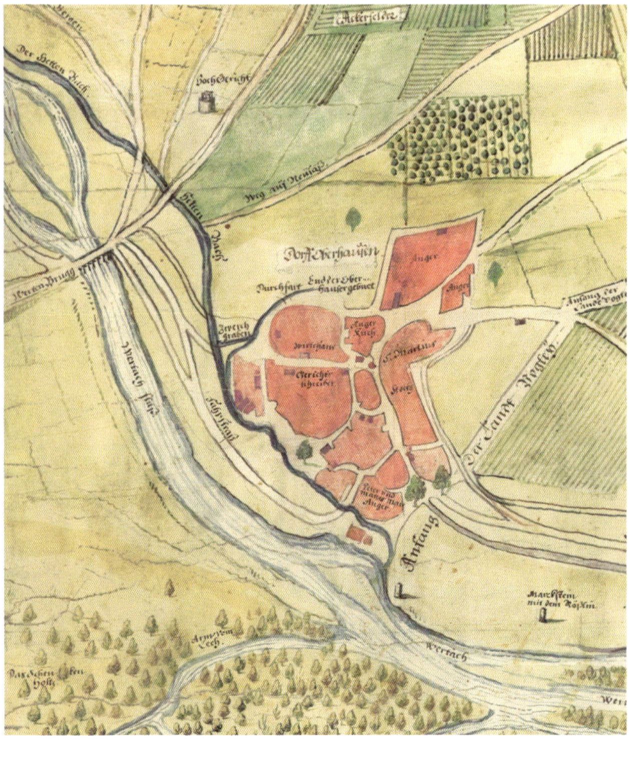

Der Lauf der Singold bei Augsburg hatte sich am 6. September 1588 stark verändert. Bei einem Hochwasser war die Singold flussabwärts des Dorfs Göggingen in das Bett der Wertach eingebrochen. Alle 38 Räder der Mühlen am dadurch trockengefallenen nachfolgenden Unterlauf der Singold standen deshalb still. Zunächst wollten die Müller das alte Singoldbett wiederherstellen. Doch auch längere Verhandlungen mit dem Bischof blieben ergebnislos.

„Die Stadt half sich nun selbst; sie errichtete in der Wertach ein Stauwehr, grub von hier aus ein neues Bett bis zum alten Bett der Singold […] und leitete dann das Wasser der Wertach in die alte Bachmutter ein […].“ (7) Das Wehr, welches das Wertachwasser in das alte Bett der Singold, das seitdem Senkelbach genannt wurde, ausstaute, lag weiter flussabwärts – etwas nördlich des Ortes Pfersee und (ziemlich genau auf Höhe des Augsburger Rathauses) unter dem Rosenauberg. Der Senkelbach versorgte ab 1589 oder 1590 nicht nur die Mühlen am alten Flussbett der Singold wieder mit Wasser, sondern löste auch das von den Müllern im 16. Jahrhundert oft beklagte Problem des Treibwassermangels. (8) Um 1560 hatte die Singold immerhin schon die Wasserräder eines Mahlmüllers, eines Schleifers und Ölmüllers sowie eines „Papierers“ angetrieben. (9) Bereits 1468 hatte eine Papiermühle am linken Flussufer gestanden. (10)

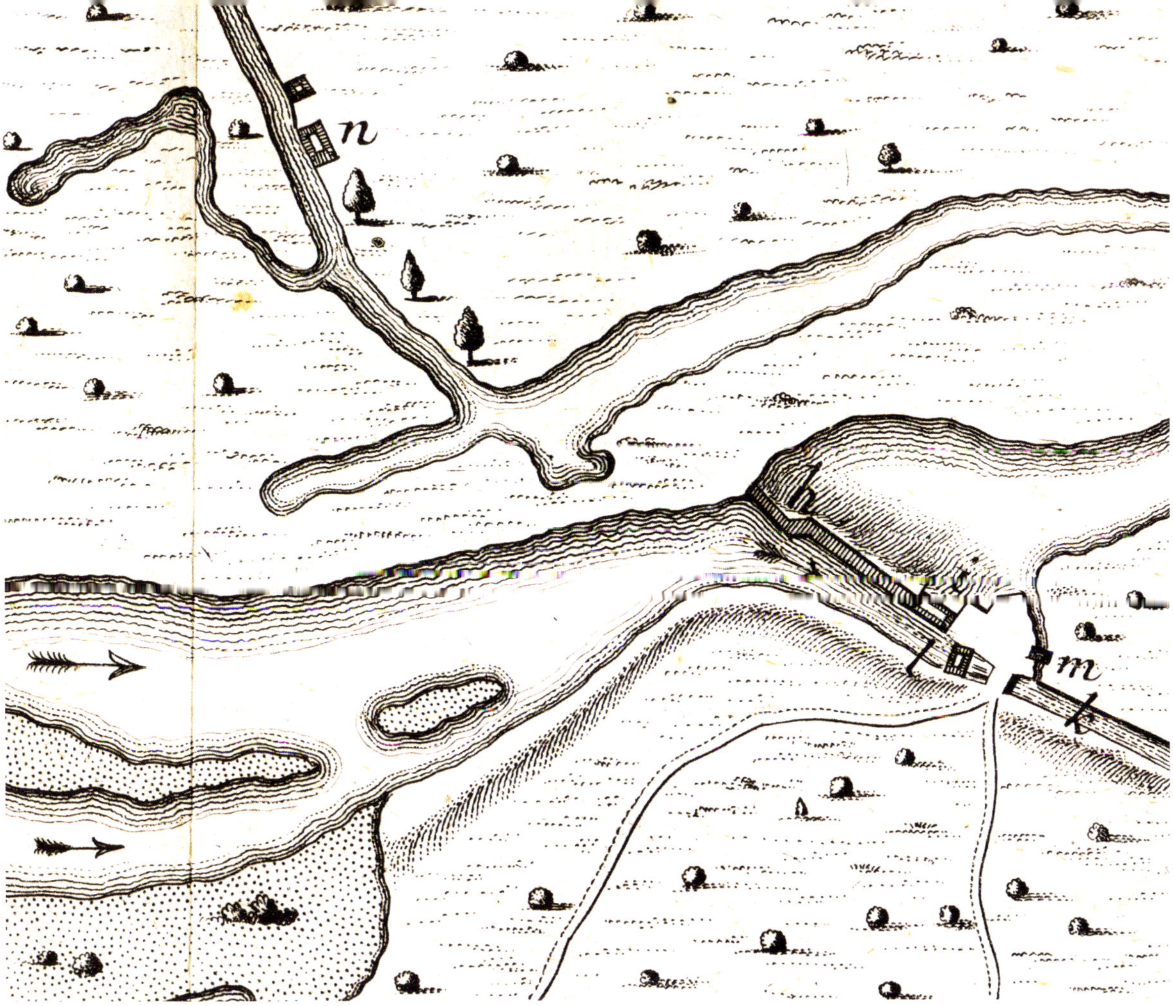

Lukas Voch beschrieb 1778 das Wertachwehr, bei dem der Senkelbach ab 1589 oder 1590 in den neu gegrabenen Kanal („k") eingeleitet wurde. Die Mühle am Pferseer Mühlbach wurde auf der Kupfertafel mit dem Buchstaben „n" gekennzeichnet.

Wegen der eigenmächtigen Ausleitung von Wasser aus der Wertach in den Senkelbach entspann sich ein Streit zwischen Reichsstadt und Bischof. Der Zwist wurde erst 1602 durch den Vertrag mit dem Bischof beigelegt, mit dem die Reichsstadt im Tausch gegen Grund in Eppishausen und Anhausen die quellenreiche Bischofsau im heutigen Siebentischwald erwarb.

Der Hettenbach floss als linksseitiger Kanal der Wertach durch Oberhausen. Der schon 1563/68 auf einer der „Bairischen Landtaflen" Philipp Apians recht prominent dargestellte Hettenbach besaß aber nie die Bedeutung, die diese Karte vermuten lassen könnte. Als Stadtbaurat Franz Joseph Kollmann 1850 sein Buch „Die Wasserwerke von Augsburg [...]" verfasste, widmete er diesem Wertachkanal, der damals im heutigen Augsburger Stadtteil Oberhausen *„[...] zum Feuerlöschen, zur Reinigung des Dorfes und zur Wiesenbewässerung [...]"* (11) diente, noch nicht einmal ein eigenes Kapitel.

Ein Augsburger Stadtplan von 1902 stellt dar, was bereits Kollmann beschrieb: Der Hettenbach ist die Verlängerung des Pferseer Mühlbachs. Der Ursprung des Pferseer Mühlbachs war der sogenannte Lorbach, der über einen Wertachanstich verstärkt wurde. Unmittelbar nach dem Fabrikdorf und 1911 eingemeindeten heutigen Augsburger Stadtteil Pfersee teilte sich der Pferseer Mühlbach in den erst 1843 entstandenen (heute nicht mehr existenten) rund 700 Meter langen Hessenbach und in den Hettenbach, der bei der Wolfzahnau – kurz vor der Mündung des Flusses in den Lech – nach 4550 Metern sein Wasser wieder an die Wertach zurückgab. Nur 2650 Meter des Hettenbachs wurden 1902 auch als Antriebskanal genutzt. (12)

Trotz geringer Wassermengen sollten der Mühlbach und der Hettenbach maßgeblich zur Industrialisierung der Dörfer Pfersee und Oberhausen beitragen. Ihre Wasserkraft wurde unter anderem von der Spinnerei und Weberei Pfersee, der Laubsägen-, Uhrenfedern- und Feilenfabrik J.N. Eberle & Cie., Akt.-Ges. (zudem

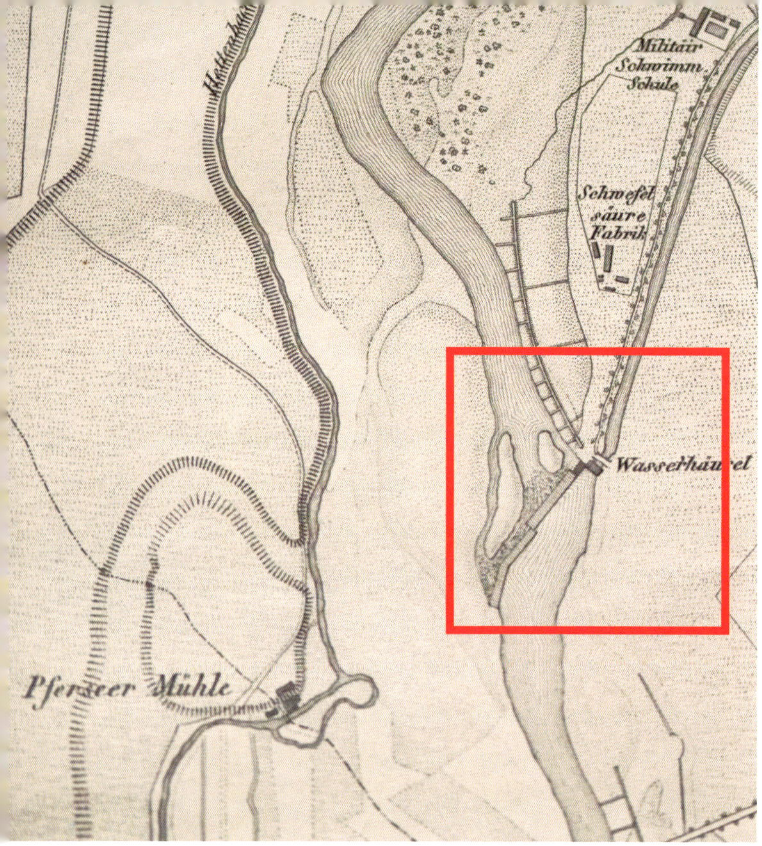

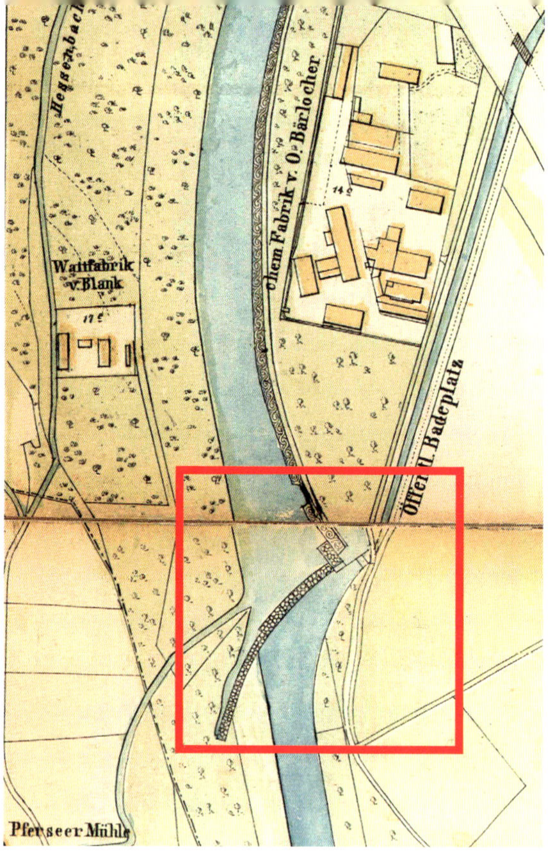

Flussabwärts der Pferseer Mühle zeigen Stadtpläne von 1839 und 1874 das am Ende 170 Meter lange Streichwehr in der Wertach, das den Senkelbach ausstaute. Unten: Der Kupferstecher Simon Grimm hielt ein Floß im Stadtgraben beim Wertachbrucker Tor fest, den Wasser aus dem Senkelbach befüllte.

ein Kaltwalzwerk für Eisenstahl) in Pfersee sowie von der Mechanischen Weberei von M.S. Landauer in Oberhausen genutzt. (13) Der schlossartige Fabrikkomplex der 1865 gegründeten Firma Eberle ist weitgehend erhalten. Unweit der Fassade des 1905 von Architekt Jean Keller errichteten Verwaltungsgebäudes an der

Eberlestraße erzeugt ein kleines Wasserkraftwerk am Mühlbach Strom. Ein nahes Kleinkraftwerk auf dem mit Wohnungen bebauten Areal der einstigen Spinnerei und Buntweberei Pfersee ist das letzte Relikt des erst 1993 stillgelegten Textilunternehmens.

Der Senkelbach war allerdings der weitaus wichtigere Antriebskanal – allein schon deshalb, weil im 18. Jahrhundert *„[...] die Müller an der Singold dann dank eines ‚kostbar erbauten Ablass an dem Wertachfluss' stets genügend Wasser erhalten haben".* (14) 1778 hat der städtische Wasserbauingenieur Lukas Voch diesen Ablass an der Wertach beschrieben und in einem Buch zum Wasserbau an Lech und Wertach abgebildet. Eine Kupfertafel zeigte *„[...] einen Theil des Wertachflusses und die Lage der darinnen befindlichen Wuhr [...]. Diese Wuhr besteht aus den Kåsten h, welche auf 300 Schuh* [etwas weniger als 90 Meter] *lang sind. Bey i ist eine Schleuße mit zwey Schutzbrettern angelegt. Diese Wuhr stauet das Wasser, und zwinget es, in den Kanal k, wo bey l abermals eine Schleuße mit einem großen und kleinen Schutzbrette erbauet, einzulaufen. Dieser Kanal wird der Sinkelbach genennt [...]."* (15)

Der Buchstabe „n" kennzeichnet in Vochs Lageplan die Pferseer Mühle, die auch ein Augsburger Stadtplan von 1874 zeigt. Das nahegelegene Streich-

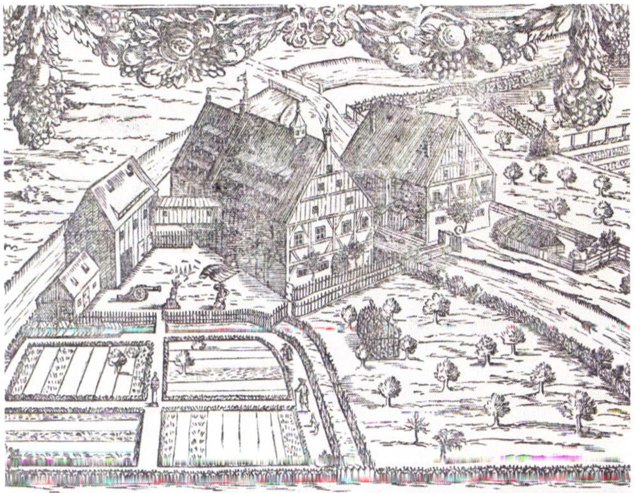

An der Singold lag seit 1468 eine Papiermacherei: Die „Eigentliche Abbildung der sogenannten neuen Papir=Mühl/allhier bey Augspurg." am Senkelbach wurde nach 1700 gedruckt. Unten: Als man 1884/85 für die Zwirnerei und Nähfadenfabrik Göggingen den Fabrikkanal grub, wurde die Wertach angestochen. Eine Postkarte zeigt die Fabrik mit der kanalisierten Singold, im Hintergrund sieht man die Wertach.

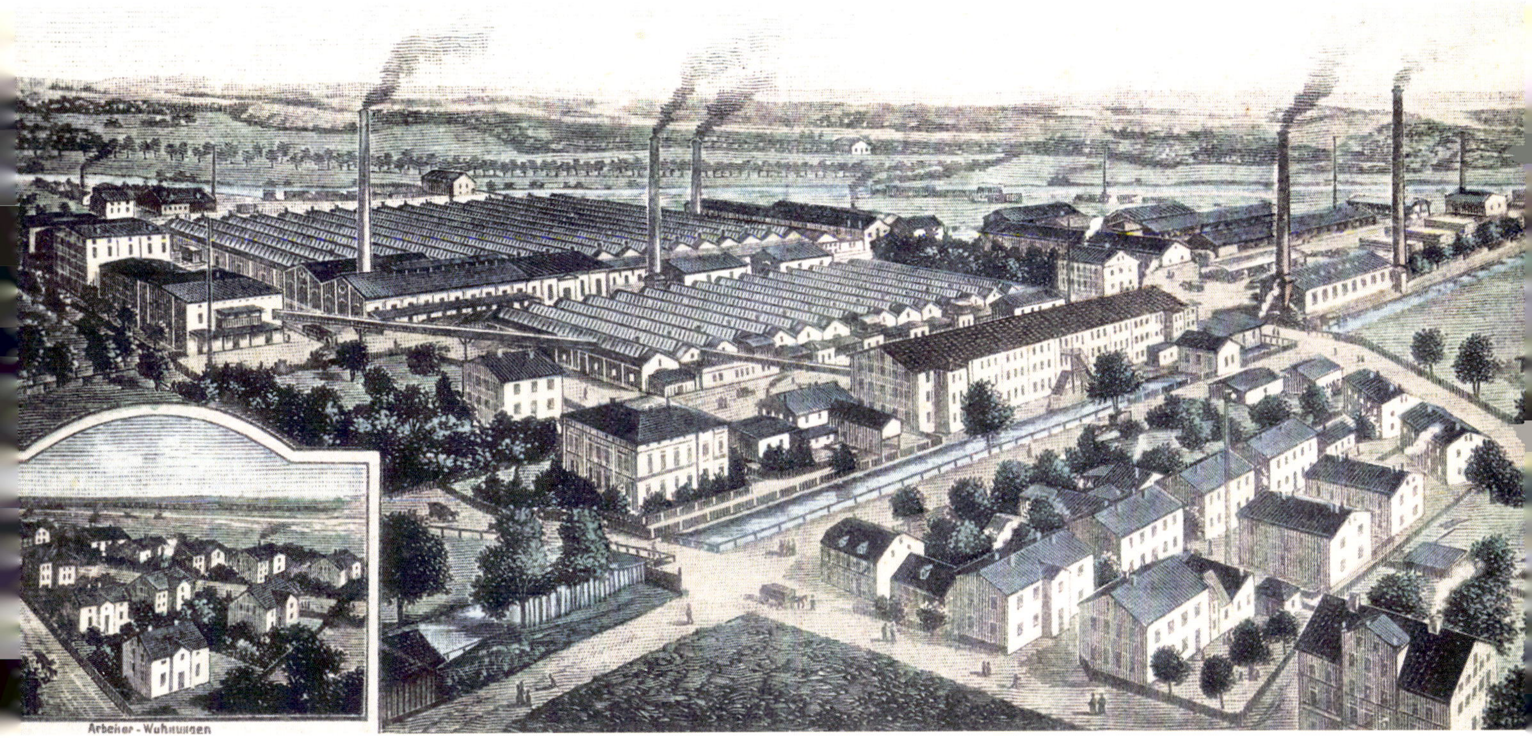

Die Schleuse des Fabrikkanals (rechts) von der Gögginger Wertachbrücke aus gesehen – links fällt die Wertach über das Ackermannwehr, wo seit 2013 ein modernes Restwasserkraftwerk steht. Unten: Die Karte von 1905 zeigt die Einmündung des Fabrikkanals in die Wertach. Der Wertachkanal wurde erst 1920 als Verlängerung des Fabrikkanals gegraben.

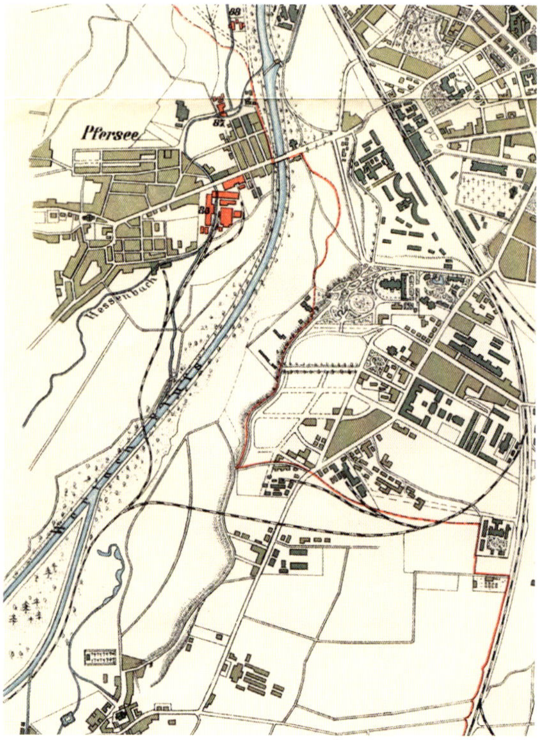

wehr in der Wertach war mittlerweile aber deutlich länger geworden – etwas mehr als 170 Meter. (16)

Auf den alten Plänen wird der Senkelbach immer wieder auch unter seinen tradierten (Fluss-)Namen Senckl, Senkel, Sinkel oder Singold aufgeführt. Dass heute ein Teilabschnitt des Kanalsystems zwischen dem rechten Wertachanstich und dem Senkelbach den Namen Holzbach trägt, erinnert daran, dass der Senkelbach lange Zeit auch der Flößerei diente. Noch 1862 wurde dieser Wertachkanal für die Flößerei erweitert. Der Floßhafen am Senkelbach wurde erst im Jahr 1896 trockengelegt. (17)

Die Korrektion der Wertach begann 1829 auf rund 100 Metern unterhalb des Wertachwehrs. 1842 und 1843 wurden am Flusslauf weitere Korrektionen vorgenommen. Vorausgegangen waren stetig wiederkehrende Hochwasser des Gebirgsflusses, die 1819 und 1836 auch das Wertachwehr zerstörten.

1850 hielt Augsburgs Stadtbaurat Franz Joseph Kollmann zu den Kanälen links und rechts der Wertach fest: „*Die Gesammtlänge dieses Kanalsystems beträgt 19,500 Fuß* [also ungefähr 5,8 Kilometer].“ (18) Länger waren die Treibwasserkanäle rechts und links der Wertach im Stadtgebiet auch 1902 nicht. (19) Mit 11,5 Kubikmetern Wasser pro Sekunde staute das systems der Wertach 1920 gegraben, als das Wasserkraftwerk an der Schießstättenstraße errichtet wurde. Der Strom aus Wasserkraft hatte die Straßenbahnen der Großstadt zu versorgen. Nachdem bis zu diesem Zeitpunkt Dampfmaschinen in der Elektrozentrale am Senkelbach Energie für die Straßenbahnen geliefert hatten, wurde die Stromerzeugung wegen der raschen Erweiterung des Schienennetzes bis in die damaligen Vororte vollständig neu organisiert. (22)

„1921 wurde das Wertach-Kraftwerk [...] in Betrieb genommen, errichtet über dem aus dem verlängerten Gögginger Fabrikkanal entstandenen Wertachkanal (weiter unten dann Holzbach/Senkelbach). [...] Über dem betonierten Wasserbau steht der walmdachgedeckte kubische Putzbau, gegliedert nur und belichtet durch passende Fensterformen. Über dem rundbogigen Haupttor verweist ein wesensgerechtes Emblem auf das Baujahr." (23) Ein privater Betreiber gewinnt dort heute mit einem fast original erhaltenen Maschinensatz von 1921 – nur eine Turbine wurde erneuert – Strom mit der Wasserkraft des Wertachkanals, dem Schlusspunkt im Netz der Treibwasserkanäle im westlichen Stadtgebiet von Augsburg.

Die Bedeutung der Wertachkanäle für die Entwicklung Augsburgs ist heute nicht unbedingt auf den ersten Blick zu erfassen. Weder haben diese Kanäle historische Wasserwerke versorgt, noch haben sie Spuren im Bild der Altstadt hinterlassen. Die mit Treibwasser versorgten Fabrikareale im Süden, Westen und Norden der Altstadt sind entweder kaum öffentlich zugänglich oder wurden ab 1968 nach und nach zu Industriebrachen, die teilweise als Gewerbeparks dienen oder mit Wohnblöcken überbaut wurden. (24) Man muss sich folglich mit der Augsburger Industriegeschichte befassen, wenn man den Stellenwert der Wertachkanäle für diese Stadt verstehen will. Nur an wenigen Stellen ist die Bedeutung der Wasserkraft für die industrielle Entwicklung aufgrund der Nachbarschaft erhaltener Fabrikschlösser und der einst dazugehörigen Turbinenhäuser noch so gut erkennbar wie auf dem zwischen Singold und Fabrikkanal gelegenen Areal der ehemaligen Zwirnerei und Nähfadenfabrik Göggingen (ZNFG) oder bei der früheren Laubsägen-, Uhrenfedern- und Feilenfabrik J.N. Eberle & Cie., Akt.-Ges. am Pferseer Mühlbach.

Quellen

(1) Gasser, Pirmin: Ander Theil der Weitberüempten Keyserlichen Freyen und deß H. Reichstatt Augspurg in Schwaben Chronica [...], zweites Buch der Augspurgischen Chronica Markus Welsers [...], Frankfurt am Main 1595, S. 182

(2) Werner, Anton: Die Wasserkräfte der Stadt Augsburg im Dienste von Industrie und Gewerbe. Historisch-statistisch beschrieben, Augsburg 1905, S. 11

(3) vgl. ebenda, S. 118

(4) vgl. Kern-Kernried, Gustav von: Beschreibung der von Anfang des 16. bis Anfang des 19. Jahrhunderts erschienenen Pläne der Stadt Augsburg, in: Jahresbericht des Historischen Vereins von Schwaben und Neuburg, Augsburg 1854, S. 46 f.

(5) Erhebung des Geodatenamts der Stadt Augsburg auf Basis des stadtinternen Geoportals

(6) mündlicher Hinweis von Christoph Nicht, Kunstsammlungen und Museen Augsburg

(7) Werner, Anton: Die Wasserkräfte der Stadt Augsburg im Dienste von Industrie und Gewerbe. Historisch-statistisch beschrieben, Augsburg 1905, S. 13

(8) vgl. Clasen, Claus-Peter: Die Augsburger Getreidemühlen 1500 – 1800, Studien zur Geschichte des bayerischen Schwaben, Bd. 27, Augsburg 2000, S. 146

(9) vgl. ebenda, S. 147, Fußnote 51

(10) vgl. Werner, Anton: Die Wasserkräfte der Stadt Augsburg im Dienste von Industrie und Gewerbe. Historisch-statistisch beschrieben, Augsburg 1905, S. 119

(11) Kollmann, Franz Joseph: Die Wasserwerke von Augsburg [...], Augsburg 1850, S. 103

(12) vgl. Steinhäußer, Fritz u.a.: Hydrographische Verhältnisse, in: Augsburg in kunstgeschichtlicher, baulicher und hygienischer Beziehung [...], Augsburg 1902, S. 48

(13) vgl. Stadt Augsburg/Untere Denkmalschutzbehörde (Hg.): Wie läuft's Augsburger Wasser?, Informationsschrift der Stadt Augsburg zum Tag des offenen Denkmals 2004, Augsburg 2004, S. 15

(14) Clasen, Claus-Peter: Die Augsburger Getreidemühlen 1500 – 1800, Studien zur Geschichte des bayerischen Schwaben, Bd. 27, Augsburg 2000, S. 147

(15) Voch, Lukas: Strombau an dem Lech und Wertach, oder Beschreibung der Packwerken, Archen und Kästen, wie auch einigen Wasserwehren, wie solche in beyden Flüssen erbauet worden sind., Augsburg 1778, S. 58 f.

(16) vgl. Kollmann, Franz Joseph: Die Wasserwerke von Augsburg [...], Augsburg 1850, S. 108

(17) vgl. Werner, Anton: Die Wasserkräfte der Stadt Augsburg im Dienste von Industrie und Gewerbe. Historisch-statistisch beschrieben, Augsburg 1905, S. 119

(18) Kollmann, Franz Joseph: Die Wasserwerke von Augsburg [...], Augsburg 1850, S. 104

(19) vgl. Steinhäußer, Fritz u.a.: Hydrographische Verhältnisse, in: Augsburg in kunstgeschichtlicher, baulicher und hygienischer Beziehung [...], Augsburg 1902, S. 48

(20) vgl. ebenda

(21) Stadt Augsburg/Untere Denkmalschutzbehörde (Hg.): Wie läuft's Augsburger Wasser?, Informationsschrift der Stadt Augsburg zum Tag des offenen Denkmals 2004, Augsburg 2004, S. 15

(22) vgl. Ruckdeschel, Wilhelm: Industriekultur in Augsburg. Denkmale der Technik und Industrialisierung, Augsburg 2004, S. 118

(23) ebenda

(24) vgl. Ganser, Karl: Industriekultur in Augsburg, Pioniere und Fabrikschlösser, Augsburg 2010, S. 145

Wasserkraft

Wasserräder, Turbinen und Wasserkraftwerke

(frühes 11. Jahrhundert bis 1921)

Vor der Industrialisierung nutzten hunderte Wasserräder, die sich an den Kanälen des Lechs, der Wertach und der Quellbäche drehten, die Wasserkraft. Doch die historischen Wasserräder sind – von einer Ausnahme abgesehen – aus dem Augsburger Stadtbild verschwunden. Heute bezeugen insbesondere die hydrotechnischen Modelle im Maximilianmuseum die von Wasserrädern angetriebene Mühlentechnik. Mühlen waren technisch mit das Aufwendigste, was man in der vorindustriellen Zeit zu konstruieren in der Lage war. Unten: 1986 war ein Pansterrad über dem Schwallech aufgebaut worden. Dieses Technikdenkmal erinnerte an die längst verschwundenen Werke. Das im Sommer 2012 aus Sicherheitsgründen demontierte Pansterrad wurde im Sommer 2015 durch ein neues Wasserrad ersetzt.

Hunderte Räder drehten sich an den Kanälen

Wasserkraftnutzung in Augsburg vom Mittelalter bis zu den ersten Wasserturbinen

Die Nutzung der Wasserkraft dürfte in Augsburg so alt sein wie die Siedlung zwischen Lech und Wertach selbst. Als der Augsburger Magistratsrat Anton Werner im Jahr 1905 sein Werk „Die Wasserkräfte der Stadt Augsburg im Dienste von Industrie und Gewerbe" herausbrachte, ging er ganz selbstverständlich davon aus, dass sich im römischen Augusta Vindelicum Wasserräder drehten: *„Solche Mühlen, die zum Mahlen des Getreides und zum Sägen von Holz und Steinen dienten, gab es sicher wie in den andern von den Römern unterworfenen und besiedelten Ländern, so auch in Rätien und hier besonders in der Colonia Augusta [...]."* (1) Unter Berufung auf lokale Überlieferungen führte Walter Groos, der ehemalige Leiter des Augsburger Wasser- und Brückenbauamtes, in einem Bericht der Naturforschenden Gesellschaft Augsburg im Jahr 1967 vier Augsburger Mühlen auf, die wohl zu Beginn des 11. Jahrhunderts bestanden. Damals teilten sich die Domkirche St. Maria und das Benediktinerkloster St. Afra den kirchlichen Besitz in Augsburg auf: Die Benediktiner übernahmen die Blankenmühle (an der Haunstetter Straße) und die Kreuzmühle (an der Ecke Predigerberg und Bäckergassc). Besitz des Bischofs blieben die Pfladermühle (an der Pfladergasse) sowie die Bischofsmühle. Sie lag hinter der erst bis 1607 erbauten Stadtmetzg. (2)

Erstmals schriftlich belegt sind zehn Augsburger Mühlen an vier ebenfalls zum ersten Mal mit Namen beurkundeten Lechkanälen durch das Stadtrechtsbuch von 1276. Dort heißt es (1967 von Walter Groos in die heutige Sprache übertragen): *„Man soll auch wissen, daß den ersten Lech* [gemeint sind der Lochbach beziehungsweise hinter den Stadtmauern der Vordere Lech] *für sich gewinnen soll der Müller zunächst an Hustetter Tor und der Kreuzmüller und der Pfladermüller und der Müller in des Bischofs Mühle. Den zweiten Lech* [den Schwallech] *soll gewinnen der Wolfmüller, der Schwallmüller, der Klessinges Müller* [jeweils in der Verlängerung am Mittleren Lech] *und der Gäumüller* [am Hinteren Lech]. *Den dritten Lech* [den Sparrenlech] *vor Barfüßer Tor soll gewinnen des Rotigers Mühlanwesen. Den äußersten Lech* [aus diesem Kanal entwickelte sich der Schäfflerbach] *soll gewinnen der Spitalmüller in der Hanorei."* (3) Bis zum Jahr 1276 zählte man an den sechs Kanälen folglich schon sechs neue – also insgesamt zehn – Mühlen.

Diese zehn Mühlen sind – vielleicht neben der Flößerei, wegen der wohl auch die Breiten der Kanäle exakt definiert wurden – der Grund für die Nennung im Stadtrechtsbuch, das in drei großen Abschnitten erstens die Rechte des Königs und des Bischofs, des Vogtes und des Burggrafen in der Stadt sowie das Gewerberecht, zweitens das Vogtei- und drittens das Burggrafengericht regelte. Dieses Dokument zählt zu den bedeutendsten mittelalterlichen Rechtsdenkmälern Deutschlands. (4)

600 Jahre und länger mahlte schließlich manche der Augsburger Mühlen Getreide für das tägliche Brot. (5) *„Im 14. Jahrhundert scheinen noch vier weitere Mahlmühlen errichtet worden zu sein. Dafür mögen zwei Mühlen noch vor 1500 eingegangen sein. Im 16. Jahrhundert gab es jedenfalls 14 Mühlen in*

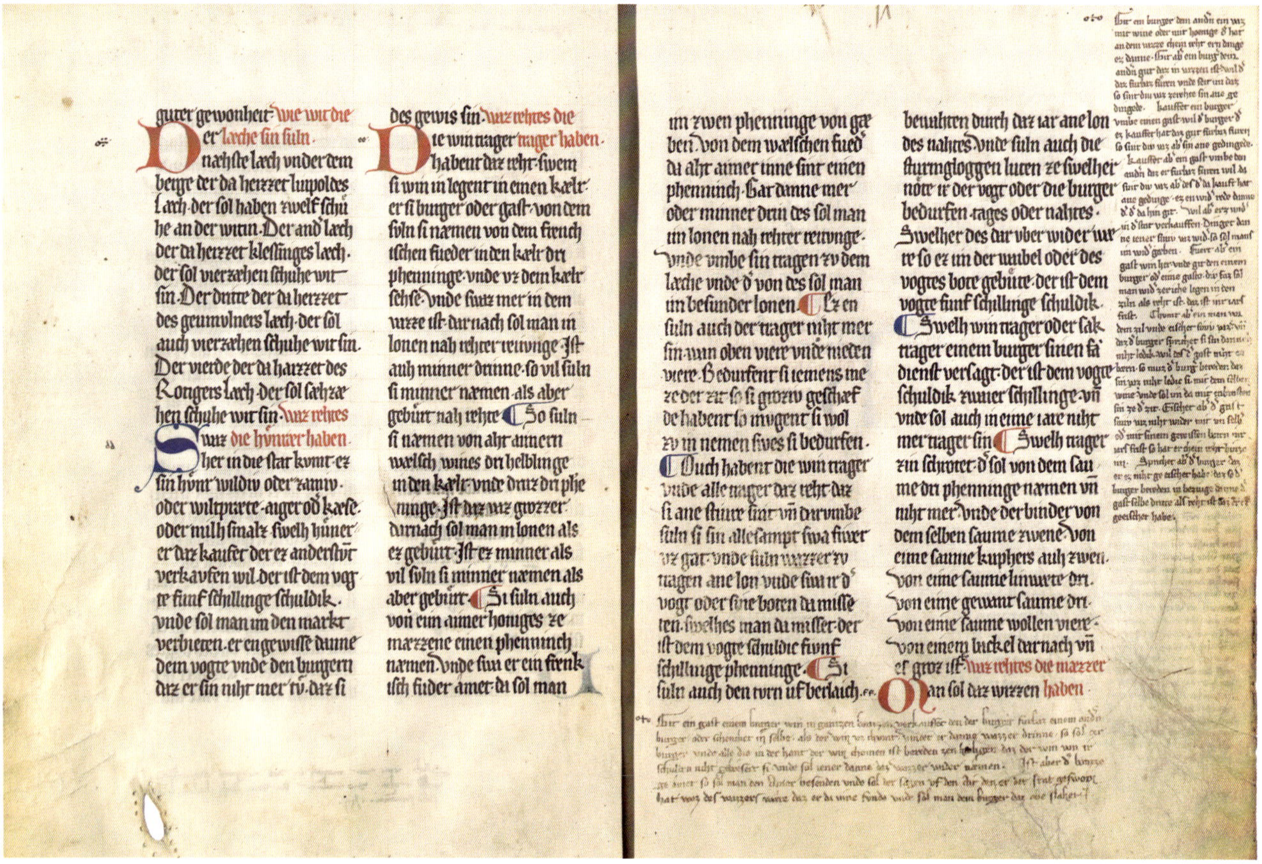

Das Augsburger Stadtrechtsbuch von 1276 nennt (auf der linken Seite) erstmals vier Lechkanäle mit Namen. Das Rechtsdenkmal bezeugt zehn Mühlen, die das Treibwasser dieser vier „Leche“ nutzten.

Augsburg. Die Zunahme der Mühlen hing sicherlich mit der wachsenden Bevölkerung Augsburgs zusammen. Es ist anzunehmen, dass diese 14 Mühlen bis zu Beginn des Dreissigjährigen Krieges bestanden, als mehr Menschen denn je zuvor in der Stadt wohnten.“ (6)

Mit 14 Mühlen auf engem Raum war in der Reichsstadt Augsburg, in der um das Jahr 1600 rund 50 000 Einwohner lebten – und die vielleicht die bevölkerungsreichste Stadt Deutschlands, auf jeden Fall aber eine der größten war –, der höchste Stand erreicht. *„In der Schwedischen Zeit mussten dann die Güter vor dem Tore niedergerissen werden. Die Stadtmühle und die Rote Mühle, die beide vor dem Wertachbrucker Tor* [am Senkelbach] *lagen, wurden 1646 während der Belagerung eingeäschert. Mindestens zwei während des Dreissigjährigen Krieges abgebrannte Mühlen [...] wurden nicht mehr aufgebaut. In der zweiten Hälfte des 17. Jahrhunderts arbeiteten in Augsburg nur noch elf Mühlen. Im 18. Jahrhundert finden wir ebenfalls elf Mühlen. So blieb es bis zu Beginn des 19. Jahrhunderts.“* (7)

1571 wurden 13 Mühlen und ihre Lage schriftlich überliefert. Über den Floßbach (den heutigen Hauptstadtbach und den Kaufbach) vom Hochablass in die Stadt geleitetes Lechwasser trieb die Schwalmühle, die Kresslesmühle, die Geemühle, die Mauermühle und die Neumühle an, die am Schwallech, am Mittleren und am Hinteren Lech standen. Der Brunnenlech (der Lochbach beziehungsweise Vordere Lech) trieb die Planckmühle, die Kreuzmühle, die Pfladermühle und die Bischofsmühle an. An der als „Synkelt“ bezeichneten Singold wurden die Hauptstadtmühle, die Stadtmühle und die Rote Mühle betrieben. Lediglich der Standort der Bergmühle blieb ungenannt. (8)

Als der Augsburger Stadtbrunnenmeister Caspar Walter 1761 sein Buch „Beschreibung Aller hőltzernen, und derer mit 2. messenen Stůfelen versehen, oder gemachten sogenannten Gumber=Werck“ herausgab, kündigte er schon auf dem Titelblatt ein Kapitel an: „Sodann Folget wie viele Schneid=Mahl=Gråtz= und andere Mûhlen, auch Håmmer in und ausserhalb der Stadt angeleget, auch wie viele Wasser=Råder ein

Ein Ausschnitt aus einem Gemälde nach Jörg Selds Vogelschauplan von 1521 (signiert: „Franz Benedict Steinhaußer fecit", heute in der Staats- und Stadtbibliothek Augsburg) lässt mehrere Mühlräder am Vorderen Lech und am Hinteren Lech erkennen.

jegliche Mů̊hle etc. habe." In der Stadt führte Walter die Spitalmühle, die Kreuzmühle, die Pfladermühle und die Belzmühle am Vorderen Lech auf. Am Schwallech nannte der Brunnenmeister die Schwalmühle, am Mittleren Lech die Kresslesmühle und am Hinteren Lech die Rainmühle. Drei Getreidemühlen lagen vor der Stadtbefestigung, so auch die Pfeifenmühle am Senkelbach. (9) Natürlich trieben die Kanäle nicht nur Getreidemühlen an, sondern auch zahlreiche weitere Werke von Säg-, Grätz-, Polier-, Walk- und Papiermühlen, Eisen- und Kupferhämmern sowie Hammerschmieden. Lagen diese Werke vor den Stadtmauern, wurden sie auf manchem Augsburger Vogelschauplan namentlich bezeichnet und sogar detailliert dargestellt.

Fast 40 Fertigungsprozesse wurden um das Jahr 1550 mithilfe der Nutzung der Wasserkraft bewältigt, eine Zahl, die in den nachfolgenden Jahrhunderten ständig zunahm. (10) *„Mit zunehmender Nutzung der Antriebskräfte für Arbeitsmaschinen wurden dann Unterscheidungen nach der Art der angetriebenen Arbeitsmaschinen, zum Beispiel Stampf-, Schleif- oder Walkmühle, oder aber nach den erzeugten Produkten, also Papier-, Öl- oder Bandmühle, vorgenommen. Und schließlich kann mit dem Terminus ‚Mühle' auch ein ganzer Betrieb mit allen Haupt- und Nebenanlagen gemeint sein. Im engeren technischen Sinn besteht die Mühle aus drei Grundelementen: der Energieaufnahme durch Wasser- oder Windrad; der Transmission mittels Nocken- oder Kurbelwelle, Getriebe; dem Antrieb, zum Beispiel einem mit dem Mahlwerk fest verbundenen Stockgetriebe."* (11)

Die Vielfalt der in Augsburg von den Lechkanälen, den Quellbächen, der Singold und später vom Wasser der Wertach im Senkelbach angetriebenen Werke ist mehrfach belegt. Durch die Nutzung der Wasserkraft wurde der Aufstieg dieser Stadt zum süddeutschen Zentrum der Textilverarbeitung, des Kunsthandwerks sowie des Druck- und Verlagswesens gefördert: *„Als Stadt des Buchdrucks verfügte Augsburg über Papiermühlen und Kupferhammerwerke. Die Textilstadt nutzte die Wasserkraft für Walkmühlen und Kattun-*

Die wahrscheinlich älteste erhaltene Augsburger Stadtansicht, die ein anonymer Zeichner wohl noch vor 1518 schuf, zeigt drei Mühlräder an der Singold vor dem Wertachbrucker Tor – darunter auch das Wasserrad der „Stattsegmihl" bei St. Wolfgang und offenbar zwei Badehäuser. Unten: Ein Nürnberger Mühlenplan – eine kolorierte Federzeichnung aus der Zeit nach 1700 – gibt wieder, wie dicht hintereinander Mühlen an der Pegnitz innerhalb des Mauerrings der fränkischen Reichsstadt erbaut wurden.

fabriken. Eisenhammer- und Sägewerke versorgten die Zimmerleute und Schreiner. Silberhammerwerke und Grätzmühlen belieferten die für ihre Kunst weltberühmten Augsburger Goldschmiede." (12)

In der mit Augsburg vergleichbaren Reichsstadt Nürnberg spielte dagegen insbesondere die Metallverarbeitung eine wichtige Rolle, „*[...] wo nach einer Karte aus dem Jahr 1601 an der Pegnitz in 12 großen Mühlenanlagen 131 Wasserräder liefen, davon ungefähr die Hälfte innerhalb der Stadtmauern. Zählt man*

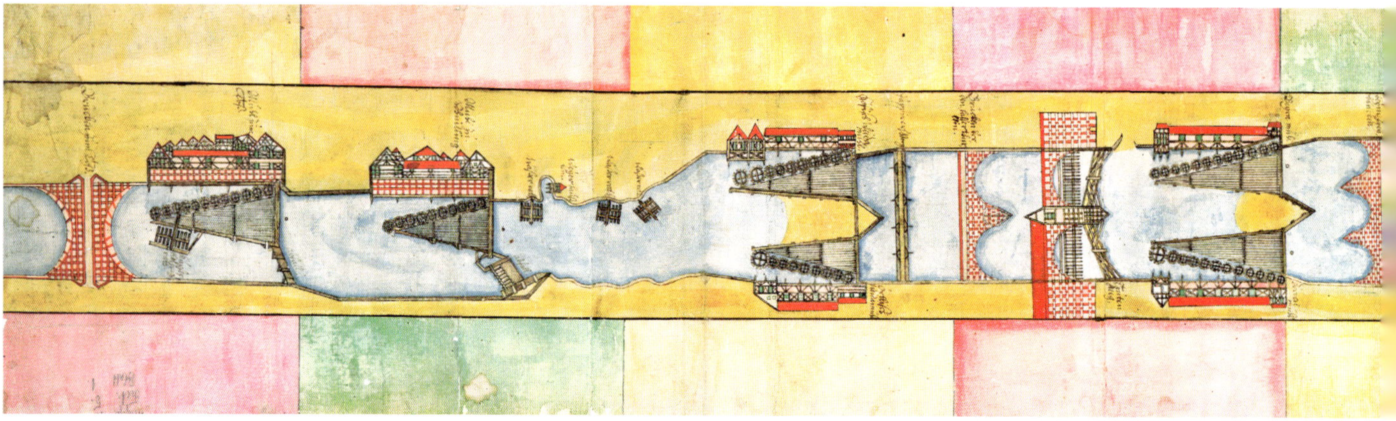

Beispiel einer unterschlächtigen Mühle in Ulm: Die 1977 restaurierte Lochmühle an der Blau wurde 1358 erstmals beurkundet. Dieser Mühlentyp, der nur einen geringen Teil der Strömungsenergie umsetzte, war auch in Augsburg gebräuchlich.

die noch auf städtischem Gebiet befindlichen Mühlen an den der Pegnitz zufließenden Bächen sowie etliche Schöpfräder hinzu, so kommt man sogar auf eine Gesamtzahl von 150 bis 160 Wasserrädern." (13) Vor den Mauern lag die Hadermühle, wo Ulman Stromer 1390 die vermutlich erste Papiermühle nördlich der Alpen betrieb. Doch selbst diese Mühle wurde nach 1463 zu einem Hammerwerk umfunktioniert.

Auch wenn nicht überall eine ähnliche Dichte an Mühlen und wasserradgetriebenen Werken wie in Augsburg oder Nürnberg zu verzeichnen gewesen sein dürfte, gehen Schätzungen davon aus, dass am Ende des 18. Jahrhunderts bis zu weit mehr als eine halbe Million „Wassermühlen" – also wasserradgetriebene Werke – betrieben wurden. *„Das Wasserrad als Kraftwandler der in Wasserläufen und künstlich angelegten Wasserspeichern enthaltenen Energie hatte sich bereits bis zum Beginn der frühen Neuzeit auf breiter Front durchgesetzt. Zumindest im Prinzip ließen sich mit den damals bekannten technischen Mitteln alle größeren Arbeitsmaschinen und Werkzeuge, beispielsweise Hämmer oder Stempel, mit Wasserrädern antreiben, die bei der Arbeit entweder eine kontinuierliche Drehbewegung oder – über*

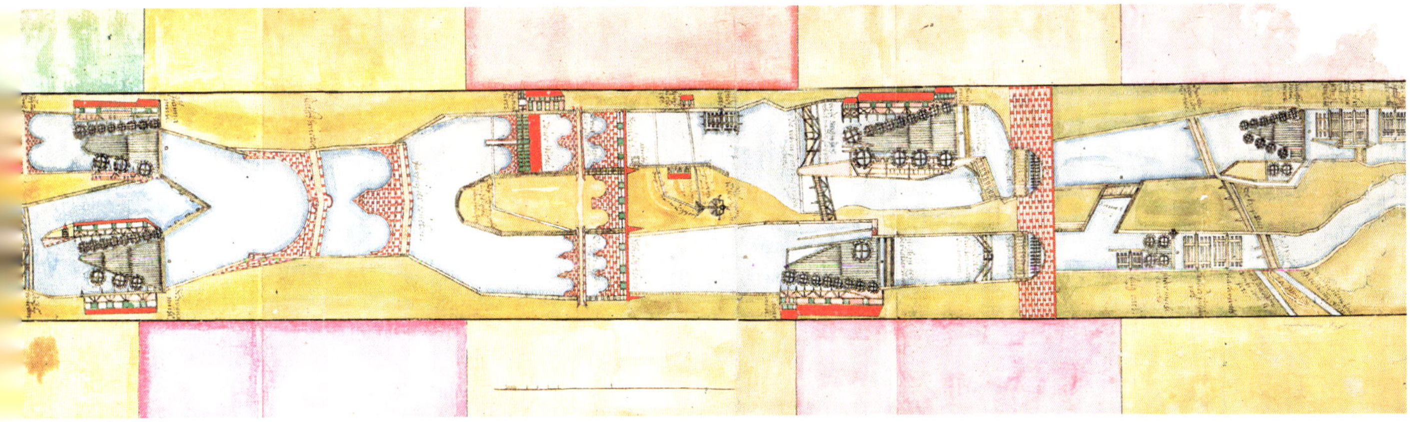

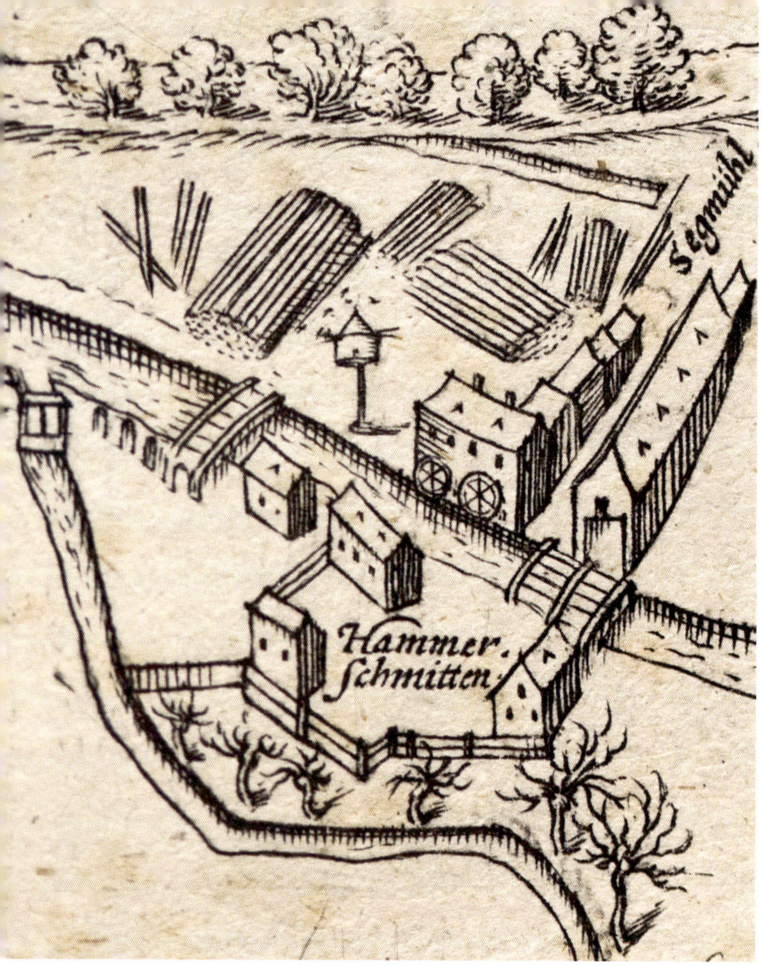

Ein Augsburger Stadtplan von 1602 bildete etliche Produktionsstätten mit wasserradgetriebenen Werken ab, die weit vor der östlichen Stadtmauer lagen. Dort gab zum Beispiel die „Hammer Schmitten" einem Hammerbach den Namen, am Silberbächlein („Sibers bechli") stand eine „Segmühl". Diese Werkskanäle wurden jeweils vom Herrenbach ausgeleitet.

Nocken- beziehungsweise Kurbelwelle – eine alternierende Bewegung durchführten." (14)

Unterschlächtige Wasserräder waren wegen des geringen Gefälles der Kanäle die in Augsburg gebräuchlichen Triebwerke. Angesichts eines Wirkungsgrads von nur ungefähr 20 Prozent blieb deshalb ein Großteil der Strömungsenergie ungenutzt. (15) *„Die damals noch hölzernen Radschaufeln der unterschlächtigen Wasserräder konnten lediglich den Strömungsdruck des Wassers nutzen. Sie beuteten nur etwa ein Fünftel der Bruttowasserkraft aus und übertrugen diese auf die hölzernen Zahnradgetriebe, Seiltransmissionen oder mit Nocken besetzten Wellbäume. Diese Mechanik verbrauchte bereits einen Teil der Energie."* (16)

„Eine Neuentwicklung bei den unterschlächtigen Rädern um 1550, die [...] vor allem in Deutschland größere Verbreitung gefunden hat, waren die sogenannten Pansterräder, die Panzerräder. [...] Die Bezeichnung ‚Pansterrad' rührt daher, daß die Radwelle mit Hilfe von Panzerketten, die auf einer oberhalb angebrachten ‚Ziehwelle' auf- und abgewickelt wurden, in der Höhe verstellbar war [...]." (17) Dass Pansterräder somit wechselnden Wasserständen angepasst werden konnten, spielte zwar im Augsburger Kanalsystem mit seinen durch Schleusen und Streichwehre geregelten gleichmäßigen Wasserständen keine Rolle. Allerdings wurden sie auch hier für die Durchfahrt von Flößen und zum Schutz vor Eisgang aus dem Wasser gehoben. Gegenüber den bis dahin üblichen Wasserrädern hatten Pansterräder zudem den Vorteil, dass sie sehr viel breiter ausfielen und damit die Strömungsenergie besser umsetzen konnten.

Ein Pansterrad war im Jahr 1986 nach dem historischen Vorbild eines Wasserrads am Schwallech nachgebaut worden. Dieses technische Denkmal war ein aus Eichenholz gezimmertes Pansterrad mit 4,5 Metern Durchmesser und 2,6 Metern Radbreite, mit 40 Schaufeln und sechs Tonnen Gewicht. Das Schaurad am Schwallech erinnerte an einen dort seit 1840 betriebenen Vorgänger und wurde nah am historischen Standort installiert: Hier war eines der letzten großen Wasserräder in der Stadt 1944 bei einem Bombenangriff zerstört worden. (18) Im Juli 2012 musste das nach 26 Jahren marode Wasserrad abmontiert werden. 2015 wurde an derselben Stelle wieder ein neu konstruiertes Pansterrad als Technikdenkmal installiert.

Die Zeit der Wasserräder ist noch nicht so lange vorbei, wie man es heute vielleicht empfindet. Im Jahr 1926 waren unter den 74 Triebwerken innerhalb der Stadtgrenzen – 61 am Kanalsystem des Lechs und 13 am System der Wertachkanäle, davon 53 mit Turbinen ausgestattet – immerhin noch 21 unterschlächtige Wasserräder in Betrieb. (19) Von den einst so zahlreichen historischen Wasserrädern in der Stadt blieb aber nur das hölzerne Wasserrad am Vogeltor erhalten. Das Technikdenkmal erinnert heute an das Wasserwerk am Vogeltor, das an der gleichen Stelle bis in die Zeit um 1774 die Wasserkraft des Inneren Stadtgrabens zum Antrieb eines Kolbenpumpwerks nutzte.

Bis zum Juli 2012 drehte sich dieses sechs Tonnen schwere Pansterrad aus Eichenholz über dem Schwallech bei der Schwibbogengasse, dann musste das im Jahr 1986 installierte Technikdenkmal aus Sicherheitsgründen abgebaut werden. Im Juli 2015 konnte das demontierte frühere Schaurad durch ein neues ersetzt werden. Unten: Das letzte historische Wasserrad Augsburgs dreht sich über dem Inneren Stadtgraben beim Vogeltor. An dieser Stelle stand bis um das Jahr 1744 ein Pumpenhaus des 1879 stillgelegten Wasserwerks beim Vogeltor.

Auch Stadtwerkmeister Elias Holl hat sich 1625, wenige Jahre nach dem Bau des von ihm geplanten monumentalen Rathauses, mit dem Bau einer Mühle auseinandergesetzt: Als dieser Baumeister mit dem Abriss und Neubau des Heilig-Geist-Spitals beauftragt wurde, erneuerte er damals auch die dazugehörige Spitalmühle. Holls Entwurfszeichnung stellt den Grundriss dieser Mühle mit ihren vier von Wasserrädern angetriebenen Mahlgängen dar. Die Antriebskraft lieferte der vom Lochbach gespeiste Vordere Lech.

Elias Holl notierte später zu dieser Baumaßnahme in seinen Lebensaufzeichnungen, er habe im Sommer 1625 in nur drei Wochen *„[...] den Bronnenlech verruckt und auf 200 Schuh lang* [fast 60 Meter] *eine neue Bachmutter gegraben, [...] und auch eine neue Mühl hinüberwärts, [...] inwendig und auswendig mit 4 Gängen oder Wasser=Räder [...]. Haben die Spitalmüller nit länger als 5 Wochen feyrn dürfen und gleich in der neu gebauten Mühl wiederum gemahlen mit des Spitals großen Nutzen. Der Lechmeister Hans Kohler hat das Mühlwerk und das Abwerk alles mit seinem Gesind gemacht."* (20)

Die Vielfalt der Triebwerke hat Brunnenmeister Caspar Walter 1761 bezeugt. Innerhalb der Stadtmauern wurden damals 34 Werke mit insgesamt

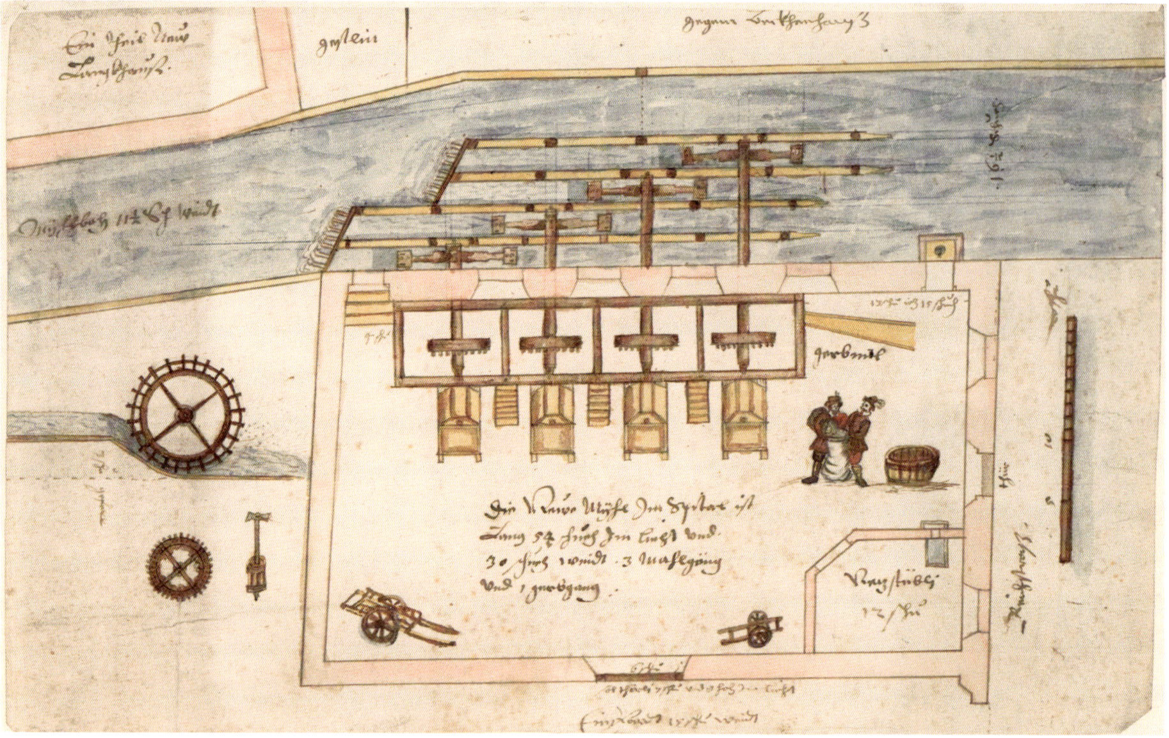

Elias Holl erbaute die Mühle des Heilig-Geist-Spitals 1625 neu. Vier Mahlgänge wurden von Wasserrädern im „Bronnenlech" (im Vorderen Lech) angetrieben.

64 Wasserrädern gezählt. Vor den Stadtmauern lagen 44 Produktionsstätten mit 99 Rädern. Die vielfältige Nutzung und auch die Zuordnung der insgesamt 163 Wasserräder hat Caspar Walter ebenfalls akribisch überliefert. Die großen Getreidemühlen arbeiteten zum Beispiel mit sechs oder sogar acht Gängen (also Wasserrädern), den kleineren genügten drei. (21) Allein die Pumpwerke im Wasserwerk am Roten Tor wurden von neun Wasserrädern in Gang gehalten.

Alle 78 Werke und ihre jeweilige Nutzung listete der Stadtbrunnenmeister in seinem 1761 in Augsburg erschienenen Buch „Beschreibung Aller hőltzernen, und derer mit 2. messenen Stůfelen versehen, oder gemachten sogenannten Gumber=Werck" in einem Kapitel auf, das alle Schneid-, Mahl-, Grätz- und andere Mühlen sowie Hämmer in und außerhalb der Stadt sowie die Zahl ihrer Wasserräder abhandelte:

· elf Getreidemühlen
· neun Silber-, Kupfer-, Eisen- und Pfannenhämmer
· acht Schneid- und Sägemühlen
· acht Brunnenwerke
· jeweils fünf Wasserkünste und Schleifmühlen
· jeweils vier Walkmühlen und Tabakstoßmühlen
· jeweils drei Poliermühlen, Grätzmühlen, Stoßmühlen und Papiermühlen
· zwei Ölmühlen sowie je eine Pulvermühle, Lohmühle, Mühle zum Gerste trendeln (Enthülsen), Lodenwalke, Walkmühle eines Weißgerbers, Gewürzstoßmühle, Diamantschleifmühle, Glasschleifmühle, ein Werk der städtischen Münze und eine Rolle im Arbeitshaus (22)

Doch nicht nur der Handwerker-Ingenieur Caspar Walter dokumentierte mit etlichen Publikationen immer wieder die Techniken der Wasserkraftnutzung durch Brunnenwerke, Mühlen und Hämmer. Bereits 1718 hatte der Architekt und Mathematiker Leonhard Christoph Sturm in Augsburg sein Standardwerk „Vollständige Mühlen-Baukunst" herausgebracht. Im Jahr 1780 erschien in Augsburg die „Abhandlung über die Bauart des Grund- und Wasserbaues bey den Straubermühlen" des Wasserbau-Ingenieurs Lukas Voch. Dank solcher Publikationen zur Wasserkraftnutzung – von den Mühlen bis zu den wasserradgetriebenen Kolbenpumpen in den Wasserwerken der Reichsstadt – kann sich Augsburg als ein „Archiv der historischen Wasserwirtschaft" bezeichnen. Freilich sind es nicht nur die gedruckten Werke im Bestand der Staats- und Stadtbibliothek Augsburg, sondern vor allem auch die Handschriften, Skizzen und Pläne *recht kümmerliches Dasein fristete."* (31) Auch der Stadtverwaltung fehlte zu dieser Zeit das Verständnis dafür, welche Chancen die von der Natur so überreich geschenkte Energiequelle Wasserkraft beinhalten könnte. *„Selbst die Kattundruckerei, welche sich um die Mitte des achtzehnten Jahrhunderts in Augsburg [...] entfaltete, begnügte sich noch mit dem Handbetrieb. Johann Heinrich Schüle, der vor dem roten Tor die grösste Kattundruckerei des Kontinentes errichtete, benützte einen vom Stadtbach abgeleiteten Kanal lediglich zum Waschen der Kattunstücke. Die Kattunfabriken von Joh. Mich. Schoeppler und Anna Barbara Gignoux waren die ersten industriellen Unternehmungen, welche eine Wasserkraft benutzten, erstere im Sparrenlech, letztere im mittleren Lech und Brunnenlech* [Vorderer Lech]." (32)

Der Anstoß zur effizienteren Nutzung der Wasserkraft musste folglich von Industriepionieren kommen, die in Augsburg zuwanderten, weil sie das Potenzial der bis dahin noch immer in bescheidenem Umfang verwerteten Wasserkraft erkannten. *„Die Wasserkraft war für einen ‚revierfernen Standort' mit großer Entfernung zur Kohle von entscheidender Bedeutung. Kein anderer Standort in Süddeutschland verfügte über derart viel leicht nutzbares Wasser."* (33)

Quellen

(1) Werner, Anton: Die Wasserkräfte der Stadt Augsburg im Dienste von Industrie und Gewerbe. Historisch-statistisch beschrieben, Augsburg 1905, S. 4

(2) vgl. Groos, Walter: Beiträge zur Topographie von Alt-Augsburg, Bericht der Naturforschenden Gesellschaft Augsburg, Bd. 21, Augsburg 1967, S. 43

(3) ebenda, S. 46 und

vgl. Werner, Anton: Die Wasserkräfte der Stadt Augsburg im Dienste von Industrie und Gewerbe. Historisch-statistisch beschrieben, Augsburg 1905, S. 6

(4) vgl. http://www.stadtarchiv.augsburg.de/index.php?id=29340, letzter Zugriff: 29.03.2015

(5) vgl. Clasen, Claus-Peter: Die Augsburger Getreidemühlen 1500 – 1800. Studien zur Geschichte des bayerischen Schwaben, Bd. 27, Augsburg 2000, S. XI

(6) ebenda, S. 1

(7) ebenda

(8) vgl. ebenda, S. 124, Fußnote 1

(9) vgl. ebenda, S. 124 f.

(10) vgl. Troitzsch, Ulrich: Energiepotentiale und Energienutzung, in: Mechanisierung und Maschinisierung 1600 bis 1840. Propyläen Technikgeschichte, Bd. 3, Berlin 1997, S. 33

(11) ebenda

(12) Emmendörffer, Christoph: Augsburgs Mühlen, Ausstellungstext Modellkammer Maximilianmuseum Augsburg, 2006

(13) Troitzsch, Ulrich: Energiepotentiale und Energienutzung, in: Mechanisierung und Maschinisierung 1600 bis 1840. Propyläen Technikgeschichte, Bd. 3, Berlin 1997, S. 34 f.

(14) ebenda, S. 33

(15) vgl. Werner, Anton: Die Wasserkräfte der Stadt Augsburg im Dienste von Industrie und Gewerbe. Historisch-statistisch beschrieben, Augsburg 1905, S. 18

(16) Häußler, Franz: Wohlstand durch Lechwasser. Ein perfektes Kanalsystem lieferte die Energie für Handwerker und Fabriken, unveröffentlichtes Manuskript, Augsburg 2011

(17) Troitzsch, Ulrich: Energiepotentiale und Energienutzung, in: Mechanisierung und Maschinisierung 1600 bis 1840. Propyläen Technikgeschichte, Bd. 3, Berlin 1997, S. 36 f.

(18) vgl. Stadt Augsburg/Untere Denkmalschutzbehörde (Hg.): Wie läuft's Augsburger Wasser?, Informationsschrift der Stadt Augsburg zum Tag des offenen Denkmals 2004, Augsburg 2004, S. 23

(19) vgl. Zettl, Rupert: Lechauf-lechab: Wissenswertes, Liebenswertes, Augsburg 2001, S. 387

(20) Meyer, Christian (Hg.): Die Hauschronik der Familie Holl (1487 – 1646) insbesondere die Lebensaufzeichnungen des Elias Holl, Baumeisters der Stadt Augsburg, München 1910, S. 79 f.

(21) vgl. Clasen, Claus-Peter: Die Augsburger Getreidemühlen 1500 – 1800. Studien zur Geschichte des bayerischen Schwaben, Bd. 27, Augsburg 2000, S. 2 und S. 7

(22) vgl. ebenda, S. 2, Fußnote 3

(23) Erichsen, Johannes (Hg.); Laufer, Ulrike: Aufbruch ins Industriezeitalter, Bd. 4, Führer durch die Ausstellung zur Wirtschafts- und Sozialgeschichte Bayerns von 1750 – 1850, München 1985, S. 55

(24) vgl. http://geodaten.bayern.de/denkmal_static_data/externe_denkmalliste/pdf/denkmalliste_merge_761000.pdf, letzter Zugriff: 02.04.2015

(25) vgl. Clasen, Claus-Peter: Die Augsburger Getreidemühlen 1500 – 1800. Studien zur Geschichte des bayerischen Schwaben, Bd. 27, Augsburg 2000, S. 2 und

Werner, Anton: Die Wasserkräfte der Stadt Augsburg im Dienste von Industrie und Gewerbe. Historisch-statistisch beschrieben, Augsburg 1905, S. 6

(26) vgl. http://www.grandel.de/ursprung/pfladermuehle, letzter Zugriff: 31.03.2015

(27) vgl. Werner, Anton: Die Wasserkräfte der Stadt Augsburg im Dienste von Industrie und Gewerbe. Historisch-statistisch beschrieben, Augsburg 1905, S. 14

(28) Wirth, Johann Christian: Augsburg wie es ist!: Beschreibung aller Merkwürdigkeiten dieser altberühmten Stadt mit Bezug auf Kunst, Handel, Fabriken, Gewerbe etc.; Ein Hand- und Addreßbuch für alle. Mit 16 Ansichten und einem Plan der Stadt, Augsburg 1846, S. 35 f.

(29) vgl. Ganser, Karl: Industriekultur in Augsburg. Pioniere und Fabrikschlösser, Augsburg 2010, S. 109 und

Kollmann, Franz Joseph: Die Wasserwerke von Augsburg [...], Augsburg 1850, S. 47

(30) vgl. Zettl, Rupert: Lechauf-lechab: Wissenswertes, Liebenswertes, Augsburg 2001, S. 386

(31) Werner, Anton: Die Wasserkräfte der Stadt Augsburg im Dienste von Industrie und Gewerbe. Historisch-statistisch beschrieben, Augsburg 1905, S. 17

(32) ebenda, S. 18

(33) Ganser, Karl: Industriekultur in Augsburg. Pioniere und Fabrikschlösser, Augsburg 2010, S. 29

An den Blankziegelfassaden von Werksgebäuden der vormaligen Maschinenfabrik Augsburg (heute MAN) fließt der Stadtbach vorbei: Der Zusammenhang zwischen Augsburgs reicher Wasserkraft und seiner frühen Industrialisierung ist kaum irgendwo besser zu erkennen als an diesem Lechkanal kurz vor dem Stadtbachkraftwerk. Der Stadtbach, der einst die Grenze zwischen dem Fabrikareal der Maschinenfabrik sowie der östlich angrenzenden Baumwollspinnerei am Stadtbach bildete, treibt seit 1907 die Turbinen eines Wasserkraftwerks an, das seinerzeit zwei Turbinenhäuser der Textilfabrik ersetzte. Unten: Nördlich dieser Stelle mündet der Stadtbach in den ab 1901 gegrabenen Vereinigten Stadt- und Proviantbach. Am Ende des Systems der Lechkanäle erzeugt seit 1902 das Wasserkraftwerk auf der Wolfzahnau Strom. Der Durchmesser des von Siemens-Schuckert im Jahr 1913 konstruierten Schwungradgenerators des Hochwassermaschinensatzes beträgt fünf Meter.

Wasserkraft für die Industriestadt Augsburg

Mit Turbinen und den ersten Wasserkraftwerken endete die Ära der Wasserräder

Der Eisenbahnpionier Friedrich List war 1841 nach Augsburg gezogen. Dort nahm der einflussreiche Nationalökonom im Lechviertel (im Anwesen Vorderer Lech 15) den letzten Wohnsitz seines bewegten Lebens. Dieser Publizist und Politiker, der sich für die wirtschaftliche Entwicklung des Deutschen Zollvereins einsetzte, hat die Nutzung der Wasserkraft in Augsburg mit größtem Interesse wahrgenommen. *„Friedrich List pflegte zu sagen, die Stadt Augsburg allein habe mehr natürliches Wassergefälle, als alle englischen Fabrikbezirke zusammengenommen."* (1)

Doch den Ausbau des Augsburger Kanalnetzes, das in den folgenden Jahrzehnten die großindustrielle Nutzung der Wasserkraft überhaupt erst ermöglichte, hat List, der sich 1846 das Leben nahm, nicht mehr erlebt. Denn zu seinen Lebzeiten betrug das Gefälle zwischen dem Wasserspiegel des Lechs beim Hochablass und der damaligen Mündung des Stadtbachs in die Wertach noch knapp 14,5 Meter. Als aber 1905 der Magistratsrat Anton Werner „Die Wasserkräfte der Stadt Augsburg im Dienste von Industrie und Gewerbe" herausbrachte, waren nicht nur Kanäle verlängert und ihre Wassermengen erhöht worden, sondern – durch Tieferlegungen der Flusssohle sowie durch Eintiefung der Flüsse als ungewollte Folge der Korrektion – auch die Gefälle. *„Heute* [1905] *beträgt das Gefälle von der Krone des Lechwehres bis zur Wolfszahnspitze 26,158 m und von dem oberen Lechanstich* [Lochbachanstich] *in der Gemeinde Meringerau bis zur Einmündung des vorderen Lechs in den Stadtbach sogar 38,16 m. Zwischen der Krone des Wertachwehres und der Wolfszahnspitze ist ein Höhenunterschied von 17,396 m."* (2)

Da nicht klar ist, wo damals die Messpunkte lagen, fällt der direkte Vergleich schwer. (3) Heute beträgt das Gefälle vom Oberwasser des Hochablasses bis zur Wolfzahnauspitze 26,09 Meter, vom Wertachwehr bis zur Wolfzahnauspitze 28,3 Meter. (3) Bis um 1900 reichte das nutzbare Gefälle jedenfalls aus, um den Großteil des Energiebedarfs der Fabriken zu decken. *„Da die Industrie fortwährend auf Verbesserung der Maschinen bedacht war, entstand bald das Bedürfnis einer Vermehrung der Wasserkräfte. Die Befriedigung dieses Bedürfnisses setzte aber voraus, dass man sich eine Kenntnis von der Grösse der Wassermengen in den einzelnen Werkkanälen verschaffte. Die erste Messung der in den Lechkanälen vorhandenen Wassermengen nahm der damalige städt. Ingenieur und spätere Baurat Joseph Kollmann [...] 1833 vor. Er tat dies aber nicht im Auftrag der Stadtverwaltung, sondern aus eigenem Antrieb. Die damalige Stadtverwaltung brauchte überhaupt lange, bis sie zum richtigen Verständnis des Wertes der hiesigen Wasserkräfte gelangte."* (4)

Erst seit den 1840er-Jahren nahm die Wasserkraft auf die frühe Industrialisierung Augsburgs maßgeblichen Einfluss. Erstens hatten die Erfolge der Textilindustrie in England und in Frankreich das Vorbild für die Gründung von Baumwollspinnereien und Webereien geliefert. Zweitens steigerten jetzt die seit 1826 entwickelten Wasserturbinen den Nutzeffekt der Wasserkraft – gegenüber ungefähr 20 Prozent bei den Wasserrädern – auf 80 Prozent und mehr. (5)

Augsburgs erste große Textilfabriken entstanden bald nach der Einführung der Turbinen, welche die

Am Proviantbach und am Hanreibach ging 1840 das erste Werk der Mechanischen Baumwollspinnerei und Weberei Augsburg in Betrieb. Im Turbinenhaus des Fabrikschlosses, es war der erste große Fabrikbau Bayerns, wurden zwei Jonval-Turbinen installiert.

Wasserräder sukzessive verdrängten. *„1836 verlegte der Kaufmann Friedrich Merz seine 1834 in Nürnberg gegründete und dort mit Ochsengöpel (!) betriebene ‚Kamm-Woll-Garn-Spinnerei-Fabrik' hierher an den leistungskräftigeren Schäfflerbach [...].“* (6) Damit entstand die Augsburger Kammgarn-Spinnerei (AKS). Das dortige hölzerne Rad wurde 1842 gegen ein eisernes Poncelet-Rad ausgetauscht, das jedoch nur drei Jahre später von zwei Wasserturbinen verdrängt wurde. Ehe Wasserkraftwerke Strom erzeugten, setzten Turbinen die Wasserkraft in Rotationsenergie um: Die Drehung der Turbinenwelle wurde mittels eines Transmissionsgetriebes direkt auf die Maschine übertragen.

Einen lebhaften Eindruck von der Wirkung der frühen Turbinen auf die Zeitgenossen vermittelt ein Bericht des Augsburger Tagblatts zur Einweihung des ersten Werks der Mechanischen Baumwollspinnerei und Weberei Augsburg (SWA) am Proviantbach am 27. August 1840: *„Die das Ganze bewegende Kraft geht von zwei Turbinen (Kreiselrädern), die 15 Fuß [4,3 m] unter dem Wasser stehen, aus. Ruhig steht ober denselben die Wassermasse, und der Gang der Turbinen selbst ist durchaus nicht lärmend. Ober dem Wasser vereinigen sie mittelst kolossaler Räder ihre Kraft, die hier von der senkrechten zu[r] horizontalen sich umändert, und einen eisernen Wellenbaum, so lang als das ganze Gebäude, in Bewegung setzt. Die Kraft der Turbinen beträgt über 100 Pferdekraft.“* (7)

Den Siegeszug der Turbinen hat Anton Werner im Jahr 1905 überliefert, indem er die Wasserkraftnutzung an allen Augsburger Kanälen Triebwerk für Triebwerk beschrieb. Auf 90 Seiten dokumentierte Werner die Historie und Nutzung dieser Werke. Dabei wurde zwar deutlich, dass in der späten zweiten Hälfte des 19. Jahrhunderts durchaus noch immer Wasserräder neu installiert wurden, wenn auch des Öfteren hölzerne Räder durch eiserne Konstruktionen mit hölzernen Schaufeln ersetzt wurden. Doch 1839/40 fing der Austausch von Wasserrädern gegen Turbinen an. Dies brachte fast durchwegs die Konversion von Mühlen und anderen traditionellen Gewerbebetrieben in Textil- oder Maschinenbaufabriken mit sich:

- 1839: Die Neue Augsburger Kattunfabrik am Sparrenlech erhielt die Genehmigung, ein 1784 eingebautes Pansterrad durch eine Turbine zu ersetzen.
- 1840: Die Mechanische Baumwollspinnerei und Weberei Augsburg am Proviantbach (Werk I – der „Altbau“) ging mit zwei Jonval-Turbinen in Betrieb.
- 1845: Die Augsburger Kammgarn-Spinnerei (AKS) am Schäfflerbach ersetzte ein erst 1842 installiertes Wasserrad nach Poncelet durch zwei Turbinen, die 1856 von zwei neuen Turbinen abgelöst wurden.

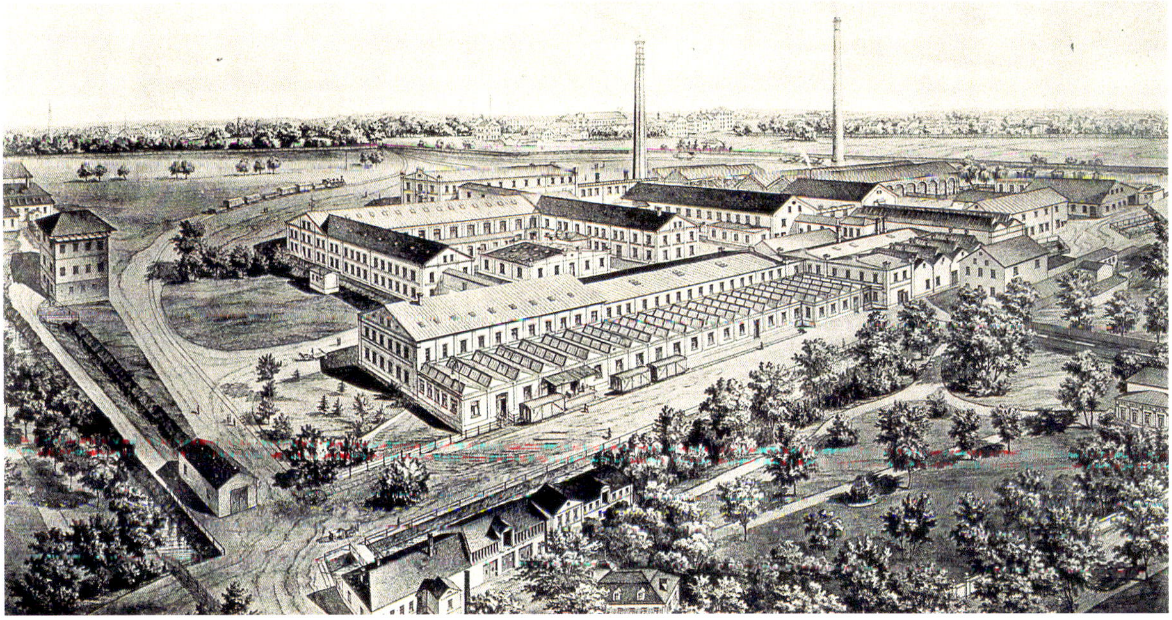

In der Neuen Augsburger Kattunfabrik (hier eine Ansicht von 1913) wurde 1839 wohl erstmals in der Stadt ein Wasserrad von einer Turbine verdrängt.

- 1847: In der C. Reichenbach'schen Maschinenfabrik (seit 1857 Maschinenfabrik Augsburg, heute MAN), wurde ein Pansterrad von 1841 gegen eine Turbine, einen Prototyp aus der eigenen Werkstatt, getauscht.
- 1851: Die Papierhülsenfabrik von Rugendas & Cie tauschte ihr erst im Jahr 1838 eingebautes, nach dem System Poncelet konstruiertes unterschlächtiges Wasserrad durch eine Jonval-Turbine aus.
- 1851: In der Mechanischen Weberei am Fichtelbach verdrängte eine Turbine ebenfalls ein Poncelet'sches Wasserrad.
- Vermutlich 1851 tauschten die Papierfabrikanten Friedrich und Klemens Haindl zwei eiserne Wasserräder gegen zwei Turbinen aus. Im Oberen Werk wurde 1864 eine neue Turbinenanlage aus der benachbarten Maschinenfabrik Augsburg eingesetzt.
- 1852: Die Bleicherei und Färberei von Martini & Cie im Dorf Haunstetten installierte zwei Turbinen.
- 1853: Die Baumwollspinnerei am Stadtbach ließ über dem Lechkanal ein Turbinenhaus errichten.
- 1853: Am Standort der späteren Baumwollspinnerei Senkelbach wurden zehn Wasserräder der Pfeifenmühle gegen drei Turbinen für den Betrieb einer Kunstmühle ausgetauscht.
- 1856: Kahn & Arnold, Spinnerei am Sparrenlech, ließ eine Turbine installieren, welche vier Säggänge einer ehemaligen Sägemühle verdrängte.
- 1856: Die Haunstetter Spinnerei und Weberei ersetzte drei Wasserräder durch zwei Turbinen.
- 1857: Die Joh. Haag'sche Maschinen- und Röhrenfabrik, Aktiengesellschaft, ließ ein Hammerwerk am Hanreibach umbauen und anstelle von drei Wasserrädern zwei Turbinen installieren.
- 1857: Die Baumwoll-Feinspinnerei am Schäfflerbach stellte die Wasserkraftnutzung auf zwei Turbinen um.
- 1860: Die Bleicherei, Färberei, Druckerei und Appreturanstalt von Martini & Cie. am Fichtelbach ließ drei Wasserräder durch eine Turbine ersetzen.
- 1860: Die Mahlmühle der vereinigten Bäcker in Augsburg, eine Genossenschaft der Bäckerinnung, ließ ihre Räder gegen zwei Turbinen austauschen.
- 1861: In der Belzmühle am Vorderen Lech wurden vier Wasserräder von zwei Jonval-Turbinen verdrängt.
- 1862: Die Spinnerei Wertach am Senkelbach bekam die Genehmigung, das Gefälle des Kanals vor ihrem Turbinenhaus zu erhöhen.
- 1866: Die neue Spinnerei und Weberei Pfersee erhielt den Bau einer Turbinenanlage genehmigt. (8)

Abbildung nächste Doppelseite: Der Monumentalplan des Augsburger Stadtbaurats Ludwig Leybold in der Tradition der Vogelschaupläne zeigte 1873 nur die Miniaturdarstellungen der öffentlichen Bauten, Kirchen und Fabrikanlagen. Dieser Plan verdeutlicht, dass die großen Fabriken an den Kanälen des Lechs, der Wertach und der Brunnenbäche lagen.

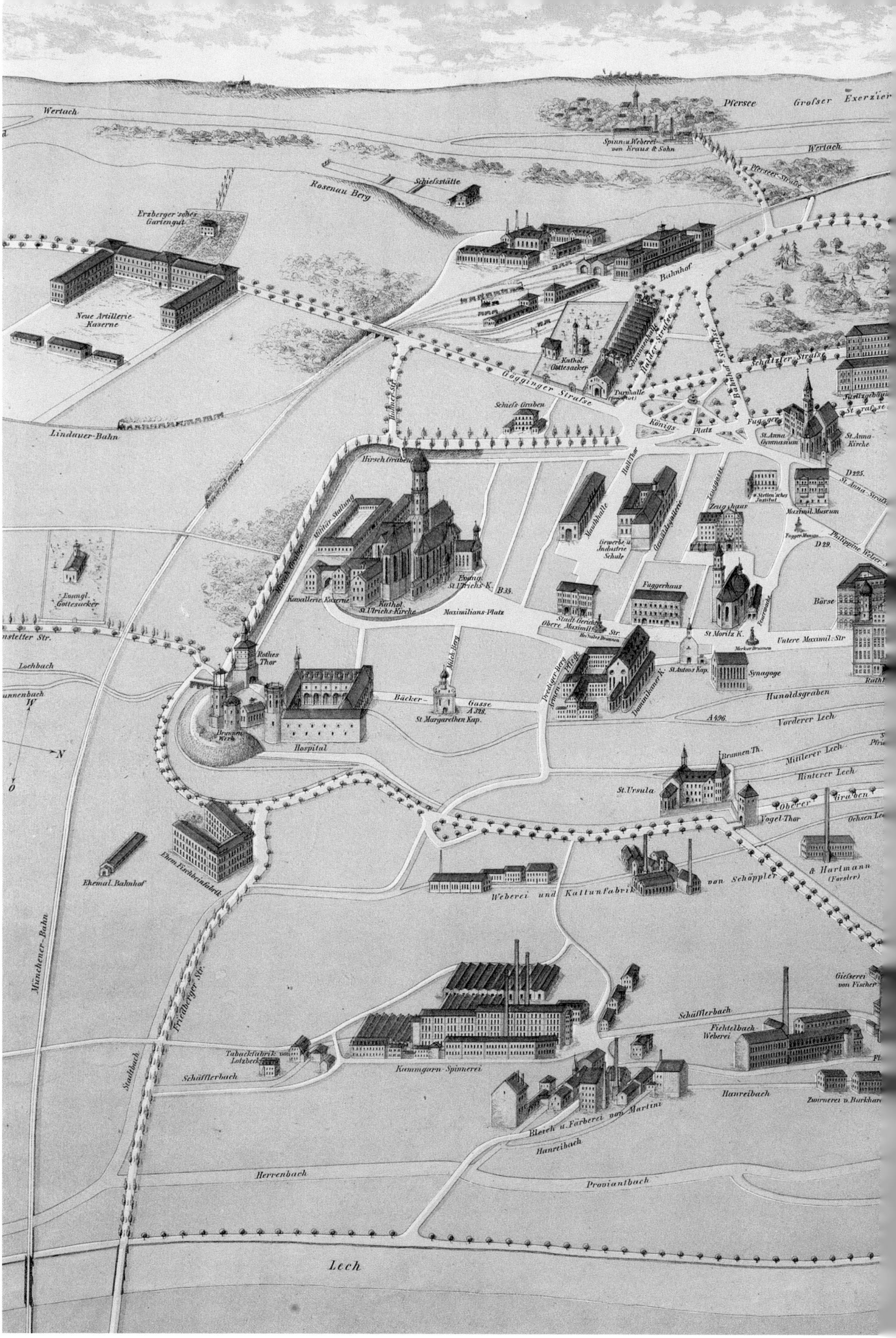
Pfersee
Großer Exerzier
Wertach
Spinn u. Weberei von Kraus & Sohn
Wertach
Pferseer Straße
Schießstätte
Rosenau Berg
Erzberger'sches Gartengut
Neue Artillerie-Kaserne
Bahnhof
Kathol. Gottesacker
Göggingen Straße
Schieß Graben
Königs Platz
Fugger
St. Anna Gymnasium
St. Anna Kirche
Lindauer-Bahn
Hirsch Graben
Militär Stallung
Kavallerie Kaserne
Kathol. St. Ulrichs-Kirche
Evang. St. Ulrichs K.
B.33.
Maximilians-Platz
Mauthhalle
Gewerbe u. Industrie Schule
Fuggerhaus
Zeughaus
Maximil. Museum
D.225.
D.29.
Börse
Evangl. Gottesacker
Rothes Thor
Brunnen Werk
Hospital
Bäcker-Gasse
A.328.
St. Margarethen Kap.
St. Moritz K.
Untere Maximil. Str.
Synagoge
Hunoldsgraben
A.496.
Vorderer Lech
Mittlerer Lech
Hinterer Lech
St. Ursula
Vogel-Thor
Oberer Graben
Lochbach
W
N
O
Ehemal. Bahnhof
Ehem. Fischbeinfabrik
Weberei und Kattunfabrik
von Schöppler
& Hartmann (Förster)
Münchener-Bahn
Friedberger Str.
Gießerei von Fischer
Schäfflerbach
Fichtelbach Weberei
Tabackfabrik von Lotzbeck
Kammgarn-Spinnerei
Schäfflerbach
Hanreibach
Zwirnerei v. Burkhart
Bleich u. Färberei von Martini
Hanreibach
Stadtbach
Herrenbach
Proviantbach
Lech

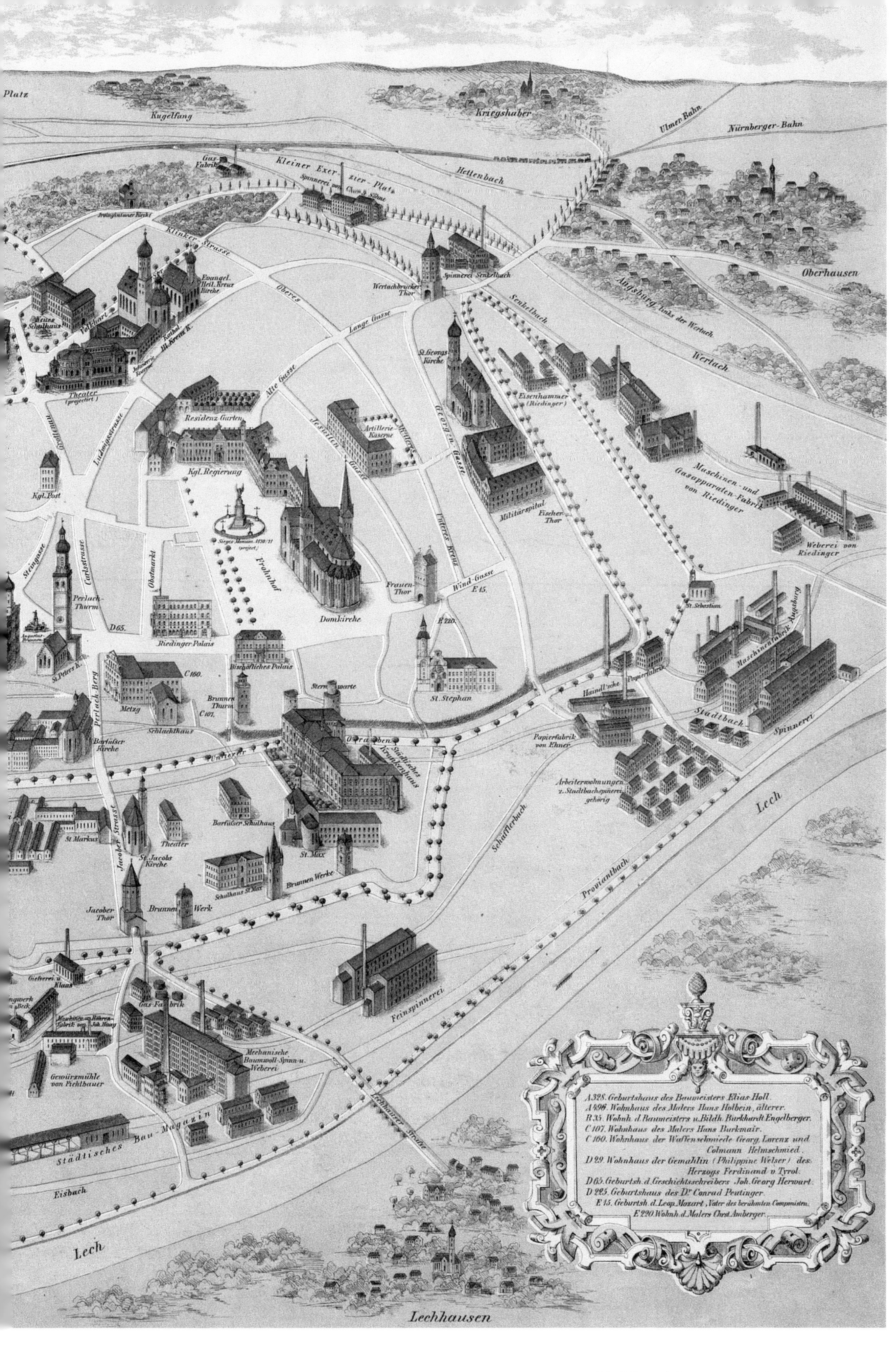

Kugelfang
Kriegshaber
Ulmer Bahn
Nürnberger-Bahn
Kleiner Exerzier-Platz
Hettenbach
Oberhausen
Wertach
Senkelbach
Theater (projectirt)
Residenz Garten
Kgl. Regierung
Kgl. Post
Artillerie-Kaserne
Militärspital
Fischer Thor
Domkirche
Frauen-Thor
Wind-Gasse
E.15.
E.220.
St. Stephan
Riedinger Palais
Bischöfliches Palais
Perlach-Thurm
D.65.
St. Peters K.
C.160.
C.107.
Metzg
Schlachthaus
Brunnen Thurm
Sternwarte
Barfüßer Kirche
St. Markus
Theater
Barfüßer Schulhaus
St. Jacobs Kirche
Schulhaus St. Max
St. Max
Brunnen Werke
Jacober Thor
Brunnen Werk
Gas-Fabrik
Mechanische Baumwoll-Spinn-u. Weberei
Gewürzmühle von Pichlhauer
Städtisches Bau-Magazin
Eisbach
Lech
Lechhausen
Feinspinnerei
Proviantbach
Schäfflerbach
Arbeiterwohnungen z. Stadtbachspinnerei gehörig
Papierfabrik von Ebner
Stadtbach-Spinnerei
Maschinenfabrik Augsburg
St. Sebastian
Weberei von Riedinger
Maschinen- und Gasapparaten-Fabrik von Riedinger
Eisenhammer (Riedinger)
St. Georgs Kirche
Spinnerei Senkelbach
Wertachbrucker Thor
Augsburg links der Wertach
A.328. Geburtshaus des Baumeisters Elias Holl.
A.496. Wohnhaus des Malers Hans Holbein, älterer.
B.35. Wohnh. d. Baumeisters u. Bildh. Burkhardt Engelberger.
C.107. Wohnhaus des Malers Hans Burkmair.
C.160. Wohnhaus der Waffenschmiede Georg, Lorenz und Colmann Helmschmied.
D.29. Wohnhaus der Gemahlin (Philippine Welser) des Herzogs Ferdinand v. Tyrol.
D.65. Geburtsh. d. Geschichtsschreibers Joh. Georg Herwart.
D.225. Geburtshaus des Dr. Conrad Peutinger.
E.15. Geburtsh. d. Leop. Mozart, Vater des berühmten Componisten.
E.220. Wohnh. d. Malers Chrst. Amberger.

In der Augsburger Kammgarn-Spinnerei wurden seit dem Jahr 1845 zwei Turbinen vom Schäfflerbach angetrieben. Mehrere Fabrikgebäude dieser Textilfabrik sind bis heute erhalten.

Die Dynamik der Industrialisierung der Stadt Augsburg in der Zeit von 1840 bis 1860 zeigte sich zunächst einmal noch nicht am Anwachsen der Bevölkerung. Lebten 1840 (ohne das hier stationierte Militär) 32 775 Menschen in Augsburg, waren es im Jahr 1855 lediglich knapp 2000 Einwohner mehr. Über den Zuzug von Arbeitern machte sich das rasante Wachstum der Fabriken aus einem banalen Grund bis in die 1860er-Jahre wenig bemerkbar: Es gab für sie keinen Wohnraum, weswegen sie zumeist Tag für Tag, zu Fuß und bei jedem Wetter, aus den zum Teil etliche Kilometer weit entfernten Dörfern im Umland kamen.

Die Geschwindigkeit des Wachstums belegen weit mehr die ausgedehnten Fabrikkomplexe auf Augsburger Stadtplänen. Östlich der bis in die 1860er-Jahre einengenden Stadtbefestigung begannen die Fabriken, eine Stadt vor der Stadt zu bilden. Wo noch kurz zuvor im Gelände verstreute Gebäude verschiedener Mahlwerke, Säg- und Papiermühlen oder Hammerwerke zu erkennen waren, standen jetzt massige Fabrikbauten. Das erste Werk der „Mechanischen Baumwollspinnerei und Weberei Augsburg" (SWA) *„[...] bis 1840 errichtet zwischen Lechhauser und Johannes-Haag-Straße, war lange Zeit mit einer Länge von 155, einer Breite von 16 und einer Höhe von 24 Metern der größte Fabrikbau Bayerns".* (9) Das Augsburger Tagblatt schrieb im August 1840 enthusiastisch von einem großartigen *„[...] Etablissement, das seines Gleichen kein zweites in Deutschland hat [...]".* (10)

Zwar legten die neuen Fabrikareale ebenfalls Wert auf Distanz zu den Nachbarn, um räumliches Wachstum zu ermöglichen, aber wohl auch, um sich eine möglichst unbeeinträchtigte Wasserkraftnutzung zu sichern. Die Abmessungen der Flächen waren freilich imposant, auch weil die Unternehmen mit den Fabrik- und Verwaltungsgebäuden, Direktorenvillen, Arbeitersiedlungen, Turbinen- und Dampfmaschinenhäusern

Im Kopfbau der Augsburger Kammgarn-Spinnerei informiert heute das Staatliche Textil- und Industriemuseum Bayern zur Geschichte der noch bis Mitte des 20. Jahrhunderts boomenden Augsburger Textilindustrie und nicht zuletzt zu der mit dieser Branche untrennbar verbundenen Rolle der Wasserkraft.

fast gemeindeähnliche Gebiete bildeten. So erstreckte sich zum Beispiel das in sich geschlossene Areal der Augsburger Kammgarn-Spinnerei über 50 Hektar – und war in der Industriemetropole Augsburg doch nur der zweitgrößte Fabrikkomplex. Die Maschinenfabrik Augsburg-Nürnberg fiel noch großflächiger aus. (11)

Während im nahen München Tempel im griechischen Stil das Stadtbild verschönerten, waren in der Industriestadt Augsburg Fabriken die Sehenswürdigkeiten des 19. Jahrhunderts. Dies verdeutlicht zum Beispiel der 1873 gedruckte „Monumental-Plan der Stadt Augsburg", den Stadtbaurat Ludwig Leybold in der langen Tradition der Augsburger Vogelschaupläne anfertigte. Leybolds Miniaturdarstellungen der öffentlichen Bauten, Kirchen, alten Stadttore, Brunnen und Denkmäler wurden von den Fabrikanlagen gerahmt, die sich entlang der Lechkanäle und des Senkelbachs ballten. Dieser Plan verdeutlicht, wie sehr die Standorte der Augsburger Industrien mit den Kanälen und der Wasserkraft verknüpft waren. Zwar kamen bei Bedarf auch Dampfmaschinen zum Einsatz. Wasserturbinen waren jedoch erheblich wirtschaftlicher.

Die Nachfrage nach Turbinen hatte direkte Auswirkungen auf die Augsburger Maschinenbauindustrie. Während die frühen Turbinen im Elsass hergestellt wurden, stieg die C. Reichenbach'sche Maschinenfabrik, die 1857 zur Aktiengesellschaft wurde und seitdem Maschinenfabrik Augsburg hieß, in die Produktion ein. Die erste, vom Stadtbach angetriebene Turbine nach dem System Henschel-Jonval war 1847 noch für das eigene Werk hergestellt worden. In den nächsten fünf Jahren wurden 28 Turbinen ausgeliefert. Die Industriestadt Augsburg selbst war ein wachsender Markt, mancher Kunde lag in der direkten Nachbarschaft. So ließ zum Beispiel 1864 die Papierfabrik Haindl die Wasserräder ihres „Oberen Werks" am Malvasierbach durch eine Turbinenanlage aus der Maschinenfabrik Augsburg ersetzen. (12) *„Bis 1913 dann, als die Turbinenfabrikation ganz an die Firma Voith in Heidenheim abgetreten wurde, hatte das Augsburger Werk 907 Wasserturbinen gebaut."* (13)

Die Maschinenfabrik Augsburg konstruierte 1847 ihre erste, vom Stadtbach angetriebene Turbine für den Eigenbedarf. In den Jahrzehnten bis 1913 stellte die Fabrik schließlich mehr als 900 Wasserturbinen her – nicht wenige wurden in Augsburg eingesetzt.

Seit 1877 konstruierte die Maschinenfabrik Augsburg auch Turbinen, die bei geringeren Wassermengen eingesetzt werden konnten. Die erste dieser Turbinen nach dem System Girard wurde in der Haunstetter Spinnerei und Weberei eingesetzt. (14) Die Maschinenfabrik Augsburg war in der Stadt aber nicht der einzige Lieferant von Wasserturbinen. Die mechanische Werkstätte von Ludwig August Riedinger, die sich zu einer Maschinenfabrik und Eisengießerei entwickelt hatte, fertigte nicht nur (ab 1870) eiserne Wasserräder, sondern (bis 1909) auch Turbinen und komplette Wasserkraftanlagen. (15) Und in der Mechanischen Werkstätte

Die 1910 installierten Francis-Turbinen im Wasserwerk am Hochablass wurden 2004 ausgebaut. Eine Turbine steht als Denkmal vor dem früheren Wasserwerk. Rechts: Das Turbinenhaus der Mechanischen Baumwoll-Spinnerei und Weberei (Werk I – Altbau) am Proviantbach ist in überbauter Form erhalten.

Georg Schimpfles am Findelhauskanal, einem kleinen Werkskanal zwischen Stadtbach und Sparrenlech, ersetzte man „*[...] 1889 das bis dahin bestandene Kropfrad durch eine Haag'sche Turbine [...]*" (16) aus der Joh. Haag'schen Maschinen- und Röhrenfabrik.

Trinkwasser mit Turbinentechnik zu heben, wurde in Augsburg im Jahr 1865 erstmals realisiert. Als im Unteren Wasserwerk am Mauerberg „*[...] ein Wasserrad von 5 Meter Durchmesser und 2 Meter Breite sowie einer Leistung von 25 Pferdestärken nicht mehr ausreichte, konnte es mit der gleichen Wassermenge durch eine Henschel-Jonval-Turbine von 2 Meter Durchmesser, die aber 36 Pferdestärken leistete, ersetzt werden*". (17) Auch hier war es die Maschinenfabrik Augsburg gewesen, die mit dem letzten Umbau des Pumpwerks vor der Stilllegung des Wasserwerks im Jahr 1879 beauftragt wurde.

Die alten Wasserwerke wurden außer Betrieb gesetzt, weil 1879 das neue Wasserwerk am Hochablass eingeweiht wurde. Der 1878 erweiterte Neubach trieb dort drei Jonval-Turbinen als Motoren an. (18) Auch die maschinelle Anlage des Wasserwerks am Hochablass wurde von der Maschinenfabrik Augsburg ausgeführt. (19) 1910 wurden die alten Jonval-Turbinen durch Francis-Turbinen ersetzt, die gleichfalls das Augsburger Werk lieferte. Seit 1908 firmierte es allerdings unter dem Namen Maschinenfabrik Augsburg-Nürnberg AG (M.A.N.). Eine dieser 2004 ausgebauten Turbinen wurde samt stehender Welle und Zahnrad als Technikdenkmal vor der Fassade des stillgelegten Wasserwerks aufgestellt. (20)

Etliche erhaltene Turbinenhäuser sind die letzte Erinnerung nicht nur an die mechanische Kraftübertragung durch Wasserturbinen, sondern auch an die bis auf diese Relikte zumeist verschwundenen riesigen Fabrikkomplexe. Eine ganze Reihe vor 1900 errichteter Turbinenhäuser beherbergt heute Wasserturbinen zur Stromgewinnung aus Wasserkraft. Das wohl prominenteste Beispiel dafür ist das Turbinenhaus der von 1837 bis 1840 erbauten Mechanischen Baumwoll-Spinnerei und Weberei (Werk I – Altbau), der ersten der großen Augsburger Textilfabriken. Das heutige Wasserkraftwerk am Proviantbach im Dreieck von Lechhauser Straße, Johannes-Haag-Straße und Berliner Allee (durch einen Anbau an der Westseite vergrößert) zeigt noch die ursprüngliche, dreiachsige Fassadenfront des Turbinenhauses von 1840. (21)

Beispiel zwei: Im heutigen Augsburger Stadtteil Haunstetten wurde 1880 ein Turbinenhaus für die Textilfabrik des Unternehmers Georg Kaeß errichtet. Die Fabrikgebäude riss man 1995 überwiegend ab. Die Fabrikantenvilla, das Kutscherhaus und das kleine Kraftwerksgebäude am Lochbach (dort zeigt die Bauinschrift die Jahreszahl 1880) an der Martinistraße erinnern an die spätere Bleicherei und Färberei von

1880 baute man das Turbinenhaus des Haunstetter Fabrikanten Georg Kaeß am Lochbach (links), zwei Jahre zuvor war das Turbinenhaus der Bleicherei und Färberei Martini & Cie. am Hanreibach entstanden.

Martini u. Cie. vorm. Gg. Kaeß. (22) Beispiel drei: Die Martini & Cie. Bleicherei und Färberei an der Provinostraße gehörte gleichfalls zum Imperium der Textilfabrikantendynastie Martini. Dort entstand am Hanreibach 1878 ein Kraftwerksbau mit zwei Turbinenkammern und Leerschuss. Die Wasserkraft wurde hier durch eine Drahtseil-Transmission auf die Maschinen übertragen. (23) Das Turbinenhaus am Hanreibach liegt am östlichen Rand des heutigen Martini-Parks.

Das Kraftwerk Riedinger am Senkelbach erinnert ebenfalls an eine verschwundene Textilfabrik: an die Augsburger Buntweberei von Ludwig August Riedinger. An der Stelle eines früheren Turbinenhauses errichtete man 1904/05 das heutige Gebäude. 1905 wurden dort zwei vertikale Francis-Turbinen eingebaut, bei denen die Transmission über Riemenantrieb erfolgte. Doch 1923 wurde dieser Maschinen-

Im Jahr 1905 entstand das Kraftwerk Riedinger. Die Buntweberei Riedinger verwertete die Kraft des Senkelbachs noch über Transmission, obwohl längst Strom erzeugende Wasserkraftwerke gebaut wurden.

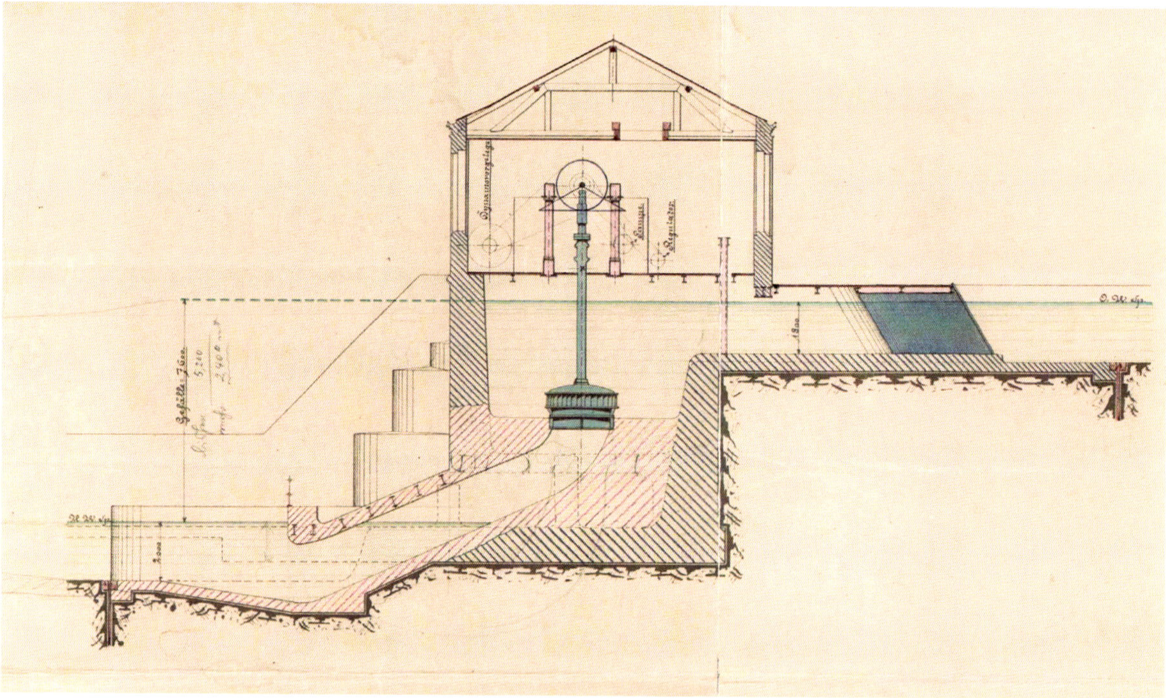

Zwei Querschnitte dokumentieren die Geschichte des Kraftwerks Riedinger am Senkelbach. Im Jahr 1905 wurden in dem von der Buntweberei Riedinger neu errichteten Turbinenhaus zwei vertikale Francis-Turbinen eingebaut. Die Transmission erfolgte über einen Riemenantrieb. Unten: Erst 1923 wurde dieses Turbinenhaus der Buntweberei zu einem Strom erzeugenden Wasserkraftwerk umfunktioniert. Der Elektrifizierung der Textilfabrik ging der Einbau zweier horizontaler Francis-Turbinen voraus.

satz durch zwei horizontale Francis-Turbinen ersetzt. Seitdem wird im Kraftwerk Riedinger Strom erzeugt.

Die Antriebskraft wurde seinerzeit durch die Erhöhung der Wassermenge nochmals gesteigert. (24) Zwischen dem Oberwasser und dem Unterwasser des Kraftwerks liegen 6,4 Meter Gefälle. Schon 1890 war der Senkelbach begradigt worden, um die Wasserkraft zu verstärken. Danach war dort ein Wasserbau für zwei Turbinenkammern mit Jonval-Turbinen errichtet worden. (25)

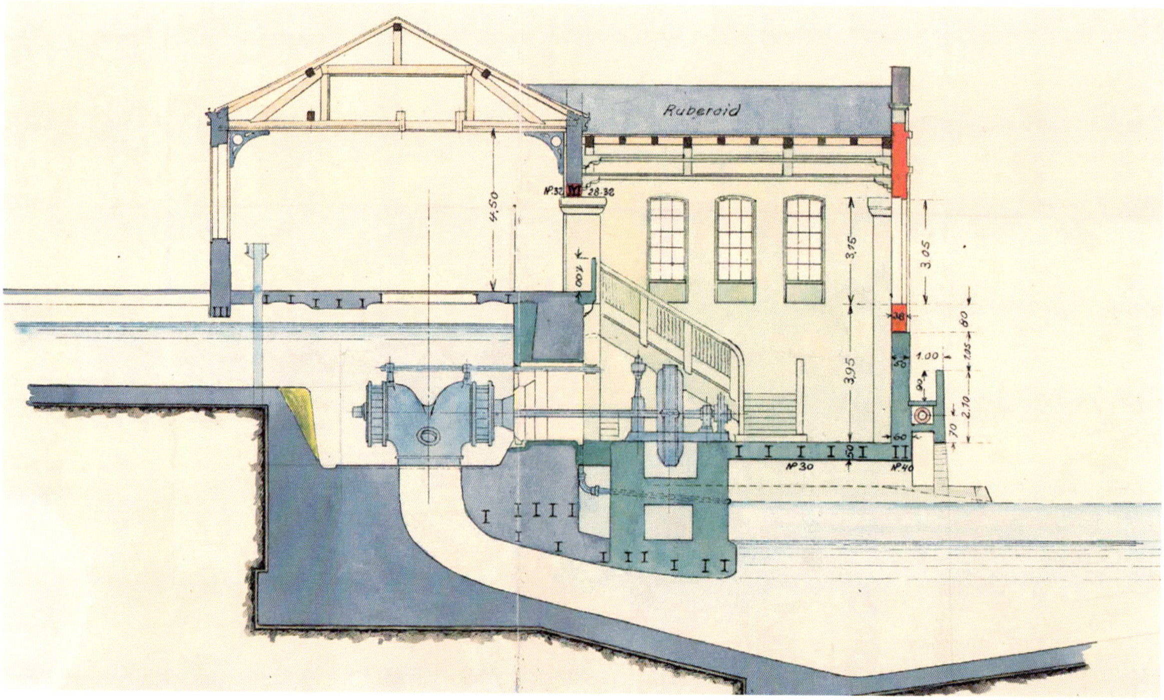

Im Inneren des Kraftwerks gelangt man zum mannshohen Generatorenrad des Maschinensatzes von 1923. Der Gang durch das Wasserkraftwerk macht den Höhenunterschied von fast sechseinhalb Metern zwischen dem Ober- und dem Unterwasser deutlich.

Das erste Wasserkraftwerk der Industriestadt Augsburg, das von Anfang an für die Stromerzeugung geplant wurde, ließ vergleichsweise lange auf sich warten. Zwar befasste man sich in Augsburg bereits früh – 1892 – mit dem Projekt eines solchen Kraftwerkbaus. Es dauerte aber bis 1901, ehe man wenige Kilometer nördlich der Stadtgrenze mit dem ersten Wasserkraftwerk über dem ab 1898 gegrabenen Lechkanal im Dorf Gersthofen Strom produzierte.

Dieses Gersthofer Kraftwerk, projektiert von der Elektrizitäts-Actien-Gesellschaft vorm. W. Lahmeyer & Co., Frankfurt am Main, war der verspätete Auftakt zur Elektrifizierung der gesamten Region. (26) *„Dass ausgerechnet im früh industrialisierten Augsburg die Stromgewinnung durch Wasserkraft derart spät begann […], hatte zwei Gründe: Zum einen förderte die Augsburger Stadtverwaltung wegen eigener Interessen den Einsatz von Leuchtgas. Zum anderen war Augsburgs Industrie seit den 1880er-Jahren mit Dampfmaschinen elektrifiziert worden oder mit der von Wasserturbinen gewonnenen Maschinenkraft noch ausreichend versorgt."* (27)

Dabei ermöglichte der von Werner von Siemens entwickelte elektrodynamische Generator schon seit 1866 die Umwandlung der Wasserkraft in Elektrizität. Andere Wirtschaftsstandorte zeigten sich der neuen Technik gegenüber aufgeschlossener: Der Nürnberger Sigmund Schuckert experimentierte immerhin bereits im Jahr 1876 mit einer von Wasserkraft angetriebenen Dynamomaschine. 1882 wurde die Almosmühle Nürnbergs erstes Elektrizitätswerk. Das europaweit erste (noch kleine) Wasserkraftwerk, das kontinuierlich Strom erzeugte, war 1878/79 im schweizerischen St. Moritz in Betrieb gegangen. Bald darauf erzeugten Wasserkraftwerke in Thüringen, England, Österreich, Schweden und Italien Strom. (28) Eines der ersten Wasserkraftwerke Bayerns entstand 1891/92 an der Amper in Schöngeising bei Fürstenfeldbruck.

Auch bei diesem Projekt Oskar von Millers kam Augsburger Erfahrung beim Wasserbau zum Tragen. Über dem Unterwasser dieses Wasserkraftwerks steht in erhabenen (Beton-)Lettern zu lesen: „BETONBAU von Thormann, Schneller & C° AUGSBURG 1981". Das 1876 von Ingenieur Alfred Thormann und Maurermeister Tobias Schneller gegründete Unternehmen profitierte wohl von Erfahrungen, die man in Augsburg beim Wasserbau erwerben konnte. Bis Ende der 1870er-Jahre waren dort sämtliche Triebwerksbauten aus Holz errichtet worden. Die Mechanische Baumwollspinnerei und Weberei sowie Martini & Cie. waren

Eine Fotografie von 1902 dokumentiert den Rohbau des „Elektrizitätswerks der Spinnerei am Stadtbach" auf der „Wolfzahnspitze". Rechts ist der Leerschuss zu erkennen, die Floßgasse (rechts ganz außen) zeigt das aus Richtung Unterwasser aufgenommene Foto nur angedeutet. Die weiteren Trakte des Kraftwerksgebäudes entstanden erst später. Unten: Das Wasserkraftwerk auf der Wolfzahnau erhielt einen Anbau für die vierte Turbinenkammer (Bildmitte) und für vier Wärterwohnungen (als Osttrakt). Im Westen (rechts) liegt die 1913 zum Leerschuss umgenutzte Floßgasse.

dann die frühesten Fabriken, deren Kanalanteile und Floßgassen in Betonbauweise ausgeführt wurden. (29)

Auf der Wolfzahnau ging 1902 das erste Wasserkraftwerk innerhalb der Grenzen der Stadt Augsburg in Betrieb. Anton Werner hat 1905 im Buch „Die Wasserkräfte der Stadt Augsburg" diese „Neue Turbinenanlage der Baumwollspinnerei am Stadtbach" so beschrieben: *„Der im Jahre 1901 in der Wolfszahnau ausgehobene Kanal von 1100 m Länge führt in gerader Linie längs des staatlichen Schutzstreifens parallel mit*

der Wertach, deren Bett vom Vereinigungspunkt der Kanäle entsprechend verengt ist, zum Lech.

Die Turbinenanlage ist ca. 190 m vor dem Auslauf in den Lech hergestellt. Die hier erzeugte Kraft wird im Turbinenhaus in Elektrizität umgesetzt, und diese in einem unterirdischen Kabel zur Spinnerei hinaufgeleitet.

Die Schwelle der drei Turbinen liegt 2,5 m unterhalb dem Maximal-Oberwasserspiegel. Am linken Ufer befindet sich eine 6 m breite und 120,8 m lange Flossgasse. Zwischen Flossgasse und Turbinenhaus befindet sich ein Leerschuss, dessen Schwelle 3 m unter dem Normal-Oberwasser liegt." (30)

Dieses Wasserkraftwerk ist ein gelb-roter Blankziegelbau, möglicherweise geplant vom Augsburger Architekten Karl Albert Gollwitzer. Quer zum Vereinigten Stadt- und Proviantbach steht das Turbinenhaus. Drei Turbinen von Escher, Wyss & Cie, die bei der Weltausstellung in Paris im Jahr 1900 für schweizerische Maschinenbautechnik warben, wurden dort 1902 im ersten Bauabschnitt des Wasserkraftwerks installiert. Werkshalle und Verwaltungsbau liegen am östlichen Kanalufer. Über dem Westufer steht die Trafostation.

Die einheitlich gestaltete Fassade des Wasserkraftwerks auf der Wolfzahnau täuscht darüber hinweg, dass dieser Baukomplex nicht auf einmal

Schon ein Jahr vor dem Wasserkraftwerk auf der Wolfzahnau war im Wasserkraftwerk Gersthofen Strom erzeugt worden. Mit fünf Francis-Turbinen der Maschinenfabrik Augsburg-Nürnberg AG (M.A.N.) begann die Elektrifizierung der gesamten Region.

errichtet worden ist. Wie eine historische Fotografie von 1902 belegt, entstand zunächst der dreiachsige Mitteltrakt mit den ersten drei Turbinenkammern des „Elektrizitätswerks der Spinnerei am Stadtbach". Der Leerschuss lag ursprünglich dort, wo heute der erst bis 1913 westlich angebaute Trakt steht, in dem die vierte Turbinenkammer für den seinerzeit installierten Hochwassermaschinensatz untergebracht wurde. Die Floßgasse, die 1902 westlich des Leerschusses eingerichtet worden war, konnte 1913 zum neuen Leerschuss umfunktioniert werden, weil die Lechflößerei seinerzeit bereits bedeutungslos geworden war.

Im Gegensatz zu den drei längst ausgetauschten Turbinen von 1902 ist der Hochwassermaschinensatz

Abbildung nächste Seite: 1902 hob ein „Plan der Stadt Augsburg" „jedes Etablissement mit Wasserkraft" mittels braun kolorierter Flächen hervor. Das Wasserkraftwerk auf der Wolfzahnau ist am Ende des Vereinigten Stadt- und Proviantbachs zu erkennen.

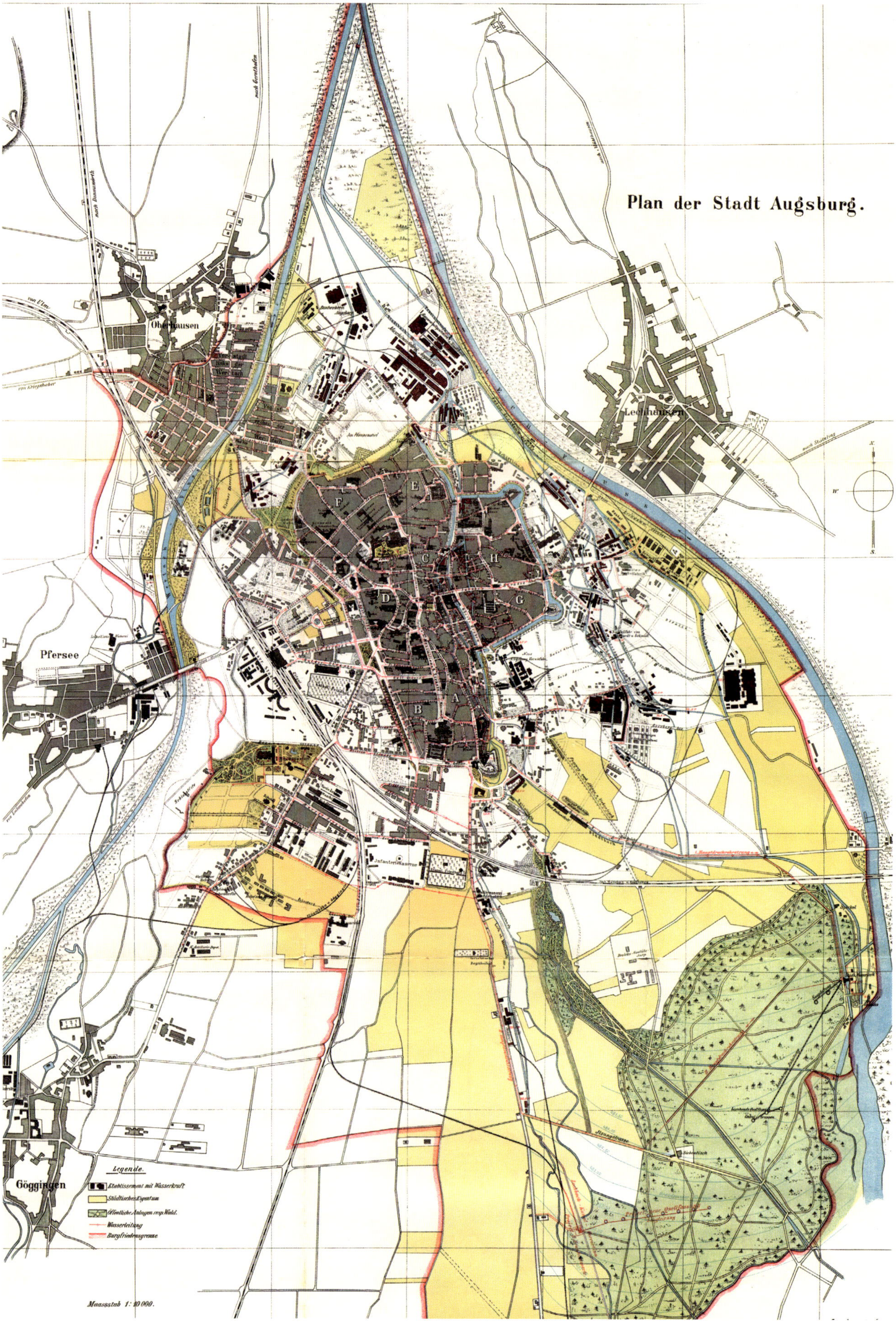
Plan der Stadt Augsburg.
Oberhausen
Lechhausen
Pfersee
Göggingen
Legende.
Etablissement mit Wasserkraft
Städtisches Eigentum
Öffentliche Anlagen resp. Wald.
Wasserleitung
Burgfriedensgrenze
Maassstab 1:10000.

Straßenbahnen. Dieses Kraftwerk ist äußerlich weit weniger spektakulär als sein Innenleben: In der von Licht durchfluteten Halle generieren zwei beinahe original erhaltene Maschinensätze aus dem Jahr 1921 Strom aus Wasserkraft. Bislang wurde nur eine einzige Turbine durch eine neue ersetzt. (35)

Die Augsburger Wasserkraftwerke stellen den technologischen Schlusspunkt der Wasserkraftnutzung dar, die das Stadtbild vom Mittelalter bis in das Industriezeitalter formte. Mit der Fertigstellung des 1921 erbauten Wertachkraftwerks war auch das Geflecht der Triebwerkskanäle an Lech und Wertach – abgesehen von Erweiterungen der Kanäle im Stadtwald Augsburg ab 1950 – vervollständigt. (36) 2015 setzten 40 Wasserkraftwerke (37) das nutzbare Gefälle auf dem heutigen Stadtgebiet in Energie um: *„Der Höhenunterschied zwischen dem Eintritt des Lechs ins Stadtgebiet und der nördlichen Stadtgrenze beträgt 60 Meter."* (38) Die heute mehr als 40 Wasserkraftwerke an den Kanälen produzierten 2014 Strom für rund 40 000 Augsburger Durchschnittshaushalte.

Quellen

(1) Riehl, Wilhelm Heinrich von: Culturstudien aus drei Jahrhunderten, Stuttgart 1862, S. 264

(2) Werner, Anton: Die Wasserkräfte der Stadt Augsburg im Dienste von Industrie und Gewerbe. Historisch-statistisch beschrieben, Augsburg 1905, S. 28

(3) schriftliche Informationen des Wasserwirtschaftsamts Donauwörth, des Hochbauamts der Stadt Augsburg sowie von Franz Winter, RECON Riedinger Energy Consulting GmbH

(4) Werner, Anton: Die Wasserkräfte der Stadt Augsburg im Dienste von Industrie und Gewerbe. Historisch-statistisch beschrieben, Augsburg 1905, S. 18

(5) vgl. Zettl, Rupert: Lechauf-lechab: Wissenswertes, Liebenswertes, Augsburg 2001, S. 388

(6) Ruckdeschel, Wilhelm: Industriekultur in Augsburg. Denkmale der Technik und Industrialisierung, Augsburg 2004, S. 79

(7) ebenda, S. 38

(8) vgl. Werner, Anton: Die Wasserkräfte der Stadt Augsburg im Dienste von Industrie und Gewerbe. Historisch-statistisch beschrieben, Augsburg 1905, S. 39 – 129

(9) Loibl, Richard: Die Industriestadt Augsburg um 1900, in: Industriekultur in Bayern, Edition Bayern (Hg. Haus der bayerischen Geschichte), Sonderheft 05, Augsburg 2012, S. 47 f.

(10) Ruckdeschel, Wilhelm: Industriekultur in Augsburg. Denkmale der Technik und Industrialisierung, Augsburg 2004, S. 38

(11) vgl. Loibl, Richard: Die Industriestadt Augsburg um 1900, in: Industriekultur in Bayern, Edition Bayern (Hg. Haus der bayerischen Geschichte), Sonderheft 05, Augsburg 2012, S. 49

(12) vgl. Gier, Helmut; Janota, Johannes (Hg.): Augsburger Buchdruck und Verlagswesen von den Anfängen bis zur Gegenwart, Wiesbaden 1997, S. 1099

(13) Zettl, Rupert: Lechauf-lechab: Wissenswertes, Liebenswertes, Augsburg 2001, S. 393

(14) vgl. ebenda, S. 394

(15) vgl. Häußler, Franz: Wasserkraft in Augsburg, Augsburg 2015, S. 42

(16) Werner, Anton: Die Wasserkräfte der Stadt Augsburg im Dienste von Industrie und Gewerbe. Historisch-statistisch beschrieben, Augsburg 1905, S. 74

(17) Weber, Wolfgang: Verkürzung von Zeit und Raum. Techniken ohne Balance zwischen 1840 und 1880, in: Netzwerke, Stahl und Strom. Propyläen Technikgeschichte, Bd. 4, Berlin 1997, S. 20

(18) vgl. Werner, Anton: Die Wasserkräfte der Stadt Augsburg im Dienste von Industrie und Gewerbe. Historisch-statistisch beschrieben, Augsburg 1905, S. 66

(19) vgl. Häußler, Franz: Augsburgs historisches Wasserwerk. Ein einzigartiges Technikmuseum, Augsburg 2010, S. 44

(20) vgl. ebenda, S. 44, S. 57 und S. 63

(21) vgl. Werner, Anton: Die Wasserkräfte der Stadt Augsburg im Dienste von Industrie und Gewerbe. Historisch-statistisch beschrieben, Augsburg 1905, S. 115 f.

(22) vgl. ebenda, S. 39

(23) vgl. ebenda, S. 70

(24) mündliche Auskünfte des des Kraftwerksbetreibers

(25) vgl. Werner, Anton: Die Wasserkräfte der Stadt Augsburg im Dienste von Industrie und Gewerbe. Historisch-statistisch beschrieben, Augsburg 1905, S. 123

(26) vgl. Kluger, Martin: Wasserbau und Wasserkraft, Trinkwasser und Brunnenkunst in Augsburg. Die historische Augsburger Wasserwirtschaft und ihre Denkmäler im europaweiten Vergleich, Augsburg 2013, S. 56

(27) ebenda, S. 56 f.

(28) vgl. ebenda, S. 54 ff. (dort weiterführende Quellenverweise)

(29) vgl. Zettl, Rupert: Lechauf-lechab: Wissenswertes, Liebenswertes, Augsburg 2001, S. 394

(30) Werner, Anton: Die Wasserkräfte der Stadt Augsburg im Dienste von Industrie und Gewerbe. Historisch-statistisch beschrieben, Augsburg 1905, S. 117

(31) mündliche Auskünfte des Kraftwerksbetreibers

(32) vgl. Kluger, Martin: Historische Wasserwirtschaft und Wasserkunst in Augsburg. Kanallandschaft, Wassertürme, Brunnenkunst und Wasserkraft, Augsburg 2012, S. 136

(33) vgl. Ganser, Karl: Industriekultur in Augsburg. Pioniere und Fabrikschlösser, Augsburg 2010, S. 171

(34) Stadt Augsburg/Untere Denkmalschutzbehörde (Hg.): Wie läuft's Augsburger Wasser?, Informationsschrift der Stadt Augsburg zum Tag des offenen Denkmals 2004, Augsburg 2004, S. 11

(35) vgl. Ruckdeschel, Wilhelm: Industriekultur in Augsburg. Denkmale der Technik und Industrialisierung, Augsburg 2004, S. 118

(36) vgl. Kluger, Martin: Wasserbau und Wasserkraft, Trinkwasser und Brunnenkunst in Augsburg. Die historische Augsburger Wasserwirtschaft und ihre Denkmäler im europaweiten Vergleich, Augsburg 2013, S. 58 f. (dort weiterführende Quellenverweise) und schriftlicher Hinweis von Nicolas Liebig, Landschaftspflegeverband Stadt Augsburg

(37) vgl. Häußler, Franz: Wasserkraft in Augsburg, Augsburg 2015, S. 83 – 209

(38) ebenda, S. 75

Trinkwasser

Vom Oberen Wasserwerk zum Wasserwerk am Hochablass

(um 1412 bis 1879)

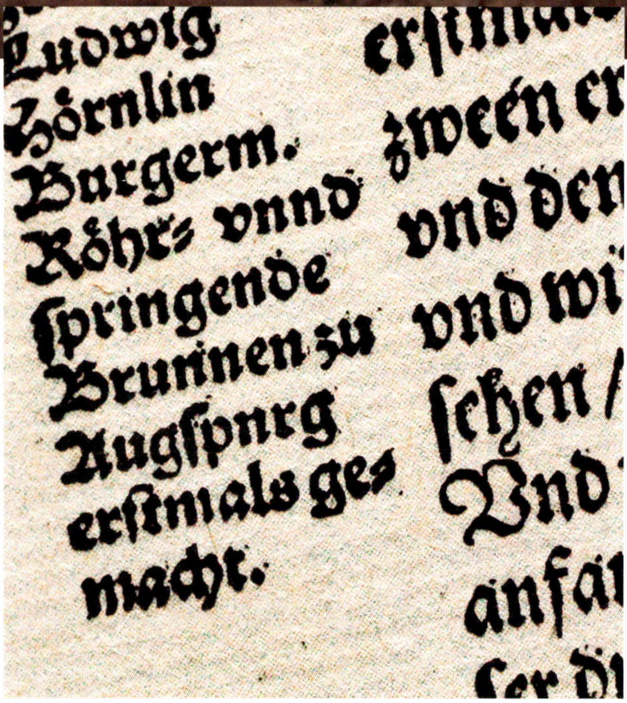

In der Zeit vor der Wasserhebung waren in der Augsburger Oberstadt bis zu rund 17 Meter tiefe Schöpfbrunnen nahezu die einzige Möglichkeit, an Wasser zu gelangen. Ein gemauerter Tiefbrunnen ist in einem denkmalgeschützten Anwesen „Auf dem Kreuz" erhalten. Vom ersten Wasserwerk Augsburgs, das vermutlich 1414 in Betrieb ging, berichtete der Chronist Pirmin Gasser im „Ander Theil" einer vom Humanisten, Geschichtsschreiber und Stadtpfleger Markus Welser herausgegebenen Stadtchronik: „Röhr= vnnd springende Brunnen zu Augspurg erstmals gemacht". In Augsburg trennte man schon früh Fluss- und Quellwasser – also Brauch- und Trinkwasser. Bis weit ins 19. Jahrhundert war dies in anderen Städten keineswegs selbstverständlich.

Die Anfänge der Trinkwasserversorgung

Von den Schöpfbrunnen zum missglückten Wasserwerk beim Schwibbogentor

Der Siegeszug der Wasserkunst begann vielerorts, allerdings mitnichten in Augsburg. Er begann im Schwarzwald und im Elsass, in Lübeck und in italienischen Stadtstaaten, unter Tage und auf See. Schon das Wort ist missverständlich und wird oft mit der Brunnenkunst verwechselt. Doch: „*Der Begriff der ‚Kunst' stammt aus dem Bergwerkswesen und wurde auf jede Art von Maschine angewendet. Als Wasserkünste werden zusammengefaßte bauliche und technische Anlagen bezeichnet, die für die beabsichtigte künstliche Bewegung des Wassers erforderlich sind.*" (1)

Mit der Wasserkunst im Sinne von Wasserhebung begann die Trinkwasserversorgung schließlich in jenen Städten, die aufgrund topografischer Gegebenheiten keine Gefälleleitungen zur Versorgung öffentlicher Laufbrunnen errichten konnten. Doch auch Gefälleleitungen waren im Mittelalter keine Selbstverständlichkeit. Zwar war nach dem Untergang des römischen Reichs das Wissen um den Bau und die Funktion von Wasserleitungen durch Klöster überliefert worden. Die ältesten in nachrömischer Zeit gebauten städtischen Gefälleleitungen im deutschsprachigen Raum sind allerdings erst ab dem 13. und frühen 14. Jahrhundert belegt – in Goslar (vor 1250), in Basel (vor 1265) und in Freiburg im Breisgau (vor 1318). Erst mit solchen Einrichtungen näherte sich die Wasserversorgung in diesen Städten wieder dem Stand der Technik an, der noch in der späten Antike Standard gewesen war. (2)

Die Wassersäulen von Faistenoy im Oberallgäu, die – wenn auch ohne Schriftquelle, um dies zu belegen – als eine der ältesten Wasserversorgungen Deutschlands gelten, sind ein Beispiel dafür, wie eine Gefälleleitung funktionierte. In diesem Dörfchen im früheren Territorium des Hochstifts Augsburg stehen noch immer rund drei Meter hohe sogenannte Stöcke, in denen Quellwasser bis zu einem Verteilerkasten hochgedrückt wird, von wo es in Fallrohre aus Metall abläuft, die früher als Hausleitungen dienten. Floss das Wasser reichlich, konnte jedermann beliebig viel verbrauchen. Bei geringerer Quellschüttung sorgten Bohrungen in den sogenannten Teilsäulen für die gerechte Verteilung des Wassers.

Diese Art Stockbrunnen, die schon römische Städte versorgt hatte, war Laufbrunnen und Verteilerstation in einem. Die Teilsäulen von Faistenoy wurden wohl bereits seit dem Ende des 14. Jahrhunderts von höher gelegenen Quellfassungen über Holzrohre unterirdisch mit Wasser versorgt. Eines dieser Technikdenkmäler ist heute in der Dorfmitte von Faistenoy (ein Ortsteil von Oy-Mittelberg) zu sehen. Derartige Wassersäulen entdeckt man auch in weiteren Allgäuer Dörfern. (3)

In Augsburg war die Situation eine andere. Von einer Trinkwasserversorgung wie der im Allgäuer Bauerndorf konnten im 14. Jahrhundert selbst die reichsten Bürger nur träumen, obwohl der Lech im Osten sowie die Singold und die Wertach im Westen eng an der auf einer Hochterrasse liegenden Stadt vorbeiflossen. Doch oben fand sich nur wenig Wasser: Tümpel, in denen sich Regenwasser sammelte, sind im Mittelalter bei St. Stephan, vor St. Ulrich und am Zeugplatz belegt. 1522 verfügte der Rat, dass auch die „Lachen" auf dem Zeugplatz und beim Ulrichsplatz

Die Wassersäulen von Faistenoy im Oberallgäu sind Technikdenkmäler, die von einer jahrhundertealten Gefälleleitung beliefert werden. In Augsburg war die Trinkwasserversorgung über solch eine Gefälleleitung aufgrund der Topografie nicht machbar.

verfüllt werden sollten. Durch die heutige Philippine-Welser-Straße floss der Mettlochkanal, der im Lauf der Zeit vom Dorfbach einer frühen Siedlung über einen offenen Graben in „des Fuggers Gäßlin" (heute: Mettlochgässchen) zum überbauten Abwasserkanal mutierte. In der tiefer gelegenen Jakobervorstadt oder am Sparrenlech nahe der heutigen Friedberger Straße wurden noch im 18. Jahrhundert Quellen genutzt. Die Jakobervorstadt konnte außerdem den Lauterlech und andere Quellbäche zur Wasserversorgung heranziehen. 1402 wurde der Gesundbrunnen – eine Quelle unweit des Klinkertors – freigelegt, als die Reichsstadt dort ihre schützenden Stadtgräben vertiefte. (4)

Wer jedoch auf der Hochterrasse – in der den reicheren Schichten vorbehaltenen Oberstadt – lebte und dennoch halbwegs sauberes Wasser haben wollte, musste es in Regenwasserzisternen auffangen oder einen tiefen Brunnen graben. Der Grundwasserstrom lag bei St. Ulrich und Afra in rund zehn Metern Tiefe, beim Dom circa 13 Meter tief. (5) *„Noch 1750, also 350 Jahre nach Einrichtung einer städtischen Wasserleitung, hatte jedes zweite Anwesen einen privaten Schöpfbrunnen. Außerdem waren auf den Straßen 95 öffentliche Schöpf- und Pumpbrunnen, die von den nächsten Nachbarn instand gehalten wurden."* (6)

Bei den Baumaßnahmen nach der Einführung der allgemeinen Trinkwasserversorgung im Jahr 1879 hat man in Augsburg fast alle dieser Brunnen verfüllt. Ein mit Ziegelsteinen ausgemauerter Schöpfbrunnen hat sich im Keller des Anwesens „Auf dem Kreuz 4" im Georgsviertel erhalten. Frühe Tiefbrunnen könnten vielleicht auch nicht gemauert, sondern (wie andernorts durch Grabungen belegt) mit Seitenwänden aus Holzplanken gesichert worden sein.

Wasserhebewerke waren für Augsburg also die einzige Technologie, um öffentliche Laufbrunnen mit Trinkwasser zu versorgen. Dieses Problem teilte die Reichsstadt mit etlichen der im 13. und 14. Jahrhundert schnell wachsenden deutschen Städte, in denen Gefälleleitungen zur Wasserversorgung nicht möglich waren und folglich Wasser von unten nach oben befördert werden musste. Paradoxerweise waren gerade die Städte an besonders wasserreichen Flüssen mit breiten Flusstälern auf Wasserhebung angewiesen. *„Augsburg steht mit Lübeck und Ulm in der Liste der Städte, die sich im späten Mittelalter eine ‚Wasserkunst' einrichteten, ziemlich vorn."* (7)

Doch Wasserkunst war nicht gleich Wasserkunst. Frühe städtische Wasserversorgungseinrichtungen wie die schon 1302 eingerichtete Lübecker „Brauerkunst" nutzten die „natürliche" Wasserhebung: Das Wasser der Wakenitz wurde auf ein höheres Niveau gestaut und anschließend über das dadurch erzielte Gefälle in ein unterirdisch verlegtes Rohrleitungsnetz eingespeist. Nach diesem Prinzip haben vielleicht auch eine angeblich schon 1340 bestehende Ulmer Wasserkunst oder die 1388 erwähnte Wasserkunst in Memmingen funktioniert: Von einem relativ hoch gelegenen Stauniveau aus floss das Wasser ins tiefer gelegene Stadtzentrum. Mit dieser Technik wurde – wohl schon lang davor – auch das Wasser in Augsburgs Lechkanälen von den Lechanstichen aus in Richtung Stadt geleitet.

Die Lübecker „Ratswasserkunst" ist bereits 1294 belegt. Dabei beförderte ein großes Schöpfrad Wasser für die Brauereien der Stadt aus dem Fluss Wakenitz in einen acht Meter hohen Behälter. Doch auch das war eine – gemessen an den teils weit ausgefeilteren antiken Vorläufern und späteren Entwicklungen – technisch vergleichsweise anspruchslose Art, Wasser zu heben. Immerhin wurden in dieser Zeit mehr und mehr Hebewerke erwähnt, auch wenn die Schriftquellen meist lückenhaft berichten und die jeweilige Hebetechnik nicht nennen. Frühe städtische Wasserkünste sollen in Breslau (1272), Straßburg (1292) und in Fritzlar (1330) betrieben oder doch wenigstens projektiert worden sein. (8)

Der Weg der Wasserkunst nach Augsburg liegt völlig im Dunkeln, zumal auch die immer wieder aufs Neue zitierten Chroniken sowie Textpassagen zu den Anfängen der reichsstadtischen Wasserversorgung offenbar Jahrzehnte nach den Ereignissen und auf der Grundlage mündlicher Überlieferungen geschrieben wurden. Zur Beantwortung der bis heute völlig ungeklärten Frage, wie überhaupt das Wissen zur Technik der Wasserhebung nach Augsburg kam, bieten sich insbesondere zwei Möglichkeiten als die wahrscheinlichsten an – erstens durch die Handelsverbindungen der Stadt mit Oberitalien und in die Reichsstadt Nürnberg, zweitens über die Beziehungen zum Bergbau.

Augsburg, Deutschlands Tor nach Italien, lag an der zentralen Verkehrsachse zwischen Venedig und Nürnberg. In der zweiten Hälfte des 14. Jahrhunderts verdichteten sich die Augsburger Handelsbeziehungen mit Oberitalien: In Venedig wurde Baumwolle für die schwäbische Barchentweberei eingekauft, und an der Handelsroute lagen etliche Tiroler Bergbauorte. Noch intensiver waren die Kontakte führender Augsburger Familien in der fränkischen Reichsstadt: Nürnberg war man nicht nur geschäftlich, sondern auch über etliche familiäre Beziehungen verbunden. Diese Stadt war im 14. Jahrhundert ein Zentrum der Eisenverarbeitung und des Metallhandels. Die Oberpfalz, das „Ruhrgebiet des Mittelalters", war dort nah: 1387 trat Nürnberg der „Großen Hammereinung" der Städte Amberg und Sulzbach bei. (9) Kapital aus Nürnberg finanzierte aber auch teilweise den Silberbergbau in Goslar. (10)

Die Antriebskraft von Hebewerken nach dem Prinzip „Wasser mit Wasser heben" oder durch Tiergöpel (sogenannte Rosskünste) war für den von Grubenwasser bedrohten Bergbau von höchster Bedeutung. Das wohl erste Hebewerk Europas wurde 1284 im Bergbau am Urgraben am Kandel bei Waldkirch am Westrand des Schwarzwalds eingesetzt. Gefördert wurde vermutlich mit einer Eimerkette. (11)

„[...] 1379 und 1399 versprachen Spezialisten aus Nürnberg resp. Böhmen, Bergwerke ‚ohne Pferde' zu sümpfen, was wohl auf eine mit Wasserkraft betriebene Antriebswelle bezogen werden sollte." (12) Vielleicht also kamen die Augsburger auf dem Weg über bergmännische Entwässerungstechniken – Heinzenkunst, Bulgenkunst oder Schöpfkolbenpumpe – erstmals mit der Wasserhebung in Berührung.

Ebenso gut ist der Wissenstransfer aus Oberitalien denkbar. Neben dem mitteleuropäischen Bergbau, der im späten Mittelalter umwälzende technologische Innovationen mit sich brachte, waren es die Stadt-

Ab dem 14. Jahrhundert nutzte der mitteleuropäische Bergbau das Prinzip „Wasser mit Wasser heben", um das Grubenwasser aus den Bergwerken zu befördern. Das (1556 erschienene) Werk Georgius Agricolas „De re metallica libri XII" enthält diese Abbildung einer bergmännischen Wasserkunst.

staaten Oberitaliens, welche die Wasserhebung durch Wasserkraft vorantrieben. (13) *„Durch Vitruvius waren die bereits in der Antike gebräuchlichen Wasserhebewerke wie Förderschnecke (Archimedische Schraube), Kolbenpumpe, Schöpfrad, Tympanum* [Wasserrad] *und Becherwerk in der frühen Neuzeit bekannt. Die Ingenieure der Renaissancezeit befassten sich intensiv mit diesen Anlagen."* (14)

Pumpen (ein Wort, das vielleicht vom spanischen respektive portugiesischen „bomba" kommt) wurden zudem bereits im 14. Jahrhundert auf genuesischen Schiffen eingesetzt. Ein technisches Traktat hielt 1424 fest: *„Die Erfindung dieser Wasserkunst [...] sah man zuerst bei den Genuesen, denn sie zogen auf diese Weise das Wasser aus dem Bauch ihrer Schiffe."* (15) Die Kolbenpumpe, wie sie schon der griechische Ingenieur und Mathematiker Ktesibios in der ersten Hälfte des dritten Jahrhunderts vor Christus gekannt haben soll, wurde jedenfalls in Italien, als man dort diese Technik wiederentdeckt hatte, rasch weiterentwickelt. (16)

Augsburgs erstes Wasserwerk entstand zu Beginn des 15. Jahrhunderts womöglich aufgrund solcher Einflüsse – doch mangels schriftlicher Belege muss dies Spekulation bleiben. Sicher ist lediglich: Schöpfräder, wie sie ab 1352 in Hannover, ab 1382 in Zürich, ab 1394 in Bremen und ab 1416 in Hildesheim zur Trinkwasserversorgung eingesetzt wurden (17), hätten aufgrund der sehr viel größeren Höhendifferenz zwischen den wasserführenden Flussauen und der Stadt auf der Hochterrasse in Augsburg niemals ausreichen können. Jedenfalls stand hier spätestens seit 1414 beim Schwibbogentor in der östlichen Stadtmauer, durch das der Weg nach Friedberg führte, ein Wasserwerk, vielleicht mit einem hölzernen Wasserturm. Es hob Wasser für die beiden ersten öffentlichen Laufbrunnen vor dem Rathaus und dem Weberhaus. Diesen beiden Brunnen folgten bald weitere. (18)

Noch schwierigere Vorgaben als in Augsburg soll bereits 1393 eine Brauwasserkunst im hessischen Fritzlar bewältigt haben. Dort wurde das Wasser wohl ohne ein Hochreservoir von einem Pumpenhaus direkt in die 60 Meter über der Eder liegende Stadt befördert. Der Vergleich mit Fritzlar ist für Augsburg deshalb von Interesse, weil die dortige Hebetechnik die einzige vor den ersten Augsburger Wasserwerken bekannte ist, die nicht mit natürlicher Wasserhebung durch Ausstauen oder mit einem Schöpfrad arbeitete. Glaubt man den Fritzlarer Quellen aus dem 14. und 16. Jahrhundert, ist immerhin die Technik bekannt: *„Diesselbe ist eine Verbindung von einem Heronsball und zwei Druckpumpen, welche durch ein Wasserrad in Bewegung gesetzt werden."* (19) Der Heronsball ist die erste belegte Wärmekraftmaschine, die der griechische Mathematiker und Ingenieur Heron von Alexandria (er lebte wohl im 1. Jahrhundert) beschrieb. Wie die Technik von Fritzlar genau funktioniert hat, ist nicht bekannt. Es kann kein sehr großes Hebewerk gewesen sein, denn es versorgte zwei Brauereien, zwei weitere Abnehmer und am Ende einen öffentlichen Brunnen. Anders als in Augsburg weiß man in Fritzlar, woher das Wissen über die Wasserhebung kam: Es war durch die Bibliothek eines nahen Klosters überliefert worden.

Augsburger Chroniken befassen sich zwar immer wieder mit dem Wann, Wer und Wozu, doch die Frage nach dem Woher, Wodurch und Womit – also nach dem Auslöser der Baumaßnahme und der Technik – bleibt unbeantwortet. Im „Ander Theil" der von Markus Welser herausgegebenen Stadtchronik vermeldet der Geschichtsschreiber Pirmin Gasser unter dem Jahr 1412 lakonisch: *„Rôhr= vnnd springende Brunnen zu Augspurg erstmals gemacht."* (20) Dies bezog sich wohl auf den Baubeginn. *„Zum 30. Juli 1414 notieren die Baumeisterrechnungen nämlich: ‚Item 1 guldin haben wir geben dem prunnenmaister drinckgelt, do der prunn des ersten uff gienge' [...]."* (21)

Zur Technik des ersten Wasserhebewerks weiß man in Augsburg – anders als in Fritzlar – so gut wie nichts. Aufgrund der topografischen Gegebenheiten könnte es durchaus bereits ein von Wasserkraft angetriebenes Kolbenpumpwerk gewesen sein, wie vermutet wird. (22) Allerdings spricht überhaupt nichts dagegen, dass die 1788 vom Augsburger Chronisten Paul von Stetten erwähnte *„Wassermaschine"* (23) von 1412/14 nicht auch eine seit der Antike bekannte Archimedische Schraube gewesen sein könnte, wie sie später beim zweitgrößten Augsburger Wasserwerk, dem Unteren Wasserwerk am Mauerberg, zum Einsatz kam. Das Wort „Pumpe" findet sich in der Welser-Chronik jedenfalls erst im Zusammenhang mit dem

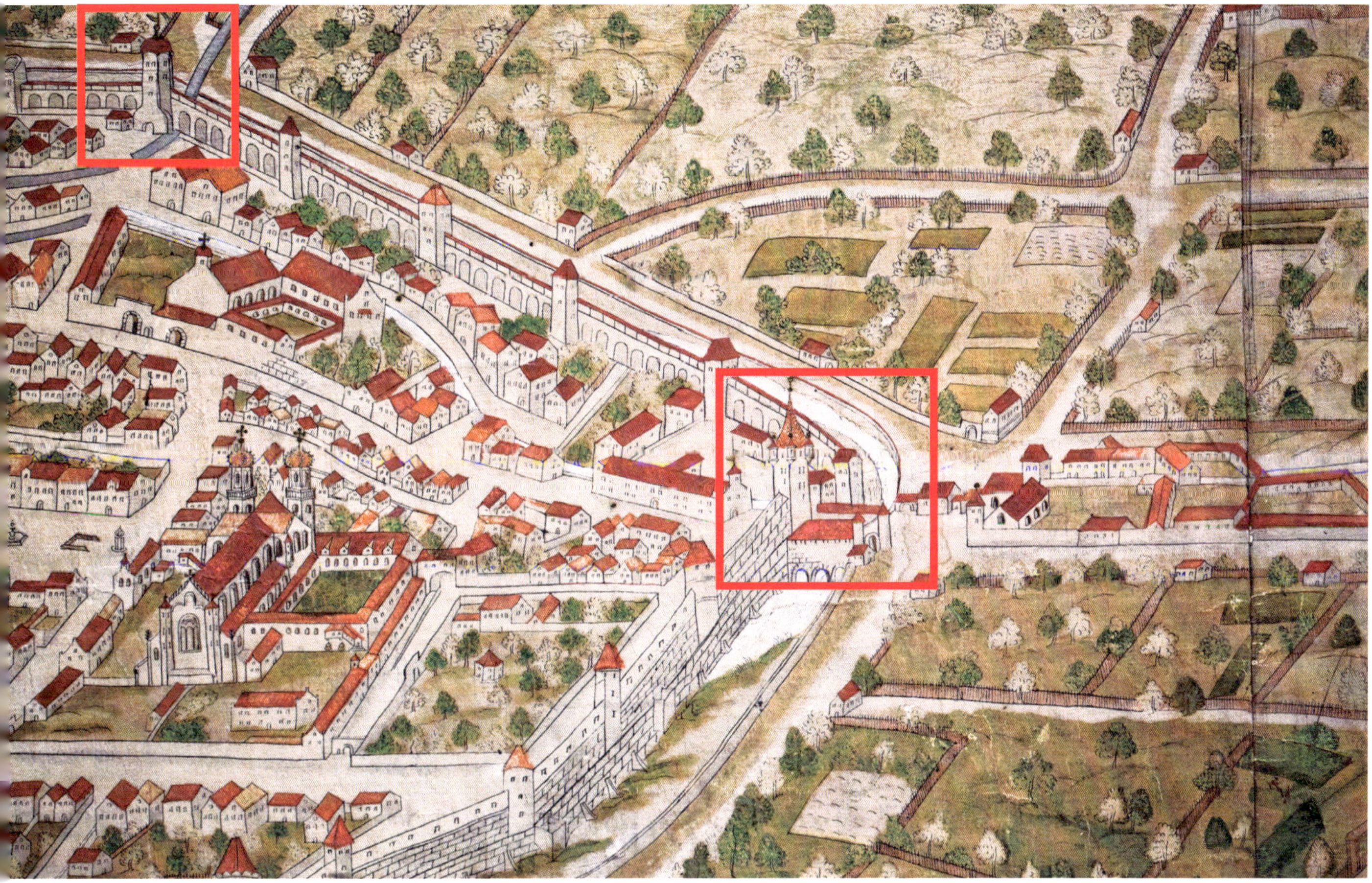

dort unter dem Jahr 1416 beschriebenen zweiten Augsburger Wasserwerk am Roten Tor. (24)

Den Standort des ersten Augsburger Wasserwerks beim Schwibbogentor beschrieb der Chronist Pirmin Gasser ziemlich exakt. *„[...] Vnd ist zuwissen/daß gemelter* [erwähnter] *Brunnen Gehåuß/so man die Wasserstuben nannte/anfangs vor dem Schwybogen/ an dem Stattgraben gestanden [...].“* (25)

Überliefert ist auch, woran das erste Wasserwerk in der Reichsstadt Augsburg (angeblich) scheiterte: Die geschmiedeten – vermutlich eher gusseisernen – Leitungsrohre seien zu eng bemessen gewesen und der Speisebrunnen zu ungünstig gelegen. Auch beim Material drückt sich Pirmin Gasser in seiner Chronik unklar aus: *„[...] vnd daß das Wasser durch eissern Teychel von dannen/zun gedachten Brunnenkåsten/ mit mehrern vnkosten/dann von nôthen und abgeredt ward/geleistet worden [...].“* (26) Nur ein paar Seiten später heißt es dann in Gassers Chronik: *„Demnach auch die Quelle der Wasserstuben deren vor 4 Jaren angerichten Brunnen/an einem vngelegenen Orth stunde/vnd auch die Teuchel selber/wie gemelt durchauß nichts taugten [...].“ (27)*

Der zweitälteste Stadtplan Augsburgs, der im Jahr 1521 gedruckte Vogelschauplan des Augsburger Goldschmieds Jörg Seld (hier als Gemälde in der Staats- und Stadtbibliothek Augsburg – signiert: „Franz Benedict Steinhaußer fecit“, ohne Jahresangabe), stellt die beiden ersten Wassertürme des Oberen Wasserwerks am Roten Tor dar. Neben dem massigen Stadttor mit seinen vier Eckerkern wirken sie relativ klein. Beim Schwibbogentor, durch das der Weg in Richtung Friedberg und München führte, stand der erste Augsburger Wasserturm. In diesem Planausschnitt ist dieses Stadttor in der oberen linken Ecke der Abbildung zu erkennen.

Der Name Leopold Karg verbindet sich mit dem ersten Augsburger Wasserwerk und dessen Scheitern. Seine Rolle beim ersten Augsburger Versuch, Wasser zu heben, haben frühe Geschichtsschreiber wie Markus Welser missverstanden, der in seiner Chronik von einem *„[...] Werckmeister Leutpold Karg [...]“* (28) berichtet. In seiner „Hydraulica Augustana“ von 1754 übernahm der Augsburger Brunnenmeister Caspar Walter bedenkenlos den 1682 von Simon Grimm auf seinem Kupferstich des „Leopold Kargen Brunnen bey St. Ulrich" wiedergegebenen Spruch: *„Leopold Karg zu erst das Wasser hat geleitet, Daß es durch Rőhren sich in gantzer Stadt ausbreitet."* (29)

Doch dieser Leopold (auch: Luitpold beziehungsweise Luipold) Karg war alles andere als ein Werk- oder Brunnenmeister. Karg war vielmehr Angehöriger einer seit 1288 in Augsburg nachweisbaren Patrizierfamilie, Mitglied der Kaufleutezunft – und Investor: *„Als der Rat um 1412 die Wasserversorgung der Stadt durch Errichtung von ‚Rörprunnen' verbessern wollte, übernahmen Luipold (III.) und sein Schwager Ulrich Stur die organisatorische Leitung und offensichtlich auch das unternehmerische Risiko des Projekts."* (30) Das Wagnis dieser frühen Public-private-Partnership löste die in der Chronik von Pirmin Gasser erwähnten Rechtsstreitigkeiten zwischen der Reichsstadt und Karg aus, *„[...] durch dero langwirigen Proceß/ derselbe gute Mann/in die eusserste Armuth kommen".* (31)

Doch nicht nur für Karg, sondern auch für seinen Schwager Ulrich Stur lassen sich über die Augsburger Steuerbücher beträchtliche Vermögensverluste nachvollziehen. Der ihm – wohl durch das Unvermögen des in den Chroniken ungenannten Brunnenmeisters – entstandene Schaden wurde nicht ersetzt. Die Reichsstadt Augsburg übertrug Karg als Ausgleich jedoch das (nicht sehr einträgliche) Zollamt am Roten Tor.

Der Niedergang der alteingesessenen Patrizierfamilie war damit nicht aufzuhalten. Ein letzter in der Stadt Augsburg nachweisbarer Verwandter veräußerte 1493 bis dahin verbliebene Reste des einst namhaften Vermögens der Familie Karg. Nach dem glücklosen Technikpionier Leopold Karg wurde die Kargstraße im Augsburger Stadtteil Oberhausen benannt. (32)

Der wirkliche Werkmeister des ersten Augsburger Wasserwerks stammt im Übrigen – so hat es der Münchner Historiker Peter Geffcken, ein Spezialist für die Augsburger Wirtschafts- und Sozialgeschichte bis 1550, ermittelt – aus Ingolstadt. *„[...] in einem Schreiben des Augsburger Rats an die Stadt Ingolstadt vom 12. Dezember 1414 wird schon von den Schwierigkeiten bei der Abrechnung mit dem dort ansässigen ausführenden Werkmeister Seitz Hormacher berichtet." (33)* Hormacher (ein Uhrmacher?) war also der für das Desaster verantwortliche Techniker.

Peter Geffcken hat den Schriftverkehr der Reichsstadt Augsburg mit Ingolstadt analysiert. Dabei wurde deutlich, dass Augsburg die hier ansässigen privaten Investoren bei ihrer Auseinandersetzung mit Seitz Hormacher unterstützte. Als Beteiligte wurden im Dezember 1414 genannt: *„[...] unser mitburger Liupold Karg, Ulrich Stur und Claus Lechmaister und mitsampt in maister Hainrich der Kaltebach die alle zu dem egenanten prunen gewant sind."* (34)

Dieser Claus Lechmeister scheint ein Zimmerer oder städtischer Werkmann gewesen zu sein. Meister Heinrich Kaltebach war möglicherweise ein weiterer Zimmermann oder auch ein Schmied. (35) Weshalb ausgerechnet ein Werkmeister aus Ingolstadt herangezogen worden war, bleibt unklar. Denn 1412 hat es wohl kein Referenzprojekt gegeben: In der Donaustadt versorgte man sich aus Zieh- und Pumpbrunnen, und erst 1549 soll Brunnenmeister Thomas das früheste Brunnenwerk Ingolstadts mit einem Brunnenhaus am Einfluss der Schutter in die Stadt gebaut haben. (36)

Woher kam das Wasser für Augsburgs erstes Wasserwerk? Auch dies ist eine nicht völlig befriedigend geklärte Frage. Zwar wurden wohl 1409 im Siebentischwald nahe dem Hochablass Quellen gesammelt und von dort aus vermutlich zum Wasserwerk am Schwibbogentor geleitet. (37) Bildliche Darstellungen aus dieser Zeit gibt es dazu nicht.

Eine Publikation des Augsburger Historikers Dieter Voigt zu den einzigen verlässlichen Schriftquellen aus dieser Zeit, den Baumeisterbüchern für die Jahre von 1401 bis 1437, war 2015 erst in Vorbereitung. Eine Baumeisterrechnung vom 7. Mai 1413 ließ immerhin erkennen, dass der Kanal zum Wasserwerk am Schwibbogentor womöglich neu angelegt wurde, denn am 19. März 1413 hielt ein Stadtschreiber fest: *„Item 2 lb* [Pfund] *6 ß* [Schilling] *dn dem Grabenmaister karrern die die Erde fuoren tzu Von dem graben dez newen prunnen [...]".* (38) Dass Augsburgs erstes Wasserwerk Probleme bereitet hätte, ist den Baumeisterbüchern um 1415 bei oberflächlicher Prüfung nicht zu entnehmen. Sie belegen jedoch, dass die Knechte des Brunnenmeisters Claus „Roeren" (gusseiserne Röhren?) und „Tuecheln" (hölzerne Deicheln) verlegten. 1415 erhielt ein Grabenmeister Geld dafür, den ersten Fischmarktbrunnen „auf dem neuen Perlach" aufzustellen. (39)

Quellen

(1) Baur, Albert: Historische Entwicklung der Wasserspeicherung, in: Historische Wassertürme, Beiträge zur Technikgeschichte von Wasserspeicherung und Wasserversorgung, München/Wien 1985, S. 34

(2) vgl. Kluger, Martin: Wasserbau und Wasserkraft, Trinkwasser und Brunnenkunst in Augsburg. Die historische Augsburger Wasserwirtschaft und ihre Denkmäler im europaweiten Vergleich, Augsburg 2013, S. 26 ff. (dort weiterführende Quellenverweise)

(3) vgl. Baur, Albert: Brunnen. Quellen des Lebens und der Freude, Technik. Geschichte. Geschichten, München/Wien 1989, S. 98 ff. und

Grewe, Klaus: Wasserversorgung und -entsorgung im Mittelalter. Ein technikgeschichtlicher Überblick, in: Die Wasserversorgung im Mittelalter, Geschichte der Wasserversorgung, Bd. 4, Mainz 1991, S. 39 f.

(4) vgl. Groos, Walter: Beiträge zur Topographie von Alt-Augsburg, Bericht der Naturforschenden Gesellschaft Augsburg, Bd. 21, Augsburg 1967, S. 9 ff. und S. 17 f.

(5) vgl. ebenda, S. 17

(6) ebenda

(7) Ruckdeschel, Wilhelm: Wasser für Augsburg. Wasserprojekte der frühen Industriezeit, in: Sanitär + Heizungstechnik, Jg. 65 Nr. 7, Holzminden 2000, S. 39

(8) vgl. Kluger, Martin: Wasserbau und Wasserkraft, Trinkwasser und Brunnenkunst in Augsburg. Die historische Augsburger Wasserwirtschaft und ihre Denkmäler im europaweiten Vergleich, Augsburg 2013, S. 26 ff. (dort weiterführende Quellenverweise)

(9) vgl. http://www.stmwi.bayern.de/fileadmin/user_upload/stmwivt/ Publikationen/Broschuere_von_Bergwerken-Huetten_Haemmern.pdf, letzter Zugriff: 17.01.2015

(10) vgl. Jenks, Stuart: Von den archaischen Grundlagen bis zur Schwelle der Moderne (ca. 1000 – 1450), in: Deutsche Wirtschaftsgeschichte. Ein Jahrtausend im Überblick, München 2000, S. 62

(11) vgl. Haasis-Berner, Andreas: Zum Wasserbau im Mittelalter. Beispiele aus Südbaden, in: Denkmalpflege in Baden-Württemberg. Nachrichtenblatt der Landesdenkmalpflege, 37. Jg., 1/2008, S. 40 – 44

(12) Jenks, Stuart: Von den archaischen Grundlagen bis zur Schwelle der Moderne (ca. 1000 – 1450), in: Deutsche Wirtschaftsgeschichte. Ein Jahrtausend im Überblick, München 2000, S. 62

(13) vgl. Hoffmann, Albrecht: Wassernöte und technischer Wandel in der Frühen Neuzeit, in: Die Wasserversorgung in der Renaissancezeit, Geschichte der Wasserversorgung, Bd. 5, Mainz 2000, S. 39

(14) ebenda

(15) Lohrmann, Dietrich: Wassertechnik bei Konrad Gruter von Werden (1424), in: Frontinus-Tagungen von 2008–2010 und weitere Beiträge, Schriftenreihe der Frontinus-Gesellschaft, Heft 28, Bonn 2011, S. 85

(16) vgl. ebenda, S. 84 f.

(17) vgl. Kluger, Martin: Wasserbau und Wasserkraft, Trinkwasser und Brunnenkunst in Augsburg. Die historische Augsburger Wasserwirtschaft und ihre Denkmäler im europaweiten Vergleich, Augsburg 2013, S. 26 ff. (dort weiterführende Quellenverweise)

(18) vgl. Gasser, Pirmin: Ander Theil der Weitberüempten Keyserlichen Freyen und deß H. Reichstatt Augspurg in Schwaben Chronica [...], zweites Buch der Augspurgischen Chronica Markus Welsers [...], Frankfurt am Main 1595, S. 150

(19) Dux, Philipp: Stoffsammlung zur Geschichte der Stadt Fritzlar, 1906, hier: Kopie aus einer handschriftlichen Abschrift Bibliothek Stadtarchiv Fritzlar, Sign. 6.6.4./D30 (Originalurkunde war laut telefonischer Mitteilung des Stadtarchivs 2013 nicht auffindbar)

(20) Gasser, Pirmin: Ander Theil der Weitberüempten Keyserlichen Freyen und deß H. Reichstatt Augspurg in Schwaben Chronica [...], zweites Buch der Augspurgischen Chronica Markus Welsers [...], Frankfurt am Main 1595, S. 150

(21) Geffcken, Peter: Die „Rörprunnen" in Augsburg, unveröffentlichtes Manuskript, München 2014

(22) vgl. Lohrmann, Dietrich: Wassertechnik bei Konrad Gruter von Werden (1424), in: Frontinus-Tagungen von 2008–2010 und weitere Beiträge, Schriftenreihe der Frontinus-Gesellschaft, Heft 28, Bonn 2011, S. 85

(23) Hoffmann, Robert: Die Thore und Befestigungen der Stadt Augsburg von dem 10. bis zum 15. Jahrhundert, in: Zeitschrift des Historischen Vereins für Schwaben und Neuburg, Jg. 13, Augsburg 1886, S. 20

(24) vgl. Gasser, Pirmin: Ander Theil der Weitberüempten Keyserlichen Freyen und deß H. Reichstatt Augspurg in Schwaben Chronica [...], zweites Buch der Augspurgischen Chronica Markus Welsers [...], Frankfurt am Main 1595, S. 154

(25) ebenda, S. 150

(26) ebenda, S. 150

(27) ebenda, S. 154

(28) ebenda, S. 150

(29) Walter, Caspar: Hydraulica Augustana, Das ist: Ausführliche Beschreib- und Auslegung alles dessen was in des Heil. Röm. Reichs-Stadt Augspurg in den daselbst befindlichen Drey obern Haupt-Wasser-Thürnen so wohl, als in den Brunnen-Häusern, darinnen die Wasser-Druck-Wercke stehen, sammt den auf- und absteigenden Haupt-Wasser-Röhren, Röhr-Kästen oder Reservoirs, von welchen das Wasser durch einen weiten District der Stadt, nicht allein in die schöne publique Spring-Brunnen auf den Haupt-Plätzen, sondern auch in die privat-Häuser mittelst unter der Erden ligenden Canaelen oder Theihel geleitet wird, den Fremden, Passagiers und Liebhabern pflegt gezeiget zu werden: Woneben unterschiedliche nach dem verjüngten Maßstab verfertigte Modell von Wasser-Machinen, hölzernen Bruggen, Schnecken- oder Wändel-Treppen, gemahlte Taflen, worauf alles, was zu dem Brunnen- und Röhr-Wasser-Werck gehörig vorgestellet zu sehen. [...], Augsburg 1754, S. 5

(30) Geffcken, Peter: Karg, in: Augsburger Stadtlexikon, Augsburg 1998, S. 546 f.

(31) Gasser, Pirmin: Ander Theil der Weitberüempten Keyserlichen Freyen und deß H. Reichstatt Augspurg in Schwaben Chronica [...], zweites Buch der Augspurgischen Chronica Markus Welsers [...], Frankfurt am Main 1595, S. 150

(32) vgl. Geffcken, Peter: Karg, in: Augsburger Stadtlexikon, Augsburg 1998, S. 546 f.

(33) Geffcken, Peter: Die „Rörprunnen" in Augsburg, unveröffentlichtes Manuskript, München 2014

(34) ebenda

(35) vgl. ebenda

(36) vgl. http://www.ingolstadt.de/stadtmuseum/scheuerer/ing/brunn-09.htm, letzter Zugriff: 18.01.2015

(37) vgl. Groos, Walter: Beiträge zur Topographie von Alt-Augsburg, Bericht der Naturforschenden Gesellschaft Augsburg, Bd. 21, Augsburg 1967, S. 18

(38) Voigt, Dieter: Die Augsburger Baumeisterbücher von 1401 – 1437, unveröffentlichtes Manuskript, Augsburg 2015, Publikation in Vorbereitung

(39) ebenda

Bis zu sieben Wasserwerke mit neun Wassertürmen versorgten Augsburg mit Trinkwasser, ehe 1879 das neue Wasserwerk am Hochablass in Betrieb ging. Das älteste der bis heute erhaltenen Wasserwerke in der Stadt entstand am Roten Tor. Der in der ersten Hälfte des 15. Jahrhunderts in Betrieb genommene Große Wasserturm des sogenannten Oberen Wasserwerks ist im Kern der älteste erhaltene Wasserturm Deutschlands, vermutlich auch Mitteleuropas – und der älteste, bei dem wasserradgetriebene Kolbenpumpen das Reservoir füllten. An diesen Turm wurde 1470 der Kleine Wasserturm angebaut. Der Kastenturm (unten) lieferte seit 1599 Wasser: Gebaut wurde er wegen der drei Augsburger Monumentalbrunnen.

Ohne Vergleich – das Wasserwerk am Roten Tor

Drei Wassertürme versorgten große Teile der Stadt jahrhundertelang mit Trinkwasser

Das Obere Wasserwerk am Roten Tor ging – so die Überlieferung – wenige Jahre nach dem angeblich technisch misslungenen Wasserwerk beim Schwibbogentor in Betrieb. Unter dem Jahr 1416 vermeldet der Chronist Pirmin Gasser: *„[...] hatte ein Zimmermann von Utina* [Eutin] *bůrtig/mit Namen Hans Felber/ein wårhaffter Werck von newen zuzurichten angefangen/ welches allso beschaffen ward: zu allererst liesse er ein Thůrnle in den Stattgraben bey dem Spital vnder dem Haußstőtter Thor auffbawen [...].“* (1)

Dieses Wasserwerk stand also östlich von jenem Haunstetter Tor, das 1428/29 erhöht, mit roter Farbe bemalt und seitdem auch Rotes Tor genannt wurde. Ob es wirklich schon 1416 in Betrieb ging, wie es die Welser-Chronik vermeldet, und ob Hans Felber sein Erbauer war, ist unklar. Die schnelle Reaktion der Stadt auf ein nur schlecht funktionierendes Wasserwerk am Schwibbogentor wäre für die Zeit wohl untypisch. Hat der Umbau des Roten Tors den Umbau oder gar Neubau des Oberen Wasserwerks initiiert? Dies lässt eine Baumeisterrechnung von 1429 vermuten: *„11 fl. und 1 Ort* [elf und ein Viertel Gulden] *haben wir geben dem Bäsinger (Münzmeister) um 3 Centner Kupfer, haut der Velber zu Ulm eingenommen, die sol der Velber verraiten* [verrechnen], *wann er her kompt.“* (2) 1431 und 1432 belegen Rechnungen, dass Felber Zehrgeld erhielt.

Auch die Augsburger Chronik des in Memmingen geborenen Fernhandelskaufmanns und Geschichtsschreibers Burkhard Zink (1396 – um 1475) befasst sich mit den Ereignissen dieser Zeit. Die Zink-Chronik hält fest, dass Hans Felber 1433 nach Augsburg kam, um dort die Trinkwasserversorgung zu verbessern. (3)

War Felber wirklich ein zweites Mal in Augsburg? Mehrere Quellen geben kategorisch an, dass Hans Felber erst 1433 einen Wasserturm in Augsburg errichtet habe. (4) In diesem Punkt sind sich die Augsburger und Nördlinger Chronisten uneinig. (5) Dass in Bezug auf die Frühzeit der Augsburger Trinkwasserversorgung noch erheblicher Forschungsbedarf besteht, unterstreicht zum Beispiel eine Notiz in einem Reichsregisterbuch des Königs (und seit dem Jahr 1433 römisch-deutschen Kaisers) Sigismund, das sich im Österreichischen Staatsarchiv erhalten hat.

Brunnenmeister Heinrich von Augsburg trat am 25. Oktober 1418 in Regensburg für ein beträchtliches Jahressalär in den Dienst Sigismunds. Unter dem Titel *„d*[er] *Brunmeist*[er] *jargelt“* steht zu lesen: *„Item zu Regenspurg, des nehsten zinstags vor sant Symons vnd sand Jude tag ist v*[er]*sprochen, vnd bestellet mit Meister Heinrichen Brunmeist*[er] *von Augspurg, vnd zweÿen sinen sunen desselben hantwerkes zu arbeiten vnd zudienen, doru*[m]*b sol man Im all Jare geben, hundert, vnd achtzig vngrisch*[er] *guld*[en] *fur sin arbeit, vnd des ist Im ÿtzund achtzig Rinisch*[er] *guld*[en] *betzalet, vnd das ander teil dornach in sechs monden nehstkom*[m]*end*[en] *geben vnd betzalen soll werden.“* (6)

War „Meister Heinrich" der schon 1414 in Augsburg beurkundete „Hainrich der Kaltebach"? Heinrich wäre kaum samt seinen beiden Söhnen verpflichtet worden, hätte er nicht in Augsburg Herausragendes geleistet. Zwei Fragen drängen sich folglich auf: Hat vielleicht Brunnenmeister Heinrich das ursprünglich

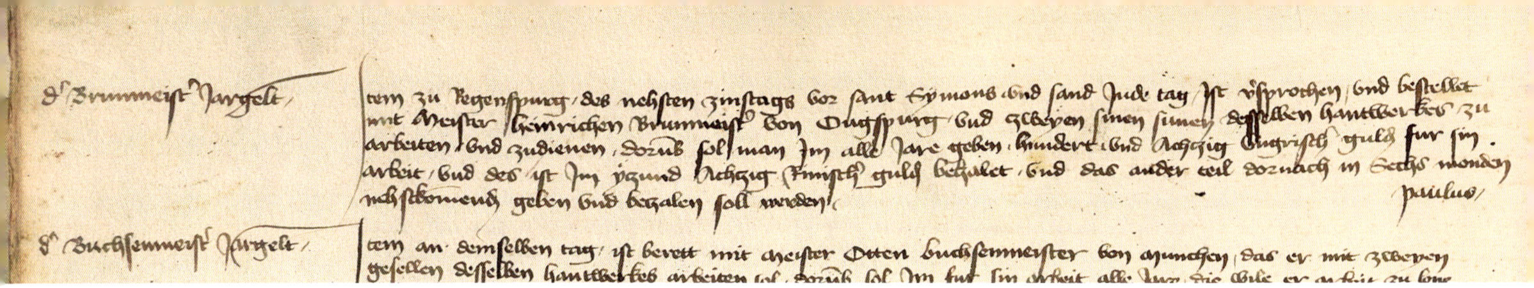

Ein im Österreichischen Staatsarchiv erhaltenes Regest zu einem Vertrag König Sigismunds mit dem Augsburger Brunnenmeister Heinrich von 1418 lässt die Anfänge der Augsburger Trinkwasserversorgung in einem völlig neuen Licht erscheinen.

(möglicherweise nur angeblich) nicht geglückte erste Wasserwerk am Schwibbogentor „zum Laufen" gebracht – und das zweite Wasserwerk am Roten Tor wurde von Hans Felber erst 1433/34 gebaut? Oder hat Meister Heinrich das Wasserwerk am Roten Tor errichtet, und Hans Felber hat es später verbessert, wie manche Chronisten ohnehin schreiben?

Für Petr Elbel von der Österreichischen Akademie der Wissenschaften ist das Notat möglicherweise ein Hinweis darauf, dass Brunnenmeister Heinrich mit seinen Söhnen durch König Sigismund nach Buda geholt wurde, um beim Umbau der königlichen Burg neue Brunnen einzurichten, was den langfristigen Dienstvertrag mit dem Königshof erklären würde. (7) In der Tat wurde um 1416 eine „Rosskunst" als Wasserwerk auf dem Burgberg von Buda konstruiert. (8)

Hans Felber gilt jedenfalls *„[...] als eines jener Universalgenies, an denen das 15. und 16. Jahrhundert so reich war".* (9) Ab 1423 war der aus Nördlingen zugewanderte Felber Werkmann und Büchsenmeister in der Reichsstadt Ulm, im Jahr darauf arbeitete er dort als Kanonen- und Büchsengießer. 1425 bat die Reichsstadt Nürnberg während der Hussitenkriege um Felbers Unterstützung beim Bau von Kriegsgeräten, unter anderem eines Kriegswagens. Als Mitglied eines Ulmer Truppenkontingents nahm er an der gescheiterten Belagerung der von Hussiten verteidigten Stadt Mies (Stříbro) in Böhmen teil. Hans Felber arbeitete auch als Architekt: Gemeinsam mit Hans Kirchenmeister (Hans Kun) aus Ulm plante und leitete Felber ab 1425 den Bau des (1955 abgebrannten) Nördlinger Kürschnerhauses, eines der ersten Messe- und Kaufhäuser in Deutschland. Ab 1427 war Felber am Bau der Nördlinger Georgskirche und des Ulmer Münsters beteiligt. 1434 holte ihn Kaiser Sigismund zum Bau eines Kriegsinstruments mit geheimer Konstruktion nach Pressburg (Bratislava). (10)

In den Lebenslauf Felbers würde das Jahr 1433 im Zusammenhang mit dem Augsburger Wasserwerk am Roten Tor also weit besser passen als das Jahr 1416. Denn dass die Reichsstadt nach einem Fehlschlag in der Zeit von 1412/14 einen unerfahrenen Werkmeister das riskante, kostenintensive Projekt des Wasserwerks hätte ausführen lassen, ist reichlich unwahrscheinlich.

Wasserradgetriebene Kolbenpumpen im ältesten erhaltenen Wasserturm Augsburgs, dem sogenannten Großen Wasserturm, dürfen als die damals innovativste Technik der Wasserhebung vorausgesetzt werden. Schließlich beschreibt auch Pirmin Gasser in seiner Augsburger Chronik, dass Hans Felber im Turm am Stadtgraben *„[...] nachmals mit einem grossen Rad/ein seltsame Růstung/so wir auff vnser Spraach ein Pumpen nennen/gemachet/damit das fůrfliessende Wasser vber sich in ein Trog/gleichsam als in ein Kasten getrieben/vnd nach der handt auß demselben durch dånnine Rőhr oder Teuchel vber die Stattmawer hinder S. Ulrichs Closter/biß zu dem Eserthurn/vnd von dar an sieben vnderschiedliche Orth der Statt [...] auß 15. Rőhren/mit stets rinnendē Wasser/viel artlicher vñ bequemer/dañ vor diesem/geleitet wurd".* (11)

Mit der Inbetriebnahme des Wasserwerks am Roten Tor und der damit verbundenen Technologie nahm die Reichsstadt Augsburg nördlich der Alpen eine Vorreiterrolle in der Trinkwasserversorgung ein. *„Die Einführung der wasserradgetriebenen Kolbenpumpe kam einer technischen Revolution gleich [...]. Sie änderte nachhaltig das Bild der Wasserversorgung in den Städten."* (12)

Das seit der Antike bekannte Wissen um die Konstruktion von Druckpumpen wurde nach dem Untergang der römischen Zivilisation über Baptisterien, Klöster und Königspfalzen ins Spätmittelalter hinübergerettet. An die antiken Vorbilder *„[...] erinnerte man sich wohl in den mittelalterlichen Städten, als es galt,* *die durch die Energie des fließenden Wassers erzeugte Drehbewegung der Wasserräder zur Wasserhebung auf größere Höhe mittels Druckpumpen zu verwenden […]. Für die Umsetzung der Dreh- in eine Hubbewegung gab es verschiedene Systeme. Letztlich hat sich dann aber die Kurbelübertragung eingeführt. […] Die mittelalterliche Wasserkunst bestand also in ihren wesentlichen Teilen aus dem Wasserrad, der Druckpumpe, der Druckleitung zu einem meist in einem turmartigen Bauwerk aufgestellten kleinen Behälter und der Entnahmeleitung, die zum Verteilungsnetz führte […].“* (13)

Einen Wehrturm zum Wasserturm umzufunktionieren, wie es in der Folge in oberdeutschen Städten öfter geschah, war wohl ebenfalls etwas, das in Augsburg erstmals zu belegen ist. Der erste, in den Obergeschossen hölzerne Wasserturm am Roten Tor entstand über dem gemauerten quadratischen Fundament eines älteren Stadtmauerturms. (14) Recht bewusst wird der Geschichtsschreiber Pirmin Gasser von einem *„[…] Thůrnle in den Stattgraben […]“* (15), also in der schwäbischen Verkleinerungsform von einem „Türmle“, geschrieben haben. Allzu imposant wirkte wohl auch der gemauerte fünfgeschossige Nachfolgebau des am 17. Januar 1464 abgebrannten hölzernen Wasserturms noch nicht, vor allem im Vergleich mit dem benachbarten massigen Roten Tor. Dies belegen sowohl der 1521 gedruckte Vogelschauplan von Jörg Seld als auch die erst Jahrzehnte später gedruckten Vogelschaupläne Hans Rogels und Sebastian Münsters, die den Großen Wasserturm mit Satteldach und mit dem bereits an ihn angebauten Kleinen Wasserturm im Schatten des deutlich höheren Stadttors abbilden.

Der abgebrannte hölzerne Wasserturm war wahrscheinlich etwas niedriger als der nach dem Brand gemauerte Große Wasserturm gewesen. Caspar Walter erwähnte in der „Hydraulica Augustana“, dass *„dessen Wider-Erbauung aber nicht allein noch in diesem Jahr* [des Brandes] *angefangen, sondern auch hǒher, als er vorhero gewesen, aufgefůhret […]“* (16) wurde.

Der Große Wasserturm beim Wasserwerk am Roten Tor war damit zunächst deutlich kleiner als heute. Doch er ist – zumindest im Kern – der älteste erhaltene Wasserturm Augsburgs, Deutschlands und wohl auch Mitteleuropas. (17) Der Wasserturm von

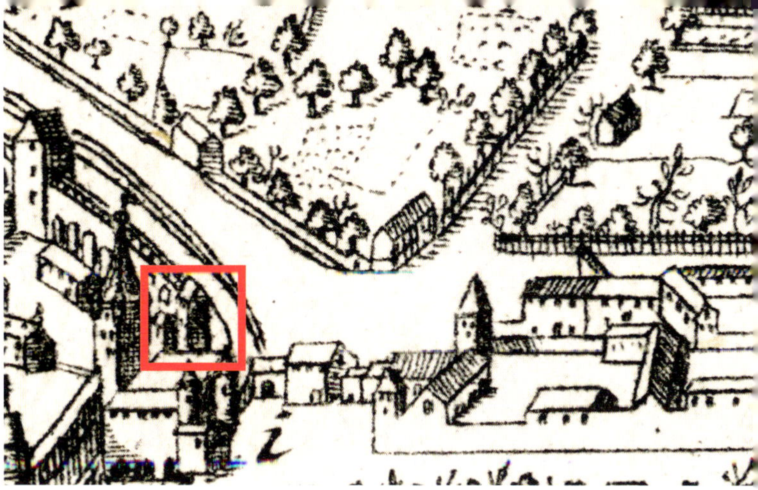

Schon die früheste Darstellung des Wasserwerks am Roten Tor im Vogelschauplan Jörg Selds von 1521 (hier ein Nachstich aus dem 18. Jahrhundert) deutet die Kanalführung zum Aquädukt an, über das der Brunnenbach und der Vordere Lech den Stadtgraben querten. Hinter dem spitzen Zeltdach des Roten Tors ragen die beiden noch relativ kleinen und mit einem Satteldach gedeckten Wassertürme hervor. Dieses Wasserwerk hieß „Oberes Wasserwerk“, um es vom Unteren Wasserwerk am Mauerberg zu unterscheiden.

1464 war circa 20 Meter, nach den Aufstockungen rund 30 Meter hoch. (18) Anfangs dürften (bei tiefer liegendem Reservoir) Druckhöhen von nicht einmal vier Metern bei St. Ulrich und zehn Metern beim Rathaus erreicht worden sein. Dies genügte für die auf Bodenniveau stehenden öffentlichen Brunnen in der Oberstadt und für die ersten vom Oberen Wasserwerk aus belieferten privaten Wasseranschlüsse. Im Jahr 1503 erhielten die Benediktiner von St. Ulrich Brunnenwasser. 1545 bekamen die Fugger ein Privileg für drei freie Röhrwasser, spätestens ab 1558 konnte jeder einen Privatanschluss erwerben. (19) Ab 1669, als der Große Wasserturm rund 30 Meter hoch war, wurden Druckhöhen von ungefähr 14 Metern bei St. Ulrich und Afra sowie circa 20 Metern am Rathausplatz erreicht.

Welches Wasser anfangs in die Reservoire im Großen Wasserturm (und dann später im Kleinen Wasserturm) gehoben wurde, ist nicht klar. (20) Die einzigen Schriftquellen, die Baumeisterbücher, geben nur stereotyp Auskunft. Zwar hält zum Beispiel ein Eintrag vom 7. Mai 1413 fest, dass ein Kanal (wohl der Lochbach) beim Roten Tor in die Stadt floss: *„Item 22 lb* [Pfund] *dn 5 ß* [Schilling] *dn dem Graesen* [wohl der Lechmeister] *Vnd den sinen Von decken den Turn*

bey Husstеter Tor vff dem lech da er herin gant". Doch welcher Kanal mit dem „Lech" gemeint ist, wird nicht erwähnt. 1418 wurde jedenfalls wohl am Aquädukt gearbeitet, in dem Wasser über den Stadtgraben in die Stadt geleitet wurde. Ein Eintrag belegt: *„Item 48 lb* [Pfund] *4 ß* [Schilling] *maister Bartholome dem Murer Vnd den sinen Von BuWen den Lech herin ueber den graben bey Husstetter Tor Vnd tzueg dartzü tzü fueren."* (20) „Über den Graben", das spricht für ein Aquädukt. Wie es aber gebaut war, welches Wasser dort floss, und ob es (auch, und wenn, ab wann?) für das Wasserwerk gedacht war, bleibt unerwähnt. Jeder Kanal hieß „Lech". Der Schreiber wusste, was er meinte.

Seit wann Brunnenbachwasser ins Wasserwerk am Roten Tor geleitet wurde, ist also noch zu klären. Der Trinkwasserkanal wurde wohl 1480 erstmals erwähnt: Der Chronist Paul von Stetten d. J. schreibt jedenfalls von Quellen in der Au und auf dem Lechfeld, die man damals in einem Trinkwasserkanal sammelte, der nach Verträgen mit dem Kloster St. Ulrich und den Bayern durch Quellen in der Haunstetter Au und Meringer Au verstärkt wurde. (21) Falls dies wirklich die Anfänge des Brunnenbachs gewesen sein sollten: Welches Wasser hat das Obere Wasserwerk zuvor geliefert?

Ein Plan aus Sebastian Münsters „Cosmographia" (Ausgabe von 1598) zeigt das Wasserwerk mit dem Großen und dem nur wenig höheren Kleinen Wasserturm. Beide Türme deckte ein Satteldach. Unten: Stadtwerkmeister Elias Holl stellte das Wasserwerk am Roten Tor auf seinem Plan von 1627 stilisiert mit sieben wasserradgetriebenen Kolbenpumpen dar.

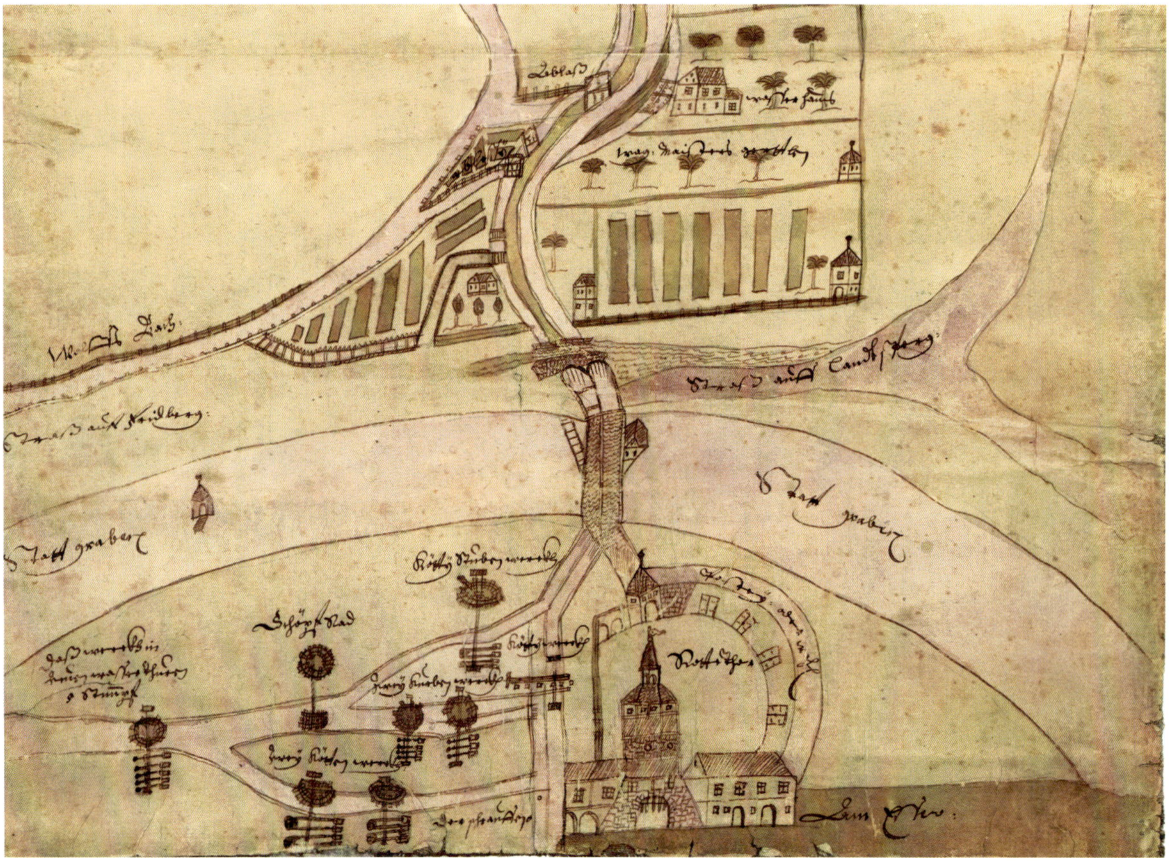

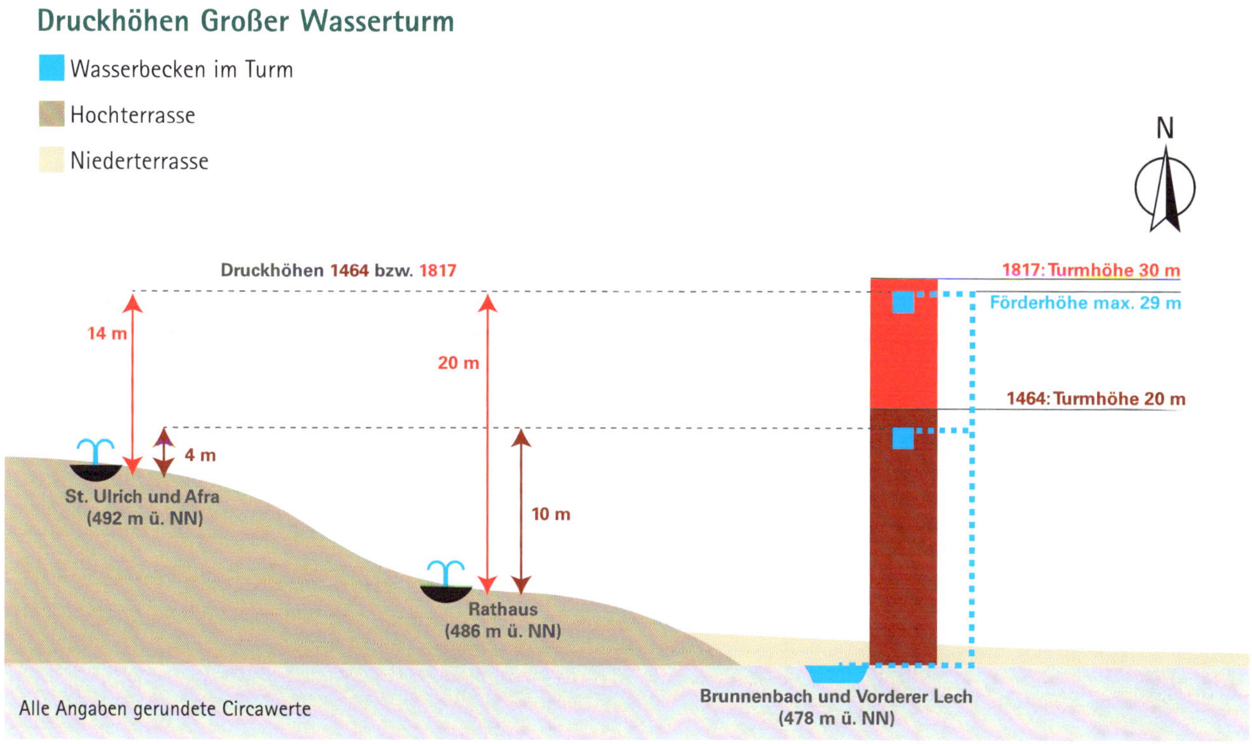

Viel früher wurde der im Stadtrecht von 1276 als Liupoldslech erwähnte Lochbach (ab dem Wasserwerk am Roten Tor Vorderer Lech) in das Ulrichs- und Lechviertel geleitet. Das Wasser dieses Lechkanals diente für das Wasserwerk am Roten Tor lediglich als Treibwasser, und auch das nur sehr eingeschränkt. Auf dem Stadtplan Jörg Selds von 1521 scheinen der Lochbach

Die Infografik zeigt die Druckhöhen, die über den Großen Wasserturm am Roten Tor erreicht wurden. Unten: Emanuel Stenglin zeichnete für das Kloster St. Ulrich 1665 eine „Geometrische Representation des Lechs, Fluß und der Auw, sampt dem Dorff Hausstetten und Jägr=Häußlin": Unten sieht man das Wasserwerk am Roten Tor, oben den Hochablass.

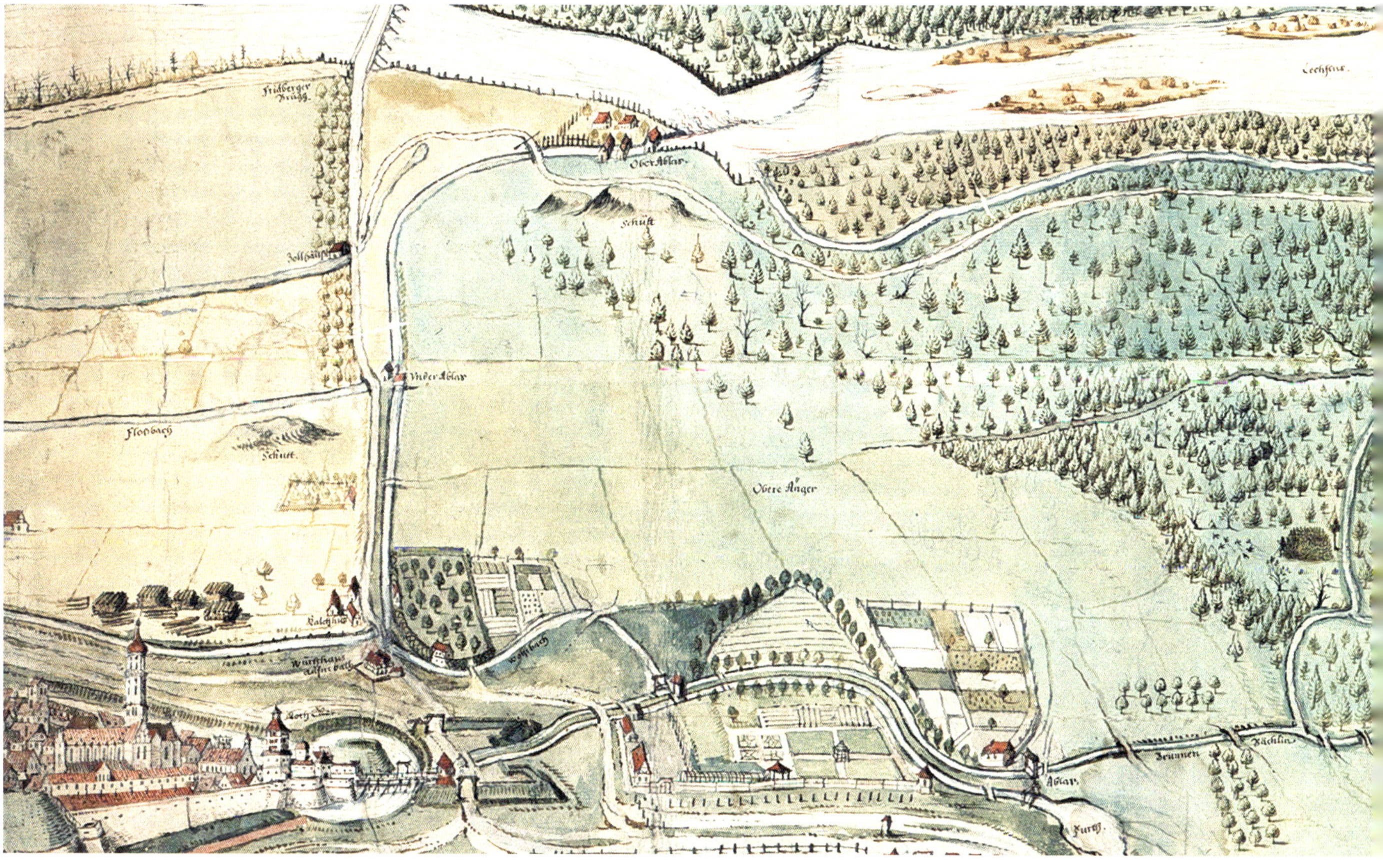

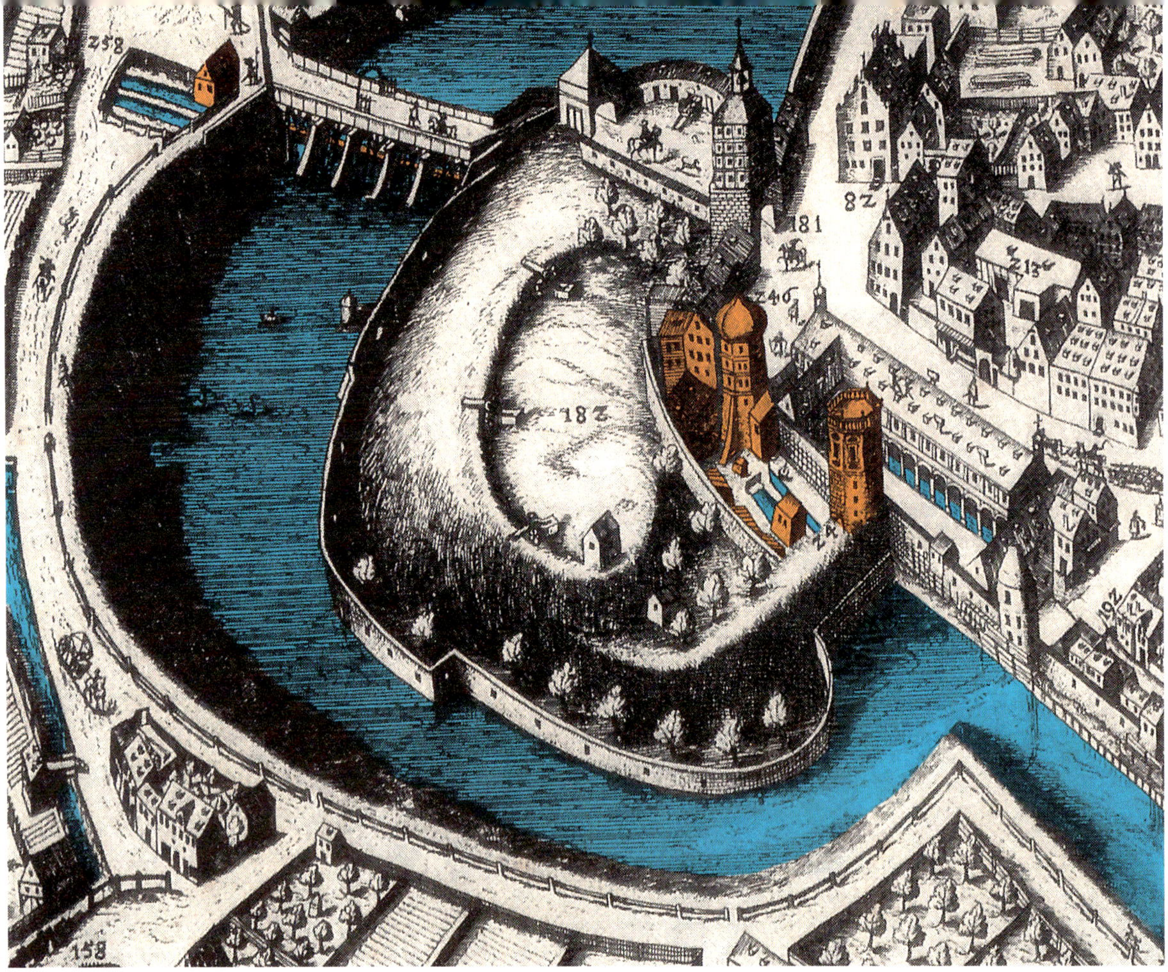

Der Vogelschauplan Wolfgang Kilians von 1626 zeigt den Kleinen Wasserturm (mit Zwiebelhaube), der den damals noch von einem Satteldach gedeckten Großen Wasserturm in der Zeit von 1599 bis 1669 überragte. Auch der im Jahr 1599 erbaute Kastenturm und die Vorgängerbauten der Brunnenmeisterhäuser sowie das Aquädukt unter der Brücke über dem Stadtgraben stellt dieser Kupferstich akribisch genau dar. Der Plan lässt sogar erkennen, dass Wasser aus dem Vorderen Lech die offene Latrine im Heilig-Geist-Spital spülte.

und der Brunnenbach von einigen kleineren Bauten gedeckt in die Stadt zu strömen. Spätere Ansichten zeigen das Aquädukt über dem nassen Stadtgraben am Roten Tor. Zur Trinkwassergewinnung diente aber wohl nicht nur der im offenen Kanal herangeführte Brunnenbach. Frühzeitig nutzte man auch Quellen in unmittelbarer Nachbarschaft des Oberen Wasserwerks: Die *„[...] Brunnenstuben am Roten Tor wurden schon im 15. Jahrhundert durch Quellwasser ergänzt“.* (22)

Der Kleine Wasserturm beim Wasserwerk am Roten Tor soll 1470 *„[...] zu bauen angefangen worden seyn [...]“.* (23) Dies vermerkte Brunnenmeister Caspar Walter in seiner 1754 gedruckten „Hydraulica Augustana“. Der Augsburger Stadtbaurat Franz Joseph Kollmann legte in seinen im Jahr 1850 gedruckten Aufzeichnungen („Die Wasserwerke von Augsburg“) den Baubeginn des Kleinen Wasserturms kategorisch in das Jahr 1472. (24)

Der Anlass für den Bau des Kleinen Wasserturms könnte gewesen sein, dass die Stadt mittlerweile über mehr Wasser verfügte beziehungsweise ein größeres Wasseraufkommen in Aussicht war. 1470 vermittelten die Bischöfe von Augsburg und Eichstätt bei Wasserstreitigkeiten mit dem Bayernherzog Albrecht IV. einen für Augsburg günstigen Vergleich: Das Trinkwasseraufkommen war folglich absehbar gesichert. Spätestens im Jahr 1480 wurden dann die Quellen auf dem Lechfeld und in der Meringer Au gesammelt und im offenen Kanalbett des Brunnenbachs bis zum Aquädukt des Wasserwerks am Roten Tor geleitet. (25)

Der (bis zum Dachfirst) zunächst circa 18 Meter hohe Kleine Wasserturm wurde direkt an den südlich angrenzenden Großen Wasserturm angebaut. Das Satteldach dieses Wasserturms reichte – so stellen es im 16. Jahrhundert entstandene Stiche und Drucke dar – bis an die Traufe des Satteldachs des größeren

Nachbarn. Wie der angrenzende Große Wasserturm war auch der Kleine Wasserturm über dem Fundament eines ehemaligen Wehrturms in der Stadtmauer beim Roten Tor errichtet worden.

Augsburg war weit voraus in der Technologie der Trinkwasserversorgung durch Wasserwerke, in denen wasserradgetriebene Kolbenpumpen das Wasser in Wassertürme hoben. Sehr weit sogar: Mit dem wohl bereits um 1450 erbauten Unteren Wasserwerk und dem dortigen Unteren Brunnenturm waren um 1470 immerhin schon zwei Wasserwerke mit drei Wassertürmen erbaut worden. Darüber hinaus waren Kolbenpumpen seinerzeit im deutschsprachigen Raum möglicherweise auch in Grünberg in Hessen (seit der Zeit um 1420), in Ulm (zwei Pumpwerke vor 1458/59), in Lübeck (ab 1463?) sowie seit 1474 im an der Saale gelegenen Halle, ein weiteres in Prag (um 1430?) in Böhmen in Betrieb. Zum Vergleich: In der Residenzstadt München war ein 1470 gebautes Schöpfrad bis 1511 die modernste Wasserversorgungstechnik. (26)

Wasserwerke mit wasserradgetriebenen Kolbenpumpen waren nicht nur eine technologische Herausforderung. Sie bedeuteten auch für den Stadtsäckel ein Problem: Nur sehr reiche Städte wie Augsburg konnten sich überhaupt eine „echte" Wasserkunst, also ein Hebewerk mit wasserradgetriebenen Kolbenpumpen oder Archimedischen Schrauben, leisten. (27) Im deutschsprachigen Raum zwischen Lübeck und Breslau, Freiburg und Königsberg sind deshalb bis in die Zeit um das Jahr 1500 zwar in 34 Orten circa 40 Gefälleleitungen, doch noch nicht einmal halb so viele „echte" Wasserkünste überliefert. (28)

Durch spätere Aufstockungen gewannen der Große und der Kleine Wasserturm jeweils so viel an Höhe, dass der Wasserdruck für das sukzessiv ausgeweitete Leitungsnetz ausreichte. Bis 1599 wurde zuerst der Kleine Wasserturm durch Baumeister Bernhard Zwitzel um zwei sechseckige Geschosse aufgestockt. Deshalb war der seitdem mit einer modischen „welschen Haube" gedeckte Kleine Wasserturm exakt 70 Jahre lang um einiges höher als der Große Wasserturm. Der Vogelschauplan Augsburgs, der 1626 nach Kupferstichen Wolfgang Kilians gedruckt wurde, zeigt den Kleinen Wasserturm mit dieser Zwiebelhaube.

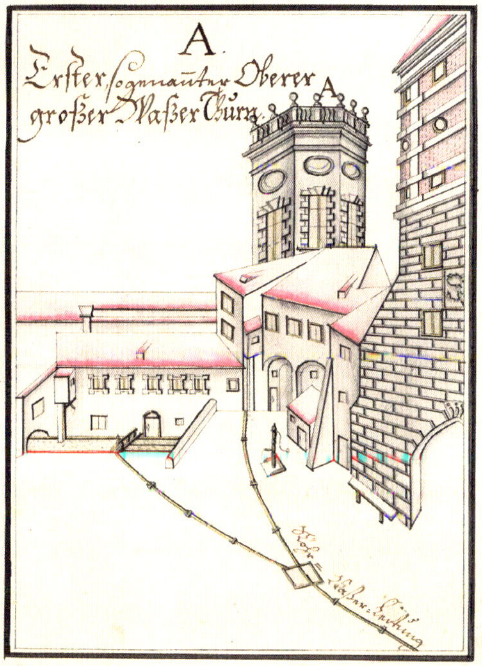

Die Skizze des Brunnenmeisters Caspar Walter zeigt den Großen Wasserturm. Den daran angebauten Kleinen Wasserturm ließ Walter in dieser Zeichnung unberücksichtigt – wie er dies umgekehrt auch bei seiner Skizze des Kleinen Wasserturms tat.

Dieser Plan Wolfgang Kilians deutet bereits das heutige architektonische Ensemble des Wasserwerks am Roten Tor an: Der dritte der drei Wassertürme – der Kastenturm – ist dort ebenso dargestellt wie das Obere Brunnenmeisterhaus und jene Anbauten ent-

Im obersten Geschoss des Großen Wasserturms stand das Reservoir. Das Bassin wurde – wie die gesamte technische Ausstattung – um 1900 ausgebaut.

Bei seiner Skizze des Kleinen Wasserturms bildete Brunnenmeister Caspar Walter den angrenzenden Großen Wasserturm nicht mit ab. Unten: Die miteinander verbundenen Wassertürme erhielten bis 1669/72 im Wesentlichen ihre heutige, von barocker Architektur geprägte Form.

lang der Mauer an der Ostseite des Werkhofs, aus denen das Untere Brunnenmeisterhaus werden sollte. Gut zu erkennen ist auch das – bis 1777 hölzerne – Aquädukt im Untergeschoss der Brücke zum Stadttor.

Der Große Wasserturm war dann wieder höher als der Kleine Wasserturm, als er 1669 um zwei weitere achteckige Geschosse aufgestockt wurde und dabei eine flache Dachabdeckung erhielt. Den Turm bekrönte damals eine hölzerne Altane. Das hölzerne Geländer ersetzte Stadtbrunnenmeister Walter 1746 durch ein steinernes. Walter gab in der „Hydraulica Augustana" die Höhe des Großen Wasserturms mit 103 Augsburger Schuh, also mit circa 30,5 Metern an. 144 Treppenstufen führten zum Reservoir hinauf: (29) Im obersten Geschoss stand der achteckige Kupferkessel, der 58 augsburgische Eimer (3654 Liter) Wasser fasste. (30)

Das Stockwerk darunter nannte Walter wegen seiner Geräumigkeit „Saal". In seiner „Hydraulica Augustana" beschreibt er hölzerne Wappenschilde von zwei Stadtpflegern und vier Stadtbaumeistern, mehrere Memorial- und Instruktionsgemälde sowie Modelle in diesem Raum. (31) Wappen und Malereien sind in den Türmen noch heute zu sehen. Viele hydrotechnische und andere Modelle sowie etliche Gemälde wurden am Ende des 19. Jahrhunderts jedoch verschleudert. (32)

Augsburgs großer Brunnenmeister: Caspar Walter

Der Handwerker-Ingenieur dokumentierte die Wasserversorgung wie kein Zweiter

Wer heute die Dauerausstellung im Oberen Brunnenmeisterhaus im Wasserwerk am Roten Tor besucht, stößt dort auf ein Porträt des Handwerker-Ingenieurs Caspar Walter und seiner Ehefrau. Wenige Schritte weiter bewahrt eine Vitrine ein Exemplar der von Walter verfassten, 1754 gedruckten „Hydraulica Augustana". Das Werk beschreibt das Obere Wasserwerk am Roten Tor in jenem Zustand, den der Stadtbrunnenmeister in der Zeit nach 1741 selbst herbeigeführt hat. Dokumentiert werden Raum für Raum, Pumpwerk für Pumpwerk, außerdem Gemälde und hydrotechnische Modelle, die in großer Zahl in den Wassertürmen ausgestellt waren, um die Mitarbeiter des Brunnenmeisters und auch diejenigen Bildungsreisenden zu informieren, die das Obere Wasserwerk, den großen Stolz der Stadt, besichtigten. Walters „Hydraulica Augustana" war also eine Art Rechenschaftsbericht, ein technischer Reiseführer und mit den Exkursen in die Historie der Wasserversorgung ab 1412 auch ein Geschichtsbuch der Wasserwirtschaft.

Das Multitalent Caspar Walter veröffentlichte insgesamt 16 Werke zur Technik der Wasserversorgung und Zimmermannskunst. Dadurch, und außer mit seinen umfassenden schriftlichen Aufzeichnungen auch mit hydrotechnischen Modellen sowie Modellen seiner Zimmermannsarbeiten und vielen Skizzen als Vorlagen für Kupferstiche und in Öl auf Holz gemalte Instruktionstafeln wurde Caspar Walter zum sicher nachhaltigsten Chronisten der Augsburger Wasserwirtschaft. Mit dem Monogramm „MCW" – Meister Caspar Walter – hat er sich an den Treppenspindeln im Kleinen Wasserturm sowie im Kastenturm des Oberen Wasserwerks am Roten Tor verewigt.

Caspar Walter (1701 – 1769) hatte das Handwerk des Zimmermanns erlernt. Er wurde städtischer Brunnenwerker, war ab 1728 Obmann im Unteren Wasserwerk am Mauerberg und erwarb 1736 das Meisterrecht. Von 1741 bis 1768 wirkte Walter als städtischer Brunnenmeister. Er optimierte Augsburgs Brunnenwerke technologisch. Walters Pumpwerke wurden erst Jahrzehnte nach dem Ende seiner Amtszeit erneuert. Über sein Jahrhundert hinaus wirkt er freilich vor allem als Chronist der Wasserwirtschaft.

Gier, Helmut: Wasserversorgung und Wasserkraft im Augsburger Buchdruck früherer Jahrhunderte, Augsburg 2007, S. 8 f.
Walter, Caspar: Hydraulica Augustana […], Augsburg 1754

(Brunnen-)Meister Caspar Walter auf dem Porträt im Brunnenmeisterhaus und sein Monogramm „M.C.W." am Sockel der Treppenspindel im Kastenturm.

Wie zur Zeit Caspar Walters stehen hydrotechnische Modelle im Kleinen Wasserturm. Unten: Die beiden Treppen im Kleinen Wasserturm und im Kastenturm konstruierte Walter selbst. Das Modell seiner Treppe im Kastenturm stellt das Maximilianmuseum aus.

Reservoirs in den Wassertürmen dienten damals nur als Ausgleichsbecken. Behälter, welche die Speicherung größerer Wassermengen erlaubt hätten, waren zu dieser Zeit technisch noch nicht umzusetzen. Die Trinkwasserversorgung war damals folglich ein

reines Durchflusssystem: Das in die Wassertürme gehobene Trinkwasser floss am Ende des Wasserleitungssystems wieder heraus, soweit es nicht zuvor irgendwo am Leitungsstrang abgeschöpft worden war.

Im Jahr 1742 hatte Caspar Walter die Förderhöhe im Großen Wasserturm bis auf 28,4 Meter gesteigert. Die im vorindustriellen Zeitalter höchste Förderhöhe lag 1817 bei 29 Metern. (33) Jeder Meter Turmhöhe steigerte die Druckhöhe und damit die Effizienz der Trinkwasserversorgung der seit Mitte des 19. Jahrhunderts schnell wachsenden Industriestadt. Um den Leitungsdruck nochmals zu erhöhen, wurde deshalb um 1866 (wie beim Wasserturm des Unteren Wasserwerks am Mauerberg) ein gusseiserner und verglaster Pavillon mit einem neuen Hochreservoir aufgesetzt. Der Pavillon blieb bis mindestens 1938 erhalten. (34)

Brunnenmeister Caspar Walter beschrieb in seiner „Hydraulica Augustana" auch das sechseckige kupferne Reservoir im obersten Geschoss des Kleinen Wasserturms. Es fasste nur 32 Eimer (gut 2000 Liter). Die Becken im Großen und Kleinen Wasserturm waren für den Notfall durch eine Leitung verbunden. (35) Die Förderhöhe des Kleinen Wasserturms lag zu Walters Zeiten bei 24,8 Metern. 1817 wurde sie dort ebenfalls auf 29 Meter gesteigert. (36) Die Turmhöhe bis zum

Wappenschilde von Stadtpflegern und Stadtbaumeistern zieren die Stuckdecke im Kleinen Wasserturm. Eine moderne Installation deutet dort heute die Lage des Wasserbeckens, der Einlaufhähne und des Auslaufhahns an. Das Reservoir stand auf einem nach 1879 abgebauten hölzernen Dielenboden.

Kugelhelm gab Caspar Walter mit 84 Schuh, also rund 25 Metern an. 124 Treppenstufen führten zu Walters Zeiten bis zum Reservoir hinauf, das auf einem (später ausgebauten) hölzernen Dielenboden stand. (37)

Bis 1672 war der Kleine Wasserturm noch einmal um ein zusätzliches Stockwerk erhöht worden. Die bei der Aufstockung im Jahr 1599 aufgesetzte Kuppel des

Nächste Seite: Der älteste erhaltene Grundriss des Wasserwerks am Roten Tor stammt aus dem Jahr 1599. Damals errichtete die Reichsstadt Augsburg den Kastenturm, den dritten der drei Wassertürme des Wasserwerks am Roten Tor. Das Dokument beschreibt die Funktion der drei Brunnenwerke und ihre Versorgungsgebiete. Der Vordere Lech wurde damals als Mühlbach bezeichnet: Er trieb nur ein außerhalb des Großen Wasserturms gelegenes Wasserrad an. Als Antriebskraft für alle Pumpwerke im Wasserwerk nutzte man das reinere Brunnenbachwasser.

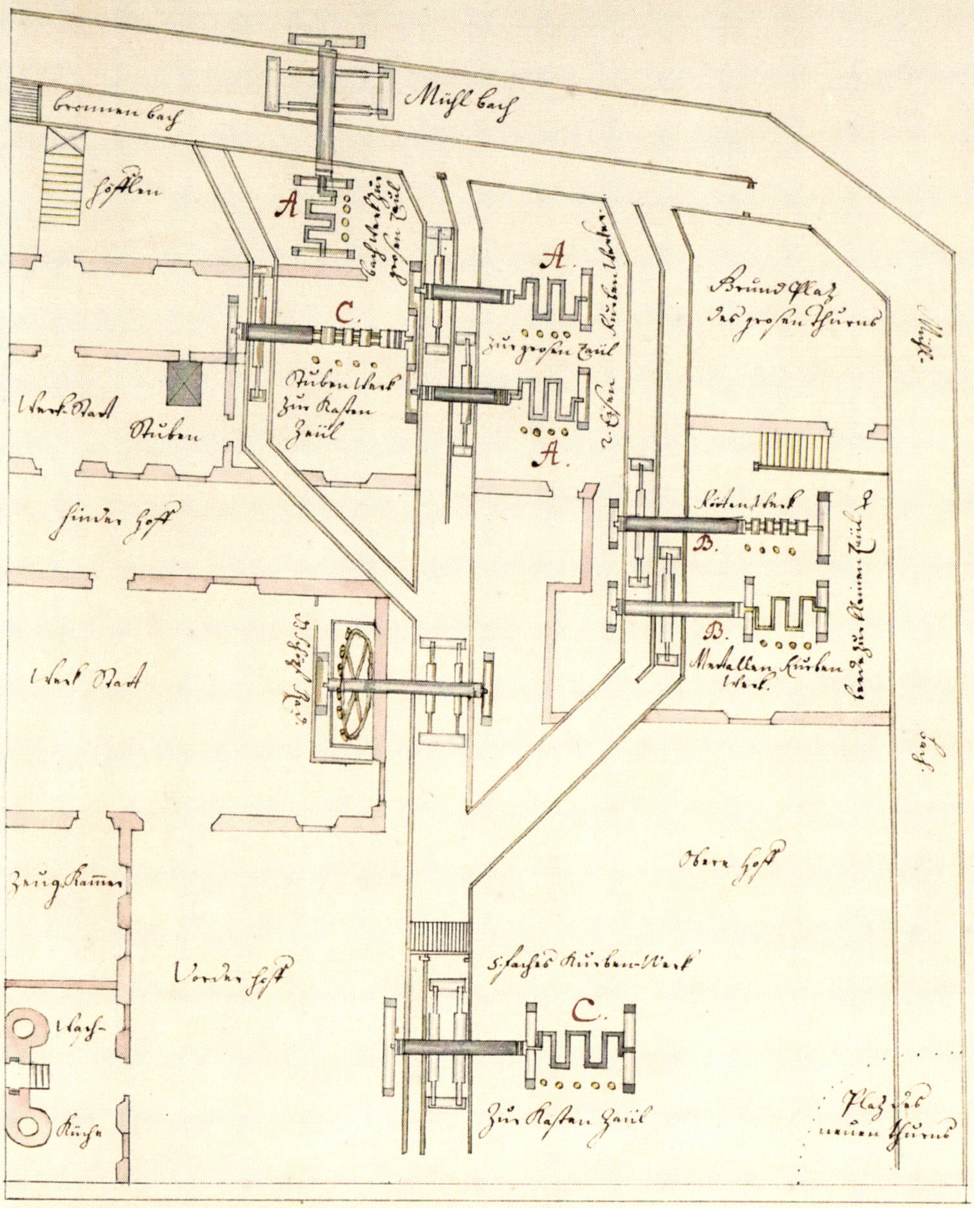

A. A. A. seyn 3. Brunnen-Werk, welche den grossen Theil od. Säule treiben, so durch den Zwinger, und bey St. Anna vorbey, allwo ein Austich ist, auf den alten Heumarkt, der Hauptsäul aber ihr Lauff in die heil. Creutzer-Gasse gehet, und die Juden- auch Stein-gassen mit Wasser versihet, und aldort sich endet. Treibet in allem 125. Wasser.

B. B. seyn die Brunnen-Werk, welche Wechselsweiß den kleinen Theil oder Säule treibet. Diser Säul ihr Lauff gehet den obern Zwinger durch, u. über den Kitzenmarkt, bey St. Ulrich vorbey, am Saltz-Stadel herunter, über den Holz- und Wein- auch Brod-Markt biß an den Schmidberg: treibt 110. Wasser.

C. C. die 2. Brunnen-Werk treiben den unteren Thurn od. die Kastensäul, führet das Wasser den Milchberg hinauf, am Saltz-Stadel hinunter, auch den Prediger-berg und Bäcken-gassen, treibet den grossen Röhrkasten bey dem Sigelhaus, u. nimt die Hauptsäul ihren Lauff biß auf den Perlach zu dem schönen Rohrkasten.

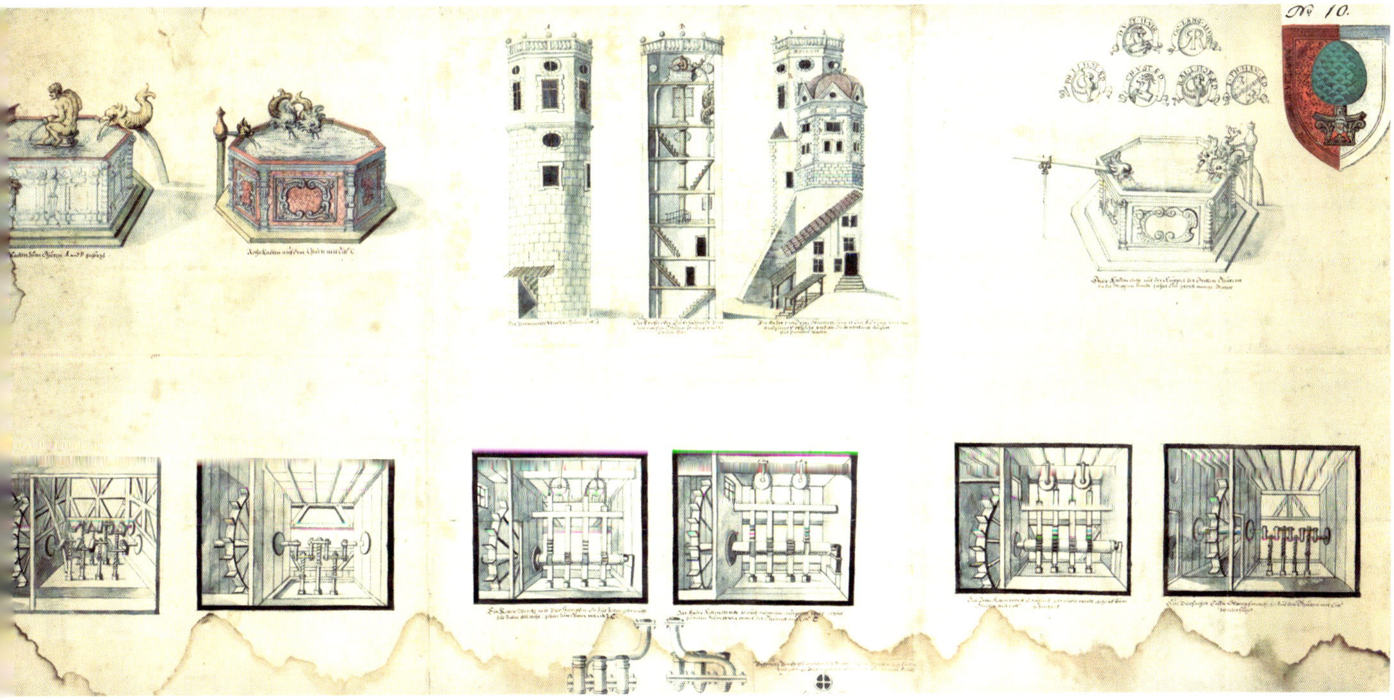

Zwiebelturms wurde nun von einem flachen Kugelhelm abgelöst. Darunter stuckierte der nach Augsburg eingewanderte Wessobrunner Matthias II. Schmuzer die bis heute erhaltene frühbarocke Gewölbedecke. Ihre sechs Ecken zieren die Wappenschilde der damaligen Stadtpfleger David von Stetten und Octavian Langenmantel sowie der vier Stadtbaumeister Philipp Jakob Imhof, Christoph von Stetten, Raymund Imhof und Johann Philipp Haman. (38)

Caspar Walter war es auch, der 1744 den Innenausbau im Kleinen Wasserturm leitete. Die von ihm *„[...] künstlich verfertigte Schnecken=Stieg [...]"* (39), eine Spindeltreppe über zwei Stockwerke, die sich um einen aus einem Stamm gearbeiteten – auch „Mönch" genannten – Spindelbaum windet, hat Walter mit den Initialen „MCW" gekennzeichnet. Die Treppe, deren Modell in der Modellkammer im Maximilianmuseum Augsburg zu sehen ist, beschrieb Walter in seiner „Hydraulica Augustana" ausführlich. Er war einer der vielen Augsburger Brunnenmeister, die ursprünglich Zimmerer waren. Holz war bis in die erste Hälfte des 19. Jahrhunderts das wichtigste Material beim Bau und Unterhalt von Wassertürmen, Wehren und Schleusen.

Der Kastenturm beim Wasserwerk am Roten Tor entstand ebenfalls über dem (halbkreisförmigen) Grundriss eines ehemaligen Wehrturms: 1599 baute Jakob Eschay diesen Turm, der an die östliche Mauer

Ein unbekannter Zeichner schuf in der Zeit um 1675 oder kurz danach die kolorierten Skizzen der drei Wassertürme des Oberen Wasserwerks, der dortigen Hochbassins mit den unter Brunnenmeister Caspar Walter ausgetauschten kunstvollen Einlaufhähnen der Reservoirs sowie der Kurbel- und Kettenwerke.

des Heilig-Geist-Spitals angebaut war, um und stockte ihn um zwei sechseckige Geschosse auf. Augsburg hatte – so Walter – den Bau des dritten Wasserturms im Oberen Wasserwerk am Roten Tor in Angriff genommen, *„[...] damit die um solche Zeit zur Zierde der Stadt angelegte kostbare Spring=Brunnen mit genugsamen Wasser konnten gespeisset werden [...]".* (40)

Über dem fünften Geschoss dieses Wasserturms liegt ein flacher Dachabschluss, der zuerst von einer hölzernen, seit 1703 von einer steinernen Balustrade bekrönt wurde. Auf den vom Wasserwerk am Roten Tor gefertigten Stichen wirkt der Kastenturm beinahe so, als sei er unter den drei Wassertürmen des Oberen Wasserwerks der höchste. Caspar Walter gibt jedoch die Höhe des Kastenturms mit 92 Augsburger Schuh, also etwas mehr als 27 Metern, an. Allerdings steht der jüngste Wasserturm des Oberen Wasserwerks, wie Walter akribisch vermerkt, auf einem mehr als dreieinhalb Meter hohen Hügel über dem angrenzenden Innenhof des Wasserwerks. 136 Stufen führten zu seinem Reservoir im obersten Geschoss hinauf. (41) Die

1599 errichtete Jakob Eschay den Kastenturm am Roten Tor. Abbildung untere Reihe: „Der dritte Obere Waßer=Thurn wird der Kasten oder Spital=Thurn genannt.", betitelte Caspar Walter seine Skizze, nach der ein Kupferstich Johann David Nessenthalers entstand. Ein Foto (rechte Seite unten) zeigt den kaum veränderten Innenhof des Heilig-Geist-Spitals.

Förderhöhe zu Walters Zeiten lag bei 25,4 Metern, seit dem Jahr 1817 war auch im Kastenturm eine Förderhöhe von 29 Metern erreicht. (42)

Die doppelläufige Wendeltreppe im Kastenturm zimmerte Brunnenmeister Caspar Walter im Zuge des Innenausbaus des Kastenturms im Jahr

1742. Die Treppe ist mit seinen Initialen „MCW" und der Jahreszahl 1742 gekennzeichnet. Stolz auf sein kunstvolles Werk notierte Walter in der „Hydraulica Augustana": *„Anno 1743. ist in diesem Thurn eine gedoppelte Schnecken=Stiege mit einem gantz durchbrochenen Mönch oder Spindel=Baum angelegt worden, so unten auf einem Postement stehet, und oben mit dem Stadt=Wappen, oder sogenannten Stadt=Pyr bedecket ist; auf dieser Treppen können 2. Persohnen, jede à parte diß= und jenseits hinauf gehen, und durch die Oeffnung des Spindel=Baums einander sehen, mit*

1742/43 errichtete Brunnenmeister Caspar Walter die bald weithin bekannte doppelläufige Wendeltreppe im Kastenturm. Sein Meisterwerk beschrieb Walter voll Stolz in der „Hydraulica Augustana".

Ein Stich Johann David Nessenthalers nach einer Skizze von Stadtbrunnenmeister Caspar Walter zeigt das Wasserwerk am Roten Tor – aus Richtung Osten gesehen – nach der Erneuerung von 1742/43. Zwischen dem Großen und dem Kleinen Wasserturm sowie dem Kastenturm steht das Heilig-Geist-Spital. Beim Kleinen Wasserturm ist (rechts) das daran angebaute Obere Brunnenmeisterhaus zu erkennen. Das Untere Brunnenmeisterhaus entstand erst 1777 in seiner heutigen Form. Dieses deutschlandweit einzigartige Architekturensemble ist mit Ausnahme der verschwundenen Pumpenhäuser erhalten.

einander sprechen, auch einander die Hånde reichen, doch nicht anderst, als zu oberst bey dem Austritt , oder bey dem Wasser=Reservoir zusammen kommen." (43)

Die kunstvollen Einlaufhähne der Hochbassins aus der Zeit um 1600 ersetzte Brunnenmeister Walter durch funktionellere Hähne. Er war weniger an der Kunst als an der Effizienz der von ihm betreuten Trinkwasserversorgung der Reichsstadt interessiert. So verschwanden die um 1675 von einem unbekannten Zeichner skizzierten fischförmigen Einlaufhähne des Großen und Kleinen Wasserturms sowie die kostbare,

38)o(

Summarische Tabelle

über die Dienste, so von den vorstehenden drey Haupt-Wasser-Thürnen præstiret werden, und was alles dazu gehörig ist.

Der grosse Wasser-Thurn	Possess.		thut Eym.	Maaß	an Gewicht
A. hat zu versehen.	132.	gibt 3. Eym. in einer Stund.	396.	25344.	50688. lb.
Der kleine Wasser-Thurn B. „ „ „	107.	Similiter	321.	20544.	41088.
Der Kasten-Thurn C.	79.	Similiter	357.	22848.	45696.
Die 3. Haupt-Spring-Brunnen.	40.				
Summa.	358.		1074.	68736.	137472.
Die gantze Theihel-Länge, so durch die Stadt gehet, und unter der Erden liget, ist			Theihel-Stuck.		Messene Hahnen.
Vom Wasser-Thurn A.	12800.	daran sind	1163.	und	164.
Vom Wasser-Thurn B.	11021.	„ „ „ „	1010.	„ „	142.
Vom Wasser-Thurn C.	9100.	„ „ „ „	827.	„ „	129.
Summa.	32921.	„ „ „ „	3000.	„ „	435.

In der „Hydraulica Augustana" gab Stadtbrunnenmeister Walter die Leistungskraft der „drey Haupt=Wasser=Thůrnen" kund. Seine „Summarische Tabelle" zählte auch die Länge der von dort versorgten Wasserleitungen und die Zahl der Auslässe auf.

weil vom kaiserlichen Kammerbildhauer Adriaen de Vries modellierte Bronzefigur des „Brunnenjünglings". Vermutlich hatte sich die Reichsstadt für das Bassin im Kastenturm deshalb diesen teuren Einlaufhahn von höchster künstlerischer Qualität geleistet, weil von dort aus die von Hubert Gerhard und Adriaen de Vries geschaffenen (so Caspar Walter) *„[...] schőne publique Sprůng=Brunnen mit genugsamen Wasser konnten versehen werden".* (44) Den Brunnenjüngling (dieses unschätzbar wertvolle Meisterwerk ist nunmehr im Augsburger Maximilianmuseum ausgestellt) versetzte Walter an die sogenannte Klause im Brunnenhof des Oberen Wasserwerks. *„Vor der Clausen sitzet auf einem grossen Postement ein von Messing gegossenes Bild, so ein Schnecken=Hauß in der Hand hålt; aus diesem Schnecken springen 3. Wasser [...]."* (45)

Weitgereiste Besucher des Oberen Wasserwerks am Roten Tor waren mit Sicherheit einer der Gründe dafür, dass die Reichsstadt dort nicht nur in die Technik, sondern auch in die Architektur und in Kunst investierte. Man war stolz auf das Wasserwerk und präsentierte es gern, hatte es doch *„[...] sonderheitlich bey Wasser=Kunst=Verstǻndigen Ehre und Ruhm erworben, solches bezeuget die Frequenz so viler Standes=Persohnen, Passagiers und Liebhabern, welche, ohne die allhiesige Wasser=Kůnste in Augenschein genommen zu haben, nicht leichtlich durch* [Augsburg] *passiren".* (46) Neben dem Rathaus Elias Holls und dem Alten Einlass (ein europaweit bekanntes technisches „Wunderwerk", hinter dem sich in Wirklichkeit jedoch nur ein von Menschen bedienter Mechanismus verbarg) war das Obere Wasserwerk Augsburgs großer Stolz. In seiner „Hydraulica Augustana" stellte Caspar

Wasser aus dem Brunnenbach und dem Lochbach strömte über das seit 1777 gemauerte Aquädukt im Untergeschoss der Brücke bei der Bastion am Roten Tor. Eine hölzerne Scheidewand im Kanalbett des Aquädukts trennte das Trinkwasser vom Treibwasser.

Walter fest, dass neben den *„[...] Wasser=Wercken in den obern 3. Haupt=Wasser=Thürnen [...]"* (47) in der Stadt zwar weitere, aber nicht derart bemerkenswerte Wasserwerke und -türme zu sehen seien.

Das Rote Tor, die Wassertürme und das Aquädukt sind auf zahlreichen Stichen dargestellte Motive.

Über das Aquädukt bei der Bastion am Roten Tor querten der reine Brunnenbach und der Lochbach in einem gemeinsamen Kanalbett – dort durch eine hölzerne Scheidewand eher notdürftig voneinander getrennt – den nassen Stadtgraben. Das Aquädukt war, wie bereits der 1626 als Kupferstich gedruckte Vogelschauplan Wolfgang Kilians erkennen lässt, das Untergeschoss des Viadukts.

In seiner „Hydraulica Augustana" hat der Stadtbrunnenmeister Caspar Walter das (damals noch aus Holz gebaute) Aquädukt beschrieben, dessen Abschnitt innerhalb des Wasserwerks bereits von einer Auffahrt zur Bastion in den Wallanlagen beim Roten Tor über-

dacht wurde. „*Unter dieser Auffahrt ist der erste Canal, so 167 Schuh* [rund 50 Meter] *lang ist, und biß zu der Hospital=Kirche reichet, Anno 1746. gebauet worden, sammt einem hölzernen, so unter der rothen Thor=Bruggen 266. Schuh* [knapp 80 Meter] *lang über den Stadt=Graben gehet; das zweyte Stuck dieses Canals unter diesem Gewölb, worauf oben der rothe Wall stehet, und welches Anno 1545. erbauet worden, ist Anno 1750. von 113. Schuh* [mehr als 33 Meter] *lang gemacht worden, und gehet biß an bemålten* [den bereits zuvor erwähnten] *hölzernen Canal, an welchen derselbe angestossen; daß demnach dessen völlig Länge von Anfang der rothen Thor=Bruggen biß zu der Hospital=Kirche herab 546. Schuh* [gut 160 Meter] *ausmachet.*" (48)

Die hölzerne Trennwand im Kanalbett des Aquädukts sollte das Trinkwasser des Brunnenbachs vom unsauberen Antriebswasser absondern: „*Der Canal aber ist mit einer Mittel= oder Schied=Wand versehen, damit das reine Brunnen=Wasser von dem Lech=Wasser separirt bleibe.*" (49) Walter beschreibt auch, dass der Brunnenbach eine sehr viel geringere Wassermenge in die Stadt beförderte als der Lochbach (wie ihn bereits Walter nannte). Der als Trinkwasser geeignete Brunnenbach floss drei Schuh und acht Zoll (ungefähr 1,1 Meter) breit durch den Kanal. Das Treibwasser des Lochbachs nahm dagegen eine Breite von acht Schuh (fast 2,4 Meter) ein.

In Stein gemauert wurden die sechs Bögen der Brücke über den Stadtgraben 1777. Eine Bauinschrift an der Ostseite nennt Werkmeister Johann Christian Singer, eine Inschrift an der Westseite die Jahreszahl 1777. Die Westfassade dieses Aquädukts im Graben vor der Bastion dient als „Bühnenbild" der dort 1929 eingerichteten Freilichtbühne des Theaters Augsburg.

Der Kanal im Wasserwerk lieferte Wasser in zwei Kanalbetten: Den Brunnenbach leitete man zu den Wasserrädern im Untergeschoss des Oberen Brunnenmeisterhauses und im Brunnenhof, wo die (bis um 1848 hölzernen) Brunnenhäuser standen. Das Brunnenbachwasser diente nicht nur als Trinkwasser, es war zugleich das Treibwasser für die Kurbel- und Kettenwerke im Untergeschoss des Großen und des Kleinen Wasserturms sowie in den Pumpenhäusern im Werkhof. „*Durch das Gefälle des Brunnenbaches wurden um 1750 die Wasserräder von 9 Kurbel- und Kettenpumpwerken mit insgesamt 36 Zylindern betrieben. Drei Maschinensätze standen an den Türmen, vier befanden sich im Oberen Brunnenhaus zwischen Großem Turm und Hofaußenmauer, zwei in dem im Werkshof freistehenden Unteren Brunnenhaus.*" (50)

Lediglich ein „*[...] zweyfaches Kurben=Werck, so Anno 1746. allda angelegt worden, und das Bach=Werk*

Ein Druck nach dem Vogelschauplan Wolfgang Kilians zeigte 1626 die Holzbrücke über dem nassen Stadtgraben. Die Brücke mit dem darin integrierten Aquädukt über dem heute trockenen Stadtgraben ist ein wesentlicher Bestandteil des weitestgehend komplett erhaltenen Architekturensembles Wasserwerk am Roten Tor. Dort fließt das Lochbachwasser (nach diesem Aquädukt ein Stück weit unter der Bastion hindurch) ins Wasserwerk. Kanalabwärts – nach der Rote-Torwall-Straße – wird der Lochbach schließlich Vorderer Lech genannt.

Über das Aquädukt des Oberen Wasserwerks am Roten Tor fließt nur noch Lochbachwasser, denn der Brunnenbach mündet heute schon beim Silbermannpark südlich der Altstadt in den Lochbach. Bereits seit dem Jahr 1840 lieferten ergiebige Quellen in der unmittelbaren Nachbarschaft des Wasserwerks das Trinkwasser. Der ehemalige Trinkwasserspender Brunnenbach lieferte seitdem nur noch Treibwasser für die Wasserräder der Pumpwerke und der Mühlen.

genennet wird [...]" (51), wurde von einem Wasserrad im Lochbach angetrieben. Fallen in der Scheidewand zwischen dem Brunnenbach- und dem Lochbachwasser ermöglichten es allerdings, im Bedarfsfall auch das Lochbachwasser als Antriebskraft für die Saug- und Druckpumpen zu nutzen. In solchen Situationen wurde nur Quellwasser aus den Brunnen, die in unmittelbarer Nachbarschaft – am Rand des Stadtgrabens – lagen, als Trinkwasser genutzt.

Während der Lochbach im Normalbetrieb am Wasserwerk und am Heilig-Geist-Spital vorbeiströmte, wurde das Wasser des Brunnenbachs (bis 1840) vollständig ins Obere Wasserwerk eingeleitet. Was durch ein „Versammlungs-Wasserbett" im Großen Wasserturm respektive durch die Fallen und offenen Kanäle im Brunnenhof zu den Werken und Leergassen strömte und nicht von den Saug- und Druckpumpen in die Wassertürme befördert wurde, floss an der Nordseite des Wasserwerks durch einen gemauerten, überwölbten Kanal wieder hinaus. Dieses Wasser wurde in den Stadtgraben geleitet. An die Werkskanäle im Brunnenhof erinnert noch ein Streifen in der Pflasterung an der Nordseite der beiden Wassertürme. Der ehemalige, circa drei Meter hohe (und begehbare) Auslaufkanal des Wasserwerks liegt unter einem Bodenblech vor dem Unteren Brunnenmeisterhaus verborgen.

Instruktionsgemälde und Stiche nach den Skizzen des Stadtbrunnenmeisters Caspar Walter dokumentierten die Anlage, Wasserräder und Pumpwerke des Oberen Wasserwerks am Roten Tor sowie die technischen Verbesserungen, die er bis 1746 vorgenommen hatte. Vom Februar 1744 stammt eine kolorierte technische Zeichnung, mit der Walter seine Planungen für das von ihm erneuerte Wasserwerk in zahlreichen Details beschrieb. Dieses im Stadtarchiv Augsburg erhaltene Dokument trägt den Titel „Profill deß Wasser=Stands, samt dem Fall desselben auf

die Wasser=Räder des ersten, zweÿten und dritten Grund=Wasserbaues".

„Caspar Walter, Bau=Geschworner Werck= Zim̄er= und Stadt=Brunnenmeister" vermerkt auf dem Riss: „Project, wie der in allhießig Wohllöbl.r Reichs=Stadt Augspurg befindliche Wasser= u: Kunstwercker=Bau der 3. obern Haupt=Brun̄enthürne, wegen bereits allzuviel ausgegebener Röhrwasser, zu großem Nuzen gesam̄ter Stadt und Burgerschafft mit 2. Kunstwercken vermehrt, in eine gehörige Regularitaet gebracht auch sonst in vielen Stücken verbessert werden könte, wodurch man nicht nur allein zu jedem Thurn ein höchst-benöthigtes Reserve-Werck; sondern auch eine Versam̄lung des Wassers vor dem großen Wasserbau von 4. Rädern, zum Behuef deß abfallenden Wassers, zu Treibung solcher Räder, wie es auch vor 7. Jahren im untern Brun̄enthurn mit vilem Nuzen geschehen ist, erhielte: samt noch einem Neben=Ablaß, durch welchen das zuvile Wasser, oder beÿ irgend Verunglückung der Wercker, oder auch andern sich begebenden Zufällen alldasselbige könte abgeleitet werden."

Diese mit ausführlichen Erläuterungen beschriftete Zeichnung Caspar Walters war die Grundlage für zwei Instruktionsmalereien sowie für zwei Stiche, die den

Lochbachwasser fließt, überdacht von Holzbalken und -planken der Auffahrt zur Bastion am Roten Tor, westlich am Wasserwerk vorbei. Dort trieb ein viereinhalb Meter hohes – im Winter aus dem Kanal gehobenes – Pansterrad das „Bachwerk" im Untergeschoss des Großen Wasserturms an. Im Mauerwerk (rechts) ist einer der Auslässe zu sehen, durch die der Brunnenbach in den Brunnenhof ausgeleitet wurde. Unten: Zwei Bronzedelfine (heute Abgüsse) neben dem Eingang zum Oberen Brunnenmeisterhaus speien Wasser in den Vorderen Lech.

Zustand des Oberen Wasserwerks vor und nach der Renovierung festhielten. Sie belegen, wie akribisch der Stadtbrunnenmeister die von ihm ausgeführten technischen Verbesserungen dokumentierte.

Die beiden nach dem Plan von 1744 entstandenen Erinnerungsgemälde schuf Franz J. Lederer im Jahr 1753. Diese in Öl auf eine Holztafel gemalten großformatigen Darstellungen hängen heute – neben vier

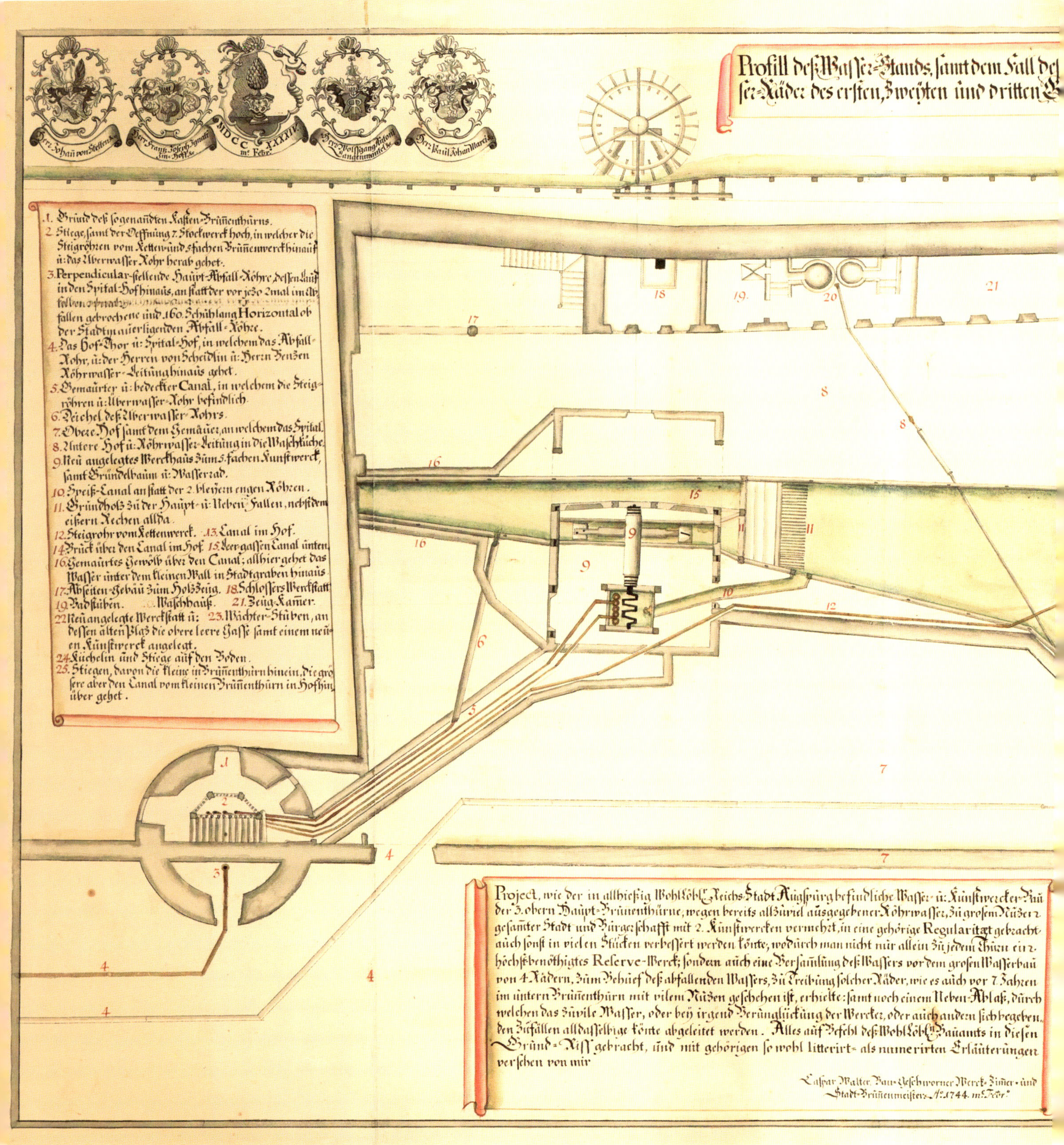

weiteren Instruktions- beziehungsweise Erinnerungsgemälden im Obergeschoss des Kleinen Wasserturms am Roten Tor. Der „Grundlegungs=Riss der alten in disen 3. obern Haupt=Bruñen=Thürne bis ad An.m 1744.

1744 zeichnete Caspar Walter das exakte „Profill deß Wasser=Stands, samt dem Fall desselben auf die Wasser=Räder der ersten, zweÿten und dritten Grund=Wasserbaues." im Oberen Wasserwerk.

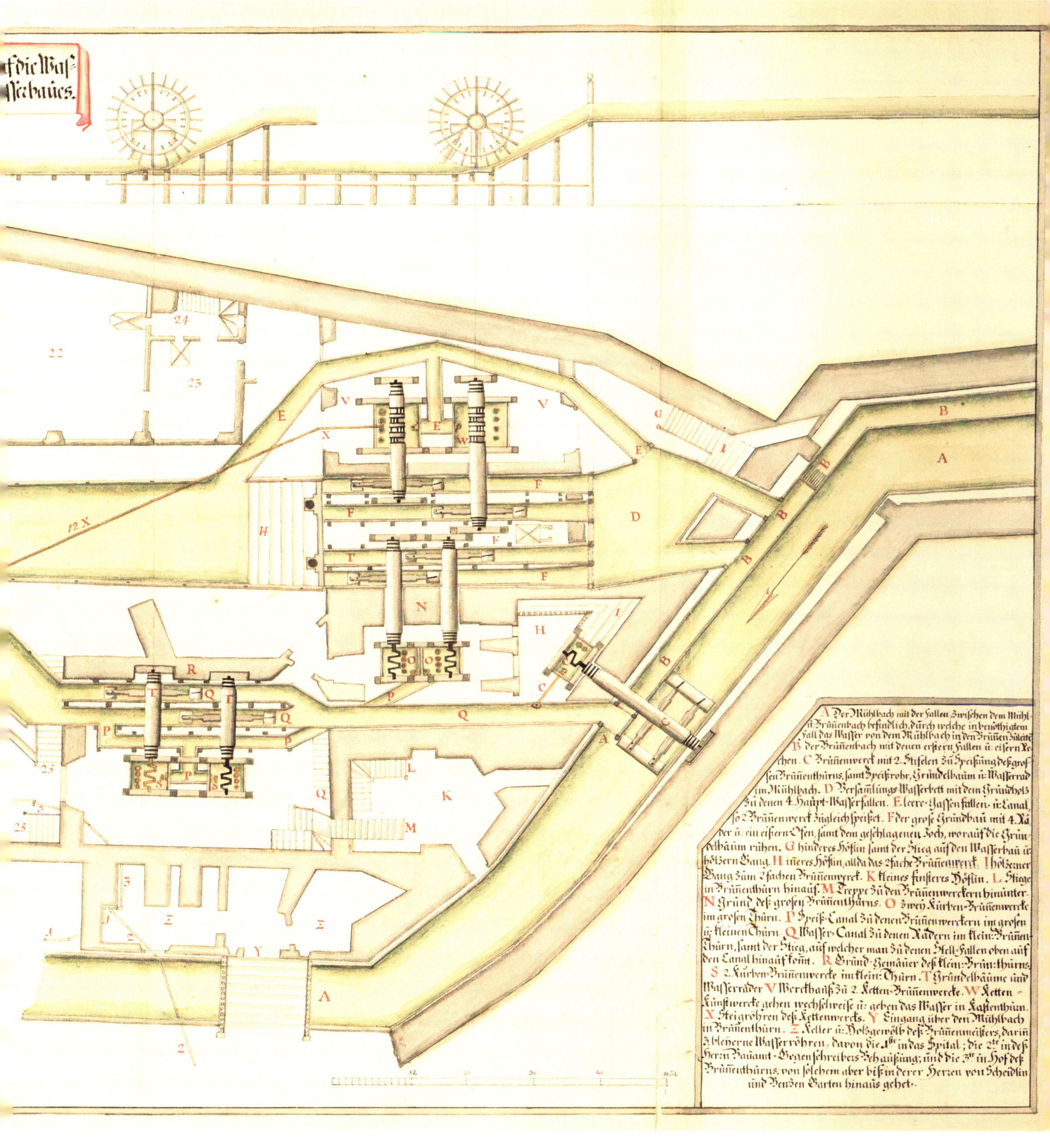

Großformatige, in Öl auf Holz gemalte Erinnerungsgemälde zeigen den „Grundlegungs-Riss" des Oberen Wasserwerks am Roten Tor – einmal im Zustand von 1741 und einmal nach der Erneuerung bis 1746.

angelegt gewesten Wasser= und Bruñen-Wercke, welche mir unten benanndten A.º 1741 gnädigst anvertrauet worden" stellt neben dem Grundriss des Oberen Wasserwerks vor der Erneuerung auch ein vier-

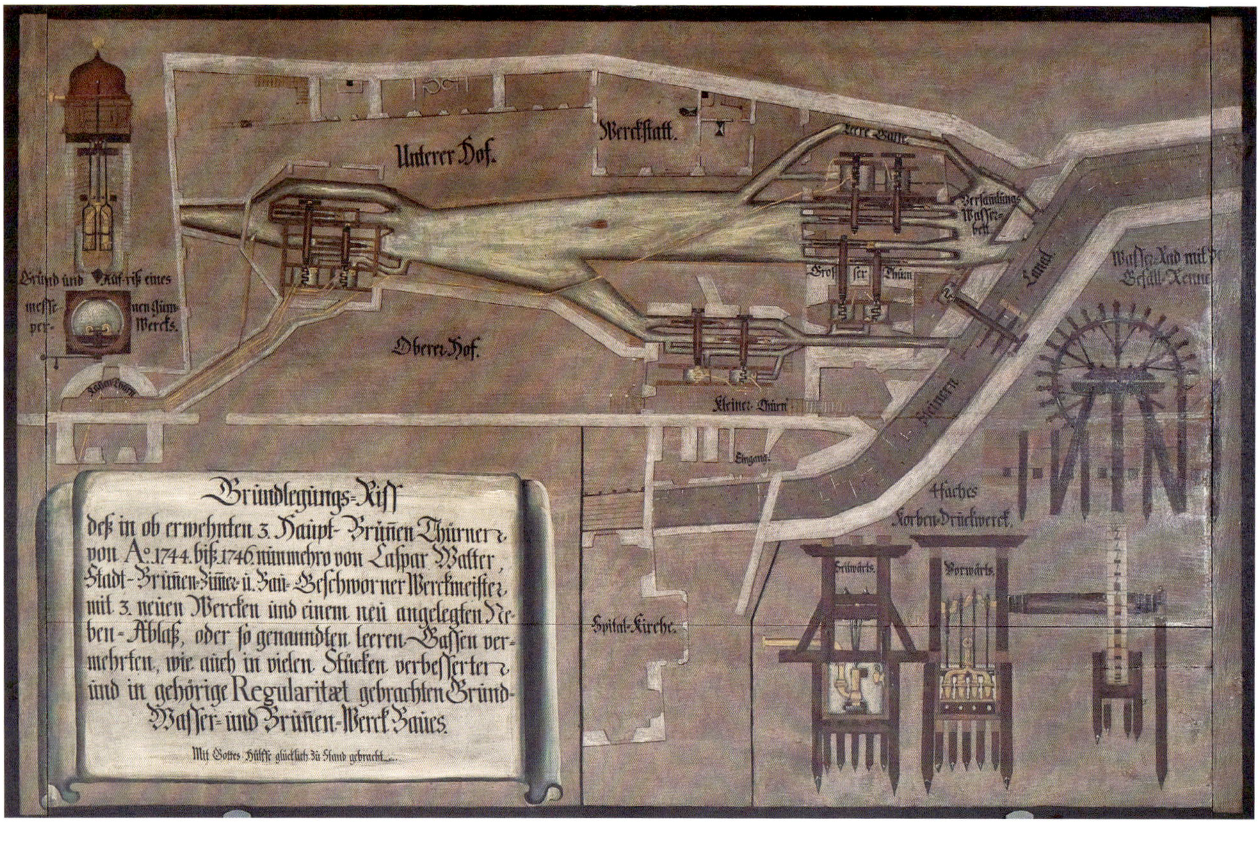

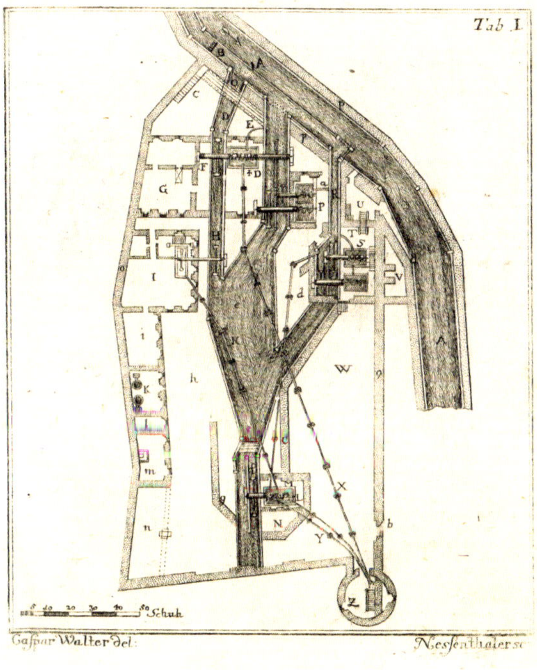

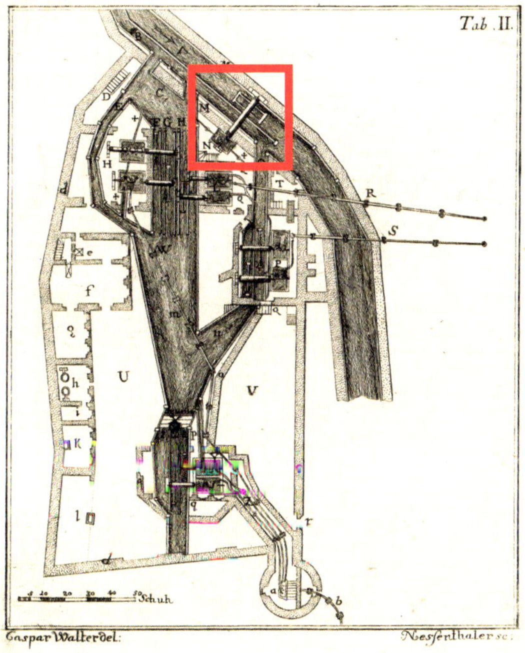

In Caspar Walters 1766 gedruckter „Anweisung vor einen jederweiligen Stadt=Brunnen=Meister" geben Kupferstiche von Johann David Nessenthaler den Grundriss des Oberen Wasserwerks vor und nach der Erneuerung wieder. Tafel zwei zeigt das durch Walter eingebaute, vom Lochbach angetriebene neue Bachwerk, das neunte Pumpwerk des Wasserwerks.

faches Kettenwerk und ein Wasserrad mit Ankröpfung dar. Der Urhebervermerk „Entworfen von Caspar Walter Stadt=Brun̄enmeister" lässt keinen Zweifel offen, von wem die Vorlage des Gemäldes stammte. Das zweite Erinnerungsgemälde mit dem Zustand des Oberen Wasserwerks nach der Erneuerung trägt eine weiße Schriftkartusche mit dem Text „Grundlegungs=Riss deß in ob erwehnten 3. Haupt-Brun̄en Thürner von A°. 1744. biß 1746. nunmehro von Caspar Walter, Stadt-Brun̄en-Zim̄er= u. Bau=Geschworner Werckmeister, mit 3. neuen Wercken und einem neu angelegten Neben=Ablaß, oder so genanndten leeren Gassen vermehrten, wie auch in vielen Stücken verbesserten und in gehörige Regularitaet gebrachten Grund=Wasser= und Brun̄en=Werck Baues". Der Riss, die beiden Malereien sowie zuletzt zwei Kupfertafeln nach Stichen Johann David Nessenthalers, die Walter am Ende seines Berufslebens – 1766, kurz vor seinem Tod im Jahr 1769 – in seiner „Anweisung vor einen jederweiligen Stadt=Brunnen=Meister" drucken ließ, belegen das neue, damals neunte Pumpwerk. Der Lochbach trieb dieses sogenannte „Bachwerk" an.

Dass Walter sein Buch auch mit diesen beiden Motiven bebildern ließ, zeigt den hohen Stellenwert, den er dieser Erneuerungsmaßnahme zu Beginn seiner Amtszeit als Stadtbrunnenmeister einräumte. Walters Stolz war berechtigt, denn erst ein halbes Jahrhundert später wurde das Wasserwerk erneut verbessert.

Die Arbeit im Wasserwerk und damit zugleich das mit der Trinkwasserversorgung betraute Personal der Reichsstadt hat Caspar Walter in seiner „Hydraulica Augustana" beschrieben. *„Gleichwie nun alle diese kostbare Gebåu und Wasser=Wercke Jahr aus Jahr ein, eine grosse Sorgfalt und Aufsicht erfordern; also hat man hiebey noch zu melden, daß zu dem Ende nicht allein ein eigener Werck= und Brunnen=Meister verordnet ist, sondern auch demselben ein Ballier* [Polier]*: ferner besondere Zimmer= und Arbeits=Leuthe,*

Nächste Doppelseite: Das Architekturensemble des Wasserwerks am Roten Tor stellen ein Kupferstich (1766 gedruckt, links oben) und die Zeichnung Caspar Walters (um 1750, rechts oben) dar. Seine Skizze deutet an, wie der Brunnenbach durch den Brunnenhof zu den Pumpenhäusern strömte. Nach Walters Skizze entstand 1753 auch ein Instruktionsgemälde (links unten). Die Luftaufnahme zeigt den massigen Baukomplex weitgehend unverändert.

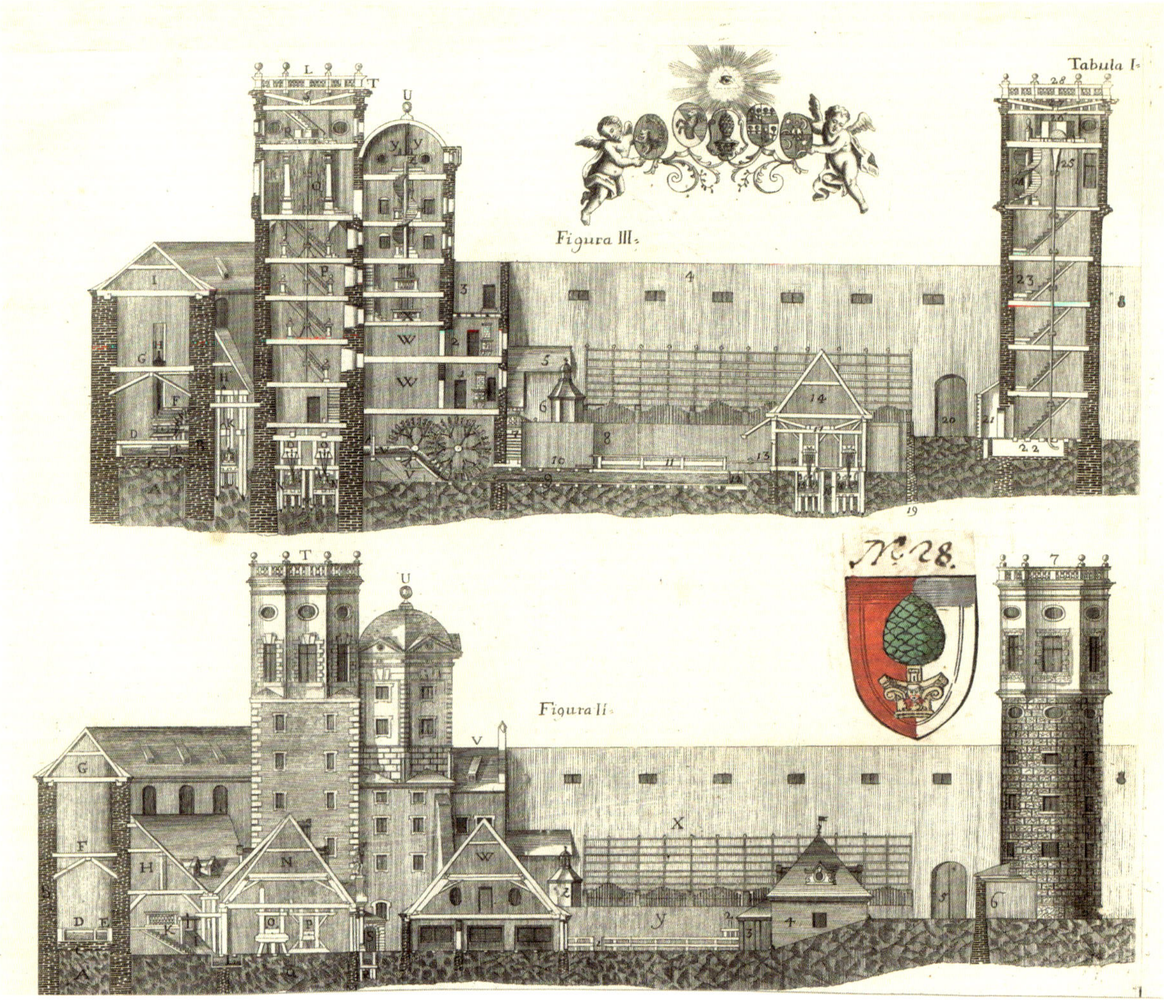
Tabula I.
Figura III.
Figura II.
N° 28.

Prospect der 3. obern Wasser-Thürner.
A. Der große A°. 1414. angelegte, brandte A°. 1463. ab. In eben diesem Jahr würde er, doch etwas höher, widerium erbauet. A°. 1669. üm die 2. obere Stockwerck abermal erhöhet, und
A°. 1746. an statt deß höltzern Geländers mit einem steinern gezieret. B. Der kleine soll A°. 1470. erbauet worden seyn. A°. 1550. würde derselbige üm die 3. obere 6. ballete Stock-
werck höher erichtet. A°. 1672. ferner üm eines, und dañ mit einem neuen Kugel-Helm bedecket. C. Der neüe, oder Kasten-Thürn. Ist A°. 1599. üm die 2. obere 6. ballete Stockwerck er-
höhet und zu einem Wasser-Thürn, wegen dere üm diese Zeit ob dem Perlach-Sigel- und Weber-Haus-Platz aufgestellten schönen Spring-Bronnen zu gerichtet worden.
Oberer Hof.
Unterer Hof.
Der Kasten-Thürn.
Entworffen
Caspar Walter, Stadt Brunnenmeister.

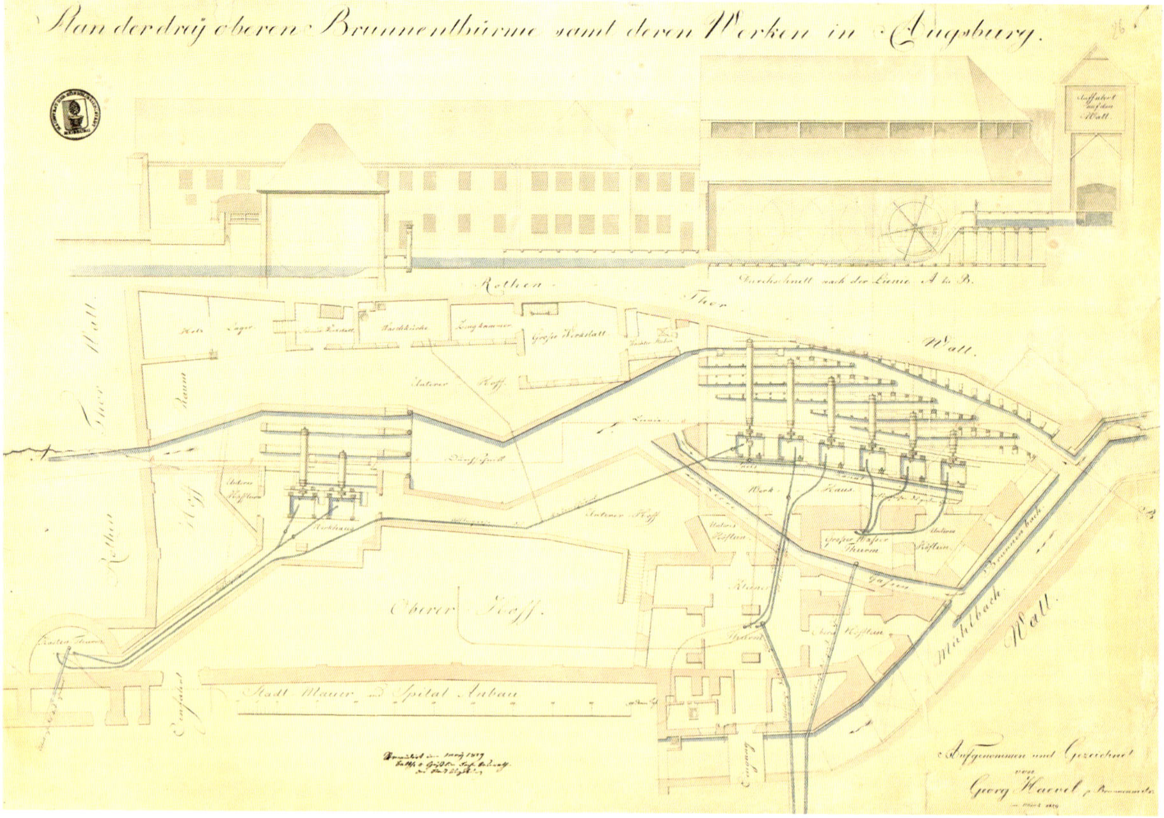

Brunnenmeister Georg Haevel zeichnete im März 1819 diesen kolorierten „Plan der dreÿ oberen Brunnenthürme samt deren Werken in Augsburg". Damals wurden sechs Wasserräder in einem Werkhaus vor der Ostfassade des Großen Brunnenturms aneinandergereiht, zwei weitere wurden in einem Pumpenhaus an der Nordseite des Brunnenhofs von Brunnenbachwasser angetrieben.

so in 8. Persohnen bestehen, zugegeben seyn, davon einer continuirlich Tag und Nacht sich allda aufhalten, und, so zu reden, die Wache versehen, dabey nicht nur auf die Brunnen= Wercke selbsten gute Obsicht haben, sondern auch solche Abends und Morgens mit Baum= Oehl einschmieren, und besonders darauf mercken muß, daß er den etwa hie oder da erscheinenden Mangel, Gebrechen oder Fehler alsbald anzeige, damit grösserem Schaden in Zeiten kan vorgebogen werden; daneben hat ermelter Brunnen=Meister auch die ůbrige Wasser=Thůrne und deren Wercke, nebst denen in gemeiner Stadt=Gůthern befindlichen Rőhr=Brunnen und Gumper=Wercken zu besorgen [...]." (52) Zu den Aufgaben der Mitarbeiter Walters zählte aber auch die ständige Suche nach schadhaften Röhren der Wasserleitung und ihr Austausch – im Sommer wie im Winter.

Eine neue Epoche im Oberen Wasserwerk wurde 1817 eingeläutet. Unter Sebastian Balthasar von Hoeßlin, Augsburgs Stadtbaumeister von 1806 bis 1845, und unter Brunnenmeister Georg Haevel begann die grundlegende Modernisierung der Trinkwasserversorgung. Die Förderhöhe der drei Wassertürme wurde damals einheitlich auf 29 Meter gesteigert und die Liefermenge des Wasserwerks von 64 Kubikmetern je Stunde auf 100 Kubikmeter Wasser erhöht. (53) Ein Bestandsplan von 1819 lässt die veränderte Lage der erneuerten Maschinensätze im Brunnenhof erkennen. Die bis dahin drei Einlässe des Brunnenbachs in das Wasserwerk hatte man auf zwei reduziert.

Eine Schwierigkeit vorindustrieller Trinkwasserhebung konnte jedoch Anfang des 19. Jahrhunderts noch nicht behoben werden. Denn *„[...] der Hauptwerkstoff der Zeit war eben das Holz, und so machten Fäulnis und Korrosion in Abständen immer wieder umfassende Reparaturen notwendig".* (54) Dieses Dauerproblem ging die seit 1806 bayerische Provinzstadt Augsburg zwar bereits 1819 an: Doch zur schon damals angedachten Lösung – nämlich der Abkehr vom Hauptbaustoff Holz – sollte es wegen Differenzen in der Stadtverwaltung und der üblichen Neigung, am Bewährten festzuhalten, erst 1848 kommen.

Zwischen dem Großen und dem Kleinen Wasserturm sowie dem Unteren Brunnenmeisterhaus stand 1819 das in Georg Haevels Plan eingezeichnete Werkshaus, in dem sechs Maschinensätze arbeiteten.

Im Jahr 1840 hatte der Brunnenbach als Trinkwasserlieferant ausgedient. Nachdem unweit des Oberen Wasserwerks am Roten Tor neue Trinkwasserquellen erschlossen werden konnten, nutzte man nun nur noch seine Antriebskraft. Der Grund hierfür war der Wunsch nach verbesserter Wasserqualität: *„Bis 1840 diente das aus der Merchinger und Mehringerau wie vom 7 Brunnenfeld hergeleitete, unmittelbar am Sprudel herrliche Wasser, auch den hiesigen Bewohnern zum Trinken; doch konnte es nicht fehlen, daß bei dem stundenlangen Laufe manche Verunreinigung desselben stattfand. Man war so glücklich, nahe den obern Thürmen in den Jahren 1827 und 1840 höchst ergiebige Quellen zu finden […].“* (55)

Damit gab es keinen Grund mehr, den Brunnenbach und den Lochbach parallel und schließlich in einem durch eine Scheidewand getrennten Kanalbett bis ins Wasserwerk am Roten Tor zu leiten. Heute mündet der Brunnenbach kurz vor der Eisenbahnlinie am Silbermannpark (östlich des Alten Protestantischen Friedhofs) in den Lochbach. Das vereinigte Wasser der beiden Kanäle fließt jetzt in der Verlängerung – im Vorderen Lech – fast durch das gesamte Lechviertel, bevor es schließlich im Mittleren Lech aufgeht, der wiederum kurz darauf in den Stadtbach mündet.

1848 begann die gusseiserne Ära der Trinkwasserversorgung auch im Oberen Wasserwerk – nach längeren Querelen, reichlich verspätet und unter tragischen Umständen für den Konstrukteur. Das aber auch nur, als es gar nicht mehr anders ging: *„Der mit dem Jahre 1846 eingetretene Ruin dieser Werke und ihr geringer Nutzeffekt bestimmte den Stadtmagistrat neue Brunnenmaschinen von größerem Effekte zu erbauen und die bereits seit 1820 vorhandenen von Reichenbach'schen Maschinen zu verwenden.“* (56)

Der 1819 vom Augsburger Brunnenmeister Georg Haevel gezeichnete Bestandsplan wurde *„[…] vermutlich deshalb angefertigt, weil der Magistrat der Stadt Augsburg 1819 den königlich bayerischen Salinenrat Georg Friedrich von Reichenbach (1771 – 1826), nicht zu verwechseln mit dem Begründer der späteren MAN Carl August Reichenbach (1801 – 1883), mit der Modernisierung der Wasserwerke in Augsburg beauftragte. So wurde 1819 von Reichenbach ein Plan mit der Einbeziehung seiner persönlichen Erfindung der*

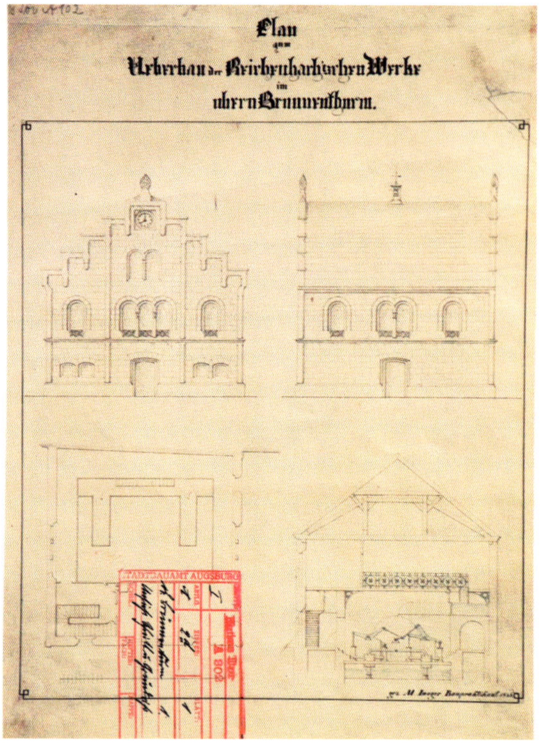

Mit „Ueberbau der Reichenbach'schen Werke im obern Brunnenthurm" ist ein Plan des Werkhauses im Brunnenhof des Oberen Wasserwerks im Bestand der Kunstsammlungen und Museen Augsburg betitelt. Eine Fotografie (Aufnahmedatum unbekannt) zeigt den neoromanischen Bau, in dem die oberschlächtige Reichenbach'sche Wassermaschine arbeitete. Das Werkhaus stand im nördlichen Teil des Brunnenhofs (links das Untere Brunnenmeisterhaus). In einem gusseisernen Pavillon auf dem Großen Wasserturm war seit 1862/66 das Reservoir untergebracht.

sog. ‚Reichenbach'schen Wassermaschine' erstellt. Aufgrund von Unstimmigkeiten innerhalb des Augsburger Magistrats […] kam die Durchführung der Reichenbach'schen Pläne erst 1848 bei der Anlage am Roten Tor zum Tragen. Bis dahin lagen die bereits gekauften Maschinen 25 Jahre ungenutzt herum und sein Erfinder konnte nicht mehr die Aufstellung erleben." (57)

Für die neue Pumpenmaschine ließ Franz Joseph Kollmann, der in Augsburg zwischen 1834 und 1860 Stadtbaurat war, im Brunnenhof ein neoromanisches Werkhaus errichten. *„Professor Wilhelm Ruckdeschel hat herausgefunden, dass es sich um zwei eiserne, oberschlächtige Wasserräder, ‚Adam' und ‚Eva' genannt, gehandelt haben muß, die über Kurbelstangen und Schwinghebel (‚Balanciers') auf je vier stehende Kolbenpumpen arbeiteten. Diese Technik kann auf einem Plan von Michael Jaeger aus dem Jahr 1845 nachvollzogen werden."* (58)

Unter Kollmann, der mit seinem 1850 herausgegebenen Buch „Die Wasserwerke von Augsburg. Beschreibung aller hydrotechnischen Anstalten der Stadt, des Lech- und Wertachablasses, der Kanäle, Brunnen etc. mit den wichtigsten baupolizeilichen Bestimmungen; Nebst einer Ansicht des Lech-Ablasses und hydrographischen Karte von Augsburg und seinen Umgebungen" ein Standardwerk zur Augsburger Wasserwirtschaft verfasste, wurde die Leistung das Wasserwerks am Roten Tor 1848 noch einmal erheblich verbessert: Die Liefermenge von 100 Kubikmetern Trinkwasser pro Stunde im Jahr 1817 konnte auf 144 Kubikmeter gesteigert werden. Die verbesserte Pumpwerkstechnik erlaubte zudem die deutliche Reduzierung des bis dahin benötigten Treibwassers aus dem Brunnenbach. (59)

1850 notierte Kollmann zur Leistungsfähigkeit des Oberen Wasserwerks am Roten Tor: *„Das Netz der von hier ausgehenden Röhren erstreckt sich beinahe über die halbe Stadt. Es hat 3 Hauptäste, deren längster 11,560'* [11.560 Fuß = rund 3,4 Kilometer] *mißt. Die Nebenzweige gehen in 450 Richtungen ab, ihre Gesammtlänge ist 99,000 Fuß* [29 Kilometer]. *Der*

östliche Hauptast läuft von dem Kastenthurm, von wo aus die 3 Prachtfontainen der Maxstraße wie andere schöne und zugleich nützliche öffentliche Brunnen gespeist werden." (60) Doch auch die neue Technik war schon bald nicht mehr leistungsfähig genug, um den immer höheren Trinkwasserbedarf der Industriestadt zu decken. Zählte Augsburg im Jahr 1849 noch 32 628 Einwohner, so ergaben amtliche Erhebungen im Jahr 1871 bereits die Zahl von 51 220 Menschen in der Stadt. Und schon im Jahr 1880 waren mehr als 60 000 Menschen und zahlreiche Industriekomplexe mit Trink- und Brauchwasser zu versorgen.

Im Oberen Brunnenmeisterhaus befand sich die Dienstwohnung des städtischen Brunnenmeisters. Wegen der beiden bronzenen Delfine neben dem Eingang zum Haus und zum Großen und Kleinen Wasserturm wurde dieser Bau auch das „Haus zu den Fischen" genannt.

1879 kam das Ende für den Betrieb im Oberen Wasserwerk. Bereits am 28. Dezember 1876 hatte sich der Magistrat für ein neu zu errichtendes Wasserwerk am Hochablass entschieden. (61) So paradox es klingt: Damit war erst einmal die größte Gefahr für das Weiterbestehen des altehrwürdigen Wasserwerks am Roten Tor gebannt. Denn diesem Baukomplex *„[...] drohte um 1868 eine Zeitlang die Spitzhacke! Es wurden Überlegungen angestellt, die veralteten Wasserwerksanlagen durch ein ganz neues Pumpwerk zu ersetzen [...]. Anstelle der das Stadtbild schmückenden Turmgruppe hätte nach den Vorstellungen der Planer dort dann ein 50 m hoher Wasserturm im ‚Leuchtturmstil' aufgeragt und daneben der halb so hohe Schornstein des Kesselhauses einer Dampfmaschine gestanden."* (62)

In der letzten Phase der Trinkwasserversorgung über das Obere Wasserwerk – zwischen 1862 und 1866 – hat man den Wasserdruck des Großen Wasserturms am Roten Tor nochmals erhöht. (63) *„Das Werk am Roten Tor wurde auf dem ‚Monumentalplan der Stadt Augsburg' von 1881, gezeichnet von dem Augsburger Stadtbaurat Ludwig Leybold, als sog. ‚Reserve-Brunnenwerk' benannt. Der große Turm trägt einen*

Gut erforschte Baugeschichte der Wassertürme

Bauforschung im Jahr 2006 bestätigte Bekanntes, ergab aber auch Überraschendes

Dass man heute über die Baugeschichte des Großen und Kleinen Wasserturms sowie des angrenzenden Oberen Brunnenmeisterhauses sehr genau Bescheid weiß, ist nicht zuletzt der vom Hochbauamt der Stadt Augsburg beauftragten Bauforschung zu verdanken. Zu ihren Ergebnissen wurde Ende Dezember 2006 ein Bericht angefertigt. Die Resultate der Untersuchungen bestätigten manches, was die im Stadtarchiv überlieferten Dokumente vermuten ließen.

Zum Beispiel belegen die Baubefunde, was durch den Bestandsplan des Brunnenmeisters Georg Haevel von 1819 bereits bekannt war: Spätestens 1817 wurde das Obere Wasserwerk grundlegend erneuert: Sechs Maschinensätze hintereinander waren im Zuge der damaligen Modernisierung von Anlagen aus der Zeit Caspar Walters im Brunnenhof östlich des Großen Wasserturms installiert worden. Der Bericht hält dazu fest: „Ab dem frühen 19. Jh. wurden Wasserräder und Pumpen, die sich davor teilweise noch innerhalb der Türme befunden hatten, nur noch außerhalb in den anschließenden Brunnen- und Pumpenhäusern untergebracht."

Überraschend war dagegen, wie häufig die Brunnentürme renoviert werden mussten. Der Bericht sagt dazu: „Wegen der hohen Beanspruchung durch die Mechanik und das Wasser fanden in kurzen Abständen von wenigen Jahrzehnten immer wieder Umbau- und Modernisierungsarbeiten statt. Die dendrochronologische Untersuchung beider Türme ergab deshalb auch als ältestes Fälldatum erst das

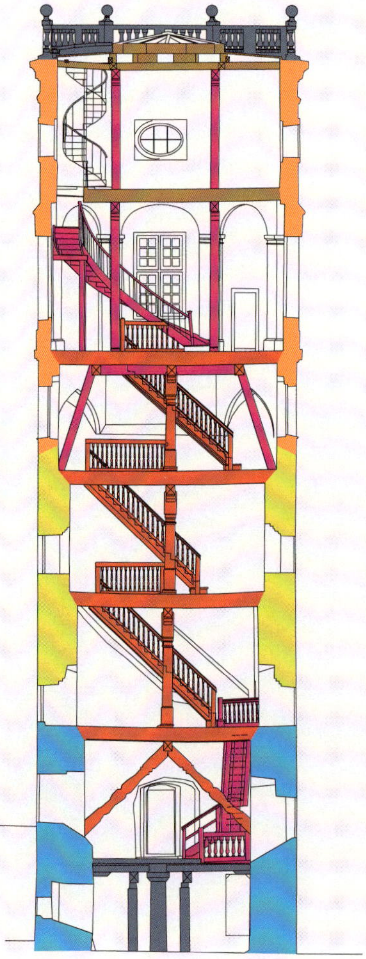

Jahr 1710!" Neun größere Bauphasen, außerdem Demontagen, Ergänzungen und Instandsetzungen in und an den Wassertürmen wurden nachgewiesen.

Paul, Matthias: Augsburg, Wassertürme am Roten Tor, Bauforschung Sept. 2006 bis Dez. 2006, Zwischenbericht, internes Arbeitspapier des Hochbauamts der Stadt Augsburg, 08.12.2006

Legende Bauphasenplan

- 1416 (?): Bau des Großen Wasserturms
- 1464 und 1470: Wiederaufbau des Großen Wasserturms, Bau der unteren Geschosse des Kleinen Wasserturms
- 1559: Aufstockung des Kleinen Wasserturms, Anbau Nord
- 1669 und 1672: Oktogon des Großen Wasserturms, Haube des Kleinen Wasserturms
- Anfang 18. Jh.: MGS (Monogramm eines unbekannten Meisters) 1726 etc.
- 1744 bis 1768: Umbauten im Kleinen Wasserturm unter Brunnenmeister Caspar Walter
- 1768 bis 1817: Umbau unter Demp, Wahl sen., Wahl jun.
- 1817 bis 1832: Auslagerung der Pumpen aus dem Kleinen Wasserturm unter Brunnenmeister Georg Haevel
- 1832 bis 1879: Bauarbeiten unter Franz Joseph Kollmann
- 1879 bis 1900: Demontage der Rohre und Becken
- 20. Jh.: Instandsetzungen und Ergänzungen

© Illustration: context verlag Augsburg
(Quelle: Stadt Augsburg, Hochbauamt)

Im sogenannten Gotischen Saal des Großen Wasserturms wurde bei den Renovierungsarbeiten eine Rötelinschrift mit einem Handwerkerzeichen und der Jahreszahl 1579 aufgedeckt.

gusseisernen Pavillon, in den zwecks weiterer Erhöhung des Leitungsdruckes das Reservoir hochgesetzt war." (64) Dieser Pavillon ging erst um 1945 verloren. (65)

Das einmalige Architekturensemble des Wasserwerks am Roten Tor ist nur durch einen glücklichen Zufall erhalten geblieben. Ausgerechnet dieser nicht mehr benötigte, ausgedehnte Komplex überstand die Luftangriffe im Zweiten Weltkrieg – die heftigsten in der Augsburger Bombennacht vom 25. auf den 26. Februar 1944 – unbeschadet. Nach dem Krieg wurde überlegt, wie die verwahrlosten, völlig funktionslosen Wassertürme genutzt werden könnten. Diese Überlegungen reichten von der Umwandlung in Wohnraum bis zum Münzmuseum. 1972/75 wurde das Wasserwerk am Roten Tor von der Alt-Augsburg-Gesellschaft saniert. (66) Bis in die 1980er-Jahre vermietete die Stadt das Obere Brunnenmeisterhaus als Wohnraum. Drehteams des Hessischen Rundfunks nahmen für ihre TV-Aufnahmen in der benachbarten Marionettenbühne der Augsburger Puppenkiste das Erdgeschoss in Beschlag. 2010 wurde das vom Hochbauamt der Stadt Augsburg erneut sanierte Ensemble zum Informationszentrum: Im „Kulturpark Rotes Tor" betreut die Regio Augsburg Tourismus GmbH den Großen und den Kleinen Wasserturm und das Obere Brunnenmeisterhaus.

Dass das Wasserwerk am Roten Tor eines der Glanzlichter bei der Bewerbung Augsburgs um die

Obere Reihe: Der Vergleich mit anderen Wasserwerken führt den architektonischen Anspruch vor Augen, mit dem man die Wassertürme im Oberen Wasserwerk (oben: der Große und der Kleine Wasserturm) gestaltete. Dass Wasserwerke üblicherweise als architektonisch eher schlichte Nutzbauten errichtet wurden, zeigen (von links) die Türme der Abtswasserkunst in Lüneburg (erbaut 1531), der Alten Wasserkunst in Bautzen (1588) sowie des Seelhausbrunnenwerks in Ulm (1638). Unten: Zu Lebzeiten von Caspar Walter deckte ein Pultdach das Obere Brunnenmeisterhaus. Der heutige Mansarddachbau steht nur ein paar Schritte vom Roten Tor entfernt.

Aufnahme der historischen Wasserwirtschaft in die Liste des UNESCO-Welterbes ist, ist nicht nur seinem Alter und seiner über fünf Jahrhunderte andauernden Nutzungsgeschichte zu verdanken. Das Architekturensemble hat auch in seiner räumlichen Ausdehnung und in seiner Komplettheit vermutlich europaweit eine Alleinstellung. Denn vom Oberen Wasserwerk sind nicht nur der Große Wasserturm, der Kleine Wasserturm und der auch Spitalturm genannte Kastenturm samt Aquädukt erhalten geblieben, sondern auch die Betriebsgebäude um den Brunnenhof – das Obere und das Untere Brunnenmeisterhaus. Sämtliche Denkmäler befinden sich in gutem baulichen Zustand.

Der Vergleich mit anderen deutschen Wasserwerken untermauert Augsburgs Alleinstellung: Kein zweites Wasserwerk besteht derart lang wie das am Roten Tor, kein zweites wurde so lang betrieben. Mit dem Großen und dem Kleinen Wasserturm sowie dem Brunnenturm des Unteren Wasserwerks stehen die drei ältesten Wassertürme Deutschlands in Augsburg.

Diese drei Augsburger Wassertürme sind nicht nur ungewöhnlich hoch. Sie wurden überdies – anders als vergleichbare Türme, etwa die der zwischen 1531 und 1533 erbauten Abtswasserkunst in Lüneburg oder die der bis 1588 neu errichteten Alten Wasserkunst in Bautzen – nicht als schlichte Nutzbauten, sondern mit hohem architektonischen Anspruch gestaltet. Ähnlich vorteilhaft fällt der Vergleich mit dem 1638 erbauten Seelhausbrunnenwerk in Ulm aus, dessen Wasserturm auf der Stadtmauer am Zundeltor ebenso erhalten ist wie das angrenzende Brunnenhaus. (67)

Das Obere Brunnenmeisterhaus des Wasserwerks am Roten Tor war die Dienstwohnung des städtischen Brunnenmeisters. Die Eingangstür liegt hinter einem Steg über den Vorderen Lech, der

Ein kurzer Steg über den Vorderen Lech führt von der Spitalgasse aus ins Obere Brunnenmeisterhaus.

Der Blick vom Kleinen Wasserturm auf das Untere Brunnenmeisterhaus: Im angrenzenden Brunnenhof standen früher Pumpenhäuser, zu denen das Wasser in offenen Kanälen floss.

vor der Westfront des Gebäudes vorbeifließt. Wegen der beiden bronzenen Delfine rechts und links der Eingangstür, auf der eine Schnitzerei zwei kindliche Tritonen als fischschwänzige Wasserschütter darstellt, wird das Obere Brunnenmeisterhaus auch das „Haus zu den Fischen" genannt. Ein 1766 nach einer Skizze Caspar Walters gedruckter Stich Johann David Nessenthalers zeigt den Bau noch mit einem schlichten Pultdach. Die heutige stuckverzierte Fassade, das Zwerchhaus über dem Eingang an der Spitalgasse sowie das Mansarddach dieses zweigeschossigen Gebäudes, das im Kern aus dem 17. Jahrhundert stammt, entstanden im Lauf des späten 18. und des 19. Jahrhunderts. (68)

Beim Oberen Brunnenmeisterhaus empfängt das ins Eichenholz der Tür beim Lochbach geschnitzte Halbrelief zweier kindlicher fischschwänziger Tritonen.

Das Innere des Oberen Brunnenmeisterhauses birgt das Treppenhaus zum Kleinen Wasserturm. In der ehemaligen Dienstwohnung des Stadtbrunnenmeisters befindet sich heute ein Teil der von Anita Kuisle (Büro für Technikgeschichte) gestalteten, 2010 eröffneten Dauerausstellung zur Geschichte des Oberen Wasserwerks. In den heute so stillen Räumen herrschte früher beständig Lärm: *„Im Kellergeschoß liefen die Wasserpumpen und die Wasserräder zu deren Antrieb. Von dort führten Rohrleitungen senkrecht nach oben bis unter die Turmspitze."* (69) Die abgebauten Steig- und Fallleitungen, Ein- und Auslaufhähne und das Reservoir im Obergeschoss des Kleinen Wasserturms werden durch eine moderne Installation angedeutet.

Das Untere Brunnenmeisterhaus zieht sich an der angrenzenden Stadtmauer entlang. Hier lagen vormals die Werkstätten der Brunnenmeister.

Das Obere Wasserwerk: Ziel für Bildungsreisende

Um 1600 besuchten Prominente aus weiten Teilen Europas Augsburgs Wassertürme

Schon lange, bevor der reichsstädtische Brunnenmeister Caspar Walter mit seiner 1754 gedruckten „Hydraulica Augustana" einen technischen Reiseführer durch das Obere Wasserwerk am Roten Tor herausbrachte, besichtigten zahlreiche Bildungsreisende – Kirchenfürsten, Landesherren, Diplomaten und Wissenschaftler aus weiten Teilen Europas – die Anlage. Sie zählte im 16., 17. und 18. Jahrhundert zu Augsburgs touristischen Hauptattraktionen.

In den überlieferten Reisebeschreibungen spiegelt sich das Erstaunen über das Gesehene wider, manchmal wird allerdings auch das mangelnde technische Verständnis nur notdürftig kaschiert. So bezeichnete der aus Rom angereiste Kardinal Luigi d'Aragona, ein Neffe des Königs von Neapel, das Wasserwerk am Roten Tor lapidar als „[...] großes, aber kostspieliges technisches Werk[...]". Der Brite Fynes Morison begutachtete das Augsburger Wasserwerk im Jahr 1592. 1598 besichtigte Erzherzog Albrecht II. von Österreich – er reiste aus Brüssel an – die Wassertürme am Roten Tor, die im selben Jahr auch von Herzog August von Braunschweig besucht wurden. Herzog Henri II. de Rohan-Gié, Pair von Frankreich, später ein Feldherr der Franzosen im Dreißigjährigen Krieg, kam im Jahr 1600 hierher, drei Jahre darauf Herzog Philipp III. von Pommern.

Was diese und etliche weitere prominente Bildungsreisende im Oberen Wasserwerk zu finden suchten, hat Stadtbrunnenmeister Caspar Walter in seiner „Hydraulica Augustana" selbstbewusst so formuliert: „Wer auf Reisen sich befindet, Långer und berůhmte Stådte besichtiget, der bemůhet sich, alles dasjenige, was er remarquables und nutzliches angetroffen oder gesehen, widerum nicht nur zu seinem eigenen, sondern auch zu seines Neben=Menschen, und, wann es solche Persohnen seyn, so dermahleinst zum Regiment kommen, zu ihrer Unterthanen Nutzen best mőglichst anzuwenden."

Ausführlich beschrieb der französische Diplomat, Philosoph und Reiseschriftsteller Michel Eyquem de Montaigne (1533 – 1592) das Obere Wasserwerk am Roten Tor in seinem (allerdings 1774 posthum in gedruckter Form herausgegebenen) „Journal du voyage de Michel de Montaigne en Italie, par Suisse et l' Allemagne, en 1580 et 1581": „In der Nähe befindet sich das Stadttor, durch das wir eingezogen waren. Wir betraten die Brücke über den Wallgraben, welchen eine Abzweigung des Lechs speist, und schauten hinunter. Da bemerkten wir, daß etwas tiefer parallel zur Brücke eine große Wasserrinne verlief. Sie gehört zu einem Kanal, der von außerhalb der Stadt Wasser heranführt, das hier auf einem Holzsteg den Wallgraben quert. Drinnen bewegt es dann eine stattliche Reihe Räder, welche ein paar Pumpen treiben, die durch zwei Bleiröhren das Wasser eines sehr tief gegrabenen Brunnens in einen mindestens fünfzig Fuß hohen Turm befördern. Dort ergießt es sich in einen gewaltigen steinernen Behälter, aus dem es durch viele Röhren wieder abwärts geleitet wird, welche es in der ganzen Stadt verteilen, die allein dank dieses Systems überreich mit öffentlichen Brunnen gesegnet ist. Wenn ein Bürger einen privaten Anschluß will, wird es ihm gegen eine laufende Gebühr von zehn oder eine Einmalzahlung von zweihundert Gulden genehmigt. Seit vierzig Jahren ziert diese wunderbar sinnvolle Einrichtung die Stadt." Montaigne dürfte sich bei diesem Lob auf die noch seltene Möglichkeit privater Hausanschlüsse bezogen haben, die man in Augsburg ab 1558 (also schon seit 23 Jahren) erwerben konnte.

Hoffmann, Albrecht: Zum Stand der städtischen Wasserversorgung in Mitteleuropa vor dem Dreißigjährigen Krieg, in: Die Wasserversorgung in der Renaissancezeit [...], Bd. 5, Mainz 2000, S. 128 ff.

Kluger, Martin: Historische Wasserwirtschaft und Wasserkunst in Augsburg. Kanallandschaft, Wassertürme, Brunnenkunst und Wasserkraft, Augsburg 2013, S. 107

Montaigne, Michel de: Tagebuch einer Reise nach Italien, über die Schweiz und Deutschland, Wiesbaden 2005, S. 99 f.

Walter, Caspar: Hydraulica Augustana [...], Augsburg 1754, S. 4

Den Hauptbau deckt ein Walmdach, darüber erhebt sich eine geschweifte Uhrengaupe. Pultdächer decken die seitlichen Anbauten der Werkstatt. Als man das baufällige Gebäude sanierte, wurde auch die Fassade rekonstruiert: Die dortigen Fresken nach Entwürfen von Christian Erhart waren 1777 entstanden. Erhart war ein Schüler von Johann Georg Bergmüller, dem katholischen Direktor der im Jahr 1710 gegründeten Reichsstädtischen Kunstakademie. Restauriert wurde das Untere Brunnenmeisterhaus in den Jahren von 1983 bis 1985 – anlässlich der 2000-Jahr-Feier der Stadt Augsburg – durch die Handwerkskammer für Schwaben. Seit dieser Zeit beherbergt das Baudenkmal das Schwäbische Handwerkermuseum, das in der Folge auch für Führungen im Kastenturm zuständig war. (70)

Vom Brunnenhof vor dem Unteren Brunnenmeisterhaus aus hat man den schönsten Blick auf alle drei Wassertürme und das Obere Brunnenmeisterhaus. Der frühere Werkhof, in dem Pumpenhäuser standen, zu denen Brunnenbachwasser in offenen Kanälen lief,

Ein Stahlstich von Johann Gabriel Friedrich Poppel zeigt die sechs gemauerten Bögen des Viadukts und das darunter verlaufende Aquädukt über dem Stadtgraben vor dem Roten Tor. Am linken Bildrand ist der mit einem Rechen bewehrte Einlauf des Lochbachs in das Aquädukt zu erkennen. Bäume im Stadtgraben vor den Mauern deuten an, dass die Bastion beim Roten Tor längst nicht mehr der Verteidigung diente.

ist heute gepflastert und begrünt. Den ursprünglichen Zustand dieses Hofs belegen Skizzen Caspar Walters und die später nach seinen Zeichnungen entstandenen Instruktionsgemälde und Stiche. Wegen des feuchten Untergrunds im Brunnenhof standen die Fundamente der dortigen Bauten auf Holzpfählen. (71)

Im Untergeschoss des Bauwerks, das am Ende des Aquädukts den Brunnenhof an der Südseite begrenzt,

Eine 1897 abgedruckte Federzeichnung zeigt den gusseisernen Pavillon auf dem Großen Wasserturm. In diesem 1862/66 aufgesetzten Aufbau war das somit noch einmal erhöhte Reservoir untergebracht: In der rasch wachsenden Industriemetropole Augsburg zählte jeder Meter Druckhöhe. Nach 1879 diente das Wasserwerk am Roten Tor – wohl noch bis um das Jahr 1900 – als Reservewasserwerk.

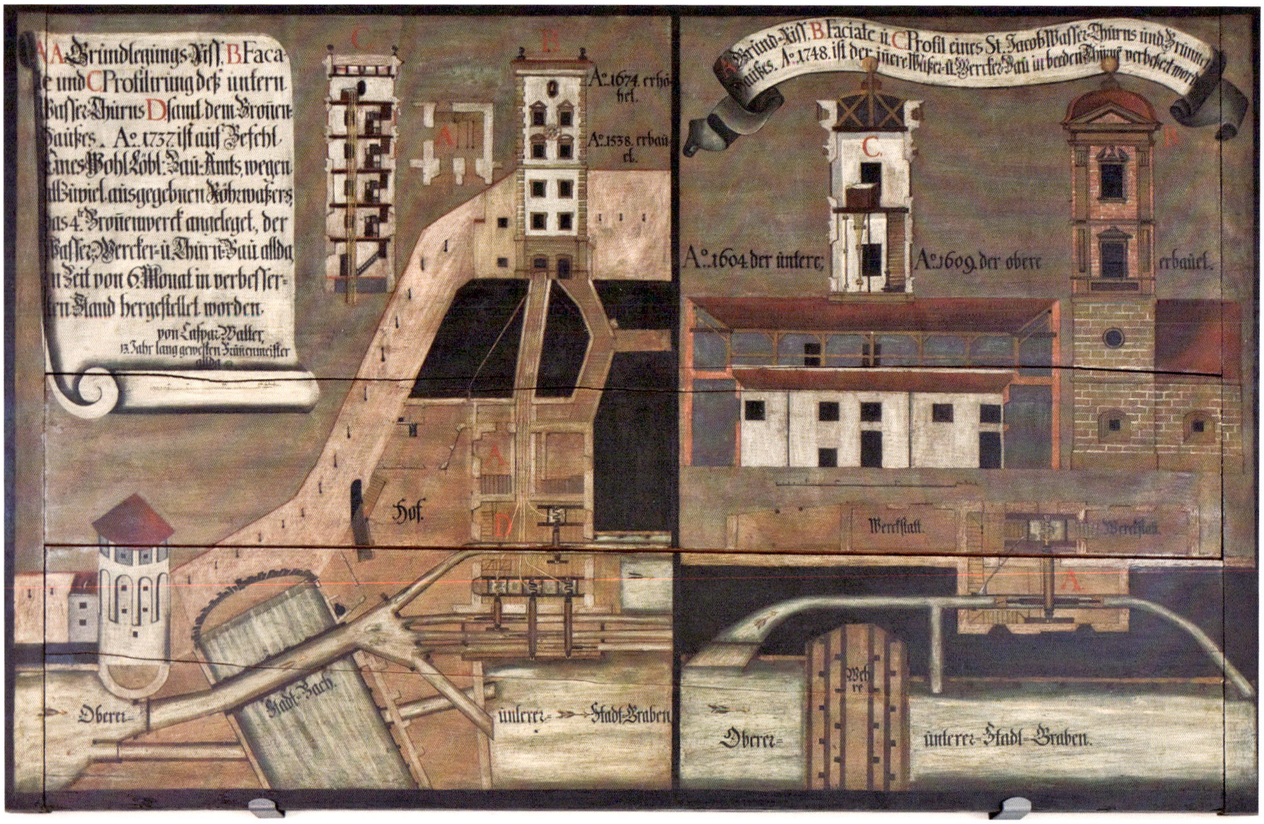

Zur Dauerausstellung im Wasserwerk am Roten Tor gehören auch die beiden bemalten Tafeln im Kleinen Wasserturm, welche die Baugeschichte von sechs weiteren Augsburger Wassertürmen beschreiben.

verläuft das Kanalbett des vom Lochbachwasser gespeisten Vorderen Lechs. Durch das Obergeschoss dieses Gebäudes führt eine gedeckte Auffahrt zur angrenzenden Bastei am Roten Tor hinauf.

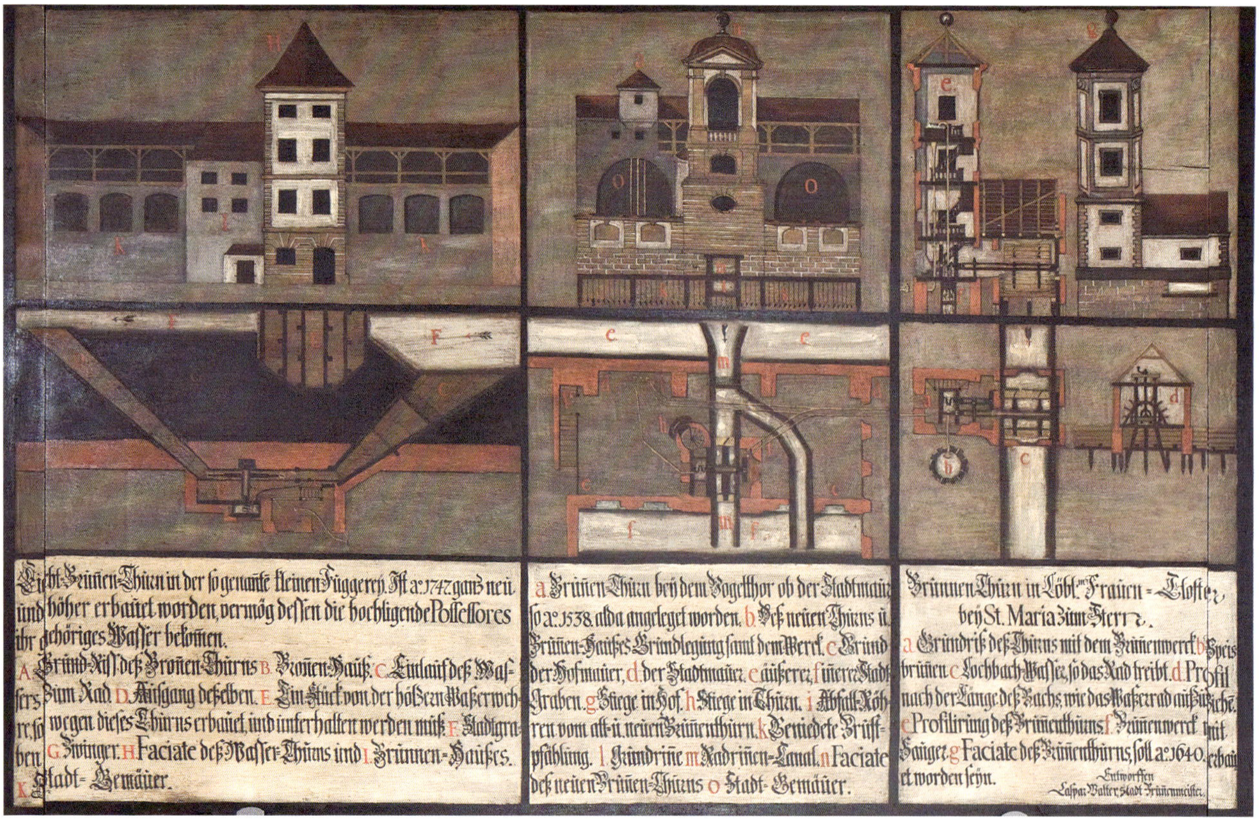

„Profilirung, Stand u. Aufriss eines 4fachen Broñenwerks" ist dieses Instruktionsgemälde nach einem Entwurf Caspar Walters betitelt, das heute einen Eindruck von der im Oberen Wasserwerk längst ausgebauten spätbarocken Pumpentechnik vermittelt. Das Gemälde zeigt das Pumpwerk und links davon das Schnittbild eines Pumpenzylinders mit angeschlossener Druckleitung. Diese Instruktionsmalerei von 1753 ist auf einer der sechs Holztafeln abgebildet, die heute im Obergeschoss des Kleinen Wasserturms zu besichtigen sind (unten).

Eine Dauerausstellung zum historischen Wasserwerk am Roten Tor rahmt heute den Weg der durch das Obere Brunnenmeisterhaus sowie durch den Kleinen und den Großen Wasserturm geführten Besucher. Die Ausstellung zeigt historische Ansichten und Pläne, neu gebaute Modelle des Kleinen Wasserturms und von Kolbenpumpen. Im Untergeschoss des Großen Wasserturms wurde ein Wasserexperimentierbereich als pädagogisches Angebot für Kinder und Erwachsene eingerichtet. 2015 wurde überdies ein von Anton Gilg konstruiertes und der Stadt Augsburg gestiftetes Funktionsmodell der „Reichenbach'schen Wassermaschine" aufgestellt. Weitere Ausstellungen im Verbindungsbau zwischen dem Wasserwerk und dem Roten Tor schlossen bis zum Jahr 2015 den zweiten, zugleich letzten Bauabschnitt der Sanierung des Ensembles ab.

Glanzlichter der Dauerausstellung sind sechs im Original erhaltene Instruktions- und Erinnerungsgemälde, die 1753 nach den Zeichnungen von Stadtbrunnenmeister Caspar Walter entstanden. Die in Öl bemalten, bis zu zweieinhalb Meter breiten Holztafeln wurden 1996 gesichert und den Kunstsammlungen und Museen Augsburg zur Zwischenlagerung übergeben. Nach der Sanierung der Wassertürme wurden

diese Gemälde unter der mit Stuck verzierten Kuppel des Kleinen Wasserturms angebracht.

Der weitaus größere Teil der von Caspar Walter 1754 in seiner „Hydraulica Augustana" beschriebenen Sammlung von Instruktions- und Erinnerungsmalereien wurde allerdings am Ende des 19. Jahrhunderts ohne Bewusstsein für ihren unschätzbaren Wert in alle Winde verstreut. Von den von Caspar Walter in seiner „Hydraulica Augustana" Stück für Stück aufgeführten und beschriebenen, im Großen und Kleinen Wasserturm aufgebauten hydrotechnischen Modellen und Baumodellen werden etliche in der Ausstellung zur Augsburger Modellkammer im Maximilianmuseum gezeigt, noch weit mehr aber im Depot gelagert. (72)

Private Wasserwerke haben sich – anders als das Wasserwerk am Roten Tor, zwei weitere reichsstädtische Wasserwerke und Relikte eines vierten – mit einer Ausnahme nicht erhalten. Gegeben hat es sie sehr wohl. Paul von Stetten d. J. erwähnte 1779 in der „Kunst-, Gewerb- und Handwerks Geschichte der Reichs-Stadt Augsburg" private *„[...] Plompmaschinen [...]"* in Gärten der Familien Hoechstetter und Bertermann sowie *„[...] das Wasserwerk in dem Weisischen izt* [jetzt] *Gőblischen Garten [...]".* (73) Als das letzte Relikt eines Wasserwerks im ehemaligen Schaur'schen Gartengut ist (nah beim Schwibbogenplatz) noch ein gemauerter Wasserturm am Sparrenlech zu sehen. (74)

Quellen

(1) Gasser, Pirmin: Ander Theil der Weitberüempten Keyserlichen Freyen und deß H. Reichstatt Augspurg in Schwaben Chronica [...], zweites Buch der Augspurgischen Chronica Markus Welsers [...], Frankfurt am Main 1595, S. 154

(2) Hoffmann, Robert: Die Thore und Befestigungen der Stadt Augsburg von dem 10. bis zum 15. Jahrhundert, in: Zeitschrift des Historischen Vereins für Schwaben und Neuburg, Bd. 13, Augsburg 1886, S. 20, Fußnote 59

(3) vgl. Hegel, Karl von: Die Chroniken der schwäbischen Städte: Augsburg, Bd. 2, Leipzig 1866, S. 145 und S. 154

(4) vgl. Schmidt, Uwe: Reichsstadt Ulm bis 1802, in: Teichel, Pumpen, Brunnen. Ulmer Trinkwasser im Spiegel von sechs Jahrhunderten, Ulm 1998, S. 27 und

Körner, Hans-Michael (Hg.): Große Bayerische Enzyklopädie, München 2005, S. 498

(5) vgl. Wulz, Gustav: Beiträge zur Nördlinger Baugeschichte, in: Jahrbuch des Historischen Vereins für Nördlingen und Umgebung, Bd. 19, Nördlingen 1937, S. 34

(6) Österreichisches Staatsarchiv, Abteilung Haus-, Hof- und Staatsarchiv: Kurzregest im Reichsregisterbuch G Kaiser Sigismunds, RR G, fol 45v (alt: 27v) und

vgl. http://regesta-imperii.digitale-sammlungen.de/seite/ri11_alt1896_0265, letzter Zugriff: 22.05.2015

(7) schriftlicher Hinweis von Petr Elbel, Österreichische Akademie der Wissenschaften, Institut für Mittelalterforschung

(8) vgl. Fejér, Lázló: Wasserversorgung im mittelalterlichen Ungarn, in: Frontinus-Jahrestagung Budapest 1996 sowie weitere Beiträge über historische und wasserwirtschaftliche Entwicklungen, Schriftenreihe der Frontinus-Gesellschaft, Heft 21, Bergisch-Gladbach 1997, S. 27 f.

(9) Wulz, Gustav: Beiträge zur Nördlinger Baugeschichte, in: Jahrbuch des Historischen Vereins für Nördlingen und Umgebung, Bd. 19, Nördlingen 1937, S. 3

(10) vgl. ebenda und

Körner, Hans-Michael (Hg.): Große Bayerische Enzyklopädie, München 2005, S. 498

(11) Gasser, Pirmin: Ander Theil der Weitberüempten Keyserlichen Freyen und deß H. Reichstatt Augspurg in Schwaben Chronica [...], zweites Buch der Augspurgischen Chronica Markus Welsers [...], Frankfurt am Main 1595, S. 154

(12) Hoffmann, Albrecht: Zum Stand der städtischen Wasserversorgung in Mitteleuropa vor dem Dreißigjährigen Krieg, in: Die Wasserversorgung in der Renaissancezeit, Geschichte der Wasserversorgung, Bd. 5, Mainz 2000, S. 116

(13) Baur, Albert: Historische Entwicklung der Wasserspeicherung, in: Historische Wassertürme, Beiträge zur Technikgeschichte von Wasserspeicherung und Wasserversorgung, München 1985, S. 19 f.

(14) vgl. Hagen, Bernt von; Wegener-Hüssen, Angelika: Stadt Augsburg. Ensembles, Baudenkmäler, archäologische Denkmäler, Denkmäler in Bayern, Bd. 83, München 1994, S. 52

(15) Gasser, Pirmin: Ander Theil der Weitberüempten Keyserlichen Freyen und deß H. Reichstatt Augspurg in Schwaben Chronica [...], zweites Buch der Augspurgischen Chronica Markus Welsers [...], Frankfurt am Main 1595, S. 154

(16) Walter, Caspar: Hydraulica Augustana [...], Augsburg 1754, S. 11

(17) vgl. Kluger, Martin: Wasserbau und Wasserkraft, Trinkwasser und Brunnenkunst in Augsburg. Die historische Augsburger Wasserwirtschaft und ihre Denkmäler im europaweiten Vergleich, Augsburg 2013, S. 26 ff. (dort weiterführende Quellenverweise)

(18) vgl. Paul, Matthias: Augsburg, Wassertürme am Roten Tor, Bauforschung Sept. 2006 bis Dez. 2006, Zwischenbericht, internes Arbeitspapier des Hochbauamts der Stadt Augsburg, 08.12.2006

(19) vgl. Groos, Walter: Beiträge zur Topographie von Alt-Augsburg, Bericht der Naturforschenden Gesellschaft Augsburg, Bd. 21, Augsburg 1967, S. 19 und

Stetten, Paul von d. Ä.: Geschichte Der Heil. Röm. Reichs Freyen Stadt Augspurg. Aus bewährten Jahr-Büchern und Tüchtigen Urkunden gezogen, und an das Licht gegeben [...], Bd. 1, Augsburg 1743, S. 385 und

Fuggerarchiv Dillingen: Kaufbrief und Revers vom 28. September 1558, FA 6.1.2 Blatt 38f

(20) Voigt, Dieter: Die Augsburger Baumeisterbücher von 1401 – 1437 (beide Zitate), unveröffentlichtes Manuskript, Augsburg 2015, Publikation in Vorbereitung

(21) vgl. Stetten, Paul von d. J.: Kunst-, Gewerb- und Handwerks Geschichte der Reichs-Stadt Augsburg, Augsburg 1779, S. 146

(22) ebenda, S. 20

(23) Walter, Caspar: Hydraulica Augustana [...], Augsburg 1754, S. 12

(24) vgl. Kollmann, Franz Joseph: Die Wasserwerke von Augsburg [...], Augsburg 1850, S. 76

(25) vgl. ebenda, S. 128

(26) vgl. Kluger, Martin: Wasserbau und Wasserkraft, Trinkwasser und Brunnenkunst in Augsburg. Die historische Augsburger Wasserwirtschaft und ihre Denkmäler im europaweiten Vergleich, Augsburg 2013, S. 28 ff. (dort weiterführende Quellenverweise)

(27) vgl. Kluger, Martin: Die Fugger in Augsburg. Kaufherrn, Montanunternehmer, Bankiers und Stifter, Augsburg 2013, S. 24 ff. und S. 39 und

Grewe, Klaus: Wasserversorgung und -entsorgung im Mittelalter. Ein technikgeschichtlicher Überblick, in: Die Wasserversorgung im Mittelalter, Geschichte der Wasserversorgung, Bd. 4, Mainz 1991, S. 61

(28) vgl. Schnapauff, Johann: Frühe Wasserversorgung besonders in Deutschland, mit Einzelheiten über die Tätigkeit von Jörg Reinhardt für die Neue Wasserkunst in Rostock/Mecklenburg und für die Versorgung von Demmin, Pommern. 1618 – 1620, Frankfurt 1977, S. 31

(29) vgl. Walter, Caspar: Hydraulica Augustana [...], Augsburg 1754, S. 11

(30) vgl. ebenda, S. 28

(31) vgl. ebenda, S. 25 f.

(32) vgl. Hagen, Bernt von; Wegener-Hüssen, Angelika: Stadt Augsburg. Ensembles, Baudenkmäler, archäologische Denkmäler, Denkmäler in Bayern, Bd. 83, München 1994, S. 52

(33) vgl. Ruckdeschel, Walter: Wasser für die schönen, publique Springbrunnen, in: Adriaen de Vries 1556 – 1626. Augsburgs Glanz – Europas Ruhm, Augsburg 2000, S. 117

(34) vgl. Hagen, Bernt von; Wegener-Hüssen, Angelika: Stadt Augsburg. Ensembles, Baudenkmäler, archäologische Denkmäler, Denkmäler in Bayern, Bd. 83, München 1994, S. 54

(35) vgl. Walter, Caspar: Hydraulica Augustana [...], Augsburg 1754, S. 28 f.

(36) vgl. Ruckdeschel, Walter: Wasser für die schönen, publique Springbrunnen, in: Adriaen de Vries 1556 – 1626. Augsburgs Glanz – Europas Ruhm, Augsburg 2000, S. 117

(37) vgl. Walter, Caspar: Hydraulica Augustana [...], Augsburg 1754, S. 12

(38) vgl. ebenda, 29 f.

(39) Walter, Caspar: Hydraulica Augustana [...], Augsburg 1754, S. 30

(40) ebenda, S. 12

(41) vgl. ebenda

(42) vgl. Ruckdeschel, Walter: Wasser für die schönen, publique Springbrunnen, in: Adriaen de Vries 1556 – 1626. Augsburgs Glanz – Europas Ruhm, Augsburg 2000, S. 117

(43) Walter, Caspar: Hydraulica Augustana [...], Augsburg 1754, S. 37

(44) ebenda, S. 8

(45) ebenda, S. 39

(46) ebenda, S. 4

(47) ebenda, S. 10

(48) ebenda, S. 20

(49) ebenda

(50) Ruckdeschel, Wilhelm: Industriekultur in Augsburg. Denkmale der Technik und Industrialisierung, Augsburg 2004, S. 16

(51) Walter, Caspar: Hydraulica Augustana [...], Augsburg 1754, S. 20

(52) ebenda, S. 9 f.

(53) vgl. Ruckdeschel, Wilhelm: Technische Denkmale in Augsburg. Eine Führung durch die Stadt, Augsburg 1984, S. 28

(54) ebenda, S. 30

(55) Kollmann, Franz Joseph: Die Wasserwerke von Augsburg [...], Augsburg 1850, S. 77

(56) ebenda, S. 78

(57) Stadt Augsburg/Untere Denkmalschutzbehörde (Hg.): Wie läuft's Augsburger Wasser?, Informationsschrift der Stadt Augsburg zum Tag des offenen Denkmals 2004, Augsburg 2004, S. 34

(58) ebenda

(59) vgl. Ruckdeschel, Wilhelm: Industriekultur in Augsburg. Denkmale der Technik und Industrialisierung, Augsburg 2004, S. 18

(60) Kollmann, Franz Joseph: Die Wasserwerke von Augsburg [...], Augsburg 1850, S. 79

(61) vgl. Stadt Augsburg/Untere Denkmalschutzbehörde (Hg.): Wie läuft's Augsburger Wasser?, Informationsschrift der Stadt Augsburg zum Tag des offenen Denkmals 2004, Augsburg 2004, S. 34

(62) Ruckdeschel, Wilhelm: Das Wasserwerks-Projekt von 1868 am Roten Tor zu Augsburg, in: Zeitschrift des Historischen Vereins für Schwaben, Bd. 73, Augsburg 1979, S. 148 f.

(63) vgl. Paul, Matthias: Augsburg, Wassertürme am Roten Tor, Bauforschung Sept. 2006 bis Dez. 2006, Zwischenbericht, internes Arbeitspapier des Hochbauamts der Stadt Augsburg, 08.12.2006, S. 11

(64) Stadt Augsburg/Untere Denkmalschutzbehörde (Hg.): Wie läuft's Augsburger Wasser?, Informationsschrift der Stadt Augsburg zum Tag des offenen Denkmals 2004, Augsburg 2004, S. 34

(65) vgl. Paul, Matthias: Augsburg, Wassertürme am Roten Tor, Bauforschung Sept. 2006 bis Dez. 2006, Zwischenbericht, internes Arbeitspapier des Hochbauamts der Stadt Augsburg, 08.12.2006, S. 11

(66) vgl. Hagen, Bernt von; Wegener-Hüssen, Angelika: Stadt Augsburg. Ensembles, Baudenkmäler, archäologische Denkmäler, Denkmäler in Bayern, Bd. 83, München 1994, S. 54

(67) vgl. Kluger, Martin: Wasserbau und Wasserkraft, Trinkwasser und Brunnenkunst in Augsburg. Die historische Augsburger Wasserwirtschaft und ihre Denkmäler im europaweiten Vergleich, Augsburg 2013, S. 26 ff. (dort weiterführende Quellenverweise)

(68) vgl. Hagen, Bernt von; Wegener-Hüssen, Angelika: Stadt Augsburg. Ensembles, Baudenkmäler, archäologische Denkmäler, Denkmäler in Bayern, Bd. 83, München 1994, S. 56

(69) Kuisle, Anita: Denkmale öffnen! Ensemble am Roten Tor, Exposé zur Dauerausstellung im Kleinen und Großen Wasserturm des Wasserwerks am Roten Tor, München 2010, S. 7

(70) vgl. Hagen, Bernt von; Wegener-Hüssen, Angelika: Stadt Augsburg. Ensembles, Baudenkmäler, archäologische Denkmäler, Denkmäler in Bayern, Bd. 83, München 1994, S. 56

(71) vgl. ebenda

(72) vgl. Emmendörffer, Christoph: Das Maximilianmuseum. Originale der Reichsstadt Augsburg. Ein Augsbuch, Bd. 2, S. 106 f. und S. 126 f. und

Kluger, Martin: Wasserbau und Wasserkraft, Trinkwasser und Brunnenkunst in Augsburg. Die historische Augsburger Wasserwirtschaft und ihre Denkmäler im europaweiten Vergleich, Augsburg 2013, S. 62 ff.

(73) Stetten, Paul von d.J.: Kunst-, Gewerb- und Handwerks Geschichte der Reichs-Stadt Augsburg, Augsburg 1779, S. 148 und S. 154

(74) vgl. Trauchburg, Gabriele von: Häuser und Gärten Augsburger Patrizier, München/Berlin 2001, S. 175 ff.

Das Untere Wasserwerk beim Mauerberg war vom 15. Jahrhundert bis 1879 das zweitwichtigste Augsburger Wasserwerk. Der sogenannte Untere Wasserturm steht an einer Hangkante über dem Stadtbach: Dieses Baudenkmal ist der im Kern wohl zweitälteste bestehende Wasserturm Augsburgs, Deutschlands und vermutlich auch Mitteleuropas. Vor dem Wasserwerksensemble am Stadtgraben hat sich eine gusseiserne Wasserkreuzung über dem Stadtbach als technisches Denkmal des frühen Industriezeitalters erhalten: Wasser aus dem Inneren Stadtgraben fließt über die Kanalbrücke und unter dem Unteren Neuen Gang hindurch zum ehemaligen Turbinenhaus. Neuer Gang nennt man die ab 1758 gemauerte Brücke über den Stadtbach. Schon der Vorgängerbau verband die Mittlere Stadt ums Rathaus mit der Jakobervorstadt.

Das Untere Wasserwerk beim Mauerberg

Die „Machina Augustana", der Untere Brunnenturm und eine gusseiserne Kanalbrücke

Die „Hydraulica Augustana" des Augsburger Brunnenmeisters Caspar Walter beschreibt auf 39 Seiten ausführlich die Funktionsweise und das Innere der drei Wassertürme des Oberen Wasserwerks am Roten Tor. In diesem Werk tut Walter die weiteren Wasserwerke und Wassertürme seiner Zeit mit der Bemerkung ab, dass sich neben den *„[...] obern 3. Haupt=Wasser=Thůrnen [...] hin und wider in der Stadt noch mehrere, jedoch nicht so considerable, respective Wasser Thůrne und Wercke oder Machinen befinden, als da ist der Wasser=Thurn auf dem sogenannten Maur=Berg: zwey in Jacober Vorstadt/davon der erste ohnfern dem Jacober Thor, der zweyte aber nåchst der Blatter=Bastion stehet; Einer ohnfern dem sogenannten Schnarrbrunnen/so der Eicht=Thurn benahmset wird; ferner einer bey dem Vogel=Thor/und einer bey dem Frauen Closter St. Maria zum Stern: also daß die Stadt Augspurg jetziger Zeit mit 9. Wasser=Thůrnen versehen, worinnen 18. Druck=Werck befindlich".* (1)

Natürlich konnte das Untere Wasserwerk beim Mauerberg mit den Dimensionen des Oberen Wasserwerks am Roten Tor nicht mithalten. Dennoch erstaunt es, dass ausgerechnet Caspar Walter, der als Brunnenwerker in reichsstädtischen Diensten seit 1728 Obmann im Unteren Brunnenwerk war, ehe er 1741 zum Stadtbrunnenmeister aufstieg, den Unteren Brunnenturm als wenig „considerable" – also als unerheblich und wenig ansehnlich – erachtete.

Der Untere Brunnenturm nimmt jedenfalls nicht nur in der Geschichte der Trinkwasserversorgung von Augsburg eine herausragende Stellung ein. Denn der Wasserturm beim Springergässchen, der sich hoch über dem Pumpenhaus des Wasserwerks am Stadtgraben erhebt, ist im Kern wohl der zweitälteste erhaltene Wasserturm Augsburgs – und damit auch Deutschlands sowie vermutlich Mitteleuropas. Caspar Walter ging irrtümlich davon aus, dass dieses Wasserwerk erst 1538 angelegt worden sei. Doch schon *„1450 ließ der Rat den ‚Unteren Brunnenturm' auf dem Horn errichten, neben dem Stadtgraben bei den Siebenkindeln den Grundwasserstrom fassen und mit einem neuen System das Wasser in den Turm heben".* (2)

Auch der Untere Brunnenturm wurde also über einem ehemaligen Stadtmauerturm errichtet. Der dreigeschossige Wehrturm „auf dem Horn" war zum ersten Mal im 14. Jahrhundert erwähnt worden. (3) Das Treibwasser für die jeweiligen Hebewerke lieferte der Innere Stadtgraben. Der als Saugwasser für das Untere Wasserwerk genutzte Grundwasserstrom bei den „Sieben Kindeln" sollte im 19. Jahrhundert nur noch eine bedenkliche Trinkwasserqualität liefern. Im Unteren Wasserwerk wurde das Trinkwasser anfänglich nicht mit wasserradgetriebenen Kolbenpumpen gehoben: Hier kam das von Walter erwähnte neue System – die Archimedische Schraube – zum Einsatz.

Die Archimedische Schraube ist eine seit der Antike bekannte Konstruktion zur Wasserhebung, die bereits damals (unter anderem) von Wasserrädern angetrieben wurde. Mit dieser Technik wurde das Trinkwasser ins Hochreservoir des Unteren Brunnenturms befördert. *„In seinem Werk ‚De Subtilitate' von 1554 beschreibt der Mailänder Arzt und Gelehrte*

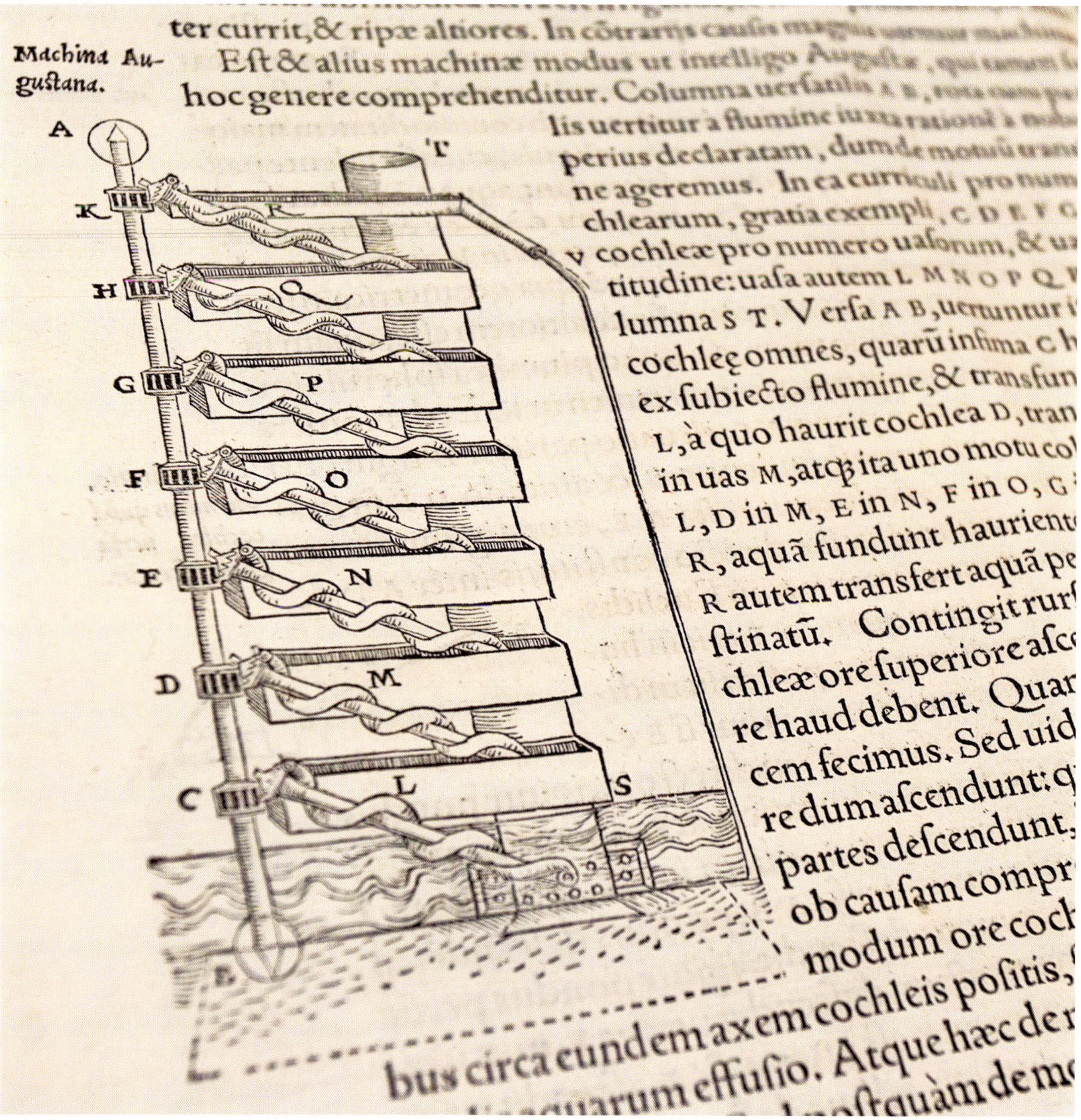

1554 beschrieb Hieronymus Cardanus die sogenannte Machina Augustana. Sieben übereinander angeordnete Archimedische Schrauben hoben Wasser in das Reservoir im Unteren Brunnenturm.

Hieronymus Cardanus (1501 – 1576) die ‚Machina Augustana': Sieben übereinander angeordnete, von einem Wasserrad gleichsinnig angetriebene Archimedische Schrauben (oder Schnecken) fördern das Wasser etagenweise auf die (damals halbe) Höhe des Wasserturms." (4) Der Untere Brunnenturm versorgte mit dieser weithin berühmten „Augsburger Maschine" über zwei Leitungsstränge das Stadtgebiet nördlich der heutigen Karlstraße und der Grottenau sowie die untere (nördliche) Vorstadt, welche die Stadtmauer zwischen dem Wertachbrucker Tor und dem Lueginsland begrenzte. (5)

Der Bischof von Augsburg erhielt seit 1502 Trinkwasser aus dem Unteren Wasserwerk am Mauerberg geliefert: Die bischöfliche Pfalz wurde an die vom Reservoir im Unteren Brunnenturm gespeiste Wasserleitung angeschlossen. (6) Ab *„1537 erbaute man den Thurm und den Ausgußkessel höher, um das Wasser in die großen Brunnen vor dem Frauenthore und bei St. Stephan und 1543 in die Jakobervorstadt*

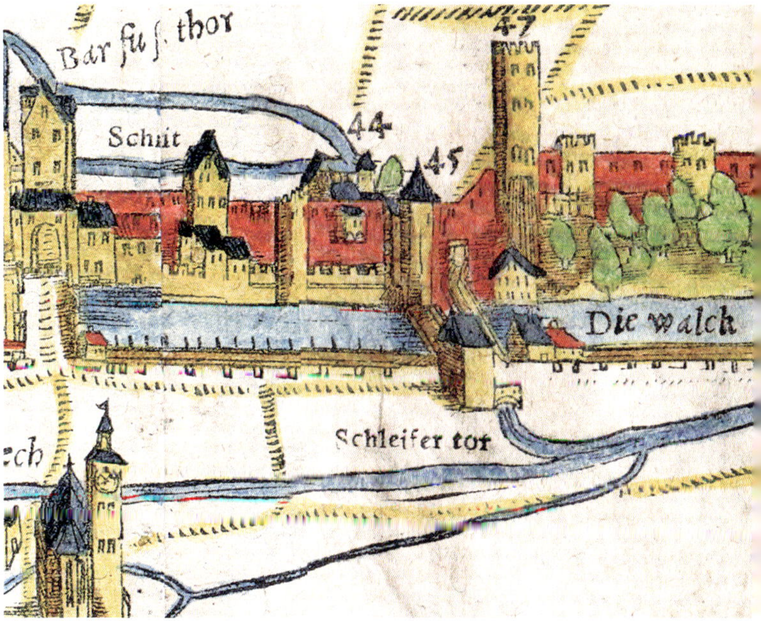

zu leiten“. (7) Der Augsburger Vogelschauplan in einer im Jahr 1598 gedruckten Ausgabe der „Cosmographia“ Sebastian Münsters lässt diese Erhöhung, anders als der Plan Hans Rogels von 1563, eindeutig erkennen. Der 1626 gedruckte Vogelschauplan Wolfgang Kilians zeigt sehr exakt die Aufstockung um drei Geschosse

Vogelschaupläne zeigen den Unteren Brunnenturm am Mauerberg: Der Plan Hans Rogels (1563, oben links), die Darstellung in der „Cosmographia“ von Sebastian Münster (1598, oben rechts) und Wolfgang Kilians Plan von 1626 (unten) dokumentieren den 1537/38 und vor 1626 aufgestockten Wasserturm.

Ein Stich Johann David Nessenthalers stellt die bauliche Situation beim Unteren Brunnenturm zu Zeiten von Brunnenmeister Caspar Walter dar. Den Satteldachbau am Rand des Unteren Stadtgrabens hatte Walter 1737 als Dienstwohnung („F") – anstelle des Pumpenhauses von 1538 – neu errichtet. Ein Pumpwerk im Untergeschoss dieses Neubaus sowie drei Brunnenwerke im kleineren Anbau („G") davor hoben das Wasser. Das an die Stadtmauer angebaute Werkstattgebäude („D") wurde später abgebrochen.

und die Zinnenbekrönung, unter der nunmehr an der Ostfassade eine Turmuhr angebracht war. (8) Im Zuge dieser zweiten Aufstockung werden wohl die für diese Höhe nicht mehr ausreichenden sieben übereinandergestellten Archimedischen Schrauben durch wasserradgetriebene Kolbenpumpwerke ersetzt worden sein. 1674 (oder auch 1684 – Caspar Walter nannte beide Jahreszahlen) wurde der Turm erneuert. Damals verdrängte die Balustrade die als nicht mehr zeitgemäß empfundenen Zinnen. Die gesamte Fassade wurde im

Nach einer Zeichnung von Caspar Walter schuf Johann David Nessenthaler auch den Stich für die 1766 gedruckte „Anweisung vor einen jederweiligen Brunnen=Ballier oder: Obmann in dem untern Wasser=Thurn auf dem Maurberg". Er zeigt die Westfassade des Wasserturms im Springergässchen.

Stil des 1646 verstorbenen Stadtwerkmeisters Elias Holl umgestaltet. 1728 wurde Caspar Walter als Obmann des Unteren Wasserwerks berufen. (9)

Der Obmann Caspar Walter stützte 1737 den baufälligen Wasserturm mit Strebepfeilern an der Hangböschung ab. Walter setzte überdies den Turm innen wie außen instand und ergänzte die bis dahin drei Pumpwerke um ein viertes. (10) Die Inschrift einer 1753 in Öl auf Holz gemalten Instruktionstafel nach seiner Skizze, die heute im Kleinen Wasserturm des Wasserwerks am Roten Tor zu sehen ist, hält den Grund des erneuten Ausbaus fest: „A°. 1737. ist auf Befehl Eines WohlLöbl: Bau=Amts, wegen allzuviel ausgegebenen Röhrwaßers, das 4.te Broñenwerck angelegt, der Wasser=Wercker=u.Thurn=Bau allda, in Zeit von 6. Monat in verbesserten Stand hergestellet worden von Caspar Walter, 13. Jahr lang gewesten Bruñenmeister allda."

Diese Erinnerungsmalerei lässt neben den vier Pumpwerken und sechs Stockwerken der „Profilirung deß untern Wasser=Thurns" auch eine Wasserbrücke erkennen, über die das Treibwasser aus dem aufgestauten Inneren Stadtgraben über den (wegen des benachbarten Stauwehrs tiefer liegenden) Stadtbach durch den Werkhof und durch das Pumpenhaus über dem Unteren Stadtgraben hindurch- sowie das nicht genutzte Wasser in den Unteren Stadtgraben abfloss. Das Trinkwasser entnahm man nahen Speisebrunnen: Da sie aber direkt neben dem Stadtgraben lagen, war die hygienische Qualität bekanntermaßen bedenklich.

Ein 1766 gedruckter Kupferstich Johann David Nessenthalers zeigt auch eine von Caspar Walter durchgeführte Baumaßnahme am Rand des Unteren Stadtgrabens. Dort hatte Walter 1737 ein mit einem Satteldach gedecktes Haus als Dienstwohnung neu errichtet. Im Untergeschoss des Neubaus arbeitete das vom Obmann des Unteren Brunnenwerks zusätzlich installierte vierte Pumpwerk. An diesen Neubau angebaut war ein kleineres hölzernes Pumpenhaus, in dem weitere drei Pumpwerke Wasser hoben.

In der 1766 in Augsburg herausgegebenen Druckschrift „Anweisung vor einen jederweiligen Brunnen=Ballier oder: Obmann in dem untern Wasser=Thurn auf dem Maurberg" führt Stadtbrunnenmeister Walter

Auf einer 1753 nach seiner Zeichnung gemalten Erinnerungstafel ließ Caspar Walter die 1737 von ihm durchgeführten Verbesserungen im Unteren Wasserwerk am Mauerberg dokumentieren.

ein paar Zahlen zum Unteren Wasserwerk auf: *„Ist 66. Schue hoch, worinnen man 101. Stuffen zu steigen hat, und bis in das Brunnen=Hauß hinab, sind 62. Tritt 8. Zoll hoch, mithin die ganze Hőhe 111."* (11) Der Untere Wasserturm ist folglich gar nicht so hoch, wie er vom angrenzenden Straßenzug („Unterer Graben") aus gesehen wirkt: Der Turm misst nur knapp 20 Meter. Zwischen dem Pumpenhaus über dem nassen Stadtgraben und dem Dach des Unteren Brunnenturms besteht allerdings eine Differenz von rund 33 Metern.

Die Schwierigkeiten, die mit der Lage des Wasserturms an der steil abfallenden Hangkante über dem Stadtgraben verbunden waren, hat Walter geschildert: *„Dabey wol zu bedencken, was die Werker vor einen großen Wiederstand von dem Wasser in den Steig-*

Rohren ausstehen mussen, biß sie solchen großen Centner schwehren Wasser Last aus der tiefe der Bronnen, in die Hohe des Thurns erpumpen, und continuirlich Tag und Nacht fontill [Ventile] und Kurben [Kurbelwellen] solchen großen wiederstand erdulten und ertragen muß dann die Perpendiculare [senkrechte] Hohe des Bronnen Thurns samt dem Berg, und bis an das werck herunter hat...Schuh 114... Woraus klar zu sehen ist, ... welches das Harteste die Kurben mit großem Gewalt zugleich fontill und Wasser aufheben und zum Wiederstand erdulten muß, also sich nicht zu wundern, dass Stiefel [Pumpenzylinder], fontill, Kolben und Kurben sich ofters bald ausarbeiten thun." (12)

Walters „Anweisung vor einen jederweiligen Brunnen=Ballier oder: Obmann in dem untern Wasser=Thurn auf dem Maurberg" hält zudem fest, dass durch die Verbesserungen im Jahr 1748 (gemeint ist jedoch wahrscheinlich 1737) die an das Untere Wasserwerk angeschlossenen Wasserleitungen leistungsfähiger wurden: Statt bis dahin zwei Eimer (rund 125 Liter) Wasser je Rohr und Stunde flossen nun drei Eimer. (13)

Die Bedeutung des Unteren Wasserwerks für die Augsburger Trinkwasserversorgung wird dadurch belegt, dass es immer wieder aufs Neue ausgebaut und verbessert wurde. 1781 *„[...] sind die 4 Maschinen, der Aufschlagwasserkanal, das Wehr und die Grundrinne größtentheils massiv umgebaut [...] worden [...]".* (14)

Im Industriezeitalter wurde bei den Pumpwerken im Unteren Wasserwerk erstmals der Hauptbaustoff Holz durch Gusseisen verdrängt: *„[...] 1821 ist die technische Anlage wieder modernisiert worden, und die sog. ‚Reichenbach'sche Wassermaschine' sorgte für den Wassertransport. Der Ingenieur Georg von Reichenbach erreichte mit seiner Erfindung, dass mehr als die doppelte Wassermenge von dem Brunnenhaus zu dem Wasserturm hinauf gepumpt werden konnte."* (15) Unter dem Titel „Beschreibung der von Hrn. Ritter v. Reichenbach in Augsburg neuerbauten Wassermaschine" berichtete ein anonymer Autor 1822 im „Polytechnischen Journal", das der Augsburger Chemiker und Fabrikant Johann Gottfried Dingler herausgab: *„Im Spätjahr 1820 wurden die einzelne Theile dieser Maschine auf dem städtischen Bauhofe ausgestellt, woran man den reinen Guß des Eisen, und die Nettigkeit der Metallarbeiten bewunderte.*

Die Westfassade des Unteren Brunnenturms am Mauerberg vom Springergässchen aus gesehen: Dieser Wasserturm diente noch bis 1879 der Augsburger Trinkwasserversorgung.

Bei dieser Gelegenheit wurden die Hauptdimensionen der Bestandtheile dieser Maschine genau gesammelt, und daraus die Zeichnung zusammengestellt." (16)

Diese bunt kolorierte technische Zeichnung mit der Überschrift „Reichenbach'sche Wassermaschine in Augsburg" ist zum Beispiel in den Beständen der Staats- und Stadtbibliothek Augsburg erhalten. Sie stellt die hauptsachlich aus Gusseisen bestehende Konstruktion dar: *„Ein großes halbmittelschlächtiges Wasserrad (4 m Ø; 1,9 m breit) trieb über Kurbelstangen und Schwinghebel („Balanciers") vier stehende, einfachwirkende Kolbenpumpen an. Die durch den Arbeitsdruck selbsttätig gesteuerten Saug- und Druckventile befanden sich paarweise für je zwei Zylinder in einem gemeinsamen Ventilkasten."* (17)

Parallel zum Unteren Wasserwerk hatte Georg von Reichenbach auch eine neue Wassermaschine für das Obere Wasserwerk am Roten Tor konstruiert. Doch dort wurde die fertiggestellte Maschine 25 Jahre lang ungenutzt gelagert. Sie kam erst 1848 zum Einsatz – 22 Jahre nach dem Tod des innovativen Konstrukteurs. Der *„[...] große bayerische Ingenieur Georg Ritter*

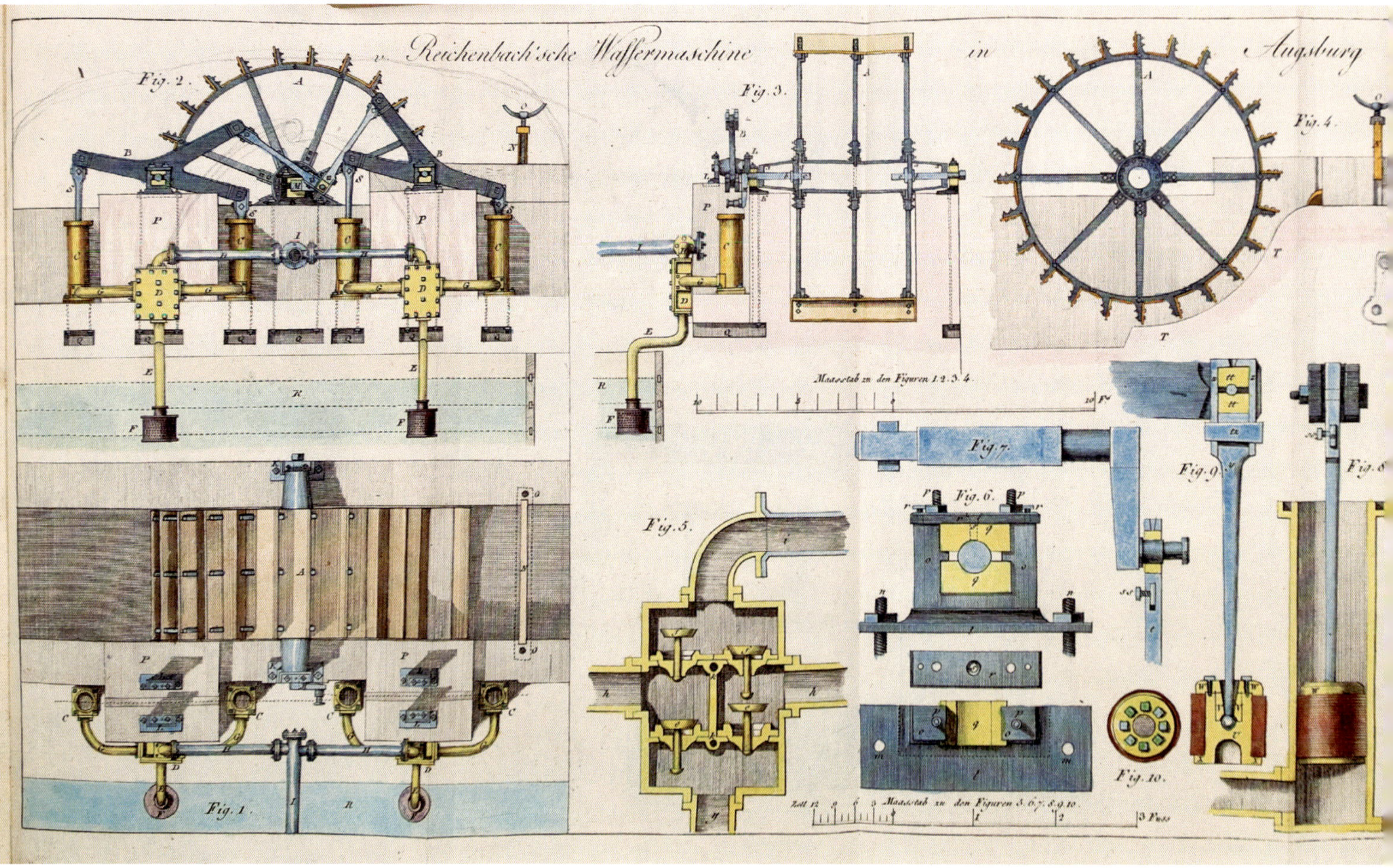

1822 stellte das von dem Augsburger Chemiker und Fabrikanten Johann Gottfried Dingler gegründete und herausgegebene „Polytechnische Journal" die „Reichenbach'sche Wassermaschine in Augsburg" mit einer kolorierten Konstruktionszeichnung vor.

von Reichenbach (1771 – 1826) […], zählt zu den bedeutendsten Mechanikern und ‚technischen' Genies seiner Zeit; sein Hauptwerk, die Soleleitung Berchtesgaden-Reichenhall-Rosenheim 1810/17 mit den dazu entwickelten und bis in unser [20.] *Jahrhundert in Gang gewesenen Wassersäulenmaschinen, galt als ein Meisterwerk der Mechanik in Europa".* (18)

Eine gusseiserne Kanalbrücke leitete ab 1848 Antriebswasser aus dem Inneren Stadtgraben über den Stadtbach in das Untere Wasserwerk. Konstruiert hatte sie ein Nachfahre Georg von Reichenbachs – Carl August Reichenbach (1801 – 1883) –, der zugleich ein Neffe Friedrich Koenigs, des Erfinders der Zylinderschnellpresse, war. Carl August Reichenbach war 1824 als Mechaniker für Druckmaschinen und Schnellpressen nach Augsburg gekommen, wo er 1844 die erst 1840 von Ludwig Sander gegründete „Sander'sche Maschinenfabrik" pachtete. 1855 übernahm er dieses Unternehmen gemeinsam mit seinem Schwager Carl Buz. 1857 wurde die Firma zur Aktiengesellschaft und hieß nun „Maschinenfabrik Augsburg".

1848 wurde die bis dahin aus Holz konstruierte Wasserbrücke über den Stadtbach *„[…] durch das gußeiserne, aus vier Sektionen zusammengeschraubte Gerinne von 12,3 m Länge, 2 m Breite und 0,9 m Höhe ersetzt […]. Auf den Seitenwänden ist das Augsburger Stadtzeichen, die Zirbelnuß, sichtbar sowie die Aufschrift ‚C. Reichenbach'sche Maschinenfabrik 1848' […]. Diese Kanalbrücke stellt, bei aller zweckgegebenen Schlichtheit, heute ein schützenswertes technisches Denkmal dar!"* (19)

Dieses Gerinne lagert auf sechs eisernen Stützpfeilern. Die wegen der farbig aufgemalten Stadtwappen in Augsburg auch „Zirbelnuss-Kanal-Brücke" genannte Konstruktion wurde 1984 renoviert. Sie ist Bestandteil des Denkmalensembles sowie Augsburgs letzte historische oberirdische Wasserkreuzung.

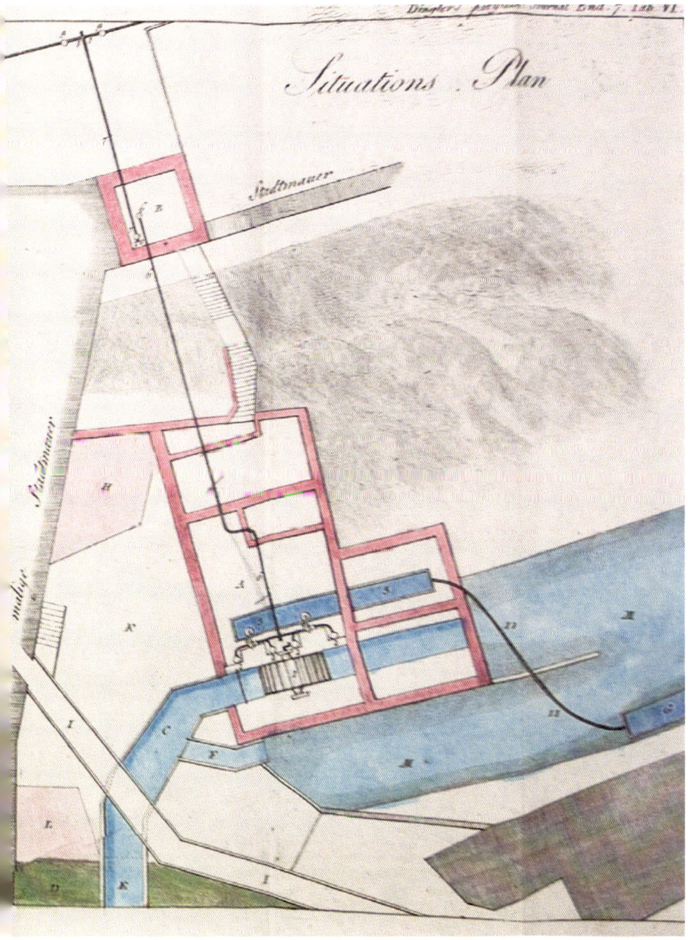

1865 wurde die aus der „C. Reichenbach'schen Maschinenfabrik" hervorgegangene „Aktiengesellschaft Maschinenfabrik Augsburg" mit dem letzten Umbau des Pumpwerks im Unteren Wasserwerk beauftragt.

Im Unteren Wasserwerk ging damit das Zeitalter der Wasserräder zu Ende, die Epoche der Turbinen begann nun auch hier. Die Förderleistung konnte durch die von Jonval-Turbinen angetriebenen Pumpen (Pläne sind im MAN-Archiv erhalten) um rund 50 Prozent der früheren Trinkwassermenge gesteigert werden. (20)

Die Bauten am Stadtbach sind Denkmäler vorindustrieller Epochen und des Industriezeitalters. Das ehemalige, 1737 von Caspar Walter errichtete Werk- und Pumpenhaus über dem Stadtgraben beherbergt heute ein Kino mit Gastronomiebetrieb. Das ursprünglich mit einem Satteldach gedeckte Gebäude erhielt nach 1762/66 ein Walmdach. Das durch einen Stich Johann David Nessenthalers von 1766 belegte, daran angebaute Holzhaus wurde 1865 im Zuge des Einbaus des Jonval-Turbinen-Pumpwerks durch den heutigen kleinen Blankziegelbau ersetzt. Durch ein verglastes Sichtfenster im Boden des Kinofoyers sieht man den rasch strömenden Stadtbach. In einem Kinosaal sind noch die (nicht mehr sichtbaren) Steinblöcke erhalten, an denen die Lager der Wellen angebracht waren. Parallel zum westlichen Ufer des Stadtbachs entstand als drittes Gebäude des Denkmalkomplexes

Seit 1848 strömt Treibwasser aus dem Stadtgraben durch die eiserne, mit dem Stadtwappen verzierte „Zirbelnuss-Kanal-Brücke" über den Stadtbach.

Nur wenige Jahre bevor das Untere Wasserwerk stillgelegt wurde, wurde dem Wasserturm noch ein gusseiserner Pavillon (oben) aufgesetzt. Dort wurde das Reservoir aufgestellt, um den Leitungsdruck zu erhöhen. Der Komplex der drei Betriebsgebäude des Wasserwerks am Stadtbach (unten) blieb erhalten.

im Unteren Wasserwerk am Stadtgraben im 19. Jahrhundert ein schlichter Hallenbau. (21)

Von dem 1737 erbauten Haupthaus aus leiteten unterirdisch verlegte Rohre das Trinkwasser hangaufwärts. Ein Personalgang führte parallel zum Wasserturm hinauf. (22) Das Trinkwasser kam um 1850 aus

den *„[...] am rechten Ufer des Untern Stadtgrabens entspringenden reichen Quellen, welche mittelst eines 700' langen gedeckten Einfanges und einer doppelten in schiefer Richtung auf der Stadtgrabensohle liegenden Röhrenfahrt von 140' Länge, der Brunnenstube im Maschinenhause zugeführt werden [...]".* (23)

Bis 1879 war das Untere Wasserwerk als das zweitwichtigste Augsburger Wasserwerk in Betrieb, ehe es durch das Wasserwerk am Hochablass abgelöst wurde. Als Einrichtung der Trinkwasserversorgung ausgedient hatte es noch nicht: *„Im ‚Monumentalplan der Stadt Augsburg' [...] ist auch dieses Werk als ‚Reserve-Brunnenwerk' bezeichnet. Auch hier ist dem Turm ein gußeiserner Pavillon aufgesetzt, in den zwecks weiterer Erhöhung des Leitungsdruckes das Reservoir hochgesetzt war."* (24) Der Kampf um jeden Meter Druckhöhe war dem rasanten Anwachsen der Bevölkerung geschuldet: Von 1871 bis 1880 stieg die Zahl der Einwohner von 51 220 auf 61 406.

„Die technische Geschichte dieses Brunnenwerks ist gleichsam ein Abriss der technologischen Entwicklung der künstlichen Wasserhebung." (25) Der renovierte Untere Brunnenturm ist Eigentum der Stadt geblieben: Dieses Denkmal wurde an einen Privatmann vermietet und ist daher nicht öffentlich zugänglich. Im Wasserturm ist eine steinerne Memorialtafel angebracht: Sie dokumentiert die 1737 von Brunnenmeister Walter ausgeführten Verbesserungen. Eine zweite Tafel fand man 1984 im Pumpenhaus: Sie belegt die Arbeiten von 1781 und nennt unter anderem den Lechmeister Georg Waldmann sowie den Brunnenmeister Johann Georg Wahl. Heute steht sie im Tiefbauamt der Stadt. (26)

Quellen

(1) Walter, Caspar: Hydraulica Augustana [...], Augsburg 1754, S. 10

(2) Groos, Walter: Beiträge zur Topographie von Alt-Augsburg, Bericht der Naturforschenden Gesellschaft Augsburg, Bd. 21, Augsburg 1967, S. 19

(3) vgl. Hagen, Bernt von; Wegener-Hüssen, Angelika: Stadt Augsburg. Ensembles, Baudenkmäler, archäologische Denkmäler, Denkmäler in Bayern, Bd. 83, München 1994, S. 424

(4) Ruckdeschel, Wilhelm: Wasser für Alt-Augsburg, in: Wasserhistorische Forschungen: Schwerpunkt Antike, Bd. 1, Siegburg 2003, S. 241

(5) vgl. Groos, Walter: Beiträge zur Topographie von Alt-Augsburg, Bericht der Naturforschenden Gesellschaft Augsburg, Bd. 21, Augsburg 1967, S. 19

(6) vgl. ebenda, S. 19 und
Kollmann, Franz Joseph: Die Wasserwerke von Augsburg [...], Augsburg 1850, S. 92

(7) Kollmann, Franz Joseph, ebenda

(8) vgl. Hagen, Bernt von; Wegener-Hüssen, Angelika: Stadt Augsburg. Ensembles, Baudenkmäler, archäologische Denkmäler, Denkmäler in Bayern, Bd. 83, München 1994, S. 424

(9) vgl. ebenda

(10) vgl. Kollmann, Franz Joseph: Die Wasserwerke von Augsburg [...], Augsburg 1850, S. 92

(11) Walter, Caspar: Anweisung vor einen jederweiligen Brunnen-Ballier oder: Obmann in dem untern Wasser-Thurn auf dem Maurberg In der des Heil. Röm. Reichs-Stadt Augspurg, Was derselbe mit Einlegung neuer Theichel-Röhren an denen von dem untern Thurn ausgehenden zweyen Leitungen oder Theichel-Canälen, und deren Ausbesserung zu Verhütung aller Irrungen und Fehler, zu beobachten hat. Die Länge derer Leitungen von denen ersten Haupt-Hahnen bis zu denen zweyten und sofort bis zu Ende derselben, ist ordentlich ausgemessen, beschrieben und angezeiget, wie weit die die Theichel-Röhren in ihrem inneren Lauf, und wie viele Besitzere von einem Hahnen bis zum andern sich befinden, auch wie viele Wasser-Rohr einem jeglichen derselben gebühren, damit er, um solchem grossen Werck vorstehen zu können, gründlich unterrichtet werde [...], Augsburg 1766, S. 5

(12) Ruckdeschel, Wilhelm: Industriekultur in Augsburg. Denkmale der Technik und Industrialisierung, Augsburg 2004, S. 25

(13) vgl. Walter, Caspar: Anweisung vor einen jederweiligen Brunnen-Ballier oder: Obmann in dem untern Wasser-Thurn auf dem Maurberg [...], Augsburg 1766, S. 6

(14) Kollmann, Franz Joseph: Die Wasserwerke von Augsburg [...], Augsburg 1850, S. 93

(15) Stadt Augsburg/Untere Denkmalschutzbehörde (Hg.): Wie läuft's Augsburger Wasser?, Informationsschrift der Stadt Augsburg zum Tag des offenen Denkmals 2004, Augsburg 2004, S. 19

(16) http://dingler.culture.hu-berlin.de/article/pj007/ar007039, letzter Zugriff: 29.01.2015

(17) Ruckdeschel, Wilhelm: Industriekultur in Augsburg. Denkmale der Technik und Industrialisierung, Augsburg 2004, S. 25

(18) Ruckdeschel, Wilhelm: Technische Denkmale in Augsburg. Eine Führung durch die Stadt, Augsburg 1984, S. 34

(19) ebenda, S. 37 ff.

(20) vgl. ebenda, S. 39 f.

(21) vgl. Hagen, Bernt von; Wegener-Hüssen, Angelika: Stadt Augsburg. Ensembles, Baudenkmäler, archäologische Denkmäler, Denkmäler in Bayern, Bd. 83, München 1994, S. 458

(22) vgl. ebenda

(23) Kollmann, Franz Joseph: Die Wasserwerke von Augsburg [...], Augsburg 1850, S. 92

(24) Ruckdeschel, Wilhelm: Technische Denkmale in Augsburg. Eine Führung durch die Stadt, Augsburg 1984, S. 40

(25) Ruckdeschel, Wilhelm: Wasser für Augsburg. Ein Blick in die Geschichte der ältesten bayerischen Wasserwerke, in: Kultur & Technik, Heft 3, München 2005, S. 17

(26) Häußler, Franz: Gedenktafeln erzählen Augsburger Geschichte, Augsburg 2014, S. 222 f.

Augsburgs Stadtwerkmeister Elias Holl erbaute im Jahr 1609 den Unteren St.-Jakobs-Wasserturm beim Oblatterwall. Der Architekt des Augsburger Renaissancerathauses griff dabei auf die Formensprache Italiens zurück. Nur rund 400 Meter weiter südlich entstand am Stadtgraben um die Jakobervorstadt neben dem Jakobertor der völlig identisch gestaltete Obere St.-Jakobs-Wasserturm. Dieser Wasserturm ist nicht mehr erhalten: Er wurde 1944 bei einem Luftangriff zerstört. Der Obere St.-Jakobs-Wasserturm versorgte die südliche Jakobervorstadt, der Untere St.-Jakobs-Wasserturm den nördlichen Teil dieser Vorstadt. Zur Zeit des Brunnenmeisters Caspar Walter versorgten diese leistungsschwachen Wasserwerke nur 67 Privatabnehmer und sieben öffentliche Brunnen. Die Fotos zeigen die Fassade im Jahr 2015.

Elias Holl erbaute die St.-Jakobs-Wassertürme

Der Augsburger Stadtwerkmeister schuf zwei Wasserwerke für die Jakobervorstadt

Der Untere St.-Jakobs-Wasserturm am Gänsbühl beim Oblatterwall wurde errichtet, weil die Trinkwasserversorgung der wachsenden Einwohnerzahl in der östlich der älteren Stadtmauer gelegenen Jakobervorstadt um das Jahr 1600 nicht mehr ausreichte. An der Wende vom 16. zum 17. Jahrhundert zählte Augsburg mit rund 50 000 Menschen – neben Köln, Wien, Hamburg und Nürnberg – zu den größten Städten des deutschsprachigen Raums. (1)

Mit der wirtschaftlichen Entwicklung des weitaus größeren Bevölkerungsanteils stand es jedoch trotz prosperierender Handelsgesellschaften und einer gut gefüllten Stadtkasse (2) nicht zum Besten. Vermögen und Einkommen waren in Augsburg (im Vergleich mit oberschwäbischen, fränkischen und Schweizer Städten sowie mit Hansestädten) extrem ungleich verteilt. (3)

Die „Preisrevolution" dieser Zeit verteuerte Grundnahrungsmittel und machte die Ersparnisse ständig wertloser. *„Da die Löhne mit der Inflation nicht Schritt hielten, gerieten immer breitere Schichten der Bevölkerung in Not. [...] Dabei ergab sich das Paradox, dass zwar die Bevölkerung zunahm, die Bauaktivitäten damit aber nicht Schritt hielten: Die Zahl der Häuser innerhalb der Stadtmauern nahm zwischen 1554 und 1604 von 448 auf 432 ab. Man wohnte also schlechter, in beengteren Verhältnissen; Wohnungen müssen durch Zwischenwände aufgeteilt, Häuser aufgestockt worden sein [...]."* (4)

Während also in der feinen Oberstadt die drei Monumentalbrunnen von Hubert Gerhard sowie von Adriaen de Vries entstanden und wenige Jahre später das mächtige von Stadtwerkmeister Elias Holl erbaute Renaissancerathaus, waren im reichen Augsburg über 85 Prozent der Einwohner Arme oder dauerhaft vom Absturz in die Armut bedrohte Familien. (5) Diese Bevölkerungsschicht – Handwerker und Tagelöhner – ballte sich in der Jakobervorstadt, die erst in der Zeit um 1450 von einer gemauerten Stadtbefestigung mit Wehrtürmen umgeben worden war.

Stadtwerkmeister Elias Holl (1573 – 1646) erhielt 1604 vom Rat der Reichsstadt den Auftrag, zwei neue Wassertürme zur verbesserten Trinkwasserversorgung der Jakobervorstadt zu planen und zu errichten. In seinen Lebensaufzeichnungen, in denen dieser Baumeister jedes nennenswerte Bauprojekt festhielt, notierte Holl unter dem Jahr 1609: *„Dann einen neuen Wasser-Thurn an der Stadt=Maur bey Jacober=Thor und dann besser hinab, nicht weit vom Blatterhaus, wieder einen dergleichen gemacht, beede gleicher Form; seyn schön und zierlich gemacht, wie vor Augen. Das Dach zu diesen beyden Thürmen hab ich durch meine Leuthe selbsten machen lassen, habe keine andere Zimmerleuth dazu gebraucht."* (6)

Die beiden Wasserwerke mit ihren identisch ausgeführten Wassertürmen standen also in der Stadtbefestigung entlang des Äußeren Stadtgrabens – das eine neben dem Jakobertor nahe der Kirche St. Jakob, das andere wenige hundert Meter nördlich davon am Gänsbühl neben dem Oblatterwall. Im Unterschied zu den drei Wassertürmen des Oberen Wasserwerks am Roten Tor und zum Unteren Brunnenturm am Mauerberg wurden die Jakobswassertürme nicht auf den Fundamenten früherer Wehrtürme erbaut. Vielmehr

Auf der Karte der Stadt Augsburg von Kupferstecher Frans Hogenberg im 1572 herausgegebenen Städtebuch des Verlegers Georg Braun („Civitates Orbis Terrarum"), das eine „Beschreibung vnd Contrafactur der vornembster Ståt der Welt" versprach, ist die Anlage der Stadtmauer um die Jakobervorstadt bestens zu erkennen: Die beiden Jakobswassertürme waren noch nicht gebaut. Dass diese Wassertürme nicht auf dem Fundament von Wehrtürmen, sondern von Grund auf neu errichtet wurden, belegt der Vergleich mit einem Kartenausschnitt aus der 1643 gedruckten „Topographia Sueviae" Matthäus Merians d.Ä.

„[...] entstanden hier zwei gleichartige, von vornherein funktionsgerechte Bauwerke, die, im Äußeren unverändert, über 250 Jahre lang ihren Zweck erfüllten". (7)

Die italienische Renaissance und ihre architektonische Formensprache prägten auch diese beiden Bauten des Stadtwerkmeisters Holl, der bis zu dieser Zeit schon das Augsburger Zeughaus vollendet, den Turm der Kirche St. Anna und das Wertachbrucker Tor erhöht, das Beckenhaus (das 1944 zerstörte Zunfthaus der Bäcker) sowie das städtische Gießhaus, das (im Jahr 1809 abgetragene) Siegelhaus und die Stadt-

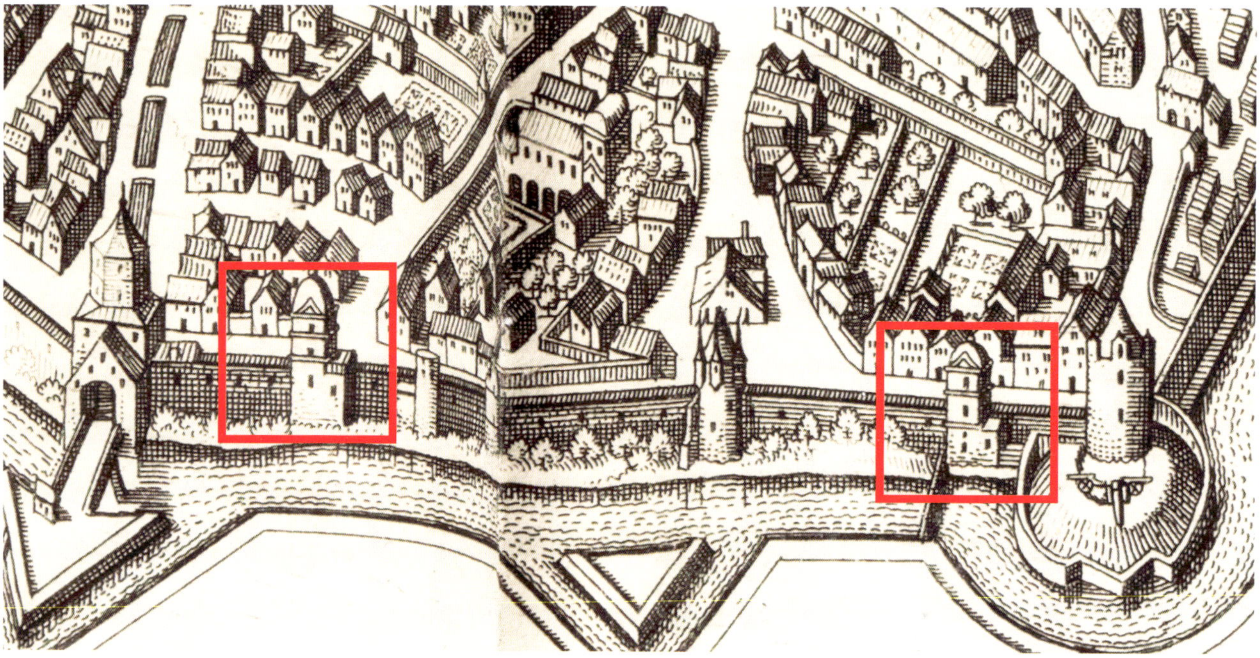

metzg neu errichtet hatte. Bereits in seinen ersten Jahren als Stadtwerkmeister war Elias Holl, der sich in Augsburg des Öfteren mit Arbeiten in Zusammenhang mit der Trinkwasserversorgung und den Kanälen beschäftigen musste, *„[…] zu einem der führenden Architekten Süddeutschlands aufgestiegen. Sein Ruhm drang bis zum Kaiserhof in Prag; Rudolf II. erbat sich Fassadenrisse […].“* (8) Holl baute für die Fugger auf Schloss Wellenburg, am Schloss Schwarzenberg in

Caspar Walter zeichnete den Unteren St.-Jakobs-Wasserturm („von Außen gegen Morgen und Mitternacht“, also die Ost- und Nordfassade) und den Oberen St.-Jakobs-Wasserturm („gegen Abend= und Mittag“, also die Süd- und Westseite). Nach Walters Skizzen entstanden die beiden Kupferstiche (unten) für die 1766 in Augsburg gedruckte „Anweisung vor einen jederweiligen Brunnen=oder Obmann in denen zwey St. Jacobs Wasser=Thürmen“.

An den Jakobswassertürmen ausgeführte oder geplante Arbeiten dokumentierte Caspar Walter durch ein Erinnerungsgemälde (oben – heute im Kleinen Wasserturm, Ausschnitt) und zwei Risse (unten und rechte Seite, heute im Stadtarchiv Augsburg).

Scheinfeld und an der Willibaldsburg des Fürstbischofs von Eichstätt.

Auch die beiden St.-Jakobs-Wassertürme entstanden in Holl-typischer italienischer Manier. Wie er diese beiden Nutzbauten gestaltete, *„[...] kann als besonders ansprechende Lösung einer technischen Bauaufgabe gelten [...]. Holl hat sich [...] ungeniert aus dem in Augsburg und über Abbildungen greifbaren Formenvorrat* [Italiens] *bedient. Anders gesagt, solche Elemente fand er im Wörterbuch der Architektursprache: Er kombinierte sie, wie es ihm angemessen schien, und fand so – wenn nicht im Detail, so doch im Ganzen – zu eigenständigen Lösungen."* (9) 1908 beschrieb Julius Baum in seinem Buch „Die Bauwerke des Elias Holl" die Architektur so: *„Die Türme steigen quadratisch bis zum Dache empor, die untere Hälfte ist einfach rustiziert und schließt in einem breiten Gesims. Darauf erhebt sich ein gerahmter Sockel, der ein breites, gequetscht wirkendes Geschoß trägt, auf dem ein höheres aufsitzt. Beide werden von Rahmenpilastern eingefaßt."* (10)

Brunnenmeister Caspar Walter hat die St.-Jakobs-Wassertürme in seiner 1766 herausgegebenen 28-seitigen „Anweisung vor einen jederweiligen

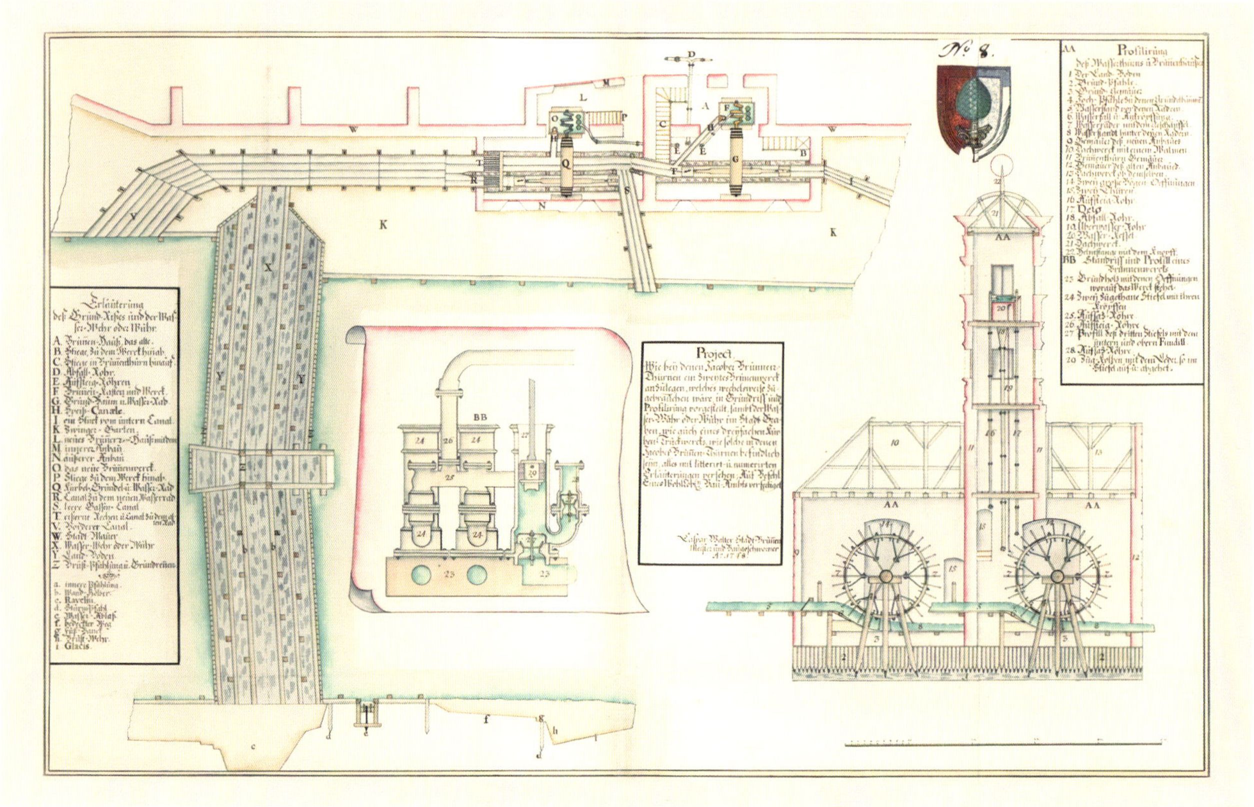

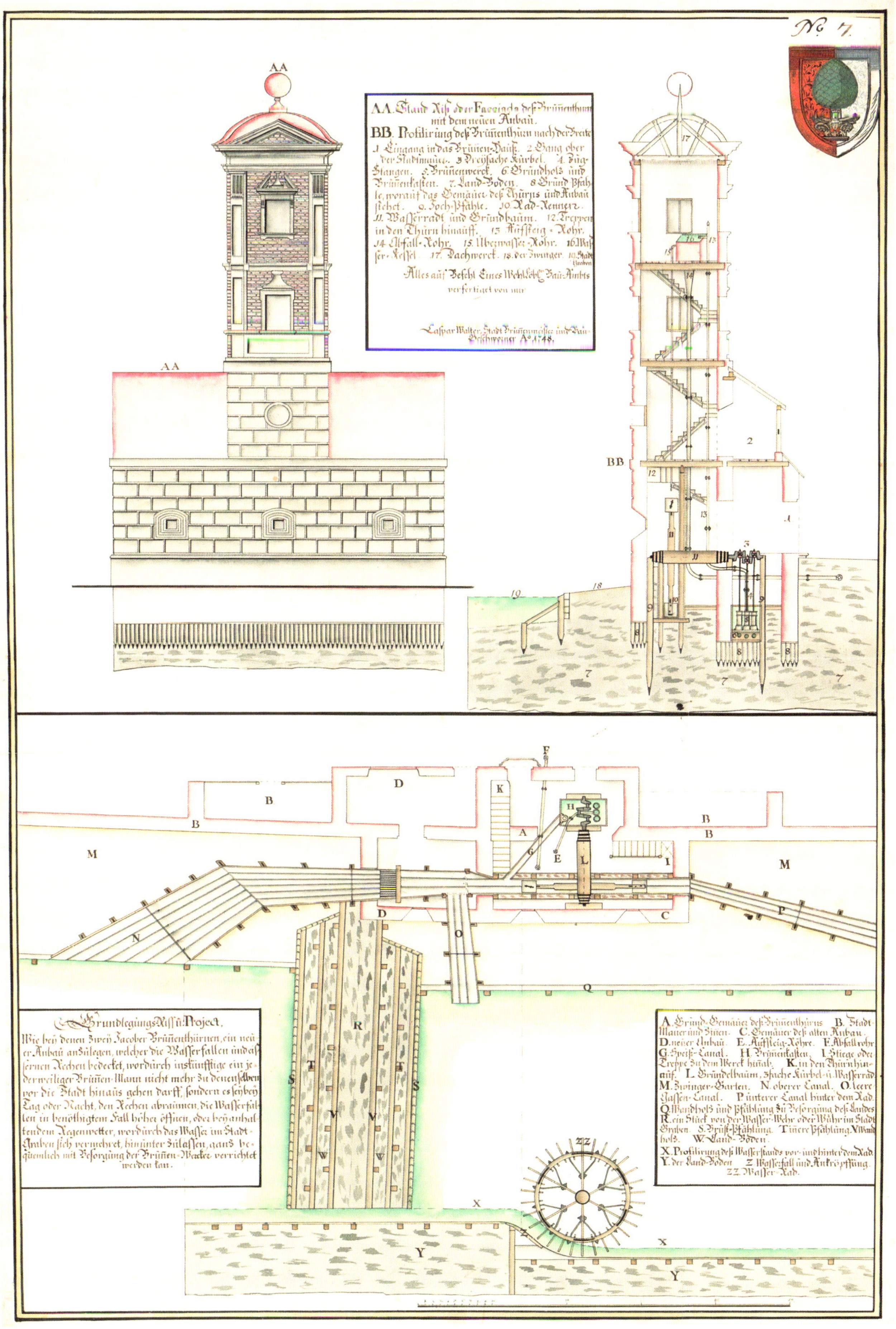
No. 7.
AA. Stand Riß oder Facciada deß Brünenthurn mit dem neüen Anbaü.
BB. Profilirüng deß Brünenthürn nach der Breite
1. Eingang in das Brünen-Haüß. 2. Gang ober der Stadtmaüer. 3. Dreyfache Kürbel. 4. Züg-Stangen. 5. Brünenwerck. 6. Gründholz und Brünenkasten. 7. Land-Boden. 8. Gründ Pfahle, worauf das Gemäuer deß Thürns und Anbau stehet. 9. Joch-Pfähle. 10. Rad-Renner. 11. Wasserradt und Gründbaüm. 12. Treppen in den Thürn hinaüff. 13. Aüffsteig-Rohr. 14. Abfall-Rohr. 15. Uberwasser-Rohr. 16. Wasser-Kessel. 17. Dachwerck. 18. der Zwinger. 19. Stadt Graben
Alles auf Befehl Eines Wohllöbl. Baü-Ambts verfertiget von mir
Caspar Walter, Stadt Brünenmeister und Baü-Geschworner A° 1748.
AA
BB
Grundlegungs Riss ü. Project.
Wie bey denen zwey Jacober Brünenthürnen, ein neüer Anbaü anzülegen, welcher die Wasserfallen und eisernen Rechen bedecket, wordurch instünfftige ein jederweiliger Brünen-Mann nicht mehr zu denenselben vor die Stadt hinaüs gehen darff, sondern es seye bey Tag oder Nacht, den Rechen abraümen, die Wasserfallen in benöthigtem Fall höher öffnen, oder bey anhaltendem Regenwetter, wordurch das Wasser im Stadt-Graben sich vermehret, hinunter zülassen, ganz bequemlich mit Besorgüng der Brünen-Wercke verrichtet werden kan.
A. Gründ-Gemäuer deß Brünenthürns B. Stadt-Mauer und Zinen. C. Gemäuer deß alten Anbau. D. neuer Anbaü. E. Aüffsteig-Röhre. F. Abfallrohr. G. Speiß-Canal. H. Brünenkasten. I. Stiege oder Treppe zu dem Werck hinab. K. in den Thürn hinauf. L. Gründelbaüm, 3fache Kürbel ü. Wasserrad. M. Zwinger-Garten. N. oberer Canal. O. leere Gassen-Canal. P. ünterer Canal hinter dem Rad. Q. Wandholz und Pfählüng zu Besorgüng deß Landes. R. ein Stück von der Wasser-Wehr oder Wühr im Stadt Graben. S. Brüst-Pfählüng. T. inere Pfählüng. V. Wandholz. W. Land-Boden.
X. Profilirung deß Wasserstands vor- und hinter dem Rad. Y. der Land-Boden Z. Wasserfall und Ankröpffüng. ZZ. Wasser-Rad.

Ein Stahlstich aus dem Jahr 1886 zeigt den Unteren St.-Jakobs-Wasserturm beim Oblatterwall: Der erdgeschossige Anbau diente als Pumpenhaus. Vom vermehrten Baumbewuchs abgesehen, ist diese Ansicht des zierlichen Wasserturms unverändert geblieben.

Brunnen=oder Obmann in denen zwey St. Jacobs Wasser=Thůrmen" ausführlich beschrieben. Diese Wassertürme hatten – so Walter – eine *„[...] Hŏhe bey 50 Werckschue* [fast 15 Meter; Franz Joseph Kollmann gab 1850 die Förderhöhe von 65 Fuß, fast 19 Metern, an]. *Ist von aussen mit einer Architectonischen Arbeit schŏn gezieret, und zu oberst mit einem Kugel=Helm bedecket."* (11) Nach dieser kurzen Beschreibung des Äußeren wandte sich der Stadtbrunnenmeister aber umgehend der Technik der beiden Wasserwerke zu: *„Innwendig ist ein dreyfaches Kurben=Druckwerck mit dreyen Stůfeln* [Stiefeln, also Zylindern] *angeleget, welches ein jederweiliger Brunnen=oder Obmann Morgens und Abends fleißig mit Baumŏl einzuschmieren auch Sorge dafůr zu haben hat, daß er solches dem Werck selbsten zum Schaden, nicht allzustreng arbeiten lasse: sondern in Zeiten, wann zu vieles Wasser vorhanden, solches durch Erŏffnung der Fallen an der leeren Gassen* [dem Leerschuss] *ableite."* (12)

Das Treibwasser kam aus dem Stadtgraben: Es wurde mittels eines Stauwehrs und über einen hölzernen Kanal auf das Wasserrad im überhohen Erdgeschoss des Wasserwerks gelenkt. (13) Das Trink-

wasser in den Brunnenstuben stammte aus nahegelegenen Quellen in der ohnehin sehr wasserreichen Jakobervorstadt. In den beiden Jakobswassertürmen war nur jeweils ein einziges wasserradgetriebenes Kolbenpumpwerk in Betrieb. Stadtbrunnenmeister

Ein Stahlstich mit dem Motiv des Fünfgratturms am Äußeren Stadtgraben lässt im Hintergrund das Jakobertor und den zierlichen Oberen St.-Jakobs-Wasserturm erkennen. Zwei Fotografien zeigen diesen Turm wenige Jahre vor der Zerstörung.

Diese 1897 abgedruckte Federzeichnung stellt den Unteren St.-Jakobs-Wasserturm am Gänsbühl dar. Rechts vom Turm ist (im Hintergrund) der Oblatterwall zu erkennen, links vom Turm der Eingang zur noch immer bestehenden „Augsburger Kahnfahrt".

Caspar Walter hielt jedoch im Jahr 1748 in seiner „Profilirung des Wasserthurns u. Brunnenhaußes" fest, „[...] bey denen Jacober Brunnen=Thürnen ein zweytes Bruñenwerck anzulegen, welches wechselweise zu gebrauchen wäre". Ein ebenfalls 1748 gezeichneter „Grundlegungs=Riss" Caspar Walters zeigt die „Facciada deß Brunenthurns mit dem neuen Anbau". Diese geplante Erweiterung kam wohl nicht über das Planungsstadium hinaus.

Im Jahr 1815 wurde der Obere St.-Jakobs-Wasserturm umgebaut. Zehn Jahre später führte man den letzten Umbau im Unteren St.-Jakobs-Wasserturm durch. Im Jahr 1840 wurde für den Oberen

St.-Jakobs-Wasserturm ein neuer Speisebrunnen im angrenzenden Gartengrundstück eines Bierbrauers angelegt. (14)

„In dem pultdachgedeckten, niedrigeren Anbau im ehemaligen Zwingergarten war das 5,30 m hohe Wasserrad untergebracht, im Obergeschoss das für den Wasserdruck benötigte Wasserbecken. Die Pumpe wurde mit drei Kolben, einer Kurbelwelle und einer Pleuelstange angetrieben. Was die Kolben mit Lederdichtung und hölzernen Ventilen förderten, stieg in Messingrohren hinauf in das Becken und floss daraus ins Leitungsnetz." (15) Das von den beiden nicht sonderlich leistungsfähigen Wasserwerken befüllte Leitungsnetz war nur 2,2 Kilometer lang. Der Obere St.-Jakobs-Wasserturm versorgte 34 private Wasserabnehmer, darunter den Verwalter der Fuggerei, und drei öffentliche Röhrbrunnen, darunter auch einen großen Röhrbrunnen in der Fuggerei. (16) Der Untere St.-Jakobs-Wasserturm belieferte 33 private und vier öffentliche Fließwasserbrunnen.

Bis 1879 blieben die beiden kleinen Wasserwerke in Betrieb. Dann verloren sie durch das neue städtische Wasserwerk am Hochablass – nach exakt 270-jähriger Nutzungsdauer – ihre Funktion als Anlagen der Trinkwasserversorgung.

Bei Luftangriffen im Zweiten Weltkrieg wurde der Obere St.-Jakobs-Wasserturm neben dem Jakobertor im Jahr 1944 zerstört und danach nicht wieder aufgebaut. (17) Der Untere St.-Jakobs-Wasserturm am Oblatterwall wurde im Jahr 1998 durch Kurt Idrizovic, Inhaber einer Augsburger Buchhandlung, und den Architekten Kurt Niebler renoviert. Das von der Stadt Augsburg vermietete Baudenkmal wird bis heute privat genutzt. Das Innere des Unteren St.-Jakobs-Wasserturms kann des Öfteren im Rahmen von Führungen besichtigt werden.

Ende 2015 wurde der Untere St.-Jakobs-Wasserturm eingerüstet: Ein neuer Fassadenanstrich gab dem Bauwerk sein historisches Aussehen zurück. Statt der jahrzehntelang gewohnten grau-weißen Farbgebung ist der Wasserturm ab dem Jahreswechsel 2015/16 in Rot- und Umbratönen gehalten. Diese Farben waren zuvor auf jenem Erinnerungsgemälde im Wasserwerk am Roten Tor zu sehen, das 1753 nach der Skizze des Stadtbrunnenmeisters Caspar Walter entstand. (18)

Quellen

(1) vgl. Schäfers, Bernhard: Stadtsoziologie. Stadtentwicklung und Theorien – Grundlagen und Praxisfelder, Heidelberg/Berlin 2010, S. 46

(2) vgl. Roeck, Bernd: Elias Holl. Ein Architekt der Renaissance, Regensburg 2004, S. 21

(3) vgl. Geremek, Bronislaw: Geschichte der Armut. Elend und Barmherzigkeit in Europa, München 1988, S. 137 f.

(4) Roeck, Bernd: Elias Holl. Ein Architekt der Renaissance, Regensburg 2004, S. 19

(5) vgl. Geremek, Bronislaw: Geschichte der Armut. Elend und Barmherzigkeit in Europa, München 1988, S. 137

(6) Meyer, Christian (Hg.): Die Hauschronik der Familie Holl (1487 – 1646) insbesondere Die Lebensaufzeichnungen des Elias Holl, Baumeisters der Stadt Augsburg, München 1910, S. 61

(7) Ruckdeschel, Wilhelm: Technische Denkmale in Augsburg. Eine Führung durch die Stadt, Augsburg 1984, S. 41

(8) Roeck, Bernd: Elias Holl. Ein Architekt der Renaissance, Regensburg 2004, S. 31

(9) ebenda

(10) Baum, Julius: Die Bauwerke des Elias Holl, Straßburg 1908, S. 112

(11) Walter, Caspar: Anweisung vor einen jederweiligen Brunnen- oder Obmann in denen zwey St. Jacobs Wasser-Thürmen in der des Heil. Röm. Reichs Stadt Augspurg, Was er bey Ausbesserung, oder mit Einlegung neuer Däichel-Röhren an denen von den beeden Thürmen ausgehenden Wasser-Leitungen, oder Däichel-Canälen zu beobachten, damit in das künftige keine Irrungen und Fehler dabey einschleichen mögen. Beschreibung der Länge der Leitung von dem ersten Haupt-Hahnen biß zu dem zweyten, und sofort, bis zu Ende derselben, mit Anzeige, wie weit die Däichel-Röhren in ihrem inneren Lauf seyen, und wie viele Besitzere von einem Hahnen bis zum anderen unter Weegs sich befinden, auch wie viele Wasser-Rohr einem jeglichen derselben gebühre, damit er gründlich unterwiesen werde, um solchen Werck vorstehen zu können. [...], Augsburg 1766, S. 3

(12) ebenda und
vgl. außerdem: Kollmann, Franz Joseph: Die Wasserwerke von Augsburg [...], Augsburg 1850, S. 94

(13) vgl. Ruckdeschel, Wilhelm: Technische Denkmale in Augsburg. Eine Führung durch die Stadt, Augsburg 1984, S. 44

(14) vgl. Kollmann, Franz Joseph: Die Wasserwerke von Augsburg [...], Augsburg 1850, S. 94

(15) Stadt Augsburg/Untere Denkmalschutzbehörde (Hg.): Wie läuft's Augsburger Wasser?, Informationsschrift der Stadt Augsburg zum Tag des offenen Denkmals 2004, Augsburg 2004, S. 24

(16) vgl. Walter, Caspar: Anweisung vor einen jederweiligen Brunnen- oder Obmann in denen zwey St. Jacobs Wasser-Thürmen [...], Augsburg 1766, S. 19

(17) vgl. Ruckdeschel, Wilhelm: Wasser für Alt-Augsburg, in: Wasserhistorische Forschungen, Schwerpunkt Antike, Schriften der Deutschen Wasserhistorischen Gesellschaft (DWhG) e.V., Bd. 1, Siegburg 2003, S. 247

(18) vgl. Krog, Stefan: Alte Farbe für den Wasserturm, in: Augsburger Allgemeine, 04.11.2015

Beim Vogeltor liegt ein Streichwehr, über das Wasser aus dem Inneren Stadtgraben in den Äußeren Stadtgraben fließt. Ersterer strömt unter der Mauer (Foto oben, rechts) hindurch, auf der ein von Stadtbrunnenmeister Caspar Walter dokumentiertes Wassertürmchen saß. Von dort wurde das Hochbassin des 1538 errichteten Wasserwerks beim Vogeltor um 1774 in den benachbarten Vogelturm verlegt. Direkt vor diesem mittelalterlichen Wehrturm wurde 1843 ein hölzernes Pumpenhaus an die Stadtmauer angebaut: Das helle Rechteck im Mauerwerk zeigt die Stelle. Unten: Nördlich der Bogenmauer – wo zu den Zeiten Caspar Walters das Pumpenhaus stand – dreht sich heute Augsburgs letztes historisches Wasserrad. Der Vogelturm, der im 18. Jahrhundert Augsburgs jüngster Wasserturm wurde, überragt dieses Technikdenkmal.

1538 entstand das Wasserwerk beim Vogeltor

Ein Wasserturm am Stadtgraben erinnert an zwei verschwundene Brunnenhäuser

Im Jahr 1538 ließ die Reichsstadt Augsburg ihre Trinkwasserversorgung verbessern. Das Untere Wasserwerk beim Mauerberg war soeben ausgebaut worden. In diesem Jahr errichtete man im Schatten des Vogeltors aber auch ein völlig neues Wasserwerk. Das Vogeltor war um 1445 an der Stelle eines älteren Stadttors entstanden, das bereits 1374/75 an einem neuen Wehrgraben zum Schutz der Jakobervorstadt erbaut worden war. (1)

Das Wasserwerk lag am Inneren Stadtgraben, nur wenige hundert Meter vom Schwibbogentor entfernt, bei dem schon 1414 das erste, angeblich missglückte Augsburger Wasserwerk in Betrieb genommen worden war. Der Grund für den Bau des Wasserwerks beim Vogeltor war das erweiterte Angebot an Wasserkraft. (2) Im Stadtgraben war auf halber Länge zwischen dem Schwibbogentor und dem Vogeltor ein Stauwehr errichtet worden: Es erhöhte die Fließgeschwindigkeit derart, dass sich die Anlage einer neuen Wasserkunst anbot. Auf dem Stadtplan Augsburgs in den 1572 gedruckten „Civitates Orbis Terrarum" nach einem Stich Frans Hogenbergs ist dieses Stauwehr gut zu erkennen.

Brunnenmeister Caspar Walter schrieb in seinem 1766 gedruckten „Unterricht vor einen jederweiligen Brunnen=Ballier in der des Heil. Rôm. Reichs=Stadt Augspurg, Welcher nebst andern zu dem Brunnen=Werck behôrigen Arbeiten, als die Rôhr=Kâsten, Theillungen, Gumper=Wercke in denen Stadt=Gůtern, es seyen hôlzerne, oder mit messenen Stůfelen: Die drey kleine Wasser=Thůrmlein mit ihren Druckwerckern, als in St. Maria zum Stern, bey dem Vogel=Thor, und den Eicht=Thurn, mit ihren Leitungen zu besorgen hat" von einem *„[...] kleinen Brunnen=Thůrn, so auf der Stadt=Maur, nåchst dem Vogel=Stadt=Thor befindlich ist".* (3) Walter notierte: *„Dieser ist Anno 1538. erbauet, und derowegen ausserhalb an der Stadt=Maur in dem Stadt=Graben eine hôlzerne Wasser=Wehr, mit einer sogenannten Grundrinnen und Ablaß=Fallen, in welcher das Wasser (im Bauens=Fall) unter dem Rad in die Stadt=und biß in den Fisch=Graben, herein geleitet wird, angelegt worden; auf solcher Grundrinnen stehet das Brunnen=Hauß, welches Anno 1720 [...], nachdem man die Stadtgråben von dem Luginsland an bis an den kleinen rothen Wall, geraumet, und unterdessen den Fisch=Graben zu dem Jacober=Thor verleget hat, ganz neu erbauet worden ist."* (4)

Der wohl 1445 erbaute kurze Abschnitt der Bogenmauer, unter welcher der Stadtgraben in nördlicher Richtung hindurchfloss, verband das Vogeltor mit der Stadtmauer an der Ostseite des Dominikanerinnenklosters St. Ursula. Südlich dieser Mauer stand 1572 ein hölzernes Schleusen- oder sogar Pumpenhaus.

Den kleinen Wasserturm beim Vogeltor hat Stadtbrunnenmeister Caspar Walter auf einem der 1753 geschaffenen Erinnerungsgemälde, die heute im Kleinen Wasserturm des Wasserwerks am Roten Tor hängen, in Wort und Bild dokumentiert – und damit für Verwirrung gesorgt. Denn die in Öl auf Holz gemalte Tafel bildet zum einen den „Bruñen=Thurn beÿ dem Vogelthor ob der Stadtmaur so a°. 1538. alda angeleget worden." ab, zum anderen aber direkt neben dem auf die Mauer aufgesetzten Wassertürmchen einen Plan („Faciate") „deß neuen Bruñen=Thurns"

Ein 1753 geschaffenes Erinnerungsgemälde stellt den 1538 errichteten kleinen Wasserturm (links, mit „a" bezeichnet) sowie den Plan eines wohl nie gebauten neuen Brunnenturms („n") dar.

in der Stadtmauer. Eine Zeichnung Caspar Walters zeigt das Wasserwerk beim Vogeltor mit dem erst wenige Jahre vor Beginn seiner Amtszeit als Brunnenmeister aus Holz erbauten kleinen *„[...] Bruñen=Hauß,* *in welchem das dreyfache Kunst=oder Brunnen=Werck und Wasser=Rad [...]"* (5) untergebracht waren, freilich ohne den auf dem Memorialgemälde von 1753 dargestellten neuen Brunnenturm. Denn dieser geplante Neubau ist – was später entstandene Quellen nahelegen – wohl niemals zustande gekommen.

Eine Skizze des Stadtbrunnenmeisters, die Johann David Nessenthaler als Vorlage für einen 1766 ge druckten Kupferstich nutzte, stellt jedenfalls nur die Ansicht des älteren, kleinen Wassertürmchens und der Bogenmauer von Nordwesten gesehen, mit Blick auf das damals noch flach gedeckte Vogeltor, dar. Die an das Stadttor angebauten Nebengebäude wurden im Zweiten Weltkrieg zerstört, zum Teil sogar erst 1966 abgebrochen. Seinerzeit entstand der moderne „Wehrgang" über der Straße an der Westseite des Tors.

Schriftliche Aufzeichnungen belegen ebenfalls nur das von Caspar Walter skizzierte, auf die Mauer aufgesetzte Wassertürmchen. Er beschrieb es in der 1760 verfassten Handschrift mit dem Titel „Ordentliche Beschreibung Aller Possessores und Gütter, derer Geistliche und Weltlichen, Bürgerlichen und Privilegierten, welche von denen in des Heÿl: Römsch: Reichsfreÿen Stadt Augsburg befindlichen Neun Waßer=Thürnen, und derer von solchen ausgehenden Waßer=Leitungen ein Waßer=Rohr erhalten".

Eine Skizze von Caspar Walter zeigt das längst verschwundene Wassertürmchen beim Vogeltor. Nur die Bogenmauer blieb teilweise erhalten. Dieses Mauerstück wird auf den meisten Vogelschauplänen vom Vogeltor verdeckt. Pläne Wolfgang Kilians und Matthäus Seutters stellen es aber dar (unten).

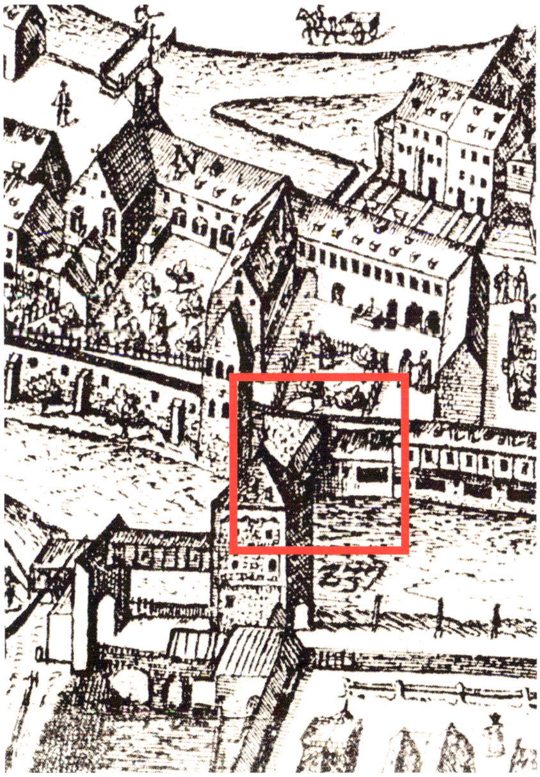

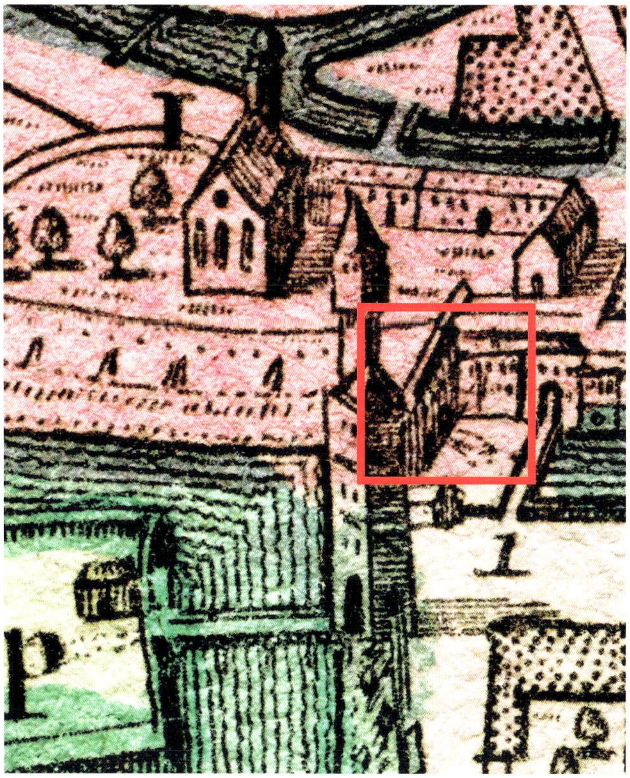

Der 1766 gedruckte Stich Johann David Nessenthalers zeigt das 1720 neu gebaute hölzerne Brunnenhaus (mit „K" bezeichnet) unter dem Wassertürmchen („A"). Das Wasser aus dem Stadtgraben strömte durch den eisernen Rechen des Einlaufs („N") unter der Bogenmauer („T") hindurch wieder in den Stadtgraben („G").

Als „Archiv der Wasserwirtschaft" bewährt sich Augsburg auch bei der Erforschung längst vergangener Einrichtungen. Sogar dann, wenn Bauten und technische Einrichtungen im Laufe der Zeit verloren gingen, lassen Augsburgs Sammlungen, Archive und Bibliotheken jedwede Entwicklung nachvollziehen. Dies gilt auch im Fall der etwas verwirrenden Baugeschichte des Wasserwerks beim Vogeltor. Der im Jahr 1779 – nur zehn Jahre nach dem Tod von Stadtbrunnenmeister Caspar Walter – von Stadtbrunnenmeister Johann Georg Wahl sen. gezeichnete „Grund=Riß der löblichen Reichs=Stadt Augsburg mit der sowohl künstlich als nützlichen Einrichtung der Röhrwaßer Leitung in öffentliche und PrivatRöhrkästen u: Springbrunen“ zeigt neben den Lechkanälen, Wasserwerken und Brunnen vor allem den genauen Verlauf aller Wasserleitungen. Eine dieser Leitungen beginnt bei jenem Stadtmauerturm, der (südlich) am nächsten beim Vogeltor steht. Dies belegt, dass dieser mittelalterliche Wehrturm schon bei einer Erneuerung des Wasserwerks in den Jahren bald nach dem Ende der Amtszeit Caspar Walters zum Wasserturm umfunktioniert wurde. (6) Davon erwähnen spätere Publikationen zur Augsburger Trinkwasserversorgung jedoch nichts: Vielmehr berichten sie lapidar, dass das Wasserwerk beim Vogeltor nach 1720 erstmals 1813 erneut umgebaut worden sei. (7)

Ein farbenfroh kolorierter Plan in den Beständen des Stadtarchivs Augsburgs widerlegt diese Chronisten. Denn der Stadtbrunnenmeister Johann Georg Dempp, der unmittelbare Amtsnachfolger Caspar Walters, verfertigte einen „Grund Rieß, wie die Wercker zusam̃en Transportirt werden kön̄en“. Dempps Skizze zeigt den Eicht-Wasserturm bei dem Stauwehr im Stadtgraben, das die benötigte Stauhöhe für das Treibwasser – für das dortige Wasserwerk wie für das nahe Wasserwerk beim Vogeltor – sicherte. Auf diesem Blatt ist auch der kurze Stadtmauerabschnitt zwischen dem Vogeltor und der Mauer östlich von St. Ursula dargestellt. Hinter dieser (Quer-)Mauer über dem Inneren Stadtgraben lag das Pumpwerk, das 1843 ersetzt wurde. Dieser Plan zeigt außerdem einen zweiten, größeren Wasserturm: Bezeichnet ist er als „der alte Vogel Thurn“. Durch Lage, Form und Höhe ist der Vogelturm eindeutig als der bestehende Wehrturm in der Stadtmauer östlich des Klosters St. Ursula zu identifizieren. Das Reservoir des Wasserwerks beim Vogeltor ist also noch unter Brunnenmeister Dempp vom Türmchen auf der kurzen Bogenmauer in den weitaus höheren Vogelturm südwestlich des Stadttors verlegt worden, um die Druckhöhe zu steigern.

Sehr wahrscheinlich wurde der einstige Wehrturm also um das Jahr 1774 zum Wasserturm umfunktioniert. Eine im Jahr 2008 herausgegebene Chronik des Franziskanerinnenklosters Maria Stern hält jedenfalls fest, dass der dortige, von Brunnenmeister Caspar Walter 1766 ausführlich beschriebene Wasserturm *„[...] 1774 als entbehrlich stillgelegt und durch den größeren Brunnenturm am Vogeltor ersetzt wurde“.* (8)

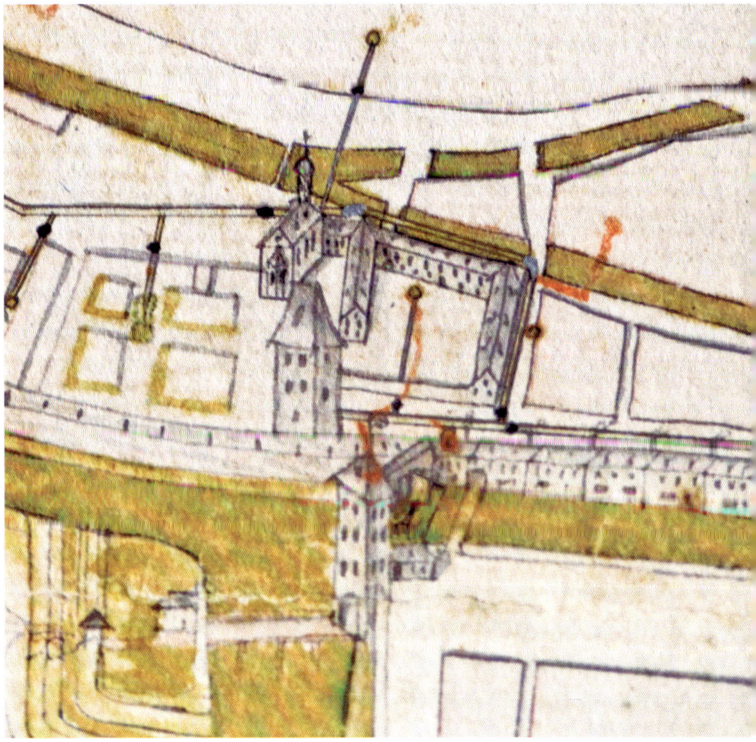

Ein 1779 von Stadtbrunnenmeister Johann Georg Wahl sen. gezeichneter Rohrleitungsplan beweist, dass ein Strang der Wasserleitung im Lechviertel vom mittelalterlichen Wehrturm südlich des Vogeltors ausging. Der Stadtmauerturm war damals also schon zum Wasserturm umfunktioniert worden.

Das letzte Brunnenhaus des Wasserwerks beim Vogeltor wurde erst Mitte des 19. Jahrhunderts errichtet. (9) In einem langgestreckten hölzernen Pumpenhaus, das direkt vor dem zum Wasserturm umfunktionierten ehemaligen Wehrturm an die Stadtmauer angebaut wurde, ging am 14. Oktober 1843 eine völlig neue „Brunnenmaschine“ in Betrieb. (10) *„Die maschinelle Anlage bestand aus 2 doppelt wirkenden, verticalen Cylindern mit sog. Plungerkolben, welche mittelst Balancier von der Kurbel der Wasserradaxe direct in Bewegung gesetzt wurden; der Motor war ein unterschlächtiges Kropfrad von Holz, Fundation der Pumpen und Gestell des Balanciers waren gleichfalls Holz [...].“* (11) Das Treibwasser kam wie gehabt aus dem Stadtgraben, das *„[...] benöthigte Trinkwasser wurde einem gewöhnlichen Brunnen entnommen, welcher sich unmittelbar neben dem Maschinenhause befand“.* (12) Die Saug- und Druckhöhe vom Spiegel des direkt neben dem neuen Pumpenhaus gefassten Speisebrunnens bis zum Hochreservoir in dem zum

Wasserturm umfunktionierten alten Wehrturm betrug 59,4 Fuß, also circa 17,5 Meter. (13)

Die hygienischen Risiken dieser Lage des Speisebrunnens sah man 1843 sicher nicht. Nur vier Jahrzehnte später wies Landgerichtsarzt Dr. Ferdinand Kuby jedoch auf das Manko des Brunnens hin. *„Dessen Wasserspiegel lag ca. 1 Meter tiefer als derjenige des äussern Stadtgrabens, daher bei der grossen Nähe desselben die Annahme einer Infiltration des Brunnens durch Stadtgrabenwasser sehr nahe liegend war.“* (14)

Zwei Hauptröhrenäste mit 38 Zweigen versorgten 1843 die Anwesen beiderseits der drei Lechkanäle im Lechviertel – Vorderer, Mittlerer und Hinterer Lech – zwischen der Straße „Am Schwall“ und der Barfüßerstraße durch das insgesamt mehr als zwei Kilometer lange Leitungssystem mit Trinkwasser. (15) Das 1720 installierte alte Pumpenhaus beim Vogeltor hatte jetzt ausgedient. Wegen des neuen, weit leistungsstärkeren Hebewerks konnte spätestens 1843 auch der Eicht-Wasserturm – das nahe, relativ unbedeutende Wasserwerk bei der Kleinen Fuggerei – stillgelegt werden.

Das Wasserwerk beim Vogeltor war in Betrieb, bis 1879 sämtliche alten Wasserwerke an der östlichen Stadtmauer vom neuen Wasserwerk am Hochablass abgelöst wurden. Das hölzerne Pumpenhaus von 1843 wurde vermutlich noch im 19. Jahrhundert abgerissen. Bis heute markiert ein auffallend helles Rechteck in der Wehrmauer am Stadtgraben jenen Platz, an dem dieser Bau stand. Das Reservoir sowie die Steig- und Fallrohre im Turm wurden nach 1879 ausgebaut.

Abgesehen davon, dass der Wasserturm in den Jahren nach dem Zweiten Weltkrieg wohl einige Zeit

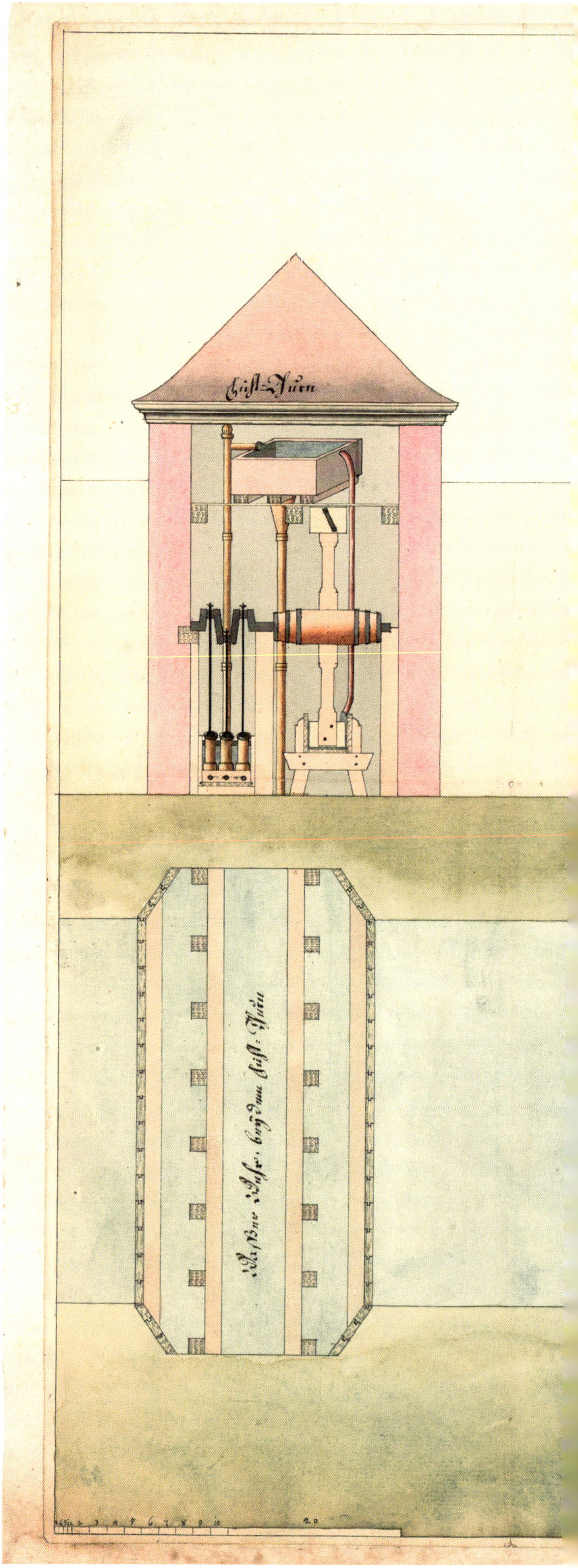

Diesen „Grund Rieß, wie die Wercker zusam̄en Transportirt werden kön̄en“ verfertigte der Stadtbrunnenmeister Johann Georg Dempp, der Nachfolger Caspar Walters. Dempps Skizze zeigt links den kleinen Eicht-Wasserturm mit dem davor – quer zum Stadtgraben – gelegenen Stauwehr sowie nördlich (rechts) den Stadtmauerabschnitt, der das Vogeltor mit der Wehrmauer bei St. Ursula verband. Der Innere Stadtgraben trieb – direkt hinter diesem Mauerstück – bis 1843 die Kolbenpumpen im dortigen Brunnenhaus an. Der höhere Wehrturm (Mitte) ist der erhaltene Vogelturm: Dorthin wurde das Reservoir um 1774 verlegt.

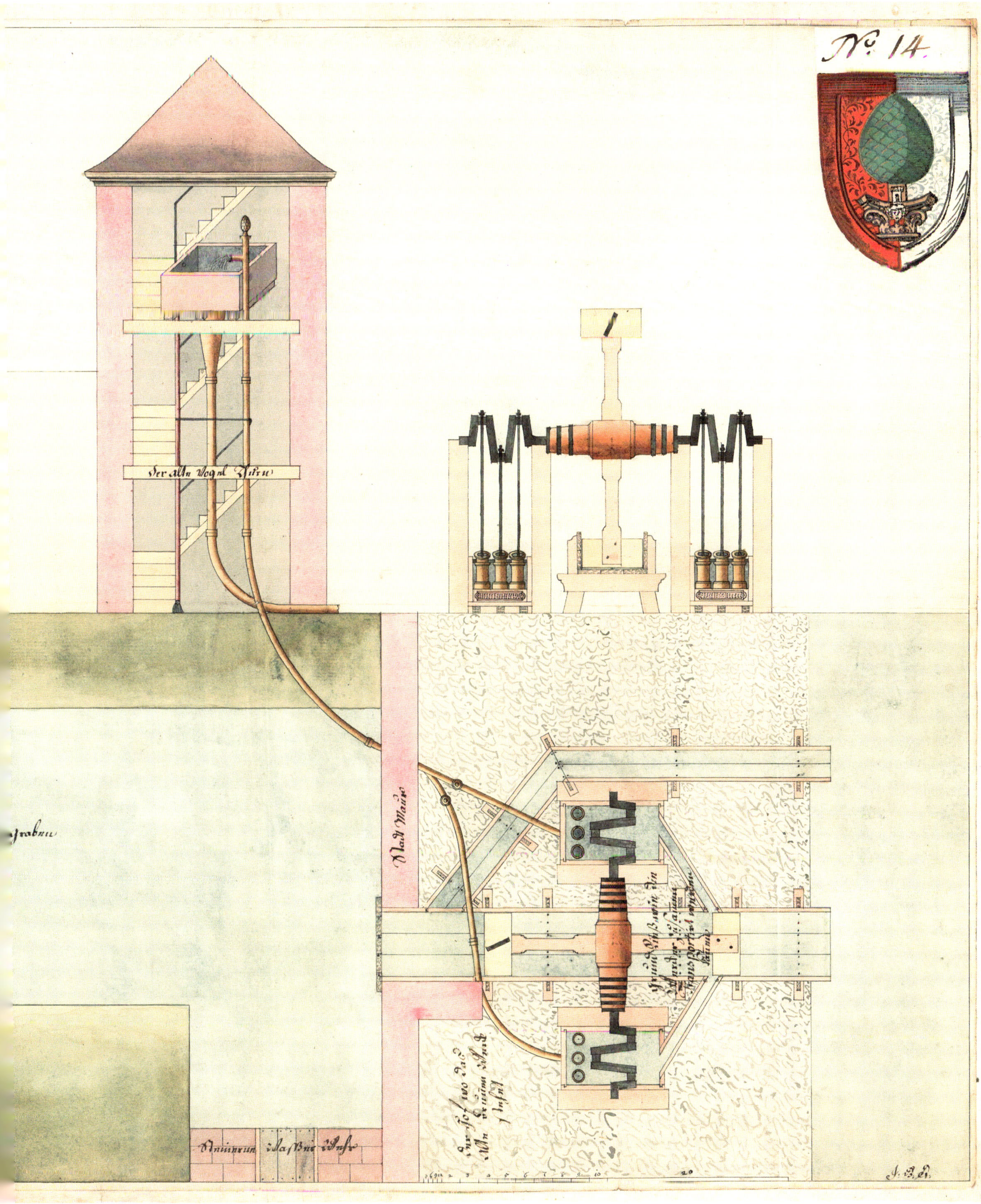

No. 14.

Ein Foto belegt den Wasserturm und sein Pumpenhaus – im Stadtgraben davor schoss eine Fontäne empor. Hinter der Mauer (oben rechts im Bild) quer zum Graben dreht sich noch ein Wasserrad (unten).

als Notunterkunft diente, verlor er jegliche Funktion. Dies ließ das unscheinbare, zumal unsanierte Bauwerk zwischenzeitlich in Vergessenheit geraten. Erst im Zuge der Bewerbung Augsburgs um die Aufnahme

der historischen Wasserwirtschaft in die Liste des UNESCO-Welterbes wurde der sechste erhaltene Wasserturm Augsburgs quasi „wiederentdeckt". (16)

Einen fotografischen Beweis sowohl für den Standort als auch für die Leistungskraft des 1843 eingerichteten Pumpwerks beim Vogeltor liefert eine Aufnahme aus dem Jahr 1870. (17) Dieses Foto gibt exakt wieder, was Stadtbaurat Franz Joseph Kollmann schon 1850 in seiner Beschreibung der Technik des Wasserwerks festgehalten hat: *„Als Zierbrunnen führt diese Maschine einen Wasserstrahl aus dem Spiegel des Stadtgrabens vor dem Vogelthore mehrere Klafter in die Höhe."* (18)

Überschüssige Wasserkraft war beim Vogeltor also reichlich gegeben. Deshalb wurde *„[...] die vorhandene Wasserkraft durch den Betrieb des Pumpwerkes nur etwa zur Hälfte absorbirt und seit Jahren ein Theil der Kraft an den Besitzer des benachbarten Anwesens Lit. A. 621/22 pachtweise abgegeben [...]".* (19) Als die Stadt 1879 ihr Wasserwerk beim Vogeltor stilllegte, konnte sie die gesamte Wasserkraft der Anlage verpachten. (20) Die Stadt Augsburg ist bis heute die Besitzerin des mittelalterlichen Wehr- beziehungsweise Wasserturms. Der Vogelturm ist allerdings nur über das Areal des angrenzenden Klosters St. Ursula zugänglich.

Das hölzerne Wasserrad über dem Inneren Stadtgraben beim Vogeltor ist Augsburgs letztes erhaltenes Triebwerk dieser Art. *„Der kleine Wasserfall mit Rad – westlich des Turms – erinnert an das einst von Caspar Walter errichtete Brunnenhaus [...]."* (21)

Ein Rätsel gibt ein im Jahr 1833 erschienenes Buch des Stadtarchivars Christoph Jakob Haid zu den Namen von Augsburger Straßen, Plätzen und Bauwerken auf. Haid erwähnte dort ein *„Wasser=Gäßchen Lit. G. Nro. 300 etc. – 301. hat seinen Namen von dem im Jahre 1538 erbauten Wasserturm bei dem Vogelthor im Graben, erhalten, welcher aber 1646 abgetragen wurde."* (22) Ging dem von Caspar Walter um 1750 gezeichneten kleinen Wasserturm, der nach Angaben des Stadtbrunnenmeisters erst 1720 neu errichtet worden ist, möglicherweise ein seinerzeit bereits in Vergessenheit geratener Vorgängerbau voraus? Hier besteht unter Umständen noch Forschungsbedarf.

Quellen

(1) Häußler, Franz: Gedenktafeln erzählen Augsburger Geschichte, Augsburg 2014, S. 50

(2) vgl. Kollmann, Franz Joseph: Die Wasserwerke von Augsburg [...], Augsburg 1850, S. 90 und
Kuby, Ferdinand: Die Brunnenwerke und neuen Trinkwasser-Verhältnisse der Stadt Augsburg, Augsburg 1881, S. 10

(3) Walter, Caspar: Unterricht vor einen jederweiligen Brunnen-Ballier in der des Heil. Röm. Reichs-Stadt Augspurg, Welcher nebst andern zu dem Brunnen-Werck behörigen Arbeiten, als die Röhr-Kästen, Theillungen, Gumper-Wercke in denen Stadt-Gütern, es seyen hölzerne, oder mit messenen Stüfelen: Die drey kleine Wasser-Thürmlein mit ihren Druckwerckern, als in St. Maria zum Stern, bey dem Vogel Thor, und den Eicht-Thurn, mit ihren Leitungen zu besorgen hat. Zur Verhütung aller Irrungen und Fehler Ist die Länge derer Leitungen von einem Hahnen zum andern, die Weite derer Theichel-Röhren in ihrem inneren Lauf allhier, auch die Zahl der Besitzere, und wie viele Wasser-Rohr einem jeden zustehen, in diesem Tractätlein mit anderen einem Ballier zubehörigen Verrichtungen, zu seiner gründlichen Anweisung beschrieben [...], Augsburg, 1766, S. 9

(4) ebenda

(5) ebenda, S. 10

(6) mündlicher Hinweis von Franz Häußler, Augsburg

(7) vgl. Kollmann, Franz Joseph: Die Wasserwerke von Augsburg [...], Augsburg 1850, S. 90 und
Kuby, Ferdinand: Die Brunnenwerke und neuen Trinkwasser-Verhältnisse der Stadt Augsburg, Augsburg 1881, S. 10

(8) Immenkötter, Herbert: Geschichte des Klosters Maria Stern in Augsburg, in: Geschichte und Gegenwart, Von Gottes Stern geführt. 750 Jahre Franziskanerinnen von Maria Stern in Augsburg, Bd. 1, Lindenberg 2008, S. 100

(9) vgl. Kuby, Ferdinand: Die Brunnenwerke und neuen Trinkwasser-Verhältnisse der Stadt Augsburg, Augsburg 1881, S. 10

(10) vgl. Kollmann, Franz Joseph: Die Wasserwerke von Augsburg [...], Augsburg 1850, S. 90

(11) Kuby, Ferdinand: Die Brunnenwerke und neuen Trinkwasser-Verhältnisse der Stadt Augsburg, Augsburg 1881, S. 10

(12) ebenda, S. 11

(13) vgl. Kollmann, Franz Joseph: Die Wasserwerke von Augsburg [...], Augsburg 1850, S. 91

(14) Kuby, Ferdinand: Die Brunnenwerke und neuen Trinkwasser-Verhältnisse der Stadt Augsburg, Augsburg 1881, S. 11

(15) vgl. Kollmann, Franz Joseph: Die Wasserwerke von Augsburg [...], Augsburg 1850, S. 91

(16) vgl. Prestle, Nicole: Augsburg hat plötzlich einen Wasserturm mehr, Augsburger Allgemeine, 23.08.2014

(17) mündlicher Hinweis von Franz Häußler, Augsburg

(18) Kollmann, Franz Joseph: Die Wasserwerke von Augsburg [...], Augsburg 1850, S. 91

(19) Kuby, Ferdinand: Die Brunnenwerke und neuen Trinkwasser-Verhältnisse der Stadt Augsburg, Augsburg 1881, S. 11

(20) schriftlicher Hinweis von Franz Häußler, Augsburg

(21) Hagen, Bernt von; Wegener-Hüssen, Angelika: Stadt Augsburg. Ensembles, Baudenkmäler, archäologische Denkmäler, Denkmäler in Bayern, Bd. 83, München 1994, S. 462

(22) Haid, Christoph Jakob: Historische Nachweise über die ursprüngliche Benennung aller Straßen, Plätze, Thürme, Häuser, Höfe etc. in der Kreis-Hauptstadt Augsburg, welche in ihrem Namen etwas Eigenthumliches oder Unbekanntes haben, Augsburg 1833, S. 133

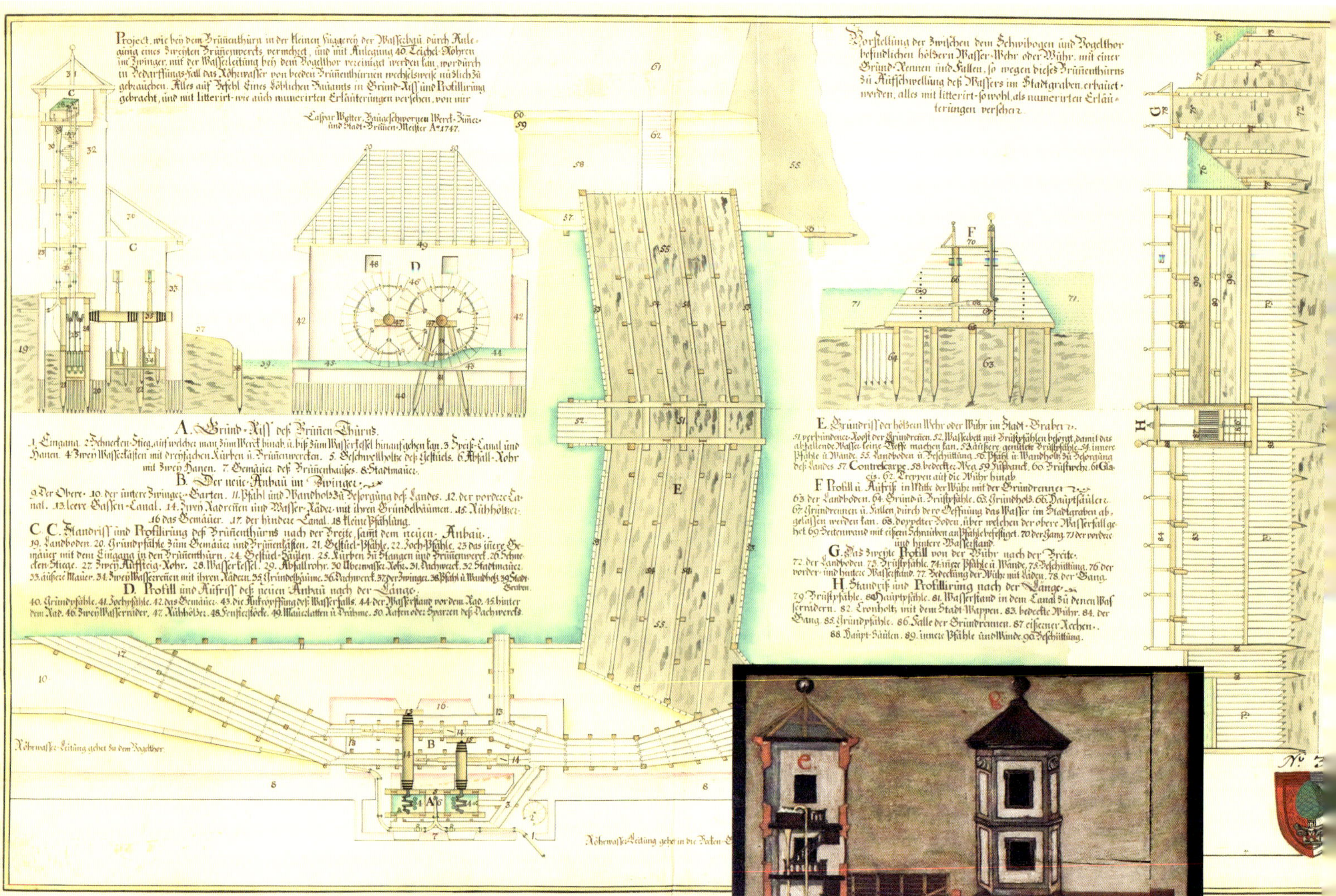

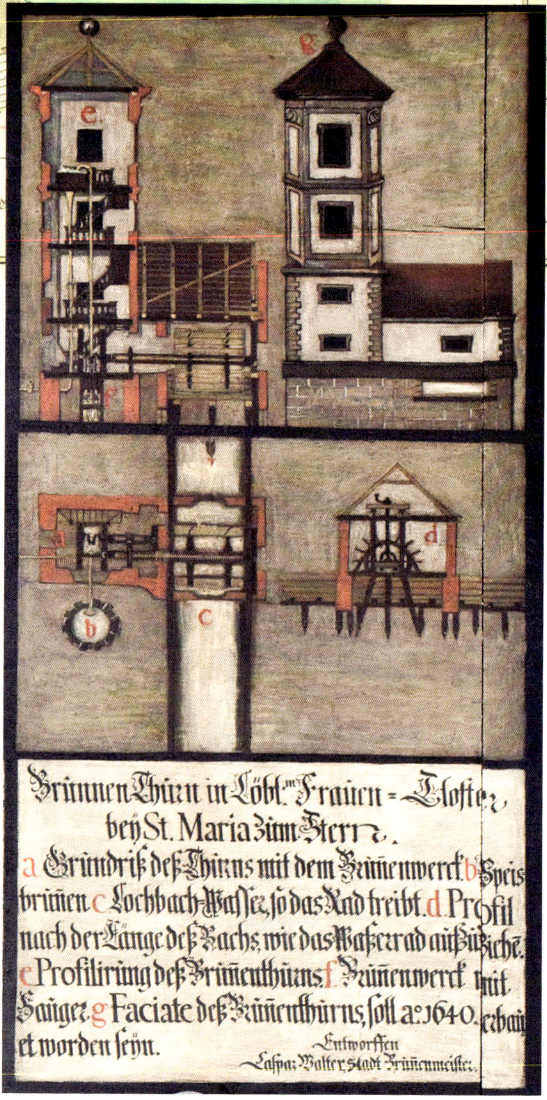

Zahlreiche Dokumente im Stadtarchiv Augsburg belegen die technische Fortentwicklung der Trinkwasserversorgung: Eine Konstruktionszeichnung Caspar Walters zeigt das Wasserwerk in der Kleinen Fuggerei (oben). Als Augsburgs Stadtbrunnenmeister im Jahr 1747 seine Skizze beschriftete, hielt er die Zielsetzung der Planung fest: „Project, wie beÿ dem Bruñenthurn in der kleinen Fuggereÿ der Wasserbau, durch Anlegung eines Zweyten Bruñenwercks vermehret und […] mit der Wasserleitung beÿ dem Vogelthor vereinigt werden kañ, werdurch in Bedarffungs=Fall das Röhrwasser von beeden Bruñenthürnen wechselsweise nützlich zu gebrauchen." Der Eicht-Wasserturm in der Kleinen Fuggerei ist heute ebenso verschwunden wie der kleine Brunnenturm im Kloster Maria Stern (unten). Diese beiden Wasserwerke wurden stillgelegt, als das mehrfach verbesserte Wasserwerk am Vogeltor ihre Leistung ersetzen konnte.

Augsburgs verlorengegangene Wasserkünste

Caspar Walter beschrieb den Eicht-Wasserturm und das Wasserwerk bei Maria Stern

Sechs erhaltene Wassertürme und zwei Architekturensembles von im Kern mittelalterlichen Wasserwerken, zudem ein kleines Wasserwerk und das Relikt eines vierten – alle in vorindustrieller Zeit gebaut und als Denkmäler der Trinkwasserversorgung in einer einzigen Stadt erhalten, wie es in Augsburg der Fall ist – dürften wohl in Mitteleuropa einzigartig sein. Dabei sind in Augsburg noch nicht einmal alle Wasserwerke erhalten geblieben.

Von einigen Anlagen zur Wasserhebung weiß man nur aus schriftlichen Beschreibungen. So erwähnte Stadtbrunnenmeister Caspar Walter in seinem „Vorbericht von dem oberen St. Jacobs=Wasser=Thurn." in seiner im Jahr 1766 gedruckten „Anweisung vor einen jederweiligen Brunnen=oder Obmann in denen zwey St. Jacobs Wasser=Thůrmen" ein kleines Wasserwerk, das zu Beginn des 17. Jahrhunderts stillgelegt wurde. *„Ehedem vor Erbauung dieses Thurns* [des Oberen St. Jakobs-Wasserturms], *ware auf der obern Bleiche ein Brunnen=Hauß, von welchem in Dåichel=Rôhre ein Wasser über den Stadt=Graben oberhalb dem Jacober=Thor in die Stadt herein [...] geleitet wurde; wovon die St. Jacobs=Vorstadt laufendes Rôhr=Wasser erhalten hat."* (1) Details zur Architektur und zur Technik dieses Brunnenhauses in der „Weißbleiche" überlieferte Caspar Walter nicht. (2)

Durch Reiseberichte, Gemälde und Stiche sind die prachtvollen innerstädtischen Gartengüter Augsburgs bezeugt, deren Springbrunnen und Becken von nicht überlieferten Hebewerken befüllt wurden. Die wohl bekannteste dieser Anlagen dürfte für das Gartengut Jakob Fuggers „des Reichen" vor dem Neidbadtörlein konstruiert worden sein. Michel de Montaigne hat nach seiner Deutschlandreise im Jahr 1580 von den Fischbecken, Springbrunnen und neckischen Wasserspielen in der Jakobervorstadt berichtet. (3) Ein wohl sehr früher Lustgarten im Augsburg der Renaissance war der des reichen Kaufherrn Ambrosius Hoechstetter vor dem Oblatterwall: Die Wasserfläche des dortigen Teiches ist auf Jörg Selds Vogelschauplan von 1521 kaum zu übersehen. Ein Chronist berichtete: *„Der Ambrosius Hoechstetterische Garten war wohl einer von den ersten, die merkwürdig sind. Er war es wegen Pflanzen, Bäumen, Lustgebäuden, Teichen und Bädern, besonders wegen des Wasserwerkes, welches mitten aus einem Teiche hervorragte [...]."* (4)

Wasser war immer wieder ein zentrales Element in den symmetrisch angelegten Barockgärten reicher Augsburger. An die von etwa 1720 bis fast zur Mitte des 19. Jahrhunderts währende Blütezeit Augsburger Gartenkunst erinnern Stiche Matthäus Seutters sowie insbesondere Carl Remsharts, die dieser Kupferstecher nach Vorlagen des Augsburger Architekten und Verfassers des Buches „Neue Gartenlust", Johann Thomas Krauß, schuf. An eines dieser Gartenkunstwerke und die dafür konstruierten „Wasserkünste" erinnert ein neugotischer Wasserturm am Sparrenlech: Er ist das letzte Relikt des Schaur'schen Gartens, der zuvor der Familie von Stetten und nach der Fabrikantenfamilie Schaur der Bankiersfamilie Carli gehörte. (5)

An etliche Augsburger Badestuben erinnern heute Straßennamen wie „Beim Rabenbad", „Beim Märzenbad" oder „Am Rößlebad". Caspar Walter erwähnte, dass die seit dem 14. Jahrhundert belegten Bäder im

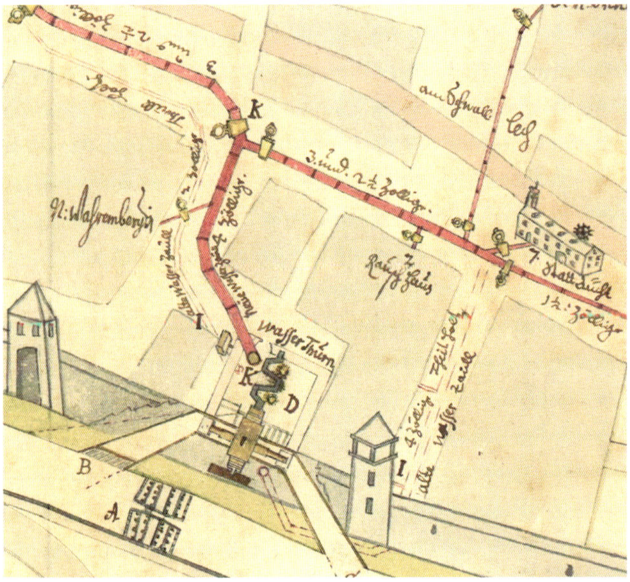

Ein Leitungsplan von Stadtbrunnenmeister Caspar Walter zeigt abstrahiert das Pumpwerk des dortigen Eicht-Wasserturms sowie die Lage des städtischen Eichamts. Abbildungen unten: Den Eicht-Wasserturm „in der alten kleinen Fuggerey" hielt Walter mit einer Skizze fest. Das danach entstandene Instruktionsgemälde von 1753 weicht von Walters Zeichnung ab: Das Brunnenhaus steht hier links vom Wasserturm, statt – wie auf seiner Skizze – rechts.

Lechviertel und am Stadtgraben mit einem Brunnenwerkkleinrad Wasser in die Badestuben hoben. (6)

Gut dokumentiert und beschrieben ist der Obere St.-Jakobs-Wasserturm beim Jakobertor, der 1944 durch Bomben zerstört und nicht wieder aufgebaut wurde. Zudem überliefert der völlig identisch erbaute Untere St.-Jakobs-Wasserturm seine Architektur.

Schriften, Skizzen und Stiche aus der Ära des Stadtbrunnenmeisters Caspar Walter bewahren auch das Wissen um zwei kleine, längst und völlig aus dem Stadtbild verschwundene Wasserwerke. Anders als beim Wasserwerk beim Vogeltor, an das immerhin der mittelalterliche Wehr- beziehungsweise Wasserturm, ein Stück Mauer über dem Stadtgraben sowie das dahinterliegende technische Denkmal eines Wasserrads erinnern, ist von zwei weiteren kleinen Wasserwerken im Lechviertel nichts mehr erhalten.

Der Eicht-Wasserturm stand bei der sogenannten Kleinen Fuggerei – ungefähr da, wo südlich der Straße „Am Schwall" die Turnhalle der Mädchenrealschule von St. Ursula liegt. Die Kleine Fuggerei hieß so, weil dort drei Häuser im Besitz der Fugger'schen Stiftungen waren. Sie lagen in etwa auf halbem

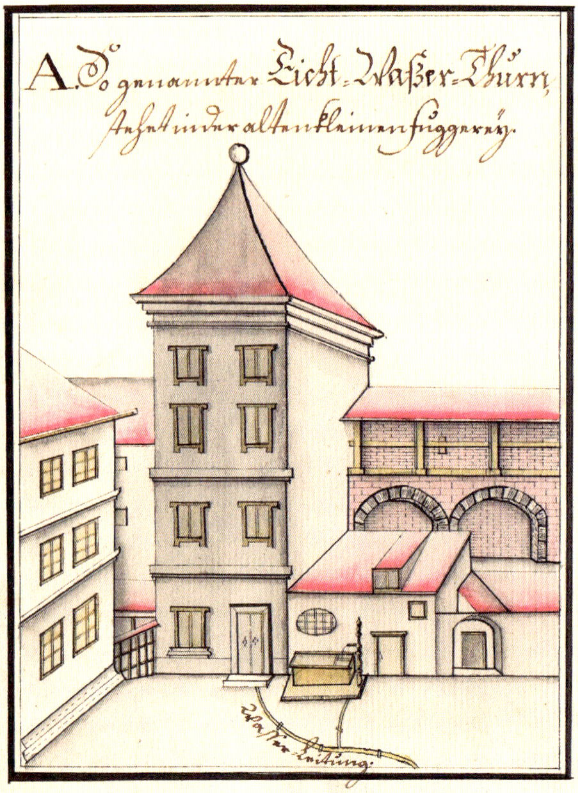

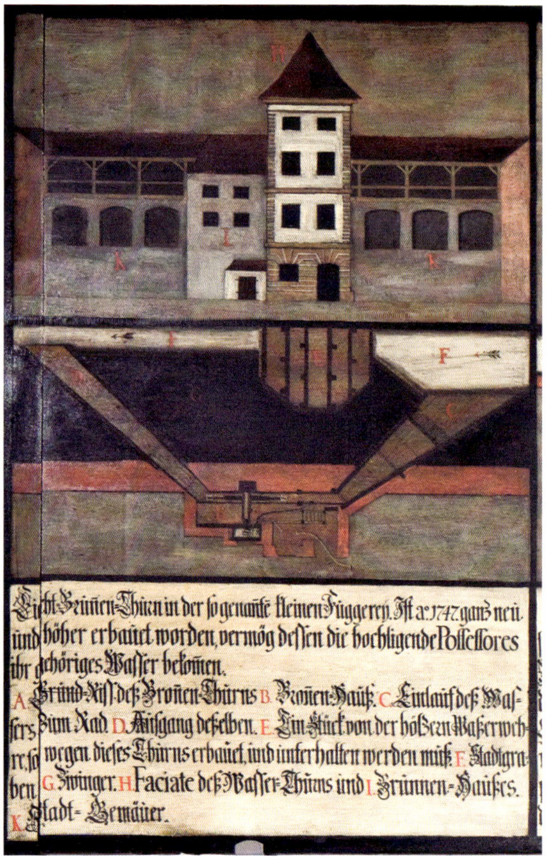

Johann David Nessenthaler stach diese Ansicht des Eicht-Wasserturms in der Kleinen Fuggerei. Links vom Turm steht das Brunnenhaus (mit „K" bezeichnet), davor versorgte ein kleiner Röhrbrunnen („D") die Nachbarschaft mit Trinkwasser.

Weg zwischen dem Schwibbogen- und dem Vogeltor, wo sie an die Stadtmauer und an das Wasserwerk angrenzten. Die beiden Stiftungsadministratoren, Graf Johann Maximilian Joseph Fugger, Herr zu Kirchheim, Schmiechen und Türkenfeld, sowie Graf Maximilian Joseph Fugger, Herr zu Adelshofen und Zinneberg, verkauften die ruinösen Anwesen nahe der Gasse „Beim Schnarrbrunnen" am 30. September 1729 für 2000 Gulden an ihren Stiftungsmaurermeister Johann Schuster. (7) Dieser Gasse gab wohl ein Ziehbrunnen, der dort bis 1730 existiert haben soll, den Namen.

Caspar Walter hat 1766 in Augsburg ein 24 Seiten starkes Werk herausgegeben. Sein langer Titel: „Unterricht vor einen jederweiligen Brunnen-Ballier in der des Heil. Röm. Reichs-Stadt Augspurg: Welcher nebst andern zu dem Brunnen-Werck behörigen Arbeiten, als die Ro̊hr-Kåsten, Theillungen, Gumper-Wercke in denen Stadt-Gůtern, es seyen ho̊lzerne, oder mit messenen Stůfelen: Die drey kleine Wasser-Thůrmlein mit ihren Druckwerckern, als in St. Maria zum Stern, bey dem Vogel-Thor, und den Eicht-Thurn, mit ihren Leitungen zu besorgen hat. Zur Verhůtung aller Irrungen und Fehler Ist die Långe derer Leitungen von einem Hahnen zum andern, die Weite derer Theichel-Ro̊hren in ihrem inneren Lauf allhier, auch die Zahl der Besitzere, und wieviele Wasser-Rohr einem jeden zustehen, in diesem Tractåtlein mit anderen einem Ballier zubeho̊rigen Verrichtungen, zu seiner grůndlichen Anweisung beschrieben; und auf Verordnung Eines Wohl-Lo̊bl. Bau-Amts verfaßt worden." Walter berichtet darin, dass hier seit dem 17. Jahrhundert ein Brunnenhaus mit zwei Zylindern gestanden habe, *„[...] von welchen nur allein die Stadt=Eicht* [die städtische Eichanstalt, Litera A 431] *und vier in der Gegend befindliche bůrgerliche Håusser Wasser bekommen".* (8)

Diese Zeichnung des Stadtbrunnenmeisters Caspar Walter dokumentiert den im April 1890 abgebrochenen „Waßer=Thurn im Löbl=Frauen Closter zu St=Maria zum Stern".

Nachdem allerdings die Bewohner der unteren Bäckergasse einige Jahre lang kein Wasser mehr vom Kastenturm erhalten hatten, wurde 1733 *„[...] ein Dreyfaches Kurben=Druckwerck allda angeleget [...], wobey man aber seinen Endzweck eher nicht als bis Anno 1748. erreichte, da man die zwey vorhin gewesene alte Brunnen=Håusser [...], abgetragen, und an derer Stelle einen Brunnen=Thurn erbauet [...]".* (9) Walter hat diesen am Beginn seiner Amtszeit entstandenen, knapp 15 Meter hohen viergeschossigen Wasserturm in der Stadtmauer sowie das Brunnenhaus – innerhalb der Befestigung und angelehnt an den Turm – gezeichnet. Vor diesen Gebäuden stand ein kleiner Röhrkasten, der die Anleger versorgte. Ein 1766 gedruckter Stich gibt diese Situation exakt so wieder.

Die im Jahr 1753 nach Walters Vorgaben von Franz J. Lederer in Öl auf Holz gemalte Erinnerungstafel (heute im Kleinen Wasserturm des Wasserwerks am Roten Tor) weist eine markante Abweichung auf: Auf dieser Abbildung steht das Brunnenhaus (anders als auf der Zeichnung und auf dem Stich) links vom Wasserturm. Überdies spricht die Inschrift unter der Malerei davon, dass der neue Eicht-Turm „Ist a.° 1747. ganz neu und höher erbauet worden". Das auf der Malerei genannte Baujahr weicht also um ein Jahr von jenem ab, das Caspar Walter im 1766 gedruckten „Unterricht vor einen jederweiligen Brunnen=Ballier" für die „drey kleine Wasser-Thůrmlein mit ihren Druckwerckern, als in St. Maria zum Stern, bey dem Vogel=Thor, und den Eicht=Thurn" notierte, wo er als Jahr des Betriebsbeginns 1748 aufführte. (10) Dort beschrieb Walter auch die vom Eicht-Turm ausgehende, nur 690 Meter lange Wasserleitung. (11)

Spätestens 1843 wurde das Wasserwerk bei der Kleinen Fuggerei stillgelegt und seine Funktion durch das verbesserte Wasserwerk beim Vogeltor mitübernommen. Als das Königreich Bayern im Jahr 1866 die Festungseigenschaft der Stadt Augsburg aufhob, wurden ab 1867 längere Abschnitte der einengenden Stadtbefestigung, darunter das Schwibbogentor sowie der dortige Abschnitt der Stadtmauer, und damit auch der Wasserturm der Stadt-Eicht, abgebrochen.

Beim Kloster Maria Stern am Vorderen Lech – nahe beim Rathaus – stand an der südlichen Grundstücksgrenze des bis heute bestehenden klöster-

lichen Komplexes ein weiteres kleines Wasserwerk. Wann genau es errichtet wurde, wusste auch Stadtbrunnenmeister Caspar Walter nicht. Auf dem 1753 nach seiner Zeichnung geschaffenen Erinnerungsgemälde Lederers ist in der Inschrift unter den beiden Titelzeilen „BrunnenThurn in Löbl.^{m}=Frauen=Closter bey St. Maria zum Stern." lediglich vermerkt: „[...] soll a°. 1640 erbauet worden sein." Eine eigenhändige

Nach einer Skizze Caspar Walters bildete ein Kupferstich 1766 das Wasserwerk des Klosters Maria Stern ab. An den Wasserturm („A") schloss sich ein Anbau („K") an, bei dem sich das Wasserrad befand. „Der so genannte Speiß-Brunnen, ist bedecket", („G") lag zwischen dem Turm und dem Konvent („H") des bis heute bestehenden Klosters. Dieses Wasserwerk war das einzige, das nicht an der Stadtmauer stand.

Ein Wasserturm als Relikt barocker Gartenkunst

Das Denkmal erinnert an das Wasserrad des Schaur'schen Gartenguts am Sparrenlech

„Schwibbogenplatz 2 f" lautet die Adresse eines Baudenkmals der Wasserwirtschaft aus dem 18. und 19. Jahrhundert. Es steht von Gebüsch verdeckt zwischen moderner Bebauung am Sparrenlech. Die bayerische Denkmalliste vermerkt dazu: „Turm, dreigeschossiger, verputzter Backsteinbau mit Zinnen und neugotischem Fries, über quadratischem Unterbau achteckige Obergeschosse, im Kern vor 1740, Umgestaltung 19. Jh."

Dieser von Zinnen bekrönte kleine Turm neben der Wagenhalsstraße war ein Wasserturm. Im Kern ist er das Relikt eines barocken Gartenguts. Matthäus Seutter hat ihn in seinem um 1730/31 gestochenen Stadtplan („Neu verfertigt accurater GrundRiß der Hochberühmten deß Heil: Röm: Reichs Freyen u. deß Schwäbischen Creises Haupt Statt AUGSPURG") unweit des Schwibbogentors, am westlichen Rand des Sparrenlechs, abgebildet. Der schlichte Wasserturm überragte das westlich davon liegende, mit symmetrischen Gartenwegen und Broderiebeeten angelegte barocke Gartengut des Kaiserlichen Rats Johann Kaspar Schaur. Der Destillator und Chemiker betrieb direkt neben seinem Gartengut eine Fayencemanufaktur. Den 1715 erworbenen Garten ließ Schaur ab 1736 umgestalten: „In dieser Bauphase begann Schaur zunächst die Sanierung seines Wasserturmes. Er stellte am 27. Februar 1737 beim Bauamt den Antrag, die Grundmauern bis zur oberen Scheitelhöhe des Wasserrades, die bisher in Fachwerktechnik aufgeführt waren, durch Mauerwerk ersetzen zu dürfen."

Erst im 19. Jahrhundert wurde der Wasserturm des Gartenguts, das sich davor zeitweise im Besitz der Bankiersfamilie Carli befand, in seiner heutigen Form und bis hinauf zur neugotischen Zinnenbekrönung gemauert errichtet. Nach Familie Carli gehörte der Park dem Fabrikanten Julius Forster, einem der Besitzer der Neuen Augsburger Kattunfabrik (NAK). Der Wasserturm wird deshalb auch Forsterturm genannt.

Trauchburg, Gabriele von: Häuser und Gärten Augsburger Patrizier, München/Berlin 2001, S. 175 ff.

Ein Kupferstich (um 1730/31) zeigt den Schaur'schen Garten: Er wurde östlich vom Sparrenlech begrenzt, wo ein Wasserturm stand. An diesen Vorgängerbau erinnert der im 19. Jahrhundert gemauerte Turm.

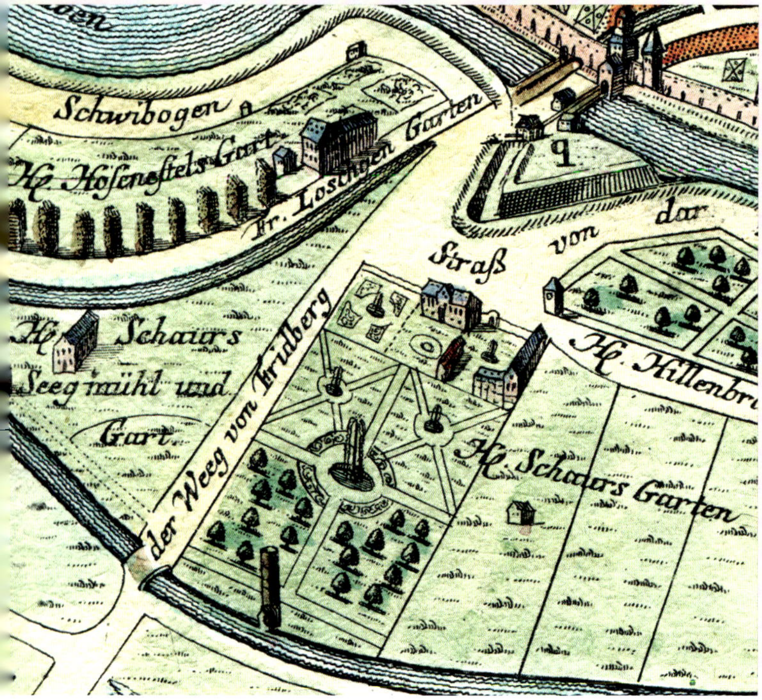

Zeichnung Caspar Walters zeigt unter der von dem Memorialgemälde leicht abweichenden Überschrift „Waßer=Thurn im Löbl=Frauen Closter zu St=Maria zum Stern" einen viergeschossigen Turm an der Klostermauer, dahinter das Brunnenhaus und davor angedeutet eine Wasserleitung, die offensichtlich teilweise unter den in barocker Symmetrie angelegten Beeten des Klostergartens verlief. In Walters „Unterricht vor einen jederweiligen Brunnen-Ballier" für die drei kleinen Wasserwerke am Vogeltor, bei der kleinen Fuggerei und beim Kloster Maria Stern stellte der dazugehörige Stich Johann David Nessenthalers den *„[...] Wasser= Thurn, gegen Morgen und Mitternacht, ist etlich und vierzig Schuh hoch [...]"* (12) dar. Dieser vierstöckige Turm war also nur rund zwölf Meter hoch.

Das kleine Wasserwerk belieferte mit seiner 290 Meter langen Leitung neben dem Kloster selbst nur wenige Abnehmer, darunter die Jakobspfründe, das Pfarrhaus der Barfüßerkirche und die Stadtmetzg. Wie Walter beschrieb, funktionierte diese Form der Wasserversorgung lediglich von Frühjahr bis Herbst: *„Dieses Brunnen=Werck lasset man nur drey Viertel Jahr arbeiten, alle Herbst=Ablaß=Zeit wird der Brunnen=Kasten, und das Werck gereiniget und gesaubert, und vor dem Winter wird das Wasser=Rad mit samt dessen Welbaum aufgezogen, damit das Grundeyß in dem Lochbach seinen ohngehinderten Fortgang habe."* (13)

Der von Stadtbrunnenmeister Walter als Lochbach bezeichnete Vordere Lech floss von Süden kommend unter dem Brunnenhaus und unter dem Klosterareal hindurch zur Stadtmetzg, die dieser Lechkanal ebenfalls unterirdisch querte. Er diente dort seit dem Bau der neuen Metzg durch Stadtwerkmeister Elias Holl im Jahr 1609 als Kühlsystem und Abfallentsorger. (14) Diese Situation belegen ein erstmals um 1730/31 von Matthäus Seutter gestochener Augsburger Stadtgrundriss (15) sowie der von Johann Georg Wahl sen. gezeichnete „Grund=Riß der löblichen Reichs=Stadt Augsburg mit der sowohl künstlich als nützlichen Einrichtung der RöhrwaßerLeitung in öffentliche und *Privat* Röhrkästen u: Springbruñen" von 1779.

Elias Holl soll – so eine Chronik des Klosters – den Wasserturm im Jahr 1609 errichtet haben. Dies ist insofern glaubhaft, als der Augsburger Stadtwerkmeister damals den angrenzenden Kanalabschnitt des Vorderen Lechs begradigen und neu ausmauern ließ. Nach dem Ausbau des Wasserturms beim Vogeltor hat man den Wasserturm bei Maria Stern stillgelegt. Abgebrochen wurde das Bauwerk im April 1890: Der Platz wurde benötigt, als das Franziskanerinnenkloster den Neubau einer Lehrerfortbildungsanstalt, das sogenannte Josephshaus, errichten ließ. (16)

Quellen

(1) Walter, Caspar: Anweisung vor einen jederweiligen Brunnen- oder Obmann in denen zwey St. Jacobs Wasser-Thürmen [...], Augsburg 1766, S. 3

(2) vgl. Groos, Walter: Beiträge zur Topographie von Alt-Augsburg, Bericht der Naturforschenden Gesellschaft Augsburg, Bd. 21, Augsburg 1967, S. 19

(3) vgl. Trauchburg, Gabriele von: Häuser und Gärten Augsburger Patrizier, München/Berlin 2001, S. 132 f. und

Montaigne, Michel de: Tagebuch einer Reise nach Italien, über die Schweiz und Deutschland, Wiesbaden 2005, S. 103 f.

(4) Trauchburg, Gabriele von: Häuser und Gärten Augsburger Patrizier, München/Berlin 2001, S. 178

(5) vgl. ebenda, S. 175

(6) vgl. Zettl, Ruppert: Lechauf-Lechab: Wissenswertes Liebenswertes, Augsburg 2002, S. 385

(7) schriftlicher Hinweis von Franz Karg, Fürstlich und Gräflich Fuggersches Stiftungs-Archiv und

schriftlicher Hinweis von Elisabeth Retsch, Augsburg

(8) Walter, Caspar: Unterricht vor einen jederweiligen Brunnen-Ballier [...] Die drey kleine Wasser-Thürmlein mit ihren Druckwerckern, als in St. Maria zum Stern, bey dem Vogel-Thor, und den Eicht-Thurn, mit ihren Leitungen [...], Augsburg 1766, S. 3

(9) ebenda

(10) vgl. ebenda, S. 3

(11) vgl. ebenda, S. 7

(12) ebenda, S. 15

(13) ebenda, S. 16

(14) vgl. Meyer, Christian (Hg.): Die Hauschronik der Familie Holl (1487 – 1646) insbesondere Die Lebensaufzeichnungen des Elias Holl, Baumeisters der Stadt Augsburg, München 1910, S. 50

(15) Ritter, Michael: Die Augsburger Landkartenverlage Seutter, Lotter und Probst, in: Cartographica Helvetica, Heft 25, 01/2002, S. 2 und

Dormeier, Heinrich: Kurzweil und Selbstdarstellung. Die „Wirklichkeit" der Augsburger Monatsbilder, in: „Kurzweil viel ohn' Maß und Ziel". Alltag und Festtag auf den Augsburger Monatsbildern der Renaissance, hg. vom Deutschen Historischen Museum Berlin, München 1994, S. 150

(16) vgl. Immenkötter, Herbert: Geschichte des Klosters Maria Stern in Augsburg, in: Geschichte und Gegenwart, Von Gottes Stern geführt. 750 Jahre Franziskanerinnen von Maria Stern in Augsburg, Bd. 1, Lindenberg 2008, S. 100

Die Wasserkunst der Fugger am Sparrenlech

Reisende berichteten von dem „Räderwerk" eines Gartenguts in der Jakobervorstadt

Unweit des Unteren Brunnenturms am Mauerberg lag ein von Jakob Fugger „dem Reichen" üppig ausgestattetes Gartengut. 1505 hatte der Kaufherr dort zwei Häuser mit dem Garten „vor dem Neidbadtörlein" erworben. Dieses auch Bleichertörlein genannte Stadttor in der inneren Stadtmauer stand „Bei den sieben Kindeln", nur wenige Schritte vom Unteren Wasserwerk entfernt. In seinem Gartengut in der Jakobervorstadt hatte sich Jakob Fugger ein „[...] Lusthaus auferbaut, auch viel schöne Wasserwerk darinnen richten lassen". Schriftlich überliefert ist der Fugger'sche „Baugarten" zum Beispiel durch Jakob Fuggers Testament, in welchem er seiner Ehefrau Sibylla die Nutzung des Gartenguts zugesteht und dabei „[...] mein Haußgarten und Zwinger vor dem Parfüsserthor [...]" am Sparrenlech erwähnt.

Der italienische Kardinal Luigi d'Aragona, der Augsburg im Mai 1517 besuchte, erwähnte das Gartengut Jakob Fuggers und hinterließ einen Hinweis auf ein Wasserwerk, ohne es jedoch näher zu beschreiben: „Die Fugger besitzen einen Garten, der in einer Vorstadt nahe an der Umwallung liegt. Hier befinden sich Brunnen, aus welchen vermittels eines Räderwerkes das Wasser bis in die Zimmer hinauf befördert wird." Das Wort „Brunnen" kann Quellen bedeuten, „Räderwerk" ein Schöpfrad oder ein Wasserrad, das eine Kolbenpumpe antrieb. Dieses Brunnenwerk wurde zu Lebzeiten Anton Fuggers (1558) verbessert.

Jörg Selds Stadtplan von 1521 zeigt an der Stelle des Fugger'schen Gartenguts zwar einen Baumgarten, lässt aber weder einen Brunnen noch einen Teich erkennen. Ein um 1602 entstandener Vogelschauplan Christoph Schisslers und Alexander Mairs (heute im Bestand des Stadtarchivs Augsburg) zeigt das Gartengut der Fugger dagegen mit damals zwei – seinerzeit überdachten – Fischteichen vor einem im Baustil der italienischen Renaissance errichteten Gartenpalast. Auch Wolfgang Kilians Vogelschauplan von 1626 bildet die beiden Fischteiche ab, deren Überdachung damals schon verschwunden war. Der französische Reiseschriftsteller Michel de Montaigne, der 1580 Augsburg besucht hatte, beschrieb das Zusammenspiel von Mechanik, Wasserkünsten und Augsburger Lebensart, als er von den Bauwerken und Lustgärten der Fugger berichtete. Zu einem der pavillonartigen Lusthäuser notierte er: „In einem bestaunten wir eine Uhr, die einzig durch sich bewegendes Wasser betrieben wird, das auch als Gewicht fungiert. Des weiteren gibt es dort ein überdachtes Aquarium mit zwei riesigen Behältern, zwanzig Schritt Kantenlänge, worin es von Fischen wimmelt. An allen vier

Wolfgang Kilians Vogelschauplan von 1626 stellt den Fugger'schen Garten beim Sparrenlech mit zwei Fischteichen vor einem „welschen Haus" – einem im italienischen Stil erbauten Lusthaus – dar.

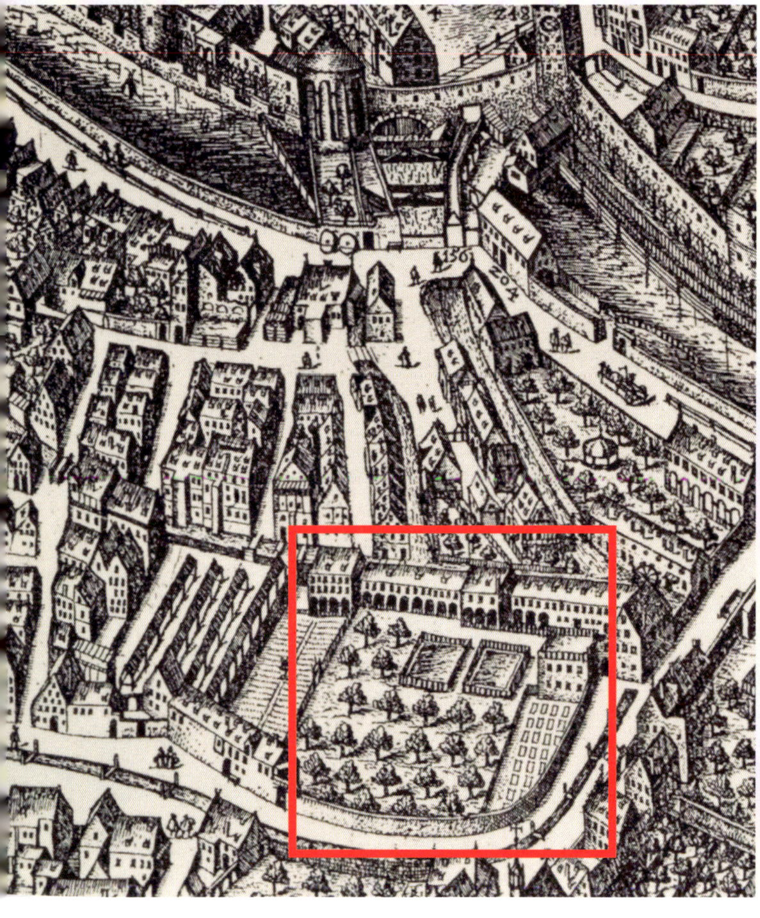

Seiten jedes Behälters lugen zahllose kleine Röhren hervor, einige gerade, einige aufwärts gebogen. Aus diesen Röhren ergießt sich das Wasser optisch ungemein reizvoll in die Behälter: die einen schießen einen geraden Strahl, die anderen schleudern den ihren bis zur Höhe einer Lanze empor.

Zwischen den beiden Behältern liegt eine begehbare Fläche, zehn Schritt breit, die aus einem Rost besteht, an dem eine unsichtbare Schar winziger Düsen sitzt. Wenn die Frauen gerade damit beschäftigt sind, konzentriert und amüsiert das Spiel der Fische zu beobachten, braucht man nur ein Ventil zu öffnen, und schon werfen alle Düsen dünne, spitze Fontänchen bis auf Mannshöhe und benetzen Beine und Unterröcke der Damen mit ihrer feuchten Frische. Anderswo kann es beim Betrachten eines hübschen Springbrunnens passieren, daß man ungewollt einen wohlverborgenen Mechanismus betätigt, der einem Legionen feinster Wasserstrahlen ins Gesicht spritzt. Dazu paßt der lateinische Spruch am Brunnen: […] Du suchtest Spaß und Spielerei – nun, da du sie gefunden, freu dich ihrer auch […].“

Möglicherweise hat das Gartengut der Fugger den Augsburger Narziß Renner zu einem Gemälde inspiriert. Das Werk des Buchmalers stellt 30 vornehme Paare beim Defilee um ein Becken dar.

Vielleicht hat ein Brunnen im Gartengut der Fugger ein Gemälde des Augsburger Buchmalers Narziß Renner beeinflusst, das sich im Bestand der Kunstsammlungen und Museen Augsburg befindet. Der Auftraggeber dieser Malerei war Matthäus Schwarz, der Hauptbuchhalter Jakob und Anton Fuggers. Im Mittelpunkt eines Defilees vornehmer Augsburger, welche die Kleidermoden zwischen dem 12. Jahrhundert und der Zeit um 1522 darstellen sollten, ist ein kleiner Schalenbrunnen abgebildet. Den Brunnenpfeiler krönt ein Totenkopf – er ist das Symbol der Vergänglichkeit alles Irdischen.

Montaigne, Michel de: Tagebuch einer Reise nach Italien, über die Schweiz und Deutschland, Wiesbaden 2005, S. 103 f.

Trauchburg, Gabriele von: Häuser und Gärten Augsburger Patrizier, München/Berlin 2001, S. 132 f.

Wallenta, Wolfgang: Das Gartenfest, unveröffentlichtes Manuskript zum Vortrag im Maximilianmuseum Augsburg, 19. Juli 2015

Jahrhundertelang floss das Trinkwasser aus den Augsburger Wassertürmen durch hölzerne Rohrleitungen, sogenannte Deicheln. Mitte des 19. Jahrhunderts war das städtische Leitungsnetz beinahe 50 Kilometer lang. Doch erst mit dem beginnenden Industriezeitalter wurden die zumeist aus Föhrenstämmen gebohrten Deicheln von Wasserleitungen aus Gusseisen verdrängt. Röhren der alten hölzernen Wasserleitung findet man heute im Kastenturm im Wasserwerk am Roten Tor (oben). Auf Relikte der hölzernen Wasserleitung und auf gusseiserne Rohre von in der Mitte des 19. Jahrhunderts verlegten Leitungen stößt man in einer Dauerausstellung im historischen Wasserwerk am Hochablass.

Wasserleitungen: von Metall über Holz zu Metall

Bis 1879 blieb Trinkwasser über den Hausanschluss das Privileg betuchterer Bürger

Wasserleitungen aus Eisen sollen 1414 neben dem vom Chronisten Pirmin Gasser erwähnten falschen Standort der Grund dafür gewesen sein, dass das erste Augsburger Wasserwerk beim Schwibbogentor missglückte. Auch die Chronik des in Memmingen geborenen Fernhandelskaufmanns und Geschichtsschreibers Burkhard Zink notiert zu diesem Problem der ersten reichsstädtischen Trinkwassereinrichtung: *„[...] also waren der prunnenkasten überall siben, die kostenten die stat groß guet und warn unnütz prunnen; die teuchel waren geschmidt von eisen und waren zu eng."* (1)

Das Wort „Teuchel" respektive „Deichel" leitete sich wohl vom französischen „tuyau" (Röhre oder Schlauch) ab. Dass man die Nachricht Burkhard Zinks „geschmidt von eisen" wortwörtlich nehmen muss, darf bezweifelt werden. Denn kurz nach 1400 wären geschmiedete Wasserrohre wahrscheinlich nicht zu fertigen gewesen. Stattdessen gehen Experten davon aus, dass es sich bei den ersten Augsburger Wasserleitungen um die frühesten durch eine Chronik belegten gusseisernen Wasserrohre Deutschlands gehandelt hat. Die Reichsstadt Augsburg war also vielleicht auch in dieser Beziehung technologisch führend. (2) Die älteste gusseiserne Wasserrohrleitung, von der man noch Relikte fand, wurde allerdings erst im Jahr 1455 für Schloss Dillenburg in Hessen verlegt. (3)

Wasserleitungen aus Holz wurden wohl spätestens eingesetzt, als das Wasserwerk am Roten Tor gebaut wurde. Statt der innovativen gusseisernen Rohre verwendeten die Brunnenmeister – und zwar bis weit ins 19. Jahrhundert – die bewährten, schon seit der Römerzeit gängigen hölzernen Deicheln. Sie bestanden zum Beispiel aus den Stämmen von Lärchen, Fichten, Rottannen oder Erlen. *„Die Bohrweite betrug etwa ein drittel des Stammdurchmessers, an den Enden eingeschlagene Blechmanschetten sicherten die dichte Verbindung, Bohrungen von beiden Stammenden her ermöglichten Rohrlängen bis zu 10 m."* (4)

In Augsburg wurde für Deicheln nach Möglichkeit Föhrenholz – also Holz der Waldkiefer – verwendet. (5) Der Leipziger Mechanikus und Technikautor Jakob Leupold schrieb im 1724/25 verfassten dritten Band seiner „Theatrum Machinarum Hydraulicarum, Oder: Schau-Platz der Wasser-Künste.", dass aus den vorzugsweise im Dezember geschlagenen Stämmen nur selten mehr als 20 Zentimeter starke Röhren gefertigt wurden. Sie waren in der Regel dreieinhalb Meter lang. Leupold beschrieb in seinem Fachbuch den Umgang mit dem Holz vor der Bohrung sowie das tagtägliche Wenden der Stämme und der fertigen Röhren, die zur Vermeidung von Trockenrissen im Wasser zwischengelagert wurden. Deicheln lagerte man in Augsburg im Deichelbach (Spitalbach) vor der Stadtmauer, nahe dem Wasserwerk am Roten Tor. (6) Noch um 1874 gab es eine Deichelgrube beim Bauhof am Proviantbach.

Jakob Leupold beschrieb auch das sachgerechte Verlegen der Leitungen: *„Das allerbeste und kräfftigste Mittel ist wider die Fäulnis der Röhren, wo böses Erdreich ist, daß man solch in Thon oder Letten leget, und wenn man eichene Röhren machet, [...] sie alle bleyernen übertreffen und aushalten sollen; ja man hat befunden, daß solche Röhren mehr als 100 Jahre*

Das Modell einer wasserradgetriebenen Deichelbohrmaschine aus der Zeit des Stadtbrunnenmeisters Caspar Walter sieht man heute in der Ausstellung des Maximilianmuseums in Augsburg. Trotz der mechanischen Unterstützung konnte die Arbeit mit dem bis zu 150 Kilogramm schweren Stammholz nur von sehr kräftigen Männern bewältigt werden. Unten: Ein Kupferstich von 1661 zeigt eine der mit Wasserkraft angetriebenen Deichelbohrmaschinen, mit denen die hölzernen Röhren von beiden Stammenden aus achsgenau gebohrt werden mussten.

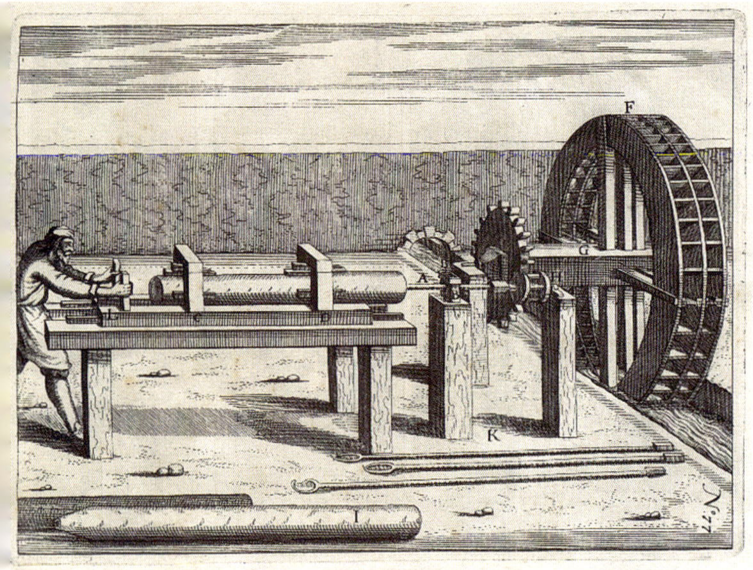

unversehrt geblieben." (7) Nun waren aber Augsburger Deicheln nicht aus Eiche, weshalb sie normalerweise binnen weniger Jahre, auf jeden Fall nach wenigen Jahrzehnten, ausgewechselt werden mussten. Stadtbrunnenmeister Caspar Walter erwähnte 1754 in seiner „Hydraulica Augustana", dass es zu den ständigen Pflichten seiner Mitarbeiter gehörte, sich *„[...] in der Stadt nach den schadhafften Wasser=Theiheln um zu sehen, dieselbe, wo es nôthig, auszugraben, und dafür neue in den Boden zu legen, auch Winters= und Sommers=Zeit nach den Wasser=Theilungen in den Gassen der Stadt umzusehen".* (8) Was auch das stete Neuverlegen der Deicheln nicht ändern konnte: Nach kurzer Zeit nahm das Röhrwasser den etwas muffigen Geschmack der hölzernen Leitungen an.

Die Deichelbohrmaschinen wurden anfangs lediglich mit Muskelkraft betrieben. Mit einem langen Löffelbohrer quälte man sich von beiden Seiten durch die Länge des Stamms – was natürlich nicht in jedem Fall achsgenau gelang. Erst seit dem 17. Jahrhundert erleichterten wasserradgetriebene Maschinen die Arbeit. Das Modell einer derartigen Konstruktion ist im Maximilianmuseum – als Ausstellungsexponat und Bestandteil der einzigartigen Augsburger Modellkammer – zu sehen. Trotz aller mechanischen Hilfen waren nur die stärksten Männer für die Arbeit mit den bis zu 150 Kilogramm schweren Deichelrohlingen geeignet. (9) Das galt mit Sicherheit auch für das Verlegen der Deicheln in den Straßen und Gassen der Reichsstadt. Um defekte Leitungen auszutauschen und neue Verzweigungen des Leitungsnetzes anlegen zu können, wurden 1755 zum Beispiel 265 Deicheln, ein Jahr später sogar 418 benötigt. (10)

Die Röhrmeister waren für die Herstellung der Deicheln und den Unterhalt der Leitungen verantwortlich. Die dem Stadtbrunnenmeister unterstellten Röhrmeister genossen wegen ihrer wichtigen Aufgabe einen hohen sozialen Status. In einem Predigttext wird zum Beispiel Christus als oberster Röhrmeister bezeichnet, der *„[...] mit Umsicht Leitungen lege und für reines Wasser sorge".* (11) Mit der Konstruktion von Deichelbohrmaschinen hat sich sogar Leonardo da Vinci auseinandergesetzt. (12) In manchen deutschen Städten entstanden regelrechte Röhrmeisterdynastien.

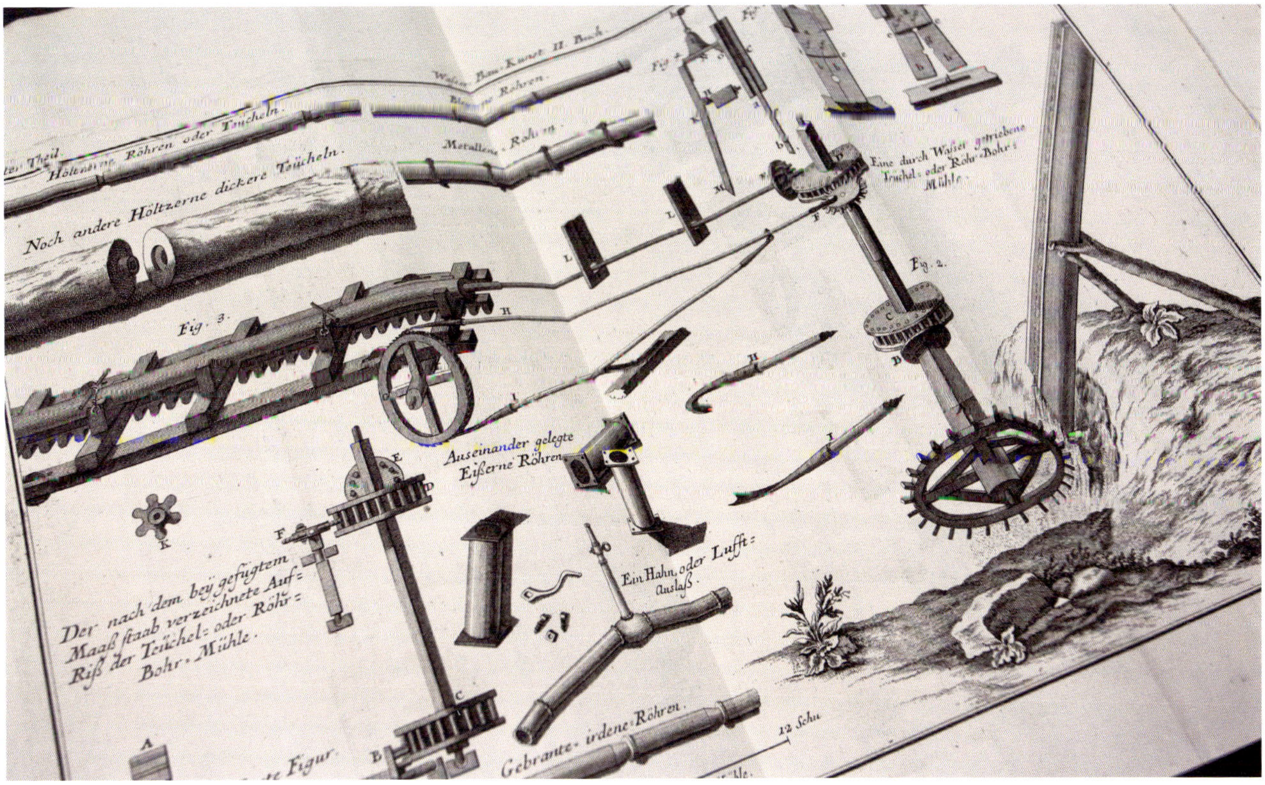

In Augsburg galt dies zum Beispiel für die Familie Loscher. Der Bildhauer Sebastian Loscher war ein Sohn des Stadtwerkmanns Konrad Loscher. (13) Sebastian Loscher, der unter anderem von den Fuggern beauftragt wurde, blieb der Trinkwasserversorgung auch in seinem künstlerischen Wirken verbunden: 1510 schuf er die Holzskulptur eines Ritters auf dem Fischbrunnen auf dem Perlachplatz, zwischen 1512 und 1514 gestaltete er marmorne Bildsäulen der Brunnen bei St. Ulrich und St. Anna sowie beim Weberhaus. (14) Dieser Bildhauer, der noch weitere Augsburger Röhrkästen und Brunnensäulen gestaltete, wird als der Schöpfer der Brunnenfigur des Augsburger Wappners gesehen. (15) Diese steinerne Skulptur steht heute im Maximilianmuseum.

Wertvolles Metall wurde bei den Wasserleitungen notwendigerweise für die verbindenden Blechmanschetten an den Enden der Deicheln verwendet. *„Die Verbindung zweier Deichel geschah am zuverlässigsten durch die prunnbüchse. [...] ein vom Schmied geliefertes zylindrisches Gebilde, in der Mitte mit einem Ringwulst versehen und an den Enden zugeschärft oder gezackt, das jeweils hälftig in die Stoßflächen der Röhren eingeschlagen wurde und so die feste wie dichte Verbindung herstellte. Abzweige*

Bernard Forest de Bélidors übersetzte „Architecture hydraulique“ wurde (wie viele hydrotechnische Werke) in Augsburg verlegt. Im 1740 herausgegebenen Buch sind eine Deichelbohrmaschine und diverse Deicheln abgebildet. Unten: Caspar Walter entwarf eine 1766 gedruckte Darstellung von Metallrohren und -hähnen sowie zum Leitungsbau benötigter Werkzeuge.

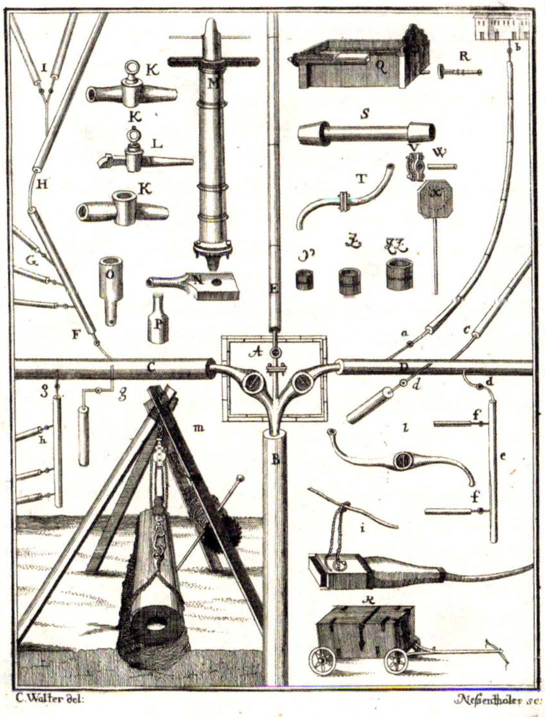

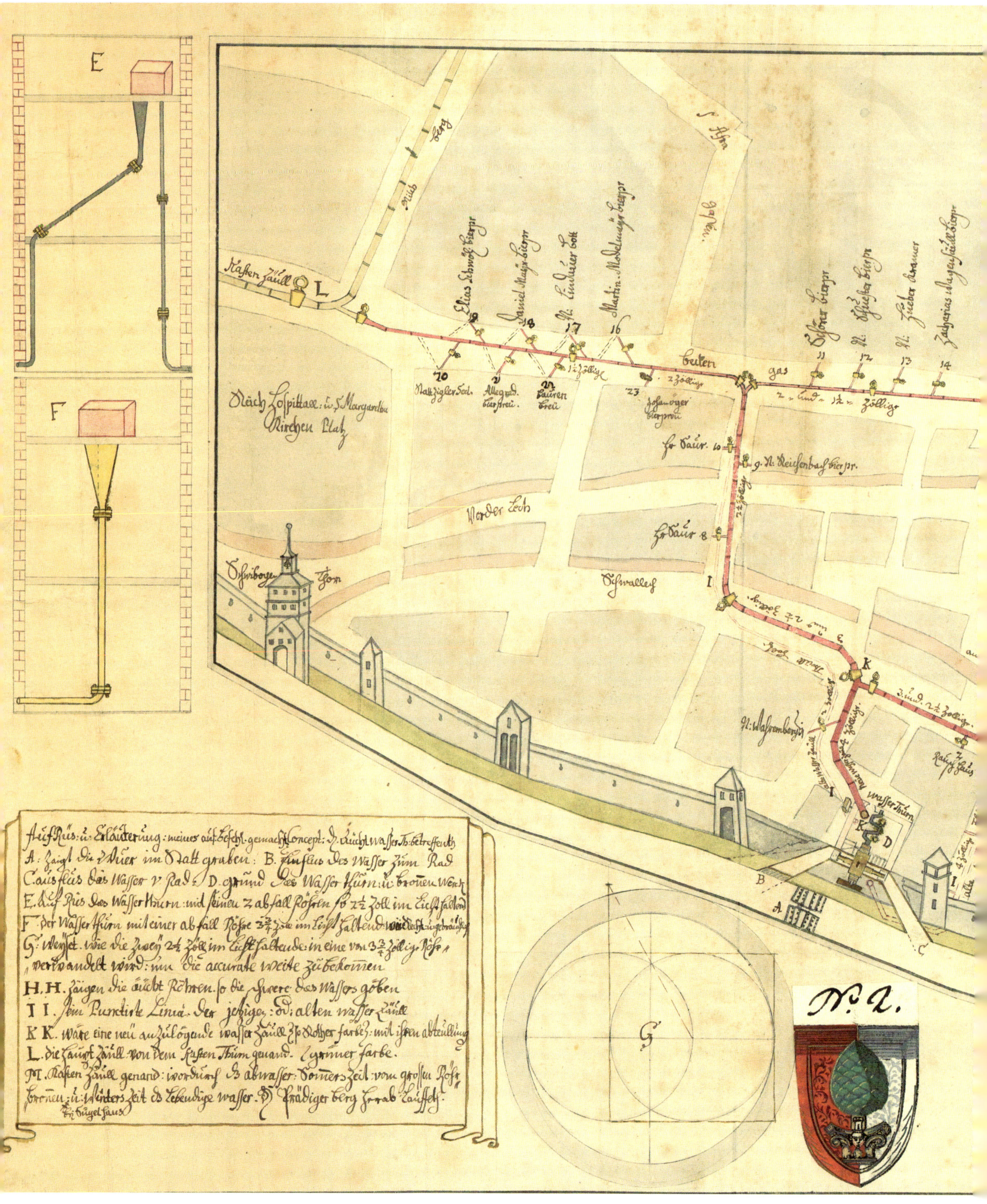
E
F
G

wurden generell durch hineingesteckte Metallrohrstücke realisiert." (16)

Darüber hinaus wurde Metall aus wirtschaftlichen und technischen Gründen lediglich für die Steig- und Fallleitungen in den Wassertürmen und für Armaturen im Leitungsnetz verwendet. Für solche Zwecke wurden jeweils Nichteisenmetalle – wie Blei, Messing, Bronze und Zinklegierungen – verarbeitet. (17)

Die Länge und Leistung der Augsburger Wasserleitungen, deren Ausgangspunkt bis zum Bau des Wasserwerks am Hochablass jeweils einer der Wassertürme war, ist spätestens ab der Zeit von Stadtbrunnenmeister Caspar Walter zuverlässig überliefert. Walters in seiner „Hydraulica Augustana" 1754 veröffentlichte „Summarische Tabelle ůber die Dienste, so von den vorstehenden drey Haupt=Wasser=Thůrnen praestiret werden, und was alles dazu gehŏrig ist." führt nicht nur über die vom Großen und Kleinen Wasserturm sowie vom Kastenturm ausgehenden Leitungsstränge und ihre Länge auf, sondern auch die exakte Zahl der verlegten Deicheln – insgesamt 3000 – sowie 435 Hähne aus Messing. Vom Großen Wasserturm ging eine 12 800 Fuß (mehr als 3,7 Kilometer) lange Leitung ab, vom Kleinen Wasserturm eine Leitung mit 11 021 Fuß (circa 3,2 Kilometer) sowie vom Kastenturm eine Leitung mit 9100 Fuß (ungefähr 2,7 Kilometer). Bis 1766 wuchs dieses Leitungsnetz um einen weiteren Kilometer.

Über die drei Leitungsstränge, die von den Türmen des Oberen Wasserwerks am Roten Tor ausgingen, und über „Die 3. Haupt=Springbrunnen." wurden 1754 insgesamt 358 „Possessores" (also Besitzer von Hausanschlüssen) mit Röhrwasser beliefert. Weil Caspar Walter in den Jahren zuvor die Augsburger Wasserversorgung verbessert hatte, erhielten sie seinerzeit

Ein von „Caspar Walter BrōnenMr." gezeichneter Aufriss mit einer erläuternden Inschrift zeigt das stilisierte Pumpwerk des Eicht-Wasserturms in der Kleinen Fuggerei. Dieser Plan lässt den Hauptast der nur rund 700 Meter langen Wasserleitung, deren Verzweigungen sowie die Lage und Zahl der Hausanschlüsse erkennen. Die Wasserleitung versorgte vor allem das reichsstädtische Eichamt nah beim Kloster St. Ursula und die heutige Bäckergasse.

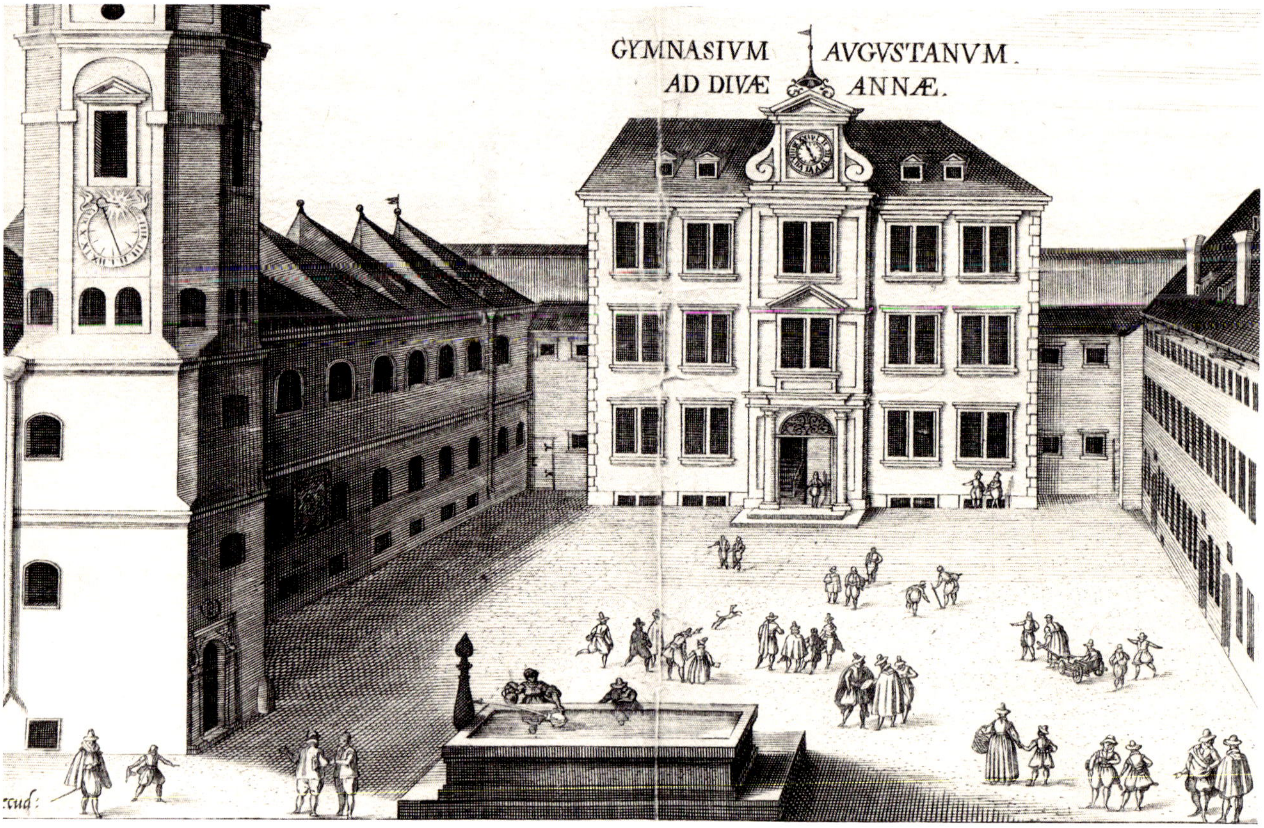

1623 stach der Augsburger Lukas Kilian diese Ansicht des Gymnasiums bei St. Anna. Auf dem Platz davor sprudelte einer der vielen öffentlichen Brunnen der Stadt. Er wurde vom Großen Wasserturm aus beliefert.

stündlich drei Eimer ständig laufenden Wassers (circa 180 Liter) statt wie vor dieser Zeit nur zwei. (18)

Augsburgs zweitgrößtes Wasserwerk war das Untere Wasserwerk am Mauerberg. In Caspar Walters im Jahr 1766 gedruckter „Anweisung vor einen jederweiligen Brunnen=Ballier oder: Obmann in dem untern Wasser=Thurn auf dem Maurberg" sind die von dort ausgehenden beiden Leitungsstränge genau beschrieben: *„Die von solchen ausgehende obere Wasser=Leitung* [sie versorgte Teile der mittleren Stadt um den Dom] *ist 13926. Schue lang, woran 1266. Stůck Theichel=Rŏhr mit 163. Hahnen sich befinden. […] Die sogenannte untere Wasser=Leitung* [für die untere Stadt bis zur heutigen Thommstraße] *ist 11518. Schue lang. Wobey 1047 Stuck Theichel=Rŏhr mit 148. Hahnen sind."* (19) Mehr als 7,5 Kilometer Leitung versorgten folglich 311 private und öffentliche Wasseranschlüsse.

Die Leitungen der beiden St.-Jakobs-Wassertürme sowie der drei kleinen Wasserwerke beim Vogeltor, in der Alten Kleinen Fuggerei (der Eicht-Wasserturm) und im Kloster Maria Stern waren sehr viel kürzer und versorgten dementsprechend weniger Anschlüsse. *„Die Gesamtleistung der alten Brunnenwerke betrug 70 liter/sekunde, mit denen 1750 etwa 640 Hausanschlüsse und 50 öffentliche Röhrwasserbrunnen gespeist wurden."* (20) Bereits 1766 *„[…] maßen die Wasserleitungen der obern mittlern und untern Stadt* [zwischen St. Ulrich und Rathaus, Rathaus und Dom sowie Dom- und nördlicher Stadtmauer] *41,000 Schuh* [mehr als zwölf Kilometer]*; mit Einschluß der andern Stadt=Theile 80,000 Schuh".* (21) Insgesamt war das Leitungsnetz damals also mehr als 23,5 Kilometer lang.

Das Augsburger Leitungsnetz konnte kontinuierlich ausgebaut werden, weil die Wasserwerke fortwährend verbessert wurden und die Zahl der Privatanschlüsse stetig anwuchs. Das belegt eine Beschreibung der Augsburger Trinkwasserversorgung aus dem Jahr 1846. *„Zwölf hydraulische Maschinen in sechs Brunnenhäusern mit sieben Thürmen, welche in jeder Zeitstunde 3105 bayerische Eimer Wasser in die Reservoirs der Brunnenleitungen fördern und hiezu stündlich 125,000 Eimer Aufschlagwasser nöthig haben, welches durch 34 Kanalsektionen, Bäche,*

Quellen in einer Gesamtlänge von 160,000 Fuß, durch 23 Schleußen und Fallen, den Brunnenwerken zufließt, werden an 800 Privatorte der Stadt zusammen gegen 1000 Steften à 3 Eimer in der Zeitstunde Röhrwasser abgegeben; außerdem sind die öffentlichen Plätze und Straßen mit 5 Prachtfontainen und 55 reich fließenden Röhrbrunnen geziert.

Die Wasserleitung geschieht theils durch hölzerne Deichel, theils durch gußeiserne Röhren und wird in einer Lange von 100,800 Fuß durchgeführt; 1100 Stück messingene Hahnen dienen zum Absperren oder – wie bei Feuersgefahr – zum stärkeren Erguß der Röhren." (22) Das Wasserleitungsnetz war nunmehr also weiter gewachsen: Die Zahl der Privatabnehmer hatte sich seit 1766 von 640 auf 800 erhöht, und die Leitungen waren von 23,5 Kilometern auf knapp 30 Kilometer verlängert worden. Diese Entwicklung spiegelt nur bedingt die Zunahme der Stadtbevölkerung von 16 432 Einwohnern im Jahr 1635 auf 36 869 Personen (mit der hier stationierten Garnison) im Jahr 1840 wider.

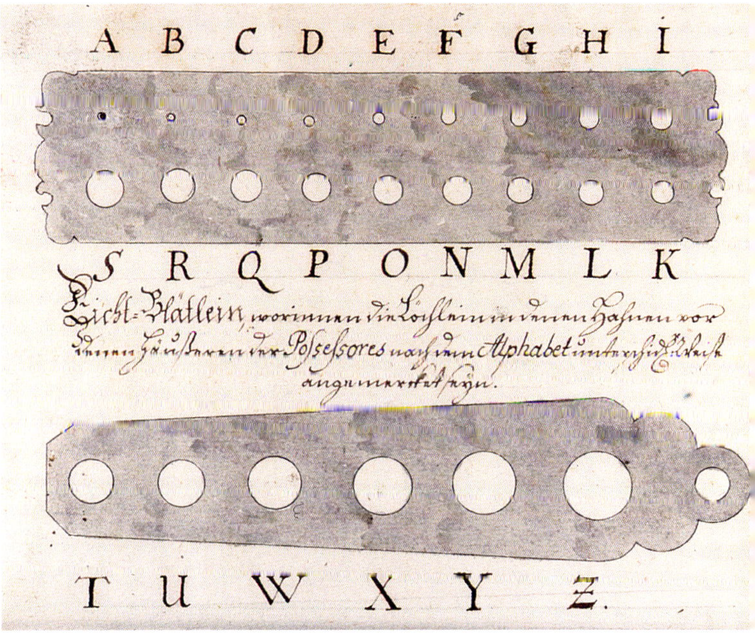

Caspar Walter hat ein „Eicht=Blätlein" skizziert, mit dem im 18. Jahrhundert durch geeichte Bohrungen die jeweilige Wasserdurchlaufmenge exakt bestimmt werden konnte. Die 24 Durchmesser wurden durch Buchstaben des Alphabets unterschieden.

Die Maßeinheiten der Trinkwasserversorgung sind eine Wissenschaft für sich. Ein Steften war die althergebrachte Augsburger Einheit für die Durchflussmenge: Er entsprach drei Maß pro Minute. Die Umrechnung einer Maß zu Zeiten Caspar Walters und bis um 1806 ist jedoch mit Tücken verbunden.

„2 Pfund schwer ist eine Maaß Wasser." (23) hielt Caspar Walter in seiner 1766 gedruckten „Anweisung vor einen jederweiligen Brunnen=Ballier oder: Obmann in dem untern Wasser=Thurn auf dem Maurberg" fest. Im Jahr 1788 notierte Paul von Stetten d. J. in seiner „Beschreibung der Reichs=Stadt Augsburg" zur Eichung der Maßeinheiten, die vom Bauamt der Stadt vorgenommen wurde: *„Der hiesige Eymer zu 64 Visier: oder 72 Schenkmaßen, hält 3546 $^{1}/_{2}$ französische cubische Duodecimal=Zoll; die Maß aber, oder der 64ste Theil des Eymers 465 $^{1}/_{2}$."* (24) Doch 1788 maß der französische kubische Duodezimalzoll 19,8356 cm^3. Das bedeutet: Ein Maß – der 64. Teil eines Eimers – entsprach 0,9233 Litern, ein Eimer würde nach dieser Berechnung nur 59,09 Liter fassen. Der augsburgische Eimer maß jedoch knapp 63 Liter, doch der bayerische Eimer fasste circa 75,4 Liter. Was jede Berechnung zusätzlich verkompliziert: Erst 1809 wurden bayernweit per Gesetz vereinheitlichte Maße eingeführt. Das heute vertraute metrische System und damit auch der Liter kamen im Königreich Bayern, zu dem Augsburg seit 1806 gehörte, erst zu Beginn des Jahres 1872.

Die Wassermengen wurden zu dieser Zeit noch längst nicht durch Wasserzähler ermittelt. Zwar hatte Carl Wilhelm Siemens 1851 in England einen ersten Wasserzähler entwickelt, doch in Augsburg war er unüblich – und blieb es teilweise bis in die ersten

Abbildung folgende Doppelseite: Der im Jahr 1779 gezeichnete „Grund=Riß der löblichen Reichs=Stadt Augsburg" zeigt die von den Wassertürmen ausgehenden Röhrwasserleitungen. Das Obere Wasserwerk versorgte die obere Stadt, die drei Monumentalbrunnen und Teile der mittleren Stadt. Vom Unteren Wasserwerk am Mauerberg aus verliefen Leitungen in die mittlere und die untere Stadt (heutiges Georgs- und Kreuzviertel). Das Lechviertel wurde vom Wasserwerk am Vogeltor versorgt, die Jakobervorstadt – wo es besonders viele Pumpbrunnen gab – wurde von den beiden Jakobswassertürmen beliefert. Der Text der Kartusche belegt, dass die Wasserrohre teils aus Blei, teils aus hölzernen Deicheln bestanden.

Grund-Riß
der löblichen Reichs-Stadt
Augsburg
mit der sowohl künstlich als nützlichen
Einrichtung der Röhrwaßer Leitung
in offentlichen und Privat Röhrkästen u. Springbrunnen
wie sich selbige
theils von bleyernen, theils hölzernen Röhren
befindet,
dabey auch
alle sowohl große als kleine Hahnen von Metall
auf Reichsstraß zu sehen.

An der Stelle des gusseisernen Schalenbrunnens in der Augsburger Fuggerei stand wohl schon 1599 ein hölzerner Röhrkasten. Dessen steinerner Nachfolgebrunnen wurde vermutlich1846 aufgestellt. Damals war die Wasserleitung in der Reihenhaussiedlung neu verlegt worden. Gespeist wurde der Röhrkasten in der Fuggerei mit kostenlosem Trinkwasser.

Jahre nach dem Zweiten Weltkrieg. Die Abgabe des Wassers an Hausanschlüsse wurde im 18. Jahrhundert durch einen von der reichsstädtischen Wasser-Eicht gebohrten Speckstein geregelt, der in private Wasserhähne eingebaut wurde. Die Bohrung solcher Steine war genormt und erlaubte die genaue Berechnung der abgenommenen Wassermenge.

Die Größe der Bohrungen (die zu verändern ein strafwürdiges Vergehen war) wurde mittels geeichter Schablonen aus Metall überprüft. Die 24 normierten Durchmesser wurden alphabetisch (von A bis Z, die Buchstaben J und V fehlten) der Größe nach geordnet. Brunnenmeister Caspar Walter hat 1760 ein „Eicht= Blätlein, worinnen die Löchlein in denen Hahnen vor denen Häußern der Possessores nach der Alphabetunterschiedlichkeit angemerkt seÿn." skizziert. (25)

Eine grundlegende Erneuerung der Augsburger Trinkwasserversorgung hatte 1821 mit der Reichenbach'schen Wassermaschine im Unteren Wasserwerk beim Mauerberg begonnen. Der Ausbau des weitaus leistungsstärksten Augsburger Wasserwerks – des Oberen Wasserwerks am Roten Tor – im Jahr 1848 und die Erneuerung des Wasserwerks beim Vogeltor (1843) erlaubten die deutliche Ausweitung des Leitungsnetzes. Den Anstoß zum raschen Ausbau gaben nicht zuletzt die Fabrikareale vor den Mauern.

„Bis 1850 stieg die Zahl der Hausanschlüsse auf etwa 1000, die Länge der Leitungen auf nahezu 50 km." (26) Der Ausbau des Leitungsnetzes war eine der Voraussetzungen dafür, dass die wachsende Industriestadt ihre schnell zunehmende Bevölkerung halbwegs zufriedenstellend mit Trinkwasser beliefern konnte. Allerdings versorgten sich damals gerade die ärmeren Bevölkerungsschichten, zu denen naturgemäß die Fabrikarbeiter zählten, bis 1879 überwiegend aus dem hygienisch alles andere als unbedenklichen innerstädtischen Grundwasser: Ihr Trinkwasser kam, von Hand gepumpt, aus den „Gumpperwerken". Noch 1878 bezogen nur ungefähr 25 Prozent der Augsburger ihr Trinkwasser aus einer Wasserleitung. (27)

Neben dem Schalenbrunnen hat sich in der Fuggerei auch ein letzter gusseiserner Pumpbrunnen erhalten. Das Grundwasser lag in der Jakobervorstadt bis zur Flusskorrektion nur knapp unter der Erdoberfläche.

Wenn Paul von Stetten d. J. in seiner 1788 herausgegebenen Augsburger Chronik berichtete *„[...] es hat zu großer Bequemlichkeit fast jedes Haus sein eigenes Röhrwasser [...]“* (28), meinte er damit mitnichten die (damals) relativ große Zahl privater Hausanschlüsse. Wie die Realität in dieser Stadt aussah, wo seit jeher ein besonders großer Bevölkerungsanteil arm oder von Armut bedroht war, bezeugen zwei Denkmäler der Wasserversorgung in der Augsburger Fuggerei. In der heute ältesten Sozialsiedlung der Welt stehen die beiden Trinkwasserversorgungstechniken der ärmeren Schichten – ein Pumpbrunnen und ein öffentlicher Röhrbrunnen – nur etwa 100 Meter voneinander entfernt in der zentralen Herrengasse. Auf der Hauptkreuzung der Fuggerei plätschert noch der gusseiserne Schalenbrunnen, der wohl 1846, im Zuge der Neuverlegung der Wasserleitungen in der Fuggerei, einen steinernen Röhrkasten verdrängte. (29) Dieser wiederum hatte 1744 jenen hölzernen Brunnenkasten ersetzt, der spätestens 1559 aufgestellt worden war. (30) Dessen Wasser dürfte seinerzeit aus einem privaten Brunnenwerk östlich des Jakoberwalls, also außerhalb der Stadtmauern, bezogen worden sein, denn den nahen Oberen St.-Jakobs-Wasserturm ließ die Reichsstadt erst 1609 erbauen. (31) Vor der Aufstellung des ersten Röhrbrunnens mussten die Fuggereibewohner ihr Wasser aus Pumpbrunnen in der Sozialsiedlung beziehungsweise aus einem öffentlichen Ziehbrunnen am Saumarkt, dem heutigen Jakobsplatz, besorgen. (32)

Ebenfalls in der Herrengasse, bei der kleinen Kirche St. Markus, steht der letzte der Pumpbrunnen, durch welche die Fuggereibewohner einst an diversen Stellen in der Reihenhaussiedlung an das Grundwasser (das bis zur Korrektion des Lechs deutlich höher floss) kamen. *„Dieser Brunnen hat selbst den schrecklichen Kriegszerstörungen von 1944/45 getrotzt, und er spendete auch noch Wasser, als schon alle anderen Wasserleitungen in der Jakobervorstadt zerstört waren.“* (33) Seit dem Jahr 1715 war in der Fuggerei ein Brunnenmeister („Wassermann“ genannt) für die Einrichtung, den Unterhalt sowie die Säuberung der Brunnen, der Wasserleitungen und des Lauterlechs, der offen durch die Saugasse floss, verantwortlich. (34)

Um 1850 gab es in Augsburg rund 1000 private Hausanschlüsse. Das Trinkwasser lief ständig in zumeist steinerne Brunnenbecken wie in das hier abgebildete: Dieser im Stil der Renaissance gestaltete Brunnen wurde um 1935/40 im Hof der „Himmerschen Buchhandlung" (Philippine-Welser-Straße 3) fotografiert.

Die Hausanschlüsse der „Possessores", in deren Anwesen ständig Trinkwasser in die steinernen oder gusseisernen Brunnentröge lief, waren – und dies galt noch bis ins 19. Jahrhundert – alles andere als selbstverständlich. Im 15. Jahrhundert hatten die Leitungen lediglich wenige öffentliche Röhrbrunnen versorgt. Die ersten drei Hausanschlüsse in der Stadt wurden zu Beginn des 16. Jahrhunderts verlegt. Sie waren bis 1560 – als jedermann Wasser per Leitung beziehen durfte (wenn er es denn bezahlen konnte) – zuerst der geistlichen, dann der wirtschaftlichen respektive politischen Elite Augsburgs vorbehalten. 1502 erhielt die bischöfliche Pfalz einen Anschluss, der mit Trinkwasser aus dem Unteren Brunnenturm versorgt wurde (35), und 1503 das Benediktinerkloster St. Ulrich. 1545 gewährte der Augsburger Rat *„Denen drey Herren Fuggern, nemlich Anton, Hanß Jacob und Georgen, [...] wegen ihrer der Stadt erwiesenen vielfältigen Dienste und Gutthaten jedem ins besondere ein freyes Röhr=Wasser aus dem Wasser=Thurm".* (36) Wenige Jahre später konnten zumindest wohlhabende Bürger der Reichsstadt einen privaten Wasseranschluss erwerben. Belegt ist dies durch einen Vertrag Anton Fuggers vom 28. September 1558 über ein Rohr für sechs Eimer Wasser in der Stunde, wofür er jährlich 30 Rheinische Gulden zu entrichten hatte – wie der Kaufbrief betont, zur Wiedererlangung eines Teils der durch die Brunnenwerke verursachten Ausgaben. (37)

Die Kosten für einen solchen Wasseranschluss waren also nicht eben unerheblich, weswegen „freies Röhrwasser" sogar für einen Reichen wesentlich mehr als eine banale Gefälligkeit darstellte. Das blieb auch so, nachdem die Reichsstadt 1556 Quellen auf dem Gebiet des Dorfs Haunstetten (das dem Konvent von St. Ulrich und Afra gehörte) sowie (nach einem Vertrag mit dem bayerischen Herzog Albrecht im Jahr 1558) in der Meringer Au fassen und in die Stadt leiten durfte. In seiner „Hydraulica Augustana" hat Stadtbrunnenmeister Caspar Walter geschildert, wie teuer ein privater Wasseranschluss kam, und nicht zuletzt auch, weshalb: *„Gleichwie aber die Unterhaltung der Brunnen=Thůrne und deren Wasser=Wercken so wohl, als auch die Legung der Theihel unter der Erden, und die fortwehrende Ersetzung der schadhafften mit neuen und frischen, und anderes mehr, jåhrlich eine considerable Summa Gelds erfordert; als wurde auch schon in besagtem 1560sten Jahr für ein zutrågliches Mittel angesehen, die Stadt oder das gemeine Ærarium* [Stadtkasse] *wegen solchen Aufwands und Unkosten einigermassen widerum zu ergőtzen [...]."* (38) Ein Augsburger, der 1560 zwei Eimer Wasser pro Stunde in seinem eigenen Anwesen beziehen wollte, erhielt Trinkwasser *„[...] entweder ůberhaupts gegen Erlag 200. Gold=Gulden kåufflich überlassen, oder gegen einen jåhrlichen Wasser=Zinß von 10. Gold=Gulden [...] verliehen [...]".* (39)

Allein die zehn Gulden für die jährliche Wassergebühr waren eine erhebliche Abgabe. Eine Küchenmagd erhielt zu dieser Zeit (bei freier Kost und Logis)

ungefähr 4 Gulden jährlich. Der Wochenlohn eines Maurermeisters betrug um 1600 einen Gulden und 48 Kreuzer. Und mit 200 Gulden sogar dauerhaft das Recht auf einen Anschluss zu erwerben, war vollends Luxus. Zum Vergleich: Als die Reichsstadt 1601/02 ihr Gießhaus errichten ließ, verursachte der Neubau samt Kanonenbohrturm, Schmelzofen und weiterer Ausrüstung Kosten von insgesamt 1150 Gulden. (40)

Auch wenn angesichts der hohen Kosten nur das betuchteste Viertel der Augsburger Haushalte Röhrwasser ins Haus geliefert bekam, war allein die Möglichkeit dazu im 17. und 18. Jahrhundert sowie teils noch in der Zeit nach 1850 eine seltene und häufig bewunderte Errungenschaft. *„Bis zur Einführung der zentralen Hauswasserversorgung im 19. Jahrhundert musste das Wasser von den öffentlichen Brunnen oder Zapfstellen ins Haus geholt werden."* (41) In zahlreichen Städten bildeten die Wasserträger einst eine eigene Zunft. Und noch bis zur Mitte des 19. Jahrhunderts galt in Deutschland: *„Von der Wasserlieferung ‚in jedwedes Bürgers Haus' war man noch weit entfernt."* (42)

Ein 1677 gedruckter Kupferstich zeigt einen Röhrbrunnen mit einem kleineren Überlaufbecken – beide direkt neben einem Ziehbrunnen. Die bis zu 17 Meter tief gegrabenen Ziehbrunnen standen – wie hunderte Pumpbrunnen in der Stadt – oft nur wenige Schritte von den Versitzgruben entfernt. Derartige Hygienemängel führten in Augsburg noch bis 1877/78 zu Cholera- und Typhusepidemien. Deshalb wurde das neue Wasserwerk am Hochablass projektiert, das 1879 in Betrieb ging.

Kostenlose Leitungen gab es in Augsburg nicht nur für den Bischof, den Konvent von St. Ulrich und die Fugger. In seiner 1766 gedruckten „Anweisung vor einen jederweiligen Brunnen=oder Obmann in

Abbildung nächste Seite: Der Plan zeigt die Ausdehnung des zumeist aus Holzdeicheln bestehenden Leitungsnetzes, das um 1750 rund 24 Kilometer lang war. Um 1750 speisten (ohne den Eicht-Wasserturm) fünf Wasserwerke Trinkwasser in das System ein.

Wasserleitungen und Wasserwerke um 1750

640 Hausanschlüsse, 50 Röhrbrunnen

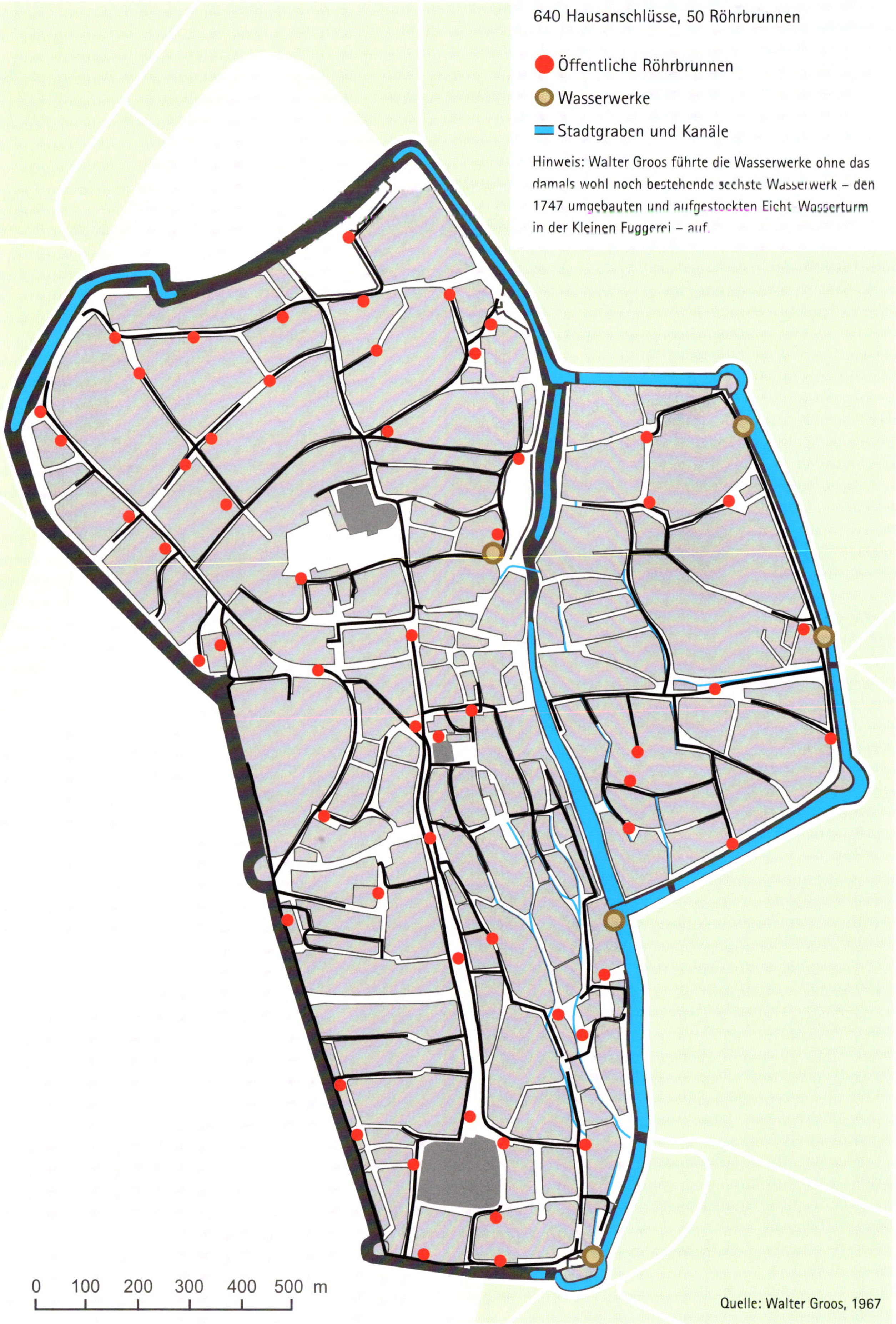

denen zwey St. Jacobs Wasser=Thůrmen" zählte der Stadtbrunnenmeister Caspar Walter zum Beispiel eine ganze Reihe von Personen und Einrichtungen auf, die über ein oder zwei „Freirohre" verfügten. Unter den städtischen Amtspersonen, die das Wasser kostenlos bezogen, führte Walter neben dem Lechmeister zum Beispiel auch den Scharfrichter auf. Darüber hinaus erhielten soziale Einrichtungen wie das Blatternhaus, das Waisenhaus und die Fuggerei, aber auch der Administrator der fuggerischen Reihenhaussiedlung ihr Trinkwasser gratis. (43)

Dass die Reichsstadt beim Trinkwasser generell zur Freigiebigkeit geneigt hätte, lässt sich nun freilich nicht behaupten: *„Wie sparsam die Augsburger mit dem teuren Röhrwasser umgingen, erhellt aus der Notiz für das Waisenhaus auf dem Kreuz mitte des 18. Jahrhunderts: ‚... hat kein kontinuirlich Wasser, sondern nur sooft eine Wasch haben, so jährlich viermal geschiehet.'"* (44)

In Zeiten konfessioneller Konflikte oder der Leere im Stadtsäckel wurde ebenfalls etwas genauer hingesehen: In seinem von April 1632 bis Oktober 1635 geführten Tagebuch über die Zeit der schwedischen Besatzung Augsburgs beschrieb der protestantische Kaufmann, Kunsthändler und Diplomat Philipp Hainhofer einen Streit der Erben des im Jahr 1618 verstorbenen, katholischen Philipp Eduard Fugger (den er irrtümlich als Philipp Conrad bezeichnete) mit der nunmehr protestantisch regierten Reichsstadt um den Wasserzins. *„Adi. 4. Martÿ als wir umb bezahlung der ausstendigen wasser zins inn das bawambt auch beÿ Herren Philipp Conrad Fuggers seel. Erben mahnen lassen, hat ain diener uns ainen Extract [...] aus den Fuggerischen geschichten und Achif* [Dokumente aus dem Fuggerarchiv] *[...] gebracht und darmit beschawen, wöllen das selbe heuser wasser zins freÿ seÿen, so wir gern Passiern lassen, so vil das Fuggerische Haus und wohnhaus betrifft die hernach darzue erkaufften zins heuser aber, haben wir, noch nit für wasser zins freÿ verkünden kennen [...]."* (45)

Selbst die einst so reichen Fugger waren sich in schweren Zeiten also nicht zu schade, sich um den teuren Wasserzins für die zahlreichen Häuser, die sie zwischen dem Fuggerstadtpalast und dem Gögginger Tor (beim heutigen Königsplatz) erworben hatten, drücken zu wollen. Die Gebühr dürfte für sie in der Tat schmerzlich hoch gewesen sein: Immerhin besaßen die Fugger nördlich der heutigen Katharinengasse und der Zeuggasse fast alle Anwesen. (46) Das Privileg des kostenlosen Röhrwassers von 1545 und die überlieferten fuggerischen Erwerbungen privater Anschlüsse in den Jahren 1558 oder 1602 bezogen sich natürlich nicht auf weitere zig Anwesen in der Nachbarschaft.

Konflikte um das Trinkwasser waren angesichts des teuren Wasserzinses vorprogrammiert. Dies bezeugen im Stadtarchiv Augsburg überlieferte Anschläge und Dekrete. Ein am 30. Juli 1748 gedruckter Anschlag belegt zum Beispiel, dass Bürger in ihren Häusern, Höfen und Gärten unzulässigerweise weitere als die vereinbarten Anschlüsse legten, weshalb sie *„[...] anstatt daß selbige nur ein einfaches Wasser haben sollen/vielmahls 2. 3. biß 4. und noch mehr geniessen [...]"* (47) konnten, ohne dafür zu bezahlen. Durch dieses Fehlverhalten erhielten andere Besitzer von Hausanschlüssen wegen des so entstandenen Druckabfalls zu wenig Wasser. Brunnenmeister Caspar Walter vervollständigte deshalb seine „Anweisung vor einen jederweiligen Stadt-Brunnen-Meister" um das Kapitel „Fernere Verhaltungs-Puncten, die ein jederweiliger Stadt-Brunnen-Meister zu wissen und zu beobachten nőthig hat". Walters Hinweise lassen erahnen, dass so mancher Eigentümer eines Privatanschlusses sein ungenutztes Röhrwasser unerlaubterweise an einen Nachbarn weiterverkaufte. (48)

Die Anschläge und Dekrete im Stadtarchiv Augsburg dokumentieren, dass sich die Reichsstadt auch deshalb vehement gegen unzulässige Ausleitungen wandte, weil zu starke Nutzung die reichsstädtischen Pumpwerke überbeanspruchte. Übertretungen beim Wasserverbrauch sollten abgestellt werden *„[...] damit man sich auch in denen Brunnen-Thůrnen darnach richten/und die daselbigste kostbare Wercke/so wegen sonst viel auslaufender unwissender Wasser allzu sehr angestrengt werden/behőrig schonen/und deren frůhzeitiger Verderbung bevor kommen kőnne"*. (49)

Im beginnenden Industriezeitalter ging die Ära der hölzernen Deicheln ab 1832 allmählich zu Ende. Jedenfalls erwähnt Stadtbaurat Franz Joseph Kollmann in seinem Standardwerk zur Augsburger Wasserwirtschaft – „Die Wasserwerke von Augsburg.

Die Abwasserleitungen: vom Kübel in den Kanal

Fäkalien, Ab- und Regenwasser wurden in Augsburg auch über Lechkanäle entsorgt

Nicht nur die Wasserversorgung, sondern auch ein Kapitel der Abwasser- und Fäkalienentsorgung ist durch das 1926 erschienene Werk „Die Fuggerei in Augsburg. Die erste deutsche Kleinhaus-Siedlung" umfassend dokumentiert. Diplom-Ingenieur Josef Weidenbacher, Architekt und Direktor im Augsburger Stadtbauamt, analysierte nicht nur die Architektur, sondern auch das, was in den Aborten und bei Nacht geschah. Die Schwemmkanalisation in der Fuggerei wurde erst im Herbst 1915 projektiert. 25 Jahre zuvor war ein Kübelsystem eingeführt worden: Zumeist in der Küche eingelassene emaillierte Kübel mit einem Fassungsvermögen von bis zu 25 Litern waren seitdem einmal wöchentlich abgeholt worden. Doch vor dieser Zeit hatte vor allem der Lauterlech, der offen durch die Saugasse in Richtung Saumarkt (heutiger Jakobsplatz) floss, alle Fäkalien, das Abwasser aus Küchen und Häusern sowie das Regenwasser entsorgt.

Ihre Fäkalien konnten nur jene Fuggereibewohner über „Schwindgruben" (Versitzgruben) entsorgen, die über einen kleinen Garten verfügten. Gesicherte Aufzeichnungen über diese vergleichsweise luxuriöse Einrichtung liegen auch für „des Fuggereiverwalters Dienstbehausung" vor. Die Mehrzahl der Bewohner der Reihenhaussiedlung hatte ihr „heimliches Gemach" innerhalb der circa 60 Quadratmeter großen Wohnungen. „Der Abort war damals anscheinend kein eigener abgeschlossener Raum, sondern ein Winkel in der Küche oder in einer Kammer, wo der tragbare Stuhl stand. Der darin befindliche Kübel wurde in der Regel bei Dunkelheit von den Fuggereiinsassen in den Lauterlech entleert." Unmittelbar an den Lauterlech angrenzende Wohnungen in der Saugasse konnten sich „Privets" anlegen lassen, um ihre Fäkalien direkt in den Kanal einzuleiten.

Regenwasser aus der Ochsengasse und wohl auch teilweise das Abwasser aus der Herrengasse wurden in offenen Rinnen in den benachbarten Ochsenlech – in den Sparrenlech – abgeleitet. Das Wasser aus dem Röhrbrunnen in der Herrengasse wurde dagegen in den Lauterlech gelenkt. Diese Leitung verlief durch die Hintere Gasse, wodurch auch die Abwässer dort liegender Gärten und des dortigen Pumpbrunnens über den Lechkanal entsorgt werden konnten.

Abwasserkanäle gab es in Augsburg vor Einführung der Schwemmkanalisation wenige. Im Zentrum konnte man Abfälle durch Öffnungen in den übermauerten Mettlochkanal schütten. Der vom Vorderen Lech abgeleitete Hunoldsgraben blieb von Rädern frei, da er der Abfallentsorgung diente. Verboten, aber wegen der einfachen Entsorgung beliebt, waren an Hauswänden über den Lechkanälen angebrachte hölzerne Aborte. Den Vorderen Lech nutzte Stadtwerkmeister Elias Holl zur Reinigung der Aborte im Heilig-Geist-Spital und der Schlachtabfälle der Stadtmetzg. Beides trug wohl zur bedenklichen Qualität des Trinkwassers aus dem Brunnen des Unteren Wasserwerks bei.

Durch die Saugasse in der Fuggerei floss früher der offene Kanal des Lauterlechs. Durch diesen Kanal entsorgten die Bewohner der Reihenhaussiedlung noch bis 1890 ihre Fäkalien und Abwässer.

Kohl, Susanne F.: Geschichte der Stadtentwässerung Augsburg, Informationsbroschüre der Stadt Augsburg, Augsburg 2010, S. 33 ff.
Weidenbacher, Josef: Die Fuggerei in Augsburg. Die erste deutsche Kleinhaus-Stiftung, Augsburg 1926, S. 26 ff.

Beschreibung aller hydrotechnischen Anstalten der Stadt" – zum ersten Mal in diesem Jahr das Auswechseln herkömmlicher Deicheln aus gebohrten Föhrenstämmen gegen Rohre aus Gusseisen: *„Die Holzröhren vom kleinen Thurme der obern Brunnenwerke nach dem Eserwalle zu, wurden, 400'* [Fuß] *lang, durch 6zöllige eiserne ersetzt."* (50)

Diesem noch etwas zurückhaltenden Versuch mit einer nur rund 120 Meter langen Leitung folgte bald der weitere Austausch von Holz gegen Gusseisen 1835 wurden knapp 150 Meter hölzerner Leitung im Springergässchen beim Unteren Brunnenturm durch gusseiserne Röhren ersetzt, 1836 folgten fast 240 Meter entlang des Eserwalls, 1837 wurden gut 100 Meter Gusseisenröhren im Spenglergässchen verlegt, 1838 ersetzten 8-, 7- und 6-zöllige Eisenrohre auf einer Länge von 444 Metern schadhafte Deicheln auf dem oberen Zwinger (beim Kitzenmarkt).

1839 wurde damit begonnen, die bislang hölzerne Wasserleitung vom Kastenturm nach und nach durch gusseiserne Röhren auszutauschen. Mit einer knapp 120 Meter langen „Röhrenfahrt" unter der Gasse „Vorderer Lech" zur Bäckergasse begann auch hier die „eiserne Zeit". Diese Leitung wurde 1840 um rund 190 Meter bis St. Margareth verlängert, in diesem und im Folgejahr über den Milchberg 650 Meter weit bis in die Maximilianstraße, 1842 weitere 177 Meter über den Merkur- und den Augustusbrunnen bis zum Beckenhaus am Perlachberg. Und so ging es Jahr für Jahr weiter: 1846 ersetzte man zum Beispiel auf mehr als 760 Metern Länge die Deicheln von der Karolinenstraße über die Annastraße bis hin zum Kitzenmarkt durch Gusseisenrohre. (51)

Das Ende der Holzdeicheln war aber auch 1850 noch immer weit. Das gesamte Rohrnetz maß 48 Kilometer, doch davon waren noch immer lediglich rund 6500 Meter gusseiserne Röhren. Bis 1878 waren erst 11 150 Meter gusseiserner Wasserleitung verlegt. Ganze 570 Meter des Wasserleitungsnetzes bestanden aus Blei. In der Jakobervorstadt lief das Trinkwasser nach wie vor durchwegs durch hölzerne Deicheln. (52) Dort gab es nur eine Ausnahme: *„In der Fuggerei ward* [1846] *eine 432'* [ungefähr 128 Meter] *lange Wasserleitung mit thönernen Röhren aus der Fuggerschen Ziegelei Weißenhorn ausgewechselt."* (53)

Die Dauerausstellung im historischen Wasserwerk am Hochablass zeigt Relikte der bis 1878 in Teilen Augsburgs verlegten hölzernen Deicheln. Seit dem Beginn des Industriezeitalters – vielleicht sogar schon ab 1821, spätestens seit 1832 – wurden Wasserleitungen aus Holz jedoch nach und nach durch Leitungsrohre aus Gusseisen ersetzt.

Im März 1876 empfahl das Gremium, das sich mit dem Bau eines neuen Wasserwerks auseinandersetzte, mit Nachdruck den Austausch der noch verbliebenen Holzdeicheln durch gusseiserne Leitungen. Als 1879 das neue Wasserwerk am Hochablass in Betrieb ging, waren sämtliche Wasserleitungen aus Holz bereits durch gusseiserne Röhren ersetzt worden. (54)

„In manchen abgelegenen Waldgebieten Deutschlands wurden Deichelleitungen bis zum Ende des 20. Jahrhunderts betrieben. Sogar in Städten waren nach dem Zweiten Weltkrieg derartige Holzrohre vereinzelt noch in Gebrauch. In der Stadt Salzburg etwa war die letzte hölzerne Deichelleitung, die historische Sternweiherbrunnenleitung, noch bis 1976 in Betrieb. Selbiges gilt für die Wasserleitung, die dem Freudenstädter Teuchelwald seinen Namen gab. Sie war 1952 auch noch in Betrieb." (55) In Augsburg werden noch heute bei Tiefbauarbeiten Relikte von Wasserleitungen aus Holz ausgegraben. Deicheln aus Holz sieht man sowohl im Wasserwerk am Roten Tor (in der Dauerausstellung im Kastenturm) als auch in einer Dauerausstellung in den Räumen des historischen Wasserwerks am Hochablass.

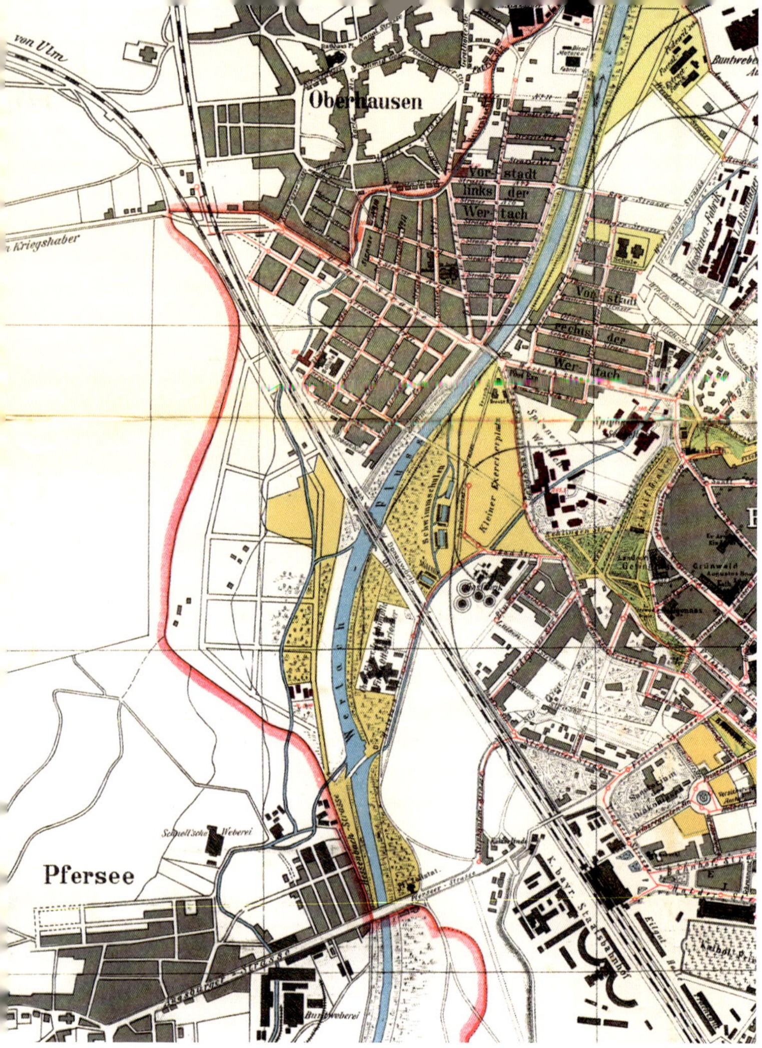

Ein Stadtplan von 1902 belegt, dass das Augsburger Leitungsnetz (Wasserleitungen rot markiert) an den Grenzen zu den noch nicht eingemeindeten heutigen Stadtteilen Oberhausen und Pfersee endete.

Die Nachteile des Leitungsnetzes bis zum Jahr 1879 hat der Landgerichtsarzt Dr. Ferdinand Kuby im 1881 erschienenen Buch „Die Brunnenwerke und neuen Trinkwasser-Verhältnisse der Stadt Augsburg" beschrieben. Eines der Probleme war die geringe Leistungsfähigkeit des Oberen und Unteren Wasserwerks, des Wasserwerks am Vogeltor und der beiden St.-Jakobs-Wassertürme. Alle fünf Werke zusammen lieferten lediglich 1381 Steften, umgerechnet gerade mal rund 4100 Liter in der Minute. In Augsburg, einer rasch wachsenden Stadt mit über 57000 Menschen (Stand 1875) und 3400 bewohnten Anwesen, liefen folglich im Lauf von 24 Stunden statistisch gesehen nur 104 Liter pro Tag und Kopf durch die kalibrierten Eichhähne der Privatanschlüsse. (56)

„[...] dazu kam, dass die Druckfähigkeit der alten Werke nicht ausreichte, um das vorhandene Wasser in die höher gelegenen und weiter entfernteren Stadttheile oder in die obern Stockwerke der Häuser zu treiben; die neueren Stadttheile waren daher theilweise auf Pumpbrunnen angewiesen; endlich war das Wasser einzelner Brunnenwerke, nämlich des unteren und derjenigen am Jakoberthor derart verunreinigt, dass ernste hygienische und ästhetische Bedenken gegen deren fernere Benützung erhoben werden mussten." (57)

In der Industriestadt Augsburg, in der im Jahr 1880 (einschließlich des dort stationierten Militärs) erstmals mehr als 60000 Einwohner gezählt wurden, war – nicht zuletzt aufgrund der im 19. Jahrhundert in Schwaben und Altbaiern grassierenden Cholera- und Typhusepidemien – also endgültig die Zeit für eine moderne Trinkwasserversorgung gekommen. Für die Einwohner der heutigen Stadtteile Göggingen und Haunstetten, Oberhausen, Pfersee und Lechhausen galt dies, wie ein Plan des „Mag.Baubureau" von 1902 belegt, noch längst nicht: An den damaligen Stadtgrenzen endete auch das neue Leitungsnetz.

Quellen

(1) Hegel, Karl von: Die Chroniken der schwäbischen Städte: Augsburg, Bd. 2, Leipzig 1866, S. 145

(2) vgl. Baur, Albert: Historische Entwicklung der Wasserspeicherung, in: Historische Wassertürme, Beiträge zur Technikgeschichte von Wasserspeicherung und Wasserversorgung, München 1985, S. 23

(3) vgl. Baur, Albert: Wasser in der Barockzeit. Ausdruck städtischer Repräsentation und höfischen Glanzes, in: Wasser im Barock, Geschichte der Wasserversorgung, Bd. 6, Mainz 2004, S. 42 und

o.A.: Ungeheuerliches aus Guß, in: SBZ, Sanitär. Heizung. Klima., Stuttgart, Jg. 49, Ausgabe 2/1994, S. 38

(4) Groos, Walter: Beiträge zur Topographie von Alt-Augsburg, Bericht der Naturforschenden Gesellschaft Augsburg, Bd. 21, Augsburg 1967, S. 18

(5) vgl. Ruckdeschel, Wilhelm: Modelle künstlicher „Wasser-Machinen". Drei Funktionsmodelle aus dem Maximilianmuseum Augsburg, in: Zeitschrift des Historischen Vereins für Schwaben, Bd. 81, Augsburg 1988, S. 184

(6) vgl. Ruckdeschel, Wilhelm: Wasser für die schönen, publique Springbrunnen, in: Adriaen de Vries 1556 – 1626. Augsburgs Glanz – Europas Ruhm, Augsburg 2000, S. 119 und

Groos, Walter: Beiträge zur Topographie von Alt-Augsburg, Bericht der Naturforschenden Gesellschaft Augsburg, Bd. 21, Augsburg 1967, S. 3

(7) Ruckdeschel, Wilhelm: Wasser für die schönen, publique Springbrunnen, in: Adriaen de Vries 1556 – 1626. Augsburgs Glanz – Europas Ruhm, Augsburg 2000, S. 119

(8) Walter, Caspar: Hydraulica Augustana [...], Augsburg 1754, S. 10

(9) vgl. Ruckdeschel, Wilhelm: Wasser für die schönen, publique Springbrunnen, in: Adriaen de Vries 1556 – 1626. Augsburgs Glanz – Europas Ruhm, Augsburg 2000, S. 120

(10) vgl. Häußler, Franz: Augsburgs historisches Wasserwerk. Ein einzigartiges Technikmuseum, Augsburg 2010, S. 26

(11) Hoffmann, Albrecht: Zum Stand der städtischen Wasserversorgung in Mitteleuropa vor dem Dreißigjährigen Krieg, in: Die Wasserversorgung in der Renaissancezeit, Geschichte der Wasserversorgung, Bd. 5, Mainz 2000, S. 113

(12) vgl. ebenda, S. 109

(13) vgl. ebenda, S. 110

(14) vgl. http://www.deutsche-biographie.de/pnd119269600.html, letzter Zugriff: 13.02.2015

(15) vgl. Häußler, Franz: Die lange Wanderschaft eines Ritters, Augsburger Allgemeine, 08.09.2010

(16) Ruckdeschel, Wilhelm: Wasser für die schönen, publique Springbrunnen, in: Adriaen de Vries 1556 – 1626. Augsburgs Glanz – Europas Ruhm, Augsburg 2000, S. 119

(17) vgl. ebenda, S. 118

(18) vgl. Walter, Caspar: Hydraulica Augustana [...], Augsburg 1754, S. 10

(19) Walter, Caspar: Anweisung vor einen jederweiligen Brunnen-Ballier oder: Obmann in dem untern Wasser-Thurn auf dem Maurberg [...], Augsburg 1766. S, 5

(20) Groos, Walter: Beiträge zur Topographie von Alt-Augsburg, Bericht der Naturforschenden Gesellschaft Augsburg, Bd. 21, Augsburg 1967, S. 20

(21) Kollmann, Franz Joseph: Die Wasserwerke von Augsburg [...], Augsburg 1850, S. 73

(22) Wirth, Johann Christian: Augsburg wie es ist!: Beschreibung aller Merkwürdigkeiten dieser altberühmten Stadt mit Bezug auf Kunst, Handel, Fabriken, Gewerbe etc.; Ein Hand- und Addreßbuch für alle. Mit 16 Ansichten und einem Plan der Stadt, Augsburg 1846, S. 38

(23) Walter, Caspar: Anweisung vor einen jederweiligen Brunnen-Ballier oder: Obmann in dem untern Wasser-Thurn auf dem Maurberg [...], Augsburg 1766, S. 24

(24) Stetten, Paul von d.J.: Beschreibung der Reichs-Stadt Augsburg, nach ihrer Lage jetzigen Verfassung, Handlung und den zu solcher gehörenden Künsten und Gewerben auch ihren andern Merkwürdigkeiten, S. 114 und
schriftliche Hinweise von Franz Häußler, Augsburg

(25) vgl. Häußler, Franz: Technik-Museum und lebendiges „Wasserwerk am Hochablass". Eine Dokumentation zum 120-jährigen Jubiläum der modernen Wasserversorgung, Augsburg 1999, S. 11

(26) Groos, Walter: Beiträge zur Topographie von Alt-Augsburg, Bericht der Naturforschenden Gesellschaft Augsburg, Bd. 21, Augsburg 1967, S. 20

(27) vgl. Häußler, Franz: Augsburgs historisches Wasserwerk. Ein einzigartiges Technikmuseum, Augsburg 2010, S. 30

(28) Ruckdeschel, Wilhelm: Wasser für Alt-Augsburg, in: Wasserhistorische Forschungen: Schwerpunkt Antike, Bd. 1, Siegburg 2003, S. 227

(29) vgl. Kollmann, Franz Joseph: Die Wasserwerke von Augsburg [...], Augsburg 1850, S. 148

(30) vgl. Weidenbacher, Josef: Die Fuggerei in Augsburg. Die erste deutsche Kleinhaus-Stiftung, Augsburg 1926, S. 23

(31) vgl. Groos, Walter: Beiträge zur Topographie von Alt-Augsburg, Bericht der Naturforschenden Gesellschaft Augsburg, Bd. 21, Augsburg 1967, S. 30

(32) vgl. Weidenbacher, Josef: Die Fuggerei in Augsburg. Die erste deutsche Kleinhaus-Stiftung, Augsburg 1926, S. 23

(33) Schad, Martha: Brunnen in Augsburg, Bindlach 1992, S. 51

(34) vgl. Weidenbacher, Josef: Die Fuggerei in Augsburg. Die erste deutsche Kleinhaus-Stiftung, Augsburg 1926, S. 23 ff

(35) vgl. Groos, Walter: Beiträge zur Topographie von Alt-Augsburg, Bericht der Naturforschenden Gesellschaft Augsburg, Bd. 21, Augsburg 1967, S. 19

(36) Stetten, Paul von d.Ä.: Geschichte Der Heil. Röm. Reichs Freyen Stadt Augspurg. Aus bewährten Jahr-Büchern und Tüchtigen Urkunden gezogen, und an das Licht gegeben [...], Bd. 1, Augsburg 1743, S. 385

(37) vgl. Fuggerarchiv Dillingen: Kaufbrief und Revers vom 28. September 1558, FA 6.1.2 Blatt 38f

(38) Walter, Caspar: Hydraulica Augustana [...], Augsburg 1754, S. 6 f.

(39) ebenda, S. 7

(40) vgl. Roeck, Gabriele: Wolfgang Neidhardt und das Augsburger Gießereiwesen um 1600, in: Adriaen de Vries 1556 – 1626. Augsburgs Glanz – Europas Ruhm, Augsburg 2000, S. 110

(41) Hoffmann, Albrecht: Zum Stand der städtischen Wasserversorgung in Mitteleuropa vor dem Dreißigjährigen Krieg, in: Die Wasserversorgung in der Renaissancezeit, Geschichte der Wasserversorgung, Bd. 5, Mainz 2000, S. 44

(42) Baur, Albert: Historische Entwicklung der Wasserspeicherung, in: Historische Wassertürme, Beiträge zur Technikgeschichte von Wasserspeicherung und Wasserversorgung, München 1985, S. 22

(43) vgl. Walter, Caspar: Anweisung vor einen jederweiligen Brunnen- oder Obmann in denen zwey St. Jacobs Wasser-Thürmen [...], Augsburg 1766, S. 14 ff.

(44) Groos, Walter: Beiträge zur Topographie von Alt-Augsburg, Bericht der Naturforschenden Gesellschaft Augsburg, Bd. 21, Augsburg 1967, S. 20

(45) Emmendörffer, Christoph: Wunde Welt. Hainhofers Diarium der schwedischen Besatzung Augsburgs, in: Wunderwelt. Der Pommersche Kunstschrank, München/Berlin 2014, S. 519

(46) vgl. Lieb, Norbert: Die Fugger und die Kunst. Im Zeitalter der hohen Renaissance, München 1958, S. 198 f.

(47) Stadtarchiv Augsburg: Anschläge und Dekrete, Doubletten, Nr. 154 (30. Juli 1748)

(48) vgl. Walter, Caspar: Anweisung vor einen jederweiligen Stadt-Brunnen-Meister [...], Augsburg 1766, S. 87

(49) Stadtarchiv Augsburg: Anschläge und Dekrete, Doubletten, Nr. 154 (30. Juli 1748)

(50) Kollmann, Franz Joseph: Die Wasserwerke von Augsburg [...], Augsburg 1850, S. 144

(51) vgl. ebenda, S. 144 ff.

(52) vgl. Häußler, Franz: Augsburgs historisches Wasserwerk. Ein einzigartiges Technikmuseum, Augsburg 2010, S. 26 f.

(53) Kollmann, Franz Joseph: Die Wasserwerke von Augsburg [...], Augsburg 1850, S. 148

(54) vgl. Häußler, Franz: Augsburgs historisches Wasserwerk. Ein einzigartiges Technikmuseum, Augsburg 2010, S. 27

(55) Endriss, Gerhard: Die künstliche Bewässerung des Schwarzwaldes und der angrenzenden Gebiete, in: Berichte der Naturforschenden Gesellschaft zu Freiburg im Breisgau. Bd. 42, Heft 1, 1952, S. 103

(56) vgl. Kuby, Ferdinand: Die Brunnenwerke und neuen Trinkwasser-Verhältnisse der Stadt Augsburg, Augsburg 1881, S. 14 f.

(57) ebenda, S. 15

Die „Gumpperwerke": Cholera, Typhus und Tod

Große Teile der Stadtbevölkerung tranken Wasser aus Schöpf- und Pumpbrunnen

In einer Beschreibung der Reichsstadt Augsburg von 1788 hob Paul von Stetten d.J. den Reichtum seiner Heimatstadt an reinem Trinkwasser hervor: In den meisten Straßen seien Brunnen gegraben, mit denen von Hand Wasser gepumpt werden könne. Obwohl die Wasserwerke, Wassertürme und Wasserleitungen zu Augsburgs großen Standortvorteilen und Sehenswürdigkeiten zählten, wäre die Trinkwasserversorgung ohne die über die Stadt verteilten Pumpbrunnen (schwäbisch: Gumpper) zusammengebrochen.

Brunnenmeister Caspar Walter zählte um 1750 exakt 640 Privatanschlüsse und 50 Röhrbrunnen, zusätzlich aber 95 öffentliche Schöpf- und Pumpbrunnen auf, dazu 36 in öffentlichen Einrichtungen – vom Stadtkassierhof bis zu den Friedhöfen, vom Schlachthaus bis zum Scharfrichterhaus – sowie vor allem 1690 private Pumpbrunnen. Den Pumpbrunnen der Stadt widmete sich Walter in seiner 1761 herausgegebenen „Beschreibung Aller hőltzernen, und derer mit 2. messenen Stůfelen [Messing-Zylindern] versehen, oder gemachten sogenannten Gumber=Werck".

Noch um 1845 hatte sich die Versorgungssituation kaum verbessert. Man zählte rund 800 private Röhrwasseranschlüsse sowie fünf „Prachtfontainen" und 55 „reichlich fließende" öffentliche Röhrbrunnen.

Den Löwenanteil an Trinkwasser lieferten aber nach wie vor 90 öffentliche Pumpbrunnen und genau 1825 Pumpbrunnen in Privatanwesen. „1843 am 28. Januar übernahm die Stadtkasse die Unterhaltungskosten für die Gemeindepumpbrunnen, welche bisher durch Umlagen bestritten wurden." So notwendig diese „Gumpperwerke" folglich waren, so bedenklich waren sie auch. 1832, 1854 und 1874 suchte die Cholera Augsburg heim, im Winter 1878/79 grassierte eine Typhusepidemie: Hunderte – vor allem in den von den Ärmeren bewohnten Stadtteilen, wo die Pumpbrunnen dominierten – starben. Die Ursachen sind heute klar: „Nur ein Viertel der Bevölkerung trinkt ‚Röhrwasser', drei Viertel versorgen sich aus Hausbrunnen, die oft nur ein paar Meter neben einer Fäkaliengrube ins Grundwasser reichen."

Brunnenmeister Caspar Walter war auch für den Unterhalt der Pumpbrunnen im Stadtgebiet verantwortlich. Die „Gumber=Werck" beschrieb er ausführlich in einem seiner in Augsburg verlegten Bücher.

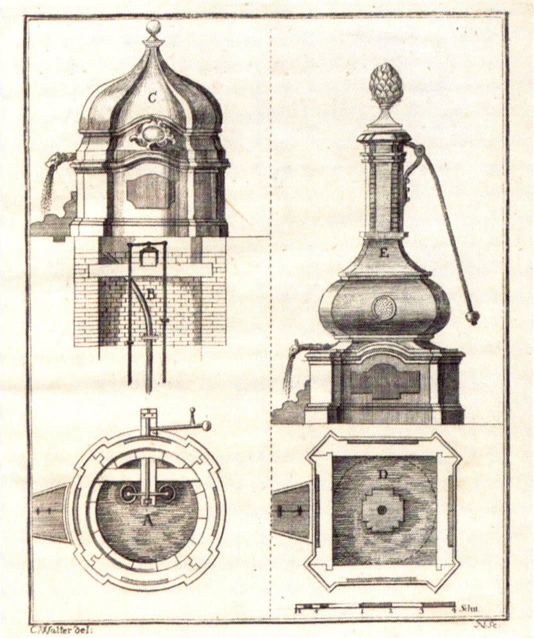

Häußler, Franz: Augsburgs historisches Wasserwerk. Ein einzigartiges Technikmuseum, Augsburg 2010, S. 30 f.

Groos, Walter: Beiträge zur Topographie von Alt-Augsburg, Bericht der Naturforschenden Gesellschaft Augsburg, Bd. 21, Augsburg 1967, S. 21 ff.

Kollmann, Franz Joseph: Die Wasserwerke von Augsburg [...], Augsburg 1850, S. 147

Walter, Caspar: Beschreibung Aller höltzernen, und derer mit 2. messenen Stüfelen versehen, oder gemachten sogenannten Gumber=Werck, Wie viel derer in Löbl. Reichs-Stadt Augspurg vorhanden. Mit welchen aus der Tiefe in die Höhe, zum täglichen Gebrauch durch Menschen-Hände mit grossem Nutzen der Bürgerschafft ein Wasser erpumpet wird. [...], Augsburg 1761

Wirth, Johann Christian: Augsburg wie es ist!: Beschreibung aller Merkwürdigkeiten dieser altberühmten Stadt mit Bezug auf Kunst, Handel, Fabriken, Gewerbe etc.; Ein Hand- und Addreßbuch für alle. [...], Augsburg 1846, S. 44

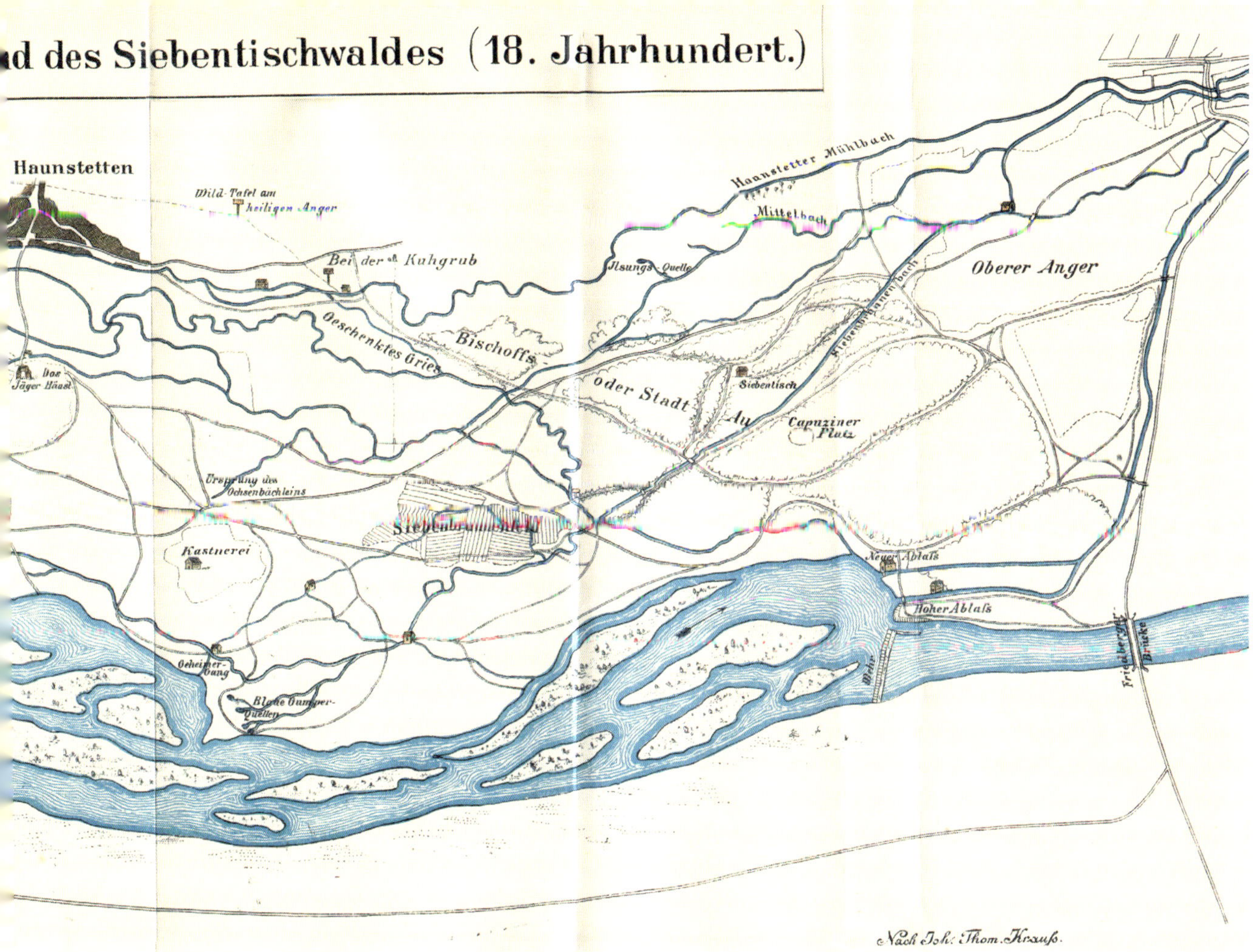

der dortigen Flächen durch die Forstwirtschaft genug Schutz versprach, waren auch auf längere Sicht keine schädlichen Infiltrationen des Bodens zu befürchten. Über zwei im Dezember 1875 eingerichtete Versuchsbrunnen gewann man die gesicherte Erkenntnis, die benötigten Wassermengen problemlos und in hoher Güte entnehmen zu können. (9) *„Zur Beurteilung der Wasserqualität wurden renommierte Experten herangezogen, darunter kein Geringerer als der Begründer der experimentellen Hygiene, Max von Pettenkofer (1818 – 1901), der am 13. März 1874 feststellt, dass die chemische Zusammensetzung dieses Wassers den Anforderungen für ein einwandfreies Trinkwasser entspricht."* (10)

Die Entscheidung für den Siebentischwald wurde sicher dadurch erleichtert, dass dort die Wassermenge zu erwarten war, die angesichts ständig wachsender Einwohnerzahlen auch längerfristig für ein zentrales Wasserwerk für das gesamte Stadtgebiet ausreichte. *„Ein von dem k. Oberbergdirector Dr. W. Guembel in München erbetenes Gutachten lautete dahin, dass das Wasser im Siebentischwalde sich […] vollständig für die projectirte Wasserversorgung eigne, und dass die Stadt damit ein reines, gesundes und frisches Wasser geboten erhalte, dass aber auch die Bodenbeschaffenheit keinen Zweifel aufkommen lasse, dass das vorhandene Wasser nicht nur den dermaligen Trink- und Hauswasserbedarf für die Stadt zu decken vermöge, sondern auch, dass selbst bei einer Zunahme der Bevölkerung bis auf 100,000 Einwohner das Wasserquantum ausreichend sei."* (11) Die Industriestadt hatte damals ungefähr 60 000 Einwohner: Selbst bei einem (wohl nicht erwarteten) Zuwachs um weitere 40 000 Menschen wurde eine mögliche maximale Förderung von 200 Litern pro Tag und Kopf prognostiziert. (12)

Das Trinkwasser für das neue Wasserwerk sammelten drei Schachtbrunnen, die circa einen Kilometer weit südlich vom Hochablass in der Mitte des Siebentischwalds lagen. Die gemauerten, mit Wassereinlassöffnungen versehenen Sammelbrunnen mit vier Metern Durchmesser und 6,5 Metern Tiefe lagen ungefähr 100 Meter voneinander entfernt. Sie waren durch eine Sammelgalerie untereinander verbunden. Von der mittleren Quellfassung, dem Zentralbrunnen, leitete eine mit leichtem Gefälle verlegte gusseiserne

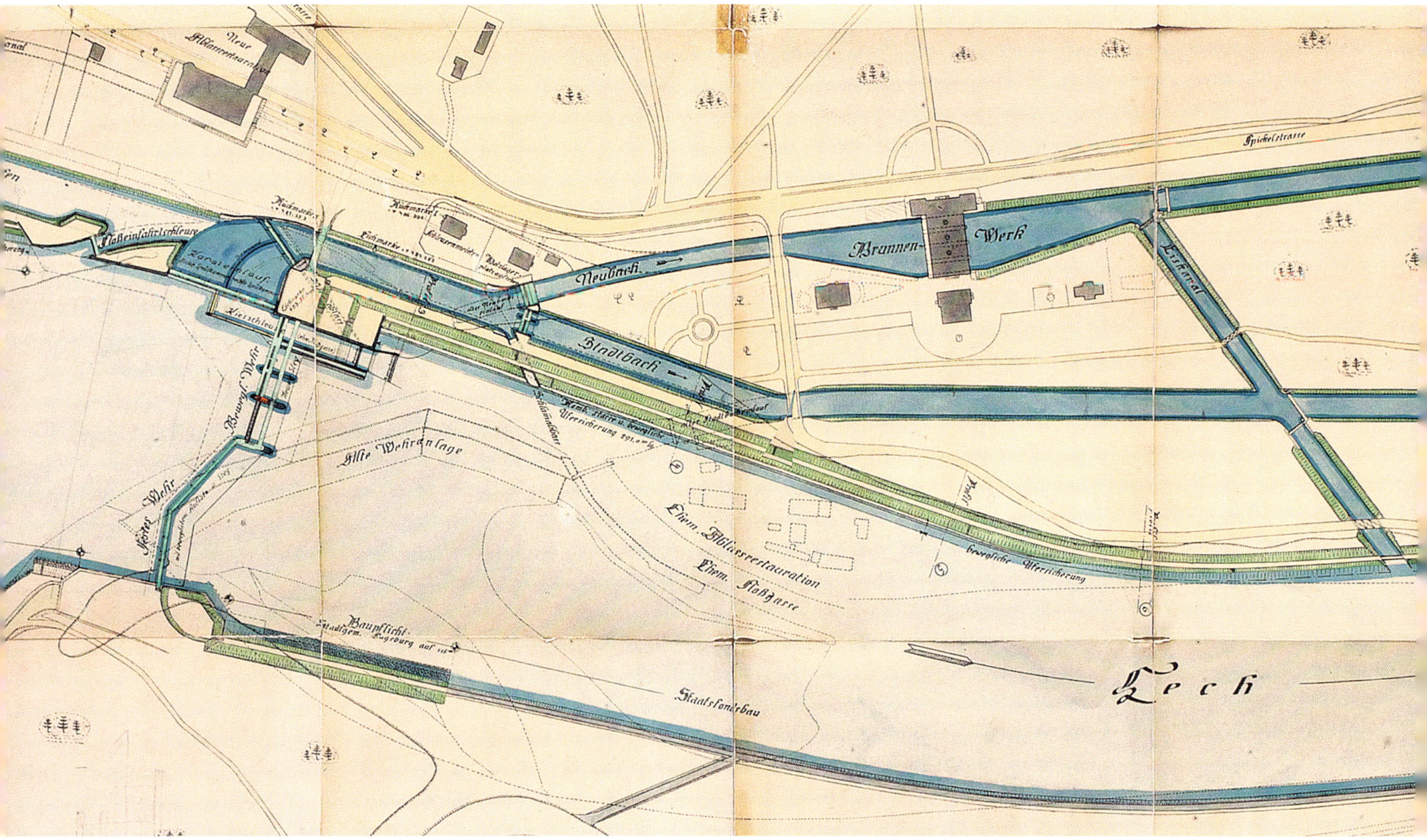

1931/32 fertigte die Abteilung Tiefbau im Stadtbauamt diesen Übersichtsplan des Lechwehrs am Hochablass: Mit dem Bau des neuen Stauwehrs in den Jahren 1911/12 war der Neue Ablass Vergangenheit. Seitdem versorgte der Neubach die Turbinen des Wasserwerks mit Lechwasser, das nur kurz nach dem Stauwehr aus dem Einlaufkanal abgeleitet wurde.

Zuleitung das Wasser in die beiden Saugbassins unter dem Maschinenhaus des neuen Wasserwerks. Aus den beiden vier Meter tief gelegenen gusseisernen Bassins mit je 3,5 Metern Durchmesser entnahmen separate Saugröhren das Wasser für die Pumpen. (13) Diese drei Schachtbrunnen waren ein überschaubarer Anfang. Heute gewinnen im Stadtwald Augsburg insgesamt 60 Vertikal- und Horizontalbrunnen Trinkwasser.

Geradezu pikiert reagierte der städtische Ober-Ingenieur David Endres, der das Projekt der neuen Wasserversorgung geleitet hatte, auf Mutmaßungen, dass mit dem Wasserwerk am Hochablass lediglich gefiltertes Lechwasser gefördert würde. Mit seinen Messungen der Wasserhärte und -temperatur sowie seinen Beobachtungen zu Niederschlägen und Lechhochwassern konnte Endres belegen, dass Augsburg sein Trinkwasser aus Grundwasserströmen im Hochplateau zwischen Lech und Wertach gewann. Trinkwasser aus dem Siebentischwald wurde (damals) überhaupt nicht mit filtriertem Lechwasser vermengt. (14)

Der Bau des Wasserwerks am Rand des Siebentischwalds – in unmittelbarer Nachbarschaft des Hochablasses – wurde am 28. Dezember 1876 beschlossen. Im August 1878 erließ der Magistrat der Stadt eine Satzung, die sämtliche Haushalte zum Anschluss an das parallel zum Bau des Wasserwerks verlegte neue Leitungsnetz verpflichtete. (15)

Mit ersten Bauarbeiten wurde im Frühjahr 1878 begonnen. Gleichzeitig wurde das fast 54 Kilometer lange Leitungsnetz unter die Erde gebracht. Die gusseisernen Rohre wurden aus Saarbrücken geliefert und bis Februar 1879 verlegt. Am 1. Oktober 1879 begann der Normalbetrieb des Wasserwerks. (16)

Das neue Leitungsnetz führte rund vier Kilometer lang vom Maschinenhaus des Wasserwerks am Hochablass bis zum Rathausplatz, wo es sich in

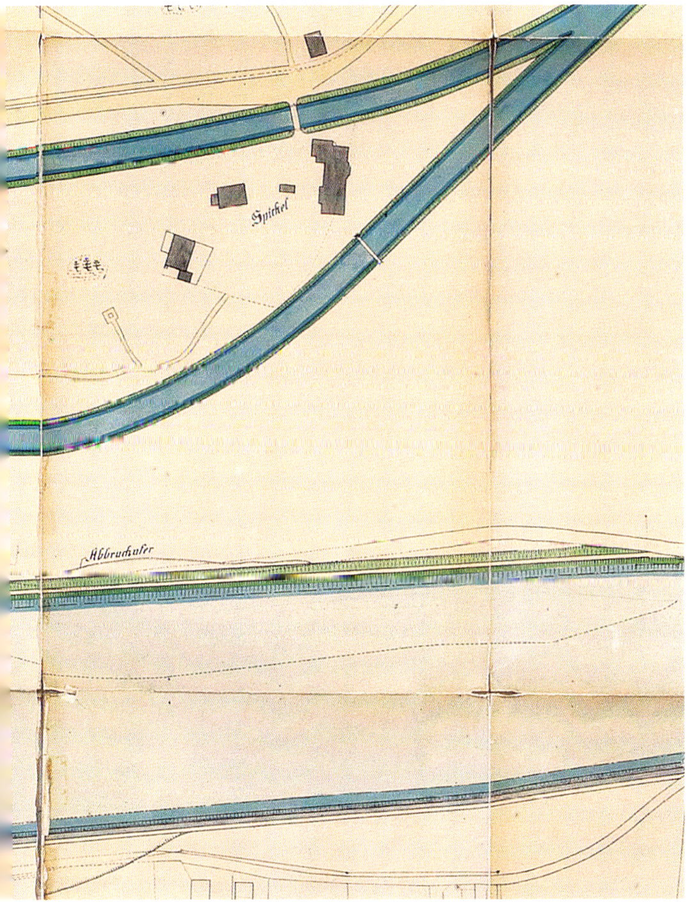

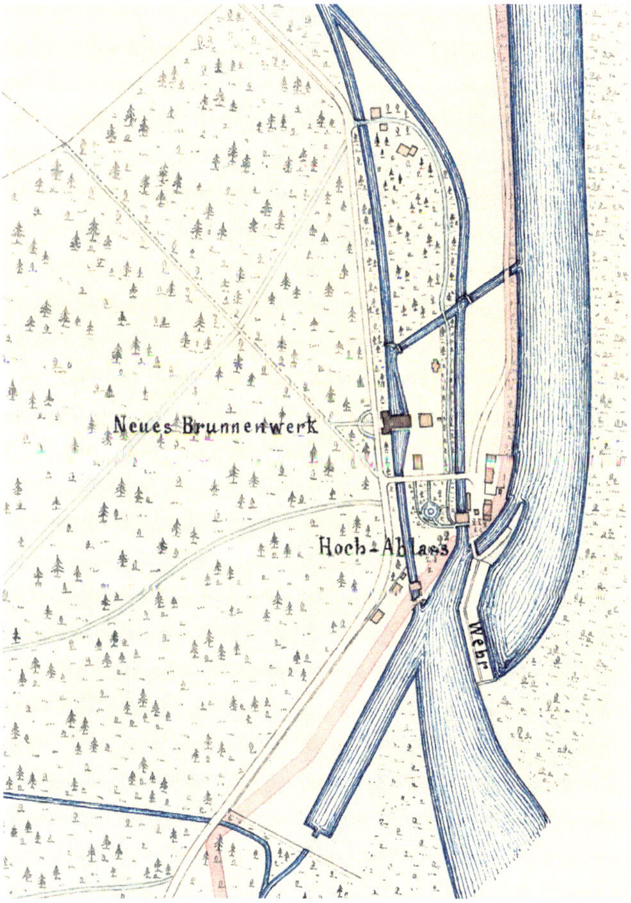

Bis zur Hochwasserkatastrophe von 1910 hatte der Neubach das Treibwasser für das Wasserwerk am Hochablass direkt aus einem 1595 gegrabenen zweiten Einlaufkanal – dem Neuen Ablass – geliefert. Das zeigt dieser Ausschnitt aus einem Plan von 1889.

drei Arme aufteilte, die sich wiederum in den Straßen und Gassen verzweigten. In jeder Straße konnte die neue Leitung mit einem Schieber abgesperrt werden: So konnten bei Rohrbrüchen Betriebsstörungen vermieden werden. Die Zuleitung in die Häuser regelte ein Hahnensystem: Es bestand aus einem Absperrhahn, aus einem nur Mitarbeitern des Wasserwerks zugänglichen plombierten Kaliberhahn und aus einem Messhahn. Das neue Leitungsnetz wurde einem Probedruck von circa 18 Bar ausgesetzt. Nur sechs Rohre mussten wegen Bodensetzungen ausgetauscht werden, bevor es in Betrieb genommen wurde. Zeitgenössische Berichte zum neuen Wasserwerk betonen jene 645 Hydranten, die jeweils im Abstand von 80 bis 90 Metern entlang des Leitungsnetzes installiert worden waren. Sie versetzten die Feuerwehr in die Lage, überall in der Stadt auch große Brände effizient bekämpfen zu können.

Beim Verlegen der Leitung hatte das Aderngeflecht der Kanäle größere Probleme bereitet. Fünf der sechs großen Werkskanäle wurden unter der Kanalsohle gequert, der sechste mit einer Kanalkreuzung über dem Wasserspiegel überwunden. Auch unter der Sohle der Wertach wurde ein größerer Nebenstrang verlegt. (17)

Das Treibwasser für die Turbinen im Maschinenhaus des neuen Wasserwerks am Hochablass kam aus dem Lech. Bei der Planung des neuen Wasserwerks stützte man sich erneut auf das ökonomische und seit Jahrhunderten bewährte Prinzip „Wasser mit Wasser heben". Ursprünglich lieferte der 1595 gegrabene Neue Ablass, der zweite Lechanstich beim Hochablass, über den Neubach die Antriebskraft. Dieser Kanalabschnitt wurde 1878 erweitert und vertieft. (18)

Erst als man nach der Hochwasserkatastrophe von 1910 bis 1912 das heutige Hochablasswehr errichtete, leitete nur noch ein Ablass Lechwasser in Richtung Stadt. Der 800 Meter lange Neubach wird seither am Ende des exakt 170 Meter langen Einlaufkanals vom Hauptstadtbach abgezweigt. Kurz vor der Eisenbahnlinie Augsburg-München, nach der Spickelinsel, fließt der Antriebskanal des Wasserwerks am Hochablass

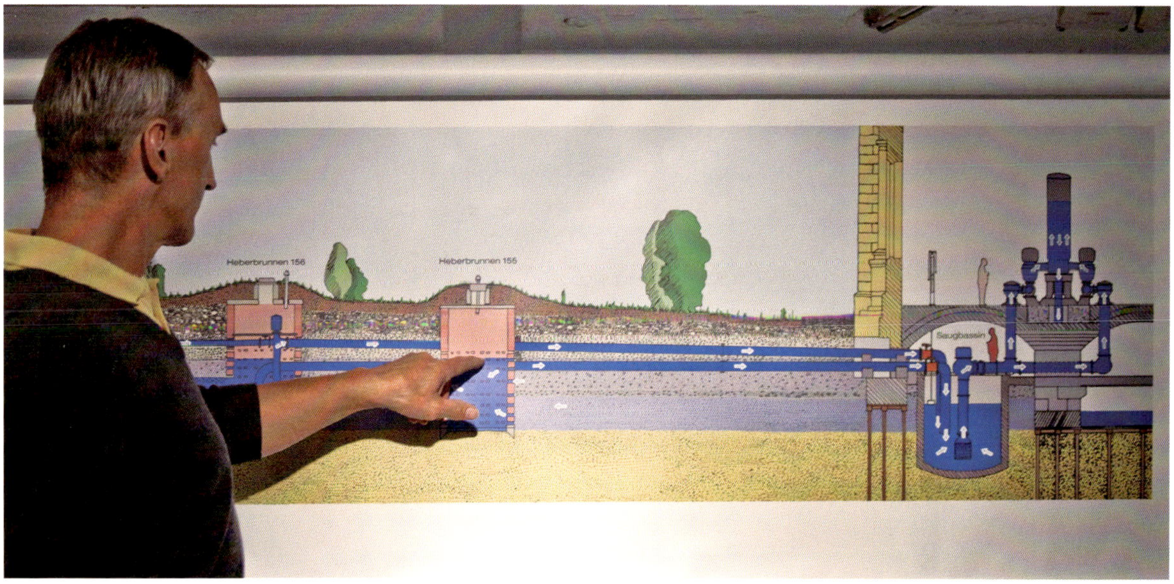

Eine Schemazeichnung im historischen Wasserwerk zeigt die drei ersten Sammelbrunnen im Siebentischwald. Vom zentralen Heberbrunnen lenkte eine gusseiserne Leitung Wasser in zwei Saugbassins unter dem Gewölbe des Maschinenhauses.

(das seit dem Jahr 2005 als Wasserkraftwerk Strom erzeugt) in den Hauptstadtbach zurück.

Die Technik im Maschinenhaus des Wasserwerks am Hochablass sowie die damit verbundenen Planungen und die Erkenntnisse aus der Zeit nach der Inbetriebnahme wurden durch Publikationen des „Vereines Deutscher Ingenieure" in den Jahren 1881 und 1900 detailliert beschrieben. Diese Quellen basieren jeweils auf Vorträgen des städtischen Ober-Ingenieurs David Endres – später der Leiter des Stadtwasserversorgungsamts beziehungsweise Stadtbaurat für Tiefbau – sowie Josef Krumpers, des bei der Maschinenfabrik Augsburg für die Technik des neuen Wasserwerks verantwortlichen Ingenieurs. Als dritte zeitgenössische Schriftquelle kann ein ausführlicher Artikel in der Beilage der „Augsburger Allgemeinen Zeitung" vom 21. August 1879 herangezogen werden.

Eine Passage im Vortrag des städtischen Ober-Ingenieurs David Endres vom 8. April 1881 spiegelt den Stolz auf das Projekt wider und fasst zugleich die Vorzüge der Augsburger Technologie zusammen: *„Dieses Windkesselsystem, welches meines Wissens in Deutschland noch nirgends in so großem Maßstabe wie hier zur Ausführung kam, ist unter der Voraussetzung, daß die verfügbare Quellwassermenge eine entsprechend große ist, vollständig geeignet, das Hochreservoir zu ersetzen, und bietet außer einer sehr beträchtlichen Ersparung in den Anlagekosten und leichter Uebersicht des Betriebes, den nicht zu unterschätzenden Vortheil, in Ausnahmefällen, z. B. bei großen Bränden, den Druck im Röhrennetze über den Normaldruck steigern zu können."* (19)

In seinem erst 1900 abgedruckten Vortrag vom November 1879 hat Josef Krumper (der später an der Entwicklung des Dieselmotors in der Maschinenfabrik Augsburg beteiligt sein sollte) die Technik des neuen Wasserwerks in vier Kapiteln – zu den Motoren, zur Transmission, zu den Pumpen und zur Rohrleitung mit den Windkesseln – beleuchtet. *„[...] 3 Jonval-Turbinen à 70 Effectivpferde [...]"* (20) trieben über Zahnrädervorgelege und Kurbelwellen *„[...] 3 Pumpensysteme* [an], *welche je aus zwei unter 90° gekuppelten, doppelwirkenden, liegenden Plungerpumpen bestehen".* (21)

Des Weiteren trug Krumper vor: *„Von den Pumpen arbeitet nun jedes System, (d. h. jede Zwillingspumpe) durch ein separates Saugerohr und durch entsprechende Saugewindkessel in einen hinter den Pumpen gelegenen Druckwindkessel, und von hier aus in das gemeinschaftliche Druckrohr. Die Fortsetzung des Letzteren bildet das Hauptdruckrohr für die Stadt, welches vor Austritt aus dem Pumpwerks-Gebäude Verbindung mit 4 grossen Windkesseln, den Haupt-Druckwindkesseln hat, die gleichsam das Hochreservoir der Anlage bilden."* (22) Die Zwillings-Kolbenpumpen erzeugten den Druck, die Druckwindkessel glichen die Druckstöße

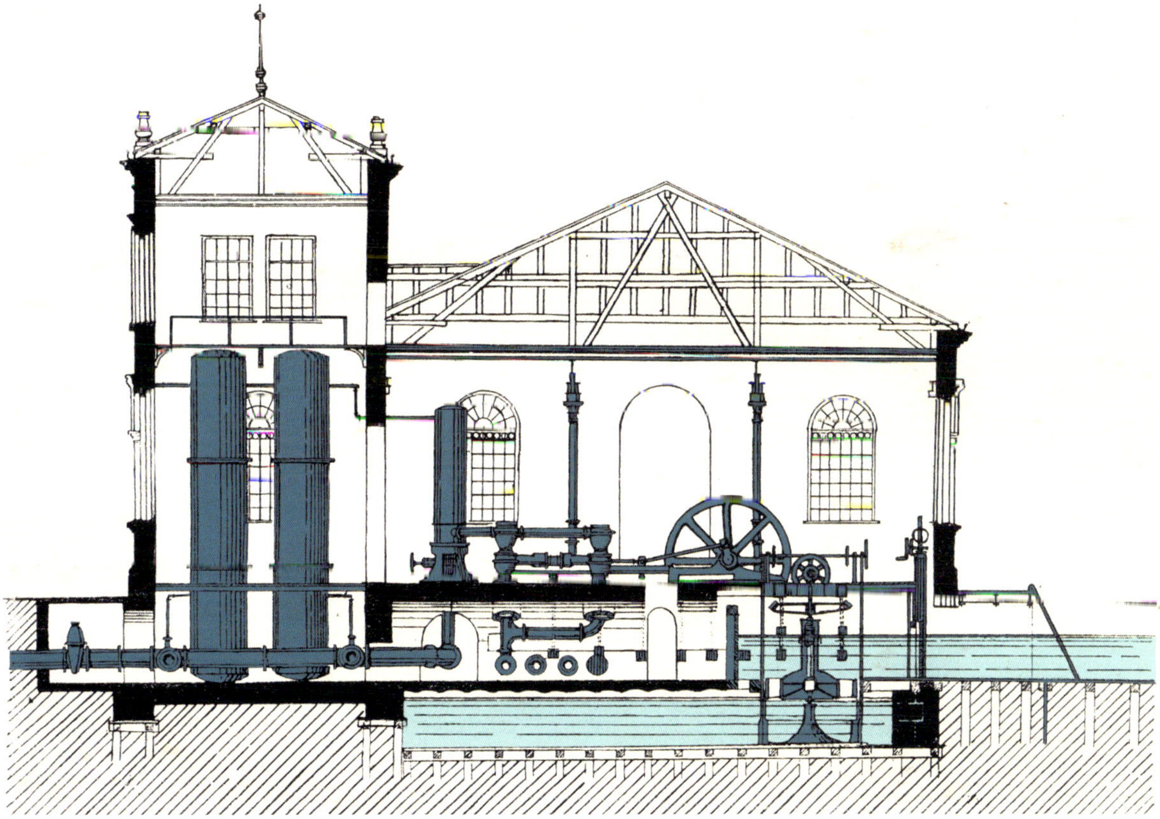

aus: *„Da die einzelnen Druckwindkessel in ein gemeinschaftliches Druckrohr arbeiten, bilden dieselben für das Haupt-Druckrohr eine ganze Batterie Luftkissen, und die Geschwindigkeitsänderungen des abgehenden Wassers sind somit ganz ausserordentlich geringe."* (23)

Diese Schnittzeichnung verdeutlicht die Technik im Maschinenhaus. Zu erkennen ist unter anderem einer der 3,3 Meter hohen Saugwindkessel. Die vier Druckwindkessel sind zehn Meter hoch. Sie stehen deshalb im Nordturm des Wasserwerks.

Ein Foto aus der Zeit um 1900 und eine aktuelle Aufnahme zeigen die Maschinenhalle und die Pumpensätze. Im Vordergrund ist jeweils die von den Turbinen einzeln oder gemeinsam und ab 1885 auch von einer Dampfmaschine anzutreibende Hauptwelle zu sehen.

Zwei Pumpensätze und ihre Turbinen waren für den Normalbetrieb vorgesehen, der dritte Pumpensatz war als Reserve bei Reparaturarbeiten, aber auch zur Erhöhung der Förderleistung (zum Beispiel bei Brandbekämpfung) gedacht. Eine weitere Turbinenkammer

und ein Pumpenfundament wurden vorsorglich eingebaut, um bei steigendem Wasserbedarf gegebenenfalls einen vierten Pumpensatz einbauen zu können, ohne dadurch den laufenden Betrieb zu stören.

Ohne Reservoir und Hochbassin bauen zu können, ermöglichte eine erhebliche Einsparung, *„[...] da aber die Kosten eines solchen ca. 190 Fuss* [mehr als 55 Meter] *hohen Thurmes sehr beträchtliche geworden wären [...]“.* (24) Für die vier geschmiedeten Druckwindkessel mit zehn Metern Höhe bei einem Durchmesser von jeweils 1,75 Metern genügte dagegen der Platz im nördlichen Eckturm des Neubaus. Ein Hochbassin war auch deshalb nicht notwendig,

Der Längsschnitt durch das (von links) Kessel-, Dampfmaschinen- und Pumpenhaus des Wasserwerks zeigt die fünf großen Gewölbe im Unterbau des Maschinenhauses. Aus zwei gusseisernen Bassins entnahmen die Saugleitungen der Pumpensätze das Wasser. Die vierte Turbinenkammer wurde als Leerschuss angelegt, um den Einbau eines weiteren Pumpensatzes zu ermöglichen. Unten: Der „Grundriß des städtischen Brunnenwerkes auf dem Hochablaß“ zeigt die Lage der drei Zwillings-Kolbenpumpen in der Maschinenhalle und die vier Druckwindkessel im nördlichen Eckturm. Die gemeinsame Hauptwelle konnte von jeder Turbine und im Notfall von einer Dampfmaschine (links) angetrieben werden.

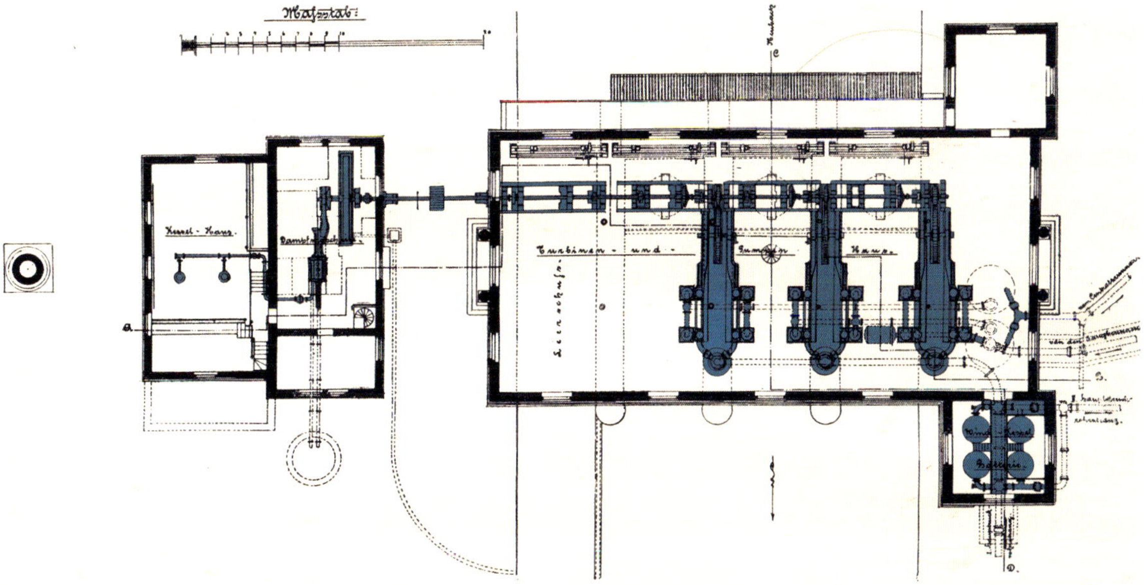

An mehreren Maschinenteilen im Wasserwerk entdeckt man die Schriftzüge der Maschinenfabrik Augsburg und ihrer Nachfolgerfirma, der M.A.N.

weil das riesige Grundwasservorkommen unter dem Siebentischwald ein kostenloses Reservoir darstellt, das als unerschöpflicher Puffer angesehen werden konnte. Wegen dieses Überflusses spielte 1879 das Wassersparen keine Rolle – im Gegenteil. Wie bei den stillgelegten alten Wasserwerken handelte es sich bei der neu konzipierten Trinkwasserversorgung um ein Durchflusssystem. Stetig laufendes Wasser war kein Problem, *„[...] denn für die jährlichen Betriebskosten ist es unter den gegebenen Umständen gleichgiltig, ob mehr oder weniger Wasser der Stadt zugeführt wird, solange die vorhandene Wasserkraft und die verfügbare Quellenwassermenge ausreichend ist".* (25)

Obwohl die Trinkwasserabnahme im Jahr 1879 für alle Anwesen obligatorisch geworden war, konnte man das geförderte Trinkwasser also Tag und Nacht ununterbrochen laufen lassen. Nicht an Wasser zu sparen, war sogar die technisch sinnvollere Lösung, denn *„[...] wenn hiebei auch eine grosse Verschwendung des Wassers stattfindet, so ist auf der andern Seite einestheils der Vortheil erreicht, dass das Wasser in den Röhren nicht stagnirt und desshalb an Qualität nicht verlieren wird, [...] andererntheils sind alsdann die Verbrauchsschwankungen so geringe, dass die Anlage eines Ausgleichs-Reservoirs überflüssig erscheint".* (26)

Dieser Wasserreichtum und die Technik des neuen Wasserwerks ermöglichten folglich *„[...] die ‚turmlose Wasserversorgung'. Rund um den Globus verbanden Konstrukteure diesen Begriff bald mit Augsburg."* (27) Diese Technik funktionierte nicht nur unkompliziert, sondern war außerdem überaus leistungsfähig. Dies bewies auch der neu aufgestellte Brunnen auf dem Königsplatz, der eine 30 Meter hohe Fontäne zum Himmel schicken konnte. (28)

1891 betrug die geförderte Wassermenge 245 Liter pro Tag und Kopf. Bereits 1895 war die erste Quellfassung zu klein geworden, so schnell wuchs die Zahl der Einwohner. Waren bei Inbetriebnahme des neuen Wasserwerks noch etwas mehr als 60 000 Augsburger mit Trinkwasser zu versorgen gewesen, zählte die Stadt um 1895 bereits mehr als 80 000 Einwohner. Deshalb wurden nun 120 beziehungsweise 220 Meter westlich des Maschinenhauses zwei weitere Sammelbrunnen gebaut. Das Wasser aus der neuen Quellfassung floss über die Zuleitung ins Wasserwerk, wo es wahlweise direkt zum ersten Pumpensatz oder ins Saugbassin geleitet wurde. (29) 1898 wurde für die neuen Stadtteile im Süden und Westen eine zweite Hauptdruckrohrleitung durch den Siebentischwald entlang der Haunstetter Straße verlegt. (30)

Augsburger Ingenieurskunst zeichnete für die wassertechnologische Innovation verantwortlich, die Landgerichtsarzt Dr. Ferdinand Kuby in seinem

1881 erschienenen Standardwerk „Die Brunnenwerke und neuen Trinkwasser-Verhältnisse der Stadt Augsburg" in allen Details beschrieben hat. Sein Fazit war geradezu enthusiastisch: *„Die ganze maschinelle Anlage [...] ist von der Maschinenfabrik Augsburg in wirklich brillanter Weise zur Ausführung gebracht."* (31) Die Maschinenfabrik Augsburg war die Nachfolgerin der 1840 gegründeten Sander'schen Maschinenfabrik, die seit 1844 als C. Reichenbach'sche Maschinenfabrik firmierte. Das Augsburger Unternehmen, das 1898 mit der Maschinenbau AG Nürnberg fusionierte, benannte sich 1908 in Maschinenfabrik Augsburg-Nürnberg AG (M.A.N.) um. Deshalb findet man an der Anlage neben dem gegossenen Schriftzug MASCHINENFABRIK AUGSBURG auch Plaketten mit dem Firmenschriftzug „M·A·N". Die bei ihrer Lieferung 400 Tonnen schwere

Eine historische Aufnahme zeigt das Wasserwerk noch ohne das 1885 gebaute Dampfmaschinenhaus.

Die Fassade des Baudenkmals über dem Neubach präsentiert sich heute nur wenig verändert.

Der Vergleich zwischen einer kurz nach dem Bau des Wasserwerks am Hochablass erstellten Fotografie und einer aktuellen Aufnahme verdeutlicht, wie unversehrt das im Stil der Neorenaissance gestaltete Baudenkmal erhalten ist. Beide Fotos zeigen die Westfassade mit dem dortigen Hauptportal.

Anlage (32) wurde aus Gusseisen und Schmiedeeisen gefertigt. Nur bei der Transmission, mit der man die Wasserkraft von den Turbinen über die gemeinsame Hauptwelle auf die Zwillings-Kolbenpumpen übertrug, wurden die Zähne jeweils eines Zahnrads der Zahnradpaare aus dem Holz von Weißbuchen gesägt. *„Als*

1877/78 das Pumpwerk am Hochablass konzipiert wurde, flossen alle damals bekannten, aber auch teils neu entwickelte Technologien ein. Nicht von ungefähr orientierten sich Fachleute aus aller Welt fast 40 Jahre lang an dieser für ähnliche Projekte beispielgebenden Anlage. [...] Es war eine wohldurchdachte, zuverlässige Technik, die fast 100 Jahre lang funktionierte." (33)

Die Einweihung des neuen „städtischen Brunnenwerks" am Hochablass wurde zwar offiziell am 1. Oktober 1879 gefeiert. Doch bereits ein paar Tage zuvor, am 22. September, hatte man den Probebetrieb gestartet. Dies war der Beginn der modernen Augsburger Trinkwasserversorgung. (34)

Mit der Einrichtung ihres zentralen Wasserwerks und der obligatorischen Verpflichtung aller Einwohner zur Abnahme des kommunalen Trinkwassers hatte die Stadt Augsburg zunächst nicht mehr als eine Pflichtaufgabe erfüllt. *„Zwischen 1870 und 1900 haben von den 1640 deutschen Städten, in denen mindestens 2000 Einwohner lebten, 52 Prozent eine zentrale Anlage zur Wasserversorgung erbaut. [...] So fällt auf, dass von den 150 Städten mit mindestens 25.000 Einwohnern alle eine neue Wasserversorgung eingeführt hatten."* (35) Dennoch bedeutete das neue Wasserwerk am Hochablass für das zu dieser Zeit kontinuierlich wachsende Augsburg eine epochale Zäsur.

In einer Publikation zur ersten Deutschen Städteausstellung im Jahr 1903 wurde im Zusammenhang mit dem Bau moderner Wasserwerke vom Eindringen der Technik in die Stadtverwaltung gesprochen. Die Trinkwasserversorgung wurde als eine der wichtigsten Aufgaben beschrieben, die eine Kommune im allgemeinen Interesse wahrzunehmen habe. Mehr noch: Städtische Wasserversorgungsbetriebe seien Wahrzeichen einer modernen Stadt. (36)

Das neue Wasserwerk am Hochablass bedeutete auch für Augsburg weit mehr als „nur" eine sichere Versorgung mit qualitativ hochwertigem, hygienisch völlig unbedenklichem und wohlschmeckendem Trinkwasser. 1902 hielt eine Festschrift für die Teilnehmer an der Wanderversammlung des Verbands Deutscher Architekten- und Ingenieurvereine in Augsburg fest: *„Eine sehr erhebliche Wassermenge wird für öffent-*

Die farbenfrohe Dekorationsmalerei am Haupteingang zur Maschinenhalle verrät die Handschrift Karl Albert Gollwitzers. Der Architekt gestaltete später auch die Fassaden von zwei Augsburger Mietshäusern im sogenannten maurischen Stil.

Das Ziergitter am Haupteingang der Maschinenhalle „zitiert" die Delfine am „Haus zu den Fischen", dem Oberen Brunnenmeisterhaus am Roten Tor.

liche Zwecke beziehungsweise zur Speisung von Fontainen, zum Besprengen der Straßen und Anlagen, zur Ausspülung der Abwasserkanäle u.s.w. verwendet,

Das seit der Renaissance beliebte Delfinmotiv wird auch von der Malerei im Deckenfries der Maschinenhalle des Wasserwerks am Hochablass aufgegriffen.

und zwar circa 1 Million Kubikmeter pro Jahr." (37) Die Industriestadt am Lech, die an der Schwelle vom 19. zum 20. Jahrhundert ungefähr 90 000 Einwohner zählte, ist also ein ausgezeichnetes Beispiel für den erst 2006 geprägten Begriff der „Hydropolis": Dieser Begriff unterstreicht, dass die Entwicklung von Städten jeder Größe ohne geregelte Wasserzufuhr (und ohne Abwasserentsorgung) rasch an Grenzen stößt. (38)

Mit ihrem neuen Wasserwerk am Hochablass hatte die Stadt Augsburg 1879 für fast hundert Jahre eine Zukunftsaufgabe bewältigt. Wie in dieser Stadt

seit fünf Jahrhunderten üblich, suchte man jedoch nicht nur nach einer technischen Lösung. Auch beim Wasserwerk am Hochablass überstieg der Aufwand für die Architektur und die Innendekoration die für ein Wasserwerk üblichen Maßstäbe.

Die Architektur des Wasserwerks am Hochablass ging – wie früher beim Oberen Wasserwerk am Roten Tor – weit über die Anforderungen eines reinen Zweckbaus hinaus. Vielmehr entstand ein Bau im Stil eines Fabrikschlosses, geplant von einem der führenden Architekten Augsburgs. *„Das Wasserwerksgebäude [...] wurde im von der Gründerzeitarchitektur bevorzugten Neorenaissancestil errichtet. Das pfahlgegründete und massiv fundamentierte Bauwerk besteht aus dem langrechteckigen, eingeschossigen Maschinensaal (Lichtmaße: 37 m lang; 17,5 m breit; 7 m hoch) und den beiden westlich flankierenden, auf quadratischem Grundriss zweigeschossigen Türmen. Diese Westfassade ist besonders repräsentativ gestaltet: Das giebelbekrönte Portal ist von auf sockelhohen Pilastern stehenden Halbsäulen flankiert, das Erdgeschoss ist durch vielfältig profilierte Rundbogenfenster, die Obergeschosse der Türme dagegen sind durch ansehnlich gerahmte Fensterpaare belichtet. Die senkrechten Turmkanten sind mit Rustikaquadern plastisch betont, alle Putzflächen durch breite Waagrechtfugen aufgelockert."* (39)

Das Maschinenhaus wurde aus ästhetischen Gründen wesentlich größer gebaut, als es der reine Wetterschutz der Pumpensätze gefordert hätte. (40) Das Innere der Halle ist aufwendig ausgemalt und mit einem ornamentalen Terrazzoboden belegt. Ein Gestaltungsmotiv im Wasserwerk, das sowohl am kunstvoll geschmiedeten Ziergitter am Haupteingang zum Maschinenhaus als auch in der dortigen Dekorationsmalerei auffällt, sind stilisierte Delfine. Für das neue Wasserwerk am Hochablass griff man also das Motiv der bronzenen Wasserspeier am Eingang des Oberen Brunnenmeisterhauses („Haus zu den Fischen") des Wasserwerks am Roten Tor auf.

Die orientalisch wirkende Dekorationsmalerei an den Decken und Wänden verrät den Architekten, Karl Albert Gollwitzer. Den maurischen Stil, den Gollwitzer für die Dekoration im Inneren des Maschinenhauses wählte, setzte er später beim Bau zweier Mietshäuser

1910 ersetzten leistungsstärkere Francis-Turbinen die 1878/79 eingebauten Jonval-Turbinen. 2004 wurde vor dem Wasserwerk eine der von der Maschinenfabrik Augsburg-Nürnberg gelieferten Francis-Turbinen als Technikdenkmal aufgestellt.

an der Volkhartstraße erneut ein. Gollwitzer hat sich jahrelang auch mit weiteren Bauten und Planungen der Wasserwirtschaft beschäftigt. So zeichnete er um 1900 möglicherweise auch für die Architektur des Wasserkraftwerks auf der Wolfzahnau verantwortlich. Karl Albert Gollwitzer setzte sich außerdem für die Schiffbarmachung des Lechkanals zwischen Augsburg und der Donau ein. Im Jahr 1901 plante der Architekt beim Stadtgraben am Oblatterwall den sogenannten Klauke-Hafen, den der benachbarte Proviantbach mit dem nahen Lech verbinden sollte. (41)

Technische Verbesserungen sollten im Lauf der Zeit auch im Wasserwerk am Hochablass notwendig werden, obwohl sich die ursprüngliche Maschinenanlage als sehr robust und wenig störungsanfällig erwies. *„Der beste Beweis hierfür ist der Umstand, daß die Anlage seit zweiundzwanzig Jahren Tag und Nacht in Betrieb steht, ohne daß bisher größere Reparaturen vorgenommen werden mußten [...]"* (42), war zum Beispiel in einer Festschrift für Teilnehmer an der Wanderversammlung des Verbands Deutscher Architekten- und Ingenieurvereine zu lesen, die 1902 in Augsburg ausgerichtet wurde. Doch obwohl man zunächst ganz bewusst auf den teuren Dampf als Betriebskraft (43) verzichtet hatte, erzwangen mehrere harte Winter schon 1885 eine Ergänzung der Antriebstechnik. *„Da der Lech im Winter viel Grundeis führt und hierbei die Wassermenge bedeutend zurückgeht, erwies sich [...] die Aufstellung eines Reservemotors als dringend nötig. Die aufgestellte eincylindrige Dampfmaschine von normal 150, maximal 200 Pferdestärken, samt Kesselanlage, wurde ebenfalls von der Maschinenfabrik Augsburg geliefert."* (44)

Diese Dampfmaschine trieb bei Eisgang ein oder zwei Pumpensätze an. Außerdem musste man bei den Kanalablässen, die in der Regel einmal jährlich vorkamen und vier bis fünf Tage dauerten, die ganze Anlage mit der aufwendigeren Dampfkraft versorgen. 1935 löste ein Dieselmotor diese Dampfmaschine als Reserveantrieb ab. (45) Auch der Dieselmotor war von der einheimischen Maschinenfabrik Augsburg-Nürnberg AG konstruiert worden. Heute steht der Motor als technisches Denkmal in der Dauerausstellung im historischen Wasserwerk.

Die 1879 eingebauten Jonval-Turbinen wurden im Jahr 1910 durch effizientere, wiederum von der M.A.N. konstruierte Francis-Turbinen ersetzt. Nachdem man 2004 auch die Letzteren ausgebaut hatte, wurde eine der Francis-Turbinen als technisches Denkmal in der Grünanlage vor dem Baudenkmal aufgestellt.

Ab 1942 und in der Folgezeit wurden im Unterbau des Wasserwerks am Hochablass zusätzlich Kreiselpumpensätze installiert, um die Leistung zu steigern. (46) Die Plungerpumpen und Windkessel blieben noch bis zum Jahr 1973 in Betrieb. Die elektrischen Kreiselpumpen liefen sogar bis zum Ende des Jahrtausends. Die ursprüngliche Aufgabe des Wasserwerks wird seit dem Jahr 2007 jedoch von der benachbarten Übergabestation übernommen.

Seit 1993 wird im historischen Wasserwerk Strom gewonnen: *„2005 folgte der Einbau einer speziell für die vorgegebenen Örtlichkeiten und die verfügbaren Wassermengen konzipierten Wasserkraftanlage: drei liegende Kaplan-Turbinen in drei der vier Wasserdurchlässe unter dem Gebäude. Das vierte Gewölbe dient seit 1879 als Leerschuss. Jede dieser Turbinen treibt einen Stromgenerator mit bis zu 100 Kilowatt Leistung an. Bei einer Fallhöhe von 2,3 Metern und einem Durchfluss von 16 000 Litern pro Sekunde erzeugen sie geräusch- und wartungsarm pro Jahr 2,3 Millionen Kilowattstunden Strom."* (47)

Die Stadtwerke Augsburg haben das ehemalige Wasserwerk am Hochablass seit den 1980er-Jahren renoviert. Es ist heute eine sehenswerte und viel besuchte Perle der Augsburger Industriekultur. Dieses Wasserwerk ist das wohl beeindruckendste, weil intakteste unter den Augsburger Denkmälern der Industriezeit. So urteilte beispielsweise Wilhelm Ruckdeschel: *„[...] das 1973 stillgelegte Wasserwerk stellt im Zusammenklang von Außen- und Innenarchitektur und ‚klassischem Maschinenbau' heute ein technisches Kulturdenkmal ersten Ranges dar!"* (48)

Den Besuchern des Wasserwerks am Hochablass wird anschaulich vermittelt, wie die Technik in diesem Denkmal des Industriezeitalters funktionierte: *„2009 gelang es, einen der riesigen schwarzen Pumpensätze, die 94 Jahre lang Trinkwasser ansaugten und in die Leitungen drückten, wieder instand zu setzen."* (49) Im Jahr 2010 wurde auch der Dieselmotor von 1935 wieder zum Laufen gebracht. (50)

Das historische Wasserwerk am Hochablass gilt heute unter Experten als eines *„[...] der am besten erhaltenen Wasserwerke des 19. Jahrhunderts".* (51) Deshalb ist dieses Architektur- und Technikdenkmal einer der entscheidenden Faktoren bei der Bewerbung der Stadt Augsburg um die Aufnahme der historischen Wasserwirtschaft in die UNESCO-Welterbeliste.

Quellen

(1) Stippak, Marcus: Zur Wahrnehmung und Bewältigung städtischer Wasserkrisen im späten 19. Jahrhundert, in: Natur als Grenzerfahrung. Europäische Perspektiven der Mensch-Natur-Beziehung in Mittelalter und Neuzeit: Ressourcennutzung, Entdeckungen, Naturkatastrophen, Göttingen 2009, S. 107

(2) Grewe, Klaus: Wasserversorgung und -entsorgung im Mittelalter, in: Die Wasserversorgung im Mittelalter, Geschichte der Wasserversorgung, Bd. 4, Mainz 1991, S. 70

(3) vgl. Kluger, Martin: Wasserbau und Wasserkraft, Trinkwasser und Brunnenkunst in Augsburg. Die historische Augsburger Wasserwirtschaft und ihre Denkmäler im europaweiten Vergleich, Augsburg 2013, S. 48 ff. (dort weiterführende Quellenverweise)

(4) Stippak, Marcus: Zur Wahrnehmung und Bewältigung städtischer Wasserkrisen im späten 19. Jahrhundert, in: Natur als Grenzerfahrung. Europäische Perspektiven der Mensch-Natur-Beziehung in Mittelalter und Neuzeit: Ressourcennutzung, Entdeckungen, Naturkatastrophen, Göttingen 2009, S. 98

(5) vgl. Steinhäußer, Fritz u.a.: Allgemeine Gesundheitspflege und Wohlfahrtseinrichtungen, in: Augsburg in kunstgeschichtlicher, baulicher und hygienischer Beziehung. Festschrift den Teilnehmern

an der 15. Wander-Versammlung des Verbandes Deutscher Architekten- und Ingenieur-Vereine, Augsburg 1902, S. 87

(6) vgl. Kuby, Ferdinand: Die Brunnenwerke und neuen Trinkwasser-Verhältnisse der Stadt Augsburg, Augsburg 1881, S. 10 f.

(7) vgl. ebenda, S. 18 f.

(8) vgl. ebenda, S. 22 f.

(9) vgl. ebenda, S. 25 ff.

(10) Ruckdeschel, Wilhelm: Industriekultur in Augsburg. Denkmale der Technik und Industrialisierung, Augsburg 2004, S. 58

(11) Kuby, Ferdinand: Die Brunnenwerke und neuen Trinkwasser-Verhältnisse der Stadt Augsburg, Augsburg 1881, S. 29 f.

(12) vgl. Steinhäußer, Fritz u.a.: Allgemeine Gesundheitspflege und Wohlfahrtseinrichtungen, in: Augsburg in kunstgeschichtlicher, baulicher und hygienischer Beziehung [...], Augsburg 1902, S. 88

(13) vgl. ebenda, S. 88 ff. und

Kuby, Ferdinand: Die Brunnenwerke und neuen Trinkwasser-Verhältnisse der Stadt Augsburg, Augsburg 1881, S. 31 f. und

Krumper, Josef: Die Maschinenanlage der neuen Wasserwerke der Stadt Augsburg, in: Sonderabdruck aus der Zeitschrift des Vereines deutscher Ingenieure, Berlin 1900, S. 4 f.

(14) vgl. Endres, David: Die Betriebsresultate des neuen Wasserwerkes der Stadt Augsburg, in: Wochenzeitschrift des Vereines deutscher Ingenieure, Nr. 45 (Schluss aus No. 44), Berlin 05.11.1881, S. 374

(15) vgl. Häußler, Franz: Augsburgs historisches Wasserwerk. Ein einzigartiges Technikmuseum, Augsburg 2010, S. 31

(16) vgl. Endres, David: Die Betriebsresultate des neuen Wasserwerkes der Stadt Augsburg, in: Wochenzeitschrift des Vereines deutscher Ingenieure, Nr. 44, Berlin 29.10.1881, S. 367

(17) vgl. ebenda, S. 368 und

Krumper, Josef: Die Maschinenanlage der neuen Wasserwerke der Stadt Augsburg, dort: Auszug aus der Beilage zur „Augsburger Allgemeinen Zeitung" vom 21. August 1879, in: Sonderabdruck aus der Zeitschrift des Vereines deutscher Ingenieure, Berlin 1900, S. 3

(18) vgl. Werner, Anton: Die Wasserkräfte der Stadt Augsburg im Dienste von Industrie und Gewerbe. Historisch-statistisch beschrieben, Augsburg 1905, S. 66

(19) Endres, David: Die Betriebsresultate des neuen Wasserwerkes der Stadt Augsburg, in: Wochenzeitschrift des Vereines deutscher Ingenieure, Nr. 44, Berlin 29.10.1881, S. 368

(20) Krumper, Josef: Die Maschinenanlage der neuen Wasserwerke der Stadt Augsburg, in: Sonderabdruck aus der Zeitschrift des Vereines deutscher Ingenieure, Berlin 1900, S. 1

(21) ebenda

(22) ebenda, S. 2

(23) ebenda, S. 5

(24) Kuby, Ferdinand: Die Brunnenwerke und neuen Trinkwasser-Verhältnisse der Stadt Augsburg, Augsburg 1881, S. 38

(25) ebenda, S. 37

(26) ebenda

(27) Häußler, Franz: Augsburgs historisches Wasserwerk. Ein einzigartiges Technikmuseum, Augsburg 2010, S. 44

(28) vgl. Kuby, Ferdinand: Die Brunnenwerke und neuen Trinkwasser-Verhältnisse der Stadt Augsburg, Augsburg 1881, S. 39

(29) vgl. Steinhäußer, Fritz u.a.: Allgemeine Gesundheitspflege und Wohlfahrtseinrichtungen, in: Augsburg in kunstgeschichtlicher, baulicher und hygienischer Beziehung [...], Augsburg 1902, S. 90

(30) vgl. Krumper, Josef: Die Maschinenanlage der neuen Wasserwerke der Stadt Augsburg, in: Sonderabdruck aus der Zeitschrift des Vereines deutscher Ingenieure, Berlin 1900, S. 6

(31) Kuby, Ferdinand: Die Brunnenwerke und neuen Trinkwasser-Verhältnisse der Stadt Augsburg, Augsburg 1881, S. 38

(32) vgl. Krumper, Josef: Die Maschinenanlage der neuen Wasserwerke der Stadt Augsburg, in: Sonderabdruck aus der Zeitschrift des Vereines deutscher Ingenieure, Berlin 1900, S. 5

(33) Häußler, Franz: Augsburgs historisches Wasserwerk. Ein einzigartiges Technikmuseum, Augsburg 2010, S. 45

(34) vgl. ebenda, S. 41

(35) Stippak, Marcus: Zur Wahrnehmung und Bewältigung städtischer Wasserkrisen im späten 19. Jahrhundert, in: Natur als Grenzerfahrung. Europäische Perspektiven der Mensch-Natur-Beziehung in Mittelalter und Neuzeit: Ressourcennutzung, Entdeckungen, Naturkatastrophen, Göttingen 2009, S. 96

(36) vgl. ebenda, S. 96

(37) Steinhäußer, Fritz u.a.: Allgemeine Gesundheitspflege und Wohlfahrtseinrichtungen, in: Augsburg in kunstgeschichtlicher, baulicher und hygienischer Beziehung [...], Augsburg 1902, S. 88 ff. und

Kuby, Ferdinand: Die Brunnenwerke und neuen Trinkwasser-Verhältnisse der Stadt Augsburg, Augsburg 1881, S. 91

(38) vgl. Stippak, Marcus: Zur Wahrnehmung und Bewältigung städtischer Wasserkrisen im späten 19. Jahrhundert, in: Natur als Grenzerfahrung. Europäische Perspektiven der Mensch-Natur-Beziehung in Mittelalter und Neuzeit: Ressourcennutzung, Entdeckungen, Naturkatastrophen, Göttingen 2009, S. 91

(39) Ruckdeschel, Wilhelm: Industriekultur in Augsburg. Denkmale der Technik und Industrialisierung, Augsburg 2004, S. 59

(40) vgl. Ganser, Karl: Industriekultur in Augsburg. Pioniere und Fabrikschlösser, Augsburg 2010, S. 194

(41) vgl. Burgner, Wilfried: Karl Albert Gollwitzer 1839–1917. Ein Augsburger Baumeister, Architekt und Visionär (Hg. Architekturmuseum Schwaben), Augsburg 2004, S. 136

(42) Steinhäußer, Fritz u.a.: Allgemeine Gesundheitspflege und Wohlfahrtseinrichtungen, in: Augsburg in kunstgeschichtlicher, baulicher und hygienischer Beziehung [...], Augsburg 1902, S. 90

(43) vgl. Kuby, Ferdinand: Die Brunnenwerke und neuen Trinkwasser-Verhältnisse der Stadt Augsburg, Augsburg 1881, S. 37

(44) Steinhäußer, Fritz u.a.: Allgemeine Gesundheitspflege und Wohlfahrtseinrichtungen, in: Augsburg in kunstgeschichtlicher, baulicher und hygienischer Beziehung [...], Augsburg 1902, S. 90

(45) vgl. Häußler, Franz: Augsburgs historisches Wasserwerk. Ein einzigartiges Technikmuseum, Augsburg 2010, S. 46 ff.

(46) vgl. ebenda, S. 57, S. 60 und S. 63

(47) ebenda, S. 63 f.

(48) Ruckdeschel, Wilhelm: Wasser für Augsburg. Nur mit Druck springen die Brunnen, in: Augsburger Brunnen, Augsburg 1989, S. 15

(49) Häußler, Franz: Augsburgs historisches Wasserwerk. Ein einzigartiges Technikmuseum, Augsburg 2010, S. 86

(50) vgl. ebenda, S. 87 f.

(51) Slotta, Rainer: Technische Denkmäler der Wasserförderung in der Bundesrepublik Deutschland, in: Symposium über die Historie der Wasserförderung Berlin 1985, Schriftenreihe der Frontinus-Gesellschaft, Heft 8, Bergisch-Gladbach 1985, S. 59

Brunnenkunst

Fünf Brunnen aus zwei Brunnengenerationen

(um 1510 bis 1602)

Augsburgs ab der Zeit um 1414 entstandene Brunnen und Figuren der ersten Brunnengeneration haben keine Spuren hinterlassen. Schriftquellen überliefern lediglich das Vorhandensein der ersten öffentlichen Röhrkästen. Von der im frühen 16. Jahrhundert geschaffenen zweiten Brunnengeneration haben sich zwei Figuren – der Wappner sowie der Wasser- und Meeresgott Neptun – erhalten. Der steinerne Wappner, ein geharnischter Ritter, ist zwar noch ein typisches Figurenmotiv des späten Mittelalters, aber zugleich Augsburgs älteste Brunnenfigur im Stil der Renaissance. Der Gott auf der Säule des Neptunbrunnens ist Augsburgs erste lebensgroße Brunnenfigur, die aus Bronze gegossen wurde.

Heilige, Wappner und der Wassergott Neptun

Die Brunnenfiguren der ersten und zweiten Augsburger Brunnengeneration

Brunnen waren sichtbare Zeichen einer Trinkwasserleitung. Sie wurden, weil die Städte stolz auf derartige Einrichtungen waren, wohl relativ früh auch aufwendig verziert. Je effektiver die Fließwasserversorgung funktionierte, desto stärker sprudelten die Fontänen öffentlicher Röhrbrunnen. Mit Hebewerken und Wassertürmen wie in Augsburg hatten die ersten Brunnen aber nichts zu tun: Sie wurden als Endpunkte früher nachrömischer Gefälleleitungen errichtet. Eine derartige Wasserleitung ist – wohl noch vor 1250 – für Goslar anzunehmen. Basel baute 1265 und 1266 zwei Wasserleitungen, auch in Stralsund und Königsberg soll es zu dieser Zeit Leitungen gegeben haben, wie sie im 14. Jahrhundert dann von etlichen anderen deutschen Städten eingerichtet wurden. 1332 fasste man in Braunschweig den Jödebrunnen: Eine hölzerne Leitung wurde zu einem Marktplatz verlegt, wo ein schlichter hölzerner Pfosten Wasser spendete. (1)

Dass in Augsburg im 15. Jahrhundert nur relativ schmucklose Brunnen aufgestellt wurden, ist nicht sehr wahrscheinlich. Allerdings sieht man noch auf Stichen aus dem 18. Jahrhundert Brunnensäulen, bei denen eine einfache Zirbelnuss den Pfeiler bekrönt.

Die erste Brunnengeneration in der Stadt Augsburg wird sich vielleicht wenigstens zum Teil am Vorbild der Reichsstadt Nürnberg orientiert haben. Dort waren noch vor 1400 drei Gefälleleitungen – 1377 die Hiserleitung zum Unschlittplatz (2), 1380 die Spitalleitung ins Heilig-Geist-Spital (3) und 1396 die Schönbrunnleitung zum Hauptmarkt (4) – angelegt worden. An deren Ende lief an kunstvoll verzierten Brunnen Röhrwasser in steinerne Becken. Das Aussehen der ersten Augsburger Brunnengeneration ist – anders als in Nürnberg – jedoch nicht bekannt.

Der 1525 gedruckte frühe Vogelschauplan der Stadt von Jörg Seld sowie der Stadtplan Augsburgs in der 1544 erstmals erschienenen, später immer wieder nachgedruckten „Cosmographia" Sebastian Münsters zeigen die Brunnen aufgrund der geringen Größe ihrer Abbildung zu abstrahiert, um über den Standort hinaus Rückschlüsse auf ihre Gestaltung zu erlauben. Dazu kommt, dass zu diesem Zeitpunkt an etlichen Orten schon jüngere Brunnen der zweiten Augsburger Brunnengeneration aufgestellt worden waren. Auch die Schriftquellen geben in Bezug auf die Gestaltung der frühesten Brunnenpfeiler und -figuren wenig her. Zum schon 1415 erwähnten Fischmarktbrunnen hielt Pirmin Gasser unter dem Jahr 1509 nur fest: *„So ward auch im Wintermonat der steinerin Kasten zum Röhrbrunnen auff dem Vischmarckt zwischen dem Rathhauß vnd der Kirchen zu S. Peter erstlich auffgericht."* (5)

Sieben Röhrkästen habe man auf den vornehmsten Plätzen der Stadt aufgestellt, nachdem Leopold Karg um 1414 Augsburgs erstes Wasserwerk beim Schwibbogentor angelegt hatte. So berichtet es der Stadtbrunnenmeister und geschworene Amtswerkmeister Caspar Walter in seiner 1754 in Augsburg gedruckten „Hydraulica Augustana", mit der er die Baugeschichte, das Innere und die Funktionsweise der „Drey obern Haupt=Wasser=Thůrnen", also des Oberen Wasserwerks am Roten Tor, beschrieb. Einer dieser Laufbrunnen stand, so Walter, auf dem St.-Ulrichs-

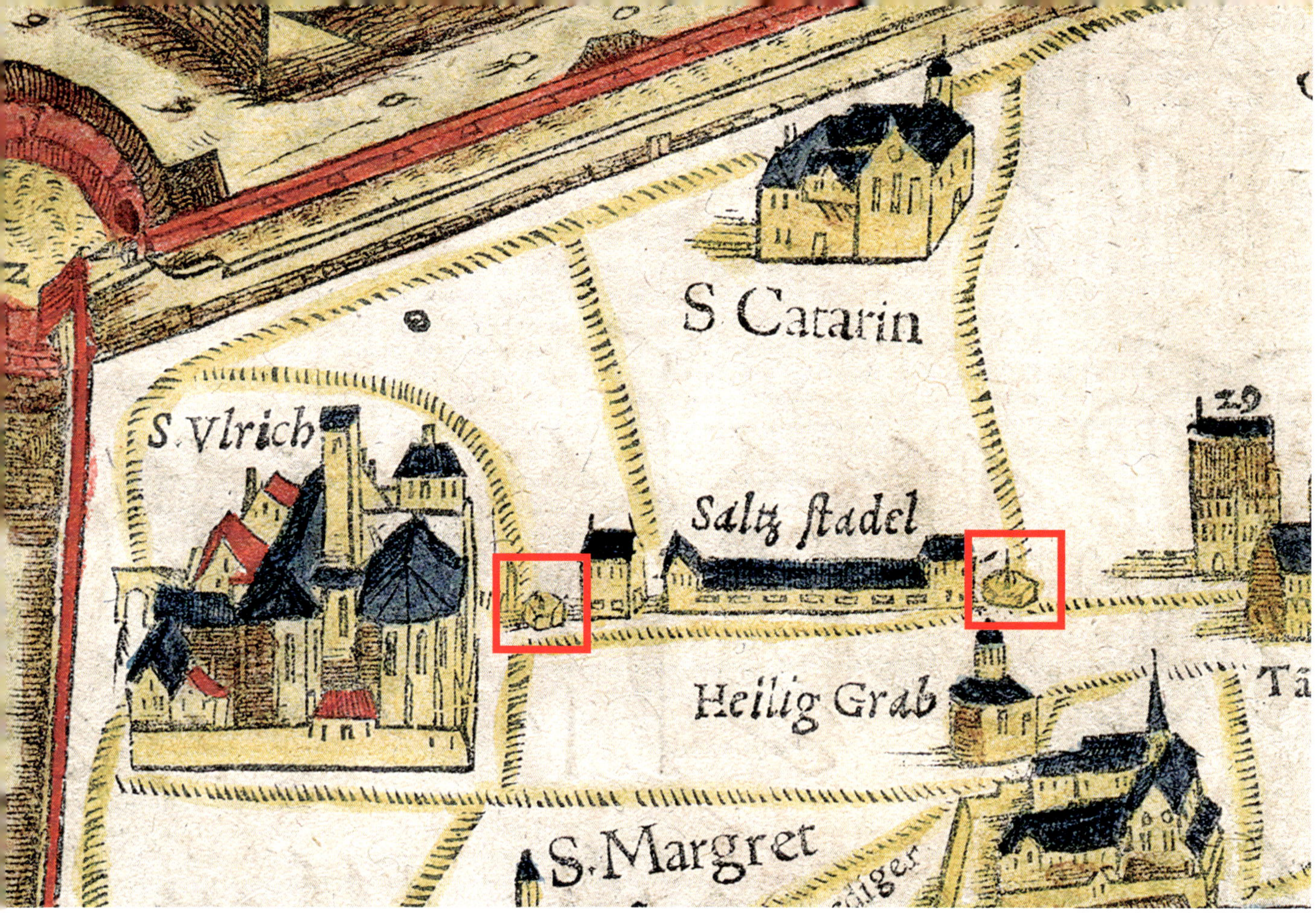

Der Augsburger Stadtplan in der „Cosmographia" Sebastian Münsters zeigt den Röhrbrunnen nördlich des Benediktinerklosters St. Ulrich und den nördlich des Salzstadels. 1416 gab es weitere fünf Brunnen – beim Weberhaus, auf dem Perlachplatz, zwischen der Judengasse und der Grottenau sowie bei St. Leonhard.

Platz. Der Brunnen wurde 1551 sowie 1644 repariert, schließlich 1695 abgetragen und ist in der Folge abgegangen. (6)

Ein Kupferstich Simon Grimms von 1682 bildet des „Leopold Kargen Brunnen beÿ S. Ulrich" ab. Über dem offenbar steinernen Brunnenbecken, an dem die Jahreszahl 1644 zu lesen ist, erhebt sich eine reich verzierte Brunnensäule. Material und Farbgebung des Brunnenpfeilers lässt die Darstellung nicht erkennen. Doch soweit man sich an anderen Brunnen dieser Zeit, etwa in Ulm, Nürnberg oder in Schweizer Städten, orientieren kann, werden der Brunnenpfeiler und seine Figuren aus farbig gefasstem Sandstein oder Marmor bestanden haben.

Soweit sich dies auf dem Kupferstich erkennen lässt, zierten die Augsburger Stadtpatrone Ulrich, Afra und Simpert den Brunnenpfeiler. Dass über den drei Heiligen der römische Wasser- und Meeresgott Neptun mit seinem Attribut, einem Delfin, auf dem Brunnenpfeiler sitzt, ist eine außergewöhnliche thematische Kombination. Die Benennung nach Leopold Karg ist insofern irreführend, als diese Brunnensäule erst lang nach dem Jahr 1414 entstand. Sie greift ein Motiv der italienischen Renaissance auf und könnte ein Werk Sebastian Loschers gewesen sein, der mehrfach mit der Gestaltung Augsburger Brunnen beauftragt wurde.

Er lieferte *„[…] als einer der jüngsten Bildhauer der Augsburger Renaissance, Werke für öffentliche Vorhaben. So bezahlte ihn der Rat der Stadt 1510 für die Holzskulptur eines Ritters auf dem Fischbrunnen vor dem Perlach, vermutlich nach einem Entwurf H. Burgkmairs. 1512–14 schuf er marmorne Bildsäulen für drei große Brunnenanlagen, bei St. Ulrich, beim Weberhaus und bei St. Anna, sowie Marmorsäulen zum Rathaus. Diese Werke entstanden vermutlich in Zusammenarbeit mit dem Augsburger Bildhauer Jakob Murmann […]."* (7) 1516 erhielt Sebastian Loscher den Lohn für „des Villingers Röhrkästlein" auf dem Weinmarkt ausbezahlt. (8)

Bereits 1510 war der junge Meister damit beauftragt worden, eine hölzerne Figur für den Brunnen

auf dem Fischmarkt zu schnitzen. Vier Gulden bekam Sebastian Loscher dafür, die *„[...] sawl im fischbrunnen geschnitten [...]“* (9) zu haben. Im Jahr 1511 wurde diese Brunnenfigur von Meister Ulrich Maurmüller vergoldet. Das Aussehen des Loscher'schen Fischmarktbrunnens, dessen Figur das spätmittelalterliche Wappnermotiv aufgreift, wurde durch ein Gemälde

Ein Kupferstich Simon Grimms von 1682 zeigt des „Leopold Kargen Brunnen beÿ S. Ulrich“. Den Pfeiler dieses Fließwasserbrunnens bekrönte die Figur des römischen Wasser- und Meeresgottes Neptun. Den schlanken Brunnenschaft scheinen die Halbreliefs der drei Augsburger Stadtpatrone Ulrich, Afra und Simpert geschmückt zu haben.

Das Winterbild (unten, Kopie im Maximilianmuseum, oben: Ausschnitt) bildet eine vergoldete Brunnenfigur auf dem Fischmarkt ab. Der 1510 geschnitzte Wappner wurde wohl bald durch eine Figur ersetzt, die den heiligen Ulrich darstellte. Aber schon 1537 wurde der neue Ulrichsbrunnen vom Neptunbrunnen verdrängt.

überliefert. Zu erkennen ist der Brunnen auf dem vermutlich bald nach 1511 gemalten sogenannten Winterbild, das früher wohl im Fugger'schen Baugarten, dem unter Jakob Fugger „dem Reichen" prachtvoll ausgestatteten Gartengut beim Neidbadtörlein am Sparrenlech, und später im Rathaus hing. Eine Kopie dieses Gemäldes, das die Monate Oktober, November und Dezember darstellt und das Treiben auf dem Perlachplatz zeigt, ist heute im Maximilianmuseum Augsburg zu sehen. (10)

Allzu lang kann Loschers vergoldeter Wappner den Brunnen auf dem Fischmarkt nicht geziert haben. Er muss allein schon deshalb nach kurzer Zeit durch die Figur des Schutzpatrons der Augsburger Fischer verdrängt worden sein: Denn auch der Ulrichsbrunnen wurde bereits im Jahr 1537 durch den konfessionell neutralen Neptunbrunnen ersetzt.

Wie der Wappner des Fischmarktbrunnens wird auch die Figur des heiligen Ulrich stilistisch den bis kurz vor 1600 in Ulm aufgestellten Brunnenfiguren geähnelt haben. Letztere wirken im Vergleich zu den nach 1510 geschaffenen Augsburger Brunnenfiguren eher altbacken. Die Ulmer Brunnenkunst hat sich seit der Aufstellung des bis 1482 entstandenen, auch Fischkasten genannten Syrlinbrunnens vor dem Rathaus nicht mehr wesentlich weiterentwickelt. (11)

Der gewappnete Schildträger an der Brunnensäule des auch Fischkasten genannten Syrlinbrunnens vor dem Ulmer Rathaus und der Bannerträger des Stüssibrunnens in Zürich sind für die Zeit vor der Renaissance in Süddeutschland und in der Schweiz typische Brunnenfiguren.

Geharnischte Ritter und Heilige, Schild- und Bannerträger waren – wie man in Ulm bis heute wahrnehmen kann – die für den oberdeutschen Raum typischen Brunnenfiguren. Wie solche Brunnen auch in Augsburg ausgesehen haben könnten, zeigen neben denen in Ulm beispielsweise der 1446 aufgestellte Georgsbrunnen in Rothenburg, der 1542 in Bern errichtete Zaehringerbrunnen oder der 1575 in Zürich installierte Stüssibrunnen. Ein zweiter, in Augsburg wohl nicht üblicher oberdeutscher Brunnentyp war die hohe pyramidenförmige Brunnensäule, an der in mehreren Geschossen Heilige, auch Wappner genannte Geharnischte und Schildträger angebracht waren. Beispiele für diese Brunnenform sind der Ulmer Fischkasten, aber auch der Fischmarktbrunnen in Basel (1467) und der Weinmarktbrunnen in Luzern (1481).

Noch viel reicher ist der bis 1396 geschaffene Schöne Brunnen auf dem Nürnberger Hauptmarkt geschmückt, bei dem sogar 40 farbig bemalte Figuren auf vier Etagen an der Fialsäule über dem achteckigen Wasserkasten die Weltsicht des Heiligen Römischen Reichs Deutscher Nation vermitteln. Im unteren Stockwerk sind dies Personifikationen der Philosophie und der sieben Freien Künste, jeweils weiter oben folgen die vier Evangelisten und vier Kirchenväter, die sieben Kurfürsten und neun Guten Helden, Moses und sieben Propheten (heute jeweils Kopien). (12) Erst ein Vergleich all dieser mittelalterlichen Brunnenfiguren mit den erhaltenen Figuren der zweiten, vor allem aber der dritten Augsburger Brunnengeneration verdeutlicht, welch tiefen Eindruck die Entwicklung der dortigen Brunnenkunst bei den Menschen nördlich der Alpen hinterlassen haben muss.

Der Brunnenpfeiler stand, unabhängig von sonstigen stilistischen Entwicklungen, in der Regel in der Mitte des Brunnenbeckens, das zumeist auf einem stark frequentierten Platz aufgestellt wurde. Denn ein Laufbrunnen hatte – neben allen repräsentativen Bedürfnissen einer Stadt – originär die Aufgabe der allgemeinen Wasserversorgung zu erfüllen. Fast immer spendete er deshalb auf einem öffentlichen, möglichst zentralen Platz – häufig als Markt- oder Rathausbrunnen – Wasser. Bis heute bestimmen zahlreiche Laufbrunnen das Bild historischer Stadtkerne in Süd-

In mehreren Ebenen gegliedert und farbig gefasst sind die steinernen Säulen des Schönen Brunnens in Nürnberg und des Syrlinbrunnens vor dem Ulmer Rathaus. Unten: Noch kurz vor 1600 wurden in der Reichsstadt Ulm Brunnenfiguren der Heiligen Georg, Christophorus und Hildegard aufgestellt. Im Vergleich zu Augsburger Brunnenfiguren aus dieser Epoche wirken sie bieder und altväterlich.

deutschland und in der Schweiz. (13) Brunnentröge von Röhrkästen wurden zunächst wohl allgemein aus Holz gefertigt. Sie wurden im Lauf der Zeit aber von langlebigeren steinernen Becken verdrängt. (14)

Den Augsburger Wappner beschrieb der städtische Brunnenmeister Caspar Walter 1754 in seiner „Hydraulica Augustana“: Auf der Säule eines

Springbrunnens in der Heilig-Kreuz-Gasse habe ein in Marmor gehauener Geharnischter in alter deutscher Tracht gestanden. Dieser Brunnen sei Felberbrunnen genannt worden – nach dem aus Ulm nach Augsburg geholten Werkmeister Hans Felber, der im Jahr 1416 die Trinkwasserversorgung der Stadt neu eingerichtet haben soll. (15) Mit dem geharnischten Ritter war der sogenannte Wappner gemeint.

Denn auch die Schöpfer der zweiten Augsburger Brunnengeneration nahmen das spätmittelalterliche Motiv des Wappners wieder auf, nun allerdings in der Formensprache der Renaissance. In Augsburg zierte ein Wappner aus Rotmarmor den Brunnen am Judenberg. Dieser Brunnen war der Vorgänger des 1599 errichteten Merkurbrunnens. Der Augsburger Wappner ist die einzige erhaltene Brunnenfigur, die eindeutig Loscher zugeordnet werden kann, da er zwischen 1516 und 1518 Zahlungen für seine Arbeit am Wappner bekam. Der überlieferte Buchungsvermerk lässt die Lokalisierung des Brunnens zu: Insgesamt 62 Gulden erhielt der Bildhauer, *„[…] damit ist er umb sein Arbeit den Brunnensawl von marbelstein* [Marmor] *in kasten für das weberhaws gemacht, gar bezalt".* (16)

1788 zählte der Augsburger Chronist Paul von Stetten d. J. den Wappnerbrunnen zu den fünf Brunnen, die Augsburg besonders zur Ehre gereichten. Dennoch wurde dieser mehrfach versetzt – zunächst vom Judenberg in die Heilig-Kreuz-Gasse (vor das Hoechstetterhaus am Kesselmarkt), dann vermutlich 1778 auf den

Der Augsburger Wappner ist ein Exponat des Maximilianmuseums. Der Stadtplan aus Sebastian Münsters „Cosmographia" zeigt den Standort dieser Figur am Felberbrunnen beim Judenberg ebenso wie den des Neptunbrunnens auf dem Perlachplatz.

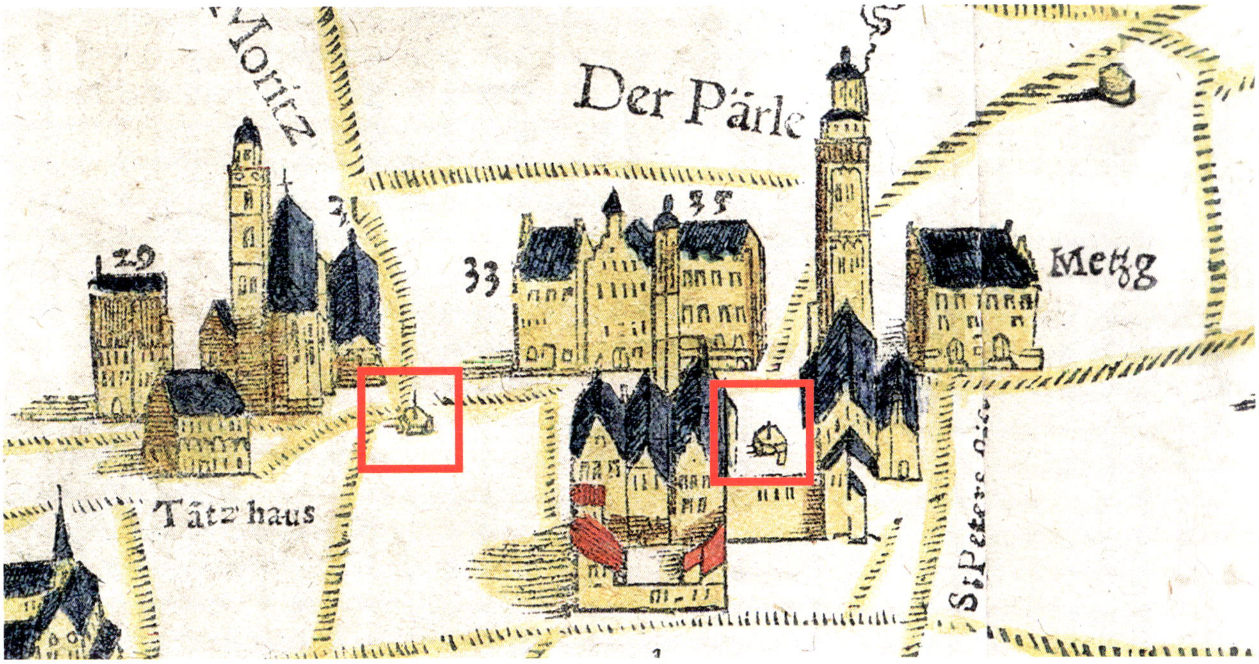

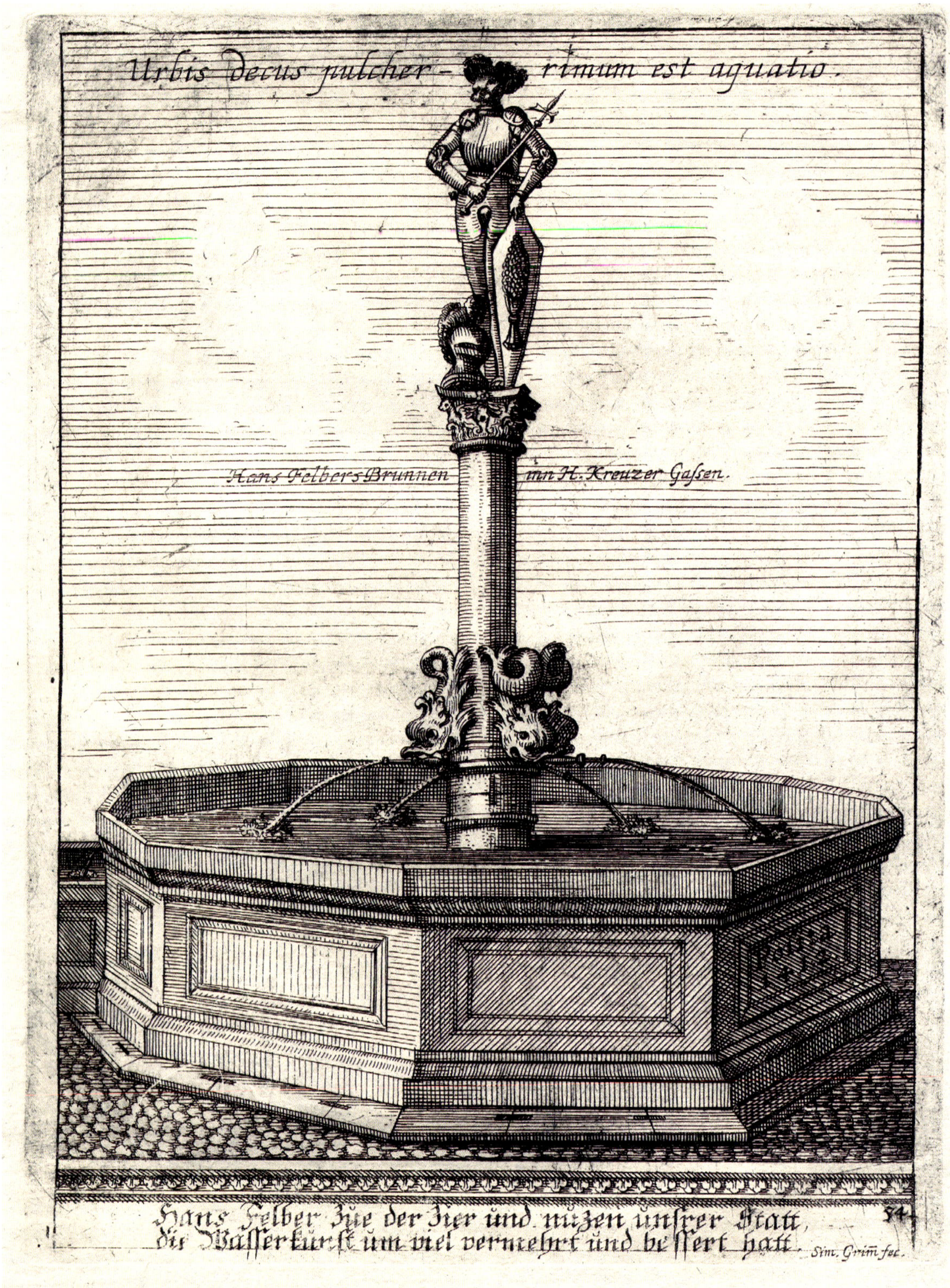

Simon Grimm bildete 1682 in einer Kupferstichserie mit Augsburger Stadtansichten den Wappner auf einer schlanken Brunnensäule ab. Am Brunnenschaft sind vier (wahrscheinlich bronzene) wasserspeiende Delfine zu erkennen. Benannt war der Brunnen nach Meister Hans Felber, der im frühen 15. Jahrhundert die Trinkwasserversorgung erneuert haben soll.

Ulrichsplatz, wo er des „Leopold Kargen Brunnen" verdrängte. Wohl um 1808 landete der Wappner im Depot. 1823 schenkte die Stadt die fein gearbeitete Figur dem Augsburger Bankier Friedrich von Halder, der sie im Park seines Schlosses in Burtenbach aufstellte. (17) Heute ist der Wappner als Dauerleihgabe im Maximilianmuseum Augsburg zu besichtigen. Die

rund zweieinhalb Meter hohe Rotmarmorfigur stellt einen Ritter mit Körperpanzer und Schild dar, zu seinen Füßen steht ein Helm mit geschlossenem Visier. Der Schild zeigt den Stadtpyr: Die Zirbelnuss ist das Wappenbild der Stadt Augsburg. Vor den Oberkörper hält der Geharnischte seinen geschmiedeten Streitkolben. Ein steinerner Federbusch ziert sowohl den breitkrempigen Hut als auch den Helm des Ritters.

In Nürnberg sind zwei Brunnenbronzen vom Ende des 14. Jahrhunderts erhalten. Der Hanselbrunnen wurde um 1380 im Hof des Heilig-Geist-Spitals aufgestellt. Das Hiserlein (links) ziert seit 1377 den ersten öffentlichen Laufbrunnen Nürnbergs. Unten: Gott Neptun, Augsburgs erste lebensgroße Brunnenfigur aus Bronze (Abguss) steht am Jakobsplatz.

Brunnenfiguren aus Bronze waren im Augsburg des 15. Jahrhunderts zwar sicher bekannt, konnten dort aber noch nicht gegossen werden. In der Bergbaustadt Goslar im Harz hatte man dagegen längst den aus Bronze gegossenen Marktbrunnen als Mittelpunkt des zentralen Marktplatzes aufgestellt. Als Brunnen „aus einem Guss" war dieser Brunnen freilich noch nicht entstanden: Im 12. Jahrhundert ist die untere Brunnenschale – der größte Bronzeguss in romanischer Zeit – gefertigt worden. Die obere Schale ist circa hundert Jahre jünger und war ursprünglich ein eigenständiger Brunnen. Bekrönt wird der Marktbrunnen vom Wahrzeichen Goslars, einem Adler: Sein Korpus stammt aus dem frühen 13. Jahrhundert, seine Krone ist eine Ergänzung, die er vermutlich erst im 18. Jahrhundert aufgesetzt bekam. (18)

Eine Sonderrolle nimmt Nürnberg ein, wo die Metallverarbeitung und der Metallguss bereits früh weit entwickelt waren. In der fränkischen Reichsstadt sind zwei skurrile kleinere Brunnenbronzen aus dem 14. Jahrhundert erhalten. 1377 entstand der Hiserleinbrunnen am Unschlittplatz: Er war der erste öffent-

Dieser 1766 gedruckte Kupferstich bildet die von einem Stadtpyr bekrönte Säule des schlichten Röhrbrunnens bei St. Anna ab, darunter den Felberbrunnen (mit der steinernen Figur des Wappners) sowie den Neptunbrunnen samt ihrer jeweiligen Überlaufbecken.

liche Laufbrunnen der Stadt. Über ursprünglich zwei Masken (eine befindet sich heute im Germanischen Nationalmuseum) floss das reine Wasser einer Grundwasserquelle aus einem Steinbecken in drei hölzerne Tröge. (19) Am Ende der Spitalwasserleitung plätschert seit der Zeit um 1380 der sogenannte Hanselbrunnen im Vorderen Hof des Heilig-Geist-Spitals. Die Brunnenfigur war früher farbig gefasst. (20) Der Hansel war noch ein Vertreter des kleinfigürlichen Bronzegusses.

Die erste lebensgroße und in Bronze gegossene Brunnenfigur Deutschlands entstand in den Jahren nach 1500 wohl in Augsburg. Sie war nördlich der Alpen zugleich die erste monumentale Aktfigur im öffentlichen Raum.

Den Neptunbrunnen ziert Augsburgs einzige im Bronzeguss gefertigte Brunnenfigur aus der Zeit vor Giambologna. (21) Schüler dieses im Italien des 16. Jahrhunderts führenden Bildhauers – die Niederländer Hubert Gerhard und Adriaen de Vries – sollten bis 1600 die Figuren für drei Brunnen erschaffen. Der Bildhauer und der Gießer, das Entstehungsjahr und die Herkunft des Neptunbrunnens sind – erstaunlich genug für ein derartig singuläres Kunstwerk der Renaissance in Augsburg – unbekannt. Gesichert ist lediglich, dass die heidnische Gottheit Neptun die Figur des heiligen Ulrich auf dem Fischmarkt beim Perlach verdrängte: *„So ersetzte man eine konfessionell problematische Figur durch ein ‚neutrales' Sujet [...]"* (22), dessen Attribute dem Standort angemessen waren. Hatte zuvor die Brunnenfigur des heiligen Ulrich vermutlich einen Fisch in der Hand gehalten, so hielt jetzt der römische Meeres- und Wassergott einen Delfin in der linken Hand und seinen Dreizack in der Rechten.

Augsburg muss zu dieser Zeit mit dem Brunnen am Fischmarkt und dem Brunnen vor der Benediktinerklosterkirche St. Ulrich und Afra parallel zwei Brunnen mit einer Neptunfigur aufgestellt haben. Beide waren insofern eine Innovation, als in der konfessionell gespaltenen Reichsstadt wohl erstmals in Deutschland Brunnen mit der Figur einer antiken, zudem beinahe nackten Gottheit auf öffentlichen Plätzen errichtet wurden. (23) Nördlich der Alpen scheint der erhaltene Augsburger Neptun überdies die älteste bestehende Brunnenfigur zu sein, für die der römische Wasser- und Meeresgott als Motiv gewählt wurde.

Wie der Wappner bekam auch der Neptun im Lauf der Zeit mehrfach einen neuen Standort zugewiesen. 1595 wurde der Neptunbrunnen in der Weißmalergasse/Ecke Judengasse (heutige Karolinenstraße/Karlstraße) aufgestellt. 1745 kam der Neptun ein zweites Mal auf den Fischmarkt. Auf den Jakobsplatz bei der Fuggerei wanderte der Neptunbrunnen 1888, wo heute ein Abguss des antiken Gottes steht. Die Originalfigur ist im Maximilianmuseum Augsburg ausgestellt. (24)

Der um 1536/37 gegossene Neptun stand ursprünglich als Brunnenfigur auf dem Fischmarkt und kam erst 1888 auf den Jakobsplatz bei der Fuggerei. Dort steht heute ein Abguss. Die Originalfigur des Gottes der Gewässer ist im Maximilianmuseum zu sehen.

Das Modellieren der Neptunfigur haben die Kunsthistoriker bislang dem Augsburger Bildhauer Hans Daucher d. Ä. zugeschrieben. Sollte allerdings der Wappner tatsächlich ein Werk Sebastian Loschers sein, spräche einiges für die Urheberschaft Loschers oder eines Meisters aus seinem Umkreis. Vergleicht man die Gesichtszüge des steinernen Wappners mit denen des bronzenen Neptuns, ist eine frappierende

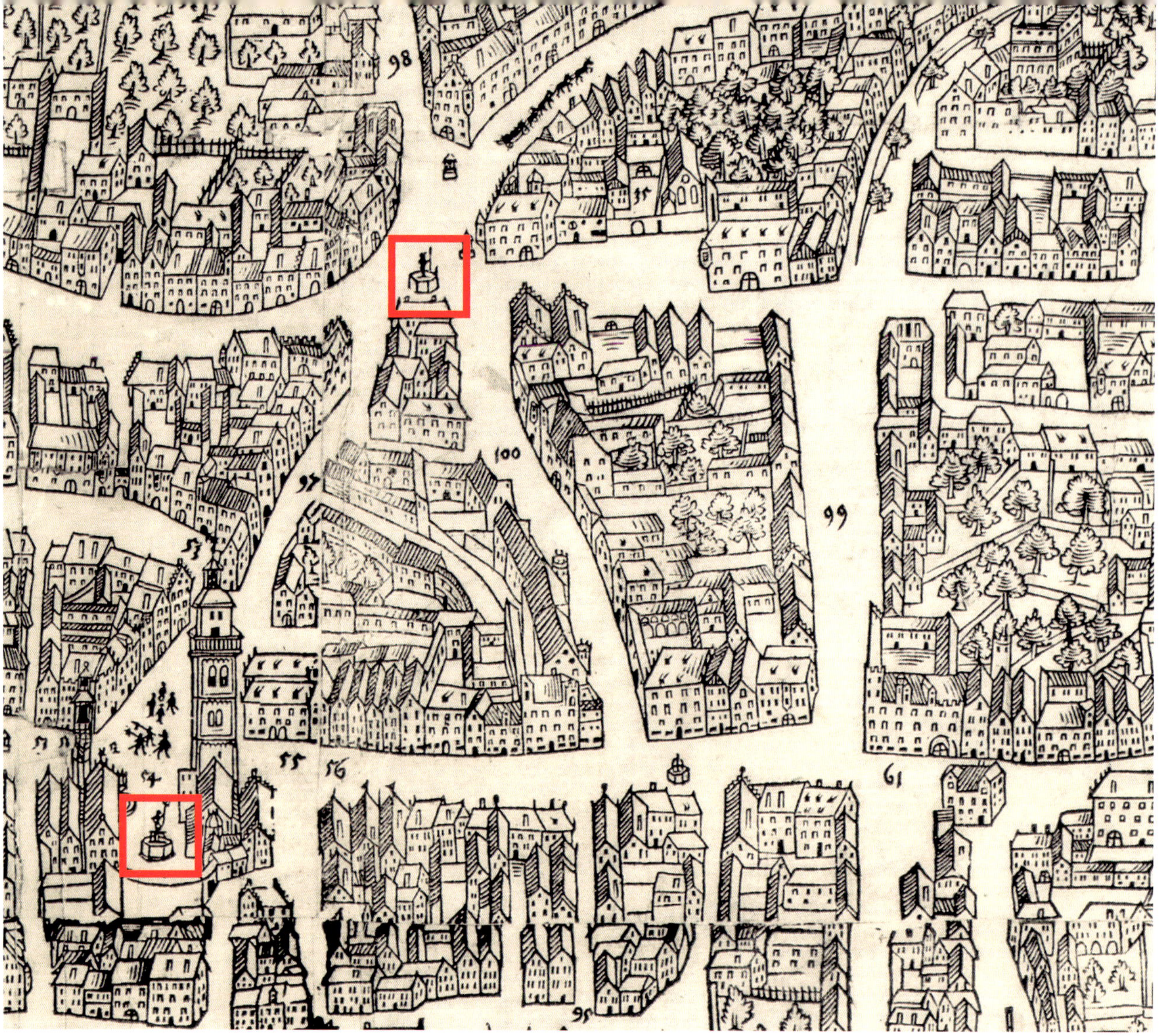

Eine Stadtansicht des Kupferstechers, Zeichners und Verlegers Hans Rogel hielt 1563 den Standort des Wappnerbrunnens und des Neptunbrunnens fest. Der Felberbrunnen mit der Figur des Wappners stand vor dem Hoechstetterhaus in der Heilig-Kreuz-Gasse. Den Neptun erkennt man auf dem Perlachplatz beim damals noch gotischen Rathaus.

stilistische Ähnlichkeit der beiden Figuren nicht zu verkennen. Unter Kunsthistorikern ist eine Loscher'-sche Beteiligung am Neptun aber umstritten. (25)

Von Loscher, dem Spross einer Augsburger Röhrmeisterdynastie, sind jedenfalls ohnehin Verbindungen zur reichsstädtischen Wasserwirtschaft belegt: *„Vom 14.6.1522 datiert die Bezahlung einer Visierung für die Arbeiten des Lechmeisters und aus den Jahren1523/24 diejenige für drei steinerne Bilder auf den Röhrenkästen. Keine dieser Arbeiten, welche Lösungen in der neuen Formensprache der Renaissance darstellten, blieb erhalten."* (26)

Die Erzgießkunst war in diesen Jahrzehnten eine Domäne der Reichsstadt Nürnberg. Auch den Guss des Augsburger Neptunbrunnens könnte ein Nürnberger – nämlich Pankraz Labenwolf – ausgeführt haben. Denn kurz nach 1500 war wohl noch kein Augsburger Gießer in der Lage, eine derart große Bronzeplastik zu fertigen. (27) Die Neptunfigur ist lebensgroß: 1,75 Meter hoch ist die Figur des Gottes, bis zur Spitze des Dreizacks misst sie 2,39 Meter.

Als eines der wichtigsten Werke der Nürnberger Gießerkunst gilt die 1532 gegossene Figur Apolls, des römischen Gottes der Bogenschützen, die früher im Herrenschießgraben vor dem Herrenschießhaus stand. Der bogenspannende Gott steht auf dem mit Putti, Tiergestalten, Groteskenfiguren und Muschelwerk verzierten Sockel. *„Einst stand die Figur in der Mitte eines geräumigen und von einer Steinbalustrade eingefaßten Wasserbeckens. Als Wasserspender dienten die Delphine an den Sockelkanten."* (28) Die Originalfigur wird heute im Stadtmuseum im Fembohaus aus-

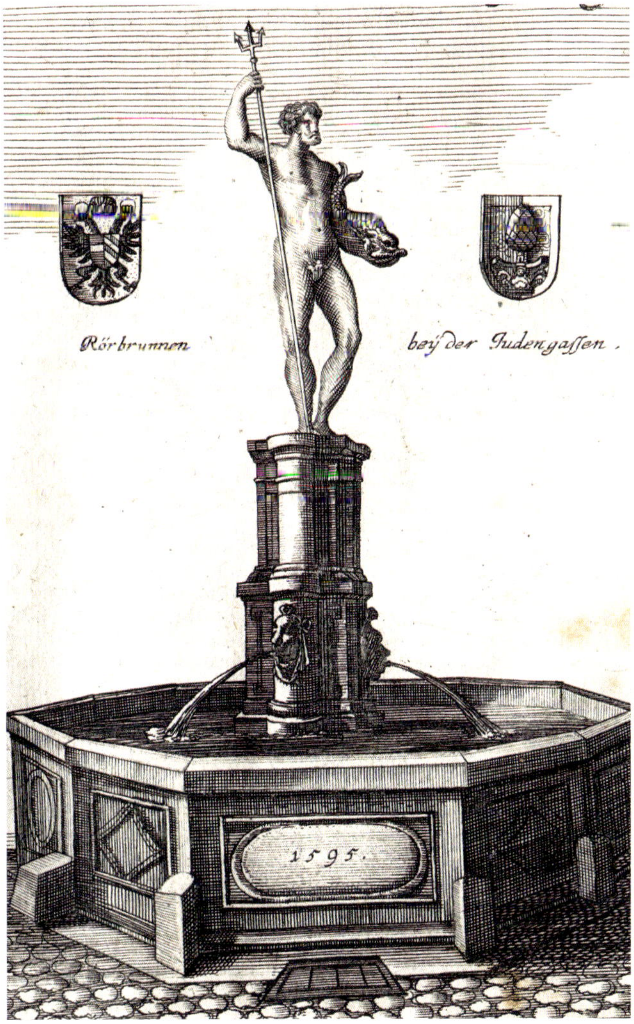

Links: Die Gesichter des Neptuns und des Wappners weisen frappierende Ähnlichkeiten auf. Dies könnte bedeuten, dass beide Brunnenfiguren das Werk ein und desselben Bildhauers sind. Rechts: Ein Kupferstich von Simon Grimm bezeichnet den Neptunbrunnen als „Rörbrunnen beÿ der Judengassen".

gestellt. Form und Guss der Apollofigur werden Peter Vischer d. J. zugeschrieben. (29) Doch im Vergleich zum Augsburger Neptun war der Nürnberger Apollo noch relativ klein: Er ist nur 77 Zentimeter hoch. Die Gesamthöhe bis zur Spitze des gespannten Bogens macht einen Meter aus.

Peter Vischer d. J. war ein Mitglied der Bildhauer- und Gießerfamilie Vischer: Ihre 1453 in Nürnberg gegründete Messinggießerei war die wohl bekannteste Deutschlands. Das Sebaldusgrab in St. Sebald ist das 1519 vollendete Hauptwerk der Werkstatt. In Augsburg erhielt sie zum Beispiel auch den Auftrag für das (letztendlich nicht mehr abgenommene) Schlussgitter der Fuggerkapelle in St. Anna, der Grablege Jakob Fuggers „des Reichen".

In Nürnberg wurde Pankraz Labenwolf 1549 mit dem Guss eines Monuments, der Säule des heutigen Puttenbrunnens, beauftragt. Dieser steht im Hof des Wolff'schen Baus, einem Trakt des Rathauses. *„Auf einem ornamentierten Podest, das über drei Stufen zu erreichen ist, liegt eine muschelartige Wasserschale. In ihrer Mitte steigt eine hohe, antikisierende Säule empor, die von acht wasserspeienden Drachen und einer Putto-*

Abbildungen nächste Doppelseite: Ein kolorierter Kupferstich Carl Remshards, entstanden um 1720, stellt den Felberbrunnen mit dem Wappner vor dem Hoechstetterhaus dar (links oben). Ein Stich um 1743 zeigt in der Menschenmasse, die Kaiser Rudolf II. 1582 huldigte, den Burgerbrunnen am Eisenberg, den Vorgänger des Augustusbrunnens (links unten). Zwei weitere Stiche Carl Remshards bilden den Neptunbrunnen bei der Judengasse ab (rechte Seite).

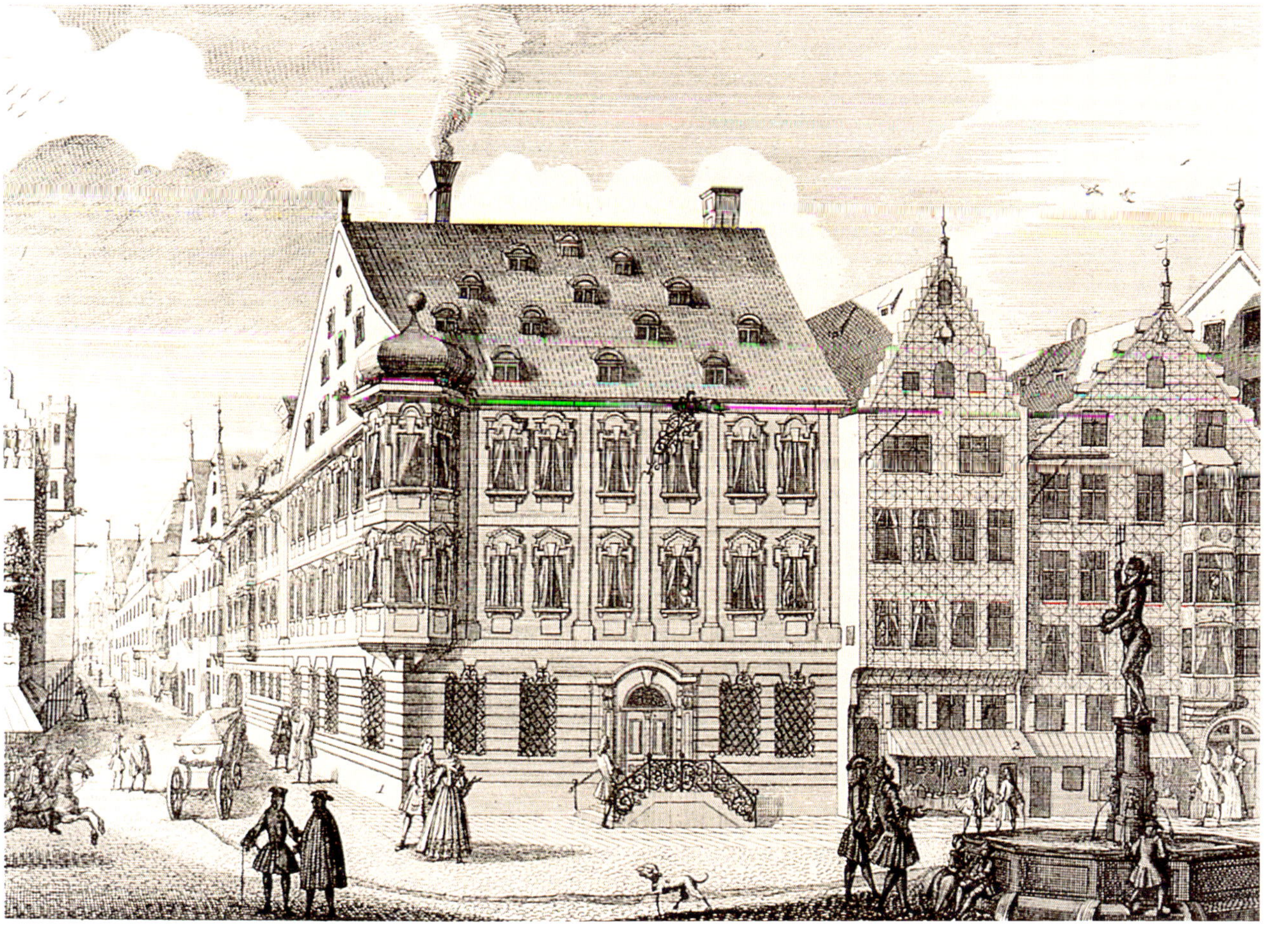

Zwischen 1532 und 1557 wurden in der Reichsstadt Nürnberg die Figuren des Apollobrunnens, des Puttenbrunnens und des Gänsemännchenbrunnens – jeweils kleinfigürliche Bronzeplastiken – gegossen. Zum Reichstag von 1566 entstand der Regensburger Adlerbrunnen: Das bronzene Wappentier des Reichs sitzt auf einer vergoldeten Kugel.

figur mit Wappenschild und Standarte bekrönt ist." (30) Die erst 1557 gegossene Brunnensäule des „welschen Kindleins" (Putto) mit acht Seeschlangen war aber ursprünglich nicht für den Brunnen konzipiert worden.

Pankraz Labenwolf goss 1550 auch die Figur des Gänsemännchenbrunnens, der heute südlich des Nürnberger Rathauses steht. Die volkstümliche Bronzefigur

auf dem Brunnenpfeiler gilt als eines der bekanntesten Werke kleinfigürlicher Nürnberger Bronzekunst. Die Brunnenfigur stellt einen Bauern dar, der unter jedem Arm eine Gans hält. Ihre Schnäbel dienen als Wasserspeier. (31) Nicht zuletzt im Vergleich mit der elegant antikisierenden Figur des bogenschießenden Apollo wirkt das Gänsemännchen altertümlich. Anders als im gemischt-konfessionellen Augsburg machten sich in der fränkischen Reichsstadt auch in der Brunnenkunst frühzeitig Auswirkungen der Reformation bemerkbar. Nackte heidnische Brunnengötter waren aus der Mode: eine Tendenz, die durch die Gegenreformation – auch in Italien – später sogar noch verstärkt wurde. (32)

In Regensburg wurde zu dieser Zeit die Figur des Adlerbrunnens auf dem Krauterermarkt beim Dom gegossen. Der bronzene Reichsadler sitzt auf einer vergoldeten Kugel auf der steinernen Mittelsäule des Brunnens. Der Adlerbrunnen entstand 1566 in Vorbereitung auf den Regensburger Reichstag von 1567.

Das Wappentier steht für den Kaiser und das Reich, die goldene Kugel stellt den Reichsapfel dar. Obwohl dieser Brunnen als Huldigung an den Kaiser als den obersten Herrscher des Heiligen Römischen Reichs deutscher Nation und somit der Reichsstadt (33) gedacht war, sind von diesem vergleichsweise schlichten Brunnen bezeichnenderweise wohl weder der Name des Bildhauers noch der des Erzgießers überliefert. (34)

Die Figur des Augsburger Georgs war zunächst nicht als Brunnenfigur konzipiert. Sie wurde erst 1833 auf die Brunnensäule vor der Stadtmetzg versetzt. An dieser Stelle stand früher ein schlichter Röhrbrunnen mit dem Stadtpyr auf dem Brunnenpfeiler (rechts).

Der Augsburger Georgsbrunnen auf dem Metzgplatz steht an der Stelle eines früheren schlichten Laufbrunnens mit dem Stadtpyr auf dem Brunnenpfeiler. Auch die in Bronze gegossene Figur des heiligen Drachentöters greift das mittelalterliche Motiv des geharnischten Ritters auf. Dieser heilige Georg soll wohl an den Habsburgerkaiser Maximilian I., den „Letzten Ritter" und Förderer der Reichsstadt am Lech, erinnern. Eine andere Meinung ist, dass diese Figur die Augsburger Geschlechter verherrlichen sollte: Denn zunächst bekrönte der Heilige eine Bildsäule, die 1575 gegenüber dem gotischen Rathaus – an der Fassade der Geschlechterstube – aufgestellt wurde.

Die Georgsfigur ist ursprünglich also nicht als Brunnenfigur konzipiert worden – sie ist aus diesem Grund trotz ihrer hohen künstlerischen Qualität für Augsburgs Bewerbung um die Aufnahme in die Liste des UNESCO-Welterbes irrelevant. Erst im Jahr 1832 wurde die lebensgroße Statue des geharnischten Heiligen auf den Metzgplatz versetzt und dort zur Brunnenfigur. Über den Umweg eines Standorts vor der nahen Kirche St. Jakob kam die Georgsfigur (nun als Abguss) auf den Pfeiler eines neuen Brunnenbeckens auf dem Metzgplatz. Das Original der bis 2003 restaurierten Figur steht im Maximilianmuseum. Sie ist neben dem Wassergott des Neptunbrunnens Augsburgs zweite lebensgroße Bronzeplastik, die aus der Epoche vor Giambologna erhalten ist. Die Figur trägt die Signatur „v 1565 d". Die Initialen stehen für den Augsburger Rotschmied Veit Dietsch. (35)

Quellen

(1) vgl. Grewe, Klaus: Wasserversorgung und -entsorgung im Mittelalter, in: Wasserversorgung im Mittelalter, Geschichte der Wasserversorgung, Bd. 4, Mainz 1991, S. 55 ff.

(2) vgl. Bach-Damaskinos, Ruth: Hiserleinbrunnen, in: Stadtlexikon Nürnberg, Nürnberg 2000, S. 450

(3) vgl. Bach-Damaskinos, Ruth: ebenda, S. 408

(4) vgl. Stolz, Georg: Schönbrunnleitung, in: Stadtlexikon Nürnberg, Nürnberg 2000, S. 947 f.

(5) Gasser, Pirmin: Ander Theil der Weitberüempten Keyserlichen Freyen und deß H. Reichstatt Augspurg in Schwaben Chronica [...], zweites Buch der Augspurgischen Chronica Markus Welsers [...], Frankfurt am Main 1595, S. 271

(6) vgl. Walter, Caspar: Hydraulica Augustana [...], Augsburg 1754, S. 5

(7) Angerer, Martin: Loscher, Sebastian, in: Neue Deutsche Biographie 15 (1987), S. 193 f. [Onlinefassung]; URL: http://www.deutsche-biographie.de/ppn119269600.html, letzter Zugriff: 28.12.2014

(8) vgl. ebenda

(9) Eikelmann, Renate: Der heilige Alexius von Sebastian Loscher, in: Arbeitsheft 67, Bayerisches Landesamt für Denkmalpflege, München 1994, S. 11

(10) vgl. Dormeier, Heinrich: Kurzweil und Selbstdarstellung. Die „Wirklichkeit" der Augsburger Monatsbilder, in: „Kurzweil viel ohn' Maß und Ziel". Alltag und Festtag auf den Augsburger Monatsbildern der Renaissance, hg. vom Deutschen Historischen Museum Berlin, München 1994, S. 185 f.

(11) vgl. Petershagen, Wolf-Henning: Ulms lebendige Wasser. Brunnengeschichte aus sieben Jahrhunderten, Ulm 2003, S. 22 ff. und
Haug, Albert; Schmidt, Uwe: Die öffentlichen Brunnen, in: Teichel, Pumpen, Brunnen. Ulmer Trinkwasser im Spiegel von sechs Jahrhunderten, Ulm 1998, S. 46 ff.

(12) vgl. Hoffmann, Albrecht: Zum Stand der städtischen Wasserversorgung in Mitteleuropa vor dem Dreißigjährigen Krieg, in: Die Wasserversorgung in der Renaissancezeit, Geschichte der Wasserversorgung, Bd. 5, Mainz 2000, S. 112 ff. und
Stolz, Georg: Schöner Brunnen, in: Stadtlexikon Nürnberg, Nürnberg 2000, S. 947 f.

(13) vgl. Hoffmann, Albrecht: Zum Stand der städtischen Wasserversorgung in Mitteleuropa vor dem Dreißigjährigen Krieg, in: Die Wasserversorgung in der Renaissancezeit, Geschichte der Wasserversorgung, Bd. 5, Mainz 2000, S. 114

(14) vgl. Haug, Albert; Schmidt, Uwe: Die öffentlichen Brunnen, in: Teichel, Pumpen, Brunnen. Ulmer Trinkwasser im Spiegel von sechs Jahrhunderten, Ulm 1998, S. 46 f.

(15) vgl. Walter, Caspar: Hydraulica Augustana [...], Augsburg 1754, S. 5

(16) Eikelmann, Renate: Der heilige Alexius von Sebastian Loscher, in: Arbeitsheft 67, Bayerisches Landesamt für Denkmalpflege, München 1994, S. 12

(17) vgl. Häußler, Franz: Die lange Wanderschaft eines Ritters, Augsburger Allgemeine, 08.09.2010

(18) vgl. http://www.goslar.de/tourismus/sehenswertes/81-marktplatz-und-marktbrunnen, letzter Zugriff: 28.12.2014

(19) vgl. Bach-Damaskinos, Ruth: Hiserleinbrunnen, in: Stadtlexikon Nürnberg, Nürnberg 2000, S. 450

(20) vgl. Bach-Damaskinos, Ruth: Hanselbrunnen, in: Stadtlexikon Nürnberg, Nürnberg 2000, S. 408

(21) vgl. Hagen, Bernt von; Wegener-Hüssen, Angelika: Stadt Augsburg. Ensembles, Baudenkmäler, archäologische Denkmäler, Denkmäler in Bayern, Bd. 83, München 1994, S. 264

(22) Roeck, Bernd: Der Brunnen der Macht, in: Der Augustusbrunnen in Augsburg, München 2003, S. 31

(23) vgl. Hagen, Bernt von; Wegener-Hüssen, Angelika: Stadt Augsburg. Ensembles, Baudenkmäler, archäologische Denkmäler, Denkmäler in Bayern, Bd. 83, München 1994, S. 264

(24) vgl. ebenda, S. 262/S. 264

(25) vgl. Eikelmann, Renate: Der heilige Alexius von Sebastian Loscher, in: Arbeitsheft 67, Bayerisches Landesamt für Denkmalpflege, München 1994, S. 15

(26) http://www.deutsche-biographie.de/sfz54310.html, letzter Zugriff: 02.01.2015

(27) vgl. Heithorn, Uwe: Augsburger Bronzekunstguss im 16. und 17. Jahrhundert, in: Adriaen de Vries 1556 – 1626, Augsburgs Glanz – Europas Ruhm, Augsburg 2000, S. 98

(28) Bach-Damaskinos, Ruth: Apollobrunnen, in: Stadtlexikon Nürnberg, Nürnberg 2000, S. 72

(29) vgl. Diemer, Dorothea: Apollobrunnen, in: Peter Flötner, Renaissance in Nürnberg, Schriften der Museen der Stadt Nürnberg, Bd. 7, Nürnberg 2014, S. 103 f.

(30) Bach-Damaskinos, Ruth: Puttenbrunnen, in: Stadtlexikon Nürnberg, Nürnberg 2000, S. 848

(31) vgl. Bach-Damaskinos, Ruth: Gänsemännchenbrunnen, in: Stadtlexikon Nürnberg, Nürnberg 2000, S. 319

(32) vgl. Geese, Uwe: Skulptur der italienischen Renaissance, in: Die Kunst der italienischen Renaissance, Königswinter 2005, S. 232

(33) vgl. http://www.regensburg.de/kultur/kulturdatenbank/eintrag/118945, letzter Zugriff: 02.01.2015

(34) vgl. Bauer, Karl: Regensburg. Kunst-, Kultur- und Alltagsgeschichte, Regensburg 1997, S. 76 f. und
Drexler, Jolanda; Hubel, Achim u.a.: Regensburg und die Oberpfalz, Georg Dehio. Handbuch der Deutschen Kunstdenkmäler/Bayern, Bd. 5, München/Berlin 1991, S. 626

(35) vgl. Hagen, Bernt von; Wegener-Hüssen, Angelika: Stadt Augsburg. Ensembles, Baudenkmäler, archäologische Denkmäler, Denkmäler in Bayern, Bd. 83, München 1994, S. 326

Der Neptunbrunnen – ein Erbe der Fugger?

Die Bronzefigur stand ursprünglich vielleicht im Gartengut Raymund Fuggers

Zu den bis heute nicht geklärten Rätseln der historischen Augsburger Wasserwirtschaft gehören der Schöpfer sowie die Herkunft des Neptunbrunnens, der 1537 auf dem Fischmarkt aufgestellt wurde und dessen Kopie heute den Jakobsplatz bei der Fuggerei ziert. Wissenschaftlich untermauert werden wohl beide Fragen nicht abschließend beantwortet werden können. Zumindest zur möglichen Herkunft dieser bronzenen Brunnenfigur hat 1958 der Augsburger Kunsthistoriker Norbert Lieb – mangels schriftlicher Quellen äußerst vage formuliert – eine Vermutung angedeutet, indem er aus einem Bericht des Elsässer Humanisten Beatus Rhenanus zitierte, der sich 1530 anlässlich eines Reichstags in Augsburg aufhielt.

Rhenanus schwärmte 1531 nach einem Besuch des Gartenguts von Raymund Fugger, des zweitältesten Neffen Jakob Fuggers „des Reichen", unter anderem von den „[...] Springbrunnen, die mit Erz gegossenen Bildern von Göttern geziert sind! [...]". Norbert Lieb merkte zu dieser Schriftquelle an: „Ob hier etwa ursprünglich die jetzt auf dem Brunnen am Jakobsplatz aufgestellte Bronzefigur des Neptun gestanden sei, läßt sich nicht beweisen." Hieb- und stichfest klären lassen wird sich die Herkunft der Brunnenfigur wohl ohnehin kaum, selbst wenn sie aus dem Nachlass von Raymund Fugger stammen sollte. Vom Verkauf seines Erbes sind keine Inventarlisten erhalten.

Andererseits spricht einiges für die Annahme, dass der bronzene Neptun tatsächlich aus dem Erbe Raymund Fuggers stammt. Erstens: Der Zeitpunkt würde passen. Raymund Fugger verstarb 1535, und 1537 wurde der Neptunbrunnen auf dem Perlachplatz aufgestellt. Gekauft hatten die Fugger „von der Lilie" den Besitz in der Kleesattlergasse (sie lag zwischen Weinmarkt und St. Ulrich südlich der heutigen Armenhausgasse) wohl um 1500 aus der Konkursmasse der mit ihnen verwandten Fugger „vom Reh". Raymund Fugger erwarb im Jahr 1517 den Besitz eines Nachbarn für sein Gartengut hinzu. Eine Chronik von 1580 überliefert, dass „[...] mehr Plätz, Gärten und Häuser dazu erkauft und also erweitert [...]" wurden.

Sollte die stilistische Ähnlichkeit zwischen dem um 1516/18 gefertigten steinernen Wappner und dem bronzenen Neptun tatsächlich auf Sebastian Loscher hinweisen, spräche auch dies für die Fugger-These. Denn Loscher – Abkömmling einer Augsburger Röhrmeisterdynastie, den die Reichsstadt mehrfach mit Bildsäulen für Brunnenanlagen beauftragte – hat bekanntlich für die Fugger gearbeitet. Auch andere Aspekte machen Raymund Fugger als Auftraggeber der Neptunfigur plausibel. Erstens: Wer sich eine derart teure Brunnenfigur leisten konnte, musste sicher reich sein. Zweitens: Die Fuggerfirma war der führende Montankonzern der Zeit, der den Kupfermarkt in Europa dominierte und daran interessiert sein musste, durch eine Aufsehen erregende Brunnenfigur dem Bronzeguss neue Absatzmärkte zu öffnen. Drittens: Raymund Fugger sammelte Antiken und war sicher für eine römische Gottheit zu begeistern. Und viertens: Tauchte Neptuns Attribut – der Dreizack – nicht auch in der Handelsmarke der Fugger auf?

Konterkariert wird die Fugger-These allerdings von Norbert Lieb selbst. Der Kunsthistoriker hielt nämlich auch fest: Es „[...] zeigt der Schauplan [...] 1602 eine langgestreckte Reihe von Traufdachhäusern; dahinter, gegen Süden, einen Baumgarten. In diesem steht frei ein mit einer Zwiebelkuppel gedeckter Pavillon, in seinem Inneren anscheinend eine Brunnenfigur."

Heithorn, Uwe: Augsburger Bronzekunstguss im 16. und 17. Jahrhundert, in: Adriaen de Vries 1556 – 1626, Augsburgs Glanz – Europas Ruhm, Augsburg 2000, S. 98

Kuhoff, Wolfgang: Augsburger Handelshäuser und die Antike, in: Augsburger Handelshäuser im Wandel des historischen Urteils, Berlin 1996, S. 265

Lieb, Norbert: Die Fugger und die Kunst. Im Zeitalter der Hohen Renaissance, München 1958, S. 34 – 39

Trauchburg, Gabriele von: Häuser und Gärten Augsburger Patrizier, München/Berlin 2001, S. 121 f.

Hubert Gerhards 1594 aufgestellter Augustusbrunnen war der erste der Augsburger Monumentalbrunnen und damit der früheste Vertreter der dritten Brunnengeneration. Die Größe sowie der Figurenreichtum dieses Brunnens und der damit verbundene Aufwand bedeuteten einen radikalen Bruch mit der deutschen Brunnentradition. Der Brunnen – seit 1588 im Stil des italienischen Manierismus entstanden – ist die einzige der drei frühen Brunnenschöpfungen Hubert Gerhards, deren Figurenbestand original erhalten blieb. Die Bronzefiguren des Lechs und der Wertach, der Singold und des Brunnenbachs machen den Augustusbrunnen über seine Bedeutung als Kunstdenkmal hinaus zu einem zentralen Erinnerungsort der Augsburger Wasserwirtschaft.

Hubert Gerhard und sein Augustusbrunnen

Vorgeschichte und Entstehung des ersten Augsburger Monumentalbrunnens

Das Bild der Städte in Italien und Zentraleuropa hat sich im Lauf des 16. Jahrhunderts nicht zuletzt durch die Aufstellung von kunstvollen Zierbrunnen massiv gewandelt. *„Besonders auffällig war dies im südlichen Mitteleuropa, wie beispielsweise in München, Freiburg i. Br. und Bern. Dort bildete der Markt eine lange breite Straße und die Laufbrunnen dessen Mittelachse. Diesem Beispiel folgte Ende des Jahrhunderts die Reichsstadt Augsburg, indem sie mit drei großen repräsentativen Laufbrunnen die von Rathausplatz und Maximilianstraße gebildete Achse städtebaulich aufwertete und hiermit Maßstäbe setzte [...].“* (1) Dass gerade in der Reichsstadt Augsburg um das Jahr 1600 drei Monumentalbrunnen von höchstem künstlerischem Anspruch das Stadtbild veränderten, hat der Kunsthistoriker Bruno Bushart so begründet: *„Es gibt wenige Städte in Deutschland, für deren Geschichte die Kunst eine wichtigere Rolle spielt als Augsburg. Jahrhundertelang bildete hier die Kunst einen unersetzlichen Faktor der Stadtpolitik.“* (2)

Um Stadtpolitik ging es auch bei der Aufstellung der ebenso kostspieligen wie künstlerisch innovativen Brunnen. Schon damals gab es einen Wettbewerb der Städte, zum Beispiel bei der Wahl des Standorts von Reichstagen. Nicht zuletzt war Augsburgs ständiger künstlerischer Wettstreit mit der nahen Residenzstadt München ein Ansporn, die eigene Bedeutung durch Investitionen in die Brunnenkunst hervorzuheben.

Der erste Monumentalbrunnen war der Auftakt zu einem Stadtverschönerungsprogramm, das Augsburgs Zentrum noch immer prägt. Die Trias (Dreiheit) der Augsburger Monumentalbrunnen, die auf der Achse zwischen dem Renaissancerathaus Elias Holls und der Maximilianstraße stehen, ist weltweit ohne Vergleich.

Die späte Renaissance brachte – in Italien Jahrzehnte früher als in Deutschland – eine neue Stilrichtung, den Manierismus, und einen neuen Brunnentypus. Der Florentiner Giovanni Angelo Montorsoli, ein Schüler Michelangelos, schuf von 1547 bis 1553 den Orionbrunnen auf dem Domplatz in Messina. Initiiert wurde die Aufstellung dieses Brunnens durch den Bau einer Wasserleitung nach Messina, deren Ende das Kunstwerk schmücken sollte. Um Montorsolis filigrane Brunnensäule lagerten zum ersten Mal die steinernen Personifikationen von vier Flüssen (Nil, Tiber, Ebro und Camaro) auf dem Beckenrand. Die Idee war nicht neu, denn der Bildhauer Benvenuto Cellini in Florenz hatte für einen *„[...] Marsbrunnen für Franz I. von Frankreich bis 1546 vier Personifikationen der Künste geplant, die auf dem Becken lagern sollten; der Brunnen ist nie ausgeführt worden [...]“.* (3) Montorsolis 1557 ebenfalls in Messina aufgestellter Neptunbrunnen zeigt das erste Beispiel einer kolossalen Mittelfigur, ihr zu Füßen die gefesselten Meerungeheuer Skylla und Charybdis. (4)

Bei dem von Bartolomeo Ammanati von 1560 bis 1575 für die Piazza della Signoria in Florenz geschaffenen Neptunbrunnen war die zentrale, circa 5,6 Meter hohe Kolossalfigur im Zentrum des Brunnens ebenfalls wie bis dahin üblich noch in Stein gehauen. Auf dem Beckenrand von Ammanatis Neptunbrunnen lagerten allerdings nunmehr in Bronze gegossene Figuren – an jeder Ecke eine Meeresgottheit, um sie herum jeweils zwei Nymphen und Satyrn. (5)

Giovanni Angelo Montorsoli schuf bis 1553 den Orionbrunnen in der sizilianischen Stadt Messina: Zum ersten Mal platzierte der Künstler vier liegende Brunnenfiguren auf dem Beckenrand (oben rechts). Beim ebenfalls in Messina aufgestellten Neptunbrunnen (unten) rückte Montorsoli erstmals eine monumentale Figur in das Zentrum eines Brunnens. Beide Gestaltungsideen griff Bartolomeo Ammanati für seinen bis 1575 entstandenen Neptunbrunnen (oben links) in Florenz auf. Die Figurengruppe auf dem Beckenrand ließ er jedoch in Bronze gießen.

Giambolognas Neptunbrunnen auf der Piazza Maggiore in Bologna entstand nach einem Entwurf von Tommaso Laureti. Die Monumentalfigur des Wassergottes hat Giovanni Bologna (wie sich der Bildhauer Jean Boulogne nach der Einwanderung aus dem heute nordfranzösischen Douai in Florenz nannte) wohl bis 1566 geschaffen. Auf dem marmornen Brunnenpfeiler steht die 3,35 Meter hohe Bronzefigur des Neptun. Auch den Sockel zieren Bronzefiguren, deren Motive sich am Augsburger Augustusbrunnen wiederholen: Eroten halten Delfine, aus deren Mäulern ebenso wie aus den Brüsten der Sirenen beziehungsweise weiblichen Hermen Wasser spritzt.

Giambologna hat auch großartige Meisterwerke der Steinbildhauerei geschaffen. Doch insbesondere die „*[...] Innovation auf dem Gebiet kleinerer und mittlerer Statuen, die Giambologna einführte, lässt sich ohne Übertreibung als revolutionär bezeichnen und machte ihn zur Schlüsselfigur einer Erneuerung der modernen Bildhauerkunst in Metall".* (6)

Brunnen in Deutschland wurden damals von den italienischen Meisterwerken weit übertroffen. Selbst nördlich der Alpen so herausragende Bronzefiguren wie der lebensgroße Augsburger Neptun und der (77 Zentimeter hohe) Apoll in Nürnberg waren relativ klein. Die Haltung der Brunnenfiguren wirkte im Vergleich mit italienischen Schöpfungen statisch. In der Reichsstadt Ulm wurde sogar noch bis kurz vor 1600 spätmittelalterlich anmutende Brunnenkunst geschaffen. Der um 1590 entstandene Löwenbrunnen vor dem Westportal des Münsters und der Hildegardsbrunnen (1591) im Hof des Neuen Baus sind Beispiele dafür: Stil und Motive sind noch immer dem Mittelalter verhaftet. Der gedoppelte Löwe hält zwei Schilde mit den Wappen des Reichs und der Reichsstadt. Die farbig gefasste Figur der heiligen Hildegard erinnert an die Gemahlin Karls des Großen. (7)

Auch eine Regensburger Brunnenschöpfung dieser Zeit nimmt Rückgriff auf das deutsche Spätmittelalter und seine Formensprache. Der 1579 für das Kloster St. Emmeram gefertigte Kurfürstenbrunnen greift das Motiv des Geharnischten auf. Die Figur dieses um 1750 Kayserbrunnen genannten Brunnens stellt Kaiser Arnulf von Kärnten dar. (8) Für die Brunnenfiguren in Ulm und Regensburg verwendete man jeweils das althergebrachte Material: nämlich Stein.

Der Nürnberger Tugendbrunnen war dagegen ein Werk kleinfigürlicher Erzgießkunst. Die 1589 bei der Kirche St. Lorenz aufgestellte bronzene Brunnensäule goss Benedikt Wurzelbauer, der vier Jahre zuvor die Werkstatt der mit ihm verwandten Gießerfamilie Labenwolf übernommen hatte. *„Auf einer kreisrunden, tellerartigen Plattform sind sechs Allegorien der drei theologischen und dreier Kardinaltugenden mit ihren Attributen gruppiert: Glaube mit Kreuz und Kelch, Liebe mit zwei Kindern, Hoffnung mit dem Anker, Tapferkeit mit Löwe, Mäßigung mit einem Krug und Geduld mit einem Lamm. Die siebte der Tugenden, die Gerechtigkeit, steht mit verbundenen Augen, Schwert und Waage samt Kranich als Symbol der Wachsamkeit auf der obersten Etage der Stele. Zwischen der Gruppe der sechs Erstgenannten und der Justitia stehen auf einem zweiten, kleineren Plateau sechs wappenhaltende und posaunenblasende Putti. Aus Rohren im Sockel und aus den Posaunen der Putti, den Gefäßen der Allegorien und aus den Brüsten der* [züchtig bekleideten] *jungfräulichen Gestalten ergießen sich feine Wasserstrahlen […].“* (9)

Bei Giambologna in Florenz lernte der in 's-Hertogenbosch in Nordbrabant geborene und in den Niederlanden ausgebildete Bildhauer Hubert Gerhard nicht nur den italienischen Manierismus, sondern auch die Bronzegusstechnik kennen. Dass sich Gerhard 1581 in Florenz aufhielt, ist belegt. Unklar ist, wie lange und wo überall in Italien Gerhard war, ob er lediglich eine Bildungsreise absolvierte oder länger in einer Werkstatt gearbeitet hat. Jedenfalls dürfte Gerhard die Werkstatt seines Landsmanns im Palazzo Vecchio in Florenz offen gestanden haben. (10)

Der Neptunbrunnen war Giambolognas einziges monumentales Brunnenkunstwerk: Die mehr als drei Meter hohe Bronzefigur auf dem Brunnenpfeiler war ein Vorbild für den Augsburger Augustusbrunnen.

Hubert Gerhard holten die Fugger 1581 nach Augsburg: Dort schuf der Niederländer ein Auferstehungsrelief und Kleinbronzen für den Gedächtnisaltar Christoph Fuggers in der Dominikanerklosterkirche St. Magdalena. Es folgte ein Auftrag Markus Fuggers für 13 Terrakottafiguren des Zyklus „Christus und die zwölf Apostel“ auf der Marmorschranke vor der Andreas- und Simpertkapelle in der Benediktinerklosterkirche St. Ulrich und Afra (von 1581 bis 1584). Im Auftrag von Hans Fugger entstanden bis 1584 der Figurenzyklus für den Zedernsaal in Schloss Kirchheim: überlebensgroße Terrakottafiguren von jeweils sechs männlichen und weiblichen Herrschergestalten, bis 1587 die Figurengruppe für den Prunkkamin sowie drei Figuren für Nischen am Schlossportal. Hubert Gerhard führte diese Aufträge parallel und jeweils in Zusammenarbeit mit dem Florentiner Carlo di Cesare del Palagio – genannt Carlo Pallago – aus. (11)

Pallago war nachweislich ab 1560 Giambolognas Gehilfe gewesen. Für die Fugger hatte er zwischen 1569 und 1573 schon einmal gearbeitet, als er die Stuckdekoration für Hans Fuggers Badstuben in den Fuggerhäusern schuf. Noch während die beiden Bildhauer an den Terrakottafiguren für Schloss Kirchheim arbeiteten, wechselte Hubert Gerhard um 1584 an den Hof des bayerischen Herzogs Wilhelm V., den mit Hans Fugger ein freundschaftliches Verhältnis verband. In München waren Gerhards und Pallagos mehr als lebensgroß modellierte Terrakottafiguren und Bronzeskulpturen eine Innovation. Abgesehen von den auswärtigen Aufträgen arbeitete Gerhard dort bis 1597 für Wilhelm V., in dessen Regierungszeit er (geschätzt) rund 45 großteils erhaltene Figuren schuf. (12)

Terrakottafiguren und Bronzeguss von monumentalen Plastiken stellten einen Technologietransfer dar. Nördlich der Alpen führten Gerhard und Pallago innovative Techniken und Materialien beinahe zeitgleich in Augsburg, Kirchheim und München ein. Die von ihnen „importierte" italienische Manier verdrängte weitgehend die bis dahin im süddeutschen Raum tradierte Schnitz- und Steinbildhauerkunst.

Der monumentale Bronzeguss sorgte nicht nur für eine künstlerische Revolution in der Brunnenkunst. Die hohen technischen Anforderungen und damit verbundenen Kosten unterstrichen auch die exklusive Stellung der jeweiligen Auftraggeber. Von den 1580er-Jahren bis in die 1620er-Jahre dominierte am Hof der bayerischen Herzöge in München und in der Reichsstadt Augsburg die großformatige Bronzeplastik. Dass dies gerade in diesen beiden Städten geschah, hatte drei Gründe: Erstens das Vorhandensein einer Gießhütte. Zweitens fähige Handwerker, die beim Erstellen der Gussform sowie abschließend beim Ziselieren helfen konnten. Und drittens kapitalkräftige und kunstsinnige Auftraggeber, wie sie die bayerischen Herzöge, die Fugger und die Reichsstadt Augsburg waren. (13)

Beim Guss ihrer monumentalen Bronzen konnten Gerhard und Pallago nur eingeschränkt auf heimische Gießer zurückgreifen. *„Wo der figürliche Bronzeguss Tradition hatte, haben die Gießer große Teile der gusstechnischen Aufgaben übernommen, doch in Süddeutschland mussten damals die Bildhauer alles selbst beherrschen: das Herstellen eines dicken Tonmantels um das Wachsmodell, wobei in diese Tonmantel die Abflussröhren für das geschmolzene Wachs, die Entlüftungsröhren und die Zuflussröhren für das flüssige Metall so überlegt angebracht werden mussten, dass das flüssige Metall tatsächlich bis in die äußersten Verästelungen der Figur floss, bevor es erkaltete."* (14) Das

In Oberdeutschland entstanden kurz vor 1600 der Kurfürstenbrunnen in Regensburg (1578/79), der Tugendbrunnen in Nürnberg (bis 1589) sowie der Löwenbrunnen in Ulm (um 1590).

Carlo Pallago schuf den übermannsgroßen Fliegenden Merkur in der Grottenhalle der Münchner Residenz. Die Figurengruppe des Perseusbrunnens im Zentrum des angrenzenden Grottenhofs ist ein Werk Hubert Gerhards.

alles hatten Gerhard und Pallago bei Giambologna erlernt, der sogar in Florenz – wo erprobte Gießer arbeiteten – als Meister seines Fachs anerkannt war. Selbst einer der erfahrensten florentinischen Gießer wagte es nicht, Giambolognas monumentale Bronzefigur für den Neptunbrunnen in Bologna in Abwesenheit des Bildhauers zu fertigen. (15)

Für Herzog Wilhelm V. schufen Gerhard und Pallago bis heute erhaltene bronzene Brunnenfiguren. Auch Gerhards überlebensgroße Bavaria, die heute das Dach des Hofgartentempels bekrönt, diente ursprünglich als Brunnenfigur. (16) Für den Grottenhof – eine in den 1580er-Jahren unter der Leitung von Friedrich Sustris errichtete Vierflügelanlage der Münchner Residenz – entstand 1588 Carlo Pallagos Fliegender Merkur: In der Grottenhalle schwebte die 2,2 Meter hohe feuervergoldete Figur über einer Brunnenschale an der aus Tuff- und Tropfstein geformten und mit Muschelschalen verzierten (im Zweiten Weltkrieg schwer beschädigten) Grottenwand. (17)

Als Mittelpunkt des dortigen Gartenhofs modellierte Hubert Gerhard nach einem Entwurf von Friedrich Sustris den Perseusbrunnen. Das Vorbild der Brunnenfigur war Benvenuto Cellinis 1554 in Florenz aufgestellter Perseus. Der Held, ein Sohn des Zeus, hob mit seiner Linken das abgeschlagene Haupt der Medusa empor, aus dem sich ebenso Wasser in die Brunnenschale ergoss wie aus dem Rumpf der enthaupteten Gorgone. Im Zentrum des Grottenhofs steht heute eine Kopie. Das Original findet man in einem angrenzenden Raum der Münchner Residenz. (18)

Den Wittelsbacher Brunnen für Herzog Ferdinand, den von den Regierungsgeschäften ausgeschlossenen Bruder Herzog Wilhelms V., schuf Gerhard wiederum nach einem Entwurf von Friedrich Sustris. Vor seinem Anwesen am Münchner Rindermarkt ließ Ferdinand den außergewöhnlich figurenreichen Brunnen mit aufwendiger Wasserführung aufstellen. Den Auftrag dafür erteilte er wohl spätestens 1585. *„Es sollte der erste Brunnen mit auf dem Beckenrand lagernden Figuren nach italienischem Vorbild auf deutschem Boden werden […].“* (19) Der 1588 aufgestellte Röhrbrunnen erregte wegen seiner 152 Wasserdüsen Aufsehen. Noch im selben Jahr wurde er in

Wie bei Montorsolis Orionbrunnen in Messina und bei nachfolgenden italienischen Brunnen spielte die Zahl Vier (wohl als Symbol der Himmelsrichtungen) bei der Konzeption des Wittelsbacherbrunnens eine wesentliche Rolle. Auch Hubert Gerhard setzte vier Flussgötter auf den Beckenrand – das Motiv der vier Gewässer wiederholte er am Augustusbrunnen.

dem Städteansichtenbuch „Civitates Orbis Terrarum" von Frans Hogenberg und Georg Braun ausführlich beschrieben. 16 Bronzefiguren waren auf dem Rand des Beckens platziert: Je zwei männliche und weibliche Götterfiguren – Juno, Vulcanus, Neptun und Ceres, die zugleich für die vier Elemente stehen –, Tritonen-Putti und andere maritime Mischwesen sowie vier

Flusspersonifikationen, dargestellt durch liegende männliche Wasserschütter. (20) Ihre Namen sind nicht überliefert. Landläufig werden sie als die bayerischen Hauptflüsse Isar, Inn, Donau und Lech bezeichnet. Das Motiv der auf dem Beckenrand lagernden vier Gewässer konnte der Bildhauer wenige Jahre später bei der Gestaltung des Augsburger Augustusbrunnens wiederholen: *„Der Brunnen als ein Werk, wie man es im Norden noch nie gesehen hatte, [...] hat die Augsburger Stadtväter angeregt, ihrerseits ihre Stadt mit solchen Bronzebrunnen zu schmücken."* (21)

Die Figur auf dem Mittelpfeiler des in München für Herzog Ferdinand geschaffenen Brunnens war ein geharnischter Reiter auf einem springenden Pferd, das

Hubert Gerhard schuf die Bronzefiguren des heutigen Wittelsbacherbrunnens der Münchner Residenz. Die ursprüngliche Hauptfigur, ein Reiterstandbild, wurde durch eine Figur ersetzt, die Gerhard für das Stiftergrabmal Herzog Wilhelms V. geschaffen hatte.

sich über einer Brunnenschale aufbäumte. Die zentrale Figur ging verloren, als der Reiterbrunnen nach zwei Jahrzehnten am Rindermarkt ab- und in der Residenz wieder aufgebaut wurde. Denn als Ferdinand 1608 hoch verschuldet starb, befriedigte sein Neffe, Herzog Maximilian I. private Gläubiger und übernahm dafür diesen Brunnen aus der Erbmasse. Die Reiterfigur, die vermutlich seinen Onkel Ferdinand dargestellt hatte, ließ der Herzog mitsamt dem Bronzebecken entfernen und dafür eine Bronzefigur auf den Brunnenpfeiler setzen, die Herzog Otto I. von Wittelsbach darstellte.

Der Ferdinandsbrunnen wurde zum Wittelsbacherbrunnen. Auch die Figur des ersten Wittelsbacherherzogs war Hubert Gerhards Werk: Da Maximilian I., der die Staatsfinanzen in Ordnung zu bringen hatte, sparen musste, verwendete er eine Bronzefigur, die ursprünglich für ein monumentales Stiftergrab Herzog Wilhelms V. und seiner Gattin Renata von Lothringen in St. Michael gedacht war. Wiederum nach Entwürfen von Sustris hatten Gerhard und Pallago von 1593 bis 1597 an diesem Denkmalprojekt – für das schon fast alle Figuren fertiggestellt waren – gearbeitet, ehe es Herzog Maximilian I. aus Kostengründen beendete. (22)

Der Mars-Venus-Amor-Brunnen für Hans Fuggers Schloss in Kirchheim und der Augustusbrunnen für die Reichsstadt Augsburg entstanden ab dem Ende der 1580er-Jahre weitgehend parallel. In der Zeitspanne zwischen den Arbeiten am Residenzbau Herzog Wilhelms V. und den 1593 begonnenen und 1597 eingestellten Arbeiten am herzoglichen Stiftergrabmal in der Michaelskirche hatte Hubert Gerhard in München keine größeren Aufträge zu erwarten. Der Baumeister der Reichsstadt Augsburg, Octavian Secundus Fugger, verhandelte darum 1589 mit Herzog Wilhelm V. wegen der Beurlaubung des Niederländers. Bald darauf erhielt Hubert Gerhard die Aufträge für den figurenreichen Monumentalbrunnen in Kirchheim und den Augustusbrunnen. (23)

Das Gussmodell der zentralen Figurengruppe für den Brunnen von Schloss Kirchheim war in München entstanden. Gegossen wurde die Mars-Venus-Amor-Gruppe bis 17. August 1590 vom herzoglich-bayerischen Gießer Martin Frey im Augsburger Gießhaus. Die Hermen am Mittelpfeiler goss der Augsburger Peter Wagner. 1595 wurde der Brunnen im inneren

Schlosshof der von Hans Fugger erbauten Vierflügelanlage aufgestellt: So blieb das erotische Motiv der Hauptgruppe den Augen der Öffentlichkeit verborgen.

Schon im Jahr 1650 wurde der Mars-Venus-Amor-Brunnen erstmals zum Verkauf angeboten. Die acht noch vor 1806 veräußerten Figuren auf dem Beckenrand sowie weitere Bronzen sind verschollen. Keine Abbildung überliefert das Aussehen des Kirchheimer Monumentalbrunnens. Der Brunnenpfeiler und die Hauptgruppe über dem achteckigen Becken müssen ursprünglich sechs bis sieben Meter hoch gewesen sein. (24) *„[...] die heutige, viel zu niedrige Position erklärt manches von dem [...] unausgewogenen, geradezu plumpen Eindruck, den die Gruppe des Liebespaares macht. [...] steiler von unten betrachtet verliert die Gruppe diese geballte, klumpige Wirkung."* (25)

Als der Augsburger Bankier Johann Lorenz von Schaezler 1821 die Hauptgruppe für sein Gartengut erwarb, erzählte man ihm *„[...] daß die Statue nicht Adam und Eva, sondern den Johann Grafen von Fugger darstellte, welcher [...] sich mit seiner Geliebten und ihrem Sohne durch Gerardi [...] in München als Jupiter, Juno und Ganymed habe in Bronce formen lassen".* (26) Das ist eine Legende, im Gegensatz zu den Schwierigkeiten, mit denen die Erben Schaezlers beim Verkauf der Figurengruppe zu kämpfen hatten. So scheiterten Verhandlungen mit dem König von Preußen – auch weil *„[...] der dazu gefragte Alexander von Humboldt der Gruppe bescheinigte: ‚Die Lage des Beins von Jupiter* [gemeint war der Unterschenkel des Mars] *erscheint mir noch bedenklicher als der Preis' [...]."* (27)

Die Prüderie dieser Zeit führte schließlich dazu, dass die Mars-Venus-Amor-Gruppe samt der Hermen zum Metallwert an die 1857 gegründete Mechanische Werkstätte am Senkelbach des Industriellen Ludwig August Riedinger in Augsburg verkauft wurde, wo die Bronzen zu Maschinenteilen umgegossen werden sollten. Dort entdeckte Ferdinand Miller, der Inspektor der Erzgießerei, die Kunstwerke und empfahl ihren Ankauf für das eben gegründete Bayerische Nationalmuseum: Dort ist die Figurengruppen heute zu sehen. (28)

Der Materialwert der Figurengruppe war nicht unerheblich, noch weniger jener der gesamten Brunnenfiguren: Mehr als hundert Zentner Bronze wurden wohl für die Kolossalgruppe und die weiteren Bestandteile benötigt. Erheblich waren auch die Ausgaben für das Kirchheimer Brunnenprojekt, das insgesamt 10 280 Gulden kostete: Bei 4350 Gulden lag allein der Anteil der Mars-Venus-Amor-Gruppe. Zum Vergleich: Die gesamte Vierflügelanlage des Kirchheimer Schlosses, wegen ihrer Dimensionen auch „schwäbischer Escorial" genannt, verursachte (ohne Brunnen) Kosten von rund 150 000 Gulden. (29) So monumental wie der Fugger'sche Brunnen in Kirchheim und so figurenreich wie der Kelterbrunnen des Bayernherzogs fiel der Augustusbrunnen in Augsburg nicht aus: Doch nur bei diesem Brunnen haben sich alle Bronzen bis heute erhalten.

Der Augustusbrunnen ist nicht zuletzt der Ausdruck eines künstlerischen Wettstreits der Reichsstadt mit der bayerischen Residenzstadt München. Am

Vom Mars-Venus-Amor-Brunnen für Hans Fuggers Schloss in Kirchheim sind nur noch die Hauptgruppe und die Hermen am Pfeiler erhalten. Heute werden diese Brunnenbronzen im Bayerischen Nationalmuseum in München ausgestellt.

Der Augsburger Lukas Kilian schuf 1598 den ersten Kupferstich des Augustusbrunnens. Kilian bildete den Brunnen ohne das 1594 angebrachte Gitter ab. Links unten ist das Wappen Octavian Secundus Fuggers zu erkennen: Er gab wohl das Figurenprogramm vor.

ersten der Augsburger Monumentalbrunnen wird *„[...] der Ehrgeiz erkennbar, den wenige Jahre vorher fertiggestellten heutigen Wittelsbacherbrunnen [...] für Herzog Ferdinand, [...] in der monumentalen Wirkung und antikisierenden Formvollendung zu übertreffen.*

Genaue Kenntnis des Vorbilds und [...] ein Gefühl der Rivalität sprechen [...] aus einer Bemerkung der Augsburger Baumeister, dass das Becken ‚umb ein namblich größer ist, alls Herzog Ferdinandi zu Bayern etc. weitberühmter Rörpronnen zu München [...]'. Dass in kurzer Zeit zwei weitere Prachtbrunnen mit Bronzefiguren folgten, lässt erst recht den Willen erkennen, mit Werken höfischen Charakters die nahe Residenzstadt zu übertrumpfen." (30).

Links: Eine Schlittenfahrt der Fugger für König Maximilian II. führte 1562 am Burgerbrunnen – dem Vorgänger des Augustusbrunnens – und am alten gotischen Rathaus vorbei. Diese Radierung entstand erst 1618: Es ist also nicht klar, ob der Brunnen wie dargestellt aussah. Rechts: Der Augustusbrunnen und das ab 1615 errichtete neue Rathaus (hier auf einem Stich von Salomon Kleiner) waren Eckpfeiler eines umfassenden Stadtverschönerungsprogramms.

Die Rolle der Fugger und Welser bei der Entstehung des Augustusbrunnens ist nicht genau nachzuvollziehen. Jedenfalls gilt Octavian Secundus Fugger, der Herr zu Kirchberg und spätere Augsburger Stadtpfleger, der zwischen 1585 und 1593 Stadtbaumeister gewesen war, als *„[...] Initiator und geistiger Vater des Unternehmens [...]".* (31)

Octavian Secundus Fugger war ab 1594 einer der beiden Augsburger Stadtpfleger – ein Amt, das dem eines Bürgermeisters entsprach. Das war zu spät, um seinen Namen am Augustusbrunnen zu hinterlassen. Doch auf dem ersten Stich dieses Brunnens, den der 18-jährige Augsburger Lukas Kilian 1598 schuf, ist das Fuggerwappen links von jener Schriftkartusche abgebildet, die auch den bis 1600 amtierenden Stadtpfleger Octavian Secundus Fugger nennt.

Zwei Angehörige der zweiten großen Augsburger Familie – der Welser – waren ebenfalls an der Entstehung des Augustusbrunnens beteiligt. Denn als der Monumentalbrunnen konzipiert und ausgeführt wurde, amtierte Hans Welser (von 1586 bis 1595) als einer der beiden Stadtpfleger. Sein Name taucht sogar auf einer der feuervergoldeten Inschriftentafeln am Pfeiler des Augustusbrunnens auf: *„Die Tafel, die nach Westen zeigt, hat die Inschrift: ANNO A. COL DED MDCV IOAN VELSERUS II VIR PROBAVIT = Im Jahre 1605 seit Einweihung der Pflanzstadt (= 11 vor Chr.) gab der Stadtpfleger Johannes Welser seine Billigung."* (32)

Eine wichtige Rolle bei der Ausarbeitung des Bildprogramms am Augustusbrunnen wird wohl auch der Augsburger Humanist und Historiker Markus Welser gespielt haben. Während dieser Brunnen konzipiert wurde, hatte Welser an seinem historischen Werk „Rerum augustanarum vindelicarum, libri octo" gearbeitet. Markus Welser widerlegte darin den 1534 in Regensburg verstorbenen bayerischen Geschichtsschreiber Johannes Aventinus, der das Augsburg der Römer östlich des Lechs verortet hatte. Dass Kaiser Augustus zwischen den Personifikationen der vier Augsburger Gewässer Lech, Wertach, Singold und Brunnenbach auf dem Pfeiler platziert wurde, kann als politisches Manifest des Augsburger Rats gegenüber dem Herzogtum Baiern verstanden werden. (33) Die Verbindung des römischen Cäsaren mit dem von ihm

Den „Brun, so von August den grossen Nahmen hat […]" stellte der Kupferstecher Simon Grimm 1682 dar. Als Vorbild diente ihm ein Stich Lukas Kilians von 1598. Grimm bildete das von Georg Scheff geschmiedete Gitter ab, das Kilian nicht gezeigt hatte.

gegründeten Augsburg sollte die lange Geschichte der Stadt untermauern. Dadurch rechtfertigte man den Status und die Freiheiten der Reichsstadt.

„Beispielsweise brachte der Rat die Verbindung von Augsburg und Oktavian sogar in scheinbar neben-

sächlichen ikonographischen Details zum Ausdruck. An den Ecken des Brunnenpfeilers sowie den Sandalen und den Lederstreifen des kaiserlichen Panzers sind Widder- oder Steinbockköpfe zu erkennen. Diese verweisen auf das Sternzeichen des Steinbockes, unter dem sowohl Oktavian geboren wurde als auch die Gründung Augsburgs erfolgt sein soll." (34) Auch eine der Inschriften am Pfeiler – ursprünglich eingelegte Metallbuchstaben, die 1749 durch feuervergoldete Memorialtafeln ersetzt wurden – bezieht sich auf die

Im Jahr 1766 wurde eine Kupferstichserie des Augsburgers Johann David Nessenthaler nach den Skizzen von Stadtbrunnenmeister Caspar Walter und Entwürfen von Gottfried Eichler gedruckt. Die damals entstandene Ansicht des Augustusbrunnens bebilderte Walters „Anweisung vor einen jederweiligen Stadt=Brunnen= Meister". Nessenthalers Kupferstich orientierte sich zum ersten Mal nicht mehr an jener Perspektive, die der Stich Lukas Kilians 1598 späteren Abbildungen vorgegeben hatte.

Der Augsburger Maler Elias Schemel bildete um 1595 den Augustusbrunnen vor dem alten gotischen Rathaus ab – die frisch gegossenen Bronzefiguren wirken wie vergoldet. Auf dem Perlachplatz hatte ein schlichter Röhrkasten den Neptunbrunnen ersetzt.

römische Stadtgründung („IMP.CAES.DIVI.F AUGUSTO PARENTI COLONIA AUGUSTA VINDEL."). Eine weitere Inschrift besagt, dass der Augustusbrunnen während der Regierungszeit Kaiser Rudolfs II. aufgestellt wurde („POSITA ANNO A.CHR NATO MDXCIII IMP. CAES. RUDOLPHO P.F.AUG.").

Ein um das Jahr 1600 ausgearbeiteter Reisebericht hält fest: *„Auf dem marckt Ist ein künstlicher brunen von weisen Marmelstein. Darselbst auch das biltniß Augusti Imperatoris von Ertzt gegossen, welcher ortt sonst der Berlac genannt wird. Die wasserkunst vnd der wasserthurn lest sich auch woll sehenn […]."* (35) Mit der „wasserkunst" war wohl das Obere Wasserwerk am Roten Tor gemeint, von wo aus die Röhren des Augustusbrunnens gespeist wurden. Der in diesem Bericht genannte „wasserthurn" war möglicherweise der erst bis 1599 errichtete Kastenturm, der vor allem gebaut worden war, um die Monumentalbrunnen mit genügend Wasser zu versorgen. Dass der Reisebericht Marmelstein und Erz so sehr betont, unterstreicht die Bedeutung der Materialien. Denn Bronze und Marmor galten – nach Gold – als die edelsten Werkstoffe.

Im Jahr 1588 wurde das Modell der Mittelsäule gefertigt. Der Entwurf des Augustusbrunnens stammte – anders als der überladen wirkende, von Friedrich Sustris entworfene Brunnen in München – von Hubert Gerhard selbst. Seine Arbeit als Bildhauer scheint im November 1591 abgeschlossen gewesen zu sein, allerdings hat er sich später wohl auch noch mit der Wasserführung seines Brunnens befasst. Der Stadtgießer Peter Wagner goss die rund zweieinhalb Meter hohe Augustusfigur, die vier Flussgötter und kleinere Bronzen – vier weibliche Hermen und Eroten mit Delfinen in den Armen sowie je zwei Steinbockmasken und Stadtwappen für den Brunnenpfeiler.

Ein Gemälde von 1831 zeigt den Augustusbrunnen (mit überdimensioniert gemalten Figuren) am Platz zwischen Rathaus, Perlach und Börsengebäude.

Die Figur des Augustus wurde am 11. August 1590 gegossen, im Frühjahr 1591 folgten die Bronzen am Pfeiler. Feinarbeiten an den Gussteilen führte man bis Oktober 1593 aus. Eingeweiht wurde der Augustusbrunnen am 17. April 1594. Noch kurz zuvor wurde über den idealen Platz für den Brunnen diskutiert. (36)

Das Standbild des Augustus im Gestus eines Feldherrn mit Prunkharnisch, Mantel und Lorbeerkranz wiegt allein schon 27 Zentner. Die Abrechnung des Stadtgießers, der zugleich *„[...] alles Zubehör zur Wasserversorgung [...]"* (37) fertigte, ist erhalten und hält neben den Namen der Figuren auch die Materialkosten und das jeweilige Gewicht fest: Für den Lech wurden 835 Pfund Bronze, für die Wertach 805 Pfund, für die Singold 803 Pfund und für den Brunnenbach 738 Pfund verarbeitet. (38) Diese Schriftquelle erlaubt zweifelsfrei die einzig richtige Zuordnung der Figuren zu den von ihnen verkörperten Gewässern. Die beiden oft zerstörerischen Flüsse Lech und Wertach werden durch (wasser-)kraftstrotzende Männer personifiziert. Die kleineren, zarten weiblichen Gestalten auf dem Beckenrand verkörpern das Mühlenflüsschen Singold und den künstlich angelegten kleinen Brunnenbach. Dieser Trinkwasserkanal nahm die Quellbäche auf.

Die Personifikationen der vier Augsburger Hauptgewässer setzte Gerhard auf den Beckenrand des Augustusbrunnens. Die Idee, vier Gewässer auf dem Rand eines Brunnens zu platzieren, hatte eine Generation zuvor der Florentiner Bildhauer Giovanni Angelo Montorsoli beim Orionbrunnen auf dem Domplatz von Messina umgesetzt. Dort lagern Personifikationen des Nil, des Tiber, des Ebro und des Camaro

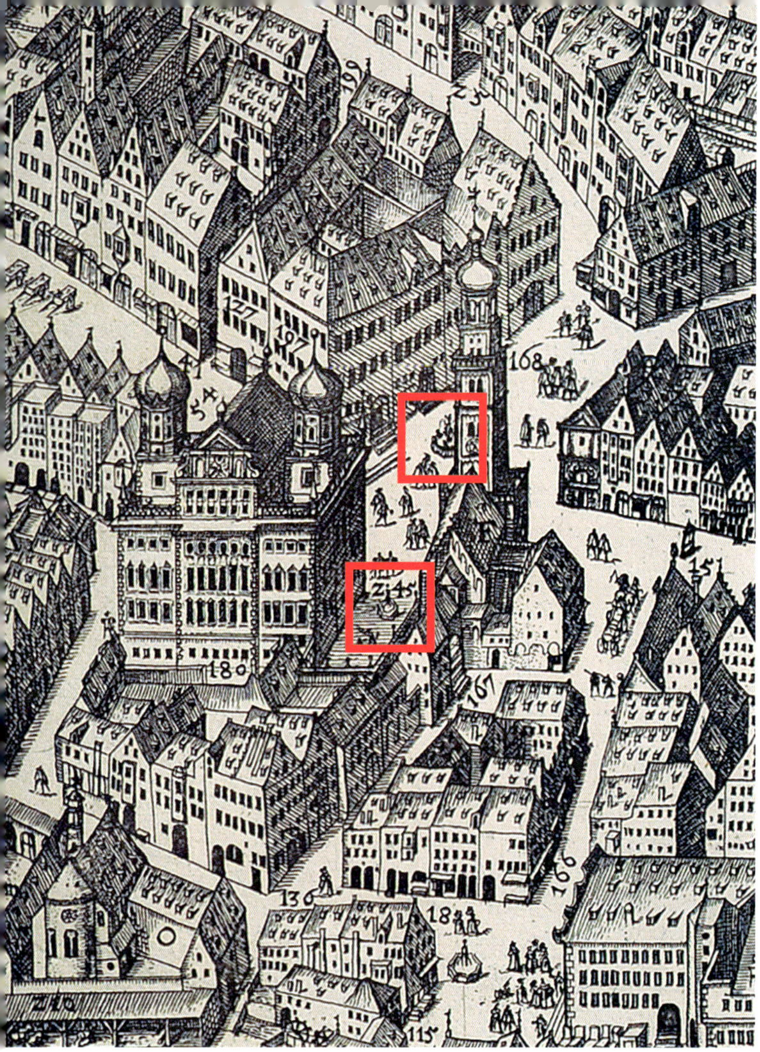

Ein Ausschnitt aus dem sogenannten Kilianplan von 1626 zeigt das soeben erbaute Renaissancerathaus und den kurz zuvor aufgestockten Perlachturm. Auf dem Perlachplatz zwischen den beiden Bauwerken steht ein schlichter Röhrbrunnen – der Nachfolger des versetzten Neptunbrunnens. Vom Perlachturm halb verdeckt ist der Augustusbrunnen zu erahnen.

auf dem zwölfeckigen Beckenrand. (39) Die von Hubert Gerhard bereits am Ferdinandsbrunnen in München umgesetzte Gestaltungsidee übernahm der Bildhauer auch in Augsburg. Womöglich nach den Vorgaben Octavian Secundus Fuggers entstand so ein zentrales Denkmal der Augsburger Wasserwirtschaft.

Die Platzierung und Charakterisierung der Figuren durch ihr Geschlecht, ihre Größe und ihre Attribute weisen auf die Topografie, die Naturräume und wirtschaftliche Nutzung der Gewässer hin. Der Symbolgehalt der Personifikationen erschließt sich erst in der Auseinandersetzung mit der Augsburger Wasserwirtschaft vor 1589/90 (bevor der Senkelbach entstand). Gerhards Beckenrandfiguren zeigen wasserbauliche, wirtschaftliche, juristische und möglicherweise sogar religiöse Aspekte auf. Manches wird Annahme bleiben müssen, weil Schriftquellen fehlen. Freilich fördert es das Verständnis, sich der Weltsicht des Renaissancemenschen Octavian Secundus Fugger anzunähern.

Die Attribute des Lechs sind schlüssig zu interpretieren. Seine „Krone" aus (Rot-)Tannenzapfen steht für den Holzreichtum im oberen Lechtal, sein Ruder für die – bis um 1900 wichtige – Lechflößerei. Scham und Oberschenkel bedeckt ein Wolfsfell – es wurde als Symbol für die Jagd interpretiert, dürfte jedoch eher darauf hinweisen, dass die Zeitgenossen den wilden, immer wieder Hochwasser bringenden Gebirgsfluss als reißende „Bestie" fürchteten.

Die zweite männliche Figur, die Wertach, erinnert mit ihrem Eichenlaubkranz daran, dass im Wertachtal früher wohl ausgedehnte Eichen- und Hainbuchenwälder vorherrschten. Dass der Fisch in der Hand der Wertach und ihr übergeworfenes Fischernetz auf den Fischreichtum des Flusses hinweisen sollen, ist zu bezweifeln: Auch in anderen Gewässern wurde gefischt. Hier ging es wohl eher darum, dass die Wertach für die Augsburger Fischerzunft mit besonderen Pflichten verbunden war. Sollte wirklich der Katholik Octavian Secundus Fugger für das Bildprogramm verantwortlich gewesen sein, könnte dieser Stadtbaumeister versucht haben, seinem überwiegend protestantischen Umfeld mit dem Fisch ein Attribut des Stadtheiligen Ulrich unterzuschieben. An der Wertach hatten sich zwei dem Bischof Ulrich zugeschriebene Wasserwunder ereignet.

Eine weibliche Flusspersonifikation kennzeichnet den Mühlenfluss Singold durch das geviertelte Mühlrad (Kammrad), einen Ährenkranz und einen Ährenstrauß. Ziemlich sicher falsch ist die Interpretation, die in dieser Figur die Wertach vermutet. (40) Denn an der Wertach stand nie eine Augsburger Mühle: Ein Mühlrad wäre also ein völlig widersinniges Attribut. Eine Wasserkanne und ein Füllhorn kennzeichnen die zweite weibliche Figur, den Trinkwasserspender Brunnenbach.

Die Verkörperungen der Gewässer sind zudem so auf dem Beckenrand positioniert, wie es ihrer topografischen Lage entspricht. Der Lech und der Brunnenbach also östlich, und die Wertach sowie die Singold (die noch 1588, als diese Figuren konzipiert wurden, parallel zur Wertach um Augsburg floss) westlich.

Die zweieinhalb Meter hohe Bronzefigur des Kaisers Augustus versinnbildlicht die Gründung Augsburgs durch die Römer. Den marmornen Pfeiler zieren weibliche Hermen (links), Symbole des Überflusses.

Das Motiv der vier Gewässer am Augustusbrunnen sollte auch Adriaen de Vries um 1600 an einem der vergoldeten Reliefs am Herkulesbrunnen aufgreifen. Dort stellte er dem Lech, der Wertach, der Singold und dem Brunnenbach den durch Rom fließenden Tiber als männlichen Wasserschütter gegenüber.

Das Wissen um die Bedeutung der vier Flussgottheiten ging im Lauf der Zeit verloren. Der an künstlerischen Belangen wenig interessierte Brunnenmeister Caspar Walter hatte bereits im Jahr 1754 in seiner „Hydraulica Augustana" unter anderem *„[...] auf den 4. Ecken des Brunnens aber andere vier Bilder, so die 4 Jahrs=Zeiten vorstellen [...]"* (41) beschrieben. Noch im Jahr 1850 übernahm der Augsburger Stadtbaurat Franz Joseph Kollmann diese Fehldeutung. Für die jüngere Forschung steht allerdings völlig außer Frage, dass *„[...] diese Figuren einerseits auf die Bedeutung des Wassers für die Stadt und seine geschickte Nutzung durch die Augsburger Handwerker und Techniker hinweisen sollten – zwei Bedeutungsfacetten, die der Rat auch im Goldenen Saal* [des Rathauses] *durch die Skulpturen zweier Nymphen hervorhob".* (42)

Diese beiden Nymphen rahmen das Replikat eines um 1620 von Hans Rottenhammer gemalten Bildes im Goldenen Saal. Sein Gemälde scheint die seit der Zeit um 1590 veränderte Gewässersituation an der Wertach aufzugreifen. Rottenhammers Darstellung der damals in Augsburg trockengefallenen Singold und des erst danach entstandenen Senkelbachs aktualisierte wohl den wasserbaulichen Status quo jener Zeit, in der Hubert Gerhard seine Personifikationen der Gewässer auf dem Beckenrand des Augustusbrunnens konzipierte: Der Senkelbach war 1589 nicht absehbar gewesen.

Am Brunnenpfeiler des Augustusbrunnens vor dem Rathaus halten vier Eroten jeweils wasserspeiende Delfine in den Händen. Zwischen ihnen sind vier weibliche Hermen angebracht. Aus ihren Brüsten und aus der Löwenmaske auf ihrem Lendentuch spritzt

Der von einem starken Mann verkörperte reißende Gebirgsfluss Wertach und der kleine, weibliche Mühlenfluss Singold (mit einem Mühlradviertel als unverwechselbarem Attribut) wurden auf dem westlichen Beckenrand des Augustusbrunnens platziert.

Wasser: Sie werden als Verkörperung des Überflusses interpretiert. Diese acht Bronzen unter der Figur des Kaisers Augustus sowie je zwei Steinbockmasken und Stadtwappen am Brunnenpfeiler vervollständigen ein *„[...] Kunstwerk von europäischem Rang, zugleich ein*

Erinnerungsort der Stadtgeschichte par excellence" (43) und eines der *„[...] großartigsten Bronzedenkmäler der Renaissance nördlich der Alpen [...]".* (44)

Manchen Zeitgenossen gefiel der Augustusbrunnen allerdings nicht. Den einen war der Brunnen in seiner

Auf dem östlichen Beckenrand des Augustusbrunnens verkörpert eine kraftstrotzende männliche Figur den wilden Gebirgsfluss Lech und eine zarte weibliche Figur mit Wasserkanne den kleinen, das Trinkwasser spendenden Brunnenbach.

1823 schuf ein englischer Stahlstecher diese kolorierte Ansicht des Augustusbrunnens. Die Abbildung zeigt das Ziergitter, bevor der Brunnen wegen der Verkehrsführung am Rathausplatz versetzt wurde. Unten: Viele Maler, Zeichner und Kupferstecher haben sich mit dem Erinnerungsort Augustusbrunnen auseinandergesetzt. Ein anonymer italienischer Kupferstecher beschäftigte sich um 1697 mit dem Motiv, das neben den Lechkanälen die Reisebeschreibung „Viaggi del Padre Vincenzo Maria Coronelli" bebilderte.

kühlen Eleganz *„[...] gar zu nackhendt[...]"* (45): So kritisierte 1598 der Architekt Heinrich Schickhardt aus Württemberg das Brunnenkunstwerk. Anderen waren dagegen die Brunnenfiguren auf dem Beckenrand buchstäblich zu nackt. Der protestantische Jurist Dr. Hieronymus Fröschel bekrittelte die Personifikationen der Gewässer als *„[...] vier gotlos wassergötzen [...] zwei man und zwei weiber [...]".* (46) Ganz ähnlich artikulierten sich weitere Kritiker der antikisierenden Nacktheit, die sicherlich viele Zeitgenossen verstörte.

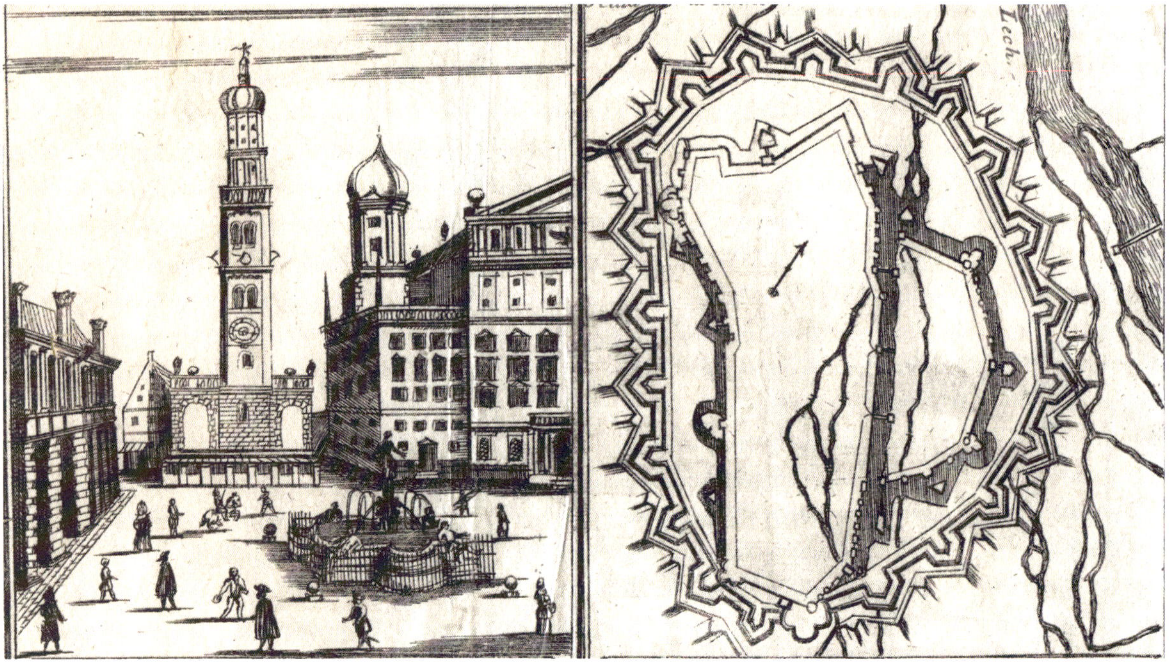

Der Entwurf des Augustusbrunnens, von den Figuren bis – vielleicht – sogar zum Marmorbecken, stammt wohl von Hubert Gerhard selbst. Signifikant ist jedenfalls der Unterschied zum überladen wirkenden Wittelsbacherbrunnen in München, der dort nach den Vorgaben des herzoglichen „Chefdesigners" Friedrich Sustris entstanden war. (47)

Das Ziergitter des Kunstschmieds Georg Scheff entzog den Augustusbrunnen seit 1594 dem Zweck der öffentlichen Wasserversorgung. Daran änderten auch die 24 Springröhren nichts, aus denen das Wasser in einem wesentlich höheren Bogen als heute spritzte. Um die Wasserführung des Brunnens hat sich Hubert Gerhard vermutlich selbst gekümmert. 1672 erhielt der Augustusbrunnen, der schon damals auf bis zu drei Stufen erhöht über dem Platzniveau stand, zusätzlich weitere acht Springröhren. (48)

Geändert hat sich am Brunnen und darum herum seit der Aufstellung jedoch noch einiges mehr. Unter Stadtbrunnenmeister Caspar Walter wurde 1749 der marode Pfeiler ausgetauscht. Am neuen Pfeiler sind seither feuervergoldete Inschriftentafeln angebracht. Das Marmorbecken und das Wasserführungssystem wurden nach dem Zweiten Weltkrieg erneuert.

1962 entschied sich die Stadt dafür, den Rathausplatz von einer erneuten Bebauung freizuhalten. Der

Mit dem Standbild des römischen Kaisers, den Figuren auf dem Beckenrand, vier Hermen und vier Eroten und je zwei Steinbockmasken und Stadtwappen am Pfeiler blieben alle Originalbronzen des Augustusbrunnens erhalten. Verändert wurde die Wasserführung, die ein 1766 gedruckter Kupferstich Johann David Nessenthalers (unten) nach einer Skizze Caspar Walters dokumentiert. Aus 32 Röhren spritzte das Wasser damals sehr viel kräftiger und in weit höherem Bogen als heute.

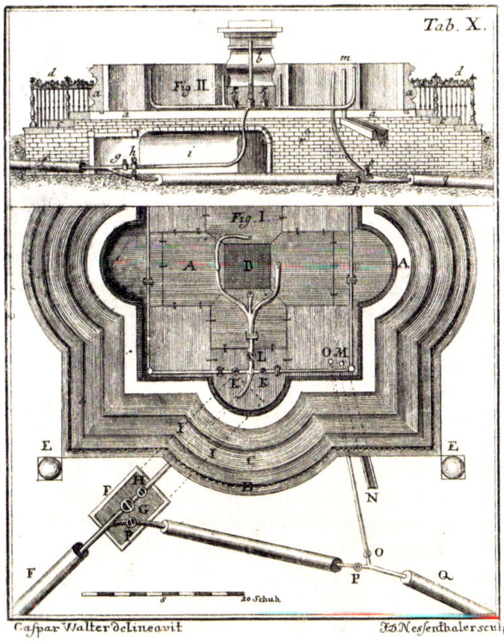

Der Senkelbach – Kind von Singold und Wertach

Aktualisiert ein Bild die Bedeutung der Figuren auf dem Rand des Augustusbrunnens?

Im Goldenen Saal des Augsburger Rathauses lagern über dem nördlichen Hauptportal die Figuren zweier vergoldeter Nymphen zu beiden Seiten des Replikats eines im Zweiten Weltkrieg zerstörten Gemäldes von Hans Rottenhammer. Dieses um 1620 entstandene Gemälde griff einerseits das Motiv der Personifikationen am Augustusbrunnen auf, scheint aber andererseits eine wasserbauliche Korrektur angestrebt zu haben. Denn Rottenhammer malte den Lech und die Wertach, die Singold und den Brunnenbach so, wie auch Hubert Gerhard die Verkörperungen der Flüsse gruppiert hatte: den männlichen Lech und den weiblichen Brunnenbach östlich, die männliche Wertach sowie die weibliche Singold westlich.

Während jedoch Lech, Wertach und Brunnenbach unter einer zentralen Augusta als Wasserschütter abgebildet sind, hält die Singold nur ein Füllhorn mit Früchten. Darum wurde diese Frau stets als Göttin des Überflusses gesehen. Wahrscheinlich verkörpert sie aber die 1588 trockengefallene Singold, deren Wasser seitdem südlich von Augsburg in die Wertach mündete. Die fünfte Figur, ein Wasser schüttender Knabe, wurde bislang als Brunnenbach interpretiert. Er dürfte aber den Senkelbach zeigen. Denn dieser Kanal war das gemeinsame „Kind" von Wertach und Singold: Ab 1589/90 wurde Wasser aus der Wertach in das trockengefallene alte Flussbett der Singold geleitet. Der Platz des Jünglings zwischen den östlich und westlich fließenden Gewässern verstärkt den Eindruck, dass Rottenhammers Gemälde das um 1620 vom Wasserbau längst korrigierte Figurenkonzept am Augustusbrunnen aktualisieren sollte.

Die Attribute der vergoldeten Nymphen wurden mit griechischen Inschriften versehen. Die Muschel der linken (westlichen) Figur trug die Inschrift „Das beste Geschenk". Heute steht dort: „Aristokrates". Vielleicht der Scherz eines Restaurators, der in den Jahren bis 1985 an der Rekonstruktion des Goldenen Saals beteiligt war? Die Kanne der rechten Nymphe trägt die ursprüngliche Inschrift: „Alles kommt vom Wasser".

vgl. Tipton, Susan: Elias Holl und das Augsburger Rathaus, Regensburg, 1985, S. 251 f.

Im Goldenen Saal des Rathauses korrigierte Hans Rottenhammers Gemälde wohl die Rolle der Personifikationen auf dem Rand des Augustusbrunnens.

Augustusbrunnen wurde – etwas weiter vom Rathaus entfernt – nach Norden versetzt. (49) Durch die Platzerweiterung ging der Raumeindruck verloren, den man bei der Aufstellung des Brunnens erzielen wollte: *„Von der Position vor dem Perlach aus konnte die Augustus-Figur den zivilen Raum um Rathaus, Kaufleute- und Patrizierstube beherrschen."* (50)

Die Originalbronzen des Augustusbrunnens sind, anders als bei den beiden von Hubert Gerhard für München und Kirchheim geschaffenen Monumentalbrunnen, noch vollständig erhalten. Bis zum Jahr 2003 wurde dieser Brunnen aus Mitteln der Messerschmitt-Stiftung restauriert und die Statue des Kaisers durch einen Abguss ersetzt. Die Originalfigur des Augustus steht heute im Viermetzhof des Maximilianmuseums. Die anderen Bronzen blieben zunächst an ihrem ursprünglichen Platz.

Im Juli 2014 waren euphorisierte Anhänger der deutschen Fußballnationalmannschaft über das Brunnengitter geklettert: Einer der delfintragenden Eroten am Brunnenpfeiler wurde seinerzeit leicht beschädigt. Um sie vor Vandalismus zu schützen, beschloss die Stadt, sämtliche Bronzefiguren am Augustusbrunnen durch Abgüsse zu ersetzen. Bereits im Jahr 2015 wurde die Figur des Brunnenbachs abgegossen und im Maximilianmuseum aufgestellt.

Der vielleicht erste Merkurbrunnen in der Reichsstadt Augsburg war wahrscheinlich gleichfalls ein Werk von Hubert Gerhard, der sich während seiner Arbeit am Mars-Venus-Amor-Brunnen für das Fuggerschloss in Kirchheim und am Augustusbrunnen von 1589 bis 1593 des Öfteren länger in Augsburg aufhielt. Damals ließ sich der protestantische Patrizier Wolfgang Paller d. J. für seinen ab 1593 errichteten Stadtpalast am Obstmarkt die Gerhard zugeschriebene 93 Zentimeter hohe Bronzestatue des Handelsgottes – den Fliegenden Merkur – anfertigen, die möglicherweise als Brunnenfigur diente. Paller konnte sich eine Figur des Niederländers leisten: Er war durch Kupferhandel und als Bankier des Kaisers reich geworden.

Seit 2012 befindet sich der Fliegende Merkur im Besitz der Ernst von Siemens Kulturstiftung, die dieses Kunstwerk dem Bayerischen Nationalmuseum in München als Leihgabe überlassen hat. (51)

Zwischen 1590 und 1593 modellierte Hubert Gerhard im Auftrag des Augsburger Patriziers Wolfgang Paller d. J. den Fliegenden Merkur.

Quellen

(1) Hoffmann, Albrecht: Zum Stand der städtischen Wasserversorgung in Mitteleuropa vor dem Dreißigjährigen Krieg, in: Die Wasserversorgung in der Renaissancezeit, Geschichte der Wasserversorgung, Bd. 5, Mainz 2000, S. 114

(2) Bushart, Bruno: Augsburg und die Kunst, in: Augsburger Stadtlexikon, Augsburg 1998, S. 198

(3) Diemer, Dorothea: Der Augustusbrunnen – seine Bedeutung, sein Bildhauer Hubert Gerhard und seine künstlerische Entstehung, in: Der Augustusbrunnen in Augsburg, München 2003, S. 70

(4) vgl. Diemer, Dorothea: Der Augustusbrunnen – seine Bedeutung, sein Bildhauer Hubert Gerhard und seine künstlerische Entstehung, in: Der Augustusbrunnen in Augsburg, München 2003, S. 71

(5) vgl. ebenda

(6) Scalini, Mario: Dem Fürsten zur Zierde, in: Florenz. Kunst und Architektur, Potsdam 2007, S. 365

(7) vgl. Petershagen, Wolf-Henning: Ulms lebendige Wasser. Brunnengeschichte aus sieben Jahrhunderten, Ulm 2003, S. 38 ff. und S. 47 f.

(8) vgl. Bauer, Karl: Regensburg. Kunst-, Kultur- und Alltagsgeschichte, Regensburg 1997, S. 311

(9) Stolz, Georg: Tugendbrunnen, in: Stadtlexikon Nürnberg, Nürnberg 2000, S. 1094

(10) vgl. Diemer, Dorothea: Hubert Gerhard und Carlo di Cesare del Palagio: Bronzeplastiker der Spätrenaissance, Bd.1, Berlin 2004, S. 23 ff.

(11) vgl. Wölfle, Sylvia: Die Kunstpatronage der Fugger 1560 – 1618, Augsburg 2009, S. 62, S. 137 ff., S. 166, S. 173 ff., S.190 ff., S. 232 ff.

(12) vgl. Diemer, Dorothea: Die große Zeit der Münchner und Augsburger Bronzeplastik um 1600, in: Bella Figura. Europäische Bronzekunst in Süddeutschland um 1600, München 2015, S. 20 und S. 26

(13) vgl. ebenda, S. 19

(14) ebenda, S. 27

(15) vgl. ebenda, S. 27

(16) vgl. Diemer, Dorothea: Hubert Gerhard und Carlo di Cesare del Palagio: Bronzeplastiker der Spätrenaissance, Bd.1, Berlin 2004, S. 181 ff.

(17) vgl. ebenda, S. 178 ff. und

Burk, Jens L.: „Qvo me fata vocant" – Wohin mich das Schicksal ruft. Merkur in der Bronzekunst der Spätrenaissance, in: Bella Figura. Europäische Bronzekunst in Süddeutschland um 1600, München 2015, S. 71 ff. und

Diemer, Dorothea: Die große Zeit der Münchner und Augsburger Bronzeplastik um 1600, in: Bella Figura. Europäische Bronzekunst in Süddeutschland um 1600, München 2015, S. 27

(18) vgl. Diemer, Dorothea. Hubert Gerhard und Carlo di Cesare del Palagio: Bronzeplastiker der Spätrenaissance, Bd.1, Berlin 2004, S. 172 ff. und

Riether, Achim: Entwurf zum Perseus-Brunnen im Grottenhof der Münchner Residenz, in: Bella Figura. Europäische Bronzekunst in Süddeutschland um 1600, München 2015, S. 318

(19) Diemer, Dorothea: Hubert Gerhard und Carlo di Cesare del Palagio: Bronzeplastiker der Spätrenaissance, Bd.1, Berlin 2004, S. 194

(20) vgl. ebenda, S. 194 ff. und

Diemer, Dorothea: Figuren vom Brunnen für Herzog Ferdinand von Bayern, in: Bella Figura. Europäische Bronzekunst in Süddeutschland um 1600, München 2015, S. 334 ff.

(21) Diemer, Dorothea: Die große Zeit der Münchner und Augsburger Bronzeplastik um 1600, in: Bella Figura. Europäische Bronzekunst in Süddeutschland um 1600, München 2015, S. 28

(22) vgl. Diemer, Dorothea: Hubert Gerhard und Carlo di Cesare del Palagio: Bronzeplastiker der Spätrenaissance, Bd.1, Berlin 2004, S. 198 und

Diemer, Dorothea: Figuren vom Brunnen für Herzog Ferdinand von Bayern, in: Bella Figura. Europäische Bronzekunst in Süddeutschland um 1600, München 2015, S. 334 ff.

(23) vgl. Diemer, Dorothea: Die große Zeit der Münchner und Augsburger Bronzeplastik um 1600, in: Bella Figura. Europäische Bronzekunst in Süddeutschland um 1600, München 2015, S. 35

(24) vgl. Burk, Jens L.: Kirchheimer Brunnengruppe. Mars, Venus und Amor sowie Hermen und Masken des Mittelpfeilers, in: Bella Figura. Europäische Bronzekunst in Süddeutschland um 1600, München 2015, S. 352 ff.

(25) Diemer, Dorothea: Hubert Gerhard und Carlo di Cesare del Palagio: Bronzeplastiker der Spätrenaissance, Bd.1, Berlin 2004, S. 219

(26) Trauchburg, Gabriele von: Häuser und Gärten Augsburger Patrizier, München/Berlin 2001, S. 143

(27) Burk, Jens L.: Kirchheimer Brunnengruppe. Mars, Venus und Amor sowie Hermen und Masken des Mittelpfeilers, in: Bella Figura. Europäische Bronzekunst in Süddeutschland um 1600, München 2015, S. 354

(28) vgl. Riether, Achim: Mars-Venus-Gruppe im Garten des Freiherrn von Schaezler, in: Bella Figura. Europäische Bronzekunst in Süddeutschland um 1600, München 2015, S. 364

(29) vgl. Diemer, Dorothea: Hubert Gerhard und Carlo di Cesare del Palagio: Bronzeplastiker der Spätrenaissance, Bd.1, Berlin 2004, S. 216 f.

(30) Gier, Helmut: Augsburg – München: Ein kulturelles Beziehungsgeflecht im 16. und frühen 17. Jahrhundert, in: Grenzüberschreitungen. Die Außenbeziehungen Schwabens in Mittelalter und Neuzeit, Augsburg, 2008, S. 246

(31) ebenda, S. 79

(32) Schad, Martha: Brunnen in Augsburg, Bindlach 1992, S. 8

(33) vgl. Roeck, Bernd: Der Brunnen der Macht, in: Der Augustusbrunnen in Augsburg, München 2003, S. 28

(34) Jachmann, Julian: Die Kunst des Augsburger Rates 1588 – 1631. Kommunale Räume als Medium von Herrschaft und Erinnerung, München/Berlin 2008, S. 104

(35) Roeck, Bernd: Der Brunnen der Macht, in: Der Augustusbrunnen in Augsburg, München 2003, S. 38

(36) vgl. Diemer, Dorothea: Der Augustusbrunnen – seine Bedeutung, sein Bildhauer Hubert Gerhard und seine künstlerische Entstehung, in: Der Augustusbrunnen in Augsburg, München 2003, S. 79 ff.

(37) ebenda, S. 80

(38) vgl. ebenda, S. 57

(39) schriftlicher Hinweis von Dorothea Diemer

(40) vgl. Pfeuffer, Eberhard: Zur Ikonographie der Flussgötter des Augustusbrunnens in Augsburg. Ein Diskussionsbeitrag, in: Zeitschrift des Historischen Vereins für Schwaben, Bd. 107, Augsburg, 2015, S. 189 ff.

(41) Walter, Caspar, Hydraulica Augustana [...], Augsburg 1754, S. 76

(42) Jachmann, Julian: Die Kunst des Augsburger Rates 1588 – 1631. Kommunale Räume als Medium von Herrschaft und Erinnerung, München/Berlin 2008, S. 117

(43) Roeck, Bernd: Der Brunnen der Macht, in: Der Augustusbrunnen in Augsburg, München 2003, S. 14

(44) Srbik, Hans Heinrich Ritter von: Vorwort, in: Der Augustusbrunnen in Augsburg, München 2003, S. 7

(45) Roeck, Bernd: Der Brunnen der Macht, in: Der Augustusbrunnen in Augsburg, München 2003, S. 40

(46) ebenda, S. 33 und

vgl. Roeck, Bernd: Humanistische Geschichtsschreibung im konfessionellen Zeitalter: Marcus Welser und seine Augsburger Chronik, in: Kommentar zur Augspurgischen Chronica, Neusäß/ Augsburg, S. 18 (dort bezieht Roeck die Kritik auf die Najaden bzw. Hermen)

(47) vgl. Diemer, Dorothea: Hubert Gerhard und Carlo di Cesare del Palagio: Bronzeplastiker der Spätrenaissance, Bd.1, Berlin 2004, S. 235

(48) vgl. Walter, Caspar, Hydraulica Augustana [...], Augsburg 1754, S. 7 f.

(49) vgl. Diemer, Dorothea: Der Augustusbrunnen – seine Bedeutung, sein Bildhauer Hubert Gerhard und seine künstlerische Entstehung, in: Der Augustusbrunnen in Augsburg, München 2003, S. 84 ff. und

Schad, Martha: Brunnen in Augsburg, Bindlach 1992, S. 8

(50) Roeck, Bernd: Der Brunnen der Macht, in: Der Augustusbrunnen in Augsburg, München 2003, S. 36

(51) vgl. Burk, Jens Ludwig: „Qvo me fata vocant" – Wohin mich das Schicksal ruft. Merkur in der Bronzekunst der Spätrenaissance, in: Bella Figura. Europäische Bronzekunst in Süddeutschland um 1600, München 2015, S. 74 f. und

Burk, Jens L.: Fliegender Merkur, in: Bella Figura. Europäische Bronzekunst in Süddeutschland um 1600, München 2015, S. 168 ff.

Ersetzte ein Neptunbrunnen den Neptunbrunnen?

Ein Kupferstich Lukas Kilians zeigt den liegenden Wassergott auf dem Fischmarkt

Als 1594 der Augustusbrunnen aufgestellt wurde, musste der Neptunbrunnen, der erst 1537 auf den benachbarten Fischmarkt – auf den Platz zwischen Rathaus, St. Peter und Perlachturm – gewandert war, wieder weichen. Der Historiker Bernd Roeck hielt fest: „Noch im Frühsommer 1593 ließen die Ratsherren eine Brunnenattrappe aus Holz auf dem Perlachplatz hin- und herrücken, um den besten Platz für den Brunnen herauszufinden […]. Den Neptunsbrunnen brach man zur gleichen Zeit ab […].“

Der Neptunbrunnen verschwand wohl noch vor der Einweihung des Augustusbrunnens, um einem schlichten Röhrkasten Platz zu machen. Vielleicht sollte der Augustusbrunnen ohne Konkurrenz auf den Betrachter wirken, vielleicht schienen zwei kostbare Brunnen auf so engem Raum zu überladen zu wirken. Die neue Situation belegt jedenfalls ein Gemälde von Elias Schemel im Besitz der Kunstsammlungen und Museen Augsburg. Auch ein Kupferstich Wolfgang Kilians von 1657 lässt auf dem Fischmarkt ebenfalls lediglich einen schlichten Röhrkasten erkennen. Rätsel gibt jedoch ein Werk Lukas Kilians von 1619 auf: Sein Kupferstich zeigt nicht nur den Augustusbrunnen vor dem Renaissancerathaus, sondern auch einen Brunnen auf dem angrenzenden Fischmarkt, den eine liegende Neptunfigur zierte. Roeck hält zu diesem Nachfolger (?) des 1595 bei der Judengasse aufgestellten Neptunbrunnens nur fest: „An seiner Stelle scheint ein neuer Brunnen errichtet worden zu sein, möglicherweise wiederum mit einer Neptunikonographie.“ Falls es den zweiten Neptunbrunnen wirklich gegeben hat, liegen seine Entstehungsgeschichte und sein späterer Verbleib wohl im Dunkeln.

Roeck, Bernd: Der Brunnen der Macht, in: Der Augustusbrunnen in Augsburg, München 2003, S. 33

Augsburger Kupferstiche des 17. Jahrhunderts zeigen den Fischmarkt mal mit einem schlichten Röhrkasten, mal mit einer am Fischmarktbrunnen lagernden Neptunfigur. Den liegenden Neptun überliefert zum Beispiel ein Stich in der 1643 verlegten „TOPOGRAPHIA SVEVIÆ“ Matthäus Merians (rechts, beide Motive sind Bildausschnitte).

Mit dem Merkurbrunnen und dem Herkulesbrunnen erreichte der in den Niederlanden geborene Bildhauer Adriaen de Vries, der bei seinem Landsmann Giambologna in Florenz gearbeitet und gelernt hatte, den Zenit seiner Kunst. Der Herkulesbrunnen wurde als Pendant zum Augustusbrunnen konzipiert – er sollte der figurenreichste der Augsburger Monumentalbrunnen werden. Neben diesen beiden Brunnenkunstwerken schuf Adriaen de Vries im Auftrag der Reichsstadt auch die Bronzefigur des Brunnenjünglings. Diese Bronzeskulptur wurde als Auslaufhahn für das Reservoir im Kastenturm des Wasserwerks am Roten Tor geschaffen. Der 1599 in Betrieb genommene Kastenturm war vorrangig errichtet worden, um die drei Monumentalbrunnen mit Röhrwasser zu versorgen – ein für diese Zeit schier unerhörter Luxus.

Adriaen de Vries und seine Bronzefiguren

Der Merkurbrunnen, der Herkulesbrunnen und der Brunnenjüngling im Kastenturm

Der Augustusbrunnen gab den Anstoß zu einem städtischen Verschönerungsprogramm durch Architektur im Stil der Renaissance. In der Nachbarschaft des neuen Brunnens errichtete Elias Holl 1602 das Bäckerzunfthaus am Perlachberg. Der in diesem Jahr zum Stadtwerkmeister avancierte Holl erbaute außerdem zwischen 1606 und 1609 die neue Stadtmetzg am Fuß des Perlachbergs, die alte Metzg am Perlachplatz brach man 1612 ab und errichtete an ihrer Stelle bis 1614 den ebenfalls von Holl geplanten Neuen Bau. Den benachbarten Perlachturm erhöhte Elias Holl von 1614 bis 1616 und passte das Äußere des Turms dem ebenfalls von ihm geplanten neuen Rathaus an, dessen Bau – von der Innenausstattung abgesehen – 1620 abgeschlossen war.

„Nur wenige Jahre nach Vollendung des Augustusbrunnens wurden Überlegungen konkret, zwei weitere Brunnen zu errichten: den Merkur- und den Herkulesbrunnen." (1) Auch diese beiden Brunnen lösten Baumaßnahmen aus, die das Stadtbild verändern sollten: Im Jahr 1632 wurde das Tanzhaus neben der Kirche St. Moritz abgerissen. (2) Erst dadurch entstand eine Sichtachse zwischen dem Merkur- und dem Herkulesbrunnen. Beim Herkulesbrunnen hatte Elias Holl ab 1604 das (1809 abgetragene) Siegelhaus sowie 1611 das reichsstädtische Kaufhaus errichtet.

Adriaen de Vries hieß der Bildhauer, mit dem die beiden Stadtbaumeister der Reichsstadt Augsburg, Bernhard Rehlinger und Matthäus Welser, 1596 einen Vertrag über die Konzeption und Ausführung zweier neuer Brunnen abschlossen. (3) Hubert Gerhard, der Schöpfer des Augustusbrunnens, kam nach 1593, als ihn das figurenreiche und prestigeträchtige Projekt des (schließlich nicht mehr vollendeten) Stiftergrabmals des bayerischen Herzogs Wilhelm V. – geplant für die Kirche St. Michael – an München band, nicht mehr infrage. (4)

Als der Stadtbrunnenmeister Caspar Walter im Jahr 1754 in der „Hydraulica Augustana" Augsburgs *„[...] schône publique Sprůng=Brunnen [...]"* (5) beschrieb, verlor dieser Handwerker-Ingenieur kein Wort über die Künstler. Vielleicht waren Hubert Gerhard, der Schöpfer des Augustusbrunnens, und Adriaen de Vries, der Schöpfer des Merkur- und das Herkulesbrunnens, damals schon ebenso längst vergessen oder uninteressant wie die Bedeutung ihrer Bronzefiguren.

Noch vor 1581 müssen sich die beiden Künstler in Florenz kennengelernt haben. Beide stammten aus den „Niederen Landen", Gerhard aus 's-Hertogenbosch und de Vries (um 1550 geboren) aus Den Haag, beide waren ungefähr gleich alt, beide setzten sich mit dem Bronzeguss und anderen Varianten der Metallplastik auseinander – und vor allem arbeiteten beide in Florenz mit Giambologna zusammen. (6)

Als Adriaen de Vries 1596 nach Augsburg übersiedelte, um mit den Vorstehern des Baumeisteramts am 12. August einen Vertrag über die Bronzen am Merkur- und am Herkulesbrunnen auszuhandeln, war er mehr als nur ein „Ersatz" für den unabkömmlichen Hubert Gerhard. (7) Schon als Gehilfe Giambolognas hatte sich de Vries einen Namen gemacht. Ab 1586 arbeitete er in Mailand für Pompeo Leoni, den Hofbildhauer König Philipps II. von Spanien. 1587/88

Wolfgang Kilian schuf 1614 diesen Kupferstich des Merkurbrunnens. Textzeilen beiderseits des Pfeilers führen die Stadtpfleger Hans Welser (1585 bis 1595) und Octavian Secundus Fugger (1594 bis 1600) als die für die Errichtung Verantwortlichen auf. Sie nennen außerdem die beiden Stadtpfleger Octavian Secundus Fugger und Quirin Rehlinger (1596 bis 1604), in deren Amtszeit der Merkurbrunnen abgenommen wurde.

wurde de Vries als herzoglicher Hofbildhauer nach Turin berufen, doch schon im Juni 1589 „lieh" ihn sich Kaiser Rudolf II. aus. (Der Habsburger hatte sich zuvor um Giambologna bemüht, den aber die Medici in Florenz nicht ziehen ließen.) Als Adriaen de Vries erst einmal in Prag war, ließ ihn der Kaiser nicht mehr abreisen: Vier Jahre dauerte der erste – möglicherweise unfreiwillige – Aufenthalt von de Vries an der Moldau. Als die Reichsstadt Augsburg 1595/96 mit

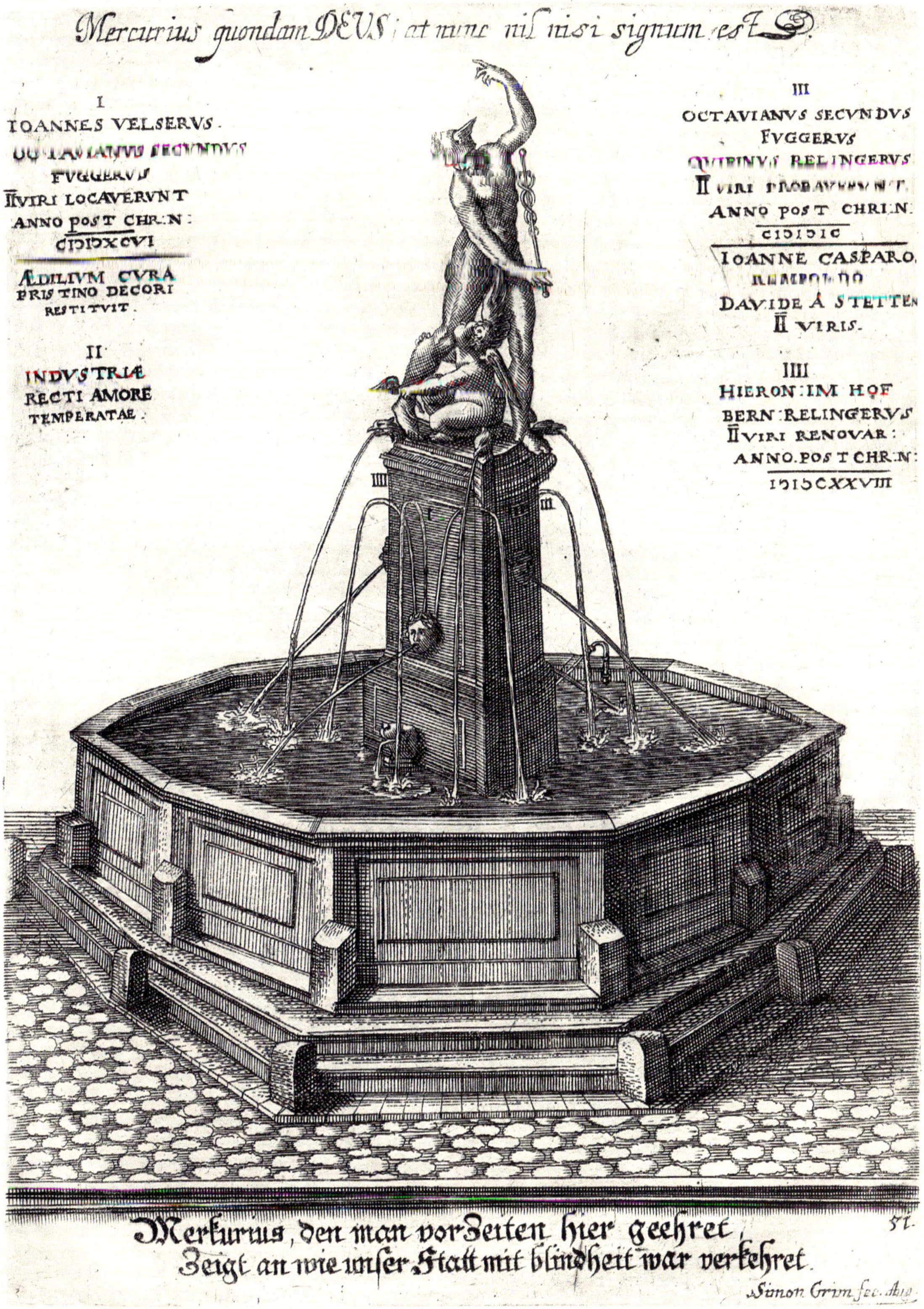

Um 1675 stach Simon Grimm das Abbild des Merkurbrunnens, den seinerzeit noch immer kein Ziergitter schützte. Auch Grimm führte die Gedenkinschriften am Brunnenpfeiler – unter anderem mit den Namen der Stadtpfleger Hans Welser und Octavian Secundus Fugger – auf.

de Vries zu verhandeln begann, hielt sich der Niederländer aber in Rom auf, wo er die Skulptur der Antike studierte. Im Frühjahr oder Frühsommer 1596 reiste de Vries nach Augsburg. Dort schloss er den Vertrag über die Lieferung zweier Brunnen, die mit insgesamt 5600 Gulden veranschlagt wurden. Der weitaus kost-

Eine Tuschfederzeichnung von Salomon Kleiner, um 1722/32 geschaffen, zeigt den Merkurbrunnen vor der Moritzkirche und im Hintergrund den Herkulesbrunnen vor dem Siegelhaus. Diese Sichtachse war erst 1632 entstanden, als das Tanzhaus beim Merkurbrunnen abgebrochen wurde. Neben dem Merkurbrunnen – die Figur und das Becken sind viel zu groß dargestellt – stand ein einfacher Röhrkasten, aus dem Anwohner Wasser schöpfen konnten.

spieligere Herkulesbrunnen war als Pendant zum Augustusbrunnen vorgesehen. (8)

Der Merkurbrunnen war weitaus weniger figurenreich konzipiert und dementsprechend auch als erster der beiden Brunnen fertiggestellt. Die Figuren des Brunnens am damaligen Judenberg modellierte de Vries ab 1596. Den Guss führte der Stadtgießer Wolfgang Neidhardt d. J. aus. Der Sohn des Ulmer Rotschmieds Wolfgang Neidhardt d. Ä. besaß seit 1597 das Bürgerrecht. Neidhardt war einer der bedeutendsten Gießer in der Zeit um 1600.

1599 wurde der Merkurbrunnen aufgestellt. Den überlebensgroßen Götterboten auf dem Pfeiler in der Mitte des zehneckigen Brunnenbeckens stellt de Vries mit den Attributen Flügelhelm, Flügelschuhe und Hermesstab dar. Zu Füßen der Gottheit kniet der geflügelte Liebesgott Amor: Er löst Merkur die Sandalen. Am Pfeiler speien zwei Medusenhäupter und Hundeköpfe sowie vier Adlerköpfe Wasser. Zwei Löwenköpfe an den Schmalseiten des Pfeilers gehören wohl nicht zu den de Vries'schen Originalbronzen. (9)

Mit Bronzefiguren des Götterboten hatten sich vor de Vries schon Bildhauer wie Willem Danielsz van Tetrode, Johan Gregor van der Schardt, Carlo Pallago (mit dem Fliegenden Merkur in der Grottenhalle der Münchner Residenz) und Hubert Gerhard (mit dem Fliegenden Merkur für den Augsburger Patrizier Wolfgang Paller d. J. – wohl mit dem Attribut eines Geldsacks und damit als Gott des Handels) auseinandergesetzt. Die wohl bekanntesten Merkurfiguren schuf Giambologna, der Lehrmeister von de Vries in Florenz. Giambolognas Mercurio volante, den die Medici 1565 Kaiser Maximilian II. in Wien schenkten, schraubte

Auch Johann David Nessenthalers Kupferstich in Caspar Walters 1766 herausgegebener „Anweisung für einen jederweiligen Stadt-Brunnen-Meister in der des Heil. Rom. Reichs-Stadt Augsburg" zeigt den Röhrkasten („N") beim Merkurbrunnen.

sich gemäß dem Ideal einer Figura serpentinata mit eleganter Drehung, auf Zehenspitzen balancierend, mit hoch erhobener Hand und Heroldstab gen Himmel. (10) *„Der Augsburger Brunnen steigerte das Merkur-Thema ins Monumentale. Dabei übertrug de Vries jedoch nicht einen der fliegenden Merkurtypen Giambolognas in das Großformat, sondern berief sich kompositorisch auf andere Florentiner Vorbilder sowie auf eine seiner eigenen kleinformatigen Bronzegruppen."* (11)

Gott Merkur sollte wohl, wie der Augustusbrunnen und der Herkulesbrunnen, Holls Rathausneubau und andere Maßnahmen der Stadtverschönerung um 1600, Augsburg für weitere Reichstage attraktiver werden lassen. Seit 1582 fanden die Reichstage in Regensburg statt, weil die Donaustadt für den Kaiser in Wien günstiger lag und die Präsenz der Habsburger in der Reichsstadt zudem bayerischen Bemühungen, sich Regensburg einzuverleiben, einen Riegel vorschob. Die Reichstage blieben deshalb „immerwährend" (bis

In der kalten Jahreszeit wird der Merkurbrunnen, wie auch die beiden anderen Augsburger Monumentalbrunnen, zum Schutz vor Frösten eingehaust.

1803) in Regensburg. Die vier wasserspeienden Adlerköpfe am Pfeiler des Brunnens wiesen Augsburg also umsonst als kaisertreue Reichsstadt aus. Medusenhäupter am Pfeiler erinnern möglicherweise an die Stadtgöttin Cisa. Man hat spekuliert, dass die beiden Hundeköpfe eine versteckte Huldigung an die Fugger bedeuten könnten. (12) Da de Vries trotz seines sechsjährigen Aufenthalts in Augsburg kein Anwesen erworben hat, ist er ziemlich sicher bei einer der reichen Familien untergekommen. Deshalb *„[...] liegt die Vermutung nahe, dass Octavian Secundus Fugger, der zusammen mit seinem Bruder Philipp Eduard im Jahr 1575 in Augsburg das Anwesen am Weinmarkt erworben hatte, dort oder in einem der Familie gehörenden Häuser am Gögginger Tor de Vries als Gast aufnahm. Dies war ein keineswegs unübliches Verfahren."* (13) Schon früher hatten die Fugger Künstler, die sie nach Augsburg geholt hatten, in einem ihrer Anwesen beim Gögginger Tor untergebracht. (14)

Ein Ziergitter erhielt der Merkurbrunnen wohl im Rahmen von Renovierungsarbeiten im Jahr 1713. Bereits 1628 und 1661 waren am Brunnen Instandsetzungsarbeiten notwendig geworden. 1752 erneuerte der Stadtsteinmetz den Pfeiler des Merkurbrunnens. Der Beauftragung, der Fertigstellung und den Renovierungsarbeiten sind Inschriften am Brunnenpfeiler und in zwei Schriftkartuschen am Pfeiler gewidmet. An der Nordseite des Pfeilers sind die Namen der Stadtpfleger Hans Welser und Octavian Secundus Fugger zu sehen, die für die Errichtung des Merkurbrunnens verantwortlich zeichneten. Auch die stark verblasste Inschrift an der Südseite trägt den Namen Fuggers sowie den Quirin Rehlingers, denn in ihrer Amtszeit als Stadtpfleger wurde der Merkurbrunnen fertiggestellt. (15)

An der Wahl des Brunnenmotivs war wohl wiederum der Humanist Markus Welser maßgeblich beteiligt. Mit der Figur des Merkur wurde wahrscheinlich *„[...]*

Untere Reihe: Die Merkur-Amor-Gruppe ist stark von Giambologna beeinflusst. Zwei wasserspeiende Medusenhäupter und zwei Hundeköpfe sowie die vier Adlerköpfe am Pfeiler sind – anders als zwei Löwenmasken – weitere Werke von Adriaen de Vries.

auf die antike Geschichte der Stadt angespielt, die laut Welser eng mit Merkur als Gott des Handels verbunden gewesen war". (16)

Den Merkurbrunnen mit seinem Ziergitter bildet der nach 1713 entstandene kolorierte Stich von Johann Ulrich Kraus vor dem Zunfthaus der Weber ab.

Der Wasserversorgung auf dem zentralen und stark frequentierten Platz vor dem Zunfthaus der Weber hatte um 1414 ein erster Vorgängerbrunnen des Merkurbrunnens als Einrichtung der städtischen Wasserversorgung gedient. (17) Seit der Zeit um 1518 hatte der Augsburger Wappner den Brunnen geziert: Diese Steinfigur musste aber dem bronzenen Merkur weichen: Sie wurde deshalb beim Hoechstetterhaus in der Heilig-Kreuz-Gasse aufgestellt.

Im Gegensatz zum Augustusbrunnen diente der Merkurbrunnen nach wie vor der Wasserversorgung, obwohl er seit 1713 von einem schützenden Gitter umgeben wurde. Direkt neben dem Brunnenkunstwerk war ein kleiner Röhrkasten aufgestellt worden, aus

Um das Jahr 1610 schuf Wolfgang Kilian diese Ansicht des Augsburger Herkulesbrunnens. Kilians Kupferstich zeigt in vier Kartuschen die Wappen des Reichs und der Reichsstadt sowie die der amtierenden Stadtpfleger Quirin Rehlinger und Markus Welser. Neben dem Becken sind die Namen von Rehlinger sowie von Octavian Secundus Fugger zu lesen, die den von Adriaen de Vries modellierten Herkulesbrunnen während ihrer Amtszeit als Stadtpfleger aufstellen ließen.

dem man weiterhin Wasser schöpfen konnte. Eine Tuschfederzeichnung von Salomon Kleiner hat das Wasserbecken um 1722/32 festgehalten. Kleiners Zeichnung zeigt auch die freie Sichtachse zwischen dem überdimensioniert gezeichneten Merkurbrunnen und dem unweit davon gelegenen Herkulesbrunnen vor dem Siegelhaus am Weinmarkt, der heutigen Maximilianstraße. Die Perspektive mit Blick auf beide Brunnen war erst im Jahr 1632 entstanden, als man das Tanzhaus bei St. Moritz abriss.

Der Herkulesbrunnen wurde direkt neben den Fuggerhäusern aufgestellt, die ab 1512 von Jakob Fugger „dem Reichen" und seinen Nachfolgern erbaut worden waren. *„Schon 1414 wurde auf dieser Stelle ein Brunnen errichtet, der jedoch nur einen hölzernen kunstlosen Röhrkasten und Säule besaß, aus der 2 be-*

Ein von Simon Grimm um das Jahr 1680 geschaffener Kupferstich nimmt die Darstellung Wolfgang Kilians zum Vorbild. Damals umgab den Herkulesbrunnen kein Gitter, er scheint seinerzeit noch der Wasserversorgung der Anwohner gedient zu haben.

Kaiser Karl V., der Herzog Moritz von Sachsen beim Augsburger Reichstag von 1548 mit der Kurfürstenwürde belehnt, ist das Motiv eines Gemäldes aus der Zeit um 1622/24: Matthäus Gundelach hielt dabei den erst 1602 eingeweihten Herkulesbrunnen fest. Den Brunnen zeigt auch ein Kupferstich von 1634, mit dem Raphael Custos die Huldigung Gustavs II. Adolf von Schweden durch die Augsburger (1632) festhielt.

deutende Wasserstrahlen floßen." (18) Dieser Brunnen wurde 1508 von einem steinernen Vorgängerbrunnen des Herkulesbrunnens verdrängt: Im Jahr 1599 trug man ihn ab.

Diesen Vorläufer des Herkulesbrunnens zeigt ein zeitgenössischer Holzschnitt, der die Belehnung von Herzog August von Sachsen mit der Kurfürstenwürde durch Kaiser Maximilian II. vor den Fuggerhäusern

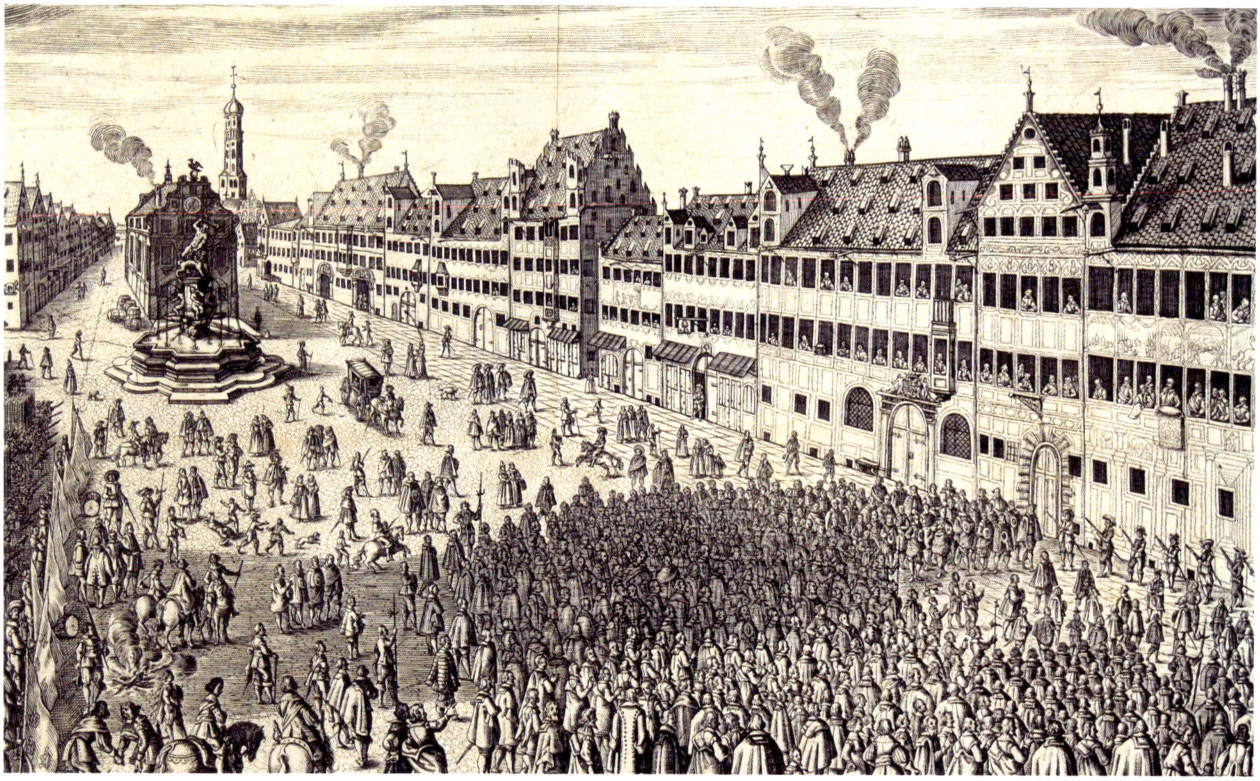

und dem Tanzhaus am Weinmarkt darstellt. Auf dem Rand des zehneckigen Beckens mit einer niedrigen Brunnensäule stehen dicht an dicht die Neugierigen. Trotz des Getümmels ist gut zu erkennen, dass am Brunnen ein Überlaufbecken als Tränke für Rösser und Vieh angebaut war. Diesen Röhrbrunnen, dessen Name nicht überliefert ist, hatte Burkhart Engelberg, ein führender Architekt der Zeit, um 1500 errichtet. Engelberg war der Baumeister der nahegelegenen Benediktinerklosterkirche St. Ulrich, der Retter des

Dieser Stich Johann David Nessenthalers bebilderte Caspar Walters 1766 herausgegebene „Anweisung für einen jederweiligen Stadt-Brunnen-Meister in der des Heil. Röm. Reichs-Stadt Augsburg". Er stellt den Herkulesbrunnen mit seinem vermutlich erst 1721 angebrachten Gitter und mit Steinpollern dar, die das Brunnenkunstwerk vor Frachtwagen und Kutschen schützen sollten. Die Zahl der Fontänen hatte sich – vergleicht man diese Darstellung mit früheren Kupferstichen – offensichtlich erhöht.

Der Herkulesbrunnen in Augsburg gilt als eine der Hauptschöpfungen des Bildhauers Adriaen de Vries. Die Herkules-Hydra-Gruppe ist die größte Arbeit des Niederländers, die drei über großen Muschelschalen badenden Najaden am Brunnenpfeiler gelten als seine vollkommensten Werke.

einsturzbedrohten Kirchturms des Ulmer Münsters und Stadtwerkmeister der Reichsstadt Augsburg. (19) Der Standort des Brunnens war wohl zu prominent, um dort einen beliebigen Röhrkasten aufzustellen. Andere Quellen sprechen sogar davon, dass an dieser Stelle 1508 ein steinerner gotischer Brunnen durch einen

Den Pfeiler des Herkulesbrunnens zieren im oberen Geschoss drei Grazien und Löwenköpfe, im unteren Geschoss drei gänsewürgende Knaben und Tritonen.

aus Bronze ersetzt worden sei, der schon acht Jahre später durch einen aus Marmor verdrängt wurde. Der Augsburger Stadtbaurat Franz Joseph Kollmann listete hingegen 1850 in seiner akribischen Beschreibung der Augsburger Wasserwirtschaft für das 16. Jahrhundert lediglich Reparaturen an Engelbergs Brunnen in den Jahren 1523, 1549, 1561 und 1586 auf. (20)

Die Entstehung des Herkulesbrunnens war nicht frei von Problemen. Das erste trat auf, als der Guss der Herkules-Hydra-Gruppe am 21. August 1597 zunächst misslang: Die Gussform zersprang. Zwei Tage später konnte aber der Guss in der geborstenen Form vollendet werden. Die Steinmetzarbeiten begannen 1598, 1599 wurde das Fundament gesetzt. Das Gießhaus brannte 1601 ab. Alle Brunnenfiguren müssen also bis zu diesem Zeitpunkt gegossen gewesen sein.

Die Hauptgruppe wurde im Sommer 1600 auf den Pfeiler gesetzt, doch die Anbringung der Figuren und der Muscheln am Pfeiler gestaltete sich schwieriger als gedacht. Deshalb konnte der Herkulesbrunnen erst am 16. April 1602 eingeweiht werden. (21) Seither steht dieser Monumentalbrunnen *„[...] mit ungemindertem Figurenbestand an seinem originalen Aufstellungsort [...]".* (22) Auf dem dreieckigen Pfeiler erschlägt der Halbgott Herkules die siebenköpfige Wasserschlange Hydra. Die Hauptgruppe des Herkulesbrunnens ist *„[...] nach Maßen und Gewicht das größte Werk des damals gerade in der Blüte seiner Jahre stehenden Künstlers und zählt in künstlerischer wie technischer Hinsicht zu seinen bedeutendsten Leistungen".* (23) Am Rand der Bodenplatte (Plinthe) der Herkules-Hydra-Gruppe hat Adriaen de Vries seine Signatur angebracht: *„ADRIANVS. FRIES. HAGENSIS. SCVLPTOR. ET.// ARCHITECTVS. F. AN. POST. CHR. M. D. C. II."* (24)

Das Herkulesmotiv wird – wie die Augsburger Brunnentrias insgesamt – unterschiedlich interpretiert. *„Der Hydrakampf wird [...] als Analogie zur Befriedung des Erdkreises durch den Kaiser interpretiert, die in diesem Fall vor allem auf die Türkenkriege zu beziehen*

Abbildungen nächste Doppelseite: Der zeitgenössische Holzstich (1566) der Belehnung Herzog Augusts von Sachsen mit der Kurfürstenwürde bildet auch den Vorgängerbrunnen des Herkulesbrunnens ab (links). Ein Guckkastenbild von 1720 (rechts oben) zeigt den Herkulesbrunnen vor dem Siegelhaus. Eine Fotografie hielt um 1870 den Brunnen und sein Ziergitter fest.

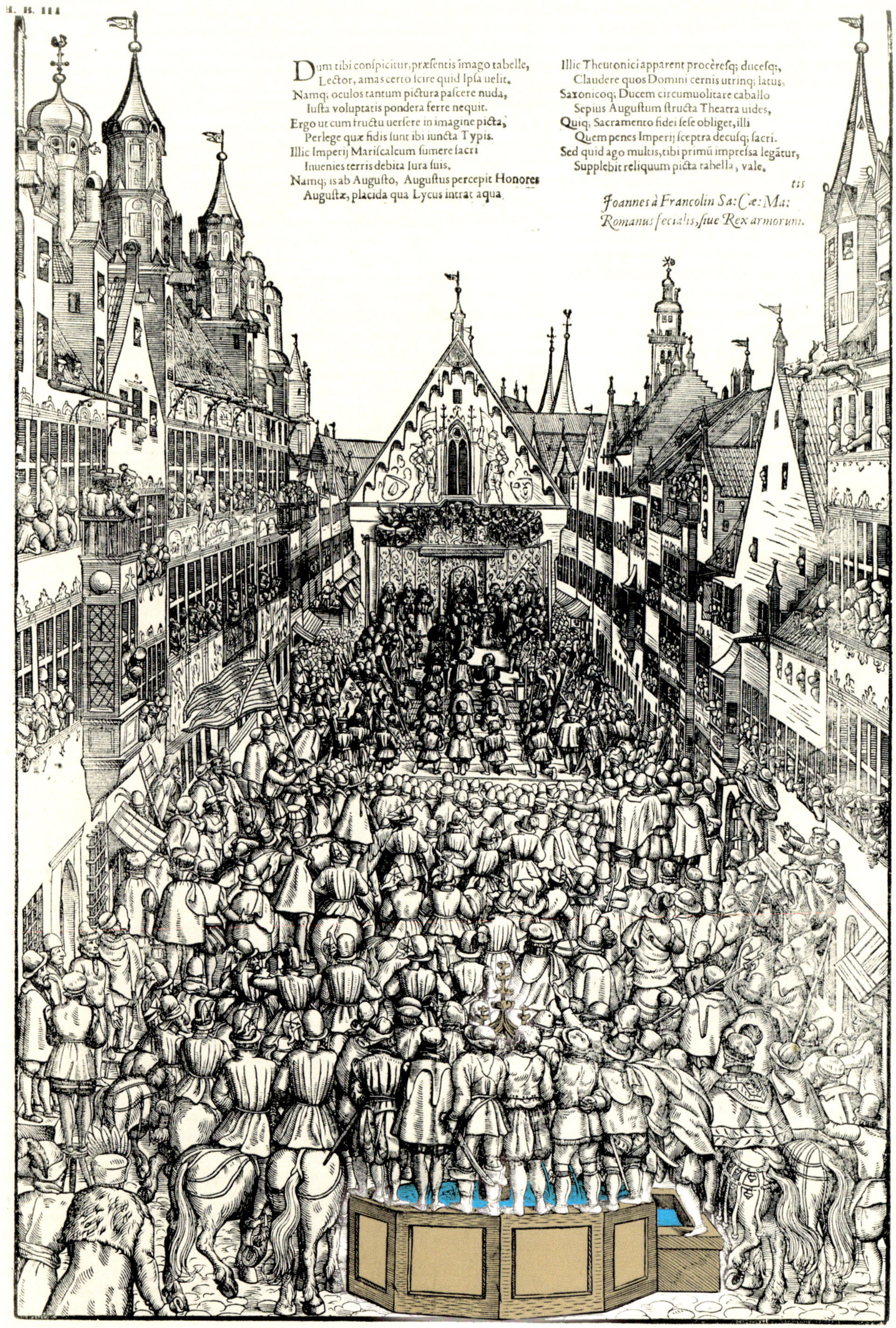
H. B. III
Dum tibi conſpicitur, præſentis imago tabelle,
Lector, amas certo ſcire quid Ipſa uelit.
Namq; oculos tantum pictura paſcere nuda,
Iuſta voluptatis pondera ferre nequit.
Ergo ut cum fructu uerſere in imagine picta,
Perlege quæ fidis ſunt ibi iuncta Typis.
Illic Imperij Mariſcalcum ſumere ſacri
Inuenies terris debita Iura ſuis.
Namq; is ab Auguſto, Auguſtus percepit Honores
Auguſtæ, placida qua Lycus intrat aqua.
Illic Theutonici apparent procèreſq; duceſq;,
Claudere quos Domini cernis utrinq; latus,
Saxonicoq; Ducem circumuolitare caballo
Sepius Auguſtum ſtructa Theatra uides,
Quiq; Sacramento fidei ſeſe obliget, illi
Quem penes Imperij ſceptra decuſq; ſacri.
Sed quid ago multis, tibi primū impreſsa legātur,
Supplebit reliquum picta tabella, vale.
tis
Joannes à Francolin Sa: Cæ: Ma:
Romanus fecialis, ſiue Rex armorum.

Die wasserspeienden Tritonen am Herkulesbrunnen stellen ein Motiv der griechischen Mythologie dar. Diese Mischwesen waren halb Mensch, halb Fisch. Unten: Eine bereits um 1590/93 von Adriaen de Vries geschaffene, 1648 geraubte Herkulesskulptur steht im Park von Schloss Drottningholm bei Stockholm.

ist." (25) Der Herkulesbrunnen wurde jedoch auch so verstanden, dass er *„[...] die Dienstbarmachung des wilden Wassers durch den Erfindergeist des Menschen und die Herkunft Augsburgs [...]"* (26) versinnbildlicht. Solchen Deutungen wird heute mit Verweis auf die ursprüngliche Inschrift „Virtuti et Gratiis" am Brunnenpfeiler aber die These vorgezogen, dass der Herkulesbrunnen die Tugenden der Patrizier Augsburgs und ihrer Frauen verherrlichen sollte. (27)

Der Herkulesbrunnen ist der figurenreichste der drei Augsburger Monumentalbrunnen. Am zweigeschossigen Brunnenpfeiler spenden – in vier Ebenen gestaffelt – jeweils drei Löwenmasken, Nymphen oder Najaden über Muschelbecken, gänsewürgende Eroten mit den Attributen Amors (Bogen, Augenbinde und Pfeil) sowie als Tritonen gedeutete männliche Büsten Wasser. *„Neben der imposanten Hauptgruppe gelten die drei Badenden [...] als die berühmtesten Figuren des Herkulesbrunnens und gleichfalls als de Vries' vollkommenste Schöpfungen."* (28)

Mit dem Motiv des Herkules hatte sich Giambologna, der Lehrmeister von Adriaen de Vries, bereits ab 1576 auseinandergesetzt. Direktes Vorbild

Die drei Grazien am Herkulesbrunnen: Zu ihren Füßen fängt jeweils eine große Muschelschale das Wasser auf, das von dort ins Brunnenbecken läuft.

für den Augsburger Herkules war wohl allerdings die wahrscheinlich von de Vries selbst um 1590/93 für Kaiser Rudolf II. in Prag geschaffene Figurengruppe „Herkules kämpft mit dem Drachen". 1648, kurz vor Ende des Dreißigjährigen Kriegs, wurde die Bronzeskulptur von schwedischen Truppen erbeutet. Die Figurengruppe steht heute nahe Stockholm im Park von Schloss Drottningholm, (29) Schwedens erstem Kulturdenkmal in der Liste des UNESCO-Welterbes.

Die nur wenige Jahre später modellierte Augsburger Herkules-Hydra-Gruppe lässt noch einmal eine künstlerische Weiterentwicklung des Bildhauers erkennen. *„Nach Anlage und Ausstattung der prächtigste unter den Augsburger Brunnen, löst er sich am weitesten von dem Vorbild Giovanni da Bolognas."* (30) Der Herkulesbrunnen war für Adriaen de Vries die

Die drei gänsewürgenden Eroten nehmen ein Motiv des antiken griechischen Bildhauers Boethos auf. Die Münchner Glyptothek zeigt eine Kopie dieses Werks.

Drei vergoldete Reliefs zieren den Brunnenpfeiler des Herkulesbrunnens – sie stellen idealisierte Szenen der Stadtgründung Augsburgs durch die Römer dar.

beste Werbung in eigener Sache. 1601, noch während sich der Niederländer in Augsburg aufhielt, ernannte ihn Kaiser Rudolf II. in Prag zum Kammerbildhauer.

Zwei Welser und ein Fugger waren an der Beauftragung beziehungsweise an der Aufstellung des Brunnens beteiligt. Wie beim Merkurbrunnen

Das Gründungs- und das Concordiarelief am Herkulesbrunnen tragen jeweils das Monogramm ihres Schöpfers: „AF" steht für Adrianus Fries.

tauchten die Namen der beiden für die Entstehung des Herkulesbrunnens verantwortlichen Stadtpfleger Hans Welser und Octavian Secundus Fugger in den Inschriften (heute durch bronzene Schriftbänder ersetzt) am Brunnenpfeiler auf. Neben Quirin Rehlinger wurde Markus Welser als einer der beiden Stadtpfleger genannt, in deren Amtszeit dieser Brunnen in Betrieb genommen wurde. Die Originalinschriften mit ihren Namen zeigte erstmals ein Kupferstich des Niederländers Jan Muller von 1602, nach dessen Vorbild die Stiche der Augsburger Wolfgang Kilian (um 1610) und Simon Grimm (um 1680) entstanden.

„Das Gründungsrelief ist der wichtigste Beweis dafür, dass Marcus Welser auf das Bildprogramm des Herkulesbrunnens maßgeblichen Einfluss hatte." (31) Die Motive der drei feuervergoldeten Reliefs tauchen auch im ersten Teil der 1595 gedruckten Stadtchronik des Humanisten auf. (32) Die Reliefs zwischen den Sitzfiguren stellen die Gründung der Stadt durch die Römer, die Begegnung der Stadtgöttinnen Roma und Augusta sowie den Triumphzug der Augusta dar.

Wasser schöpfen konnten die Augsburger auch aus dem neuen, prachtvollen Brunnenkunstwerk des Adriaen de Vries. Der Herkulesbrunnen erhielt erst 1721 sein schützendes (heute noch erhaltenes, allerdings nicht mehr angebrachtes) Barockgitter, als die marmorne Brunnenanlage erneuert werden musste. 1828 wurde der steinerne Brunnenpfeiler durch eine gusseiserne Säule ersetzt. 1961 wurde erneut damit

begonnen, die Brunnenanlage mit der seither wieder steinernen Mittelsäule komplett zu erneuern. (33)

Heute stehen die restaurierten Originalfiguren des Herkulesbrunnens sowie die des Merkurbrunnens im Maximilianmuseum Augsburg. Im Jahr 2000 wurden an den beiden Brunnen Abgüsse ihrer Bronzefiguren angebracht. Die vor der Witterung, Luftschadstoffen und Vandalismus geschützten Originale beherbergt nun der von einem Glasdach überwölbte Viermetzhof.

Dort kann man alle drei über Muschelschalen sitzenden Grazien des Herkulesbrunnens ganz aus der Nähe bewundern. Das Maximilianmuseum bewahrt außerdem drei Gipsabgüsse dieser Grazien auf: Sie waren 1781 im Auftrag der im Jahr 1710 in Augsburg gegründeten Reichsstädtischen Kunstakademie abgegossen worden. (34)

Seit der Jahrtausendwende sind die Originalfiguren des Merkur- und des Herkulesbrunnens von Adriaen de Vries im mit Glas überdachten Viermetzhof des Maximilianmuseums untergebracht. Den Grazien des Adriaen de Vries zollte der Augsburger Chronist Paul von Stetten d. J. das damals höchste Lob: Die Figuren seien antiken Vorbildern gleichzusetzen.

Die Augsburger Brunnentrias gilt als ein einzigartiges Ensemble. *„Durch Größe, Material und Thematik bilden die Brunnen in der Maximilianstraße eine Einheit. Augustus, Merkur und Herkules stehen alle in einer mehr oder weniger deutlichen Beziehung zu der römischen Vergangenheit der Stadt, mit ihnen wurde die Geschichte Augsburgs gleichzeitig verherrlicht und aktualisiert."* (35) Die Brunnen sind nicht nur Erinnerungsorte, sondern auch ein politisches Statement der Stadt. *„Die drei Monumentalbrunnen, Schöpfungen von höchster künstlerischer Vollendung, zeugen von der selbstbewußten Repräsentation eines reichsstädtischen Gemeinwesens. Sie bilden noch heute in dem großartigen Straßenraum einen Dreiklang von vollendeter Harmonie."* (36)

Die Sichtachse zwischen Merkur- und Herkulesbrunnen hat de Vries nicht mehr erlebt: Sie entstand erst 1632, drei Jahrzehnte nach seinem Augsburger Aufenthalt, durch den Abbruch des Tanzhauses auf dem Weinmarkt. Die Ansicht des Herkulesbrunnens, die sich nun ergab, war freilich eine andere als heute. 1604 hatte Elias Holl im Rücken der Herkulesstatue das Siegelhaus auf dem Weinmarkt errichtet, doch 1809 wurde der Renaissancebau abgetragen.

Die einstige Raumsituation um den Brunnen wurde somit massiv verändert. *„Seine jetzige Situierung in der modernen Maximilianstraße erscheint dem ortsfremden Besucher unmotiviert. Seit langem seiner platzbestimmenden Koordinaten Tanz- und Weinsiegelhaus beraubt, erscheint der Herkulesbrunnen heute als eine um Bordsteinniveau erhöhte, spitzovale Verkehrsinsel […]."* (37) Die Erhöhung des Platzniveaus ist der Grund dafür, dass das erhaltene Gitter des Herkulesbrunnens abgebaut werden musste und heute im Depot lagert.

Nahezu mittelalterlich wirkt der 1610 in Regensburg im Stil der Renaissance geschaffene Ziehbrunnen am Wiedfang neben der Steinernen Brücke.

Für seine Augsburger Brunnen hat der Niederländer Adriaen de Vries jene Formensprache entwickelt, die ihn zum einsamen *„[…] Wegbereiter der barocken Skulptur […]"* (38) werden ließ. De Vries war kein Epigone seines Lehrmeisters Giambologna, sondern hat den Stil des Manierismus bereits hinter sich gelassen. (39) Angesichts dieser Einschätzung wird umso verständlicher, welch tiefen Eindruck seine Augsburger Brunnenschöpfungen, mehr noch als der Augustusbrunnen Hubert Gerhards, bei Zeitgenossen hinterlassen haben müssen. Die Wirkung der Augsburger Monumentalbrunnen verdeutlicht ein direkter Vergleich mit der Brunnenkunst in den oberdeutschen Reichsstädten Ulm, Regensburg und Nürnberg.

Neben den manieristischen beziehungsweise frühbarocken Monumentalbrunnen der Reichsstadt Augsburg nimmt sich zum Beispiel ein noch vor der Zäsur des Dreißigjährigen Kriegs aufgestellter Brunnen in Regensburg beinahe spätmittelalterlich aus. Im Jahr 1610, immerhin acht Jahre nach Fertigstellung des Herkulesbrunnens, wurde dort in prominenter Lage nahe der Steinernen Brücke der Brunnen am Wiedfang errichtet – ein Ziehbrunnen im Stil der Renaissance, bei dem sich das steinerne Gebälk über einem runden Brunnenrand aus Rustikamauerwerk erhebt. (40)

Als größter barocker Brunnen nördlich der Alpen wurde von 1660 bis 1668 im Auftrag der Reichsstadt Nürnberg der monumentale, in Bronze gegossene Neptunbrunnen geschaffen, der ursprünglich den Schönen Brunnen am Hauptmarkt ersetzen sollte. Weil dafür jedoch der Wasserdruck nicht ausreichte, wurde der Neptunbrunnen eingelagert und schließlich 1796 an Zar Paul I. für dessen Schloss Peterhof bei St. Petersburg verkauft. Spätere Rückkaufbemühungen scheiterten. Deshalb wurde 1902 für Nürnberg eine

Kopie des Brunnens gefertigt, die bis 1934 auf dem Hauptmarkt stand. Auf Drängen Adolf Hitlers wurde der Brunnen entfernt: Der Stifter des Zweitgusses war der jüdische Kommerzienrat Ludwig Gerngros. Heute steht die Kopie des Neptunbrunnens im Stadtpark. (41)

1687 ließ der Nürnberger Rat den Tritonbrunnen in der Sebalder Altstadt aufstellen. Das Vorbild für den steinernen Brunnen mit dem muschelblasenden Meeresmischwesen war Gian Lorenzo Berninis gleichfalls steinerne Figur des Tritonbrunnens auf der Piazza Barberini in Rom. Der Nürnberger Tritonbrunnen steht heute etwas versteckt am Maxplatz. (42)

In der Reichsstadt Nürnberg wurden bald nach dem Dreißigjährigen Krieg künstlerisch hochrangige Brunnenfiguren gegossen. Der monumentale Neptunbrunnen sollte im 17. Jahrhundert auf dem Hauptmarkt sprudeln, doch reichte dafür der Wasserdruck nicht aus. 1902 wurde auf diesem Platz eine Kopie des Brunnens (links) aufgestellt, der in den Stadtpark versetzt wurde. Unten: Der Nürnberger Tritonbrunnen lehnt sich eng an das Vorbild des von Gian Lorenzo Bernini geschaffenen barocken Brunnens in Rom an.

In Regensburg und Ulm fielen sogar die nach dem Dreißigjährigen Krieg errichteten Brunnen im Vergleich mit der Augsburger und Nürnberger Brunnenkunst altertümlich aus. 1659 wurde der sogenannte Friedensbrunnen im Großen Rathaushof des Regensburger Rathauskomplexes aufgestellt. Ob die steinerne Brunnenfigur mit den bloßen Brüsten ursprünglich die Liebesgöttin Venus darstellen sollte, ist nicht klar. Doch erst als die originale Figur des Bildhauers Leoprand Hilmer 1909 durch eine Kopie ersetzt wurde, gab man ihr einen Palmzweig aus Metall in die Hand. (43) Gleichfalls bis 1659 war die – auch von Hilmer gefertigte – steinerne Figur des Justitiabrunnens auf dem Haidplatz entstanden. Die über-

Die bescheidenen künstlerischen und finanziellen Möglichkeiten in der Zeit nach dem Dreißigjährigen Krieg spiegeln in der zweiten Hälfte des 17. Jahrhunderts geschaffene Brunnenfiguren oberdeutscher Reichsstädte wider. In Regensburg entstanden 1659 der Justitiabrunnen und der Venusbrunnen – der Letztere wird auch als Friedensbrunnen bezeichnet. Der Wasserschütter Neptun auf dem Judenhof in Ulm wurde 1673 aufgestellt.

lebensgroße Gerechtigkeitsgöttin mit ihren Attributen Waage und Schwert lässt dieselbe, künstlerisch recht biedere Handschrift erkennen. (44)

Einen zuvor noch immer hölzernen Röhrkasten auf dem Judenhof ließ die Reichsstadt Ulm 1673 durch einen steinernen Brunnen ersetzen. Seinerzeit kam auch die Brunnenfigur des Neptun auf den schlanken Mittelpfeiler. Der römische Wassergott ist als Wasserschütter mit Kanne sowie mit den Attributen Dreizack und Delfin dargestellt. Obwohl dieser Ulmer Brunnen mit der römischen Gottheit – wenn auch spät – ein typisches Motiv der Brunnenkunst der Renaissance aufgriff, wirkt diese Figur auf der farbig gefassten Brunnensäule doch eher rückwärtsgewandt. (45)

Der Brunnenjüngling war das letzte Werk, das Adriaen de Vries – spätestens 1601, als das Gießhaus abbrannte – für die Reichsstadt Augsburg schuf. Im Vertrag von 1596 bleibt die vom Stadtgießer Wolfgang Neidhardt in Bronze gegossene Figur unerwähnt. Sie ist wohl später in Auftrag gegeben worden. Der Brunnenjüngling ist aber durch eine Mahnung belegt, in der de Vries eine „figura della tura" – eine Figur, in die ein Wasserhahn eingelassen wurde – aufführt.

Der junge Mann (oder Triton), der auf einem mit Blumen und Gras bewachsenen Stein sitzt, war also eine sogenannte Stöpselfigur: Aus der Meeresschnecke in seinen Armen floss das in das Obergeschoss des Kastenturms im Wasserwerk am Roten Tor gepumpte Trinkwasser in das Hochbassin. Zwischen 1602 und 1741 wurde der 60 Zentimeter hohe Brunnenjüngling als viel bestaunter Einlaufhahn über diesem Reservoir genutzt. Vermutlich während des Innenausbaus des Kastenturms im Jahr 1742 ließ Brunnenmeister Caspar Walter den Brunnenjüngling und den wasserspeienden Delfin am Becken im Kastenturm sowie die kunstvollen Einlaufhähne im Großen und im Kleinen Wasserturm durch zweckmäßigere Hähne ersetzen. (46)

Ein zwischen 1675 und 1680 herausgegebener Kupferstich Simon Grimms ist die einzige Abbildung, die den Brunnenjüngling mitsamt seinem Umfeld im Kastenturm überliefert. Das reich verzierte Hochbassin mit der Figur des Wasserschütters und eines wasserspeienden Delfins als zweitem Einlaufhahn stand im Zentrum des Obergeschosses im Kastenturm. Grimms Darstellung zeigt angeregt vor dem Wasser-

becken plauderndes Publikum: Nicht zuletzt wegen des Brunnenjünglings war der 1599 zum Wasserturm umfunktionierte ehemalige Stadtmauerturm ein Ziel für Bildungsreisende aus weiten Teilen Europas geworden. Eine Reisebeschreibung von 1602 hielt zum

Die kolorierte Skizze eines unbekannten Zeichners (oben) und der Kupferstich Simon Grimms zeigen den Brunnenjüngling über dem Hochreservoir im Obergeschoss des Kastenturms. Diese beiden Ansichten entstanden jeweils um 1680.

Der Brunnenjüngling ist heute ein Exponat des Maximilianmuseums Augsburg. Die Allansichtigkeit der Skulptur entspricht einem Gestaltungsideal ihres Schöpfers Adriaen de Vries.

Beispiel fest: „*In disem thurn wiert das waßer durch pumpwerckh in die 500 eln hoch über sich gefüert, alda es sich dann in ain brunnen cor, dern drey in jedem thurn ains, außgeust; auf disem brunnen cor steet ain metallins gegoßnes bild von gloggenspeiß* [Glockenspeise, gemeint ist Bronze] *aines mannes, so ain merschneckhen helt, daraus das waßer in das cor sich ausgeust, von welchem hernach das waßer in 500 heußer der statt durch rör gelait wiert [...].*" (47)

Auch die um diese Zeit entstandene kolorierte Feder- und Bleistiftzeichnung eines Unbekannten zeigt unter anderem das im Kastenturm stehende Hochbassin. Auf dieser Zeichnung, deren Urheber wohl eher an der Technik als an der Kunst oder an der Genauigkeit der Abbildung interessiert war, ist auch der von Wolfgang Neidhardt d. J. gegossene Brunnenjüngling dargestellt, fälschlicherweise aber mit Spitzbart sowie mit einer Art Kanne anstelle der Meeresschnecke.

Heute ist der Brunnenjüngling in einem eigenen Ausstellungsraum am Viermetzhof des Maximilianmuseums zu besichtigen. Zuvor war diese aus dem Kastenturm entfernte Skulptur (spätestens ab 1754) im Brunnenhof am Roten Tor aufgestellt gewesen. 1894 wurde die Bronzefigur ans Maximilianmuseum abgegeben. (48) Dort kann der Brunnenjüngling von allen Seiten bewundert werden: Allansichtigkeit war ein Gestaltungsideal von Adriaen de Vries.

Der Delphinbrunnen in Ulm wird von einem Kunstwerk bekrönt, das weit bis ins 19. Jahrhundert hinein eine völlig andere Funktion ausfüllte. Wie der Augsburger Brunnenjüngling diente es als Einlaufwerk über dem Becken eines Wasserturms.

An den Enden dieses wie eine Krone mit acht geschwungenen Armen konzipierten, gegossenen Kunstwerks sitzt je ein Wasserspeier in Form eines Delfins mit überlang gestrecktem Schwanz. Aus insgesamt rund 50 Düsen spritzten diese Wasserhähne bis 1873 Trinkwasser ins Bassin des 1585 errichteten Glockenbrunnenwerks. Dann machte der Beginn der modernen Ulmer Wasserversorgung auch dieses alte Wasserwerk funktionslos. Erst 1911 wurden die verstreuten Teile der Mittelsäule und die acht Wasserspeier wiederentdeckt, zusammengeführt und als sogenannter Delphinbrunnen vor dem Ulmer Münster aufgestellt.

1585 hatte der Ulmer Rotschmied Wolfgang Neidhardt d. Ä. die ältesten Teile des Einlaufwerks gegossen.

Augsburg – eine Stadt mit hundert Brunnen

Nur fünf Brunnenkunstwerke sind für die Welterbe-Bewerbung der Stadt relevant

In Augsburg soll es wenigstens hundert Brunnen geben. Doch für die Bewerbung zur Aufnahme der historischen Augsburger Wasserwirtschaft in die Liste des UNESCO-Welterbes spielen nur die Figuren der drei Monumentalbrunnen von Hubert Gerhard und Adriaen de Vries sowie der Wappner und der Neptun, die einzigen erhaltenen Figuren der zweiten Augsburger Brunnengeneration, eine Rolle.

Dies bedeutet jedoch nicht, dass in Augsburg nicht auch noch weitere künstlerisch wertvolle Brunnenkunstwerke zu finden wären. Die kunsthistorisch bedeutende Figur des Georgsbrunnens ist nur deshalb nicht bewerbungsrelevant, weil die Bronzeskulptur ursprünglich nicht als Zierde eines Brunnenpfeilers, sondern als Fassadenschmuck konzipiert wurde.

Direkt an einer Mauer westlich des Wasserwerks am Roten Tor steht ein venezianischer Muschelbrunnen. Auch dieses Kunstwerk der Spätrenaissance hat für Augsburgs Bewerbung keine Bedeutung: Denn dieser an und für sich kostbare Brunnen kam erst im Jahr 1950 als Schenkung des Münchner Kunsthändlers Louis Bernheimer nach Augsburg – gemeinsam mit einem zweiten Muschelbrunnen, der an der östlichen Stadtmauer bei der Schwedenstiege aufgestellt ist.

Künstlerisch hochrangige Brunnen und Brunnenfiguren aus jüngerer Zeit sind beispielsweise auch die 1741 geschaffene Steinfigur des Augsburger Bildhauers Ignaz Ingerl am Jakobsbrunnen im St.-Jakobs-Stift oder drei wenig bekannte Wandbrunnen des 17. und 18. Jahrhunderts in Innenhöfen von Anwesen an der Maximilianstraße. Auch im frühen 20. Jahrhundert entstand nennenswerte Brunnenkunst: Beispiele dafür sind der steinerne Brunnen im Hof der Synagoge sowie die in Bronze gegossenen Figuren des Kesterbrunnens (zwischen Schießgrabenstraße und Konrad-Adenauer-Allee), des Goldschmiedebrunnens (am Martin-Luther-Platz) sowie des Prinzregentenbrunnens auf dem Prinzregentenplatz. An Adriaen de Vries erinnert ein erst im Jahr 1973 geschaffener Brunnen im Hof des Schaezlerpalais. Die Figurengruppe des dortigen Nixenbrunnens ist ein typisches Renaissancemotiv, entstanden nach einem Modell des Niederländers: Ein Triton versucht, eine heftig widerstrebende Nixe an sich zu ziehen.

Bushart, Bruno; Paula, Georg: Stadt Augsburg, in: Schwaben, Georg Dehio. Handbuch der Deutschen Kunstdenkmäler/Bayern, Bd. 3, München/Berlin 1989, S. 140 f.

Hagen, Bernt von; Wegener-Hüssen, Angelika: Stadt Augsburg. Ensembles, Baudenkmäler, archäologische Denkmäler, Denkmäler in Bayern, Bd. 83, München 1994

Schad, Martha: Brunnen in Augsburg, Bindlach 1992

Direkt neben dem Wasserwerk am Roten Tor steht einer der beiden venezianischen Schalenbrunnen, die Augsburg 1950 geschenkt bekam. Diese und weitere hochrangige Augsburger Brunnenkunstwerke sind aber für die Bewerbung der Stadt für die Aufnahme der historischen Wasserwirtschaft in die Liste des UNESCO-Welterbes nicht maßgeblich.

Drei Seepferde um eine kleine Neptunfigur auf der Mittelsäule und acht langschwänzige Delfine in Form einer Krone spritzen Wasser in den Delphinbrunnen auf dem Ulmer Münsterplatz. Die Wasserspeier dienten ursprünglich als Einlaufhähne, die bis 1873 (wie bis 1742 auch der Brunnenjüngling von de Vries im Augsburger Wasserwerk am Roten Tor) das Bassin eines Wasserturms befüllten. Unten: Einer der in Delfinform gegossenen Wasserhähne im Detail. Geschaffen hat sie der Ulmer Gießer Wolfgang Neidhardt d. Ä.: Sein gleichnamiger Sohn goss in Augsburg die von Adriaen de Vries modellierten Figuren für den Merkurbrunnen und den Herkulesbrunnen.

Er war der Vater jenes Augsburger Stadtgießers Wolfgang Neidhardt, der den Merkurbrunnen, den Herkulesbrunnen und den Brunnenjüngling von Adriaen de Vries ausführte. Das Einlaufwerk im Glockenbrunnenwerk wurde 1678 durch den Ulmer Kupferschmied Joseph Claus ausgebessert: Er setzte damals einen kleinen Neptun auf die Mittelsäule. Zwei Delfine und zwei wasserspeiende Seepferdchen begleiten diese mit einer wasserspendenden Kanne dargestellte in Blei gegossene antike Gottheit. (49) Vom künstlerischen Rang des von Adriaen de Vries modellierten Brunnenjünglings ist der Delphinbrunnen am Münsterplatz, wiewohl er ein bedeutendes Zeugnis der Ulmer Handwerkskunst darstellt, allerdings Welten entfernt.

Quellen

(1) Roeck, Bernd: Der Brunnen der Macht, in: Der Augustusbrunnen in Augsburg, München 2003, S. 44

(2) vgl. Emmendörffer, Christoph: Wunde Welt. Hainhofers Diarium der schwedischen Besatzung Augsburg, in: Wunderwelt. Der Pommersche Kunstschrank, München/Berlin 2014, S. 507

(3) vgl. Emmendörffer, Christoph: Adriaen de Vries. Augsburgs Glanz – Europas Ruhm, in: Adriaen de Vries 1556 – 1626. Augsburgs Glanz – Europas Ruhm, Augsburg 2000, S. 121

(4) vgl. Diemer, Dorothea: Die große Zeit der Münchner und Augsburger Bronzeplastik um 1600, in: Bella Figura. Europäische Bronzekunst in Süddeutschland um 1600, München 2015, S. 37 ff.

(5) Walter, Caspar, Hydraulica Augustana [...], Augsburg 1754. S. 8

(6) vgl. Diemer, Dorothea: Hubert Gerhard und Carlo di Cesare del Palagio: Bronzeplastiker der Spätrenaissance, Bd. 1, Berlin 2001, S. 24 f.

(7) vgl. Burk, Jens Ludwig: „Qvo me fata vocant" – Wohin mich das Schicksal ruft. Merkur in der Bronzekunst der Spätrenaissance, in: Bella Figura. Europäische Bronzekunst in Süddeutschland um 1600, München 2015, S. 79

(8) vgl. Scholten, Frits: Adriaen de Vries, kaiserlicher Bildhauer, in: Adriaen de Vries 1556 – 1626. Augsburgs Glanz – Europas Ruhm, Augsburg 2000, S. 19 ff. und

Emmendörffer, Christoph: Adriaen de Vries. Augsburgs Glanz – Europas Ruhm, in: Adriaen de Vries 1556 – 1626. Augsburgs Glanz – Europas Ruhm, Augsburg 2000, S. 121 ff.

(9) vgl. Emmendörffer, Christoph: Der Merkurbrunnen, in: Adriaen de Vries 1556 – 1626. Augsburgs Glanz – Europas Ruhm, Augsburg 2000, S. 201

(10) vgl. o.A.: Merkur: Ein Exemplum manieristischer Bronzeplastik, in: Bella Figura. Europäische Bronzekunst in Süddeutschland um 1600, München 2015, S. 139

(11) Burk, Jens Ludwig: „Qvo me fat a vocant" – Wohin mich das Schicksal ruft. Merkur in der Bronzekunst der Spätrenaissance, in: Bella Figura. Europäische Bronzekunst in Süddeutschland um 1600, München 2015, S. 79 f.

(12) vgl. Emmendörffer, Christoph: Der Merkurbrunnen, in: Adriaen de Vries 1556–1626. Augsburgs Glanz – Europas Ruhm, Augsburg 2000, S. 201

(13) Keßler, Horst: Adriaen de Vries in Augsburg, in: Adriaen de Vries 1556 – 1626. Augsburgs Glanz – Europas Ruhm, Augsburg 2000, S. 396

(14) vgl. ebenda, S. 397

(15) vgl. Kollmann, Franz Joseph: Die Wasserwerke von Augsburg [...], Augsburg 1850, S. 83 ff.

(16) Jachmann, Julian: Die Kunst des Augsburger Rates 1588 – 1631. Kommunale Räume als Medium von Herrschaft und Erinnerung, München/Berlin 2008, S. 114

(17) vgl. Kollmann, Franz Joseph: Die Wasserwerke von Augsburg [...], Augsburg 1850, S. 83

(18) ebenda, S. 80

(19) vgl. ebenda

(20) vgl. ebenda

(21) vgl. Emmendörffer, Christoph: Der Herkulesbrunnen, in: Adriaen de Vries 1556 – 1626. Augsburgs Glanz – Europas Ruhm, Augsburg 2000, S. 213 ff.

(22) ebenda, S. 203

(23) Emmendörffer, Christoph: Adriaen de Vries. Augsburgs Glanz – Europas Ruhm, in: Adriaen de Vries 1556 – 1626. Augsburgs Glanz – Europas Ruhm, Augsburg 2000, S. 125

(24) Emmendörffer, Christoph: Der Herkulesbrunnen, in: Adriaen de Vries 1556 – 1626. Augsburgs Glanz – Europas Ruhm, Augsburg 2000, S. 205

(25) Jachmann, Julian: Die Kunst des Augsburger Rates 1588 – 1631. Kommunale Räume als Medium von Herrschaft und Erinnerung, München/Berlin 2008, S. 115

(26) Bushart, Bruno; Paula, Georg: Stadt Augsburg, in: Schwaben, Georg Dehio. Handbuch der Deutschen Kunstdenkmäler/Bayern, Bd. 3, München/Berlin 1989, S. 139

(27) vgl. Emmendörffer, Christoph: Fortitudo Augustae. Zur Neugestaltung Augsburgs um 1600, in: Als Frieden möglich war. 450 Jahre Augsburger Religionsfrieden, Regensburg 2005, S. 206

(28) Emmendörffer, Christoph: Adriaen de Vries. Augsburgs Glanz – Europas Ruhm, in: Adriaen de Vries 1556 – 1626. Augsburgs Glanz – Europas Ruhm, Augsburg 2000, S. 125

(29) vgl. Cavalli-Björkman, Görel: Der Raub der Prager Skulpturen des Adriaen de Vries durch die Schweden, in: Adriaen de Vries 1556 – 1626. Augsburgs Glanz – Europas Ruhm, Augsburg 2000, S. 48 f.

(30) Bushart, Bruno; Paula, Georg: Stadt Augsburq, in: Schwaben, Georg Dehio. Handbuch der Deutschen Kunstdenkmäler/Bayern, Bd. 3, München/Berlin 1989, S. 139

(31) Emmendörffer, Christoph: Adriaen de Vries. Augsburgs Glanz – Europas Ruhm, in: Adriaen de Vries 1556–1626. Augsburgs Glanz – Europas Ruhm, Augsburg 2000, S. 127

(32) vgl. Welser, Markus: Augspurgische Chronica, in: Chronica der weitberüempten keyserlichen freyen und deß H. Reichs Statt Augspurg in Schwaben. Von derselben altem Ursprung, schönegelegene zierliche Gebäwen unnd namhafften gedenckwürdigen Geschichten. In unser teutschen Spraach in Truck verfertigt Durch Engelbertum Werlichium., Frankfurt 1595, S. 45 f.

(33) vgl. Emmendörffer, Christoph: Der Herkulesbrunnen, in: Adriaen de Vries 1556–1626. Augsburgs Glanz – Europas Ruhm, Augsburg 2000, S. 203

(34) vgl. Emmendörffer, Christoph: Maximilianmuseum. Originale der Reichsstadt Augsburg. Ein Augsbuch, Bd. 2, Augsburg 2004, S. 124 f.

(35) Larsson, Lars Olof: Die großen Brunnen und die Stadterneuerung um 1600, in: Elias Holl und das Augsburger Rathaus, Regensburg 1985, S. 144 f.

(36) Kießling, Hermann: Die Brunnentrias in der „Königlichen Straße", in: Augsburger Brunnen, Augsburg 1989, S. 20

(37) Emmendörffer, Christoph: Der Herkulesbrunnen, in: Adriaen de Vries 1556–1626. Augsburgs Glanz – Europas Ruhm, Augsburg 2000, S. 205

(38) Scholten, Frits: Adriaen de Vries, kaiserlicher Bildhauer, in: Adriaen de Vries 1556–1626. Augsburgs Glanz – Europas Ruhm, Augsburg 2000, S. 42

(39) vgl. ebenda

(40) vgl. Bauer, Karl: Regensburg. Kunst-, Kultur- und Alltagsgeschichte, Regensburg 1997, S. 209

(41) vgl. Bach-Damaskinos, Ruth: Neptunbrunnen, in: Stadtlexikon Nürnberg, Nürnberg 2000, S. 732 f.

(42) vgl. Mulzer, Erich: Tritonbrunnen, in: Stadtlexikon Nürnberg, Nürnberg 2000, S. 1086 f.

(43) vgl. Bauer, Karl: Regensburg. Kunst-, Kultur- und Alltagsgeschichte, Regensburg 1997, S. 253

(44) vgl. ebenda S. 280

(45) vgl. Petershagen, Wolf-Henning: Ulms lebendige Wasser. Brunnengeschichte aus sieben Jahrhunderten, Ulm 2003, S. 50 ff.

(46) vgl. Emmendörffer, Christoph: Brunnenjüngling, in: Adriaen de Vries 1556–1626. Augsburgs Glanz – Europas Ruhm, Augsburg 2000, S. 222 f.

(47) ebenda, S. 224

(48) vgl. ebenda, S. 222

(49) vgl. Petershagen, Wolf-Henning: Ulms lebendige Wasser. Brunnengeschichte aus sieben Jahrhunderten, Ulm 2003, S. 44 ff .

Augsburger Technologie im Umland und in Europa

Vom Wasserwerk an der Friedberger Ach bis zur „sehr künstlichen Wuhr" in Ungarn

In der Reichsstadt Augsburg häufte sich das Spezialwissen zur Wasserkunst in einer Konzentration, die man heute als „Cluster der Wassertechnologie" bezeichnen würde. Hier wuchs ein Netzwerk von Handwerkern und Ingenieuren, Baumeistern und Wasserbauern. Sie alle befassten sich in verschiedensten Ausprägungen mit der Nutzung, Beherrschung und Dokumentation hiesiger Wassertechnologie. Augsburgs wassertechnologisches Wissen wurde insbesondere im 16. Jahrhundert zum Exportgut: „Ein Zentrum des Pumpwerkbaues in Mitteleuropa war die Reichsstadt Augsburg, die nicht nur eine Reihe von Pumpwerken besaß, sondern auch über einen großen Stamm von Fachkräften verfügte, die sich im Bau und Betrieb von Pumpwerken auskannten.

Der Tätigkeitsbereich dieser Fachleute beschränkte sich keineswegs allein auf Augsburg und die nähere Umgebung. Sie waren wiederholt auch in anderen Gegenden Mitteleuropas im Einsatz [...]. Soweit sich dies feststellen lässt, kamen sie aus dem Metallhandwerk. Sie waren keine Maschinen- und Pumpwerksbauer, die noch überwiegend mit Holz arbeiteten, sondern gelernte Stückgießer, Büchsenmacher oder auch Goldschmiede. Die Goldschmiedekunst war damals ein wichtiger Zweig der Metallverarbeitung, in dem besondere Fertigkeiten im Gießen und Treiben von Metallen verlangt wurden."

Die Fachleute aus der Reichsstadt verfügten also über gefragte Fähigkeiten. In den Jahren 1574 und 1594 waren zum Beispiel Pumpwerksexperten aus Augsburg in den Städten Frankenberg an der Eder und Rothenburg ob der Tauber tätig, wo Kolbenpumpen das Wasser jeweils mehr als 50 Meter hoch in Wassertürme fördern mussten. Zwischen 1560 und 1605 wurden wiederholt Augsburger Spezialisten von außerhalb zu Hilfe gerufen, auch in Residenzstädte wie Wien, Brüssel, München und Stuttgart. 1605 trat ein namentlich nicht überlieferter Wasserkünstler aus Augsburg in Hannover vor dem Rat auf.

Das oberösterreichische Steyr, das als spätmittelalterliches Zentrum der Metallwirtschaft zu einer wohlhabenden Stadt geworden war, berief 1573 und 1579 Fachleute aus Augsburg – als Ersten den Stadtgießer Peter Wagner. An ihn und an Brunnenmeister Georg (Jörg) Wagner erinnert ein Wasserturm im nahen Wels. 1588 errichtete Georg Wagner ein Wasserwerk, das Landshut sowie das Residenzschloss Trausnitz hoch über der Stadt versorgte. Der kunstfertige Martin Herman, Sohn eines Augsburger

Ein Augsburger Meister fertigte bis 1606 die Wasserkunst für das Friedberger Brunnenhaus an der Ach und den (erhaltenen) Wasserturm in der Stadtmauer.

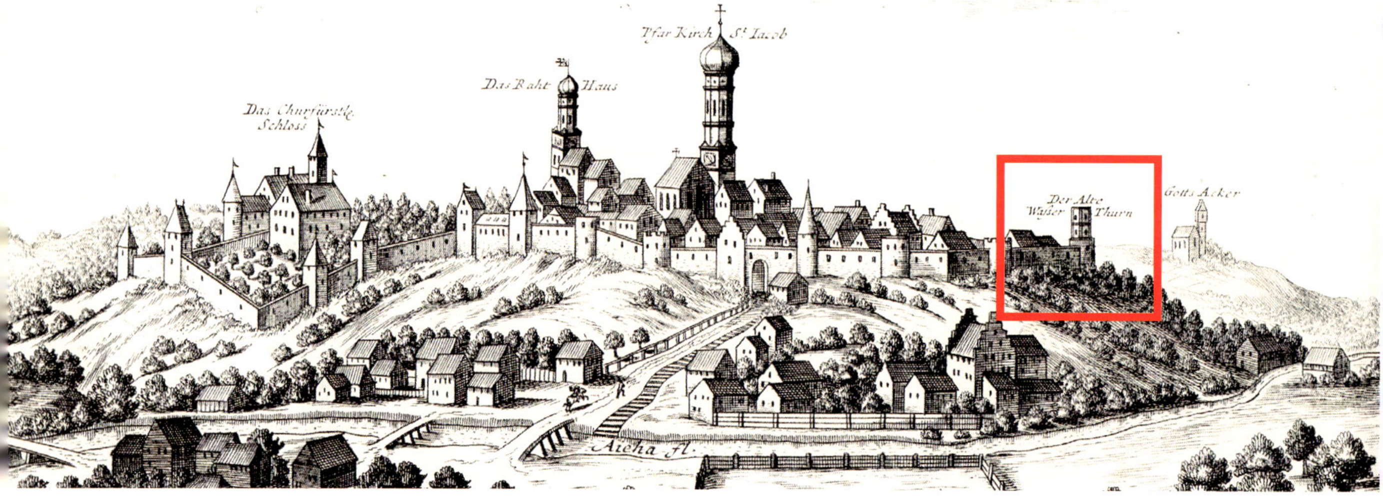

Stadtwerkmeisters, konstruierte ein Schöpfwerk für den 30 Klafter (rund 55 Meter) tiefen Brunnen für das hoch über der Donau gelegene Stift Melk in der Wachau sowie im nahen Wien eine dort bis dahin neuartige Krätzmühle. 1683 schuf Herman für Graf Pállfy in Ungarn – so der Augsburger Chronist Paul von Stetten d. J. – „[...] eine sehr kůnstliche Wuhr".

Denkmäler des Augsburger Wasserwissens findet man noch heute im näheren Einzugsbereich der Stadt, teils fast in Sichtweite. Im altbaierischen Friedberg, wo die Stadt und ein Schloss der Wittelsbacher hoch über der Friedberger Ach lagen, wurde von 1604 bis 1606 ein Wasserwerk erbaut: Die Hebetechnik konstruierte ein Verfertiger hydraulischer Maschinen aus Augsburg, der Schraubenmacher Georg Müller. 1632 zerstörte schwedische Soldateska diese Wasserkunst. Das Bauwerk blieb jedoch erhalten. „Der Alte Waßer Thurn" ist eine der Sehenswürdigkeiten auf einem Stich des Augsburgers Gabriel Bodenehr von 1721.

Im Markt Kirchheim im Unterallgäu entstand eines der frühesten deutschen Wasserwerke. Vermutlich wollten Hans und Markus Fugger auf den in Augsburg gewohnten Luxus der Wasserversorgung nicht verzichten. Das hoch über dem Flüsschen Flossach gelegene Fuggerschloss mit dem Brunnen Hubert Gerhards im Schlosspark, aber auch drei Röhrkästen im Dorf wurden mit Röhrwasser aus einem 1563/64 errichteten Hebewerk versorgt. Eine Akte im Fuggerarchiv Dillingen belegt, dass ein Augsburger „Meister Peter und sein Sohn" beim Bau dieses fuggerischen Wasserwerks beraten hatten. Die Wasserkunst – die dann wohl ein Brunnenmeister aus Ulm ausführte – funktionierte aber nicht gänzlich zufriedenstellend. 1622 ließ der Pfalzgraf Hans Fugger deshalb das Brunnenhaus näher an den Schlossberg verlegen. Den Neubau des Kirchheimer Pumpenhauses führte der Augsburger Maurermeister Stefan Riederer aus.

Noch etwas früher entstand 1558 ein Pumpwerk für das nur 24 Kilometer von Augsburg entfernte Kloster der Benediktiner in Thierhaupten. Dort hatte man „[...] die Ach auf zwei Mühlen geleitet und das neue

Für ihr Schloss und den hoch über dem Mindeltal gelegenen Ort Kirchheim ließen die Fugger schon früh ein Wasserwerk an der Flossach bauen.

Wasserwerk angelegt [...]". Inwieweit das Kloster, zu dessen Ökonomie eine Getreidemühle sowie eine Öl-, eine Säge- und eine Papiermühle gehörten, Brunnenmeister und Wasserbauer aus der nahen Reichsstadt beauftragt hatte, ist wohl nicht erforscht, nicht zuletzt wegen der Verbindungen zu den Benediktinern von St. Ulrich und Afra in Augsburg aber anzunehmen.

1901 erzeugte das erste Wasserkraftwerk der Region in Gersthofen Strom. Die benötigte Technik lieferte das nahe Werk der Vereinigten Maschinenfabrik Augsburg und Maschinenbaugesellschaft Nürnberg. Das Augsburger Werk lieferte erneut die maschinelle Ausstattung, als schon 1907 bei Langweid das zweite Wasserkraftwerk der in Augsburg ansässigen Lech-Elektrizitätswerke Aktiengesellschaft am Lechkanal in Betrieb ging.

Bachschweller, Karin: Der Welser Wasserturm, in: Jahrbuch des Musealvereines Wels, Bd. 37, 2012/2013/2014, Wels 2014, S. 173 f.

Emmendörffer, Christoph: Ausstellungstext zur Modellkammer im Maximilianmuseum Augsburg, 2006

Fassl, Peter: Geschichte, Sanierung und heutige Nutzung des Klosters Thierhaupten, Augsburg 2000, S. 58 f.

Hoffmann, Albrecht: Zum Stand der städtischen Wasserversorgung in Mitteleuropa vor dem Dreißigjährigen Krieg, in: Die Wasserversorgung in der Renaissancezeit [...], Mainz 2000, S. 125 ff.

Stetten, Paul von d.J.: Kunst-, Gewerb- und Handwerks Geschichte der Reichs-Stadt Augsburg, Augsburg 1779, S. 153 f.

Fürstlich und Gräflich Fuggersches Familien- und Stiftungsarchiv: FA 227.5, FA28.4.1 k, FA 78.1.1

Kesselspeisewasser für 120 Dampflokomotiven

Zwei Tiefbrunnen und ein Wasserhaus im Augsburger Bahnbetriebswerk von 1906

Das Industriezeitalter brachte nicht allein einen gestiegenen Bedarf an sauberem Trinkwasser, auch die Nachfrage nach Brauchwasser wuchs enorm. In Augsburg galt dies unter anderem für die damals zahlreichen Brauereien (noch im Jahr 1989 ließ die Brauerei Riegele einen 218 Meter tiefen Brunnen bohren) oder für die wasserintensiven Betriebe der Textilindustrie, die teilweise über eigene Tiefbrunnen verfügten. 1840 hatte in Augsburg das Eisenbahnzeitalter begonnen. 1854 wurde Augsburg der größte Eisenbahnknotenpunkt Bayerns: Der Wasserverbrauch durch Dampflokomotiven stieg immer mehr.

1906 entstand im Hochfeld – auf der Hochterrasse zwischen Lech und Wertach – das königlich-bayerische Bahnbetriebswerk an der Firnhaberstraße. Das Augsburger Bahnbetriebswerk wurde 1996 stillgelegt und vollständig unter Denkmalschutz gestellt. Außer den beiden Ringlokschuppen und zwei Drehscheiben, einem Reparaturwerk, Anlagen für die Besandung und Ausschlackung, Verwaltungsbauten und Unterkünften wurden auch Wasch- und Füllanlagen für die Dampflokomotiven errichtet. Heute ist der Bahnpark Augsburg, ein Eisenbahnmuseum auf einem Teilbereich des ehemaligen Bahnbetriebswerks der Deutschen Bahn AG, Mitglied der Europäischen Route der Industriekultur ERIH. Zu den denkmalgeschützten Gebäuden gehören ein Ringlokschuppen mit Drehscheibe, drei Dampflokhallen und eine Schmiede.

Im Bahnpark spielt Augsburgs Wasser – wenn auch oberirdisch fast nicht wahrnehmbar – eine wichtige Rolle. An der Firnhaberstraße sind die Anlagen der Wasserförderung und Wasserspeicherung, die 1914 insgesamt 120 Dampflokomotiven mit Kesselspeisewasser versorgten, weitgehend erhalten. Frühe Lagepläne des Betriebswerks zeigen zwei dafür gebohrte

Im Zeitalter der Dampfeisenbahn befüllten in Bahnhöfen und in Betriebswerken tausende Wasserkräne die Kessel der Lokomotiven. Im Bahnpark Augsburg wurde ein Wasserkran als Schaustück aufgestellt.

Brunnen. Noch heute sind zwei Brunnen – 55 Meter tief der eine, 177 Meter tief der andere – erhalten. Ein dritter, 1937/38 ebenfalls bis auf 177 Meter Tiefe gebohrter Brunnen wurde verfüllt. Das Wasser der Brunnen, die wohl bis in die 1980er-Jahre genutzt wurden, wurde im Bahnbetriebswerk nicht in einen Wasserturm, sondern in Reservoirs im sogenannten Wasserhaus gepumpt. Von dort floss das Wasser ab, mit dem Wasserkräne die Kessel der Dampfloks befüllten. Einer der Wasserkräne im Bahnbetriebswerk war so angeordnet, dass parallel zur Befüllung des Tenders Glut und Asche in den Schlackenhunten der Loks abgelöscht werden konnten. An die einst drei Wasserkräne auf dem 35 Hektar großen Bahnareal erinnert das Schaustück eines gusseisernen Wasserkrans, der wahrscheinlich in den 1930er-Jahren im Krausewerk in Neusalz an der Oder gefertigt wurde.

Augsburger Wasserbau- und Maschinenbaukunst wird dagegen durch die beiden Tiefbrunnen und das Wasserhaus dokumentiert, wenn auch optisch nicht so imposant wie durch die historischen Wassertürme oder durch die Druckwindkessel und die Pumpwerke im Wasserwerk am Hochablass. Im Betriebswerk hat das sogenannte Wasserhaus nämlich die Funktion eines Wasserturms übernommen. Unter dem Dach des äußerlich unscheinbaren dreigeschossigen Gebäudes befinden sich drei aus Stahl konstruierte Reservoirs mit einer Gesamtgrundfläche von circa 110 Quadratmetern und einem Fassungsvermögen von insgesamt rund 250 Kubikmetern. Waren die leer bereits mehr als 20 Tonnen schweren Behälter gefüllt, mussten die bis zu 75 Zentimeter starken Mauern des Wasserhauses ein Gesamtgewicht von rund 275 Tonnen tragen: Dies entsprach dem Gewicht von zwei Dampfschnellzuglokomotiven. In einem Wasserturm wäre die Grundfläche der Reservoirs nicht unterzubringen gewesen.

Dass auch die beiden Tiefbrunnen eine technische Meisterleistung darstellten, wird allein schon dadurch deutlich, dass sie weit mehr als ein Jahr Bauzeit in Anspruch nahmen. Vor 1920 mussten solche Brunnen vermutlich mithilfe eines Pferdegöpels oder einer Dampfmaschine gebohrt werden. Die Brunnenstuben,

Ohne Wasser kein Dampf: Im Augsburger Bahnbetriebswerk wurden Tender von bis zu 120 königlich-bayerischen Dampflokomotiven über vormals drei auf dem Areal aufgestellte Wasserkräne mit dem Kesselspeisewasser aus den drei stählernen Hochreservoirs im Wasserhaus (unten) befüllt.

Pumpen und Wasserleitungen sind erhalten. Von den Brunnen und ihrer ganz unterschiedlich konzipierten Wasserförderungstechnik ist oberirdisch wenig zu sehen. Der tiefere Brunnen ist mit einer massiven Eisenplatte abgedeckt, der andere von einem verfahrbaren Holzgehäuse.

Baum, Siegfried: Wasser für hundertzwanzig Lokomotiven, unveröffentlichtes Manuskript, Augsburg 2015
Ganser, Karl: Industriekultur in Augsburg, Pioniere und Fabrikschlösser, Augsburg 2010, S. 152 ff. und S. 162 f.

Das Lechmuseum Bayern in Langweid

Ein bundesweit einzigartiges Flussmuseum im denkmalgeschützten Wasserkraftwerk

Die 2010 geborene Idee, die Augsburger historische Wasserwirtschaft für die Aufnahme in die Liste des UNESCO-Welterbes vorzuschlagen, basiert nicht zuletzt auf den Inhalten des Lechmuseums Bayern im Wasserkraftwerk der Lechwerke AG bei Langweid. Im 1907 nördlich der Stadtgrenze über dem Lechkanal erbauten Wasserkraftwerk war im Juni 2008 „ein bundesweit einzigartiges Flussmuseum" – so Dr. Peter Fassl, der Bezirksheimatpfleger des Bezirks Schwaben – eingeweiht worden. In diesem Wasserkraftwerk wird bis heute Strom produziert.

Als das Wasserkraftwerk in Betrieb ging, war es am ab 1898 gegrabenen Lechkanal bereits das zweite. Rund 1,5 Kilometer nach der Nordspitze der Wolfzahnau lenkte ein 80 Meter breites Stauwehr Wasser aus dem Lech in den parallel verlaufenden Kanal. Dort ging 1901 drei Kilometer kanalabwärts bei Gersthofen das erste Wasserkraftwerk der Region – eines der frühesten größeren Wasserkraftwerke in Bayern – in Betrieb. Ab Oktober 1901 erzeugten dort fünf von der Maschinenfabrik Augsburg und von der Maschinenbaugesellschaft Nürnberg in Augsburg konstruierte Francis-Turbinen 4500 Kilowatt Strom. Auslöser und Hauptabnehmer dieses ersten Wasserkraftwerks am Lechkanal war ein neues Chemiewerk im Industriedorf Gersthofen. Betreiber des Kraftwerks war zunächst die Elektrische-Actien-Gesellschaft vormals W. Lahmeyer & Co. (EAG).

Kurz nach der Fertigstellung des Wasserkraftwerks Gersthofen wurde der Bau eines zweiten Kraftwerks bei Langweid geplant. 1903 löste die neu gegründete Lech-Elektrizitätswerke Aktien-Gesellschaft mit Sitz in Augsburg – die heutige Lechwerke AG (LEW) – die EAG als Eigentümer ab. 1905 erhielten die Lechwerke die Konzession für ein zweites Wasserkraftwerk in Langweid, für das der bis dahin nur vier Kilometer lange Lechkanal verlängert wurde. Im neuen – wie in Gersthofen im Historismusstil erbauten – Wasserkraftwerk erzeugten seit dem 18. November 1907 vier

1907 ging das Wasserkraftwerk der Lechwerke in Langweid in Betrieb. 1938 wurde es um das Gebäude (links) über der ehemaligen Floßschleuse erweitert, das damals einen weiteren Maschinensatz aufnahm.

Francis-Turbinen der Maschinenfabrik Augsburg (ab 1908 M.A.N.) Strom. Da die Flößerei noch eine Rolle spielte und die Schifffahrtspläne im 28 Meter breiten Lechkanal noch nicht ad acta gelegt worden waren, erhielt das neu erbaute Kraftwerk eine Floßschleuse. Eine geplante Schifffahrtsschleuse wurde immerhin durch Bettungsarbeiten vorbereitet.

Mit dem Lechmuseum Bayern im Wasserkraftwerk Langweid entstand eine multimediale Inszenierung des Lechs, seiner wirtschaftlichen Nutzungen, seiner Geschichte und des Naturraums. Wichtigstes Exponat ist das Architekturdenkmal selbst: Dort kann man das Technikdenkmal der Turbinenkammer von 1907 begehen. Im Kraftwerksbereich im Erdgeschoss, in den beiden Ebenen der Turbinenkammer sowie in den zwei Stockwerken darüber wird Besuchern die Stromerzeugung aus Wasserkraft bis heute sowie die mehr als hundertjährige Geschichte des Energieversorgers Lechwerke nahegebracht. Informationstafeln eines Turbinenpfads erklären die Kraftwerkstechnik. Die Bau- und Funktionsweise dieses Wasserkraftwerks verdeutlichen acht Stationen des Kraftwerkspfads im Außenbereich. Vor dem Museum liegt ein nach originalem Vorbild gebautes Lechfloß. Die Inhalte im Lechmuseum Bayern führen weit über Augsburg und sein Umland hinaus. Prof. Karl Ganser urteilte: „Eine [...] große Attraktion ist eine filmische Reise am Lech von der Quelle hoch in den Lechtaler Alpen bis zur Mündung in die Donau. Dieser Film ist nicht irgendein Video, wie man sie in Museen häufig darbietet. Es wird eine informative und kurzweilige Geschichte mit einer gekonnten Kameraführung erzählt." Die

Am zunächst nur vier Kilometer langen Lechkanal nördlich von Augsburg ging 1901 das Wasserkraftwerk in Gersthofen in Betrieb. Es war das erste große Strom erzeugende Wasserkraftwerk in der Region.

Exkursion per Film führt auch zum 1922 erbauten Wasserkraftwerk bei Meitingen, nach dem der seitdem 22 Kilometer lange nördliche Lechkanal endet. Das Lechmuseum Bayern kann jeden ersten Sonntag im Monat oder im Rahmen angemeldeter Führungen kostenlos besichtigt werden.

Ganser, Karl: Industriekultur in Augsburg. Pioniere und Fabrikschlösser, Augsburg 2010, S. 205 ff.

Kluger, Martin: Der Lech. Landschaft. Natur. Geschichte. Wirtschaft. Wasserkraft., Augsburg 2011

Ruckdeschel, Wilhelm: Kraftwerke im Raum Augsburg, in: Industrie-Archäologie, 2/1981, München 1981, S. 112 f.

Ruckdeschel, Wilhelm: Kraftwerke Mühlen Wassertürme. Technische Denkmale im Landkreis Augsburg, Augsburg 1998, S. 11 ff.

Das Wasserkraftwerk in Langweid (noch mit offener Floßschleuse) zeigt eine um 1907 entstandene Fotografie (links). Die damals gebaute Turbinenkammer ist ein begehbares Technikdenkmal im Baudenkmal.

Von der Idee zum Platz auf der Tentativliste

Die historische Wasserwirtschaft – Aufnahme in die Liste des UNESCO-Welterbes?

Augsburgs historische Wasserwirtschaft könnte schon 2019 UNESCO-Welterbe werden. Die ersten Vorarbeiten für das Ziel, „Wasserbau und Wasserkraft, Trinkwasser und Brunnenkunst in Augsburg" in die Liste des UNESCO-Welterbes aufnehmen zu lassen, begannen 2010. Auf Anregung von Peter Grab, dem damaligen 3. Bürgermeister der Stadt Augsburg und Referenten für Kultur, Jugendkultur und Sport, hatte Götz Beck, Tourismusdirektor der Regio Augsburg Tourismus GmbH, am 23. Dezember 2010 Martin Kluger, den Leiter des context verlags Augsburg, mit der Erarbeitung des ersten Ideen- und Konzeptionspapiers für die Einreichung einer Interessenbekundung der Stadt Augsburg als UNESCO-Welterbe beauftragt.

Zwei Vorschläge wurden ausgearbeitet, doch die historische Augsburger Wasserwirtschaft wurde von Anfang an favorisiert. 3. Bürgermeister und Kulturreferent Peter Grab entschied sich Anfang 2011 für dieses Thema. Die von Martin Kluger ausgearbeitete Ideenskizze basierte auf der Vorleistung mehrerer Experten. Wesentliche Anregungen vermittelten die Publikationen zum Themenkomplex, unter anderem von Prof. Wilhelm Ruckdeschel und Prof. Karl Ganser zur Augsburger Industriekultur, sowie von Prof. Bernd Roeck, Prof. Dorothea Diemer und Dr. Christoph Emmendörffer, dem Leiter des Maximilianmuseums Augsburg, zur Brunnenkunst. Ein Buch von Rupert Zettl zum Lech war ebenso eine große Hilfestellung wie ein Werk von Prof. Robert Rapp zur Geschichte der Wertach. Vielfältige Anstöße gaben Bücher und Zeitungsbeiträge des Augsburger Stadthistorikers Franz Häußler zu den verschiedensten Bereichen der Wasserwirtschaft, vor allem zum historischen Wasserwerk am Hochablass. Als äußerst hilfreich erwiesen sich mehrere Publikationen der Frontinus-Gesellschaft mit Sitz in Bonn.

Maßgeblich zur Ideenfindung hat beigetragen, dass die Stadtwerke Augsburg bereits 1994 das historische Wasserwerk am Hochablass vorbildlich saniert hatten. Seit den 1980er-Jahren hatten die Stadtwerke Augsburg das historische Wasserwerk am Hochablass renovieren lassen. Die Lechwerke Augsburg ließen 2008 (unter Mitwirkung Martin Klugers und Franz Häußlers) das Lechmuseum Bayern im Wasserkraftwerk in Langweid gestalten: Aus dieser Arbeit ergaben sich etliche Anstöße für die spätere Ideenfindung.

Ein ganz entscheidender Faktor auf dem Weg zur Augsburger Interessenbekundung war insbesondere der bis 2010 vom Hochbauamt der Stadt Augsburg sanierte Komplex des Großen und Kleinen Wasserturms sowie des Brunnenmeisterhauses am Roten Tor. 1983 hatte die Schwäbische Handwerkskammer auf Anregung des heutigen bayerischen Staatssekretärs Johannes Hintersberger das Untere Brunnenmeisterhaus des Wasserwerks am Roten Tor vor dem drohenden Verfall bewahrt. Den Kastenturm hatte die Stadt Augsburg 1987 und 1996 restaurieren lassen, bereits 1972 bis 1975 hatte die „altaugsburggesellschaft" in Zusammenarbeit mit dem Landesamt für Denkmalpflege eine erste Sanierung des Wasserwerks am Roten Tor betrieben. Der sehr gute Erhaltungszustand der Denkmäler war eine entscheidende Voraussetzung dafür, dass der historischen Augsburger Wasserwirtschaft Welterbewürdigkeit bescheinigt werden konnte.

Bei der Vorbereitung der Interessenbekundung berieten fachkundige Institutionen und Personen. Neben einigen der genannten Autoren war die Unterstützung durch die Untere Denkmalschutzbehörde, Mitarbeiter des Hochbauamts Augsburg und der Abteilung Wasser und Brückenbau des Tiefbauamts Augsburg, des Geodatenamts der Stadt Augsburg sowie des Landschaftspflegeverbands Stadt Augsburg sehr wertvoll. Unerlässlich war die Hilfestellung durch das Stadtarchiv Augsburg sowie die Staats- und Stadtbibliothek Augsburg. Am 24. Februar 2011 konnte die im Auftrag der Regio Augsburg Tourismus GmbH im context verlag Augsburg erstellte Interessenbekundung der Stadt Augsburg mit dem Titel: „Historisches Technik- und Kultur-Ensemble Augsburger Wasserwirtschaft" dem Stadtrat vorgestellt werden, der die Einreichung auf der Landesebene beim Bayerischen Staatsministerium für Wissenschaft, Forschung und Kunst beschloss. Die Einreichung erfolgte zum 28. Februar 2011. Im November 2011 wurde die historische Augsburger Wasserwirtschaft durch eine vom Staatsministerium eingesetzte Expertenkommission für das bundesdeutsche Auswahlverfahren empfohlen.

Zum 10. Juli 2012 reichte die Stadt Augsburg ihre inhaltlich erweiterte Interessenbekundung sowie eine Fotodokumentation beim Bayerischen Staatsministerium für Wissenschaft, Forschung und Kunst ein. Augsburgs Interessenbekundung trug seitdem – in Abstimmung mit dem Bayerischen Landesamt für Denkmalpflege – den Titel „Wasserbau und Wasserkraft, Trinkwasser und Brunnenkunst in Augsburg".

Am 23. Juli 2012 fand im Goldenen Saal des Rathauses die Auftaktveranstaltung zur Interessenbekundung der Stadt Augsburg mit Ansprachen von Oberbürgermeister Dr. Kurt Gribl und Prof. Karl Ganser statt. Zu diesem Anlass wurde ein erstes – unter anderem von der Kurt und Felicitas Viermetz Stiftung, den Stadtwerken Augsburg, der Lechwerke AG sowie der Grünbeck Wasseraufbereitung GmbH gefördertes – Begleitbuch zur Interessenbekundung („Historische Wasserwirtschaft und Wasserkunst in Augsburg", Martin Kluger, context verlag Augsburg) vorgestellt.

Zum 30. September 2013 wurde eine Vergleichsanalyse zu den Augsburger Denkmälern im jeweiligen geokulturellen Kontext bei der Kulturstiftung der Länder eingereicht, ergänzt durch Stellungnahmen zu Hochwasserschutz und Erhaltungsmaßnahmen der Denkmäler des potenziellen Welterbeguts. Diese Vergleichsanalyse wurde im context verlag Augsburg erarbeitet. Sie wurde zum 2. November 2013 unter dem Titel „Wasserbau und Wasserkraft, Trinkwasser und Brunnenkunst in Augsburg" zusammen mit schon vorab erstellten Datenblättern zu den Denkmälern im context verlag Augsburg und mit Unterstützung durch die Stadtwerke Augsburg in Buchform publiziert.

Der 2. November 2013 war für die Augsburger Interessenbekundung ein vorentscheidender Tag. Mitglieder des Fachbeirats, den die Kultusministerkonferenz zur Evaluierung der aus Deutschland eingereichten Interessenbekundungen berufen hatte, besichtigte – eingangs informiert durch Prof. Karl Ganser – mehrere Denkmäler der Wasserwirtschaft.

Der Fachbeirat empfahl im bis April 2014 erarbeiteten Abschlussbericht, das Ensemble „Wasserbau und Wasserkraft, Trinkwasser und Brunnenkunst in Augsburg" auf Platz drei dieser Liste zu setzen. Am 13. Juni 2014 erhielt der neue Kulturreferent der Stadt Augsburg, Thomas Weitzel, die Nachricht, dass die Kultusministerkonferenz die Augsburger Interessenbekundung unter den 31 Kandidaten aus 13 Bundesländern für die deutsche Tentativliste ausgewählt hatte. Im November 2014 reichte Augsburg eine modifizierte und aktualisierte Interessenbekundung nach.

Im April 2015 wurde der Stadt Augsburg durch das Bayerische Staatsministerium für Bildung, Kultus, Wissenschaft und Kunst der Zeitplan für die Vorlage der Nominierung des Augsburger Antrags zur Einschreibung in die Liste des UNESCO-Welterbes übermittelt:

- bis 1. August 2017: Vorlage des vollständigen Antrags zur Einleitung der Vorprüfung beim Bayerischen Staatsministerium für Bildung, Kultus, Wissenschaft und Kunst (zur Weiterleitung an die Kultusministerkonferenz)
- bis 15. August 2017: Vorlage des Antrags bei der oder dem Beauftragten der Kultusministerkonferenz zur ersten Vorprüfung
- bis 30. September 2017: Vorlage des Antrags über Kultusministerkonferenz und Auswärtiges Amt beim UNESCO-Welterbezentrum in Paris zur Vorprüfung
- bis Mitte November 2017: Rückmeldung des Welterbezentrums über das Ergebnis der Vorprüfung
- bis 1. Januar 2018: Vorlage des Antrags beim Bayerischen Staatsministerium für Bildung, Kultus, Wissenschaft und Kunst zur Weiterleitung über die Kultusministerkonferenz und das Auswärtige Amt
- bis 1. Februar 2018: definitive Einreichung des Antrags beim UNESCO-Welterbezentrum

Der Inhalt der Augsburger Interessenbekundung

Zwei Kriterien bestätigen der historischen Wasserwirtschaft universelle Einzigartigkeit

Neben sechs weiteren deutschen Kandidaten für die Liste des UNESCO-Welterbes attestierten Experten Augsburg nicht nur den außergewöhnlichen universellen Wert, sondern auch die Voraussetzung, eine thematische Lücke im Welterbe zu schließen. Dabei erfüllt Augsburgs historische Wasserwirtschaft zwei von zehn möglichen für den Welterbestatus definierten Kriterien:

„(ii) für einen Zeitraum oder in einem Kulturgebiet der Erde einen bedeutenden Schnittpunkt menschlicher Werte in Bezug auf die Entwicklung der Architektur oder Technik, der Großplastik, des Städtebaus oder der Landschaftsgestaltung aufzeigen"

„(v) ein hervorragendes Beispiel einer überlieferten menschlichen Siedlungsform, Boden- oder Meeresnutzung darstellen, die für eine oder mehrere bestimmte Kulturen typisch ist, oder der Wechselwirkung zwischen Mensch und Umwelt, insbesondere, wenn diese unter dem Druck unaufhaltsamen Wandels vom Untergang bedroht wird"

Der Text der 2014 modifiziert eingereichten Interessenbekundung der Stadt Augsburg:

Wasserbau und Wasserkraft, Trinkwasser und Brunnenkunst in Augsburg bilden ein komplexes wasserwirtschaftliches System mit bedeutenden technischen, architektonischen und industriearchäologischen Denkmälern aus der Zeit vom 15. bis zum frühen 20. Jahrhundert. Sie dokumentieren für diesen Zeitraum lückenlos die Abfolge und die Vernetzung technologischer Entwicklungen. Die über Jahrhunderte nachweisbare Wertschätzung der Bedeutung des Wassers findet Ausdruck in Brunnen von höchstem künstlerischen Rang.

Bereits die Römer versorgten Augsburg, das sie am Zusammenfluss von Lech und Wertach gegründet hatten, durch eine offene Wasserleitung über das Lechfeld mit Brauchwasser aus der Singold. Spätestens seit dem Mittelalter nutzte Augsburg die Wasserkraft von Lechkanälen.

Der 1346 erstmals urkundlich erwähnte Hochablass, das Stauwehr im Südosten Augsburgs, lenkte Lechwasser in das von weiteren Lechanstichen, von Quellbächen, vom Flüsschen Singold und seit dem späten 16. Jahrhundert auch von der Wertach gespeiste weit verzweigte Kanalnetz. 1552 sowie 1911/12 wurde der Hochablass jeweils verlegt und baulich massiv verändert.

Wohl seit dem 8. Jahrhundert wurden Antriebskanäle angelegt. Das Stadtrecht von 1276 führt erstmals vier Lechkanäle namentlich auf. 1462 gewährte ein Freibrief Kaiser Friedrichs III. Augsburg das Recht, beliebig viel Lechwasser in die Kanäle abzuleiten. Diese Kanäle lieferten Brauchwasser, waren Transportwege für Baumaterial und Brennholz, lieferten die Antriebskraft für Mühlen und Hammerwerke, waren Rohstofflieferanten für Handwerker und entsorgten Abfall.

Mit dem ersten, noch hölzernen Wasserturm begann um 1412 die städtische Fließwasserversorgung. Weil Augsburgs Oberstadt auf einer Hochterrasse liegt, förderten Wasserkünste, in der Regel wasserradgetriebene Kolbenpumpen, Trinkwasser in die Wassertürme. Eine Ausnahme war bis 1737/38 der Untere Brunnenturm, wo sieben Archimedische Schrauben der „Machina Augustana" Wasser hoben. Aus den Hochbassins in den Wassertürmen floss das Trinkwasser in einem Durchlaufsystem über hölzerne Rohrleitungen zu den öffentlichen Brunnen ab. Quellen in unmittelbarer Nähe der Brunnentürme lieferten das Trinkwasser. Zu dem ab etwa 1414 erbauten Wasserwerk am Roten Tor wurde zusätzlich der aus reinen Quellen gespeiste Brunnenbach mittels eines Aquädukts, säuberlich vom Brauchwasser getrennt, über den nassen Stadtgraben geführt. Vor 1843 waren insgesamt sieben Wasserwerke mit neun Wassertürmen in Betrieb.

An der Stelle mittelalterlicher Röhrkästen bzw. gotischer Brunnenanlagen der zweiten Brunnengeneration schufen Hubert Gerhard und Adriaen de Vries zwischen 1588 und 1600 als Renommierprojekte der Trinkwasserversorgung drei manieristische Monumentalbrunnen.

1879 löste das turmlose Wasserwerk am Hochablass, eine weltweit beachtete technische Innovation, die Trinkwasserversorgung über damals sieben Wassertürme ab. Die Wasserkraft der Kanäle förderte im kohlefernen Augsburg die frühe Industrialisierung und die Ansiedlung bedeutender Textil-, Maschinen- und Papierfabriken. Ab 1840 ermöglichte die Umwandlung der Wasserkraft durch Wasserräder und Turbinen den frühen Aufstieg der Stadt zur Industriemetropole. Seit 1902 versorgten Wasserkraftwerke große Fabriken mit Strom.

Rechtfertigung des außergewöhnlichen universellen Werts:

Die Einzigartigkeit und der außergewöhnliche universelle Wert der Augsburger Wasserwirtschaft und Wasserkunst basieren vor allem auf

1. der Kontinuität und durchgängigen Nachvollziehbarkeit der Bedeutung, Bewirtschaftung und Nutzung des Wassers von den Römern bis ins frühe 20. Jahrhundert – insbesondere in der Zeit nach 1400 bis 1923.

2. den Architektur- und Technikdenkmälern der Wasserwirtschaft, die bis heute die technologischen Entwicklungsschritte sowie das „Cluster Wasserwissen" (Karl Ganser, 2012) zwischen Spätmittelalter und Industriezeitalter belegen. Soweit Bauten und technische Einrichtungen nicht erhalten sind, ist das technologische Know-how in Augsburger Archiven, Bibliotheken und Sammlungen in Form von Skizzen, Handschriften, Drucken, Instruktionsgemälden sowie von hydrotechnischen Modellen aus dem 17., 18. und 19. Jahrhundert der weltweit einzigartigen Modellkammer im Maximilianmuseum Augsburg dokumentiert.

3. der einzigartigen Trias der stadtbildprägenden Monumentalbrunnen in der Maximilianstraße (Augustus-, Merkur- und Herkulesbrunnen), die von Hubert Gerhard und Adriaen de Vries, zwei der gefragtesten Bildhauer Europas, geschaffen wurden. Die Brunnen sind „Schöpfungen von höchster künstlerischer Vollendung" (Rolf Kießling, 1989). Eine derartige Abfolge von drei Bronzeprachtbrunnen im öffentlichen Raum ist weltweit einmalig.

4. dem Wissen um den Stellenwert des Wassers, das sich nicht nur in Schutzmaßnahmen seit der frühen Neuzeit und in den in Augsburg verlegten Publikationen zu Wasserbau und Wasserkunst, sondern auch in der Verherrlichung des Wassers durch die Baukunst und die bildende Kunst ausdrückt.

5. dem Netz der bis heute bestehenden Augsburger Kanallandschaft, das die einzigartige topografische Lage Augsburgs zwischen dem Lech und der Wertach sowie dem wasserreichen Lechfeld nutzte.

Der Schutz, der wirtschaftliche und schonende Umgang mit der Ressource Wasser und die durch Architektur, Kunst und Publizistik artikulierte Wertschätzung des Wassers gibt Augsburg eine globale Vorbildfunktion. Die hydrotechnischen Modelle der Modellkammer im Maximilianmuseum, weltweit ohne Parallele, und die Bestände des Stadtarchivs Augsburg, der Staats- und Stadtbibliothek Augsburg sowie der Kunstsammlungen dokumentieren die Bedeutung der Wasserwirtschaft. Zur Wasserwirtschaft informieren heute das Wasserwerk am Roten Tor und das Wasserwerk am Hochablass, das Staatliche Textil- und Industriemuseum Augsburg sowie das Lechmuseum Bayern nördlich von Augsburg.

Zutreffende Kriterien [...]:

Die Augsburger Wasserwirtschaft ist ein herausragendes Ergebnis menschlicher Schaffenskraft über viele Generationen und technologische Entwicklungsschritte hinweg. Das Ensemble bedeutender Architektur- und Technikdenkmäler sowie die Kanallandschaft lassen die wassertechnologische Entwicklung Augsburgs vom wirtschaftlich prosperierenden spätmittelalterlichen Kunstzentrum bis zur frühen Industriemetropole, jeweils gefördert durch Wasserkraft, nachvollziehen.

Zu (ii): Die historische Augsburger Wasserwirtschaft spiegelt den Zeitraum vom Erstarken selbstverwalteter deutscher Reichsstädte bis in das Industriezeitalter wider. Das Ensemble der Architektur- und Technikdenkmäler am Netzwerk der Kanallandschaft belegt lückenlos die Entwicklung der Wassernutzung und der mit ihr verbundenen Technologien zwischen dem frühen 15. und dem frühen 20. Jahrhundert. Kanäle und Quellbäche, der Hochablass, das Wasserwerk am Roten Tor, drei weitere Wasserwerke bzw. -türme und drei Monumentalbrunnen dokumentieren die reichsstädtischen Strukturen der Wasserversorgung.

Hydrotechnische Modelle der einzigartigen Modellkammer im Maximilianmuseum Augsburg, original erhaltene Instruktionsgemälde im Wasserwerk am Roten Tor sowie Skizzen, Stiche, Hand- und Druckschriften in Augsburger Archiven, Bibliotheken und Kunstsammlungen dokumentieren auch die nicht mehr erhaltenen Elemente der Wasserkunst eines halben Jahrtausends. So ist belegt, dass die Reichsstadt ab der Zeit um 1412 die auf antikem Ingenieurswissen basierende, für die nördlich der Alpen liegenden Städte technisch revolutionäre Wasserhebung nutzte. Augsburger Brunnenmeister perfektionierten die Technik wasserradgetriebener Kolbenpumpen, weswegen ihr Können im 16. und 17. Jahrhundert an vielen Orten Zentraleuropas in Anspruch genommen wurde. Im 18. Jahrhundert brachten „Augsburger Meisterteams [...] Spitzenprodukte vorwissenschaftlichen Maschinenbaus zustande, wie die Archivalien zeigen“. (Wilhelm Ruckdeschel, 1989)

Die Ausführung der Augsburger Monumentalbrunnen durch zwei führende niederländische Bildhauer der Spätrenaissance – Hubert Gerhard und Adriaen de Vries – bezeugen die starke kulturelle Prägung des Kunstzentrums Augsburg durch Italien: Augsburg war eine der ersten deutschen Städte, die Ideen und Ideale der Renaissance übernahmen. Der Augustus-, der Merkur- und der Herkulesbrunnen sind späte Zeugnisse dieser fruchtbaren Beziehung zwischen Augsburg und Italien und belegen zudem den Höhepunkt der Augsburger Gießkunst. Sie zeigen zugleich auf, wie Kunst über Jahrhunderte hinweg einen „unersetzlichen Faktor der Stadtpolitik“ (Bruno Bushart, 1998) bildete: Die Monumentalbrunnen erfüllten über den funktionalen Anspruch an die reichsstädtische Infrastruktur hinaus auch das politische Repräsentationsbedürfnis. Dies kann als Zeichen höchster Wertschätzung der Trinkwasserversorgung interpretiert werden. Die Figuren auf dem Rand des Augustusbrunnens verkörpern die vier Augsburger Hauptgewässer: Lech, Wertach, Singold und Brunnenbach mit Attributen, die ihre jeweilige wasserwirtschaftliche Nutzung versinnbildlichen. Am Zustandekommen der Brunnen und an ihren Bildprogrammen waren Angehörige der Familien Fugger und Welser maßgeblich beteiligt.

Die frühneuzeitlichen Strukturen der Wasserwirtschaft initiierten die frühe Industrialisierung der Stadt. Nirgendwo in Europa lassen sich die Etappen der Industrialisierung derart gut nachvollziehen wie in Augsburg (Karl Ganser, 2010). Beispielhaft für die ab 1836 an den Werkskanälen entstandenen Fabriken ist die 1837 gegründete Augsburger Kammgarn-Spinnerei (AKS) am Schäfflerbach: In einem Teilbereich der AKS zeigt seit 2010 das Staatliche Textil- und Industriemuseum Augsburg die Bedeutung des Industriestandorts auf.

Das 1879 in Betrieb genommene Wasserwerk am Hochablass kombinierte in Perfektion aktuelle technische Standards jener Zeit mit innovativen Entwicklungen: Durch vier zehn Meter hohe Druckwindkessel konnte eine innovative turmlose Trinkwasserversorgung realisiert werden. Diese Technik war jahrzehntelang ein weltweites Vorbild. Auch in diesem Bau- und Technikdenkmal verbindet sich Funktionalität mit höchsten ästhetischen Ansprüchen, die sich in der Architektur wie in der orientalisch anmutenden ornamentalen Ausstattung des Innenraums äußern.

Die bedeutendsten Denkmäler

1 Hochablass
2 Wasserwerk am Hochablass
3 Wasserwerk am Roten Tor
4 Lechkanäle
5 Augustusbrunnen, Merkurbrunnen und Herkulesbrunnen
6 Modellkammer und Brunnenfiguren im Maximilianmuseum
7 Wasserkraftwerk auf der Wolfzahnau
8 Kanäle im Stadtwald Augsburg

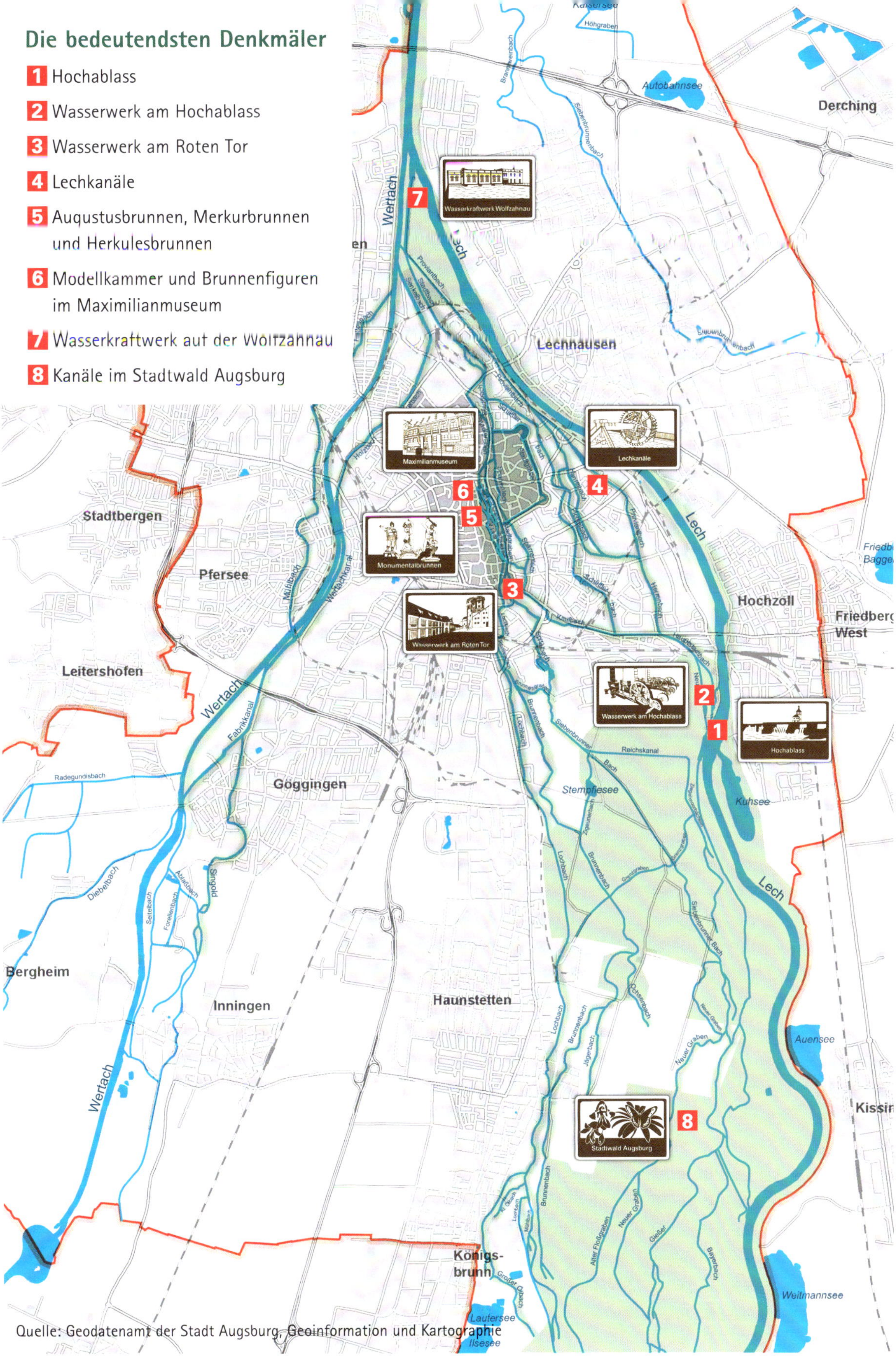

Quelle: Geodatenamt der Stadt Augsburg, Geoinformation und Kartographie

Augsburgs Fabriken nutzten die reiche Wasserkraft der Kanäle ab 1840 durch Turbinen, die Maschinen mittels Transmission antrieben. Erst kurz nach 1900 versorgten Wasserkraftwerke Augsburger

Die Architekturdenkmäler der Wasserwirtschaft liegen im Wesentlichen am Lech sowie an den Lechkanälen. Im Stadtzentrum findet man die drei Monumentalbrunnen und die Modellkammer.

Fabriken mit Strom. Dafür wurden vielfach bestehende Turbinenhäuser umgenutzt. 1902 wurde das schlossartige Wasserkraftwerk auf der Wolfzahnau neu errichtet. Da der Bau von Flusskraftwerken damals technisch noch nicht ausgereift war, wurde für dieses Kraftwerk – parallel zum Fluss – als Abschluss des lechseitigen Kanalsystems 1901 ein neuer Großkanal gegraben, in dem sich das Wasser aller Lechkanäle vereinte. 1921 entstand ein zweiter Großkanal parallel zur Wertach, um das 1922 in Betrieb gehende Wasserkraftwerk am Wertachkanal anzutreiben. Beide Großkanäle und Wasserkraftwerke sind industriearchäologische Denkmäler.

Zu (v): Die städtebauliche, wirtschaftliche und kulturelle Entwicklung Augsburgs seit dem Spätmittelalter ist stark von der Wechselwirkung zwischen Stadtbevölkerung und Wasser geprägt. Augsburg nutzte die von Lech und Wertach geformte einzigartige topografische Lage für seine facettenreiche Wasserwirtschaft. Kanäle dienten neben der Gewinnung von Antriebskräften (für Mühlen, Hammerwerke, Wasserräder, Turbinen und Wasserkraftwerke) und der Trinkwasserversorgung auch der Flößerei, der Holztrift, der Abfallentsorgung sowie als Rohstofflieferanten (unter anderem für Papiermacher, Färber, Gerber) und als Kühlsystem der von Elias Holl 1609 errichteten reichsstädtischen Stadtmetzg.

Die Wasserwirtschaft prägt bis heute das Stadtbild: Südlich der Stadt durch den Hochablass, zwei Lechanstiche, Quellbäche und früher getrennt geführte Trink- und Brauchwasserkanäle im sowie am heutigen Naturschutz- und Trinkwasserschutzgebiet „Stadtwald Augsburg". Die gesamte östliche Altstadt wird durch die Kanalführung, die Lage der Stadtgräben und der an ihnen gelegenen Wasserwerke gegliedert. In der Industrievorstadt östlich und nördlich der Stadtmauern entstanden ab 1836 entlang teils bis 1921 gegrabener Kanäle Fabrikensembles nach zeittypischen städtebaulichen Konzepten (Fabrikschlösser, Direktorenvillen und Arbeiterkolonien). Hier sind heute weltweit agierende Unternehmen ansässig, deren Vorläufer sich wegen der Wasserkraft in Augsburg ansiedelten. 35 kleine Wasserkraftwerke an den Lechkanälen erinnern an

Augsburgs industrielle Vergangenheit. Die Trias der Monumentalbrunnen dominiert die Maximilianstraße, die zentrale Sichtachse der Innenstadt.

Bemerkungen zu Authentizität und/oder Integrität:

Die Denkmäler von Wasserbau und Wasserkraft, Trinkwasser und Brunnenkunst in Augsburg verfügen jeweils über ein hohes Maß an Authentizität und Integrität. Die weitestgehend original bewahrten Denkmäler lassen dank ihres außergewöhnlich guten Erhaltungszustands bis heute die technischen Strukturen der historischen Wasserwirtschaft in einzigartiger Weise erkennen:

· Wohl seit der Zeit um 764 bis 1921 entstand die Kanallandschaft entlang von Lech und Wertach sowie auf dem Lechfeld. Vom Lech werden 29 Kanäle (Gesamtfließstrecke 78 km), von der Wertach vier Kanäle (12 km) abgeleitet. 19 Bäche (46 km) im Stadtwald Augsburg werden von einem Lechanstich bzw. von Quellen auf dem Lechfeld südlich von Augsburg gespeist. Die erhaltenen Kanäle und Bäche sind industriearchäologische Denkmäler, die noch heute zur Stromgewinnung genutzt werden. In der Pulvermühlschleuse über dem Kaufbach ist ein historisches Schütztafelwindwerk mit Zahnradübersetzung und Wellbaum als Technikdenkmal erhalten.

· Die Vorgängerbauten des 1346 erstmals urkundlich genannten Hochablasses wurden von Hochwasser und Feuer zerstört. Nach dem Jahrhunderthochwasser von 1910 entstand das bis heute intakte und betriebene Lechstauwehr 1911/12 als Stahlbetonkonstruktion.

Ein Stich Matthäus Merians von 1616 deutet an, wie sehr auch Augsburgs Stadtbild von der Nutzung der Wasserkraft bestimmt wurde. Nicht nur die Antriebskraft der Kanäle in der Stadt und auf den weiten Flächen vor der Stadtmauer, sondern auch das Gefälle des nassen Stadtgrabens diente dem Handwerk, frühen Manufakturen, von 1836 an der Industrie und – bis 1897 – der Trinkwasserhebung für bis zu sechs Wasserwerke in der Wehrmauer.

· Architektonisch wohl für Mitteleuropa einzigartig komplett erhalten ist das Wasserwerk am Roten Tor mit drei Wassertürmen, zwei Brunnenmeisterhäusern und einem Aquädukt. Der Große und der Kleine Wasserturm am Roten Tor sowie der Untere Brunnenturm sind im Kern die ältesten bestehenden Wassertürme Deutschlands und wohl auch Mitteleuropas. An den herausragenden Augsburger Brunnenmeister Caspar Walter erinnern im Kleinen Wasserturm sechs oblonge Instruktionsgemälde auf Holztafeln (1753) nach seinen Skizzen. Für den Kastenturm konstruierte Walter 1742 die erhaltene, kunstvolle doppelläufige Wendeltreppe. Die von Adriaen de Vries für diesen Wasserturm als Auslaufhahn geschaffene Figur des Brunnenjünglings (um 1600) ist heute im Maximilianmuseum Augsburg ausgestellt. In den Untergeschossen der Wassertürme sind gotische Stilelemente der Vorgängerbauten sichtbar: Der Große Wasserturm (ab 1463 in gemauerter Form), der Kleine Wasserturm (ab 1470) und der Kastenturm (ab 1599) wurden auf den Fundamenten mittelalterlicher Wehrtürme der Stadtbefestigung errichtet. Im Rahmen von Sanierungsarbeiten wurden im Bestzustand erhaltene Rötelinschriften und Reste von Wandmalereien freigelegt.

· Das wohl 1450 in Betrieb genommene, 1538 erhöhte Untere Brunnenwerk zeigt heute im Wesentlichen den Bauzustand von 1684. Ein über dem Stadtbach erbautes Pumpenhaus ist erhalten. Bei diesem Pumpenhaus quert eine von Georg von Reichenbach 1848 konstruierte gusseiserne Kanalbrücke – heute ein Technikdenkmal – den Stadtbach. Über diese Brücke wurde bis 1879 Antriebswasser für das Pumpwerk geleitet.

· Elias Holl baute 1609 den Unteren St.-Jakobs-Wasserturm. Dieses Renaissancebauwerk ist saniert und im Bestzustand erhalten.

· Beim Vogeltor wurde anstelle dreier damals außer Betrieb gesetzter kleinerer Wassertürme wohl vor 1779 ein mittelalterlicher Wehrturm zum Wasserturm eines neueren, leistungsstärkeren Wasserwerks umfunktioniert.

· Bis 1594 entstanden der Augustusbrunnen von Hubert Gerhard bzw. bis 1599 und 1600 der Merkurbrunnen und der Herkulesbrunnen von Adriaen de Vries. Sie zählen zu den großartigsten Bronzedenkmälern der Renaissance nördlich der Alpen. Die Figuren an den Brunnen wurden bzw. werden derzeit nach der Restaurierung der Originalbronzen durch Abgüsse ersetzt, die im Bestzustand erhaltenen Originale bewahrt das Maximilianmuseum Augsburg. Dieses Museum stellt außerdem die um 1516 von Sebastian Loscher geschaffene Brunnenfigur des Augsburger Wappners aus Rotmarmor sowie die originale Brunnenfigur des 1536/37 von einem unbekannten Augsburger Meister modellierten Neptunbrunnens aus. Der Neptun ist die einzige erhaltene aus Bronze gegossene Brunnenpfeilerfigur aus der Epoche vor Giambologna und zugleich die älteste erhaltene monumentale Aktfigur im öffentlichen Raum in Deutschland.

· Vom 17. bis zum 19. Jahrhundert entstanden mehr als 60 bis heute intakte hydrotechnische Modelle der Modellkammer, die im Maximilianmuseum Augsburg ausgestellt bzw. im Depot aufbewahrt werden.

· Das schlossartige, 1878/79 im Stil der Neorenaissance erbaute Wasserwerk am Hochablass ist nach seiner Sanierung ein im Bestzustand erhaltenes Bau- und Technikdenkmal und ein einzigartiges Denkmal der Industriekultur. Die geschmiedeten Druckwindkessel sind ebenso erhalten wie die Originalmaschinensätze der Kolbenpumpen. Die Dekorationsmalereien im Innern wurden 1991 wieder freigelegt und 1993 restauriert. Sie gelten als ein bedeutender Schatz der Industriebaukunst des 19. Jahrhunderts.

· Das Wasserkraftwerk auf der Wolfzahnau war 1902 das erste Wasserkraftwerk Augsburgs. Der quer über dem Ende des Kanalsystems errichtete, in den 1970er-Jahren restaurierte und im Originalbauzustand erhaltene Blankziegelbau beherbergt noch den mehr als fünf Meter hohen, betriebsfähigen Schwungradgenerator und die dazugehörige Turbine von 1913 sowie eine funktionstüchtige Francis-Zwillingsturbine von 1910. Das Wasserkraftwerk gewinnt bis heute Strom.

· Als letzter großer Industriekanal wurde 1921 der Wertachkanal gegraben, an dem dann das bis heute bestehende Wertachkraftwerk errichtet wurde. Der Maschinensatz von 1921 ist mit Ausnahme einer Turbine im Original erhalten.

· Als letzte Relikte großer Fabrikareale an Lechkanälen sind mehrere Wasserkraftwerke mit Bestandteilen ihrer historischen Ausstattung, partiell in bis 1923 umgenutzten frühindustriellen Turbinenhäusern, erhalten.

Ein Kupferstich Simon Grimms aus der Zeit nach 1700 zeigt die zwei Wasserschütter Lech („Licus") und Wertach („Vinda") jeweils mit einem Floßruder in der Hand. Noch bis kurz nach 1900 spielten die beiden Flüsse und ihre Kanäle als Verkehrsadern für die Wirtschaft der Stadt eine Rolle.

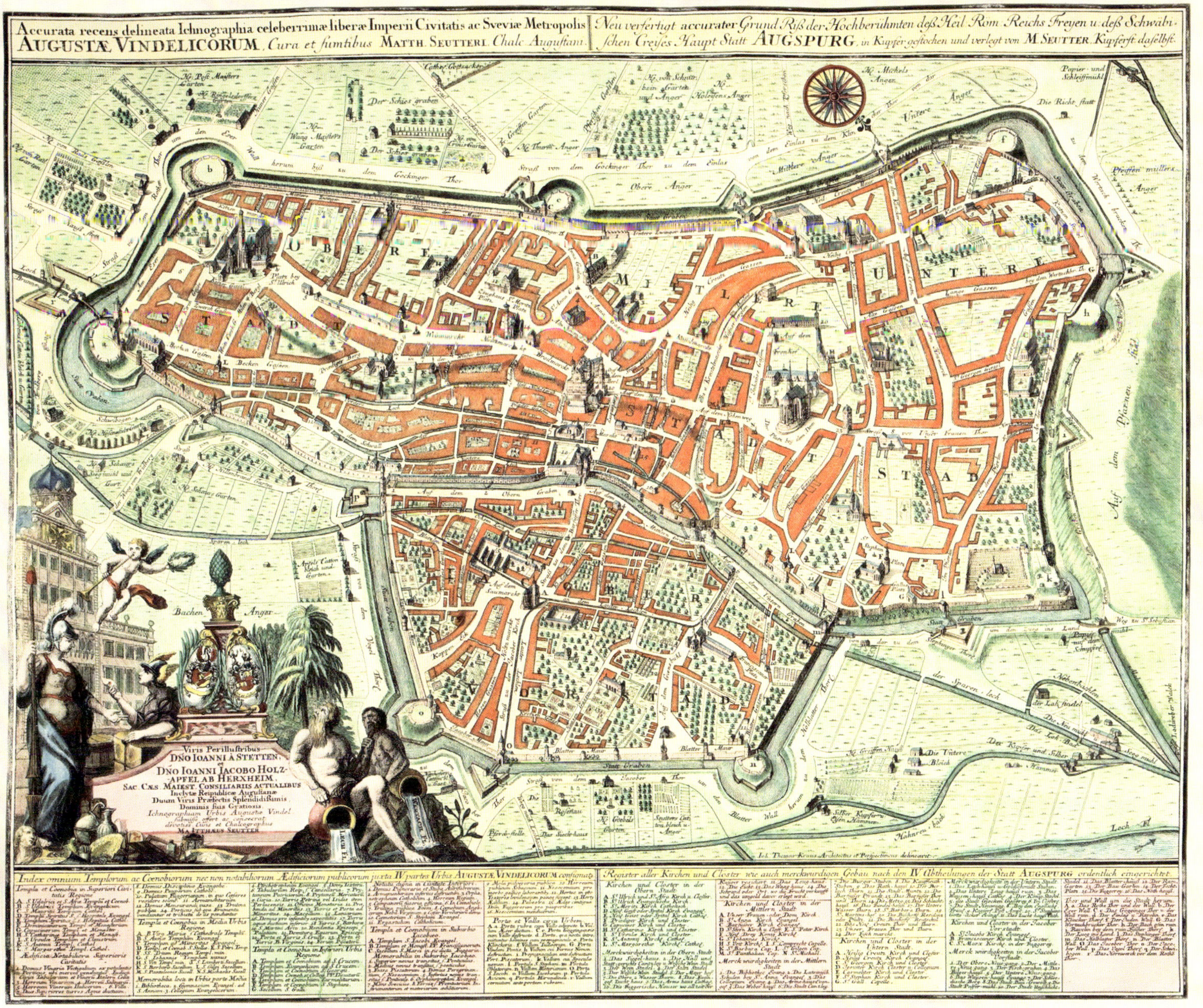

Der nach 1730 wiederholt gedruckte Stadtplan Matthäus Seutters überliefert mit vielen exakten Details den Verlauf und die Nutzung der Kanäle.

Vergleich mit ähnlichen Stätten:

Weltweit führt die UNESCO-Welterbeliste nur drei Güter auf, die vorrangig auf der Bewirtschaftung von Süßwasser basieren:

1. Seit 2006 die Afladsch im Oman, ein Netz kleinerer und größerer Bewässerungskanäle mit einer Gesamtlänge von mehr als tausend Kilometern, das noch heute genutzt wird.

2. Seit 2009 das hydraulische System von Shushtar im Iran, ein System von Brücken, Dämmen und Kanälen, das vom 3. bis zum 19. Jahrhundert der Bewässerung diente.

3. Seit 2010 die Oberharzer Wasserwirtschaft, eines der größten vorindustriellen Systeme zum Antrieb von Wasserrädern im Bergbau, als Ergänzung zur Welterbestätte „Bergwerk Rammelsberg und Altstadt von Goslar".

Was unterscheidet Augsburg von diesen drei Welterbestätten?

· Anders als die Afladsch im Oman, das Hydrauliksystem von Shushtar und die Oberharzer Wasserwirtschaft sowie weitere mit Wasserbau verbundene Welterbestätten belegen die Denkmäler von „Wasser-

Das Wasserwerk am Roten Tor steht für annähernd ein halbes Jahrtausend städtischer Trinkwasserversorgung in Augsburg.

bau und Wasserkraft, Trinkwasser und Brunnenkunst in Augsburg" eine komplexe und über ein halbes Jahrtausend nachvollziehbare Entwicklung teils sehr unterschiedlicher Technologien und Nutzungen.

· In und bei Augsburg werden bis heute technologisch sehr unterschiedliche Einrichtungen des Wasserbaus, der Energiegewinnung und der Brunnenkunst genutzt. Dies gilt für die Kanallandschaft, das Lechstauwehr am Hochablass, die Monumentalbrunnen und die frühen Wasserkraftwerke, die teilweise mit noch original erhaltenen Maschinensätzen arbeiten.

· In Augsburg verbanden sich ästhetische und repräsentative Bedürfnisse der Stadt mit der Trinkwasserversorgung. Sie wurden durch europaweit bedeutende Brunnenkunst sowie durch Bauten der Wasserwirtschaft gedeckt, deren Gestaltungsanspruch weit über die bloße Zweckerfüllung hinausging.
Nur in Augsburg wurde also die Funktionalität der wasserwirtschaftlichen Anlagen mit einem so hohen gestalterischen Anspruch verbunden, dass führende

Breit und vielarmig strömte der Gebirgsfluss Lech bis zur Flusskorrektion in Richtung Augsburger Hochablass, wie diese Fotografie aus dem Archiv des Wasserwirtschaftsamts Donauwörth belegt.

In Augsburg – der „Bilderfabrik Europas" – setzten sich Zeichner, Maler, Kupferstecher, Drucker und Verleger im 18. Jahrhundert häufig mit der Beschreibung der dortigen Wasserwirtschaft auseinander. Johann Georg Hertel verlegte zum Beispiel einen „Prospekt bey denen Sieben Brunnen ohnfern Augspurg".

Künstler für die Ausführung verpflichtet wurden. Dies zeugt von der hohen Bedeutung, die dem Wasser in Augsburg zugemessen wurde und die in eben jenen hochrangigen Kunstwerken zum Ausdruck kommt, die in Verbindung mit technischen Einrichtungen der Trinkwasserversorgung stehen.

· Augsburg verdeutlicht, wie die Wasserwirtschaft das Können heimischer Berufsgruppen, zum Beispiel Zimmerer, Goldschmiede, Gießer und Baumeister, nutzte. Aufgaben des Wasserbaus, der Wasserkraftnutzung und der Brunnenkunst zogen bedeutende Künstler, Ingenieure, Autoren, Verleger und Industriepioniere an.

· In Augsburg gab die Wasserwirtschaft den Anstoß zur frühen Industrialisierung der Stadt und zur Gründung teils noch heute bestehender, weltweit tätiger Unternehmen.

Bei einigen Welterbestätten, bei Bewerbern auf Tentativlisten anderer Vertragsstaaten sowie bei Denk-

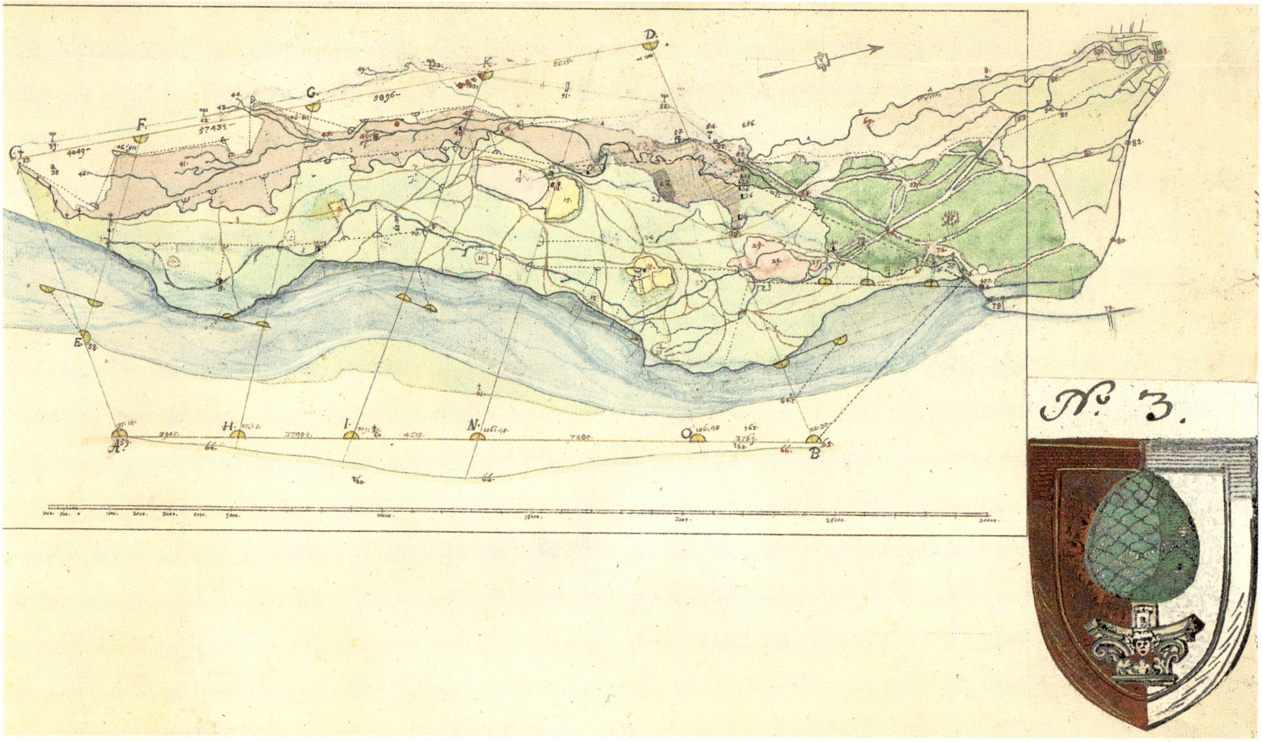

Grund Riss der ganzen Möhringer-Au, samt dessen Jagdbarkeit wie auch die ganze Haunstetter-Au Stadt-Augspurger-Au, Obre Aenger und Gärten, bis an das Hornwerck am Rothen Thor der Stadt Augspurg stossend. aufs deutlichste nach den eingemerckten Numeris beschrieben.

1. Mörchingische 8 Saulen.
2. Mörchiner u: Möhringer Gränz Kistein.
3. Oberste Quell des Bronnen-Bachs.
4. Obre Sulz.
5. Wasserhäussl.
6. Anfang des Neuen Graben.
7. Wasserhäussl des neuen Graben.
8. Der Grose Brandt.
9. Ende des neuen Graben.
10. Quellen oder Cono Gang.
11. Mittle Sulz.
12. Das Jäger-Haussl
13. Creuz aufs Jägers Feld, u: Urspring des Jäger-Bächleins.
14. Des Jägers Forellen-Weyerlein.
15. Des Jägers Wissmad.
16. Obre Stein des geschenckten Griess.
17. Mittle Stein des geschenckten Griess.
18. Untere Sulz.
19. Kastnerey oder Ochsen Pferen.
20. Der Geheime Gang.
21. Die Blaue Gumper-Quellen.
22. Des Schallers Gährelin.
23. Des Jägers und Mittelbachs Zusamenlauff.
24. Urspring des Ochsen-Bächleins.
25. Des Ochsen und Mittelbachs Zusamenlauff.
26. Die Untre Gränz-Stein.
27. Wasser Haussl
28. Wasser Haussl
29. Die 7.en Brunnen-Felder.
A. Quell der 7. Brunnen.
30. Der 8. eckete Stein u: Wild-Tafel.
31. Ein Gränz-Stein.
32. Ein Gränz-Stein.
33. Oberster Stadt Augspurger Marck Pfahl N°. 1.
34. Marck Pfahl N°. 2.
35. Marck Pfahl N°. 3.
36. Marck Pfahl N°. 4.
Folget die Beschreibung der Haunstetter-Au, und Möhringische Jagdbarkeit, Schwabseits. fangt wider von oben an, als:
37. Ein Brunnen Stein mit der Jahr-Zahl 1603.
38. Der Grosse Marmorstein mit Chur-Bayrl. u: Bisch: Wapp.
39. Wild-Tafel auf Wirths-Stauden Sechser.
40. Oberste Quell des Mühlbachs.
41. Obre Holz Quellen.
42. Wild-Tafel auf der Rehlinger Au.
43. Ober Urspring des Bissingerlj.
44. Unter Urspring des Bissingerlj.
45. Hier falle die Bissingerlen nebst Kleiner Quell in Mühlbach.
46. Zerschidene Holz-Quellen.
47. Zerschidene Holz-Quellen fallen in den Mühlbach.
48. Der Neugesezte Mittelbachs-Stein.
49. Urspring des Öhlbächleins.
50. Wild-Tafel auf dem Maden Anger.
51. Würths Hauss in Haunstette, wodurch die Jagdbarkeit geht.
52. Wild-Tafel am Heiligen Anger.
53. Haunstetter Pappir Mühl.
54. Wild-Tafel an der Kiss-Grub.
55. Das Bier-Haussl
56. Der Grosse und Kleine Stein.
57. Der Weisse Stein auf dem Hohen Weg.
Folget die Beschreibung der Möhringischen Jagdbarkeit, Bayrischer Seits, und fange wider von oben an, als:
B. Der Augspurger Fischer Stein.
58. Wild-Tafel, so zwische dem Loch u: Möhringischt Hochgericht.
59. Möhringer Hochgericht.
60. Zwey Möhringische u: Kissingische Umschlag-Stein.
61. Stein mit einem Iesuiten Zeichen.
62. Abgebrochener Creuz-Stein.
63. Steineres Creuz.
64. Innere und Aussere Marck-Pfahl.
65. Die 3 Creuz.
66. Der Schwartze Weg, so die Gränz der Jagdbarkeit scheidet.
Beschreibung der Stadt Au, und Obren Anger.
67. Hier laufft in der ablässe vom Bierhäussl das Wasser in den Flossbach, und dann in den Lech.
68. Das Steinerne Brückl an der Zigeinerin mit dem Rechen.
69. Illsings-Bächlens Urspring.
70. Galgen Ablässlen.
71. Bey den 7. Tischen.
72. Obres Steinernes Brücklen.
73. Mittler Steinernes Brücklen.
74. Unteres Steinernes Brücklen.
75. Capuciner Plazlen.
76. Der Breite Plaz.
77. Der Neue Ablass.
78. Der Hohe Ablass.
79. Fridberger Bruck.
80. Mittag-Bruck.
81. Küh-Gassen.
82. Küh Bruck.
83. Zusamenlauf aller Oberen Flüsslen.
84. Wasserhäussl, wo dem Spital-Garten kan Wasser gegebe werd.
85. Steinernes Brücklen, in den Obren Aengern.
86. Illsings Bächlein fällt in Bronnen-Bach.
87. Eine Fallen bey der Brechenmacheren genant.
88. Hornwerck am Rothen Thor.
89. Ein Umschlag-Stein.

Um 1840 entstand dieser Plan der Meringer Au und der Haunstetter Au: Nicht zuletzt solche Dokumente machen Augsburg zum Archiv der Wasserwirtschaft

mälern, die nicht in der Welterbeliste verzeichnet sind, spielen vereinzelte Aspekte der historischen Wasserwirtschaft und der Brunnenkunst eine Rolle. Ein Vergleich mit diesen Stätten zur Darstellung zeitlicher, typologischer und geo-kultureller Bezüge wurde zuletzt 2013 im Rahmen der Augsburger Interessenbekundung in „Wasserbau und Wasserkraft, Trinkwasser und Brunnenkunst in Augsburg. Die historische Augsburger Wasserwirtschaft und ihre Denkmäler im europaweiten Vergleich" (Martin Kluger, 2013) erstellt.

Die historische Augsburger Wasserwirtschaft erwies sich bei dieser Vergleichsanalyse in der Breite des Themenspektrums als singulär. Alleinstellungsmerkmale sind die Nutzung und das Ausmaß der Vernetzung der durch Denkmäler bezeugten wasserwirtschaftlichen Technologien, der Brunnenkunst und der Industriekultur in einem Zeitfenster von 500 Jahren, verbunden mit hydrotechnischen Sammlungen, Dokumentationen und Publikationen.

Die Empfehlung an die Kultusministerkonferenz

Eine Fülle authentischer architektonischer, technischer und künstlerischer Zeugnisse

Die nachfolgenden Textpassagen entstammen dem im April 2014 verabschiedeten „Abschlussbericht. Empfehlungen des Fachbeirates an die Kultusministerkonferenz zur Fortschreibung der deutschen Tentativliste für das UNESCO-Welterbe". Sie geben die Einschätzung des Fachbeirats zur Augsburger Interessenbekundung „Wasserbau und Wasserkraft, Trinkwasser und Brunnenkunst in Augsburg" wieder.

„Der Fachbeirat erkennt das Potential zum OUV des Ensembles und die Verwendung der Kriterien (ii) als Zeugnis der Entwicklung der Wassernutzung und der mit ihr verbundenen Technologien sowie (v) als hervorragendes Beispiel historischer Wasserwirtschaft an. Darüber hinaus kann das Ensemble das technische/industrielle Erbe auf der Welterbeliste sinnvoll ergänzen. Das Thema Wassernutzung ist grundsätzlich für die menschliche Entwicklung von ganz herausragender Bedeutung. Die historische Augsburger Wasserwirtschaft zeigt heute noch nachvollziehbar mit einer Fülle an hochrangigen und authentischen Objekten der Technik, Architektur und bildenden Kunst von 1416 bis 1922, wie die Nutzung des Wassers, die immer existentiell für eine Stadt war, organisiert wurde. Augsburg war mit seinem einzigartigen Ensemble des Wasserwerks am Roten Tor innovativ und vorbildlich, sodass die historische Ingenieurleistung dieser Pumpwerkstechnik europaweit vielfältig Beachtung und Nachahmung gefunden hat. […]

Der Fachbeirat empfiehlt der Kultusministerkonferenz, das Ensemble Wasserbau und Wasserkraft, Trinkwasser und Brunnenkunst in Augsburg auf die deutsche Tentativliste zu setzen."

Abschlussbericht. Empfehlungen des Fachbeirates an die Kultusministerkonferenz zur Fortschreibung der deutschen Tentativliste für das UNESCO-Welterbe, 2014, S. 18

Augsburg verband jahrhundertelang die Technik der Wasserversorgung mit hochrangiger Architektur und Kunst: Der Herkulesbrunnen ist dafür nur ein Beispiel.

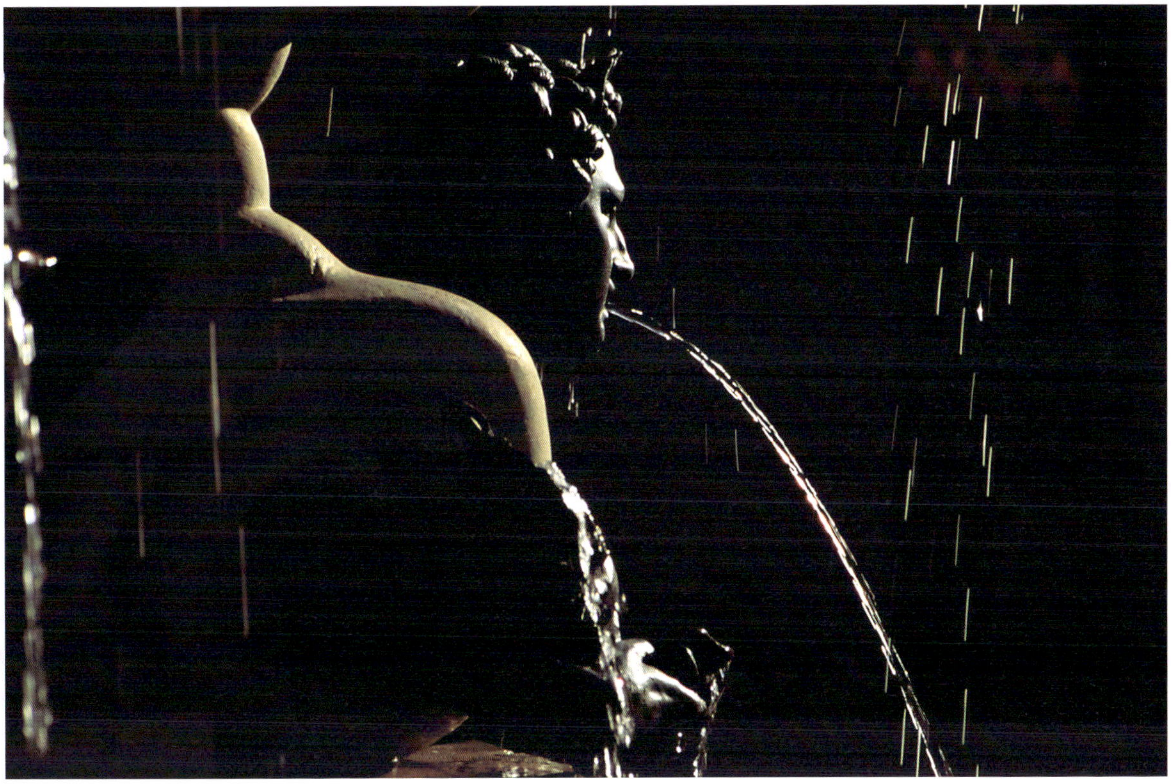

Register

Dieses Register führt folgende Begriffe (Seite 11 bis Seite 399) auf:

· Gewässer .... S. 414
· Orte .... S. 415
· Personen .... S. 418
· Unternehmen/Institutionen .... S. 421
· Stichworte zum Wasser .... S. 422

Hinweise: Das Register führt ausschließlich im Fließtext (Lauftext) genannte Begriffe auf. Im Text erwähnte Buchtitel sowie die Texte in Grafiken/Schaudiagrammen wurden nicht berücksichtigt.

Stichworte in alten Schreibweisen sind im Register unter der jeweils heute gebräuchlichen Schreibweise berücksichtigt.

Synonym verwendete Begriffe sind mit > gekennzeichnet.

Gewässer

A

Ach: s. Friedberger Ach

Achkanal: 104

Amper: 173

Auslaufkanal: 102, 103, 129

Äußerer Stadtgraben: s. Stadtgraben (Äußerer)

B

Blau: 57

Brunnenbach: 11, 17, 22, 23, 24, 30, 31, 36, 38, 61, 74, 85, 96, 100, 196, 198, 210, 211, 212, 220, 221, 222, 230, 351, 355, 356, 357, 362, 363

Brunnenlech: s. Lochbach

C

Camaro: 341, 355

D

Deichelbach: s. Spitalbach

Donau: 11, 13, 15, 26, 27, 34, 49, 53, 62, 79, 104, 105, 116, 315, 347, 371, 395, 399

Durchlasskanal: 99, 116

E

Ebro: 341, 355

Eder: 188, 394

Eggbach: 39

Einlaufkanal: 305

Eiskanal: 103, 122, 123

F

Fabrikkanal: 40, 44, 62, 140, 141, 142, 143, 179, 180

Fichtelbach: 97, 100, 103, 165

Findelhauskanal: 170

Fischgraben: 85, 259

Flossach: 395

Formarinbach: 25

Friedberger Ach (Ach): 104, 394, 395

G

Geltnach: 40

Gennach: 40

Gesundbrunnen: 107, 186

Grenzgraben: 31, 32

Grüntensee: 39

H

Hanreibach: 73, 92, 100, 101, 102, 103, 108, 165, 171

Hauptstadtbach: 15, 22, 69, 70, 72, 73, 76, 96, 99, 103, 116, 122, 148, 305, 306

Herrenbach: 70, 72, 73, 100, 102, 103, 302

Hessenbach: 135

Hettenbach: 15, 21, 40, 41, 135, 142, 180

Hinterer Lech: 67, 76, 78, 80, 82, 97, 100, 147, 148, 149, 264

Holzbach: 138, 139, 143

Hunoldsgraben: 65, 80, 82, 294

I

Ilsungquelle: 302

Inn: 347

Innerer Stadtgraben: s. Stadtgraben (Innerer)

Isar: 11, 27, 58, 347

K

Kaltenbrunnbach: 39

Kaufbach: 22, 69, 70, 72, 73, 75, 76, 97, 103, 116, 148

Kirnach: 40

Kuhsee: 122

L

Lauterlech: 100, 186, 289, 294

Lech: 11, 13, 14, 15, 16, 17, 19, 20, 21, 22, 24, 25, 26, 27, 28, 29, 30, 31, 32, 36, 38, 41, 42, 44, 49, 50, 52, 53, 57, 61, 62, 63, 64, 65, 66, 67, 69, 72, 74, 76, 87, 88, 89, 96, 97, 98, 100, 101, 102, 104, 108, 111, 112, 114, 115, 116, 117, 118, 119, 122, 125, 126, 128, 129, 131, 135, 137, 147, 148, 152, 158, 163, 175, 181, 185, 186, 211, 229, 289, 302, 304, 305, 314, 315, 316, 337, 347, 351, 355, 356, 357, 362, 396, 398, 399

Lechkanal (ab 1898 gegraben, nördlich von Augsburg): 108, 395, 398, 399

Lechstaustufe 22: 38, 61, 74, 111

Lobach: 40

Lochbach (>Brunnenlech): 17, 22, 23, 24, 31, 38, 53, 61, 68, 69, 73, 74, 75, 96, 97, 100, 103, 111, 119, 147, 148, 153, 158, 170, 195, 197, 210, 211, 212, 217, 221, 232, 275, 302

Lorbach: 135

M

Main: 11

Malvasierbach: 92, 93, 95, 96, 97, 100, 101, 169

Memminger Ach: 59

Mettlochkanal: 186, 294

Mittelbach: 31, 96, 100

Mittlerer Lech: 67, 76, 79, 80, 82, 96, 147, 148, 149, 158, 161, 221, 264

Moldau: 368

Mühl-/Hettenbach: s. Hettenbach bzw. Pferseer Mühlbach

N

Nirone: 57

Neubach: 114, 115, 119, 123, 170, 305

Nil: 341, 355

nördlicher Stadtgraben: s. Stadtgraben (Unterer/nördlicher)

O

Oberer Stadtgraben: s. Stadtgraben (oberer, südlicher)

Ölbach: 74

P

Pegnitz: 11, 57, 150, 151

Pferseer Mühlbach: 41, 100, 135, 137, 142, 143

Proviantbach: 100, 101, 102, 103, 108, 116, 126, 129, 159, 164, 170, 178, 179, 279, 315

R

Regnitz: 11

Reichskanal: 31

Rhein: 49

Rosenauquelle: 302

S

Schäfflerbach: 69, 72, 73, 100, 103, 108, 147, 164

Schmutter: 50

Schutter: 190

Schwallech: 68, 69, 72, 73, 75, 76, 78, 147, 148, 149, 152

Senkelbach: 44, 62, 100, 102, 125, 126, 129, 132, 134, 135, 137, 138, 139, 143, 148, 149, 169, 171, 172, 349, 356, 357, 362

Seveso: 57

Siebenbrunner Bach: 31, 38, 96, 100

Singold (>Sinkel): 11, 14, 15, 17, 19, 20, 23, 24, 40, 42, 43, 44, 45, 57, 61, 62, 97, 131, 132, 134, 137, 139, 140, 143, 148, 149, 179, 180, 185, 351, 355, 356, 357, 362

Sparrenlech: 68, 69, 72, 73, 82, 89, 92, 95, 97, 100, 103, 107, 131, 147, 161, 164, 170, 186, 234, 269, 274, 276, 294, 324

Spitalbach (>Deichelbach): 89, 100, 279

Spullerbach: 25

Stadtbach: 17, 19, 44, 80, 92, 95, 97, 99, 100, 101, 102, 103, 104, 125, 126, 129, 131, 161, 163, 165, 169, 170, 178, 179, 221, 241, 244, 245

Stadtgraben (Wehrgraben/allgemein): 57, 58, 83, 84, 85, 89, 92, 131, 270

Stadtgraben (Äußerer): 83, 85, 87, 89, 91, 92, 100, 105, 249, 254, 264, 269, 315

Stadtgraben (beim Wertachbrucker Tor): 131, 132, 133,186

Stadtgraben (Innerer): 24, 68, 84, 85, 87, 89, 92, 100, 211, 211, 260, 263, 267, 270

Stadtgraben (oberer, südlicher): 76, 78, 83, 89, 100, 193, 194, 195, 196, 198, 210, 212, 259, 263, 264, 267

Stadtgraben (Unterer/nördlicher): 91, 93, 95, 100, 237, 242, 246, 247, 315

Stiefmutterquelle: 302

T

Taro: 49

Tiber: 341, 355, 357

U

Umgehungskanal: 114, 119

Unterer Stadtgraben: s. Stadtgraben (Unterer/nördlicher)

V

Vereinigter Stadt- und Proviantbach: 61, 83, 102, 103, 104, 127, 129, 175

Vils: 28

Vorderer Lech: 38, 67, 74, 75, 80, 81, 82, 96, 100, 107, 147, 148, 149, 153, 161, 165, 197, 221, 227, 232, 264, 272, 275, 294, 302

W

Wakenitz: 186

Waldbach: 40

Wertach: 11, 13, 14, 15, 16, 17, 19, 20, 21, 28, 36, 38, 39, 40, 41, 42, 44, 45, 49, 50, 53, 57, 61, 62, 65, 66, 67, 100, 102, 103, 108, 111, 115, 125, 126, 128, 129, 131, 132, 134, 135, 137, 138, 139, 140, 141, 142, 143, 147, 149, 158, 163, 175, 181, 185, 302, 304, 305, 351, 355, 356, 357, 362, 396

Wertachkanal (ab 1920 gegraben): 83, 142, 143, 180

Wolfsbach: 97

Z

Zellerbach: 59

Orte

A

Adelshofen: 271

Allgäu: 13, 38, 185

Amberg (Oberpfalz): 187

Amsterdam: 108

Anhausen: 32, 135

Augsburg (heutiges Stadtgebiet)

Alter Einlass: 209

Alter Protestantischer Friedhof: 221

Am Rößlebad: 289

Am Schwall (Straße): 79, 264, 270

Annastraße: 295

Armenhausgasse: 339

Auf dem Kreuz: 186, 293

Auf dem Rain: 80

Augustusbrunnen: s. Stichworte

Bäckergasse: 147, 272, 295

Bäckerzunfthaus: s. Beckenhaus

Bahnpark Augsburg: 396

Barfüßerbrücke: 85

Barfüßerkirche: 24, 85, 87, 275

Barfüßerstraße: 81, 264

Barfüßertor: 85, 147, 276

Bastion am Lueginsland: 92, 95, 97

Bastion am Oblatterwall: 237

Bastion am Roten Tor: 83, 89, 97, 210, 211

Beckenhaus (>Bäckerzunfthaus): 250, 295, 367

Bei den Sieben Kindeln: 237, 276

Bei St. Ursula: 79

Beim Dürren Ast: 302

Beim Märzenbad: 269

Beim Rabenbad: 269

Beim Schnarrbrunnen: 271

Berliner Allee: 170

Bert-Brecht-Straße: 84, 89

Bischöfliche Pfalz (>bischöfliche Residenz): s. Fürstbischöfliche Residenz

Bischofsau: 20, 32, 45, 135

Brechthaus: 80

Brunnenmeisterhaus: s. Oberes Brunnenmeisterhaus bzw. Unteres Brunnenmeisterhaus

Brunnenturm beim Mauerberg: s. Wasserwerk am Mauerberg

Damaschkeplatz: 73

Dom: 49, 52, 147, 186, 284

Dombrunnen: 51

Domplatz: 51

Eberlestraße: 137

Eicht-Wasserturm (>Wasserwerk bei der Kleinen Fuggerei): 237, 259, 263, 264, 270, 271, 272, 275, 284

Eisenbahnerwehr: 99

Eserturm: 194

Eserwall: 295

Felberbrunnen: s. Stichworte

Firnhaberstraße: 396

Fischertor: 53

Fischmarkt: s. Perlachplatz

Fischmarktbrunnen: s. Stichworte

Forsterturm: 271

Franz-Josef-Strauß-Straße: 179

Frauentor: 238

Freilichtbühne: 211

Friedberger Straße: 69, 73, 186

Fuggerei: 257, 284, 293, 294, 295, 331, 339

Fuggerhäuser (>Fuggerstadtpalast): 293, 344, 372, 375, 376

Fuggerstadtpalast: s. Fuggerhäuser

Fünfgratturm: 108

Fürstbischöfliche Residenz (>bischöfliche Pfalz, bischöfliche Residenz): 13, 238, 290

Galgenablass: 37

Gänsbühl: 107, 249

Geheimer Gang: 133

Georgsbrunnen: s. Stichworte

Georgsviertel: 186

Gießhaus: 250, 379, 388

Göggingen: 19, 40, 42, 44, 62, 134, 139, 143, 180, 296

Gögginger Tor: 43, 293, 372

Goldener Saal: 13, 38, 160, 357, 362

Goldschmiedebrunnen: 391

Großer Wasserturm im Wasserwerk am Roten Tor: 160, 194, 195, 198, 199, 200, 203, 208, 211, 212, 223, 224, 225, 226, 227, 233, 234, 283, 388

Grottenau: 238

Gymnasium bei St. Anna: 160

Haunstetten: 19, 20, 31, 32, 38, 64, 68, 69, 74, 111, 119, 165, 170, 290, 296

Haunstetter Au: 20, 22, 196

Haunstetter Straße: 31, 147, 310

Haunstetter Tor: s. Rotes Tor

Haus zu den Fischen: s. Oberes Brunnenmeisterhaus

Heilig-Geist-Spital: 107, 153, 193, 205, 211, 212, 294

Heilig Kreuz (Stift): 53

Heilig-Kreuz-Gasse: 327, 373

Heilig-Kreuzer-Tor: 133

Herkulesbrunnen: s. Stichworte

Herwartmauer: 92

Herwartstraße: 92

Hochablass: 15, 21, 22, 23, 25, 30, 32, 61, 64, 65, 67, 69, 72, 73, 75, 76, 97 99, 100, 103, 111, 112, 114, 115, 116, 117, 118, 119, 120, 121, 122, 123, 128, 139, 148, 157, 158, 163, 190, 303, 304, 305, 313

Hochfeld: 396
Hochzoll: 119, 122
Hoechstetterhaus: 373
Hunoldsgraben (Straße): 80
Ilsungheide: 119
Jakobertor: 72, 87, 89, 237, 249, 257, 259, 269, 270, 296
Jakobervorstadt: 83, 85, 159, 186, 237, 238, 249, 255, 259, 269, 276, 289, 295
Jakoberwall: 289
Jakoberwallstraße: 89
Jakobsbrunnen: 391
Jakobspfründe (St.-Jakobs-Stift): 275, 391
Jakobsplatz: 52, 289, 294, 331, 339
Jakobswassertürme: s. St.-Jakobs-Wassertürme
Johannes-Haag-Straße: 168, 170
Judenberg: 327, 370
Judengasse: 331, 365
Kargstraße: 190
Karlstraße: 238, 331
Karolinenstraße: 295, 331
Kastenturm: 199, 201, 205, 206, 207, 209, 223, 226, 230, 272, 283, 295, 354, 388, 390
Katharinengasse: 293
Katzenstadel: 133
Kesselmarkt: 327
Kesterbrunnen: 391
Kitzenmarkt: 295
Kleesattlergasse: 339
Kleine Fuggerei: 264, 270, 272, 275, 284
Kleiner Wasserturm im Wasserwerk am Roten Tor: 160, 195, 198, 199, 200, 201, 203, 205, 208, 211, 215, 224, 225, 226, 227, 228, 233, 234, 241, 259, 272, 283, 295, 388
Klinkertor: 97, 107, 186
Königsplatz: 293
Konrad-Adenauer-Allee: 391
Kraftwerk Riedinger: 171, 172
Kresslesmühle: 80, 148, 149, 158
Lechhausen: 52, 53, 65, 116, 119, 125, 296
Lechhauser Straße: 168, 170
Lechviertel: 11, 38, 67, 69, 74, 75, 76, 78, 79, 80, 82, 163, 197, 221, 264, 270
Leopold Kargen Brunnen: s. Stichworte
Lueginsland: 83, 85, 89, 92, 97, 238, 259
Maria Stern (Kloster): 81, 237, 263, 272, 275, 284
Martin-Luther-Platz: 391
Martinistraße: 170
Maximilianmuseum: 156, 160, 205, 209, 234, 280, 281, 324, 328, 331, 338, 363, 385, 390
Maximilianstraße: 223, 295, 341, 374, 386, 391
Meringer Au: 19, 20, 22, 23, 32, 196, 198, 221, 290
Meringerau (ehemalige Gemeinde): 32, 163
Merkurbrunnen: s. Stichworte
Metzg: s. Stadtmetzg
Metzgplatz: 81, 337, 338
Milchberg: 295
Muschelbrunnen (venezianischer): 391
Neidbadtörlein: 269, 276, 324
Neptunbrunnen: s. Stichworte
Neuer Bau: 367
Nixenbrunnen: 391
Oberer St.-Jakobs-Wasserturm: 83, 107, 159, 237, 249, 252, 254, 255, 256, 257, 269, 270, 284, 289, 293, 296
Oberes Brunnenmeisterhaus (>Haus zu den Fischen): 199, 201, 211, 224, 225, 226, 227, 228, 230, 233, 315
Oberes Wasserwerk: s. Wasserwerk am Roten Tor
Oberhausen: 15, 21, 41, 45, 53, 65, 135, 136, 139, 159, 190, 296
Oblattertor: 84, 89, 90
Oblatterwall: 107, 108, 249, 257, 269, 315
Obstmarkt: 363
Perlachberg: 85, 295, 367
Perlachplatz (>Fischmarkt): 52, 85, 190, 281, 321, 323, 324, 339, 354, 365, 367
Perlachturm: s. St. Peter am Perlach
Pfersee: 41, 42, 53, 65, 134, 135, 136, 139, 296
Pfladergasse: 147
Pfladermühle: 74, 147, 148, 149, 158
Philippine-Welser-Straße: 186
Predigerberg: 147
Prinzregentenbrunnen: 391
Prinzregentenplatz: 391
Proviantbachkraftwerk: 178, 179
Provinostraße: 171
Pulvermühlschleuse: 70, 73
Rathaus: 13, 38, 52, 80, 99, 107, 134, 153, 156, 160, 188, 195, 209, 249, 272, 284, 321, 322, 324, 337, 341, 357, 362, 363, 365, 367, 371
Rathausplatz: 195, 304, 341, 361
Reichsstädtisches Kaufhaus: 367
Rosenau: 24, 43, 131
Rosenauberg: 134, 302
Rote-Torwall-Straße: 89
Rotes Tor (>Haunstetter Tor): 30, 31, 36, 38, 74, 83, 85, 89, 96, 97, 147, 154, 159, 160, 161, 189, 190, 193, 194, 195, 196, 197, 198, 199, 200, 201, 205, 209, 210, 211, 212, 215, 221, 222, 223, 225, 227, 229, 232, 233, 234, 237, 241, 243, 249, 257, 259, 272, 279, 283, 288, 302, 315, 321, 354, 388, 390, 391
Schaezlerpalais: 391
Schießgrabenstraße: 391
Schießstättenstraße: 143, 180
Schwäbisches Handwerkermuseum: 230
Schwedenstiege: 92, 391
Schwibbogenplatz: 234, 274
Schwibbogentor: 73, 75, 76, 188, 189, 259, 271, 272, 274
Siebenbrunn: 32, 119
Siebentischau: 32
Siebentischwald: 32, 36, 45, 135, 190, 302, 303, 304, 310
Siegelhaus (>Weinsiegelhaus): 250, 367, 374, 386
Silbermannpark: 31, 221
Spenglergässchen: 295
Spickel: 122, 305
Spitalgasse: 228
Springergässchen: 237, 295
St. Afra (Kloster): 50, 147
St. Anna (Kirche): 250, 281, 322, 333
St. Jakob (Kirche): 249, 338
St.-Jakobs-Stift: s. Jakobspfründe
St.-Jakobs-Wassertürme: s. Oberer und Unterer St.-Jakobs-Wasserturm
St. Magdalena (Kirche): 343
St. Margareth (Kirche): 295
St. Markus (Kirche): 289
St. Maximilian (Kirche): 51
St. Moritz (Kirche): 367, 374
St. Nikolaus (Kloster): 68
St. Peter am Perlach (Kirche, >Perlach, Perlachturm): 52, 321, 322, 331, 363, 365, 367
St. Sebastian (Spital, Kirche): 125
St. Servatius (Spital): 72
St. Stephan (Kirche): 185, 238
St. Ulrich: s. St. Ulrich und Afra
St. Ulrich und Afra (Kirche, Kloster, Konvent): 20, 21, 22, 23, 31, 51, 53, 68, 185, 186, 190, 194, 195, 196, 198, 281, 284, 290, 291, 322, 331, 339, 343, 377, 395
St.-Ulrichs-Brunnen: s. Ulrichsbrunnen
St. Ursula (Kloster): 76, 78, 259, 263, 267, 270
Stadtbachkraftwerk: 178
Stadtmetzg (>Metzg): 80, 82, 107, 147, 250, 275, 294, 367
Stadtwald Augsburg: 30, 31, 32, 33, 36, 37, 38, 57, 61, 68, 74, 89, 103, 128, 304
Sterngasse: 81
Synagoge: 391
Tanzhaus: 367, 374, 377, 386
Thommstraße: 284
Ulrichsbrücke: 52
Ulrichsbrunnen (am Fischmarkt): s. Stichworte
Ulrichsbrunnen (>St.-Ulrichs-Brunnen, im Dom): 49, 52

Ulrichsplatz: 185, 321, 328
Ulrichsviertel: 67, 74, 75, 82, 197
Unterer Brunnenturm: s. Wasserwerk am Mauerberg
Unterer Graben (Straße): 91, 242
Unterer St.-Jakobs-Wasserturm: 83, 107, 108, 159, 237, 249, 252, 254, 255, 256, 257, 269, 270, 284, 293, 296
Unteres Brunnenmeisterhaus: 200, 211, 212, 226, 228, 230
Unteres Wasserwerk: s. Wasserwerk am Mauerberg
venezianischer Muschelbrunnen: s. Muschelbrunnen (venezianischer)
Viermetzhof: 363, 385, 390
Vogeltor: 83, 84, 89, 152, 159, 237, 259, 260, 261, 262, 263, 264, 267, 271, 272, 275, 284, 288, 298
Vogelturm: 263, 267
Volkhartstraße: 315
Vorderer Lech (Straße): 80, 163, 295
Wassergässchen: 267
Wasserkraftwerk am Stadtbach: 179
Wasserkraftwerk auf der Wolfzahnau: 102, 104, 127, 128, 129, 174, 175, 177, 178, 179, 315
Wasserwerk bei der Kleinen Fuggerei: s. Eicht-Wasserturm
Wasserwerk am Hochablass: 36, 105, 114, 119, 123, 170, 223, 247, 257, 264, 283, 295, 303, 304, 305, 306, 310, 313, 314, 315, 316, 397
Wasserwerk am Lochbach: 119, 302
Wasserwerk am Mauerberg (>Brunnenturm beim Mauerberg, Unterer Brunnenturm, Unteres Wasserwerk): 83, 92, 107, 159, 170, 188, 199, 201, 203, 227, 237, 238, 241, 242, 243, 244, 245, 246, 247, 249, 259, 276, 284, 288, 290, 295, 294, 296
Wasserwerk am Roten Tor (>Oberes Wasserwerk): 30, 31, 36, 38, 74, 85, 154, 159, 160, 189, 193, 194, 195, 196, 197, 198, 199, 201, 205, 209, 210, 211, 212, 214, 216, 217, 220, 221, 222, 223, 224, 225, 226, 227, 228, 229, 233, 234, 237, 241, 243, 249, 257, 259, 272, 279, 283, 288, 295, 296, 302, 315, 321, 354, 388, 390, 391
Wasserwerk am Schwibbogentor: 188, 189, 190, 193, 194, 268, 279, 321
Wasserwerk bei Maria Stern: 237, 259, 272, 273, 275, 284
Wasserwerk beim Vogeltor: 83, 152, 159, 237, 259, 260, 262, 263, 264, 267, 270, 272, 275, 284, 288, 296
Weberhaus (>Zunfthaus der Weber): 188, 281, 322, 327, 373
Weinmarkt (Maximilianstraße): 325, 339, 372, 374, 377, 386
Weinsiegelhaus: s. Siegelhaus
Weißmalergasse: 331
Wellenburg: 251
Wertachbrücke: 53
Wertachbrucker Tor: 43, 131, 132, 133, 148, 238, 250
Wertachkraftwerk: 143, 180, 181
Wertachwehr: 163
Wolfzahnau: 19, 61, 83, 102, 104, 108, 122, 125, 127, 128, 129, 135, 163, 174, 175, 178, 179, 315, 398
Zeuggasse: 203
Zeughaus: 250
Zeugplatz: 185
Zunfthaus der Weber: s. Weberhaus
Augusta Vindelicum: 42, 147

B

Bad Hindelang: 38
Bad Reichenhall: 244
Bamberg: 11
Basel: 185, 321, 325
Bautzen: 227
Bayern (allgemein): 13, 14, 15, 19, 20, 21, 22, 23, 24, 25, 26, 27, 28, 29, 30, 32, 33, 34, 38, 53, 63, 65, 74, 104, 105, 114, 116, 117, 120, 125, 168, 173, 195, 198, 220, 221, 243, 272, 274, 284, 285, 290, 344, 348, 349, 351, 363, 367, 371, 396, 398, 399
Berchtesgaden: 244
Berlin: 301
Bern: 325, 341
Biberbach: 53
Biessenhofen: 40
Blumenthal: 125
Böhmen: 187, 194, 199
Bologna: 57, 342, 345
Braunschweig: 301, 321
Bremen: 188, 301
Breslau: 187, 199, 301
Brünn: 301
Brüssel: 229, 394
Buda (Budapest): 194
Burtenbach: 328

D

Danzig: 302
Delft: 57
Den Haag: 367
Dillenburg (Hessen): 279
Dillingen a.d. Donau: 49, 395
Douai: 342
Dresden: 302
Drottningholm (Schloss): 383
Düsseldorf: 302

E

Eichstätt: 21, 198, 252
Elsass: 169, 185
England: 163, 173, 285
Eppishausen: 32, 135
Eutin: 193

F

Faistenoy: 185
Florenz: 57, 341, 342, 343, 345, 355, 367, 368, 370, 371
Franken: 13
Frankenberg a.d. Eder: 394
Frankfurt a. Main: 173, 301
Frankreich: 163, 229, 341
Freiburg i.Br.: 185, 199, 341
Freudenstadt: 295
Friedberg (Bayern): 21, 22, 32, 69, 73, 99, 186, 188, 302, 395
Fritzlar: 187, 188
Fürstenfeldbruck: 173
Füssen: 11, 26, 27

G

Genua: 188
Gersthofen: 105, 108, 173, 395, 398
Görisried: 40
Goslar: 185, 187, 321, 329
Graben (Landkreis Augsburg): 42
Grünberg: 199

H

Hainhofen: 50
Halle (Saale): 199
Hamburg: 108, 249, 301
Hannover: 188, 302, 394
Heidenheim: 169
Hessen: 188, 199
Hiersau: 50
Hildesheim: 188
Hiltenfingen: 40

I

Igling: 36
Ingolstadt: 190
Italien: 13, 49, 57, 125, 173, 185, 187, 188, 252, 276, 322, 331, 337, 341, 342, 343, 344, 345

K

Karlsruhe: 302
Kiel: 122
Kirchberg (Schwaben): s. Oberkirchberg
Kirchheim (Unterallgäu): 271, 343, 344, 348, 349, 363, 395
Köln: 249
Königsberg: 199, 321
Königsbrunn: 30, 42

L

Landsberg: 11, 19, 27
Landshut: 394

Langweid: 53, 395, 398, 399
Lechfeld: 17, 30, 33, 34, 35, 36, 38, 49, 196, 198
Lechtal: 19, 20, 49, 65, 356, 399
Lechquellengebirge: 25
Leipzig: 279, 302
Litzauer Schleife: 26
Lübeck: 185, 186, 199
Lüneburg: 227
Luzern: 325

M
Mailand: 57, 237, 367
Marktoberdorf: 40
Marxheim: 26
Meitingen: 399
Melk: 395
Memmingen: 58, 59, 61, 186, 193, 279
Mering: 19
Messina: 341, 355
Mies: 194
Modena: 57
München: 11, 33, 42, 58, 61, 82, 122, 169, 199, 301, 303, 305, 341, 344, 345, 347, 348, 349, 351, 354, 356, 361, 363, 367, 391, 394

N
Neapel: 19, 229
Hohenfurch: 27
Neusalz (Oder): 397
Niederlande: 57, 343, 363, 384, 386, 391
Nordbrabant: 343
Nordfrankreich: 57
Norditalien: 49, 57
Nördlingen: 193, 194
Nürnberg: 11, 15, 57, 61, 105, 108, 150, 151, 164, 169, 173, 187, 194, 249, 311, 321, 322, 325, 329, 332, 333, 336, 337, 342, 343, 386, 387, 395

O
Oberallgäu: 38, 185
Oberbayern: 13
Oberitalien: 57, 187, 188
Oberkirchberg (Kirchberg, Schwaben): 351
Oberösterreich: 394
Oberpfalz: 187
Oberschönenfeld (>Schönefeld, Kloster): 125
Ostallgäu: 39, 42
Österreich: 25, 28, 51, 52, 173, 193, 194, 229
Oy-Mittelberg: 185

P
Padua: 57
Paris: 175
Passau: 11
Peterhof (Schloss): 386
Piacenza: 57
Posen: 301
Prag: 199, 251, 368, 383, 384
Pressburg: 194
Prittriching: 74

R
Rätien: 147
Regensburg: 11, 49, 193, 337, 343, 351, 371, 372, 386, 387
Rieden: 38
Rom: 13, 42, 185, 229, 357, 369, 387
Rosenheim: 244
Rothenburg o.d. Tauber: 325, 394

S
's-Hertogenbosch: 343, 367
Saarbrücken: 304
Salzburg: 295
Scheinfeld: 252
Scherneck: 53
Schmiechen: 271
Schongau: 19
Schöngeising: 173
Schwaben (allgemein): 13, 14, 15, 19, 36, 38, 53, 65, 195, 230, 249, 296, 298, 349, 398
Schwabmünchen: 40
Schweden: 24, 173, 383
Schweiz: 173, 175, 249, 322, 326
St. Moritz (Schweiz): 173
St. Petersburg: 386
Steyr: 394
Stockholm: 383
Stralsund: 321
Straßburg: 57, 187
Stuttgart: 394
Sulzbach (Oberpfalz): 187

T
Thierhaupten: 395
Thüringen: 173
Tirol: 19, 26, 29, 49, 53, 98, 187
Trausnitz (Schloss): 394
Troppau: 301
Turin: 57, 368
Türkenfeld: 271

U
Ulm: 11, 57, 61, 79, 186, 193, 194, 199, 227, 322, 324, 325, 327, 343, 370, 378, 386, 387, 388, 390, 392, 395
Ungarn: 49, 52, 99, 116, 395
Unterallgäu: 395
Unterbergen (Schmiechen): 74, 111
Unterjoch: 38
Untermeitingen: 16

V
Venedig: 108, 187
Vorarlberg: 25, 26, 27

W
Waal: 42
Wachau: 395
Waldkirch (Schwarzwald): 187
Warth (Vorarlberg): 27
Weinviertel: 52
Weißenhorn: 295
Wels: 394
Wertach (Ort): 39
Wessobrunn: 205
Wien: 116, 249, 301, 370, 371, 394, 395
Wittislingen: 49
Württemberg: 13, 360
Würzburg: 11

Z
Zinneberg: 271
Zürich: 188, 325

Personen

A
Afra (Märtyrerin): 51, 322
Albrecht II. (Erzherzog von Österreich): 229
Albrecht III. (Herzog von Bayern): 21
Albrecht IV. (Herzog von Bayern): 21, 74, 198
Albrecht V. (Herzog von Bayern): 15, 21, 22, 290
Ammanati, Bartolomeo: 341
Apian, Philipp: 15, 18, 19, 40, 135
Aragona, Luigi d': 229, 276
Aristokrates (Athen): 362
Arnulf von Kärnten (Kaiser): 343
August von Braunschweig (Herzog zu Braunschweig-Lüneburg, Fürst von Braunschweig-Wolfenbüttel): 229
August (Kurfürst von Sachsen): 376
Augustiner (Chorherren): 53
Augustus (Octavian, Kaiser): 351, 352, 353, 355, 358, 363, 386
Aventinus, Johannes (Turmair, Johannes): 351

B
Bartholomäus von Augsburg: 196
Bäsinger, Franz: 193
Baum, Julius: 252
Beck, Leonhard: 51
Benediktiner (Orden): 20, 31, 68, 147, 195, 290, 291, 331, 343, 377, 395
Bergmüller, Johann Georg: 230
Bernheimer, Louis: 391
Bernini, Gian Lorenzo: 387
Bertermann (Familie): 234
Bischof (von Augsburg/allgemein): 19, 21, 23, 43, 44, 45, 49, 53, 68, 69, 131, 134, 135, 147, 148, 198, 238, 291

Bischof (von Eichstätt/allgemein): 21, 198, 252
Bodenehr, Gabriel: 125, 131, 133, 395
Bologna, Giovanni da: s. Giambologna
Braun, Georg: 346
Buonarroti, Michelangelo: s. Michelangelo
Burgkmair, Hans d. Ä.: 51, 322
Bushart, Bruno: 341
Buz, Carl: 244

C

Cardanus, Hieronymus: 238
Carli (Familie): 269, 274
Cellini, Benvenuto: 341, 345
Claus (Brunnenmeister): 190
Claus (Lechmeister?): 190
Claus, Joseph: 392

D

Daucher, Hans d. Ä.: 331
Dempp, Johann Georg: 263
Dietsch, Veit: 338
Dingler, Johann Gottfried: 243

E

Elbel, Petr: 194
Endres, David: 304, 306
Engelberg, Burkhart: 377, 379
Erhart, Christian: 230
Eschay, Jakob: 205

F

Fassl, Peter: 398
Federlin, Paul: 118
Felber, Hans (>Velber): 193, 194, 327
Ferdinand (Herzog von Bayern): 345, 347, 348, 350, 351, 356
Forster, Julius: 274
Francis, James Bicheno: 170, 171, 172, 177, 178, 180, 316, 398
Franz I. (König von Frankreich): 341
Frey, Martin: 348
Friedrich III. (Kaiser): 21
Friedrich Wilhelm III. (König von Preußen): 349
Fröschel, Hieronymus: 360
Fugger (Familie): 53, 186, 195, 251, 270, 276, 277, 281, 291, 293, 295, 324, 339, 343, 344, 351, 372, 384, 395
Fugger, Anna: 15
Fugger, Anton: 276, 277, 290
Fugger, Christoph: 343
Fugger, Georg: 21, 290
Fugger, Hans (1531–1598): 343, 344, 348, 349, 395
Fugger, Hans (1591–1638): 395
Fugger, Hans Jakob: 290
Fugger, Jakob (der Reiche): 15, 269, 276, 277, 324, 333, 339, 375
Fugger, Johann Maximilian Joseph: 271
Fugger, Markus: 343, 395
Fugger, Maximilian Joseph: 271
Fugger, Octavian Secundus: 348, 351, 356, 372, 384
Fugger, Philipp Eduard: 293, 372
Fugger, Raymund: 339
Fugger, Sibylla: 270

G

Ganser, Karl: 13, 399
Gasser, Pirmin: 43, 76, 83, 87, 131, 188, 189, 190, 193, 194, 195, 279, 321
Geffcken, Peter: 190
Gerhard von Augsburg (Dompropst): 49
Gerhard, Hubert: 209, 249, 331, 343, 344, 345, 348, 354, 355, 356, 357, 361, 363, 367, 370, 386, 391, 395
Gerngros, Ludwig: 387
Giambologna (>Giovanni da Bologna, Jean Boulogne): 331, 338, 342, 343, 344, 345, 367, 368, 370, 371, 382, 383, 386
Gignoux, Anna Barbara: 161
Gilg, Anton: 233
Girard, Louis-Dominique: 169
Göbel (Familie): 234
Gollwitzer, Karl Albert: 105, 108, 175, 315
Grimm, Simon: 90, 189, 322, 384, 388
Groos, Walter: 63, 67, 72, 113, 114, 147
Gümbel, Carl Wilhelm: 303
Gumppenberg, Joseph von: 104

H

Habsburger (Familie): 371
Haevel, Georg: 220, 221, 224
Haid, Christoph Jakob: 267
Haindl, Friedrich: 165
Haindl, Klemens: 165
Hainhofer, Philipp: 23, 293
Halder, Friedrich von: 328
Haman, Johann Philipp: 205
Häußler, Franz: 118
Heinrich I. (Bischof von Augsburg): 50
Heinrich von Augsburg (Hainrich?, Kaltebach?, Brunnenmeister?): 190, 193, 194
Heinrich von Lichtenau (IV., Bischof von Augsburg): 21
Henschel, Carl Anton: 169, 170
Heron von Alexandria: 188
Herman, Martin: 394, 395
Hessing, Johann Friedrich von: 140, 179
Hildegard (Gattin Karls des Großen): 343
Hilmer, Leoprand: 387
Hitler, Adolf: 387
Hoechstetter (Familie): 234, 327, 373
Hoechstetter, Ambrosius: 269
Hoeßlin, Sebastian Balthasar von: 220
Hogenberg, Frans: 259, 346
Holbein, Hans d. J.: 80
Holl, Elias: 74, 81, 82, 107, 153, 156, 160, 209, 241, 249, 250, 251, 252, 275, 294, 341, 367, 371, 386
Hormacher, Seitz: 190
Humboldt, Alexander von: 349
Hupaldinger (Familie): 49

I

Idrizovic, Kurt: 257
Ilsung, Melchior: 21
Imhof, Philipp Jakob: 205
Imhof, Raymund: 205
Ingerl, Ignaz: 391

J

Jaeger, Michael: 222
Jonval, Nicolas J.: 159, 164, 165, 169, 170, 172, 178, 245, 306, 316

K

Kaeß, Georg: 170
Kaltebach: s. Heinrich von Augsburg
Kaplan, Viktor: 178, 316
Karg, Leopold (Leutpold): 189, 190, 321, 322, 328
Karl (der Große, Kaiser): 67, 343
Keller, Jean: 136
Kilian, Lukas: 351, 365
Kilian, Wolfgang: 72, 73, 94, 96, 97, 114, 125, 132, 199, 210, 239, 276, 365, 384
Kleiner, Salomon: 374
Koenig, Friedrich: 244
Kohler, Hans: 153
Kollmann, Franz Joseph: 21, 62, 65, 67, 70, 85, 100, 104, 111, 112, 116, 135, 138, 163, 198, 222, 254, 267, 293, 357, 379
Konradin (Herzog von Schwaben): 19
Krauß, Johann Thomas: 269
Krumper, Josef: 306
Ktesibios: 188
Kuby, Ferdinand: 264, 296, 310
Kun, Hans (Hans Kirchenmeister): 194
Kuisle, Anita: 228

L

Labenwolf (Familie): 343
Labenwolf, Pankraz: 332, 333, 336
Langenmantel, Octavian: 205
Laureti, Tommaso: 342
Layer, Adolf: 51
Lederer, Franz J.: 214, 272, 273
Leoni, Pompeo: 367
Leupold, Jakob: 279
Leybold, Ludwig: 169, 223
Lieb, Norbert: 339
List, Friedrich: 163
Loscher (Familie): 281, 332, 339
Loscher, Konrad: 281
Loscher, Sebastian: 281, 322, 323, 324, 327, 331, 332, 339

Ludwig IV. (der Bayer, Kaiser): 21
Ludwig III. (König von Bayern): 105

M
Mair, Alexander: 90, 276
Martini (Familie): 171
Maurmüller, Ulrich: 323
Max Emanuel (Kurfürst von Bayern): 23
Maximilian I. (König, Kaiser): 337
Maximilian I. von Bayern (Herzog von Bayern, später Kurfürst): 348
Maximilian II. (Kaiser): 370, 376
Medici (Familie): 368, 370
Meisterlin, Sigmund: 15
Merian, Matthäus: 59
Merz, Friedrich: 164
Michelangelo (Michelangelo Buonarroti): 341
Miller, Ferdinand: 349
Miller, Oskar von: 173
Montaigne, Michel de: 229, 269, 276
Montorsoli, Giovanni Angelo: 341, 355
Morison, Fynes: 229
Moritz, Peter: 16
Mülich, Hektor: 15
Müller, Georg: 395
Muller, Jan: 384
Münster, Sebastian: 15, 195, 239, 321
Murmann, Jakob: 322

N
Neidhardt, Wolfgang d. Ä.: 370, 390
Neidhardt, Wolfgang d. J.: 370, 388, 390, 392
Nessenthaler, Johann David: 217, 228, 241, 245, 261, 275
Niebler, Kurt: 257

O
Octavian: s. Augustus
Otto I. (Herzog von Bayern): 348

P
Pálffy von Erdöd, Nikolaus: 395
Pallago, Carlo (>Carlo di Cesare del Palago): 344, 345, 348, 370
Paller, Wolfgang d. J.: 363, 370
Paul I. (Zar): 386
Pettenkofer, Max von: 303
Philipp II. (König von Spanien): 367
Philipp III. Julius (Herzog von Pommern): 229
Poncelet, Jean-Victor: 164, 165

R
Rehlinger, Bernhard: 367
Rehlinger, Quirin: 372, 384
Reichenbach, Carl August: 221, 244
Reichenbach, Georg Friedrich von: 221, 243, 244
Remshart, Carl: 269
Renata von Lothringen: 348
Renner, Narziß: 277
Rhenanus, Beatus (Beat Bild): 339
Riederer, Stefan: 395
Riedinger, Ludwig August: 169, 171, 349
Riehl, Wilhelm Heinrich von: 11, 33
Roeck, Bernd: 365
Römer (Antike/allgemein): 13, 42, 62, 63, 98, 147, 185, 194, 279, 321, 322, 331, 332, 339, 351, 353, 354, 384, 386, 388
Rogel, Hans: 195, 239
Rohan-Gié, Henri II. de: 229
Rottenhammer, Hans: 357, 362
Ruckdeschel, Wilhelm: 222, 316
Rudolf II. (Kaiser): 251, 354, 368, 383, 384

S
Sander, Ludwig: 244
Schaezler, Johann Lorenz von: 349
Schardt, Johan Georg van der: 370
Schaumberg, Peter von (Bischof von Augsburg): 131
Schaur (Familie): 234, 269
Schaur, Johann Caspar: 274
Schedel, Hartmann: 15
Scheff, Georg: 361
Schemel, Elias: 365
Schickhardt, Heinrich: 360
Schimpfle, Georg: 170
Schissler, Christoph d. Ä.: 68, 90, 276
Schmuzer, Matthias II.: 205
Schneller, Tobias: 173
Schoeppler, Johann Michael: 161
Schuckert, Sigmund: 173
Schüle, Johann Heinrich: 161
Schuster, Johann: 271
Schwarz, Matthäus: 277
Seld, Jörg: 44, 80, 85, 131, 195, 197, 269, 276, 321
Seutter, Matthäus: 92, 133, 269, 274, 275
Siemens, Carl Wilhem: 285
Siemens, Werner von: 173
Sigismund (König, später Kaiser): 21, 193, 194
Simpert (Bischof von Augsburg): 51, 322
Singer, Johann Christian: 211
Sombart, Werner: 17
Spitzer, Lorenz: 159
Staufer (Familie): 19
Stefan II. (Herzog von Bayern-Ingolstadt): 19
Steinhäußer, Fritz: 101
Stetten, Christoph von: 205
Stetten, David von: 205
Stetten, Paul von d. Ä.: 30, 43
Stetten, Paul von d. J.: 188, 196, 234, 285, 289, 298, 327, 395
Stetten, von (Familie): 269
Stolz, Johann Hieronymus: 104
Stromer, Ulman: 151
Stur, Ulrich: 190
Sturm, Leonhard Christoph: 154
Sustris, Friedrich: 345, 348, 354, 361
Syrlin, Jörg d. Ä.: 324

T
Tetrode, Willem Danielsz van: 370
Thomas (Ingolstadt, Brunnenmeister): 190
Thormann, Alfred: 173

U
Ulrich (Bischof von Augsburg): 49, 50, 51, 52, 322, 324, 331, 356

V
Velber, Hans: s. Felber, Hans
Villinger (Familie): 322
Vinci, Leonardo da: 280
Vischer, Peter d. J.: 333
Vitruv (Marcus Vitruvius Pollio): 188
Voch, Lukas: 114, 115, 137, 154
Voigt, Dieter: 190
Vries, Adriaen de: 209, 249, 331, 357, 367, 368, 369, 370, 371, 372, 379, 382, 383, 384, 386, 388, 390, 391, 392

W
Wagner, Georg: 394
Wagner, Peter: 348, 354, 394
Wahl, Johann Georg: 247, 262, 275
Waldmann, Georg: 247
Walter, Caspar: 76, 148, 149, 153, 154, 156, 189, 195, 198, 200, 201, 203, 205, 206, 207, 208, 209, 210, 211, 212, 213, 217, 220, 224, 228, 229, 231, 233, 234, 237, 240, 241, 242, 243, 245, 247, 252, 254, 256, 257, 259, 260, 261, 262, 263, 267, 269, 270, 271, 272, 273, 275, 280, 283, 284, 285, 288, 290, 293, 298, 321, 326, 357, 361, 367, 388
Weidenbacher, Josef: 294
Weiß (Familie): 234
Welser (Familie): 351, 384
Welser, Hans: 351, 372, 384
Welser, Markus: 188, 189, 193, 351, 372, 373, 384
Welser, Matthäus: 367
Werner, Anton: 66, 112, 147, 163, 164, 174
Wilhelm V. (Herzog von Bayern): 22, 23, 344, 345, 348, 367
Wirth, Johann Christian: 158
Wittelsbacher (Familie): 19, 23, 120, 345, 348, 350, 361, 395
Wolff, Jakob d. J.: 333
Wurzelbauer, Benedikt: 343

Z

Zink, Burkhard: 193, 279

Zuppinger, Walter: 159

Zwitzel, Bernhard: 199

Unternehmen/Institutionen

A

Ackermann-Göggingen AG: 140

AEG: 179

Alt-Augsburg-Gesellschaft: 225

Augsburger Buntweberei: s. Riedinger Buntweberei

Augsburger Eislaufverein (AEV): 133

Augsburger Kammgarn-Spinnerei: 164, 169

Augsburger Puppenkiste: 225

B

Baumwoll-Feinspinnerei am Schäfflerbach: 165

Baumwollspinnerei am Stadtbach: 95, 101, 105, 125, 127, 165, 174, 175, 178, 179

Baumwollspinnerei Senkelbach: 139, 165

Bayerisches Landesamt für Umwelt: 33

Bayerisches Landesamt für Wasserwirtschaft: 30

Bayerisches Nationalmuseum: 349, 363

Bezirk Schwaben: 398

Bleicherei und Färberei Martini u. Cie. vorm. Gg. Kaeß (Haunstetten): 74, 165, 170, 171

Brauerei Riegele (Brauhaus S. Riegele KG): 396

C

C. Reichenbach'sche Maschinenfabrik: s. Reichenbach'sche Maschinenfabrik

D

Deutsche Bahn AG: 396

E

Eberle Pfersee (>J. N. Eberle & Cie. GmbH, Laubsägen-, Uhrenfedern- und Feilenfabrik J.N. Eberle & Cie., Akt.-Ges.): 135, 136, 143

Elbeo Augsburg: 180

Elektrische-Actien-Gesellschaft vormals W. Lahmeyer & Co. (EAG): 173, 398

Ernst von Siemens Kulturstiftung: 363

Escher, Wyss & Cie: 175

Europäische Route der Industriekultur (ERIH): 396

F

Fürstlich und Gräflich Fuggersche Stiftungs-Administration: 271, 293

Fürstlich und Gräflich Fuggersches Stiftungs-Archiv: 395

Fuggerarchiv Dillingen: s. Fürstlich und Gräflich Fuggersches Stiftungs-Archiv

G

Georg Kaeß (Textilfabrik, Bleiche, Haunstetten): 170

Germanisches Nationalmuseum Nürnberg: 330

H

Haindl, Papierfabrik: 95, 108, 125, 165, 169, 178

Handwerkskammer für Schwaben: 230

Haunstetter Spinnerei und Weberei: 165, 169

Hessing Stiftung: 180

Hessing'sche Orthopädische Kliniken: 140, 179, 180

Hessischer Rundfunk: 225

J

J. N. Eberle & Cie. GmbH: s. Eberle Pfersee

Joh. Haag'sche Maschinen- und Röhrenfabrik: 165, 170

K

Kahn & Arnold, Spinnerei am Sparrenlech: 165

Krausewerk (Neusalz/Oder): 397

Kulturpark Rotes Tor: 225

Kunstsammlungen und Museen Augsburg: 155, 233, 365

L

L. A. Riedinger'sche Maschinen- und Bronzewarenfabrik: s. Riedinger Maschinen- und Bronzewarenfabrik

Laubsägen-, Uhrenfedern- und Feilenfabrik J.N. Eberle & Cie., Akt.-Ges.: s. Eberle Pfersee

Lech-Elektrizitätswerke AG: s. Lechwerke AG

Lechmuseum Bayern: 398, 399

Lechwerke AG: 395, 398, 399

M

MAN: s. Maschinenfabrik Augsburg-Nürnberg AG

MAN Roland: 139

Martini (Textilfabrik, Provinostraße): 165, 171, 173

Martini-Park: 171

Maschinenbau AG Nürnberg: 311, 395, 398

Maschinenfabrik Augsburg-Nürnberg AG: 108, 165, 169, 170, 177, 221, 245, 311, 316, 399

Maschinenfabrik Augsburg: 95, 125, 165, 169, 170, 178, 244, 245, 306, 311, 395, 398, 399

Maximilianmuseum Augsburg: s. Ortsregister, Augsburg

Mechanische Baumwoll-Spinnerei und Weberei Augsburg: 159, 164, 168, 170, 173

Mechanische Spinnerei am Senkelbach: 165

Mechanische Weberei am Fichtelbach: 165

Mechanische Weberei von M. S. Landauer: 136

Mechanische Werkstätte Georg Schimpfle: 169

Mechanische Werkstätte Riedinger: s. Riedinger Mechanische Werkstätte

Messerschmitt-Stiftung: 363

N

Neue Augsburger Kattunfabrik (NAK): 164, 274

O

Österreichische Akademie der Wissenschaften: 194

Österreichisches Staatsarchiv: 193

P

Papierfabrik Haindl: s. Haindl, Papierfabrik

R

Regio Augsburg Tourismus GmbH: 225

Reichenbach'sche Maschinenfabrik: 165, 169, 244, 245, 311

Reichsstädtische Kunstakademie: 230, 385

Riedinger Buntweberei (Augsburger Buntweberei): 108, 139, 171

Riedinger Maschinen- und Bronzewarenfabrik: 108, 139

Riedinger Mechanische Werkstätte: 169, 349

Rugendas & Cie: 165

S

Sander'sche Maschinenfabrik: 244, 311

Schwäbisches Handwerkermuseum: s. Ortsregister, Augsburg

Siemens-Schuckertwerke: 177

Spinnerei und Weberei Pfersee: 135, 165

Spinnerei und Buntweberei Pfersee (>Wertachspinnerei): 137, 139

Spinnerei Wertach am Senkelbach: s. Mechanische Spinnerei am Senkelbach

Staats- und Stadtbibliothek Augsburg: 154, 243

Stadtarchiv Augsburg: 45, 76, 132, 155, 212, 224, 263, 276, 293

Stadtwerke Augsburg: 32, 122, 316

T

Technische Universität München (TUM): 42

Theater Augsburg: 211

Thormann, Schneller & Co. Augsburg: 173

V

Voith (Maschinenfabrik): 169

W

Wasserwirtschaftsamt Donauwörth: 42, 123

Wertachspinnerei: s. Spinnerei und Buntweberei Pfersee

Z

Zwirnerei und Nähfadenfabrik Göggingen (>ZNFG): 44, 140, 141, 143, 179

Stichworte zum Wasser

A

Abfallentsorgung: 57

Abort: s. Latrine

Abwasserkanal: s. Entsorgungskanal

Anstich: 31, 53, 61, 63, 65, 67, 69, 72, 74, 100, 101, 111, 112, 114, 128, 135, 138, 141, 163, 186, 305

Antriebskanal: s. Triebwerkskanal

Antriebswasser: s. Treibwasser

Aquädukt: 75, 78, 89, 196, 198, 200, 210, 211, 226, 229, 231

Arche (Wasserbau, Kasten): 114, 117

Archimedische Schraube (>Förderschnecke, Machina Augustana, Schnecke, Wasserschnecke): 188, 199, 237, 238, 240

Armatur (Wasserleitung): 283

Aufschlagwasser: 243, 284

Augenscheinplan: 16, 45, 94, 125

Augustusbrunnen: 11, 13, 38, 295, 333, 342, 346, 347, 348, 349, 351, 354, 355, 357, 359, 361, 362, 363, 365, 367, 370, 373, 386

Ausgleichsbecken: s. Reservoir

Auslaufkanal (>Auslauf): 100, 175, 212

B

Bach: s. Kanal (allgemein) bzw. Quellbach

Badehaus (>Badestube): 269, 270

Bahnbetriebswerk: 396, 397

Bassin: s. Reservoir

Baumeisterbücher (>Baumeisterrechungen): 64, 65, 69, 76, 188, 190, 193, 195

Becherwerk: 188

Becken (Brunnen): s. Brunnenbecken

Becken (Wasserturm): s. Reservoir

Beschlachtung: s. Wandung

Beton (Wasserbau): 82, 83, 111, 118, 119, 121, 143, 173, 174, 179

Bohrung (kalibrierend): 185, 288

Brauchwasser: 42, 97, 223, 301, 396

Bronzeguss (Brunnenfiguren, Wasserspeier): 51, 209, 228, 315, 329, 330, 331, 332, 336, 337, 338, 339, 341, 342, 343, 344, 345, 346, 347, 348, 349, 351, 354, 355, 357, 358, 359, 363, 367, 370, 371, 373, 379, 382, 383, 384, 385, 386, 388, 390, 391

Bronzeguss (Wasserleitung): 283

Brücke (allgemein): 21, 25, 42, 49, 50, 52, 53, 65, 76, 78, 85, 89, 116, 157, 200, 211, 229

Brunnen (Leitungswasser): s. Laufbrunnen

Brunnenbach: s. Quellbach

Brunnenbecken (>Brunnenkasten, Brunnentrog, Röhrbrunnen, Röhrkasten): 13, 49, 51, 61, 107, 194, 257, 269, 272, 273, 275, 279, 281, 284, 285, 289, 290, 294, 298, 321, 322, 324, 325, 326, 327, 330, 332, 338, 341, 345, 346, 347, 348, 349, 351, 355, 356, 357, 360, 361, 365, 370, 373, 374, 375, 377, 378, 388, 395

Brunnenbronzen: s. Bronzeguss

Brunnenhaus: s. Pumpenhaus

Brunnenjüngling: 209, 388, 389, 390, 392

Brunnenkasten: s. Brunnenbecken bzw. Laufbrunnen

Brunnenmeister (>Stadtbrunnenmeister): 13, 76, 148, 149, 153, 154, 156, 160, 188, 190, 193, 194, 198, 200, 201, 203, 205, 206, 208, 210, 212, 213, 214, 217, 220, 221, 224, 227, 228, 229, 233, 237, 241, 247, 252, 254, 255, 257, 259, 261, 262, 263, 267, 269, 270, 273, 275, 279, 280, 283, 288, 289, 290, 293, 298, 321, 326, 357, 361, 367, 388, 394, 395

Brunnenpfeiler (>Mittelpfeiler, Säule, Stele): 277, 281, 321, 322, 323, 325, 326, 333, 336, 337, 338, 339, 341, 342, 343, 347, 348, 349, 351, 353, 354, 355, 357, 358, 361, 363, 370, 372, 375, 377, 379, 382, 384, 385, 388, 390, 391, 392

Brunnenstube (>Speisebrunnen/Grundwasserbrunnen): 76, 189, 198, 241, 247, 255, 257, 263, 264, 397

Brunnenturm: s. Wasserturm

Brunnenwasser: s. Trinkwasser

Brunnenwerk: s. Wasserwerk, im Einzelfall: Kolbenpumpwerk (wasserradgetrieben)

Bulgenkunst: 187

C

Cholera: 296, 298, 301

D

Damm: 21, 22, 42, 63, 64, 65, 67, 69, 114, 118, 122

Dampfmaschine: 111, 115, 117, 143, 168, 169, 173, 223, 301, 316, 397

Deichel (>Rohr): 107, 185, 189, 190, 194, 269, 272, 279, 280, 281, 283, 284, 285, 290, 293, 295

Deichelbohrmaschine: 156, 280

Deichelgrube: 279

Delfin (Malerei): 51, 315

Delfin (Wasserspeier): 228, 322, 331, 342, 354, 357, 363, 388, 390, 392

Dieselmotor: 306, 316

Druckhöhe: 195, 203, 247, 263

Druckpumpe (Druckwerk): s. Kolbenpumpe (wasserradgetrieben)

Druckrohr: 307, 310

Druckwindkessel: s. Windkessel

Düker: 36, 91, 142

Düse: 277, 345, 390

E

Eichanstalt (>Stadt-Eicht, Wasser-Eicht): 272, 288

Eichhahn (>Kaliberhahn, Messhahn): 296, 305

Eichtblatt: 288

Eichung: 285

Eimer (Maßeinheit): 200, 203, 243, 284, 285, 290

Eimerkette: 187

Einlaufkanal (>Einlaufbauwerk/allgemein): 72, 74, 119

Elektrizität (Elektrifizierung): s. Strom

Entsorgungskanal (>Abwasserkanal): 80, 82, 107, 119, 275, 294, 314

Eroten: 342, 354, 357, 363, 382

F

Fäkaliengrube: s. Latrine

Falle (Wasserbau): 85, 97, 212, 254, 259, 285

Fallrohr (>Fallleitung): 185, 228, 229, 264, 283

Felberbrunnen (>Wappnerbrunnen): 327

Filterwerk (Filterung): 301, 304

Fisch (Brunnenkunst/allgemein): 52, 321, 322, 323, 324, 325, 326, 356

Fisch (Malerei, Holzplastik): 49, 50, 51, 228

Fisch (Wasserhahn, Wasserspeier): 49, 51, 190, 208, 228, 315

Fischbrunnen (Augsburg): s. Fischmarktbrunnen

Fischerei: 20, 21, 24, 42, 49, 53, 85, 86, 87, 356

Fischmarktbrunnen (im Einzelfall: >Ulrichsbrunnen): 52, 190, 281, 321, 322, 323, 324, 325

Fliegender Merkur: s. Merkur (Fliegender)

Fließwasserbrunnen (Laufbrunnen): 257

Flößerei (Floßbach, Floßgasse, Floßkanal, Floßschleuse): 22, 63, 68, 73, 108, 114, 116, 117, 118, 121, 148, 174, 175, 399

Flößerei (>Flößer, Floß, Floßfahrt/allgemein): 15, 19, 20, 21, 22, 25, 63, 67, 73, 83, 97, 98, 99, 108, 111, 115, 116, 118, 120, 138, 147, 152, 157, 174, 175, 356, 399

Floßhafen (>Floßlände): s. Hafen

Flusskorrektion: s. Korrektion

Flussschifffahrt: s. Schifffahrt

Förderhöhe: 203, 206, 220, 254

Förderschnecke: s. Archimedische Schraube

Fontäne (Laufbrunnen): 223, 285, 298, 310, 314, 321

Francis-Turbine: 170, 171, 172, 177, 178, 180, 316, 398

Freirohr (>freies Röhrwasser): 195, 290, 293

G

Gebühr: s. Wassergebühr

Gefälle (nutzbares): 26, 42, 57, 114, 117, 132, 152, 163, 165, 172, 181, 186, 211, 303

Gefälleleitung: 185, 199, 302, 321

Generator: 173, 177, 178, 179, 180, 316

Georgsbrunnen: 337, 338, 391

Geschiebe: 30, 104, 117, 118

Getreidemühle (>Mahlwerke): 38, 74, 80, 147, 148, 149, 153, 154, 156, 158, 165, 168, 395

Girard-Turbine: 169

Grabenmeister: 190

Grätzmühle: 149, 150, 154, 158, 395

Grazien: 385

Grundwasser: 33, 36, 42, 85, 107,186, 190, 220, 229, 237, 241, 257, 263, 264, 271, 276, 288, 289, 294, 296, 298, 299, 301, 302, 304, 306, 310, 330, 386, 396, 397

Grundwasserbrunnen (>Brunnenstube, Horizontalbrunnen, Pumpbrunnen, Sammelbrunnen, Schachtbrunnen, Schöpfbrunnen, Speisebrunnen, Tiefbrunnen, Vertikalbrunnen, Ziehbrunnen): 42, 76, 107, 186, 189, 190, 198, 220, 229, 241, 247, 255, 257, 263, 264, 271, 288, 289, 294, 296, 298, 301, 304, 386, 396, 397

Gumpperwerk (Grundwasserbrunnen): s. Pumpbrunnen

H

Hahn (Leitungsnetz): 283, 284, 285, 288, 296, 305

Hahn (Wasserwerk): 208, 209, 228, 388, 390

Hafen (>Floßhafen, Floßlände, Schiffshafen): 63, 68, 104, 105, 108, 116, 138, 315

Halbmittelschlächtig (Wasserrad): 243

Hammerwerk (>Hammerschmiede, Hammer): 93, 97, 107, 149, 150, 151, 154, 158, 159, 165, 168

Hauptast (Wasserleitung): 223

Hausanschluss (>Possessor, Privater Wasseranschluss, Privatröhrkästen, Wasserabnehmer): 195, 229, 257, 263, 275, 283, 284, 285, 288, 289, 290, 291, 293, 296, 298, 390

Hebewerk (>Wasserhebung/allgemein): 185, 186, 187, 188, 194, 199, 237, 247, 264, 269, 321, 395

Heinzenkunst: 187

Henschel-Jonval-Turbine: 169, 170

Herkules (Brunnenmotiv/allgemein): 357, 367, 370, 371, 374, 375, 376, 379, 382, 383, 384, 385, 386, 392

Herkulesbrunnen (Augsburg): 357, 367, 370, 371, 374, 375, 376, 379, 382, 383, 384, 385, 386, 392

Herme: 342, 348, 354, 357

Heronsball: 188

Hochbassin: s. Reservoir

Hochreservoir (>Hochbassin): s. Reservoir

Hochwasser: 14, 19, 26, 30, 41, 42, 44, 49, 52, 53, 63, 64, 65, 104, 112, 114, 118, 119, 122, 125, 134, 138, 304, 305, 356

Hochwassermaschinensatz: 175

Hochwasserschutzspeicher: 39

Holztrift: 26, 97, 98

Horizontalbrunnen (Grundwasserbrunnen): 304

Hydrant: 305

Hydraulische Maschine: s. Kolbenpumpwerk (wasserradgetrieben)

Hydrotechnisches Modell (>Miniaturmodell): 156, 157, 160, 201, 233, 234

Hygiene (allgemein): 87, 119, 241, 264, 288, 296, 301, 303, 313

I

Industrialisierung: 39, 41, 95, 100, 101, 117, 135, 139, 163, 168, 173

Industrie (allgemein): 13, 39, 41, 69, 95, 100, 101, 104, 105, 117, 123, 125, 135, 139, 142, 159, 161, 163, 168, 169, 173, 179, 181, 203, 223, 243, 245, 288, 293, 298, 303, 314, 316, 317, 349, 396, 398

Industriekanal: 69, 95, 104, 142

Industriekultur: 316, 396

Industriezeitalter: 13, 123, 181, 243, 245, 293, 317, 396

Infiltration: 264, 303

Instruktionsgemälde (>Instruktionsmalerei, Instruktionstafel): 200, 201, 212, 213, 215, 231, 233, 234, 241

J

Jonval-Turbine: 159, 164, 165, 170, 172, 178, 245, 306, 316

K

Kaliberhahn: s. Eichhahn

Kanal (>Bach, Lechkanal, Wertachkanal/allgemein): 11, 17, 21, 22, 24, 30, 31, 37, 38, 40, 41, 42, 44, 57, 61, 62, 63, 65, 67, 68, 69, 70, 72, 73, 74, 75, 76, 78, 80, 81, 82, 83, 89, 92, 94, 95, 96, 97, 98, 100, 101, 102, 103, 104, 105, 107, 108, 111, 112, 114, 115, 117, 118, 119, 122, 123, 126, 127, 128, 129, 131, 132, 135, 137, 138, 139, 140, 141, 142, 143, 147, 149, 152, 158, 159, 161, 163, 164, 165, 169, 170, 173, 174, 175, 178, 179, 180, 181, 186, 190, 195, 196, 197, 198, 210, 211, 212, 221, 229, 230, 232, 243, 244, 251, 254, 263, 264, 275, 284, 294, 305, 314, 315, 316, 355, 362, 395, 398, 399

Kanalbrücke: s. Wasserbrücke

Kanalkorrektion: s. Korrektion

Kanalschifffahrt: s. Schifffahrt

Kanalwandung: s. Wandung

Kaplan-Turbine: 178, 316

Kasten (Brunnen): s. Brunnenbecken

Kasten (Wasserbau): s. Arche

Kasten (Wasserturm): s. Reservoir

Kesselspeisewasser: 396

Kettenwerk: 211, 271

Kolbenpumpwerk (Bahnbetriebswerk, Antriebstechnik nicht bekannt): 397

Kolbenpumpwerk (dampfmaschinengetrieben): 301

Kolbenpumpwerk (turbinengetrieben): 245, 304, 306, 308, 309, 310, 312, 313, 315, 316, 397

Kolbenpumpwerk (wasserradgetrieben, >Kolbenpumpe, Brunnenwerk, Druckpumpe, Druckwerk, hydraulische Maschine, Pumpe, Pumpwerk, Wasserpumpe): 152, 154, 156, 158, 159, 170, 188, 194, 195, 199, 201, 211, 212, 217, 221, 222, 223, 224, 228, 229, 233, 237, 240, 241, 242, 243, 245, 254, 255, 256, 257, 261, 263, 267, 272, 275, 276, 284, 293, 390, 394, 395

Korrektion (>Flusskorrektion, Kanalkorrektion, Uferkorrektion): 23, 26, 29, 30, 41, 101, 102, 126, 138, 163, 289

Kreiselpumpe (elektrisch): 316

Kurbelwelle (>Kurbelübertragung): 149, 152, 157, 195, 222, 243, 257, 263, 306

Kurbelwerk (>Kurbenwerk): 211, 254, 273

L

Latrine (>Abort, Fäkaliengrube, Versitzgrube): 42, 294, 299

Laufbrunnen (>Brunnen, Brunnenkasten, Fließwasserbrunnen, Fontäne, Röhrbrunnen, Röhrkasten, Springbrunnen, Stockbrunnen, Zierbrunnen): 11, 13, 30, 38, 49, 51, 52, 61, 65, 107, 169, 185, 186, 188, 189, 190, 194, 195, 205, 209, 220, 223, 229, 238, 249, 257, 263, 267, 269, 272, 275, 276, 277, 281, 283, 284, 285, 289, 290, 291, 294, 295, 298, 301, 310, 314, 321, 322, 323, 324, 325, 326, 327, 328, 329, 330, 331, 332, 333, 336, 337, 338, 339, 341, 342, 343, 345, 347, 348, 349, 350, 351, 354, 355, 356, 357, 359, 360, 361, 362, 363, 365, 367, 369, 370, 371, 372, 373, 374, 375, 376, 377, 378, 379, 382, 383, 384, 385, 386, 387, 388, 390, 391, 392, 395

Lechanstich (allgemein): 31, 63, 67, 69, 72, 74, 101, 186

Lechkanal (allgemein): s. Kanal

Lechmeister: 64, 118, 153, 190, 195, 247, 293

Leerschuss: 175, 177, 255, 316

Leitungsnetz: s. Wasserleitung

Leopold Kargen Brunnen: 190, 322, 328

Liegender Neptun: s. Neptun (liegender)

Lochbachanstich (>oberer Lechanstich): 38, 53, 61, 69, 72, 74, 100, 111, 128, 163

Löschwasser: 301

M

Machina Augustana: s. Archimedische Schraube

Mahlwerk (Mahlmühle): s. Getreidemühle

Manierismus: 341, 343, 386

Manufaktur: 274

Maschinenhaus: s. Pumpenhaus

Maschinensatz: 143, 175, 178

Maske (Brunnenbronze/allgemein): 330, 354, 357, 358, 382

Maske (Wasserspeier): 330, 357, 382

Maß (Maßeinheit): 285

Mechanische Kraftübertragung: s. Transmission

Meeresschnecke (>Schnecke/Einlaufhahn): 209, 388, 390

Merkur (Brunnenmotiv/allgemein): 295, 327, 345, 363, 367, 370, 371, 372, 373, 374, 384, 385, 386, 392

Merkur (Fliegender): 363, 370

Merkurbrunnen (Augsburg): 295, 327, 367, 370, 371, 372, 373, 374, 384, 385, 386, 392

Messhahn: s. Eichhahn

Miniaturmodell: s. hydrotechnisches Modell

Mischwasser (Fluss- und Quellwasser): 100

Mittelpfeiler: s. Brunnenpfeiler
Modellkammer: 156, 160, 205, 234, 280
Monumentalbrunnen: 11, 248, 340, 348, 349, 350, 351, 354, 363, 379, 382, 386, 391
Mühle (allgemein): 21, 23, 31, 38, 42, 43, 44, 57, 62, 67, 70, 73, 74, 80, 93, 94, 97, 107, 115, 131, 134, 137, 147, 148, 149, 150, 151, 153, 154, 156, 158, 159, 164, 165, 168, 173, 356, 395
Mühlrad: s. Wasserrad
Muschel (Bildhauerei): 362
Muschel (Brunnenkunst): 332, 333, 345, 379, 382, 385, 387, 391
Muskelkraftmaschine: 79

N

Neptun (Brunnenmotiv/allgemein): 52, 322, 324, 331, 332, 338, 339, 341, 342, 344, 346, 365, 386, 387, 388, 391, 392
Neptun (liegender): 365
Neptunbrunnen (Augsburg): 52, 324, 331, 332, 333, 338, 339, 342, 365, 391
Neuer Ablass: 114, 115, 305
Nymphe: 341, 357, 362, 382

O

Oberer Lechanstich: s. Lochbachanstich
Oberschlächtig (Wasserrad): 222
Oberwasser: 163, 172, 175
Ochsengöpel: s. Tiergöpel
Ölmühle: 134, 149, 154, 395

P

Packwerk (Wasserbau): 114
Pansterrad: 152, 164, 165
Papiermühle (>Papierer): 94, 97, 107, 134, 149, 151, 154, 159, 168, 395
Pfeiler: s. Brunnenpfeiler
Plungerpumpe (>Plungerkolben): 263, 306, 316
Poliermühle: 149, 154, 158, 159
Poncelet-Rad: 164, 165
Possessor: s. Hausanschluss
Privater Wasseranschluss: s. Hausanschluss
Privatröhrkästen: s. Hausanschluss
Pumpbrunnen (>Gumpperwerk/Grundwasserbrunnen): 107, 186, 190, 220, 288, 289, 294, 296, 298, 301
Pumpe: s. Kolbenpumpwerk (wasserradgetrieben, turbinengetrieben, dampfmaschinengetrieben, elektrisch getrieben)
Pumpenhaus (>Brunnenhaus, Maschinenhaus): 119, 188, 190, 227, 237, 241, 242, 245, 247, 256, 259, 260, 263, 264, 267, 269, 272, 275, 304, 306, 310, 315, 395
Pumpensatz: 308, 309, 310
Pumpenzylinder (>Zylinder): 211, 243, 254, 272, 298
Pumpwerk: s. Kolbenpumpwerk

Q

Quellbach (>Bach, Brunnenbach, Trinkwasserkanal): 11, 31, 33, 36, 61, 83, 85, 87, 96, 103, 128, 149, 158, 186, 284, 355
Quelle (Grundwasser): 189, 212, 221, 247, 255, 277, 303, 306, 310, 330
Quelle (oberirdisch, >Quelltopf): 13, 20, 22, 23, 25, 26, 30, 31, 32, 35, 36, 38, 57, 61, 74, 85, 89, 135, 186, 190, 196, 198, 290, 301, 302, 399

R

Rad: s. Wasserrad
Recht (allgemein): 20, 21, 53, 67, 147, 158, 190, 197, 201, 291
Regenwasserzisterne: 42, 186, 301
Reichenbach'sche Wassermaschine (>Reichenbach'sche Maschine): 221, 222, 233, 243, 288
Renaissance: 51, 52, 80, 99, 107, 188, 249, 250, 269, 322, 327, 331, 332, 341, 356, 359, 365, 366, 386, 391
Reservoir (>Ausgleichsbecken, Becken, Behälter, Hochbassin, Hochreservoir, Kasten): 61, 186, 188, 194, 195, 200, 202, 203, 205, 208, 209, 225, 228, 229, 237, 238, 247, 257, 263, 264, 302, 388, 390
Reservoir (Grundwasser): 36
Röhrbrunnen (>Brunnenbecken, Röhrkasten/Laufbrunnen): 61, 107, 257, 263, 272, 275, 281, 285, 289, 290, 298, 321, 322, 326, 345, 365, 373, 375, 377, 378, 388, 395
Röhrmeister: 280
Röhrwasser: s. Trinkwasser
Rohr (Kanalzuleitung): 74, 117
Rohr (>Röhre/Hausanschluss): 195, 283, 289, 290, 291, 293, 298
Rohr (>Röhre/Trinkwasserleitung): 186, 220, 222, 243, 247, 264, 280, 281, 295, 301, 306, 310
Rohr (>Röhre, Wasserrohr/Gusseisen): 189, 190, 279, 283, 285, 295, 304, 305, 310
Rohr (>Röhre, Wasserrohr/Holz): s. Deichel
Rohr (>Röhre/Wasserrohr Steinzeug): 295, 302
Rohr (>Röhre/Wasserspeier): 277, 285, 343, 354, 361
Rosskunst: s. Tiergöpel

S

Sägemühle (>Sägewerk): 62, 97, 107, 147, 149, 150, 154, 156, 159, 165, 168, 395
Säule (Brunnen): s. Brunnenpfeiler
Saugrohr: 306
Sammelbrunnen (Grundwasserbrunnen/allgemein): 303, 310
Saugbassin (Grundwasserbrunnen): 304, 310
Satyr: 341
Schachtbrunnen (Sammelbrunnen/Grundwasserbrunnen): 303, 304
Schifffahrt: 104, 105, 108, 188
Schiffskolbenpumpe: 188
Schlammablass: 123
Schleifmühle: 134, 149, 154, 159
Schleuse: 23, 65, 70, 73, 85, 97, 99, 108, 111, 112, 115, 116, 118, 121, 137, 152, 157, 205, 259, 285, 399
Schnecke: s. Archimedische Schraube
Schnecke: s. Meeresschnecke
Schneidmühle: 154, 158
Schöpfbrunnen (Grundwasserbrunnen): s. Ziehbrunnen
Schöpfkolbenpumpe: 187
Schöpfrad: 61, 151, 186, 188, 199, 276
Schöpfwerk (Ausführung unbekannt): 395
Schwelle (Wasserbau): 97, 99, 117, 175
Sebastiansanstich (>Sebastians-Durchstich): 100, 111
Speisebrunnen (Grundwasserbrunnen): s. Brunnenstube
Springbrunnen (Laufbrunnen): 263, 269, 275, 277, 283, 339
Stadt-Eicht: s. Eichanstalt
Stadtbach (Kanal/allgemein): 57, 58, 62
Stadtbaumeister: 200, 205, 220, 351, 356, 366
Stadtbaurat: 21, 62, 65, 67, 85, 100, 101, 104, 111, 112, 116, 135, 138, 169, 198, 222, 267, 293, 357, 379
Stadtbrunnenmeister: s. Brunnenmeister
Stadtwerkmeister: 74, 81, 107, 153, 156, 160, 241, 249, 250, 251, 275, 294, 367, 378, 395
Stauhöhe: 115, 263
Staustufe (allgemein): 38, 42, 61, 74, 111
Stauwehr: s. Wehr
Steften (Maßeinheit): 285, 296
Steigrohr (>Steigleitung): 228, 229, 242, 243, 257, 264, 283
Stele: s. Brunnenpfeiler
Stock (>Stockbrunnen/Laufbrunnen): 185
Stöpselfigur: 398
Streichwehr: s. Wehr
Strom (>Elektrizität, Elektrifizierung): 30, 104, 127, 137, 140, 143, 164, 170, 172, 173, 175, 178, 179, 180, 181, 306, 316, 395, 398, 399

T

Tiefbrunnen (Grundwasserbrunnen): 186, 396, 397
Tiergöpel (>Ochsengöpel, Rosskunst): 165, 187, 194
Transmission (>Mechanische Kraftübertragung): 104, 149, 152, 164, 170, 171, 180, 306, 312
Treibwasser (>Antriebswasser): 31, 37, 38, 57, 63, 74, 80, 92, 101, 114, 117, 119, 127, 134, 138, 140, 141, 143, 158, 177, 180, 197, 211, 222, 237, 241, 244, 254, 263, 305
Treibwasserkanal: s. Triebwerkskanal
Triebwerk (>Werk/allgemein): 38, 57, 62, 65, 67, 68, 80, 82, 83, 89, 96, 97, 100, 103, 104, 107, 111, 115, 119, 127, 139, 149, 150, 151, 152, 153, 154, 158, 159, 164, 168, 173, 267

Triebwerkskanal (>Antriebskanal, Treibwasserkanal, Werkskanal): 67, 68, 74, 83, 95, 97, 100, 105, 107, 108, 127, 135, 137, 141, 153, 163, 170, 180, 181, 212, 305

Trinkwasser (>Brunnenwasser, Röhrwasser): 11, 30, 31, 32, 36, 38, 42, 49, 57, 61, 74, 96, 122, 159, 170, 185, 186, 188, 193, 194, 195, 196, 198, 199, 202, 203, 208, 211, 212, 217, 220, 221, 222, 223, 237, 238, 241, 243, 245, 246, 247, 249, 251, 254, 257, 259, 263, 264, 269, 279, 280, 281, 283, 284, 285, 288, 289, 290, 293, 294, 295, 296, 298, 301, 302, 303, 304, 310, 313, 316, 321, 327, 355, 356, 388, 390, 395, 396

Trinkwasserschutz: 32, 36, 61, 122

Triton: 228, 346, 382, 387, 389, 391

Turbine: 101, 102, 117, 123, 140, 141, 143, 152, 159, 163, 164, 165, 169, 170, 171, 172, 173, 175, 177, 178, 179, 180, 181, 245, 316, 398, 399

Turbinengetriebene Kolbenpumpe: s. Kolbenpumpwerk (turbinengetrieben)

Typhus: 296, 298

U

Überlaufwehr: s. Wehr

Uferkorrektion: s. Korrektion

Ulrichsbrunnen (allgemein): 49, 51, 52

Ulrichsbrunnen (Fischmarkt): 52, 324

Unterer Anstich (>Unterster Anstich/ s. auch Orte, Augsburg: Hochablass): 65, 67, 111, 112

Unterschlächtig (Wasserrad): 152, 158, 165, 263

Unterwasser: 107, 128, 172, 173

V

Ventil (Brunnen): 277

Ventil (Wasserwerk): 243, 257

Versitzgrube: s. Latrine

Vertikalbrunnen (Grundwasserbrunnen): 304

Vogelschauplan: 44, 72, 80, 84, 94, 97, 115, 131, 132, 133, 149, 169, 195, 199, 210, 239, 269, 276, 321

W

Walkmühle (>Walke): 97, 149, 154, 158, 159

Wandbrunnen: 391

Wandung (>Beschlachtung, Kanalwandung): 67, 82, 83

Wappner: 323, 324, 325, 326, 327, 328, 331, 339, 373, 391

Wappnerbrunnen: s. Felberbrunnen

Wasser-Eicht: s. Eichanstalt

Wasserbau: 11, 30, 63, 64, 65, 70, 76, 105, 107, 115, 117, 131, 137, 156, 172, 173, 213, 356, 362, 397

Wasserbauer (Wasserbau-Ingenieur): 13, 97, 115, 137, 143, 154, 395

Wasserbrücke (>Kanalbrücke): 36, 59, 76, 78, 92, 241, 244

Wasserdruck (Leitungsnetz): 199, 225, 257

Wasserdüse: s. Düse

Wasserführung: 345, 354, 361

Wassergebühr (>Wasserzins): 229, 290, 293

Wasserhahn: s. Hahn

Wasserhaus (Wasserspeicher): 397

Wasserhebung: s. Hebewerk

Wasserkraftwerk: 29, 42, 102, 104, 108, 122, 127, 128, 129, 137, 141, 143, 164, 170, 171, 172, 173, 174, 175, 177, 178, 179, 180, 181, 306, 315, 395, 398, 399

Wasserkran: 397

Wasserkreuzung: 36, 78, 89, 244

Wasserkrieg: 23

Wasserkunst: 58, 59, 154, 185, 186, 187, 188, 195, 199, 227, 259, 269, 276, 301, 354, 394, 395

Wasserleitung: 42, 185, 186, 189, 190, 194, 199, 203, 220, 222, 238, 257, 261, 262, 263, 264, 269, 272, 275, 279, 280, 281, 283, 284, 285, 288, 289, 290, 295, 296, 298, 301, 302, 304, 305, 306, 310, 321, 390

Wasserpatron: 49, 50, 51, 52

Wasserpumpe: s. Kolbenpumpwerk (wasserradgetrieben)

Wasserrad (>Mühlrad, Rad): 38, 44, 57, 61, 68, 81, 83, 97, 100, 104, 114, 131, 134, 147, 149, 150, 151, 152, 153, 154, 156, 158, 159, 163, 164, 165, 169, 170, 188, 194, 195, 199, 211, 212, 213, 217, 222, 224, 229, 237, 238, 240, 243, 245, 254, 255, 257, 259, 261, 263, 267, 270, 274, 275, 276, 280, 294, 301, 356

Wasserrohr (Gusseisen): 189, 190, 279, 285, 295, 303

Wasserrohr (Holz): s. Deicheln bzw. Rohr

Wassersäule: 185

Wasserschnecke: s. Archimedische Schraube

Wasserschütter (Motiv der Bildenden Kunst): 228, 347, 357, 362, 388

Wasserspeicherung: 202, 396

Wasserspeier (Delfin, Fisch, Maske, Rohr/ allgemein): 49, 51, 190, 208, 228, 277, 285, 315, 322, 330, 331, 333, 337, 342, 343, 354, 357, 361, 363, 370, 372, 382, 388, 390, 392

Wasserspiele: 269

Wasserstube: s. Brunnenstube

Wasserträger: 291

Wasserturbine: s. Turbine

Wasserturm (>Brunnenturm, Turm/ allgemein): 59, 61, 81, 83, 107, 108, 156, 159, 160, 188, 193, 194, 195, 198, 199, 200, 201, 202, 203, 205, 206, 207, 208, 209, 210, 211, 212, 215, 220, 223, 224, 225, 226, 227, 228, 229, 230, 231, 233, 234, 235, 237, 238, 240, 241, 242, 243, 246, 247, 249, 252, 254, 255, 256, 257, 259, 261, 263, 264, 267, 269, 270, 272, 273, 274, 275, 276, 283, 284, 285, 289, 290, 293, 295, 296, 298, 301, 302, 309, 321, 354, 378, 388, 389, 390, 394, 395, 397

Wasserversorgung (Trink-, Brauch-, Spül- und Löschwasser/allgemein): 20, 23, 43, 185, 186, 187, 291, 301, 302, 303, 304, 306, 310, 313, 361, 373, 395

Wasserversorgungsbetrieb: 313

Wasserwerk (>Brunnenwerk, Werk, im Einzelfall Wasserturm/allgemein): 30, 31, 32, 36, 38, 67, 73, 76, 81, 83, 85, 92, 97, 105, 107, 114, 119, 123, 143, 154, 158, 159, 160, 170, 188, 189, 190, 193, 194, 195, 196, 197, 198, 199, 200, 201, 205, 209, 210, 211, 212, 214, 216, 217, 220, 221, 222, 223, 224, 225, 226, 227, 228, 229, 233, 234, 237, 238, 241, 242, 243, 244, 245, 246, 247, 249, 254, 256, 257, 259, 260, 261, 262, 263, 264, 267, 269, 270, 271, 272, 273, 275, 276, 279, 283, 284, 285, 288, 289, 290, 293, 294, 295, 296, 298, 301, 302, 303, 304, 305, 306, 310, 313, 314, 315, 316, 321, 338, 354, 388, 390, 391, 392, 394, 395, 397

Wasserwunder: 49, 50, 356

Wasserzähler: 285

Wasserzins: s. Wassergebühr

Wehr (>Stauwehr, Streichwehr, Überlaufwehr, Wuhr): 21, 22, 23, 44, 63, 65, 72, 83, 89, 97, 99, 103, 111, 112, 113, 114, 115, 116, 117, 118, 119, 120, 121, 122, 129, 134, 137, 138, 139, 152, 163, 205, 241, 243, 254, 259, 263, 305, 395, 398

Welle (Maschinenbau/allgemein): 149, 152, 156, 164, 170, 180, 187, 243, 245, 257, 306, 312

Werk (>Werker/allgemein): s. Triebwerk bzw. Kolbenpumpwerk

Werkskanal: s. Triebwerkskanal

Wertachanstich: 111, 135, 138, 141

Wertachkanal (allgemein): s. Kanal

Windkessel (>Druckwindkessel): 306, 307, 309, 316

Wolfsbach (Wasserbau): 94, 97

Wolfsfalle (Wasserbau): 97

Wuhr: s. Wehr

Z

Zentralbrunnen: s. zentrale Wasserversorgung

Zentrale Wasserversorgung (>zentrales Wasserwerk, Zentralbrunnen): 291, 301, 303, 313

Ziehbrunnen (Grundwasserbrunnen): 42, 186, 190, 271, 289, 298, 301, 386

Zierbrunnen (Laufbrunnen): 267

Ziergitter (Brunnen): 361, 363, 373, 384, 386

Ziergitter (Wasserwerk): 315

Zisterne: s. Regenwasserzisterne

Zweig (>Nebenzweig/Wasserleitung): 222, 264, 280, 281, 305

Zuppingerrad: 159

Zylinder: s. Pumpenzylinder

Bildnachweis

Abbildungen Titel:

Martin Kluger
Stadtarchiv Augsburg

Abbildungen Inhalt:

Architekturmuseum Schwaben:
S. 105

Thomas Baumgartner:
S. 29 (1/o.), 35 (2), 36 (1/u.l.), 39 (1/u.), 41 (1/u.), 81 (2/o., 1/u.l.), 88 (1/u.), 90 (1/u.), 107, 182/183, 192 (1/u.), 200 (1/u.), 206 (1/o.), 216 (2), 218 (1/u.), 232 (2), 233 (1/o.), 242, 252 (1/o.), 254 (1/u.), 260, 268 (1/u.), 270 (1/u.r.), 274 (1/r.), 372 (1/o.), 378, 379 (1/r.), 382 (1/o.), 383 (3/o.r., u.m., u.r.), 384 (4)

Bayerisches Hauptstaatsarchiv:
S. 16/17, 112 (1/u.), 197 (1/u.)

Bayerische Landesbibliothek:
S. 18, 132 (o.l.)

Bayerisches Nationalmuseum München:
S. 345 (1/l., Bastian Krack), 349 (Walter Haberland), 363 (Bastian Krack)

Bayerische Staatsbibliothek:
S. 60/61

Bayerisches Staatsministerium der Finanzen, für Landesentwicklung und Heimat:
S. 4 (2)

Bayerische Verwaltung der staatlichen Schlösser, Gärten und Seen: S. 345 (2, Herrmann, Gruber, Scherf)

concret Werbeagentur GmbH Augsburg:
S. 27 (1/r.)

context verlag Augsburg:
S. 43 (1/u., Stadt Augsburg/Geodatenamt), 62, 66, 72/73 (Stadt Augsburg/Geodatenamt), 102 (Franz Häußler), 132/133, 140/141 (Stadt Augsburg/Geodatenamt), 180 (1/o.), 197 (1/o.), 203, 224 (2), 225 (1/u.), 233 (1/u.), 280 (1/u.), 292, 299, 405 (Stadt Augsburg/Geodatenamt)

Hajo Dietz/Nürnberg Luftbild:
S. 110 (1/u.), 124 (1/u.), 139 (2), 219 (1/u.)

Fürstlich und Gräflich Fuggersche Stiftungs-Administration:
S. 15, 365 (1/l.)

Markus Hehl:
S. 396, 397 (1/o.)

Gerhard Huber:
S. 43 (1/o.)

Andrea Keller:
342 (1/o.r.)

Wolfgang B. Kleiner:
S. 8/9, 10 (1/u.), 29 (1/u.), 39 (1/o.), 56 (1/u.), 81 (1/u.r.), 86 (1/u.), 144/145, 153 (1/o.), 177 (1/o.), 207 (1/u.), 294, 336 (1/u.r.), 344 (1/r.), 357 (1/l.), 366 (2), 379 (1/l.), 385, 388 (2/l., m.), 398, 399 (2/o., u.r.)

Hannah Kluger:
S. 329 (1/o.l.), 336 (2/o.)

Martin Kluger:
S. 3, 10 (1/o.), 12 (1/o.), 12/13, 19, 22, 23, 28 (2), 34 (2), 38, 42, 44 (3), 46/47, 48 (2), 51 (2), 52, 54/55, 56 (1/o.), 58 (1/u.), 68 (1/o.), 69 (2), 71 (1/o.), 78 (1/u.), 82, 83, 84 (1/u.), 85 (1/o.), 87 (1/u.l.), 92 (1/u.), 94 (2), 95 (1/o.), 96, 101 (2), 103 (1/u.), 110 (1/o.), 112 (1/o.l.), 114, 118, 121 (2/u.), 122, 124 (1/o.), 128 (1/u.), 130 (2), 132 (o.r.), 134 (1/o.), 135, 140 (1/o.), 141 (1/o.), 142 (4/u.), 146 (2), 151 (1/o.), 153 (1/u.), 158, 160, 162 (2),168 (2), 170 (2), 171 (2/o.r., u.), 173, 174 (1/u.), 177 (2/u.), 178 (2), 179 (2), 180 (1/u.), 184 (2), 186, 192 (1/o.), 195, 196 (1/o.), 199 (1/u.), 201 (2), 202 (3), 206 (1/u.r.), 207 (1/o.), 208, 209, 210 (1/u.), 211 (1/r.), 212, 213 (2), 217 (2), 221, 223, 225 (1/o.), 226 (3/o.l., u.r., u.l.), 227 (2/o.r., u.), 228 (2), 236 (2), 239 (1/o.r.), 240, 241 (1/r.), 243, 245 (1/u.), 246 (1/u.), 248 (2), 250 (1/o.), 251 (2/u.), 258 (2), 261 (1/u.r.), 262, 263, 266 (1/u.), 271, 273, 278 (2), 280 (1/o.), 281 (1/u.), 288, 289 (1/r.), 295, 300 (2), 302/303, 306, 307 (1/u.), 308 (1/u.), 310, 311 (1/u.), 312 (1/u.), 314 (2), 315, 318/319, 320 (1/u.), 322, 325 (1/l.), 326 (5), 327 (2), 329 (2/o.r., u.), 330, 333 (2/o.l., u.l.), 336 (1/u.l.), 337 (1/l.), 340 (2), 344 (1/l.), 346 (2), 347 (2), 348, 351 (1/r.), 353, 357 (1/r.), 358 (2), 359 (2), 360 (1/o.), 361 (2), 362, 371, 372 (2/u.), 373 (2/u.), 376 (1/o.), 377, 383 (3/o.l., o.m., u.l.), 388 (1/r.), 390 (2), 391, 392 (2), 394, 395, 397 (1/u.), 410 (1/o.), 411 (1/o.), 413

Petra Kluger:
S. 344 (1/m.), 387 (3)

Kunstsammlungen und Museen Augsburg:
S. 97, 117 (Martin Kluger), 127 (1/u., Martin Kluger), 133 (1/o.), 136 (1/o.l., Martin Kluger), 150 (1/o.), 152 (Martin Kluger), 154, 166/167, 199 (1/o.), 200 (1/o.), 206 (1/u.l.), 222 (1/r.), 241 (1/l.), 251 (2/o.), 261 (1/o.), 270 (1/u.l.), 272, 277, 285, 324 (2), 328, 350, 351 (1/l.), 352, 354, 355, 368, 369, 370, 374, 375, 376 (1/u.), 380, 406/407

Lechwerke AG:
S. 399 (1/u.l.)

Liebig, Nicolas:
S. 171 (1/o.l.)

Maximilianmuseum Augsburg/Achim Bunz:
S. 157 (1/u.), 320 (1/o.), 331

Österreichisches Staatsarchiv,
Abteilung Haus-, Hof- und Staatsarchiv:
S. 194

Sammlung Grun:
S. 20, 21, 58 (1/o.), 68 (1/u.), 74, 75 (1/u.), 76 (1/r.), 79 (3), 86 (1/o.), 87 (1/o.), 91 (1/o.), 92 (1/o.), 93 (1/o.), 98 (1/o.), 103 (1/o.), 113 (1/o.), 127 (1/o.), 136 (1/u.), 159, 176, 198, 211 (1/l.), 230, 231, 246 (1/o.), 250 (1/u.), 254 (1/o.), 255 (1/o.), 256, 261 (1/u.l.), 276, 284, 289 (1/l.), 296, 307 (1/o.), 309 (2), 334 (1/u.), 356, 360 (1/u.), 365 (1/r.)

Sammlung Häußler:
S. 26, 27 (1/l.), 76 (1/l.), 80, 87 (1/u.r.), 88 (1/o.), 89, 90 (1/o.), 93 (1/u.), 95 (1/u.), 98 (1/u.), 106, 116, 119, 128 (1/o.), 136 (1/o.r.), 137 (1/u.), 138 (1/u.), 142 (1/o.), 165, 169, 175, 210 (1/o.), 222 (1/l.), 239 (1/u.), 241 (1/l.), 255 (2/u.), 266 (1/o.), 274 (1/l.), 290, 291, 308 (1/o.), 311 (1/o.), 312 (1/o.), 313, 323, 333 (1/r.), 334 (1/o.), 337 (2), 339 (1/r.), 373 (1/o.), 381 (2), 389 (1/u.), 408, 409

Klaus Satzinger-Viel:
S. 5 (1/r.)

Staatliches Textil- und Industriemuseum Augsburg:
S. 164

Staats- und Stadtbibliothek Augsburg:
S. 14, 75 (1/o., Martin Kluger), 78 (1/o., Martin Kluger), 99 (Martin Kluger), 115, 137 (1/o.), 149 (Martin Kluger), 155 (4), 156 (Martin Kluger), 189 (Martin Kluger), 204, 205, 238 (Martin Kluger), 244/245, 281 (1/o., Martin Kluger), 298

Stadtarchiv Augsburg:
S. 24 (1/o.), 25 (1/o.), 24/25, 30/31, 32, 36/37 (1/o.), 40 (1/u.), 40/41, 63, 64/65, 67, 70/71, 71 (1/u.r.), 73 (1/u.), 77, 91 (1/u.), 104, 112 (1/o.r.), 113 (1/u.), 126 (2), 134 (1/u.), 148, 157 (1/o.), 196 (1/u.), 204, 205, 214/215, 218 (1/o.), 219 (1/o.), 220, 252 (1/u.), 253, 264/265, 268 (1/o.), 270 (1/o.), 282/283, 305 (1/r.), 389 (1/o.)

Stadtarchiv München:
S. 59 (1/o.)

Stadtarchiv Nürnberg:
S. 59 (1/u.), 150/151

Stadt Augsburg/Referat Oberbürgermeister:
S. 5 (1/l.)

Stadt Augsburg/Geodatenamt:
S. 36/37 (1/u.), 84 (1/o.), 412

Stadt Augsburg/Hochbauamt:
S. 286/287

Stadt Augsburg/Tiefbauamt:
S. 304/305

Ulrich Wagner:
S. 121 (1/u.)

Wasserwirtschaftsamt Donauwörth:
S. 100, 120 (2), 129, 410/411

Axel Weiss/Top Schwaben:
S. 428

Wikipedia:
S. 138 (1/o., Neitram), 187, 226 (1/o.r., Andreas Praefcke), 227 (1/o.l., Julian Nitzsche), 239 (1/o.l.), 325 (1/r., Roland zh), 332, 342 (1/o.l.), 342 (1/u., Branislav L. Slantchev), 343 (1/o., Patrick Clenet), 382 (1/u., borisb17/ Fotolia.com), 386 (1, Johanning)

Franz Winter:
S. 172 (2), 174 (1/o.)

Württembergische Landesbibliothek:
S. 50

Trotz sorgfältiger Recherche können Fehler bei der Ermittlung der Urheber von Bildmaterial nicht ausgeschlossen werden. Soweit Nachdruckrechte an Abbildungen berührt und nicht abgegolten wurden, bittet der context verlag Augsburg den rechtmäßigen Urheber, sie geltend zu machen.

Zeichenerklärung:

o. = oben, u. = unten

l. = links, m. = Mitte, r. = rechts

( ) weitere Rechte in Klammern

Anmerkungen zu diesem Buch

Nachwort des Autors

Das vorliegende Buch ist ein Versuch, die ebenso lange wie hochkomplexe Geschichte der historischen Augsburger Wasserwirtschaft in der Vernetzung der Themenbereiche Wasserbau und Wasserkraftnutzung, Trinkwassergewinnung und Brunnenkunst – und das durchaus auch im Vergleich der Römer-, Reichs- und Industriestadt Augsburg mit ihren deutschen wie den europäischen Nachbarn – darzustellen. Dass dies nur eine unvollständige Skizze bleiben kann, die immerhin den Weg Augsburgs zur Aufnahme seiner historischen Wasserwirtschaft in die Liste des UNESCO-Welterbes unterstützen soll, liegt auf der Hand und hat Gründe.

Der erste Grund: Die mit der Wasserwirtschaft verbundenen Fakten sind zu vielschichtig, als dass sie im vorliegenden Werk auch nur ansatzweise lückenlos dokumentiert werden könnten. Jedes tieferschürfende Werk zu den Gewässern und Kanälen in Augsburg würde bereits den Umfang dieses Buches bei Weitem übersteigen. Mit einem 216-seitigen Werk allein zur „Wasserkraft in Augsburg" hat der Stadthistoriker Franz Häußler zum Beispiel zuletzt diesen Teilaspekt der Augsburger Wasserwirtschaft fundiert und systematisch, aber mitnichten komplett darstellen können.

Ein zweiter Grund liegt darin, dass speziell die Anfänge der historischen Augsburger Wasserwirtschaft weitgehend unerforscht sind und womöglich auch künftig teilweise im Dunkeln bleiben werden. Denn manche Widersprüche und Lücken in den Quellen sowie im Verständnis von Abläufen ließen sich auch für dieses Buch nicht klären, bei einigen gelingt das wohl nie. Je weiter Überlieferungen von Chronisten vor 1550 zurückgehen, desto vorsichtiger sind sie zu bewerten. Derzeit noch unklar ist zum Beispiel, woher und wann die Technologie der Wasserhebung nach Augsburg kam. Vielleicht früher, als wir vermuten?

So hat man das 14. Jahrhundert als „Das erste große Jahrhundert der Physik" bezeichnet – eine Zeit, in der sich die Naturwissenschaft von der Philosophie emanzipierte. Ferdinand Seibt schrieb: *„Eine neuere Technikgeschichte spricht vom ‚verwegenen Drang zu Neuerungen' im Spätmittelalter, der sich aufbaute auf*

der ‚Technikbesessenenheit bis zur Verzückung' einer großen Schar erleuchteter Geister um die Mitte des 13. Jahrhunderts, mit einer neuen technischen Denkweise, so ‚daß Europa zu Anfang des 14. Jahrhunderts in den wichtigsten Gewerben außerordentliche Fortschritte im Ersatz menschlicher Arbeitskraft durch Einsatz von Wasser- und Windkraft gemacht hat.' [...] Spinnrad und Feuergeschütze, Kurbel und mancherlei Mühlenwerke erscheinen als die wichtigsten Neuerungen mit unterschiedlich verbreiteter technischer Nutzung." (Seibt, Ferdinand: „Karl IV. Ein Kaiser in Europa 1316–1378", Frankfurt am Main 2003, S. 26).

Die Schriftlichkeit stand damals gerade in den Anfängen, die archivierten Augsburger Dokumente des 14. und frühen 15. Jahrhunderts wurden beziehungsweise werden eben erst methodisch erforscht. Dieses Buch kann also bestenfalls wesentliche Zusammenhänge aufzeigen und darauf verweisen, dass die Historie der Augsburger Wasserwirtschaft noch lange nicht annähernd so klar ist wie etwa das Augsburger Trinkwasser. Dies liegt auch daran, dass sich manche (Schrift-)Quelle als trübe herausgestellt hat und mancher Chronist von Generation zu Generation immer wieder unkritisch und ungeprüft zitiert wurde.

Vieles von dem, was bislang geschrieben wurde, ist Theorie, Schlussfolgerung oder auch nur Teilaspekt. Das gilt auch für dieses mit Sicherheit nicht fehlerfreie Buch. Dieses Werk kann bestenfalls ein Versuch sein, die Vorgänge eines halben Jahrtausends verständlich und reich bebildert – immer wieder mithilfe der Gegenüberstellung verschiedenster Darstellungstechniken und auch Zeitfenster – anzudeuten. Selbst die Zukunft brachte beim Verfassen dieses Buches etliche Schwierigkeiten mit sich. Nicht zuletzt waren Verhandlungen über den Verbleib der Brunnenfigur des Augsburger Wappners in der Stadt zur Zeit der Drucklegung noch nicht abgeschlossen. Ich bin von einem glücklichen Ende ausgegangen und erhoffe mir dies auch für den Augsburger Bewerbungsprozess. Dieses Buch habe ich also in der Hoffnung verfasst, dass es erneut ein kleiner Baustein auf dem Weg zum Welterbe und eine große „Visitenkarte" für den anstehenden Bewerbungsprozess – und natürlich für die Zeit danach – sein könnte. Zumindest meine beiden seit dem Jahr 2012 erschienenen Bücher zum Thema – „Historische Wasserwirtschaft und Wasserkunst in Augsburg" (trotz einer zweiten Auflage vergriffen) sowie „Wasserbau und Wasserkraft, Trinkwasser und Brunnenkunst in Augsburg" scheinen, gemessen am Interesse, nicht umsonst verfasst worden zu sein.

Mit der Welterbestatte „Bergpark Wilhelmshöhe" in Kassel ist Augsburg ja durch den aus dieser Stadt stammenden Goldschmied Johann Jacob Anthoni, den Schöpfer des Herkules, seit 2013 immerhin „anteilig" als UNESCO-Welterbe „geadelt". Im Gegensatz zum Schlosspark in Kassel und zu etlichen anderen Welterbestätten ist die historische Augsburger Wasserwirtschaft jedoch ein Denkmal, an dem eben *kein* Kaiser, König, Landes- oder Kirchenfürst beteiligt war.

Augsburgs Wasserwirtschaft ist ein Denkmal der städtischen Selbstverwaltung, die sich bei Wasserbau, Wasserkraftnutzung und Trinkwasser früh ausgeprägt hatte. *„Spätestens seit dem 13. Jahrhundert und noch ehe besondere ‚Wasserkünste' aufkamen, mit denen Wasser aus Flüssen gehoben und in Leitungen eingespeist wurde [...], bezogen viele Städte ihre Brunnen und Quellwasserleitungen in die öffentliche Rechtsaufsicht ein. Sie bestellten vereidigte Brunnenmeister, die wieder Handwerker und Hilfskräfte unter sich hatten und für die Reinhaltung sowie die Wartung der Anlagen sorgten."* (Ludwig, Karl-Heinz; Schmidtchen, Volker: Metalle und Macht. 1000 bis 1600, Berlin 1997, S. 142) Leistung und Denkmäler der Augsburger Lechmeister, Grabenmeister und Brunnenmeister, der Handwerker, Ingenieure, Architekten und Künstler – in dieser Stadt durch Autoren und Verleger, Archive und Sammlungen ausnehmend dicht überliefert – sind ein herausragendes Beispiel dafür, wie Bürger einer Stadt ihr Wasser nutzten, schätzten und schützten.

Ist diese Wertschätzung des Wassers, ist ein derartiges Denkmal des Bürgersinns, ist diese Augsburger Wasserwirtschaft etwa nicht welterbewürdig?

Martin Kluger
Augsburg, im November 2015

Dank für Beratung und Unterstützung

Für Beratung und inhaltliche Unterstützung, fachliche Informationen, Bilddaten und Fotografien sowie für den Zugang zu Museumsexponaten und zu Dokumenten in Archiven und Bibliotheken bedankt sich der Verlag bei:

Thomas Baumgartner
Fotograf, Augsburg

Götz Beck
Regio Augsburg Tourismus GmbH

Walter Biesinger
Tiefbauamt Stadt Augsburg, Wasser- und Brückenbau

Michael Cramer-Fürtig
Stadtarchiv Augsburg

Dorothea Diemer
Kunsthistorikerin, Gilching

Hajo Dietz
Fotograf, Nürnberg Luftbild

Petr Elbel
Österreichische Akademie der Wissenschaften, Institut für Mittelalterforschung

Christoph Emmendörffer
Maximilianmuseum Augsburg

Tilman Falk
Kunsthistoriker, Neusäß

Georg Feuerer
Stadtarchiv Augsburg

Karl Freihalter
Pfarrer, St. Stephan Hainhofen

Karl Ganser
Breitenthal

Sebastian Gairhos
Stadtarchäologie, Stadt Augsburg

Peter Geffcken
Historiker, München

Udo Gruber
Neusäß

Claudia Gutstein
Fuggersches Stiftungs-Archiv, Dillingen

Franz Häußler
Stadthistoriker, Augsburg

Markus Haller
Tiefbauamt Stadt Augsburg, Wasser- und Brückenbau

Franz Karg
Fuggersches Stiftungs-Archiv, Dillingen

Wolfgang B. Kleiner
Fotograf, Neusäß

Reinhard Laube
Staats- und Stadtbibliothek Augsburg

Roland Leuthe
Stadtwerke Augsburg

Nicolas Liebig
Landschaftspflegeverband Stadt Augsburg e.V.

Renate Mäder
Diözesanmuseum St. Afra, Augsburg

Wilfried Matzke
Geodatenamt Stadt Augsburg

Michael Messer
Schwäbisches Handwerkermuseum, Augsburg

Ralph Neumeier
Wasserwirtschaftsamt Donauwörth

Christoph Nicht
Grafische Sammlung der Kunstsammlungen und Museen Augsburg

Franz Otillinger
Stadtwerke Augsburg

Bernhard Rameder
Graphische Sammlung & Kunstsammlungen Stift Göttweig

Norbert Reinfuss
Hochbauamt Stadt Augsburg

Elisabeth Retsch
Regio Augsburg Tourismus GmbH

Gerlinde Simon
MAN-Museum Augsburg

Dieter Voigt
Historiker, Augsburg

Wolfgang Wallenta
Historiker, Augsburg

Franz Winter
RECON Riedinger Energy Consulting GmbH, Augsburg

Thomas Weitzel
Kulturreferent der Stadt Augsburg

Andrea Wörle
Stadtwerke Augsburg

Barbara Wolf
Architekturmuseum Schwaben, Augsburg

sowie Mitarbeiterinnen und Mitarbeitern

- der Fürstlich und Gräflich Fuggerschen Stiftungs-Administration
- der Kunstsammlungen und Museen Augsburg
- des Österreichischen Staatsarchivs Wien
- des Staatlichen Textil- und Industriemuseums Augsburg (tim)
- der Staats- und Stadtbibliothek Augsburg
- des Stadtarchivs Augsburg
- des Stadtarchivs München
- des Stadtarchivs Nürnberg
- des Stadtarchivs Wels
- des Wasserwirtschaftsamts Donauwörth

Dank an Sponsoren und Förderer

Wir danken den nachfolgend genannten Sponsoren und Förderern, die dieses Begleitbuch der Interessenbekundung der Stadt Augsburg zur Aufnahme in die UNESCO-Welterbeliste unterstützen:

Stadt Augsburg

Kurt & Felicitas Viermetz Stiftung

Stadtwerke Augsburg

Lechwerke Augsburg

Universität Augsburg

Wasserwirtschaftsamt Donauwörth

Grünbeck Wasseraufbereitung GmbH, Höchstädt

Allianz der öffentlichen Wasserwirtschaft e.V., Berlin

Christa Hecht, Geschäftsführerin der Allianz der öffentlichen Wasserwirtschaft e.V., Berlin

Frontinus-Gesellschaft e.V., Bonn

Deutsche Wasserhistorische Gesellschaft e.V., Siegburg

Deutsch Internationale Wasserturm Gesellschaft 2002 e.V., Dorsten

Landschaftspflegeverband Stadt Augsburg e.V.

Lebensraum Lechtal e.V.

Regio Augsburg Tourismus GmbH

Tourismusverband Allgäu/Bayerisch-Schwaben

Bund Naturschutz, Ortsgruppe Augsburg

Deutscher Alpenverein, Sektion Augsburg

Fischereiverband Schwaben

Arbeitsgemeinschaft Grüner Kreis für Augsburg und Umgebung e.V.

Klostermühlenmuseum Thierhaupten

Bahnpark Augsburg

Senser Druck GmbH Augsburg

Impressum

Augsburgs historische Wasserwirtschaft
Der Weg zum UNESCO-Welterbe
Martin Kluger

Herausgeber:
context verlag Augsburg
ISBN 978-3-939645-81-8
1. Auflage, Dezember 2015

Grafische Gestaltung:
concret Werbeagentur Augsburg

Umschlaggestaltung:
Susanne Mair/Daniel Reissner

Druck:
Senser Druck GmbH Augsburg

klimaneutral
natureOffice.com | DE-559-746421
gedruckt

Bibliografische Information der Deutschen Bibliothek:
Die Deutsche Bibliothek verzeichnet diese Publikation in der Deutschen Nationalbibliografie, detaillierte bibliografische Daten sind im Internet über http://dnb.ddb.de abrufbar.

ISBN 978-3-939645-81-8

www.context-mv.de